哈巴湖昆虫

李后魂　尤万学　主编

科学出版社

北京

内 容 简 介

本书对宁夏哈巴湖国家级自然保护区重要的昆虫资源进行了记述。共记录分布在哈巴湖保护区的主要昆虫12目144科665属947种，反映了荒漠草原—湿地生态系统昆虫类群的基本面貌。书中给出了昆虫各物种的主要鉴别特征、寄主植物或相关习性，以及分布情况，同时提供了各成虫的彩色特征图和部分生态图。书末附有哈巴湖国家级自然保护区功能区划图和保护区已记载昆虫的完整名录，共计18目203科1515种。

本书可供各类学生、大自然爱好者、相关农林生产和科研工作者使用，并为荒漠治理提供参考。

图书在版编目（CIP）数据

哈巴湖昆虫 / 李后魂，尤万学主编 .—北京：科学出版社，2021.9

ISBN 978-7-03-069671-7

Ⅰ.①哈… Ⅱ.①李… ②尤… Ⅲ.①自然保护区－昆虫－动物资源－宁夏 Ⅳ.①Q968.224.3

中国版本图书馆CIP数据核字（2021）第175922号

责任编辑：韩学哲 孙 青 / 责任校对：严 娜

责任印制：肖 兴 / 封面设计：刘新新

科学出版社 出版

北京东黄城根北街16号

邮政编码：100717

http://www.sciencep.com

北京九天鸿程印刷有限责任公司 印刷

科学出版社发行 各地新华书店经销

*

2021年9月第 一 版 开本：720×1000 1/16

2021年9月第一次印刷 印张：26 1/2

字数：481 000

定价：428.00元

（如有印装质量问题，我社负责调换）

INSECTS OF HABAHU

LI Houhun and YOU Wanxue

Science Press

Beijing

《哈巴湖昆虫》编写人员名单

主　　编

李后魂　尤万学

编 研 人 员

娄　康　尤万学　李后魂　余　殿

戚慕杰　张彩华　黄执林　白存琳

INSECTS OF HABAHU

Editors in chief

LI Houhun, YOU Wanxue

Authors

LOU Kang, YOU Wanxue, LI Houhun, YU Dian, QI Mujie, ZHANG Caihua, HUANG Zhilin, BAI Cunlin

前　言

宁夏哈巴湖国家级自然保护区位于宁夏“东大门”——盐池县的中北部，地理位置为东经 106°53′23″–107°39′37″，北纬 37°36′41″–38°01′59″，总面积 84 000 hm^2。保护区始建于 1998 年，2006 年晋升为国家级自然保护区。保护区处于黄土高原向鄂尔多斯台地过渡、半干旱区向干旱区过渡、干草原向荒漠草原过渡、农区向牧区过渡的交错地带，属荒漠草原—湿地生态系统类型的自然保护区。以荒漠草原—湿地生态系统，黑鹳、金雕、大鸨、遗鸥、发菜、沙芦草、甘草、中麻黄等珍稀濒危野生动植物和毛乌素沙地地下水资源为主要保护对象。多维度的过渡特征，形成了保护区过渡带荒漠草原—湿地自然复合生态系统。自然保护区地处毛乌素沙地的南缘，近现代，由于人口压力沉重、过度放牧、滥垦、乱采乱挖、气候变化等原因，植被类型和群落结构退化，土地荒漠化逐年加重，盐池县一度 3/4 的人口和耕地处于沙区。保护区成立以来，通过实施三北防护林体系建设工程、天然林资源保护工程和退耕还林工程等，保护区的植被盖度、生物量等指标呈稳定上升趋势，荒漠化土地面积大幅减少，截至 2019 年，森林覆盖率达到 59.84%。保护区的植被类型有灌丛、灌草丛、草原、荒漠、草甸、水生植被、人工林等。多样的植被类型中蕴藏着丰富的植物资源，共有植物 615 种，其中野生植物 76 科 215 属 420 种，包括国家 I 级重点保护植物 1 种，国家 II 级重点保护植物 5 种，中国特有植物 12 种。丰富的植物资源为动物的繁衍生息提供了栖境及食物来源，保护区内共有野生脊椎动物 24 目 54 科 182 种，包括国家 I 级重点保护鸟类 10 种，国家 II 级重点保护鸟类 24 种，国家 I 级重点保护兽类 1 种，国家 II 级重点保护兽类 4 种。

保护区亦具有丰富的昆虫资源，但系统性的昆虫学研究相对缺乏，致使家底不清，影响该保护区昆虫资源的评价和利用。2003 年保护区管理局组织编写的《宁夏哈巴湖自然保护区综合科学考察报告》记录了昆虫 140 科 436 种。2013–2015 年，保护区管理局会同南开大学对保护区植物、动物、昆虫和水生生物进行了全面考察，出版了《宁夏哈巴湖国家级自然保护区综合科学考察报告》，记录昆虫种类 167 科 590 属 878 种。此前的考察主要以名录的形式进行记载。为使公众进一步了解保护区昆虫群落组成及潜在害虫和昆虫资源，2017–2019 年我们又对保护区昆虫资源进行了补充调查，并筹划编撰了本书。本书共记载哈巴湖昆虫 12 目 144 科 665 属 947 种，提供了各物种的主要特征、分布情况，并提供生态照 271 张，成虫照片 861 张。

本次昆虫调查、标本采集制作主要由南开大学李后魂、娄康及南开大学鳞翅目研究组的师生及哈巴湖国家级自然保护区尤万学、余殿、张彩华、黄执林和白存琳等完成。昆虫照片主要由李后魂、娄康、杨美清等在野外调查和依据室内标本拍摄，娄康进行了后期处理。标本的鉴定工作主要由娄康、李后魂及南开大学鳞翅目研究组全体师生完成。同时得到了河北大学任国栋教授和潘昭副教授、南开大学刘国卿教授、浙江大学陈学新教授和 Cees Van Achterberg 教授、西北农林科技大学张雅琳教授、中国农业大学徐环李教授和刘星月教授、上海师范大学李利珍教授、陕西理工大学霍科科教授、云南农业大学李强教授、浙江农林大学王义平教授、西北大学谭江丽教授和于海丽副教授、中国科学院动物研究所韩红香副研究员和梁红斌副研究员、重庆师范大学于昕副教授、东北林业大学韩辉林教授、天津自然博物馆郝淑莲研究员、宁夏大学王新谱教授和辛明副教授、北京农学院张爱环副教授、长治学院白海艳教授、河南农业科学院杨琳琳博士、凯里学院刘红霞副教授、德州学院孙颖慧博士，乌克兰国家科学院进化生态学研究所 Bidzilya Oleksiy 研究员等专家和同行的帮助。本书的出版离不开以上专家学者及其研究组成员的贡献，在此深表谢意！

本书的编研得到国家自然科学基金项目（No. 31872267）、“宁夏哈巴湖国家级自然保护区湿地生态效益补偿项目”和“宁夏 IFAD/GEF 旱地生态保护与恢复项目”的部分支持。在此一并致谢。

由于我们学识水平有限，不足之处在所难免，殷切期望专家和同仁们提出批评和建议，以资在日后工作中臻于完善。

李后魂

2020 年 8 月于天津

目　录

第一章 总　论

哈巴湖国家级自然保护区概况

宁夏哈巴湖国家级自然保护区位于宁夏“东大门”——盐池县中北部地区，主要保护对象为荒漠草原、湿地生态系统及珍稀野生动植物，总面积 84 000 hm^2，其中湿地面积 10 720 hm^2，占保护区总面积的 12.76%。地理位置为东经 106°53′23″–107°39′37″，北纬 37°36′41″–38°01′59″，海拔 1300–1622 m，东西长 70 km，南北宽 45 km，保护区处于地形上黄土高原向鄂尔多斯台地过渡，气候上半干旱区向干旱区过渡，植被上干草原向荒漠草原过渡，土壤类型上灰钙土向棕灰钙土过渡，资源利用上农区向牧区过渡的交错地带，具有多维度过渡的特征，形成了保护区过渡带草原—荒漠—湿地自然复合生态系统。保护区按功能区划分为核心区、缓冲区和实验区，面积分别为 30 700 hm^2、21 920 hm^2 和 31 380 hm^2。保护区内有灌丛、草甸、草原、荒漠、湿地等多种生态系统。

（一）自然概况

（1）地质地貌

哈巴湖国家级自然保护区位于鄂尔多斯台地西缘，北接毛乌素沙地，南靠黄土高原，境内地势南高北低，海拔 1300–1622 m。保护区处在祁连山、吕梁山、贺兰山的山字形构造的脊柱部位，前人将其划分为布伦庙–镇原白垩系大向斜和贺兰山–青龙山的褶皱带的两个互带：布伦庙–镇原白垩系大向斜由下白垩系地层组成，由轴部向西出露，地层渐次变老；贺兰山–青龙山的褶皱带由一系列中生界地层组成的轴向，近南北褶皱群组成。

保护区境内出露的地层，以第四纪地层分布最广，前第四纪地层以白垩纪为主。古生代奥陶纪和中生代的三叠纪及侏罗纪零星出露。中生代下白垩纪出露分布于保护区的大部分地区，为南北走向，分为泾川组、罗汉洞组、环河组、宜君组、华池组。新生代第四纪分布很广，覆盖在前第四纪地层之上，可分为上更新世和全新世，第三纪地层仅有下第三纪的渐新世出露。

保护区位于鄂尔多斯缓坡丘陵区，地貌大多呈缓坡滩地。在中部有两道梁地，分别构成南北向和东西向分水岭。南北向分水岭：南起青山，向北经刘窑头、聂家梁、叶家豁子、南台、梁台、李华台、双井子梁，出盐池县入内蒙古，盐池县内长 70 km，宽 3–5 km，海拔 1500–1800 m。东西向分水岭：东起八岔梁，向西过大墩梁、聂记梁、佟家山、牛家山、刘四渠、鸦儿沟到西狼洞沟，长 68 km，宽 2–8 km，海拔 1421–1652 m。地貌总体可分为 5 种类型：侵蚀高坡丘陵，海拔 1450–1650 m，有些顶部侵蚀严重，导致基岩裸露，两翼呈冲沟发育，有些低凹处被厚厚的黄土覆盖，如王乐井的黄土梁和花马池的聂记梁；缓坡丘陵，海拔 1400–1550 m，相对高差多在 50 m 以下，分布较广；平坦洼地，地势较平坦，低洼处常形成积水咸水湖，如城南管理站、哈巴湖管理站和骆驼井管理站；河流冲沟，多为季节性河流，主要分布在南北向分水岭东部；起伏沙丘，可分为流动沙丘、半固定沙地、固定沙地、硬梁地和软梁地等，其植被类型、土壤类型和土壤水分情况各不相同，是保护区的主要地貌类型之一（尤万学等，2016）。

（2）气候

保护区处于中温带半干旱气候区，呈典型的大陆性季风气候。冬季受西伯利亚和蒙古冷高压控制，寒冷且漫长，春季气温回升快，夏季炎热而短暂，秋季凉爽。全年主风向为西北风，年均风速 2.8 m/s，大风日数为 12.1 d，多集中在 11 月至翌年 4 月间，最大风速达 15–19 m/s。1981–2010 年，年均气温 8.6℃，最高气温 39.3℃，最低气温 –30.6℃；年均日照 2860.5 h；平均无霜期 149 d；年均降水量 282.3 mm，全年降水量 80% 多集中在 5–9 月；年均蒸发量 2249.9 mm，是全年降水量的 7.97 倍。灾害天气主要有干旱、霜冻、冰雹、沙暴、干热风等。

（3）土壤

保护区土壤有灰钙土、风沙土、潮土、盐土、新积土、淡棕钙土和黄绵土。灰钙土广泛分布于保护区的鄂尔多斯缓坡丘陵，成土母质为第四纪洪积、冲积物，质地较粗，细沙颗粒多，多为中壤土和轻壤土。风沙土分为流动沙土、半固定沙土、固定沙土三个类型。潮土分布于哈巴湖、南海子洼地和陈家台北 1 km 处东西向的洼槽地。盐土主要分布在哈巴湖、柳杨堡、骆驼井、高沙窝等管理站的低湿洼地。新积土主要分布在城南、哈巴湖、二道湖等管理站。棕钙土分布在保护区芨芨沟附近毛家墩周围的硬梁地露头土壤剖面。黄绵土分布在保护区内花马池镇八岔梁和王乐井乡窑石庄周围。

（4）水文

保护区内地表无大河流，均为内陆冲沟水系，冲沟皆发源于南北向和东西向分水岭的两侧，南北向分水岭东侧河沟较多，较宽且长，流量较大，其西侧河沟及东西走向分水岭河沟很少，较窄且短，流量很小。年均降水量 282.3 mm，全年降水量的 80% 多集中在 5–9 月，降水沿冲沟皆流入湖泊、沼泽或洼地，形成大片湖泊沼泽湿地。盐池县地下水主要有毛乌素沙地第四纪地下水、毛乌素沙地基岩地下水、承压自流水和黄土丘陵区地下水，从南向北埋藏渐浅，水量逐渐增多，其中大部分富含水地区处于保护区境内，如骆驼井管理站西井滩坳谷洼地、哈巴湖管理站陈家台至铁柱泉坳谷、高沙窝管理站古西天河坳谷。

（二）动植物资源

（1）动物

保护区内有野生脊椎动物24目54科182种，其中陆生脊椎动物22目50科158种，包括两栖类1目2科2种；爬行类1目3科6种；鸟类有15目33科119种；兽类有5目12科31种。其中国家Ⅰ级重点保护鸟类10种，国家Ⅱ级重点保护鸟类24种；国家Ⅰ级重点保护兽类1种，国家Ⅱ级重点保护兽类4种。属于国家保护的有益的或有重要经济、科学研究价值的陆生脊椎动物：两栖类2种、爬行类6种、鸟类81种、哺乳类9种。

（2）植物

保护区目前记录到野生植物76科215属420种，其中，野生维管植物有54科178属376种，包括蕨类植物1科1属2种，裸子植物1科1属4种，双子叶植物42科135属280种，单子叶植物10科41属90种。维管植物以菊科（Compositae）最多，再者为禾本科（Gramineae）和豆科（Fabaceae），其次为藜科（Chenopodiaceae）、蔷薇科（Rosaceae）、杨柳科（Salicaceae）、百合科（Liliaceae）、茄科（Solanaceae）、蓼科（Polygonaceae）、毛茛科（Ranunculaceae）和唇形科（Labiatae）。

第二章　各　　论

一、蜉蝣目 Ephemeroptera

（一）四节蜉科 Baetidae

体小至中型，体长 3.0–12.0 mm。雄虫复眼分为上下两部分，上半部分陀螺状，下半部分圆形。前翅 MA_1 脉、MA_2 脉、IMP 脉及 MP_2 脉与翅基部分离，外缘有 1–2 根闰脉；后翅极小或缺如。中、后足胫节 3 节。雄性外生殖器退化。尾丝 2 根。世界已知 1100 多种。

（1）双翼二翅蜉 *Cloeon dipterum* (Linnaeus, 1761)

体长 7.0–8.5 mm。雄性：体色较浅，复眼陀螺状，中间高，复眼上部明显地宽广，柠檬黄色；胸部褐色或浅褐色；翅前缘区和亚前缘区褐色，边缘横脉至少 10 根；腹部近透明，背板杂锈红色斑点；中、后足基节内侧和腿节末端有锈红色斑点；尾铗 4 节，基节白色，第 3 节基部具 1 小距；尾须长 12.0–14.0 mm，具褐色环。雌性与雄性的主要区别：雌性复眼有 2 条深黑色条纹；腹部锈红色斑点不明显。

分布：宁夏；全北界，东洋界，澳大利亚界，欧洲，非洲。

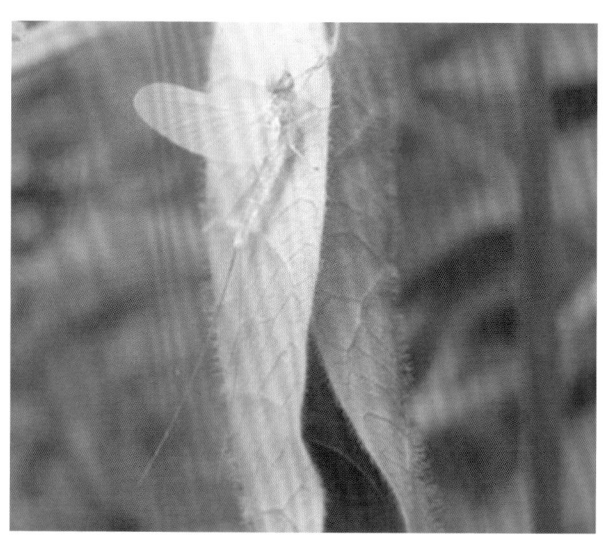

1. 双翼二翅蜉 *Cloeon dipterum* (Linnaeus, 1761)

二、蜻蜓目 Odonata

（二）蟌科 Coenagrionidae

体小型，细长。翅有柄，具 2 条原始结前横脉，翅痣大多为菱形；盘室四边形，其前边短于后边；翅端无插脉。本科世界已知近 1300 种，中国记录 64 种。

（2）心斑绿蟌 *Enallagma cyathigerum* (Charpentier, 1840)

腹部长 24.0–26.0 mm，后翅长 21.0 mm。面部及头顶、后头的颜色分成淡色和黑色两部分，淡色部分因个体不同，有黄、绿或深绿的不同。雄性复眼后方蓝色。胸部颜色同头部，除黑色斑外，淡色部分有黄、绿的差异。翅透明，翅痣深蓝色。腹部颜色也和头部相似，淡色的体节背面有大小不等的黑斑，尤其第二节的黑斑呈“心”形，第 6–7 节背面几乎全黑，第 8、第 9 节无黑斑。肛附器黑色。捕食蚜虫、叶蝉、叶螨等。

分布：宁夏（盐池、贺兰、灵武、银川、永宁）、北京、山西、吉林、陕西；欧洲，北美洲。

（3）长叶异痣蟌 *Ischnura elegans* (Vander Linden, 1823)

腹部长 23.0 mm，后翅长 17.0 mm。雄性：体蓝色。合胸背前方黑色并具 1 对蓝纹。腹部第 1–10 节背面黑色，第 1–2 节侧面蓝色，第 3–6 节侧面黄色，第 7–10 节侧面蓝色。雌性颜色与雄性基本相似。捕食蚜虫、叶蝉、叶螨等。

分布：宁夏（盐池、灵武、银川）、北京、河北、山西、黑龙江、广东、陕西、台湾等；日本，欧洲。

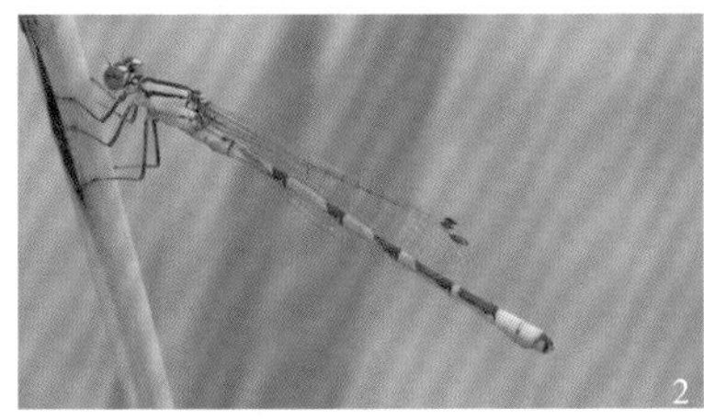

2. 心斑绿蟌 *Enallagma cyathigerum* (Charpentier, 1840); 3. 长叶异痣蟌 *Ischnura elegans* (Vander Linden, 1823)

（4）东亚异痣蟌 *Ischnura asiatica* (Brauer, 1865)

腹部长 24.0 mm，后翅长 18.0 mm。雄性：体绿色。合胸背前方黑色并具 1 对绿纹。腹部第 1–10 节背面黑色，腹面浅绿色。雌性颜色与雄性基本相似。捕食蚜虫、叶蝉、叶螨等。

分布：宁夏（盐池、永宁）、北京、天津、河北、内蒙古、吉林、黑龙江、上海、江苏、山东、四川、贵州、香港、陕西、台湾等。

（5）蓝纹尾蟌 *Paracercion calamorum* (Ris, 1916)

腹部长 22.0 mm，后翅长 15.0 mm。雄性：头部大部黑色，复眼内侧具蓝色斑点。合胸背前方蓝黑色，侧面蓝色具白色粉末，腹部黑色，末端淡蓝色。雌性合胸背前方黑色，侧面具黄褐色金属斑纹，腹末端淡蓝色不明显。捕食蚜虫、叶蝉、叶螨等。

分布：宁夏（盐池）、北京、河北、山西、黑龙江、广东、陕西、台湾等；日本，欧洲。

4. 东亚异痣蟌 *Ischnura asiatica* (Brauer, 1865); 5. 蓝纹尾蟌 *Paracercion calamorum* (Ris, 1916)

（三）丝蟌科 Lestidae

体中等大小，细长。翅具 2 条原始结前横脉，翅痣大多为菱形；R_{4+5} 脉与 IR_3 脉结合点距弓脉比距翅结近得多；盘室梯形，末端尖锐。本科世界已知 1000 余种，中国记录 19 种。

（6）桨尾丝蟌 *Lestes sponsa* (Hansemann, 1823)

腹部长 28.0–30.0 mm，后翅长 21.0–23.0 mm。雄性：下唇、上唇、上颚基部及前唇基黄色；后唇基、额及头顶具绿色光泽，单眼周缘及后头缘黄色；触角黑色。前胸金绿色。合胸背前方及中胸后侧片金绿色，合胸脊黄色，后胸后侧片黄色。翅透明，翅痣褐色，具浅黄边。足黄色，腿节外侧及腹面、胫节腹面、跗节及刺均黑色。腹部黄色，背面金绿色。上肛附器圆锥状，浅黄色；内肛附器近长方形，下缘锯齿状，上半部浅黄色，下半部黑色。雌性色泽基本与雄性相同。捕食蚜虫、叶蝉、叶螨等。

分布：宁夏（盐池）、内蒙古、辽宁、吉林、黑龙江、四川、云南；韩国，日本，俄罗斯，欧洲。

（7）三叶黄丝蟌 *Sympecma paedisca* (Brauer, 1877)

腹部长 25.0–28.0 mm，后翅长 21.0 mm。雄性：颜面大部分黄色，后唇基具 1 对黑斑；额具 1 对大、金褐色的斑；头顶具金褐色光泽，侧单眼周围黄色，自侧单眼的后缘至眼内缘具 1 黄色条纹；后头缘黄色；触角基部 2 节黄色，余部黑色。前胸黄色，前叶中央具 1 大金褐色斑，背板具 1“八”字形的金褐色斑。合胸黄色，背前方具 1 对宽、金褐色条纹，合胸脊黄色；合胸侧方具 1 行 3 个长方形金褐色斑。翅透明，翅痣黄色。足黄色，腿节、胫节外侧及刺黑色。腹部黄色，背面具金褐色条纹。上肛附器黄色，基部具 1 大的齿状突起，端部外侧具黑齿。雌性色泽基本与雄性相同。

分布：宁夏、内蒙古、甘肃、吉林、黑龙江、陕西、新疆；朝鲜，日本，俄罗斯，欧洲。

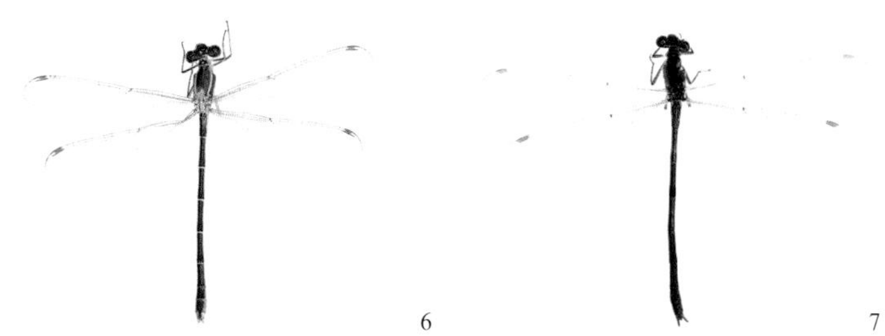

6. 桨尾丝蟌 *Lestes sponsa* (Hansemann, 1823); 7. 三叶黄丝蟌 *Sympecma paedisca* (Brauer, 1877)

（四）蜓科 Aeshnidae

体大型至较大型，体色多为蓝色、绿色或褐色。复眼在头背相接触，呈一条很长的直线；下唇端缘纵裂。翅中室有或无横脉；前、后翅三角室形状相似，距离弓脉同样远；翅痣内端常有 1 条胫增脉。世界已知 600 多种，中国记录 69 种。

（8）碧伟蜓 *Anax parthenope julius* (Brauer, 1865)

腹部长 45.0–54.0 mm，后翅长 46.0–52.0 mm，翅痣 5.0–6.0 mm，肛附器 5.0 mm。颜面黄绿色，上唇下缘浅黑褐色；前额上缘具一条黑褐色横纹，头顶黑色，后头黄色。合胸黄绿色，合胸脊黄色，中胸侧缝和后胸侧缝上具褐色细纹。翅透明，微带黄色，但成熟后雌体可全呈深褐色。腹部基部 2 节膨大，黄绿色，以后各节缢缩，暗褐色。

分布：宁夏、北京、天津、河北、山西、吉林、上海、江苏、浙江、湖北、湖南、江西、福建、广西、贵州、山东、河南、四川、云南、西藏、香港、澳门、陕西、新疆、台湾；朝鲜，日本，缅甸，东亚。

（9）混合蜓 *Aeshna mixta* Latreille, 1805

腹部长 52.0 mm，后翅长 46.0 mm，翅痣 4.0 mm，肛附器 5.0 mm。颜面浅黄色，上唇下缘浅黑褐色；前额上缘具一条黑褐色横纹，头顶及后头黄色。合胸黄褐色，中胸侧缝和后胸侧缝上具褐色细纹。翅透明，翅痣黑色。腹部黑色，具蓝色斑，基部

8. 碧伟蜓 *Anax parthenope julius* (Brauer, 1865); 9. 混合蜓 *Aeshna mixta* Latreille, 1805

2 节膨大。肛附器黑色，具黑色短毛。捕食小型飞行虫类。

分布：宁夏、北京、天津、河北、内蒙古、辽宁、吉林、黑龙江；朝鲜，日本，俄罗斯至欧洲。

（五）大伪蜻科 Macromiidae

体大型。复眼在头背相接，呈一条很长的直线。合胸在前翅和后翅之间具黄带；后翅三角室比前翅三角室距弓脉略近。足较长。世界已知 120 多种，中国记录 22 种。

（10）闪蓝丽大伪蜻 *Epophthalmia elegans* (Brauer, 1865)

10. 闪蓝丽大伪蜻 *Epophthalmia elegans* (Brauer, 1865)

腹部长 49.0–53.0 mm，后翅长 47.0–50.0 mm，翅痣 3.5 mm，肛附器 3.5 mm。颜面黑色，具蓝绿色光泽，下唇中叶及侧叶基部、上唇基部和上颚外侧黄色；面部被黑毛。额黑色，具蓝绿色光泽，左右各一突起，突起外侧具黄斑。头顶大部呈 1 较高的突起，顶部黑色具蓝绿色光泽，有 2 个小突起，后部黄褐色。后头黑褐色，具白色长毛。胸部黑色，具蓝绿色泽，合胸背面密被白色长毛，侧面具 3 条黄色条纹。翅透明，前缘脉上方具黄色纵条纹，翅痣黑色。腹部黑色，具黄斑，末两节膨大。肛附器黑色。捕食小型飞行虫类。

分布：宁夏（盐池、贺兰山、灵武、银川、永宁）、北京、山西、吉林、黑龙江、安徽、山东、河南、湖北、湖南、广东、贵州、四川；日本，俄罗斯，菲律宾。

（六）蜻科 Libellulidae

体中等大小，前缘室与亚缘室的横脉常连成直线；翅痣无支持脉；前翅三角室与翅的长轴垂直，距离弓脉甚远；后翅三角室与翅的长轴同向，通常它的基边与弓脉连成直线。本科世界已知近 1300 种，中国记录 97 种。

（11）四斑蜻 *Libellula quadrimaculata* Linnaeus, 1758

长度：腹部 29.5 mm，后翅 36.0 mm，翅痣 4.0 mm，肛附器 3.0 mm。颜面黄色，下唇中叶和侧叶的内缘及上唇的边缘黑色，上唇基部中央具 1 黑纵斑；面部头顶密被黑毛，余部被黄毛。头顶大部呈 1 较高的突起，前面及侧面黑色，顶部黄色，后部黄褐色。后头褐色，具白色纤毛。合胸黄褐色，密被浅黄色被毛，侧面具 3 条黑色条纹，其中第 1、第 3 条纹完全，第 2 条只在气孔以下存在，由气孔处弯向后方，与第 3 条纹相接。翅透明，翅痣黑色，前、后翅各在翅基及翅结处具 1 褐斑，翅结处斑较小。腹部第 1 节背面黑色，侧下方具淡黄斑；第 2–5 节黄色；第 6–10 节背面几乎全黑色；第 2–10 节侧下缘具白色纵条纹，第 9 节和第 10 节缩小为斑点状。肛附器黑色，具纤毛。

分布: 宁夏（盐池、贺兰山、灵武、银川、永宁）、北京、河北、内蒙古、吉林、黑龙江、陕西、甘肃、西藏、新疆；欧洲，北美洲。

（12）线痣灰蜻 *Orthetrum lineostigma* (Selys, 1886)

腹部长 27.0–30.0 mm，后翅长 32.0–34.0 mm，翅痣 4.0 mm，肛附器 2.0 mm。颜面呈深浅不一的黄色，杂黑色斑点；额前及其上部灰黑色；头顶包括中央的大突起全黑色；后头深褐色，后方具黄斑；头部具短毛。胸腹部：雄性黑褐色，被灰白色粉末，无可见斑纹。雌性前胸黑褐色，前叶上缘及后叶黄色；合胸脊黑色，两侧具界限不清的褐色条纹与胸侧第 1 条纹合并成 1 宽褐带，侧面黄色，第 2、第 3 条纹均不完全。腹部淡黄色，第 1–8 节两侧具黑斑，第 9 节全黑，第 10 节黄褐色。肛附器淡黄色，体表无灰白色粉末。捕食小型昆虫。

分布: 宁夏（盐池、灵武、银川、中宁）、北京、天津、河北、山西、辽宁、福建、江西、山东、河南、湖北、广东、云南、陕西、甘肃；韩国。

11. 四斑蜻 *Libellula quadrimaculata* Linnaeus, 1758; 12. 线痣灰蜻 *Orthetrum lineostigma* (Selys, 1886)

（13）黄蜻 *Pantala flavescens* (Fabricius, 1798)

腹部长 31.0–32.0 mm，后翅长 40.0 mm，翅痣 3.0 mm，肛附器 4.0 mm。颜面黄褐色，下唇中叶黑色，上唇赤黄色，前、后唇基及额杂赤色，具短毛。头顶中央为 1 大突起，突起前部和两侧黑褐色，顶端黄色。后头褐色。头部具黄色短毛。前胸黑褐色；合胸黄褐色，合胸脊上面具黑褐色线纹，合胸领黑褐色，第 1、第 3 条纹褐色，只有上、下端部分，无第 2 条纹。翅透明，翅痣黄褐色；后翅臀域淡褐色。腹部黄褐色，第 1 节背面具 1 黑褐色横斑；第 4–10 节背面也具黑褐色斑。肛附器褐色。

分布: 宁夏；世界广布。

（14）低尾赤蜻 *Sympetrum depressiusculum* (Selys, 1841)

腹部长 29.0–30.0 mm，后翅长 31.0 mm，翅痣 4.0 mm，肛附器 2.5 mm。颜面黄褐色，具短毛。头顶为 1 褐色大突起。后头褐色，后缘具长毛。前胸前叶及背板黄色，具黑斑，后叶褐色，具长毛。合胸黄褐色；合胸脊及合胸领黑色；侧面第 1、第 3 条纹黑色。翅透明，翅痣黄褐色。腹部黄褐色。肛附器黄褐色。捕食小型昆虫。

分布: 宁夏（盐池、贺兰、惠农、灵武、平罗、青铜峡、石嘴山、吴忠、银川、永宁、中宁、中卫）、北京、山西、吉林、黑龙江、江西、陕西、新疆、台湾；朝鲜，日本，俄罗斯，欧洲。

13. 黄蜻 *Pantala flavescens* (Fabricius, 1798); 14. 低尾赤蜻 *Sympetrum depressiusculum* (Selys, 1841)

（15）白条赤蜻 *Sympetrum fonscolombii* (Selys, 1840)

腹部长 23.0–25.0 mm，后翅长 27.0–30.0 mm，翅痣 3.0 mm，肛附器 2.0 mm。颜面红色，两侧淡黄色，具短毛。头顶为 1 褐色大突起，突起顶端红色，突起顶部两侧具 1 对红色小突起。后头黄褐色，后缘具长毛。前胸前叶及背板黑色，后叶褐色，直立，具长毛。合胸褐色；侧面被灰白色粉末，具 3 条黑色条纹，均不完全。翅透明，翅痣黄褐色。腹部红色，第 1 节背面具黑斑，第 9、第 10 节背面及侧面具黑斑。肛附器红色。捕食小型昆虫。

分布：宁夏（盐池）、山西、新疆；欧亚大陆广布，非洲。

（16）褐带赤蜻 *Sympetrum pedemontanum* (Allioni, 1766)

腹部长 22.0–24.0 mm，后翅长 25.0–27.0 mm，翅痣 3.5 mm，肛附器 2.0 mm。颜面红色，具短毛。头顶为 1 褐色大突起。后头黄褐色，后缘具长毛。前胸黑色，具黄斑，后叶褐色，直立，具淡褐色长毛。合胸背前方红褐色，具淡褐色细毛，合胸脊后半及合胸领黑色；侧面具 3 条黑色条纹，第 1 条纹完全，第 2 条纹仅在气孔上方呈 1 黑线纹，第 3 条纹中间中断。翅透明，翅痣红色，翅端内方具 1 褐色宽横带。腹部红色。肛附器红色。捕食小型昆虫。

分布：宁夏（盐池、贺兰、灵武、银川、永宁、中卫）、北京、山西、内蒙古、辽宁、吉林、黑龙江、贵州、新疆；朝鲜，日本，俄罗斯，欧洲。

（17）黄腿赤蜻 *Sympetrum vulgatum* (Linnaeus, 1758)

腹部长 29.0–32.0 mm，后翅长 31.0–33.0 mm，翅痣 3.5 mm，肛附器 3.0 mm。颜

15. 白条赤蜻 *Sympetrum fonscolombii* (Selys, 1840); 16. 褐带赤蜻 *Sympetrum pedemontanum* (Allioni, 1766); 17. 黄腿赤蜻 *Sympetrum vulgatum* (Linnaeus, 1758)

面黄褐色，具短毛。头顶为1褐色大突起，突起顶部两侧具1对黄色小突起。后头褐色，后缘具长毛。前胸前叶及背板黄色，具黑斑，后叶褐色，直立，具长毛。合胸浅黄色，背前方具褐色斑；合胸脊上缘及合胸领黑色；侧面第1、第3条纹窄而完全，第2条纹上端缺，第1、第2两条纹下端横条纹相接连。翅透明，翅痣黄褐色。腹部黄褐色，具褐色斑及条带。肛附器黄褐色。捕食小型昆虫。

分布： 宁夏（盐池）、北京、河北、山西、辽宁、黑龙江、江西、河南、广东、四川、陕西；韩国，日本，俄罗斯，欧洲。

三、革翅目 Dermaptera

（七）球螋科 Forficulidae

体小至中型，体色多为褐色。体狭长，头部较扁，近三角形，额部多少圆隆；触角 12–16 节。翅常发达，极少完全无翅。腹部狭长扁平，通常由 11 节组成，第 3、第 4 节背板具腺褶，肛上板突出，可活动。世界已知 500 多种，中国已知 120 多种。

（18）迭球螋 *Forficula vicaria* Semenov, 1902

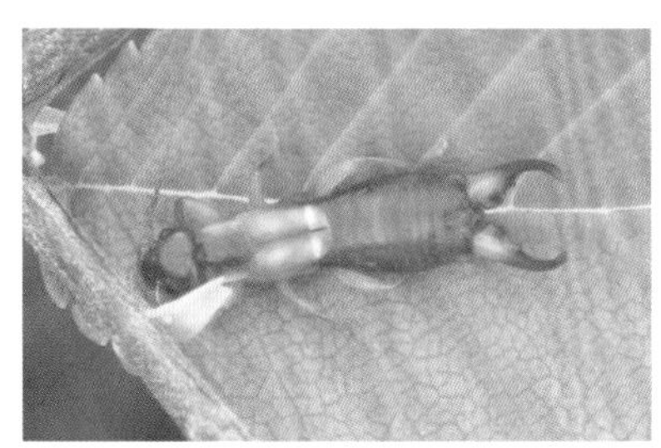

18. 迭球螋 *Forficula vicaria* Semenov, 1902

雄性体长 9.0–24.0 mm，尾铗长 4.0–4.5 mm；雌性体长 10.0–12.0 mm，尾铗长 3.0–3.5 mm。雄性：头部和前胸背板锈红色，前胸背板侧缘黄色；下唇须和触角黄褐色；前翅浅褐色，后翅白色；腹部红褐色至深褐色；尾铗基部及足黄色。体狭长扁平；头部稍圆隆，复眼圆形突出，触角 12 节，基节棍棒形；前胸背板近方形，后缘圆弧形，后角弯曲，中沟明显，表面散布小刻点；前翅两侧平行，后缘平截，表面具细小刻点；后翅翅柄微突出。腹部长而扁，具细小刻点，第 3–4 节背面两侧各具 1 隆突，末腹背板近后缘两侧各有 1 小隆突，臀板短小；尾铗基部内缘扁阔，内缘具小齿，此内阔之后具 1 小齿突，向后弧弯，末端尖。雌性与雄性的主要区别：尾铗直，基部无内阔。

分布：宁夏（盐池）、河北、内蒙古、辽宁、吉林、黑龙江、江苏、山东、湖北、四川、云南、西藏；蒙古，朝鲜，日本，俄罗斯。

（八）蠼螋科 Labiduridae

19. 蠼螋 *Labidura riparia* (Pallas, 1773)

体型狭长扁平；头部圆隆，复眼小，圆形凸出，触角 25 节以上。前胸背板通常长大于宽，前部较窄，两侧向后渐变宽，后缘圆弧形；鞘翅发达，表面平，具侧纵脊，后翅短；腹部狭长，基部狭窄，两侧向后渐加宽，臀板三角形；尾铗多少弧弯，顶端尖，雄性基部远离，雌性内缘接近，几向后直伸。世界已知 70 多种，中国已知 10 种左右。

（19）蠼螋 *Labidura riparia* (Pallas, 1773)

体长 12.0–24.0 mm，尾铗长 5.0–10.0 mm。雄性：体黄褐色；触角及足浅黄色；腹部背板中部略呈黑褐色。体狭长扁平；头部稍圆隆，头缝明显；复眼小而突出，触角 28 节；前胸背板长形，前缘直，后缘圆弧形，中纵沟明显；前翅两侧平行，后缘稍内斜，表面具粒状皱纹。腹部长而扁，由第 1 节至末节逐渐变宽，第 4–8 节背板后缘具小瘤突，末节背板宽短，后缘两侧各具 1 瘤突，近中部两侧各具 1 齿突；尾铗基部分开较宽，向后平伸，末端向内侧稍弯，基部较粗，三棱形，向后变细，端部 2/5 处具 1 小瘤突。雌性与雄性的主要区别：尾铗相对直而尖。

分布：宁夏、河北、山西、辽宁、吉林、黑龙江、江苏、江西、山东、河南、湖北、湖南、四川、甘肃；欧洲，亚洲，非洲北部，美国。

四、直翅目 Orthoptera

（九）驼螽科 Raphidophoridae

体侧扁，完全无翅。足极长，前足胫节缺听器，跗节强侧扁，缺跗垫；后足跗节第 1 节背面缺端距或仅具 1 枚端距。尾须细长而柔软，极少分节或端部具环。世界已知近 800 种，中国已知近 130 种。

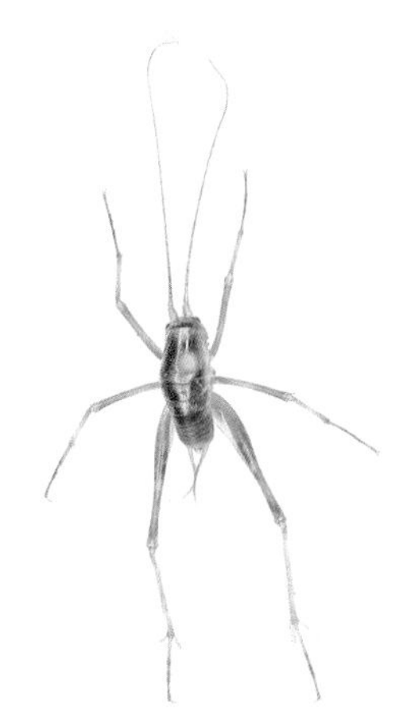

20. 灶马 *Diestrammena japanica* Blatchley, 1920

（20）灶马 *Diestrammena japanica* Blatchley, 1920

体长 8.5 mm。体黄褐色。头顶光滑，无突起，前胸背板盾状，前缘外突。前足股节约为前胸背板长的 1.6 倍，腹面无刺；前足胫节腹面具 2 个中距和 2 个端距，两个端距之间有 1 个小刺。中足股节腹面无刺，内外膝叶各有 1 距；胫节腹面具 2 个中距和 2 个端距，两个端距之间有 1 个小刺。后足股节腹面无刺；胫节背面内、外缘具成簇小刺。取食禾草和灌丛植物。

分布：宁夏（盐池），国内广泛分布；日本，朝鲜。

（十）螽蟖科 Tettigoniidae

体小至大型，体长 5.0–130.0 mm。触角长丝状，其长度可超过体长；一般前足胫节具听器；大多数雄性前翅下方具发音器，鸣声因种类不同而不同，可作为分类特征；雌性的腹端产卵器呈镰刀状、剑状或矛状。多数为植食性，少数为杂食性或捕食性。成虫常具拟态，伪装成栖境叶子的形状；多晚上活动，发出悦耳的鸣声。全世界已知 7000 多种，中国已知 330 多种。

（21）中华草螽 *Conocephalus* (*Amurocephalus*) *chinensis* (Redtenbacher, 1891)

体长 15.0 mm。体绿色；头顶背面具褐色纵带，向后延伸至前胸背板后缘；前翅后缘淡褐色。头顶不突出于颜顶之前，正面观侧缘近平行。前胸背板前、后缘截形，无侧隆线；前胸背板侧片近三角形，后缘无明显肩凹。前胸腹板具 1 对细短刺。前足基节具 1 粗壮长刺；前足股节腹面光滑；前足胫节内、外侧听器裂缝状。前翅长，长于后足股节端部。后翅长于前翅。雄性第 10 腹节背板端部开裂；尾须圆柱形，近端部 1/3 处具 1 内齿，稍下弯，端部尖。雌性第 10 腹节背板端部平截，产卵瓣短，约为后足股节长的 3/4，略下弯。取食禾本科和莎草科牧草。

分布：宁夏（盐池）、北京、内蒙古、黑龙江；俄罗斯。

（22）优雅蝈螽 *Gampsocleis gratiosa* Brunner von Wattenwyl, 1862

体长 30.0–43.0 mm。体粗壮，黑褐色，腹部腹面黄白色。头大，头顶与前胸等宽，前胸背板宽大，似马鞍形，侧板下缘黄色，前区前部两侧具暗褐色。翅青绿色至褐色，自然状态下，体背翅脉黄褐色，两侧翅脉黑褐色。前翅较短，雄性达腹部的6–7腹节，雌性仅到达第1腹节基部，翅端宽圆。后翅极小，呈翅芽状。足粗壮，后足极长，后足胫节背面具2排褐色小刺。雌性具长产卵器。

分布：宁夏（盐池）、内蒙古、吉林、黑龙江、上海、江苏、陕西；蒙古，朝鲜，俄罗斯。

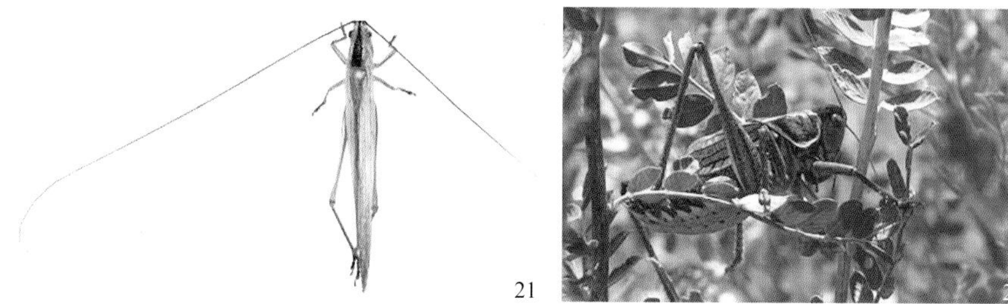

21. 中华草螽 *Conocephalus* (*Amurocephalus*) *chinensis* (Redtenbacher, 1891); 22. 优雅蝈螽 *Gampsocleis gratiosa* Brunner von Wattenwyl, 1862

（23）镰状绿露螽 *Phaneroptera falcata* (Poda, 1761)

体长15.0 mm。体绿色，前胸枯黄色；复眼卵圆形，突出。前胸背板沟前区圆凸，沟后区较平坦，缺侧隆线；侧片肩凹较明显。前翅狭长，前、后缘近于平行，翅顶钝圆，雄性发声区不突出；后翅长于前翅。前足基节具刺，各足股节腹面均具刺；前足胫节背面具沟，无刺；内、外听器均为开放型。雄性尾须端部垂直向上弯曲，肛上板宽大于长，下生殖板很宽，具分开的叶。

分布：宁夏（盐池）、黑龙江、山东、陕西；古北区，东洋区及非洲等地。

（24）疑钩顶螽 *Ruspolia dubia* (Redtenbacher, 1891)

体长雄性26.0–28.0 mm，雌性28.5–33.0 mm。体灰褐色或绿色，灰褐色型的前胸背板侧片及前翅臀域具暗褐色纵带。后足胫节浅褐色，跗节浅褐色。头顶圆柱形，长略大于宽，末端钝，腹面以齿与颜顶接触。前胸背板肩凹明显，前缘微凹，后缘微后凸，侧隆线明显。前胸腹板突具1对刺；中、后胸腹板裂叶三角形。前、中足股节腹面光滑，无刺，后足股节腹面内侧具5–10个刺，外侧具2–4个刺；前足胫节腹面内、

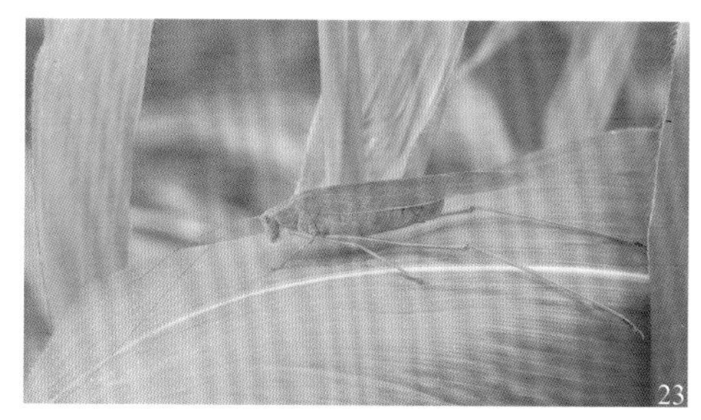

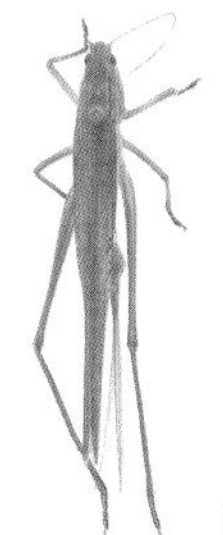

23. 镰状绿露螽 *Phaneroptera falcata* (Poda, 1761); 24. 疑钩顶螽 *Ruspolia dubia* (Redtenbacher, 1891)

外侧各具 6 枚距，中足胫节腹面内侧具 6–7 枚距，外侧具 7–8 枚距，后足胫节腹面内侧具 7–9 枚距，外侧具 9–10 枚距。前翅狭长，超出股节端部；后翅短于前翅。雄性第 10 腹节背板端部具三角形凹口；尾须圆柱形，端部具 2 个指向内的内齿。雌性产卵瓣剑状，长于后足股节。

分布：宁夏（盐池）、河北、黑龙江、湖南、四川、重庆、贵州、陕西、甘肃；韩国，日本，俄罗斯。

（25）阿拉善懒螽 *Zichya alashanica* Bey-Bienko, 1951

体长雌性 30.0–33.0 mm，雄性 21.0–25.0 mm。体黄绿色至灰黄褐色。触角丝状，略超过体长。头顶密布黑褐色斑点；复眼突出。前胸背板宽于头部，前、后缘均略呈弧形，具小齿列，前缘小齿向上且两侧各有 1 枚大齿，后缘小齿向后；横沟两侧凹入，具黑斑，外侧为 1 枚尖齿，后方具 1 排小齿；沟后区具明显横皱，后缘中部两侧各具 1 枚黑色疣突。侧板缘折明显，前半部皱纹状，后半部略平坦，下侧为 1 黄色纵带。足外侧基部具 1 对短齿。腹部粗壮，具 5 条淡色背线；尾须粗短，圆锥状；雌性产卵瓣粗壮，上举呈弯刀状，约为后足股节长的 2 倍。

分布：宁夏、内蒙古；蒙古，俄罗斯。

25. 阿拉善懒螽 *Zichya alashanica* Bey-Bienko, 1951（a. 雄性；b. 雌性）

（十一）蟋蟀科 Gryllidae

蟋蟀多数中小型，少数大型，一些种类长达 40 mm。头圆，胸宽，触角细长。雄性前翅具镜膜或前翅退化成鳞片状；前足胫节具听器，外侧大于内侧；后足胫节背面两侧缘具距，缺刺，距较粗短，光滑，不能活动，后足跗节第 1 节背面两侧缘具刺；产卵瓣一般较长，针状或矛状。世界已知 900 多种，中国已知 200 多种。

（26）滨双针蟋 *Dianemobius csikii* (Bolívar, 1901)

体长 5.5 mm 左右。体黄褐色，具黑白色斑纹；触角黄褐色，向端部色渐暗；上颚须黄褐色，第 3–4 节基部及第 5 节基部和端部黑褐色，第 5 节端部膨大；下唇须黄褐色，3 节，第 3 节末端平截；头背及额杂短刚毛。前胸背板近梯形，后缘微弧突；背片中部具 4 个较大斑点，并散布深色小圆点，被稀疏短刚毛；侧片近全褐色。前翅斜脉 1 条，镜膜略呈钟形，索脉和镜膜仅有 1 脉相连。后翅长，近为体长的一半。前足胫节内侧听器不可见，外侧听器卵圆形；后足胫节内侧背距 4 枚，外侧背距 3 枚，端距 6 枚。腹部尾须短，与后足跗节近相等。

分布：宁夏（盐池）、北京、内蒙古、江苏、浙江、山东、河南、四川、云南；朝鲜，日本，印度，斯里兰卡，俄罗斯。

（27）斑翅灰针蟋 *Polionemobius taprobanensis* (Walker, 1869)

体长 6.0 mm 左右。体黄褐色，前胸背板侧缘及其后的前翅两侧缘黑色；颜面黑褐色，头顶具 5 条黄白色短纵纹；触角基部几节黄褐色，以后各节黑褐色；上颚须黑褐色，5 节，末节端部膨大，呈刀状；下唇须黑褐色，3 节，第 3 节末端平截；头背及额密布短刚毛。前胸背板近梯形，后缘微弧突；表面密被短刚毛。前翅斜脉 1 条，镜膜略呈三角形，索脉平行，下部弯；侧区纵脉平行，翅室呈矩形。后翅长于腹部。前足胫节内侧听器不可见，外侧听器大，椭圆形；后足胫节内、外侧背距均 3 枚，端距 6 枚。腹部尾须与后足股节近相等。雌性产卵瓣与后足股节近等长。

分布：宁夏（盐池）、北京、河北、内蒙古、辽宁、吉林、黑龙江、上海、江苏、浙江、福建、江西、山东、河南、湖北、广西、海南、四川、贵州、云南；印度，斯里兰卡，马来西亚，缅甸，印度尼西亚，日本，马尔代夫，孟加拉国。

（28）内蒙古异针蟋 *Pteronemobius neimongolensis* Kang *et* Mao, 1990

体长 8.0 mm 左右。体褐色。头、胸部被黑色短刚毛；上颚须 5 节，末节端部膨大，呈刀状；下唇须 3 节，第 3 节末端平截；触角基部几节黄褐色，向端部色渐深。前胸背板近梯形，后缘微弧突；背片中部具褐色大斑，侧片上部 2/3 黑色。前翅斜脉 1 条，镜膜略呈钟形；侧区纵脉平行。后翅约为体长的一半。前足胫节内侧听器不可见，外侧听器椭圆形；后足胫节内、外侧背距均 5 枚。腹部尾须与后足股节近相等。雌性产卵瓣略短于尾须。

分布：宁夏（盐池）、内蒙古、吉林、山东。

26. 滨双针蟋 *Dianemobius csikii* (Bolívar, 1901); 27. 斑翅灰针蟋 *Polionemobius taprobanensis* (Walker, 1869); 28. 内蒙古异针蟋 *Pteronemobius neimongolensis* Kang *et* Mao, 1990

（29）特兰树蟋 *Oecanthus turanicus* Uvarov, 1912

体长 12.0–13.0 mm。体橄榄绿色。体狭长；前口式，唇基突出，额突窄于触角柄节；前胸背板长方形，侧片下缘略弧形。雄性前翅宽大，具 2 条斜脉，对角脉和索脉间具 1 条横脉，镜膜较大；后翅卷曲筒状，长于前翅。后足胫节背面两侧具小刺，小刺间具背距，内侧 6 枚，外侧 5 枚。雌性产卵瓣狭长，略短于前翅，末端多齿状。

分布：宁夏（盐池）、新疆；沙特阿拉伯，土耳其，伊朗，巴基斯坦，哈萨克斯坦。

（30）银川油葫芦 *Teleogryllus infernalis* (Saussure, 1877)

体长雄性 18.0–20.0 mm，雌性 15.0–19.0 mm。体黑褐色，翅色淡，侧单眼周缘黄色。头顶圆；颊侧宽圆饱满；上颚须末节刀状，远大于第 3 节。前胸背板横宽，被密毛，近中部两侧各有 1 半月形斑纹。前翅斜脉 4 条；镜膜内无分脉；端域短，稍长于镜膜；亚前缘脉具 4 条分支。后翅双尾状，远超过腹端。前足胫节听器正常。后足胫节外侧具 5–6 枚背距，内侧具 5 枚背距。尾须粗壮。产卵管极长，与体长近等，末端尖。取食甘草等豆科植物、沙枣、瓜果类及果树等。

分布：宁夏、北京、河北、山西、内蒙古、辽宁、吉林、黑龙江、四川、陕西、甘肃、青海；朝鲜，日本，俄罗斯（远东）。

29. 特兰树蟋 *Oecanthus turanicus* Uvarov, 1912; 30. 银川油葫芦 *Teleogryllus infernalis* (Saussure, 1877)

（十二）蝼蛄科 Gryllotalpidae

体狭长。头小，圆锥形，口器前口式，复眼小而突出，侧单眼 2 枚。前胸背板卵形，背面隆起如盾，前缘内凹。雄性前翅具发音器。前足特化为粗壮的挖掘足，胫节具听器，趾状突 3–4 个，跗节前两节呈片状，后足较短。雌虫产卵器退化。世界已知 110 多种。

（31）东方蝼蛄 *Gryllotalpa orientalis* Burmeister, 1838

体长 27.0–30.0 mm。整体近纺锤形，背面红褐色，腹面黄褐色，密生细毛。头小，额部至唇基较强凸起。前胸背板长卵形，背面明显隆起，具短绒毛，中央有 1 暗红色长心脏形凹斑。前翅甚短，约达腹部中部；端域具规则纵脉；后翅纵卷呈筒状，超出腹部末端。前足胫节具 4 枚片状趾突；后足胫节背侧内缘具 3–4 枚可动棘刺。尾须细长，约为体长的 1/2。食性复杂，可为害杨、榆及油松等树木根苗，并喜食新播种的种子，成虫和幼虫均可为害。

分布：国内广布（除新疆、甘肃）；朝鲜，日本，俄罗斯，印度，东南亚，大洋洲。

（32）华北蝼蛄 *Gryllotalpa unispina* Saussure, 1874

体长雌性 45.0–50.0 mm，雄性 39.0–40.0 mm。体黄褐色至暗褐色。前胸背板盾状，前缘内凹，中央具 1 心形红色斑点。前足发达，末端呈锯齿状；后足胫节背侧内缘具 0–1 个距。腹部圆柱形，末端尾须发达。为害杨、榆及油松等树木根苗。

分布：宁夏、北京、河北、山西、内蒙古、辽宁、吉林、黑龙江、江苏、山东、河南、陕西、甘肃；俄罗斯，土耳其。

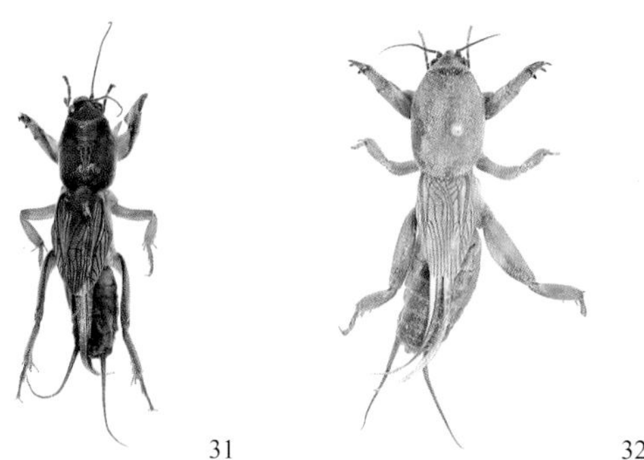

31　　32

31. 东方蝼蛄 *Gryllotalpa orientalis* Burmeister, 1838; 32. 华北蝼蛄 *Gryllotalpa unispina* Saussure, 1874

（十三）蚱科 Tetrigidae

体中小型。颜面隆起呈沟状，触角丝状。前胸背板侧叶后缘多数具 2 个凹陷，侧叶后角向下，端角圆形。前、后翅发达，少数缺如。跗节 2–2–3 式，后足跗节第 1 节明显长于最后一节，爪间缺中垫。世界已知 2000 多种，中国已知 280 多种。生活环境多样，主要生活在林下、灌木丛、草丛、河滩沙石或裸土中，喜食腐殖质、地衣和苔藓。

（33）日本蚱 *Tetrix japonica* (Bolívar, 1887)

体长雄性 8.0–9.5 mm，雌性 9.0–13.0 mm。体粗壮，小型，黄褐色至暗褐色，前胸背板无斑或具 2 个方形斑。颜面略倾斜，颜面隆起在触角间向前突出；触角丝状，14 节。前胸背板前缘平直，中隆线和侧隆线均明显。前翅鳞片状，后翅发达。足股节发达，跗节爪间无中垫。取食禾本科及唇形科牧草。

分布：宁夏、内蒙古、陕西、甘肃、山西、浙江、安徽、湖北、广西、云南；朝鲜，日本，俄罗斯。

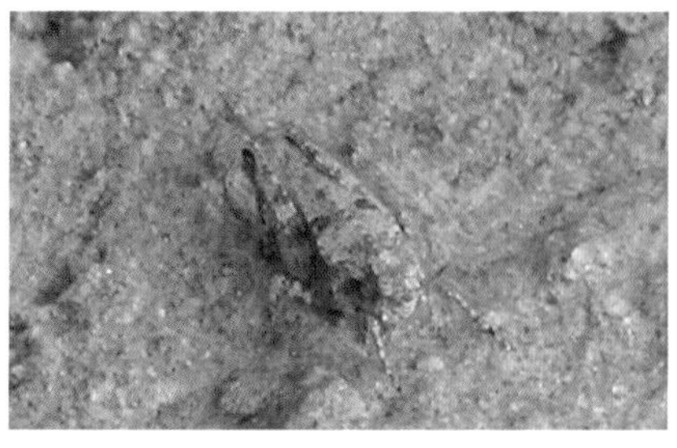

33. 日本蚱 *Tetrix japonica* (Bolívar, 1887)

（十四）癞蝗科 Pamphagidae

体中至大型，体表具粗糙颗粒状突起。颜面明显隆起，具纵沟；触角丝状。前胸背板中隆线呈片状隆起，或被横沟切割成齿状；前胸腹板平坦或具片状隆起。具翅或短翅。后足股节外侧具短隆线和颗粒状突起，上基片短于下基片。腹部第2节背板侧下方具摩擦板。多数生活在干旱或沙漠区。世界已知500多种，中国已知67种。

（34）裴氏短鼻蝗 *Filchnerella beicki* Ramme, 1931

34. 裴氏短鼻蝗 *Filchnerella beicki* Ramme, 1931

体长雄28.0–30.0 mm，雌33.0–34.0 mm。雄性：体黄褐色；翅及足上具黑褐色斑；前胸背板侧面具2块灰白斑，明显或不显，下侧的一块较大；后足腿节内侧蓝黑色，下缘红色，后足胫节基部和端部红色，中段蓝色。体表粗糙，密布颗粒或刺状突起；颜面隆起纵沟深，于触角基部间略向前突出，在中单眼下方略凹入，颜面侧隆线略突起，背视不可见。前胸背板中隆线片状突起，为3条横沟切断，后横沟切口宽而深；背板后缘具1列尖刺状突起。前胸腹板前缘片状突起，中央微凹。前翅长，达肛上板基部。后足胫节具外端刺。下生殖板短锥形，末端尖。雌性体粗壮，前翅短，鳞状；下生殖板近方形，后缘中央三角形突出。取食禾本科、菊科牧草及糜、谷等植物。

分布：宁夏、陕西、甘肃；蒙古，俄罗斯，欧洲地区。

（十五）剑角蝗科 Acrididae

体形多样，粗短或细长，大多侧扁。头短锥形或长锥形；头顶前端中间缺细纵沟；颜面向后倾斜；触角剑状。前胸背板较平坦，中隆线一般弱，侧隆线完整或缺。后足股节外侧具羽状纹，上基片长于下基片。腹部第1背板两侧具听器。世界已知10 000多种，中国已知90多种。

（35）中华剑角蝗 *Acrida cinerea* (Thunberg, 1815)

35. 中华剑角蝗 *Acrida cinerea* (Thunberg, 1815)

体长雄性30.0–47.0 mm，雌性58.0–81.0 mm。体通常绿色或褐色；绿色个体在复眼后、前胸背板侧面上部、前翅肘脉域具淡红色纵条；褐色个体前翅中脉域具黑色纵条，中闰脉处具淡色短条纹；后翅淡绿色。体形细长；头圆锥状，明显长于前胸背板；颜面极倾斜，颜面隆起极狭，全长具浅纵沟。前胸背板宽平，具细小颗粒。取食禾本科牧草。

分布：宁夏、北京、河北、山西、江苏、浙江、安徽、福建、江西、山东、湖北、湖南、广东、广西、四川、云南、贵州、陕西、甘肃；韩国，日本。

（十六）斑腿蝗科 Catantopidae

体中至大型。头一般近卵形；头顶前端缺细纵沟，颜面垂直或向后倾斜；触角丝状。前胸背板一般近平，大部分具中隆线，少数具侧隆线；前胸腹板突明显，呈锥形、圆柱形或横片状。后足股节外侧具羽状纹，大多数外侧基部上基片长于下基片，少数两者近等长。中国已知近 400 种。

（36）短星翅蝗 *Calliptamus abbreviatus* Ikonnikov, 1913

体长雄性 19.0–20.0 mm，雌性 26.0–32.0 mm。雄性：体褐色至暗褐色；前翅散布黑褐色小斑点，端部较多；后翅透明，基部无红色；后足腿节上侧具 3 个黑色横斑，内侧红色，中后部近上缘具 2 个黑斑，后足胫节红色；有些个体在前胸背板侧隆线和前翅臀域具黄褐色纵条纹。体粗壮，具刻点；头顶具浅凹，颜面近垂直，触角近达前胸背板后缘；前胸背板宽短，前缘近平直，后角钝圆，中隆线明显，侧隆线向外弧弯，背片为 3 条横沟所切，仅后横沟切断中隆线，沟前区与沟后区近相等。前胸腹板突发达，圆柱形。前、后翅发达，达到或略短于腹部末端。尾须长条状，末端宽。雌性：体粗大，尾须短锥形，上产卵瓣上外缘粗糙，无齿。下生殖板后缘三角形突出。取食阿尔泰狗娃花、星毛委陵菜、冷蒿、萹蓄豆、西山委陵菜、苜蓿、荞麦、玉米、马铃薯等。

分布：宁夏、北京、河北、山西、内蒙古、辽宁、吉林、黑龙江、江苏、浙江、安徽、江西、山东、湖北、湖南、广东、广西、四川、贵州、陕西、青海；朝鲜，蒙古，俄罗斯。

（37）黑腿星翅蝗 *Calliptamus barbarus* (Costa, 1836)

体长雄性 17.0–20.0 mm，雌性 30.0–35.0 mm。雄性：体褐色至暗褐色；前翅具暗色斑点；后翅基部红色；后足腿节外侧及下侧灰白色，外侧杂黑褐色斑，上侧具 3 个黑色横斑，内侧橙红色，具 1 卵形黑色大斑，后足胫节红色；有些个体在前胸背板侧隆线和前翅臀域具灰白色纵条纹。体粗壮；头顶凹陷，颜面近垂直，触角近达前胸背板后缘；前胸背板宽短，前缘近平直，后角钝圆，中隆线明显，侧隆线向外弧弯，背片为 3 条横沟所切，仅后横沟切断中隆线，沟前区与沟后区近相等。前胸腹板突发达，圆柱形。前翅较长，超过后足股节顶端；后翅略短于前翅。尾须长条状，末端分成上、下两支，下支又分成两齿。雌性：体粗大，尾须短锥形，上产卵瓣上外缘光滑，无齿。取食禾本科及莎草科植物。

分布：宁夏、内蒙古、甘肃、青海；朝鲜，日本，蒙古，俄罗斯及欧洲地区。

（38）无齿稻蝗 *Oxya adentata* Willeme, 1925

体长雄性 15.5–24.0 mm，雌性 23.0–30.0 mm。体黄绿色或绿色。头短，颜面略向后倾斜。触角褐色，丝状。复眼后至前胸背板两侧具黑褐色纵纹。前翅狭长，达到或超过后足腿节端部。第 1 腹节较小，左右两侧各具 1 个鼓膜听器。后足腿节粗大，外侧上下两条隆线间具平行的羽状隆起。雌性产卵瓣细长，下产卵瓣下缘具大小相等的齿。取食麦类、蒿草、茅草。

分布：宁夏、河北、陕西、甘肃；欧洲。

36. 短星翅蝗 *Calliptamus abbreviatus* Ikonnikov, 1913; 37. 黑腿星翅蝗 *Calliptamus barbarus* (Costa, 1836); 38. 无齿稻蝗 *Oxya adentata* Willeme, 1925

（十七）斑翅蝗科 Oedipodidae

体中至大型。头顶前端中部缺细纵沟，颜面垂直或倾斜；触角丝状。前胸背板平坦或中隆线隆起。翅发达，常具斑纹，后翅较明显；前翅中闰脉常具发音齿，与后足股节内侧隆线摩擦发音。后足股节外侧具羽状纹，上基片长于下基片；后足胫节缺外端刺。腹部背板两侧具听器。中国已知 160 种左右。

（39）大垫尖翅蝗 *Epacromius coerulipes* (Ivanov, 1888)

体长雄性 14.5–18.0 mm，雌性 23.0–29.0 mm。体黄褐色，前翅具黑褐色细碎斑点，后足股节具 3 个黑褐色斑纹，下侧红色。头侧观略高于前胸背板，头侧窝三角形。前胸背板中隆线较低，被 2–3 条线切开，沟前区短于沟后区。前、后翅短，长远超过后足腿节端部，前翅具明显中闰脉。爪间中垫发达，超过爪长的一半。取食达乌里胡枝子、阿尔泰狗娃花、长芒草、赖草。

分布：宁夏、河北、山西、内蒙古、辽宁、吉林、黑龙江、江苏、安徽、山东、河南、陕西、甘肃、青海、新疆；日本，俄罗斯。

（40）小垫尖翅蝗 *Epacromius tergestinus* (Megerle von Mühlfeld, 1825)

体长雄性 17.0–22.0 mm，雌性 25.0–30.0 mm。体黄褐色至暗褐色，前翅基半部具较大黑色斑块，端半部具黑褐色细碎斑点，后足股节内侧具 2 个黑褐色大斑，下侧无红色。头侧观略高于前胸背板，头侧窝三角形。前胸背板中隆线较低，被 2–3 条线切开，沟前区短于沟后区。前、后翅短，长远超过后足腿节端部，前翅具明显中闰脉。爪间中垫不达爪中部。取食长芒草、三芒草、赖草、狗尾草等禾本科植物。

分布：宁夏、陕西、甘肃、青海、新疆；蒙古，俄罗斯，欧洲地区。

39　　　　40

39. 大垫尖翅蝗 *Epacromius coerulipes* (Ivanov, 1888); 40. 小垫尖翅蝗 *Epacromius tergestinus* (Megerle von Mühlfeld, 1825)

（41）亚洲小车蝗 *Oedaleus decorus asiaticus* Bey-Bienko, 1941

体长雄性 18.5–22.5 mm，雌性 31.0–37.0 mm。雄性：体黄绿色、淡褐色或黄褐色；前胸背板“×”形纹明显，沟前区与沟后区等宽；前翅基半部具 2–3 个大块黑斑，端半部散布褐色斑；后翅透明，基部黄绿色，中部具内弯褐色纹；后足腿节具 3 个倾斜黑褐色横斑，膝部暗色，后足胫节红色。颜面近垂直，触角到达或超过前胸背板后缘；前胸背板前缘略凸，后缘钝圆；无侧隆线，中隆线发达。前翅长，超过后足股节顶端；后翅略短于前翅。雌性：体粗大，尾须短锥形，产卵瓣端部弯曲呈钩状。取食禾本科、莎草科、鸢尾科等牧草。

分布：宁夏、河北、内蒙古、辽宁、吉林、黑龙江、陕西、甘肃、青海；蒙古，俄罗斯。

41. 亚洲小车蝗 *Oedaleus decorus asiaticus* Bey-Bienko, 1941（a. 休止状态；b. 交尾状态）

（42）黄胫小车蝗 *Oedaleus infernalis* Saussure, 1884

体长雄性 21.0–27.0 mm，雌性 30.0–39.0 mm。雄性：体褐色；前胸背板“×”形纹有时不显，沟前区明显窄于沟后区；前翅具暗色斑纹，基部较大；后翅基部中部具内弯褐色纹，基部脉纹褐色；后足腿节上侧至内侧具 3 个黑色斑，后足胫节红色或黄色。颜面略倾斜，触角超过前胸背板后缘；前胸背板前缘略凹，后缘钝圆；无侧隆线，中隆线发达。前翅远超过后足股节端部；后翅与前翅等长。雌性：体粗大，尾须短锥形，产卵瓣端部弯曲呈钩状。取食禾本科植物。

分布：宁夏、北京、河北、山西、内蒙古、吉林、黑龙江、江苏、山东、陕西、青海；蒙古，韩国，日本，俄罗斯。

42. 黄胫小车蝗 *Oedaleus infernalis* Saussure, 1884（a. 停栖于地面；b. 停栖于柠条）

（43）细距蝗 *Leptopternis gracilis* (Eversmann, 1848)

体长雄性 17.5–18.0 mm，雌性 24.0–27.0 mm。体黄白色，具黑褐色斑纹和狭长纵条纹；颊灰白色；前胸背板及前翅具灰白色纵条纹；后足股节灰白色，上侧具 2 个黑斑。侧观头部远高于前胸背板，颜面隆起；触角超过前胸背板后缘。前胸背板沟前区明显缢缩，长度为沟后区的 1/2，无侧隆线，沟后区具中隆线。前翅狭长，远超过后足股节端部；后翅与前翅等长。取食禾本科植物。

分布：宁夏、内蒙古、甘肃、新疆；中亚地区。

43. 细距蝗 *Leptopternis gracilis* (Eversmann, 1848)（a, b. 不同的栖息状态）

（44）宁夏束颈蝗 *Sphingonotus ningxianus* Zheng *et* Gow, 1981

体长雄性 19.0–20.0 mm，雌性 24.0–29.0 mm。体黄褐色，具黑褐色斑纹；复眼后缘灰白色；前翅基部 1/4 和 1/2 处各具 1 黑褐色横斑，端半部散布褐色小斑；后翅透明；后足股节内侧具 2 个黑褐色大斑；后足胫节淡黄色。头部侧面观高于前胸背板；触角超过前胸背板后缘；前胸背板中隆线明显，缺侧隆线，沟前区明显缢缩。前、后翅等长，超过后足股节顶端。尾须柱状，顶端钝圆。取食长芒草、三芒草、赖草、狗尾草等禾本科植物。

分布：宁夏、内蒙古、甘肃、新疆。

（45）疣蝗 *Trilophidia annulata* (Thunberg, 1815)

体长雄性 12.0–16.0 mm，雌性 15.0–26.0 mm。体黄褐色；前翅具黑褐色横斑及斑点，后翅烟褐色，基部透明，略带黄绿色；后足腿节上侧具3个黑色大斑，内侧黑色，后足胫节深褐色，端部具2个浅色环。复眼间及前胸背板具疣突。前胸背板中隆线高，沟前区被深切，呈二齿状；沟后区侧隆线明显。前翅超过后足股节顶端；后翅与前翅等长。取食禾本科植物。

分布：宁夏、河北、内蒙古、辽宁、吉林、黑龙江、江苏、浙江、安徽、福建、江西、山东、广东、广西、四川、贵州、云南、西藏、陕西、甘肃；朝鲜，日本，印度。

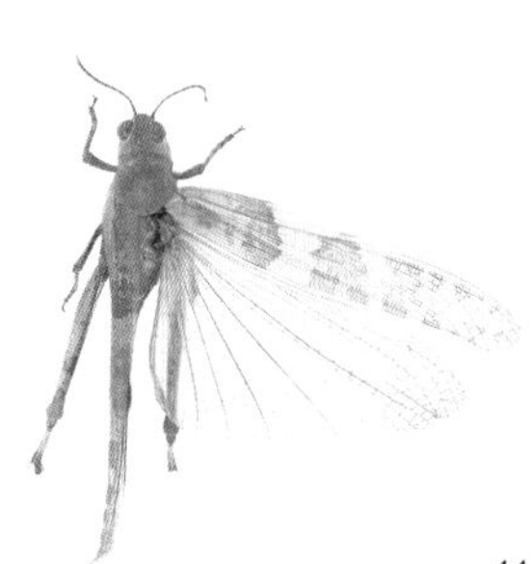
44

45

44. 宁夏束颈蝗 *Sphingonotus ningxianus* Zheng *et* Gow, 1981; 45. 疣蝗 *Trilophidia annulata* (Thunberg, 1815)

（十八）网翅蝗科 Acrypteridae

体小至中型。头圆锥形，背面前段缺细纵沟，颜面向后倾斜。触角丝状。前胸背板较平坦；前胸腹板在两前足基部之间的部分通常平坦。前、后翅发达或缩短、缺如。后足股节外侧具羽状纹，上基片长于下基片；后足胫节缺外端刺。腹部第1节背板两侧具听器。中国已知220多种。

（46）宽翅曲背蝗 *Pararcyptera microptera meridionalis* (Ikonnikov, 1911)

体长雄性23.0–25.0 mm，雌性36.0–39.0 mm。雄性：体黄褐色至黑褐色；沿前胸背板侧隆线具黄白色“×”形纹；前翅杂黑褐色小斑点，前缘脉域具黄白色宽纵条纹；后足股节上侧具3个黑色大斑，内侧下缘红色，后足胫节红色。复眼间及前胸背板具疣突。头部侧窝四边形；触角超过前胸背板后缘。前胸背板中隆线明显，平直。前翅发达，达到或不达后足股节末端。雌性：体粗壮，前翅刚达到后足股节中部。取食禾本科牧草。

46. 宽翅曲背蝗 *Pararcyptera microptera meridionalis* (Ikonnikov, 1911)

分布：宁夏、河北、山西、内蒙古、辽宁、吉林、黑龙江、山东、江西、陕西、甘肃、青海；蒙古，俄罗斯。

（十九）蚤蝼科 Tridactylidae

体小型，体长 4.0–15.0 mm。触角近念珠状，9–12 节。前胸背板盔状。雄性前翅端部具 1 列齿，与后翅亚前缘脉摩擦发音，少数无发音器。前足发达，胫节端部具齿，善于挖掘。后足股节膨大，适于跳跃。尾须 2 节或不分节。世界已知 130 多种。

（47）日本蚤蝼 *Xya japonicus* (Haan, 1844)

体长 5.0–5.5 mm。体黑色光亮；前胸背板后侧角及侧缘基半部黄白色；后足腿节具黄白色斑纹。触角 10 节，念珠状。前翅短，不达腹部末端。下生殖板三角形，后缘圆形，肛附器细长。

分布：宁夏（盐池、贺兰山）、北京、天津、河北、江苏、浙江、山东、江西、福建、台湾；朝鲜，日本，俄罗斯（远东）。

47. 日本蚤蝼 *Xya japonicus* (Haan, 1844)

五、螳螂目 Mantodea

（二十）丽艳螳科 Tarachodidae

复眼略凸出，多为三角形或锥形。前足腿节外列刺多于 4 枚，第 1、第 2 外列刺间或有明显凹窝。后翅多具深色大斑。世界已知 250 多种，中国已知 4 种。

（48）芸支虹螳螂 *Iris polystictica* (Fischer-Waldheim, 1846)

体长雄性 27.0–46.0 mm，雌性 37.0–41.0 mm。头横宽，复眼较大，略凸出；额盾片中央具 2 个瘤突。前胸背板长于前足基节，沟后区长近为沟前区的 2.5 倍，两侧近平行，中部之后缢缩明显。前足腿节较细，上缘较直，具 4 枚中刺、5 枚外列刺。腹部狭长。雄性前翅超出腹端，雌性前翅较短，不超过第 5 腹节。捕食蛾、蜂、草蛉、蚜虫、叶蝉类。

分布：宁夏、新疆；蒙古，俄罗斯。

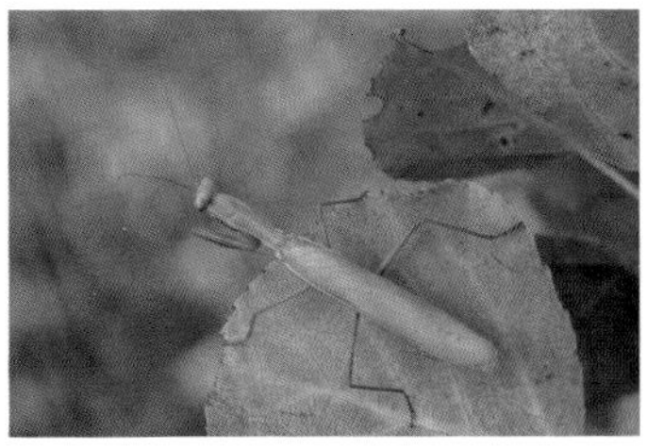

48. 芸支虹螳螂 *Iris polystictica* (Fischer-Waldheim, 1846)

（二十一）螳科 Mantidae

体形各异。头顶一般无粗大的锥形突起，如头顶具较大锥形突起，则两眼附近各具 1 小突起。前胸背板侧缘扩展不明显，如扩展明显，则前足腿节第 1 和第 2 刺之间具凹窝。前足腿节外列刺一般超过 5 枚；如外列刺少于 5 枚，则前足胫节背面端爪前部具 1–2 枚内列刺或雌性具翅；前足腿节内列刺 1 枚大刺和 1 枚小刺交替排列。雌、雄两性不同时为短翅。尾须锥状或稍扁，不扩展呈叶状。世界已知 1000 多种，中国已知 50 多种。

（49）薄翅螳螂 *Mantis religiosa* (Linnaeus, 1758)

体长 50.0–70.0 mm。体淡绿色或淡褐色，头部近三角形，复眼卵圆形，凸出；触角线状。前胸背板长为宽的 3 倍以上，沟后区远长于沟前区，沟后区背中脊较明显。前足基节内侧具 1 黑色斑，腿节中刺 4 个；中、后足腿节膝部内侧片缺刺。前翅浅绿色至褐色，薄而透明，后翅扇状。捕食多种虫类。

分布：宁夏、北京、河北、山西、辽宁、吉林、黑龙江、江苏、浙江、福建、广东、海南、四川、云南、西藏、新疆；世界广布。

49. 薄翅螳螂 *Mantis religiosa* (Linnaeus, 1758)

六、缨翅目 Thysanoptera

（二十二）蓟马科 Thripidae

体小型，一般 1.0–3.0 mm。触角 6–8 节，第 3、第 4 节具锥状感觉器，第 5–7 节常具简单感觉器。下颚须 2–3 节。下唇须 2 节。翅狭长，端部尖而弯曲，前翅常具纵脉 2 条。产卵器发达，锯齿状，腹向弯曲。大多植食性，常可见于各种花，多食叶；少数为捕食性。目前世界已知 1970 多种，中国已知 200 多种。

（50）蒙古齿蓟马 *Odontothrips mongolicus* Pelikán, 1985

体长 1.6–2.2 mm。体狭长，黄褐色；触角第 3、第 4 节浅黄色，略带褐色，其余各节褐色；前翅浅褐色，基部近 1/4 灰白色；前足胫节浅黄褐色，各跗节黄色；腹部第 2–7 节近前缘具深色横带；鬃大多黄褐色。寄主：锦鸡儿属、葱属、针茅属、荨麻属植物及白簕、旋花、梓、细枝岩黄芪、苦荬菜、甘草、草木樨、豌豆、榆、烟管荚蒾及文冠果。

分布：宁夏、内蒙古；蒙古。

50. 蒙古齿蓟马 *Odontothrips mongolicus* Pelikán, 1985

七、半翅目 Hemiptera

（二十三）木虱科 Psyllidae

体小型。触角 10 节，复眼发达，单眼 3 个，喙 3 节。两性均有翅，前翅革质或膜质，后翅膜质。各足跗节 2 节；后足基节具疣状突起，胫节端部具刺。雌性具 3 对产卵瓣；雄性第 10 节形成载肛突，其后具膝状的阳茎和 1 对铗。世界已知 1100 多种。

（51）槐豆木虱 *Cyamophila willieti* (Wu, 1932)

体长 3.0–3.5 mm。体绿色，略带黄色；翅透明，翅外缘具黑斑 4 个，翅脉浅黄色，主脉 1 支，分成 3 支，各又分 2 支。冬型成虫深褐色。寄主：槐。

分布：宁夏（盐池）、北京、河北、山西、内蒙古、辽宁、吉林、江苏、浙江、山东、河南、湖北、湖南、广东、四川、贵州、云南、陕西、甘肃、台湾。

51. 槐豆木虱 *Cyamophila willieti* (Wu, 1932)

（二十四）个木虱科 Triozidae

体小型。前翅翅缘完整，无间断，翅脉呈“个”字形。后足胫节具基齿或无，端距 3–4 个。

（52）沙枣个木虱 *Trioza magnisetosa* Loginova, 1964

体长 2.5–3.4 mm。体深绿色至黄褐色。复眼赤褐色，大而突出。触角 10 节，丝状；端部 2 节黑色，顶部生 2 毛。前胸背板前、后缘黑褐色，中部两侧具褐色纵带；中胸盾片具 5 条褐色纵纹。前翅透明，前翅 3 条纵脉各分 2 叉。腹部黄褐色，各节后缘黑褐色。寄主：沙枣、沙果、苹果、李、杏等。

分布：宁夏（盐池、贺兰山）、甘肃、青海；欧洲。

52. 沙枣个木虱 *Trioza magnisetosa* Loginova, 1964

（二十五）蚜科 Aphididae

体小型，体长 1.0–7.0mm。有时被蜡粉，但缺蜡片。触角 3–6 节，少数 5 节，罕见 4 节，触角次生感觉圈圆形，罕见椭圆形，末节端部常长于基部。眼大，多小眼面。喙 4 节或 5 节，末节短钝至长尖。前胸和腹部各节常有缘瘤。腹管通常长管状，基部粗，向端部渐细，有时中部或端部膨大，顶端常有缘突。尾片圆锥形、指形、剑形、三角形、五角形、盔形至半月形。尾板末端圆。有翅蚜触角通常 6 节，第 3 或第 3 及第 4 或第 3–5 节有次生感觉圈。前翅中脉通常分为 3 支，少数分为 2 支，前翅 4–5 条斜脉。世界已知 2500 多种，中国已知 460 多种。

（53）萝藦蚜 *Aphis asclepiadis* Fitch, 1851

无翅孤雌蚜体长 2.0 mm，体金黄色；触角第 2–3 节端部 1/3、第 4 节端部 1/2 及第 5–6 节黑色；足腿节端部 1/3–1/2，跗节端部 1/4 及跗节黑色，腹管和尾片黑色，尾片舌状，短于腹管的一半。头、胸部背面具网状纹，体侧微显网纹。有翅孤雌蚜头、胸部黑色，腹部金黄色。寄主：萝藦、地梢瓜、白薇、牛皮消。

分布：宁夏（盐池）、北京、河北、山西、吉林、山东、河南；南美洲，北美洲。

（54）槐蚜 *Aphis cytisorum* Hartig, 1841

无翅孤雌蚜体长 2.0 mm，体青灰色，被白色粉被；触角中部及足黄白色，尾片黑色。有翅孤雌蚜头、胸部黑色，腹部色浅。寄主：国槐、龙爪槐等。

分布：宁夏（盐池）、北京、河北、福建；欧洲，北美洲。

53. 萝藦蚜 *Aphis asclepiadis* Fitch, 1851; 54. 槐蚜 *Aphis cytisorum* Hartig, 1841

（55）柳蚜 *Aphis farinosa* Gmelin, 1790

无翅孤雌蚜体长 1.5–2.5 mm，体暗绿色，被薄粉被；触角及足浅黄色，尾片及尾板黑色。有翅孤雌蚜体黄绿色。寄主：旱柳、垂柳、倒垂柳、龙爪柳、杞柳、剑叶柳等多种柳类。

分布：宁夏（盐池）、北京、河北、辽宁、山东、河南、江西、台湾；朝鲜，日本，印度尼西亚，中亚，欧洲及北美洲。

（56）柳二尾蚜 *Cavarielle salicicola* (Matsumura, 1917)

无翅孤雌蚜体长 2.0 mm，活体草绿色或红褐色，腹管、上尾片淡色，尾片及尾板灰褐色至灰黑色。有翅孤雌蚜头、胸部黑色，腹部色浅，具黑色斑纹。寄主：柳、垂柳。

分布：宁夏（盐池）、北京、河北、辽宁、吉林、江苏、浙江、山东、河南、广东、云南、江西、台湾；朝鲜，日本。

（57）桃蚜 *Myzus persicae* (Sulzer, 1776)

无翅孤雌蚜体长 2.2 mm，体浅黄绿色或红褐色，跗节、腹管顶端、尾片及尾板色略深。有翅孤雌蚜头、胸部黑色，腹部浅绿色。寄主：桃、李、杏等。

分布：宁夏（盐池）；世界广布。

55. 柳蚜 *Aphis farinosa* Gmelin, 1790; 56. 柳二尾蚜 *Cavarielle salicicola* (Matsumura, 1917); 57. 桃蚜 *Myzus persicae* (Sulzer, 1776)

（58）松长足大蚜 *Cinara pinea* (Mordvilko, 1895)

无翅孤雌蚜体长 3.5–4.5 mm，体绿色，腹部背板红褐色，被薄的白色蜡粉。触角及足黑褐色。寄主：黑松、马尾松、云杉、红松、樟子松、赤松、油松、白皮松。

分布：宁夏（盐池、贺兰山）、河南；朝鲜，日本，俄罗斯，欧洲，北美洲。

（59）柳瘤大蚜 *Tuberolachnus salignus* (Gmelin, 1790)

体长 4.8 mm，宽 3.0 mm。无翅孤雌蚜体灰黑色，胸、腹部体色略浅；胸部各节及腹部前两节具缘斑，第 2–6 节具小型中侧斑。触角第 3 节有大型次生感觉圈 2–4 个，具毛 51–67 根，第 4 节有次生感觉圈 2–4 个；喙向后伸超过后足基节，有毛 6 对。腹管着生于多毛灰褐色的圆锥体上。尾片月牙形。有翅孤雌蚜：头、胸部黑色，腹部淡色，具斑纹，体表具明显细网纹。触角第 3 节具大型次生感觉圈 14–17 个，第 4 节具 3 个。腹部背中瘤骨化隆起。寄主：垂柳等多种柳树。

58. 松长足大蚜 *Cinara pinea* (Mordvilko, 1895); 59. 柳瘤大蚜 *Tuberolachnus salignus* (Gmelin, 1790)

分布：宁夏（盐池、贺兰山）、北京、河北、内蒙古、辽宁、吉林、上海、江苏、浙江、福建、山东、河南、云南、陕西、台湾；朝鲜，日本，印度，中亚，欧洲。

（二十六）蚧科 Coccidae

雌性成虫扁平、长卵形或半球形；体壁光滑、裸露或被蜡质或虫胶。触角通常 6–8 节。腹部末端具尾裂，肛环上具孔纹及 6–10 根刚毛。雄性成虫触角 10 节；单眼 4–10 个；腹部末端具 2 条长蜡丝。世界已知 1300 多种，中国已知 100 多种。

（60）朝鲜毛球蚧 *Didesmococcus koreanus* Borchsenius, 1955

雌虫近球形，长 4.5 mm，宽 3.8 mm。产卵器黄色至灰褐色，具黑斑，膨大期红褐色至黑褐色。触角 6 节，第 3 节最长。体腹面沿体缘具各种大小的锥刺。雄性体长 1.5–2.0 mm，头、胸部红褐色，腹部浅黄褐色。寄主：桃、杏、李、海棠等。

分布：宁夏（盐池、贺兰山）、北京、河北、山西、内蒙古、辽宁、吉林、黑龙江、山东、河南、湖北、青海；朝鲜。

（61）皱大球蚧 *Eulecanium kuwanai* Kanda, 1934

雌虫近半球形，体直径 6.5–7.0 mm。体背浅黄褐色，中央具 1 黑色纵带，两侧各 1 条由 6 个黑斑组成的纵带；产卵后体壁皱缩，花纹不明显。触角 7 节，第 3 节最长。寄主：槐、刺槐、紫穗槐、柳、榆、苹果、沙果等。

分布：宁夏、河北、山西、山东、河南、陕西、甘肃；日本。

60. 朝鲜毛球蚧 *Didesmococcus koreanus* Borchsenius, 1955; 61. 皱大球蚧 *Eulecanium kuwanai* Kanda, 1934

（二十七）盾蚧科 Diaspididae

雌性成虫通常圆形或长筒形。介壳盾形，由分泌物和若虫的蜕皮组成。虫体分为前后两部，前部分节不明显，常由头、前胸和中胸组成；后部除臀板外分节明显。触角退化成瘤状，上具一或几根毛。肛孔在臀板背面，无肛环。雄性成虫常具翅；触角 10 节，单眼 4 个或 6 个；交配器狭长。世界已知 2500 多种，中国已知 460 多种。

（62）中国原盾蚧 *Prodiaspis sinensis* (Tang, 1986)

雌虫 0.5–0.8 mm，卵圆形，白色，隆起；背壳厚；第 1 蜕皮处于偏心位置，橙黄色；腹壳在边缘处加厚；第 2 蜕皮前浅黄色，薄，被厚层蜡质包围。雄性袜底形，白色，扁平，背壳薄。寄主：达乌里木柽柳、五蕊柽柳。

分布：宁夏（盐池、银川、平罗、青铜峡）、内蒙古、新疆。

62. 中国原盾蚧 *Prodiaspis sinensis* (Tang, 1986)

（二十八）飞虱科 Delphacidae

体小型，体长 2.0–9.0 mm。体多为灰白色或褐色。头部小而短，少数延长；触角锥状，一般短于头、胸长度之和。胸部一般具中脊线和侧脊线，前胸常呈领状，中胸三角形；翅有长翅型和短翅型，静止时合拢呈屋脊状，前翅通常无前缘室，爪片无颗粒。后足胫节具 2 枚大刺，端部有 1 可以活动的距。世界已知 2300 多种，中国已知 100 多种。

（63）大褐飞虱 *Changeondelphax velitchkovskyi* (Melichar, 1913)

体长 2.7–3.9 mm。体淡黄褐色，头部色较暗，复眼黑褐色，触角第 1 节端缘及第 2 节基缘黑色。前、中胸腹面及前、中足的基节深褐色。前翅浅黄褐色，翅脉黄褐色。腹部褐色，各节后缘浅黄褐色。后足胫节端距叶状，具缘齿 36 枚。寄主：水稻。

分布：宁夏（盐池）、辽宁、江苏、安徽、陕西；韩国，日本，俄罗斯。

（64）大斑飞虱 *Euides speciosa* (Boheman, 1845)

体长 4.0–5.0 mm。头部黑褐色，颜面具 3 条纵脊。前、中胸背板黄褐色，两侧具黑色斑。前翅浅黄色，近透明，基半部具 1 三角形黑色长条斑，翅外缘至前缘端部 2/5 处具 1 近半圆形黑色斑，有时 2 斑相连。足青褐色，腿节可见黑色纵条斑。寄主：芦苇。

63　　64

63. 大褐飞虱 *Changeondelphax velitchkovskyi* (Melichar, 1913); 64. 大斑飞虱 *Euides speciosa* (Boheman, 1845)

分布：宁夏（盐池）、北京、河北、吉林、上海、江苏；朝鲜，日本，俄罗斯，欧洲。

（二十九）象蜡蝉科 Dictyopharidae

体多中等大小，头部极度延伸呈锥状或圆柱形，触角小而不明显，柄节颈状，梗节圆球形或卵形。中胸盾片多为三角形，少数菱形。多数种类为长翅型，前翅狭长，翅痣明显。足细长，后足胫节具 3–5 枚强刺，后足跗节第 2 节具刺。世界已知 700 多种，中国已知 60 种左右。

（65）伯瑞象蜡蝉 *Raivuna patruelis* (Stål, 1859)

65. 伯瑞象蜡蝉 *Raivuna patruelis* (Stål, 1859)

体长 8.0–11.0 mm。体绿色。头前伸成头突，近圆柱形，长度近为头胸部长度之和。头突背面和腹面各有 3 条绿色纵脊线和 4 条橙色条纹。前胸背板及中胸背板均具 5 条绿色脊线和 4 条橙色条纹。翅透明，脉纹绿色，翅痣褐色，前翅端部脉纹褐色。腹部背面具间断暗色带纹，散布白色小点；腹面浅绿色，各节中央黑色。足青绿色，具黄褐色和黑褐色纵条纹；后足胫节具 5 枚侧刺。寄主：禾本科植物。

分布：宁夏（盐池、贺兰山）、内蒙古、辽宁、吉林、黑龙江、江苏、浙江、福建、江西、山东、湖北、四川、陕西、台湾；日本，马来西亚。

（三十）尖胸沫蝉科 Aphrophoridae

体小至中型，体色多为暗色，呈灰色或褐色。头部前端角状突出或突圆，单眼 2 枚。前胸背板前缘向前圆弧状或角状突出；小盾片三角形，短于前胸背板。后足胫节具 2 粗刺。世界已知 1000 多种，中国已知 100 多种。

（66）二点尖胸沫蝉 *Aphrophora bipunctata* Melichar, 1902

体长 10.0–10.5 mm。体黄褐色杂黑褐色斑，略带青褐色。体背具明显中纵脊。头部前方突出，刻点窝内红褐色或黑褐色；单眼 2 枚，红色；复眼黑褐色。前胸背板青褐色，胝区黄褐色，胝区后方呈网皱状。小盾片近三角形，黄褐色，中部较暗。前翅黑褐色，前缘基部黄色，向外侧略呈蜡白色。寄主：柳。

分布：宁夏（盐池）、福建。

（67）鞘圆沫蝉 *Lepyronia coleoptrata* (Linnaeus, 1758)

体长 6.5–8.0 mm。体宽短，体背极隆起。头、胸部暗红褐色至黑褐色，前翅白色，具黑褐色斑，肩部具 1 斜斑，中部具 1 中空的近三角形大斑，翅端内侧具不明显弧形小斑。寄主：水稻及禾本科牧草。

分布： 宁夏（盐池）、山西、内蒙古、辽宁、吉林、黑龙江、湖北、贵州、陕西；朝鲜，日本，欧洲，北美洲。

66

67

66. 二点尖胸沫蝉 *Aphrophora bipunctata* Melichar, 1902; 67. 鞘圆沫蝉 *Lepyronia coleoptrata* (Linnaeus, 1758)

（三十一）叶蝉科 Cicadellidae

体小至中型，体长 3.0–15.0 mm。触角刚毛状，单眼 2 枚或无单眼。后足胫节具棱脊，棱脊上有刺列或刚毛列。世界已知 22 000 多种，中国已知 1100 多种。

（68）带纹脊冠叶蝉 *Aphrodes daiwenicus* Kuoh, 1981

体长 4.0 mm。体黄褐色；头冠背面黑褐色，前缘杂黄褐色小斑点；前胸背板黄褐色，前缘具 1 黑褐色横带；小盾片基半部黑褐色，端半呈暗黄褐色；前翅暗褐色与白色相间，各 3 条宽带，基部暗褐色；足背面黑褐色，腹面黄褐色。头部宽于前胸背板，头冠呈角状突出，末端钝，表面密皱状，中纵脊明显。前胸背板宽短，中后部密生横皱。中胸小盾片宽短。

分布： 宁夏（盐池）、河南、西藏、陕西、甘肃。

（69）大青叶蝉 *Cicadella viridis* (Linnaeus, 1758)

体长 7.0–10.0 mm。体青绿色；头部面区浅褐色，两侧各有 1 组黄色横纹；触角窝上方于两单眼之间具 1 对黑斑。前胸背板前缘区淡黄绿色，后部大半深青绿色；小盾片中间横刻痕较短，不伸达边缘。前翅蓝绿色，前缘淡白色，端部透明，外缘具淡黑色狭边。寄主：多种豆科、禾本科、十字花科、杨柳科、蔷薇科植物。

分布： 全国广布；朝鲜，日本，俄罗斯，马来西亚，印度，欧洲，加拿大。

（70）中国扁头叶蝉 *Glossocratus chinensis* Signoret, 1880

体长 3.5–4.0 mm。体黄褐色；头、前胸背板中部两侧具纵带，纵带及其边缘散布褐色小刻点；腹部侧面各具 2 条褐色带；足黄白色，腿节和胫节常杂黑褐色斑。头部扁平，头冠前缘角状突出，基部可见中纵凹线。前胸背板横宽，近长方形，前缘在两复眼之间平直，后缘微凹。前翅革质，翅脉微突，前缘渐窄，后缘近直，外缘圆滑。

分布： 宁夏（盐池）；泰国。

（71）黑纹片角叶蝉 *Koreocerus koreanus* (Matsumura, 1915)

体长 3.5–4.0 mm。体橘黄色；头、前胸背板及前翅侧缘绿色；小盾片基角斑及亚端斑黑色；前翅近透明，内缘及端部 1/4 黑色。头冠宽短，宽于前胸背板。前胸背板前缘弧圆突出，后缘略凹入。前翅具 4 端室，3 端前室。寄主：柳。

分布：宁夏、山西、内蒙古、贵州、陕西；朝鲜，俄罗斯等。

68. 带纹脊冠叶蝉 *Aphrodes daiwenicus* Kuoh, 1981; 69. 大青叶蝉 *Cicadella viridis* (Linnaeus, 1758); 70. 中国扁头叶蝉 *Glossocratus chinensis* Signoret, 1880；71. 黑纹片角叶蝉 *Koreocerus koreanus* (Matsumura, 1915)

（72）窗耳叶蝉 *Ledra auditura* Walker, 1858

体长 14.0–15.0 mm。体黑褐色。头部钝圆状前突，在头冠中央及两侧区具"山"字形黑色隆起，"山"字隆脊间隙色淡，半透明似"天窗"；复眼黑褐色，单眼深褐色。前胸背板前中部近直角形隆起，其上生一对片状突起。前翅透明，带有黄褐色。体腹面黄褐色，腹部略带红褐色。足黄褐色。寄主：杨。

分布：宁夏（盐池、贺兰山）、全国杨树分布区；朝鲜，日本，印度。

（73）双突松村叶蝉 *Matsumurella expansa* Emeljanov, 1972

体长 7.5 mm。体黄褐色，体背栗褐色，前翅具白色横纹及些许纵纹；足黄褐色，后足胫节末端及胫刺穴黑色。头部宽短，头冠中长与复眼宽度近相等；复眼黑褐色，单眼黄色。前胸背板前缘弧圆突出，后缘中部微凹，基部 3/4 密被横皱。前翅具 3 个端前室。

分布：宁夏（盐池）、山西、吉林、河南、陕西、甘肃；蒙古。

（74）东方隆脊叶蝉 *Paralimnus orientalis* Lindberg, 1929

体长 5.0–5.5 mm。体亮黄色；头冠腹缘具黑色宽带，背缘具黑色窄横带，唇基末端中部及上唇中部黑褐色，复眼红褐色，单眼浅黄色；前翅灰褐色，半透明，翅脉浅黄色；腹部背板黑色，后缘及侧缘黄色。足污白色；中足基节腹面黑色；端跗节末端及爪黑色；胫节刺穴黑色。头部宽短，头冠中长与复眼宽近等长。前胸背板前缘弧圆突出，后缘近直。小盾片三角形。

分布：宁夏（盐池）；俄罗斯。

（75）宽板叶蝉 *Parocerus laurifoliae* Vilbaste, 1965

体长 5.5–6.0 mm。体亮黄色；前胸背板中部褐色；小盾片基角斑雄虫黑色，雌虫红褐色；前翅近透明，前缘脉黄绿色；前足基节和腿节各有 1 黑色斑点。头部宽于前胸背板，头冠中长为复眼间宽度的 1/5。前胸背板前缘弧圆突出，后缘略凹入。小盾片三角形，中部具"人"字形刻痕。前翅具 4 个端室，3 个端前室。寄主：杨。

分布：宁夏（盐池）、内蒙古；欧洲。

72. 窗耳叶蝉 *Ledra auditura* Walker, 1858; 73. 双突松村叶蝉 *Matsumurella expansa* Emeljanov, 1972; 74. 东方隆脊叶蝉 *Paralimnus orientalis* Lindberg, 1929; 75. 宽板叶蝉 *Parocerus laurifoliae* Vilbaste, 1965

（76）六盘山蠕纹叶蝉 *Phlepsopsius liupanshanensis* Li, 2011

体长 4.0–6.0 mm。头部黄褐色，杂黑褐色纵纹，头冠前缘隆脊具 2 个明显黑斑；前胸背板褐色，前缘黄褐色，刻点灰褐色；小盾片黄色，基角斑及亚端斑黑色；前翅玉白色，具黑色网纹，杂黑斑；腹部背面黑色，后缘及侧缘黄色，腹板黄褐色。足黄褐色，杂黑斑。头冠宽短。前胸背板前缘弧圆突出，后缘近直，基部 3/4 表面皱状。小盾片三角形，末端尖。前翅革质。寄主：杨。

分布：宁夏（盐池、六盘山）。

（77）条沙叶蝉 *Psammotettix striatus* (Linnaeus, 1758)

体长 3.5–4.0 mm。体黄褐色，头部浅黄色，在头冠近前端处具 1 对浅褐色三角形斑；复眼褐色，单眼红褐色。前胸背板暗黄褐色，具 5 条平行的浅黄色条纹，前缘浅黄色；小盾片浅黄色，基角斑暗褐色。前翅浅灰褐色，半透明，翅脉黄白色，翅脉侧缘具暗褐色条纹。腹部背板黑色，侧缘及后缘黄色；腹板黑褐色，末节黄褐色。足黄褐色，胫节刺穴黑色。头冠角状突出。前胸背板前缘弧圆突出，后缘近直。寄主：沙蒿、枸杞、水稻。

分布：宁夏、华北、辽宁、吉林、黑龙江、安徽、四川、西藏、台湾、新疆；朝鲜，日本，印度尼西亚，马来西亚，缅甸，印度及欧洲，北美洲地区。

（78）狭拟带叶蝉 *Scaphoidella stenopaea* Anufriev, 1977

体长 14.0–15.0 mm。体浅黄色；头顶和前胸背板褐色；前翅褐色，侧缘浅黄色，透明，翅深色区域具白色小斑点；腹部背板黑色。头冠角状突出，中长是复眼处长的 2 倍；复眼红褐色，单眼深褐色。前胸背板前缘弧形突出，后缘略凹。小盾片三角形，侧缘中部具小白斑。

分布：宁夏（盐池）、辽宁、黑龙江、山东、陕西；俄罗斯。

76. 六盘山蠕纹叶蝉 *Phlepsopsius liupanshanensis* Li, 2011; 77. 条沙叶蝉 *Psammotettix striatus* (Linnaeus, 1758); 78. 狭拟带叶蝉 *Scaphoidella stenopaea* Anufriev, 1977

（三十二）角蝉科 Membracidae

体小至中型，体长 2.0–20.0 mm。体一般色暗，黑色或褐色，少数色泽艳丽。单眼 2 枚。前胸背板发达，向后可延伸至腹部上方，且可具各种形状的突起。世界已知 3600 多种，中国已知 300 多种。

79. 黑圆角蝉 *Gargara genistae* (Fabricius, 1775)

（79）黑圆角蝉 *Gargara genistae* (Fabricius, 1775)

体长 4.5–5.5 mm。体红褐色或黑褐色；头部黑色，单眼淡黄色，复眼黄褐色。头、胸部被白色短鳞片状毛，具光泽；体侧缘常可见白色细长毛组成的毛斑，似霉斑。前胸背板强隆起，中脊明显；后突屋脊状，达前翅内角。前翅透明，基部 1/5 革质，红褐色，具刻点，余下部分翅面具不规则皱纹。寄主：沙打旺、酸枣、国槐、刺槐、锦鸡儿、黄蒿、苜蓿等。

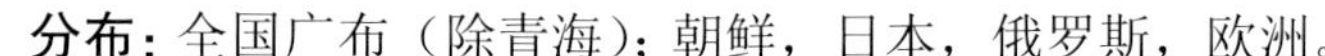

分布：全国广布（除青海）；朝鲜，日本，俄罗斯，欧洲。

（三十三）黾蝽科 Gerridae

体小至中大型，体长 1.7–36.0 mm，大多体表被微毛组成的拒水毛。头部具 4 对毛点毛，单眼无；触角 4 节，第 1 节常长。喙 4 节，粗壮。前胸背板发达，向后延伸遮盖中胸背板。前翅质地均一，多少呈鞘质，翅室 2–4 个。跗节 2 节。多生活于各种水体表面。世界已知 1700 多种，中国已知 60 多种。

（80）圆臀大黾蝽 *Gerris paludum* Fabricius, 1794

体长 9.0–12.5 mm。体纤细，黑褐色，密被短毛。头部在两复眼间具 1 黄褐色宽“V”形斑；触角 4 节，第 1 节明显长，略弯曲，第 3–4 节被银白色绒毛。前胸背板具横沟，侧角钝，不突出；前叶中央具 1 黄色纵纹；前胸背板侧缘具黄色纵带。侧接缘黄褐色。腹部第 7 节后角呈刺状，超过腹部末端。体腹面密被银白色绒毛。

分布：宁夏（盐池、贺兰山）、北京、河北、辽宁、吉林、黑龙江、江苏、浙江、福建、江西、广东、甘肃、台湾；蒙古，朝鲜，日本，欧洲。

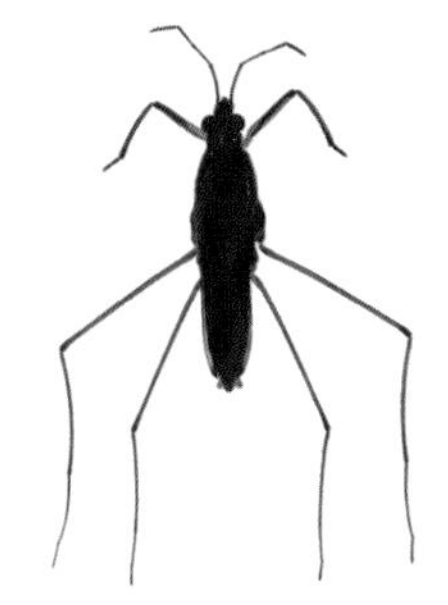

80. 圆臀大黾蝽 *Gerris paludum* Fabricius, 1794

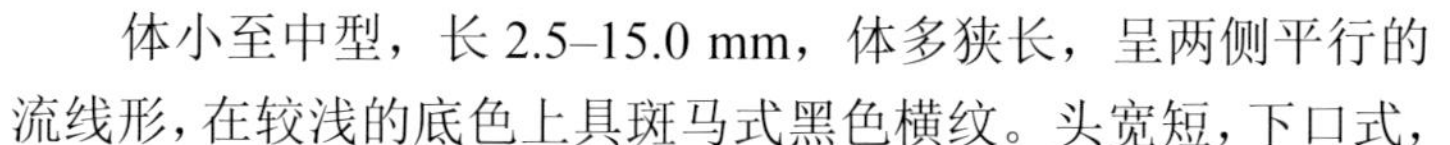

（三十四）划蝽科 Corixidae

体小至中型，长 2.5–15.0 mm，体多狭长，呈两侧平行的流线形，在较浅的底色上具斑马式黑色横纹。头宽短，下口式，中胸小盾片常被前翅遮盖而不外露。前翅膜片发达，或仅呈翅端的狭带，或全无。前足一般粗短，跗节 1 节，特化为匙状，具缘毛。后足特化为桨状游泳足，具缘毛，跗节 2 节。世界已知近 700 种，中国已知 60 多种。

（81）罗氏原划蝽 *Cymatia rogenhoferi* (Fieber, 1864)

体长 7.5 mm。头部黄色，头顶色略深，复眼红褐色；前胸背板及鞘翅暗色，具椭圆形浅色斑；腹部腹面基部 2 节及端节黑褐色；足黄色，中足第 2 跗节末端黑色。头部宽短，喙无横沟。前胸侧叶突近三角形，末端圆滑；中胸后侧板窄于前胸侧叶突，臭腺孔位于中胸后侧板下缘端部附近。前足跗节杆状，两侧具长毛。后足特化为桨状。

分布：宁夏（盐池）、内蒙古、辽宁、吉林、黑龙江；蒙古，俄罗斯，阿尔及利亚，西亚，中东，欧洲。

（82）克氏副划蝽 *Paracorixa kiritshenkoi* (Lundblad, 1933)

体长 7.0–7.5 mm。头部黄色，复眼红褐色；前胸背板暗黄色，具 8–9 条暗横纹，其宽度约为浅横纹的 1/3；前翅暗横纹窄于浅色纹，于爪片基部排列整齐，余部为蠕虫状横纹，爪片、革片的基部可见爪痕；前胸腹板中部黑色；足黄色，后足第 1 跗节端部和第 2 跗节基部有黑斑；雄成虫腹基部黑色。头部宽短，喙具横沟。前胸侧叶突狭长，端部近平截；中胸后侧板宽于前胸侧叶突，臭腺孔位于中胸后侧板下缘中央；后胸腹板突端部尖。

分布：宁夏（盐池）、内蒙古；蒙古，俄罗斯，乌兹别克斯坦。

（83）红烁划蝽 *Sigara lateralis* (Leach, 1817)

体长 5.0–6.0 mm。头部黄色，复眼红褐色；前胸背板暗黄色，具 7–8 条暗横纹；前翅全为蠕虫状横纹，基部具黄色区域；雄性前胸腹板及腹部腹板基部 3 节黑色；足黄色，第 2 跗节腹面黑色。头部宽短，喙具横沟。前胸侧叶突狭长，端部近平截；中胸后侧板略窄于前胸侧叶突，臭腺孔位于中胸后侧板近端部；后胸腹板突近端部变狭，末端锐角形，侧缘弧状。捕食摇蚊幼虫等小动物。

分布： 宁夏（盐池）、北京、内蒙古、辽宁、吉林、黑龙江、山东、河南、湖北、四川、云南、贵州、陕西；蒙古，俄罗斯，中亚，欧洲。

81. 罗氏原划蝽 *Cymatia rogenhoferi* (Fieber, 1864); 82. 克氏副划蝽 *Paracorixa kiritshenkoi* (Lundblad, 1933); 83. 红烁划蝽 *Sigara lateralis* (Leach, 1817)

（三十五）仰蝽科 Notonectidae

体小至中型，长 5.0–15.0 mm，体较狭长，流线形，整个身体背面纵向隆起，呈舟底状；腹部腹面下凹，具 1 脊。以背面向下，腹面朝上的姿势生活在水中。后足发达，特化为桨状游泳足。世界已知 340 多种，中国已知 20 多种。

（84）黑纹仰蝽 *Notonecta chinensis* Fallou, 1887

84. 黑纹仰蝽 *Notonecta chinensis* Fallou, 1887

体长 13.5–15.5 mm。体狭长，黄褐色。头部近方形；复眼大；触角隐于复眼下方的凹槽中；喙短，达前足基节末端。前胸背板梯形，光亮。小盾片三角形，黑色。革片红褐色，杂黑斑，基部黄褐色；膜片灰褐色。足黄褐色，胫节末端及爪黑色。腹部腹面黑色，中部具 1 纵脊。

分布： 宁夏（盐池、贺兰山）、北京、辽宁、黑龙江、福建、山东、湖南、广东、甘肃。

（三十六）跳蝽科 Saldidae

体小型，长 2.3–7.4 mm，体多卵圆形，较扁平，体色灰色至灰黑色，常具一些淡色或深色斑，斑纹大小、有无常有变化。眼大，常呈肾形。前翅膜片具 4 个或 5 个平行的翅室。世界已知 280 多种，中国已知 40 多种。

（85）泛跳蝽 *Saldula palustris* (Douglas, 1874)

体长 3.0–3.5 mm。体卵圆形。头、胸部背面黑色；半鞘翅爪片黑色，末端色浅；革片浅色，基角黑色；膜片透明，具 4 个平行翅室。

分布：宁夏（盐池）、北京、河北、内蒙古、黑龙江、河南、四川、西藏、甘肃、青海、新疆；蒙古，中亚，俄罗斯（西伯利亚），欧洲。

85. 泛跳蝽 *Saldula palustris* (Douglas, 1874)

（三十七）猎蝽科 Reduviidae

体小至大型，体长多在 16.0 mm 左右。头较长，圆锥状，多数具单眼；喙粗壮，多弯曲，4 节，因第 1 节完全退化而表现为 3 节；触角 4 节，第 3、第 4 节常分为若干假节或亚节。前胸背板多具横缢；前胸腹板常具腹板沟，沟内常具横皱纹，与喙摩擦发声。小盾片常具直立或半直立长刺。前翅分为革片、爪片和膜片三部分，膜片多具 2 个翅室，少数 3 个。前足多为捕捉足，有些种类前、中足胫节具海绵沟。

（86）显脉土猎蝽 *Coranus hammarstroemi* Reuter, 1892

体长 11.0–13.0 mm。体黄褐色，头部后叶至前胸背板前叶具白色中纵纹，前胸背板前叶、前胸侧板上部、侧接缘基半部黑色。头部前、后叶近相等；触角第 1 节和第 4 节近相等，第 2、第 3 节近相等。前胸背板前叶稍鼓，后叶基半部中央两侧具 2 条短纵脊。前翅膜质部短，黑褐色，达腹部第 4 背板中部或后部，具 3–4 条翅脉。足黄褐色，各足腿节条纹和胫节环斑均黑色。

分布：宁夏（盐池）、山西、内蒙古、四川、新疆；蒙古，俄罗斯（西伯利亚）。

（87）茶褐盗猎蝽 *Peirates fulvescens* Lindberg, 1938

体长 14.0–16.0 mm。体黑色，具光亮的白色及黄色短细毛。头部眼前部长于眼后部；喙基部 2 节粗，末节尖细；触角 4 节，第 1 节粗短，较短于头部。前胸背板横缢明显，约在后部 1/3 处，前叶侧缘鼓起。前翅革片除基部和端角外黄褐色，有变异，有的个体前翅几乎全黑色，仅在革片和膜片相交处浅黄褐色；膜片中部具 1 大型黑色斑点。前足发达，腿节粗壮，前、中足胫节腹面具海绵窝。

分布：宁夏（盐池）、北京、天津、河北、山东。

（88）双刺胸猎蝽 *Pygolampis bidentata* (Goeze, 1778)

体长 13.0–15.5 mm。体褐色，密被短毛。头部两侧近平形，中叶突出；前叶长于后叶，具 1 “V” 形光滑条纹；后叶具中纵沟，前端鼓起，单眼着生于此，后缘具 1 列刺状突起。前胸背板长形，中部具凹沟，其两侧具不规则光滑斜斑，后缘波曲状。前胸腹板前角突出呈刺状。前翅后端超过第 7 腹节亚后缘，膜片具不规则浅色斑点。侧接缘末端具黄褐色斑，第 7 背板两侧向后突出。

分布：宁夏（盐池）、北京、河北、山西、内蒙古、黑龙江、山东、广西；欧洲。

（89）枯猎蝽 *Vachiria clavicornis* Hsiao *et* Ren, 1981

体长 11.0–13.0 mm。体狭长，灰褐色杂黑色斑纹，密被弯曲白短毛。头部圆柱形，黑色，前叶黑色部分较少；触角 4 节，第 1 节最长且最粗，呈棒状，腹面具若干小突起，第 2–4 节粗细近相等。前胸背板具颗粒状突起，中央具纵沟；前叶和后叶近相等，后叶前部具 4 条短纵脊，后端隆突，中间具 2 个发达突起。小盾片三角形，具“Y”形脊。前翅狭长，达腹部第 7 节基部。腹部两侧近平行；各节侧接缘后角黄褐色。足黄褐色，各足腿节条纹和胫节环斑均黑色。前足股节发达，腹面具若干小突起。捕食柽柳及沙蒿的蚜虫、盲蝽。

分布：宁夏（盐池）、天津、河北、内蒙古、山东。

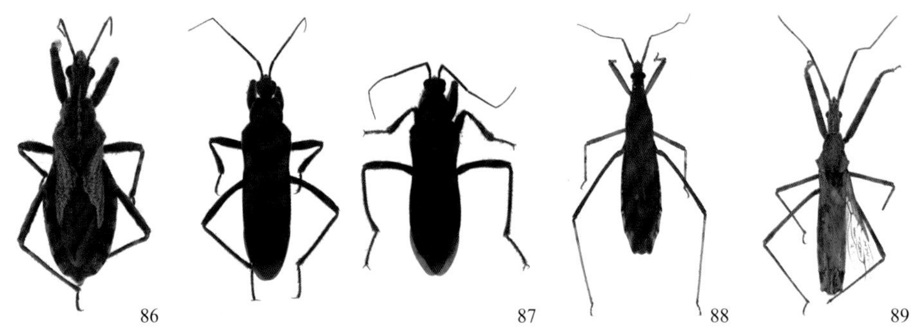

86. 显脉土猎蝽 *Coranus hammarstroemi* Reuter, 1892; 87. 茶褐盗猎蝽 *Peirates fulvescens* Lindberg, 1938（左右为色型变异）; 88. 双刺胸猎蝽 *Pygolampis bidentata* (Goeze, 1778); 89. 枯猎蝽 *Vachiria clavicornis* Hsiao *et* Ren, 1981

（三十八）姬蝽科 Nabidae

体中小型，体色灰黄色或黑色，具鲜亮黄色或红色斑。头背面具 2 对或 3 对大型刚毛；触角 4 节，具梗前节；喙 4 节，常弯曲。前胸背板狭长，前部具横沟。翅常退化；前翅在花姬蝽亚科具不明显的楔片，在姬蝽亚科中具 2–3 个长形闭室。各足跗节 3 节；前足胫节下方可具刺列。世界已知 500 多种，中国已知 80 种左右。

（90）泛希姬蝽 *Himacerus apterus* (Fabricius, 1798)

体长 9.5 mm。体暗褐色，被淡色光亮短毛。头背面暗褐色；触角 4 节，第 2 节近为第 1 节的 2 倍，第 3 节略短于第 2 节，第 4 节略短于第 1 节。前胸背板梯形，横沟明显。小盾片三角形，黑色。前翅革片色淡，膜片较暗。侧接缘各节端部 1/4 红褐色或黄色，腹部腹面黑褐色。各足胫节具淡色环斑。捕食蚜虫、飞虱、鳞翅目低龄幼虫及卵等。

分布：宁夏（盐池、贺兰山）、北京、河北、山西、内蒙古、辽宁、吉林、黑龙江、山东、河南、湖北、湖南、广东、海南、四川、云南、西藏、陕西、甘肃、青海；朝鲜，日本，俄罗斯，欧洲，北非。

（91）淡色姬蝽 *Nabis palifer* Seidenstücker, 1954

体长 6.5–8.0 mm。体土黄色，被细短毛；触角 4 节，第 1 节粗，长于由眼后缘至头顶的距离。前胸背板近梯形，中部具 1 条深色纵带，横沟明显，前端两侧具云状纹，后半部有 4–6 条模糊的纵带；小盾片黑色，两侧具黄斑。前翅略超过腹部末端，半鞘翅黄褐色，散布褐色斑点。腹部淡色，侧缘具黑褐色纵纹，或至少基部黑色。

分布：宁夏（盐池、贺兰山）、内蒙古、四川、西藏；中亚，中东，南亚，欧洲。

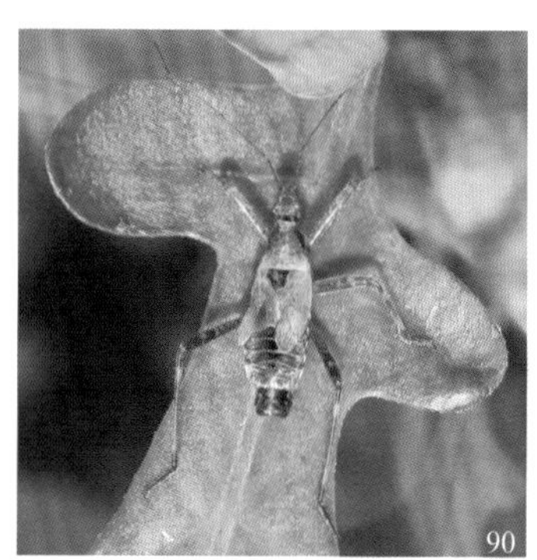

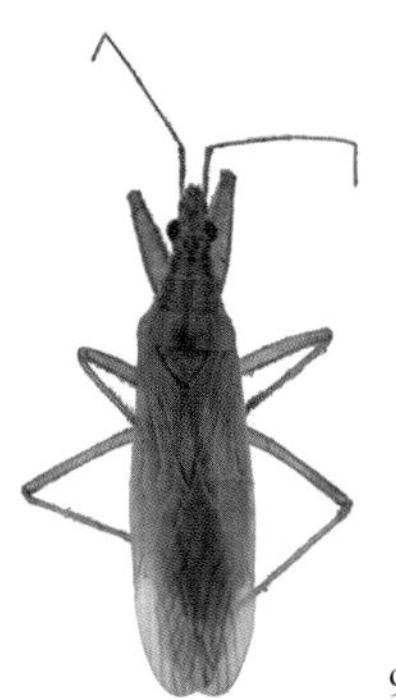

90. 泛希姬蝽 *Himacerus apterus* (Fabricius, 1798); 91. 淡色姬蝽 *Nabis palifer* Seidenstücker, 1954

（三十九）网蝽科 Tingididae

体小至中型，体长 2.0–10.0 mm。体色缺乏鲜艳的色彩，显著的特征是前胸背板和前翅遍布网格状棱起的花纹。头部相对较小，具棘状刺；触角 4 节，第 4 节纺锤形；喙 4 节。前胸背板后端呈三角形向后延伸，中胸小盾片被前胸背板遮盖。前翅革质，无膜片；外侧部分宽大平展，内侧部分具一隆起的区域。世界已知 2000 多种，中国已知 220 多种。

（92）短贝脊网蝽 *Galeatus affinis* (Herrich-Schäffer, 1835)

体长 2.5 mm。体黄褐色。头部具 5 枚细长头刺，半直立，后头刺长度约为头兜高度的 2 倍。头兜小，盔状，明显低于侧纵脊和中纵脊；中纵脊由 3 个大网室组成，前部低而后部明显加高；侧纵脊半球形，背方黑色，黑色网室内见细小颗粒；侧背板扇形，具 1 列大网室，斜向上翘；三角突呈囊状隆起。前翅宽大，但外露于腹部末端的部分明显短于腹部长度；中域有 1 列共 3 个大网室，外侧上翘，R+M 脉隆起；Cu 脉细弱，膜域与中域分界不清；Sc 脉波曲，前缘域宽大，有 1 列大网室，但网室的大小差异很大。寄主：蒿属植物等。

分布：宁夏（盐池）、北京、天津、河北、山西、辽宁、黑龙江、浙江、安徽、福建、山东、河南、湖北、湖南、四川、重庆、广西、云南、陕西；蒙古，朝鲜，日本，俄罗斯，中亚，欧洲，美国。

（93）强裸菊网蝽 *Tingis robusta* Golub, 1977

体长 3.5–4.0 mm。体长形，黄褐色，前胸背板侧缘和前翅侧缘具间断黑色小斑；触角第 4 节黑色。触角第 1 节粗短，第 3 节极长，长度近为第 4 节的 3 倍，第 4 节纺锤形。前胸背板近梯形，侧缘上翘；前端中部隆起，具 3 条延伸至小盾片端缘的平行纵脊。前翅近长方形，侧缘上翘。寄主：兰刺头、沙旋覆花。

分布：宁夏（盐池、贺兰山）、内蒙古；蒙古。

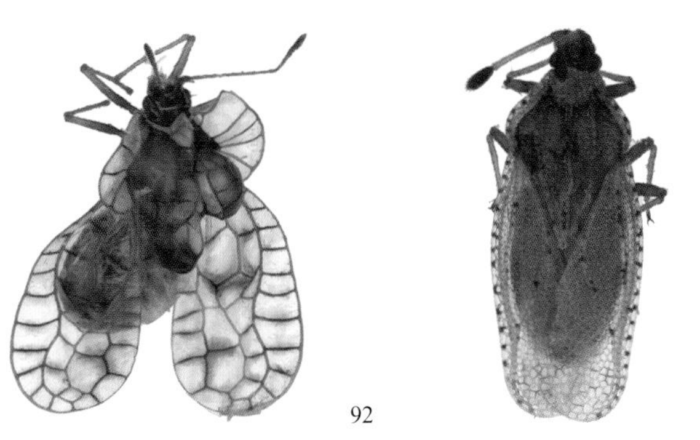

92. 短贝脊网蝽 *Galeatus affinis* (Herrich-Schäffer, 1835); 93. 强裸菊网蝽 *Tingis robusta* Golub, 1977

（四十）盲蝽科 Miridae

体小至中型，稍扁平。无单眼，触角 4 节。中胸盾片常部分外露。前翅具爪片和缘片，爪片接合缝明显，前缘裂发达；膜区由翅脉在基部围成 2 个翅室。各足基节圆锥状，跗节 2 节或 3 节。世界已知 11 700 多种，中国记录 610 多种。

（94）三点苜蓿盲蝽 *Adelphocoris fasciaticollis* Reuter, 1903

体长 6.5–8.5 mm。体长椭圆形，浅黄褐色。头部色略深，呈黄褐色；触角第 1 节至第 2 节基半部浅黄褐色，第 2 节端半部深红褐色，第 1–2 节被黑色短毛，第 3–4 节深红褐色，被浅色短毛，每节基部色淡。前胸背板胝区浅黑褐色，盘区基半部有 1 黑色宽横带。小盾片浅黄色，基侧角浅黑褐色。爪片浅黑褐色；革片末端及其中间向前斜伸达中部的三角形斑浅黑褐色；楔片浅黄色，末端黑色；膜片烟褐色。寄主：苜蓿、牧草、草木樨、芦苇等草本植物及杨、柳、榆等。

分布：宁夏（盐池、贺兰山）、河北、山西、内蒙古、辽宁、黑龙江、江苏、安徽、江西、山东、河南、湖北、海南、四川、陕西；蒙古。

（95）苜蓿盲蝽 *Adelphocoris lineolatus* (Goeze, 1778)

体长 6.5–9.5 mm。体狭长，两侧近平行，黄褐色。头部同色或具 1 对黑褐色小斑；触角向端部色渐深，第 1 节至第 2 节基半部黄褐色，第 2 节端半部锈褐色，第 3–4 节黑褐色。前胸背板胝区黑色，盘区基半部中央两侧各具 1 黑褐色斑。小盾片中线两侧各具 1 黑褐色纵线。爪片内侧浅黑褐色；革片具黑褐色斑；楔片浅黄色，外缘黑褐色；

膜片浅褐色。寄主：苜蓿、草木樨、菊科植物。

分布：宁夏（盐池、贺兰山）、北京、天津、河北、山西、内蒙古、辽宁、吉林、黑龙江、浙江、江西、山东、河南、湖北、广西、四川、云南、西藏、陕西、甘肃、青海、新疆；欧洲，北美洲。

（96）暗色蓬盲蝽 *Chlamydatus pullus* (Reuter, 1870)

体小型，体长 2.12–2.4 mm。体椭圆形，黑色。头垂直，眼侧观与头等高；触角第 1 节粗短，第 2 节长，向端部渐粗，第 3 节和第 4 节细。

分布：宁夏、北京、天津、河北、内蒙古、吉林、黑龙江、山东、河南、陕西、甘肃、新疆；俄罗斯，伊朗，丹麦，芬兰，德国，意大利，英国，加拿大。

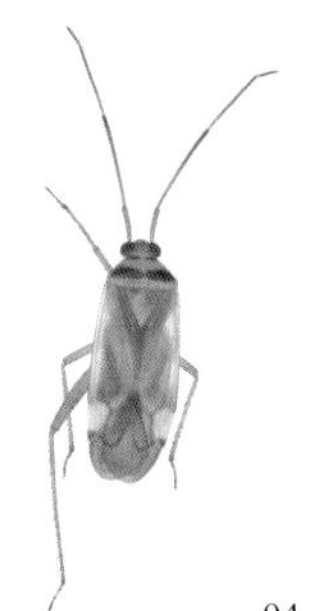

94

95

96

94. 三点苜蓿盲蝽 *Adelphocoris fasciaticollis* Reuter, 1903; 95. 苜蓿盲蝽 *Adelphocoris lineolatus* (Goeze, 1778); 96. 暗色蓬盲蝽 *Chlamydatus pullus* (Reuter, 1870)

（97）黑食蚜齿爪盲蝽 *Deraeocoris punctulatus* (Fallén, 1807)

体长 4.0–5.0 mm。体宽扁，椭圆形。头黑色，背中线及后缘具黄色纹；触角黑色，杂褐色斑点。前胸背板中部黑色，具黄色中线；小盾片黑色，基侧角及末端黄色。半鞘翅浅绿褐色，近透明；革片端缘及楔片末端具 4–5 个黑斑；膜片透明。捕食蚜虫类、螨类、飞虱类。

分布：宁夏（盐池、贺兰山）、河北、内蒙古、江苏、江西、山东、河南、四川、甘肃、青海、新疆；蒙古，朝鲜，俄罗斯，中亚，欧洲，美国，加拿大。

（98）牧草盲蝽 *Lygus pratensis* (Linnaeus, 1758)

体长 5.0–6.0 mm。体黄绿色。头部黄色；触角 4 节，线形，第 2 节长为第 3 与第 4 节之和；第 1 节浅黄色，腹面端部具黑色纵纹，第 2 节褐色，基部和端部黑色，第 3、第 4 节深褐色。前胸背板前侧角可有 1 个小黑斑，后侧角有时具黑斑，两侧缘可具黑纵带，后缘具黑横带，中部具 2 条或 4 条黑纹，或消失。小盾片只在基部中央具 1–2 条黑色短纵带，或为 1 对相互靠近的三角形小斑。爪片中部、革片末端斑块呈浅褐色，楔片基部外侧及末端黑褐色；膜片透明，皱状。寄主：豆科、牧草、枸杞、杏。

分布：宁夏、北京、河北、山西、内蒙古、辽宁、吉林、黑龙江、山东、河南、安徽、四川、陕西、甘肃、青海、新疆；欧洲，北美洲。

（99）柠条植盲蝽 *Phytocoris caraganae* Nonnaizab *et* Jorigtoo, 1992

体长 8.4–9.5 mm。体粗壮，长椭圆形。头部浅黄色，杂黑褐色斑；额具数条黑褐色平行短斜纹；触角第 1 节粗短，浅黄色，杂深褐色小斑，密布半直立黑色毛及直立银白色细长毛，第 2 节长，浅黄色，端部深褐色，第 3 节黄褐色，第 4 节短深褐色。前胸背板浅黄色，胝区具褐色至黑褐色斑，整体被银白色丝状毛及黑褐色半直立毛，后缘具 10–12 束黑毛。小盾片黄褐色，端部黑褐色。半鞘翅黄白色，密布灰褐色或深褐色不规则小斑，被银白色丝状毛及直立或半直立黑色毛。膜片不透明，密布灰色至深褐色不规则点。寄主：柠条。

分布：宁夏（盐池、中卫）、内蒙古、陕西；蒙古。

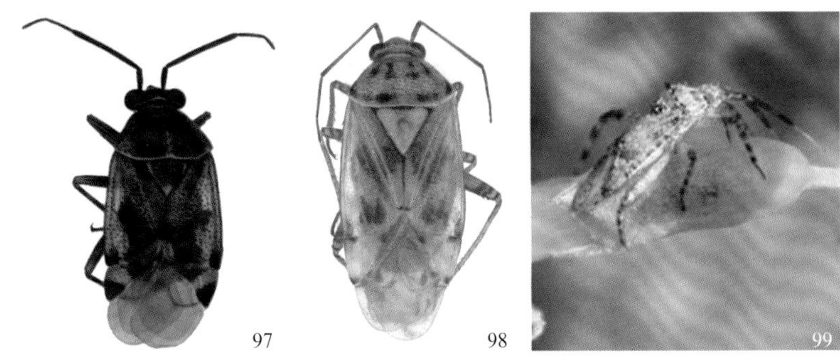

97. 黑食蚜齿爪盲蝽 *Deraeocoris punctulatus* (Fallén, 1807); 98. 牧草盲蝽 *Lygus pratensis* (Linnaeus, 1758); 99. 柠条植盲蝽 *Phytocoris caraganae* Nonnaizab *et* Jorigtoo, 1992

（100）扁植盲蝽 *Phytocoris intricatus* Flor, 1861

体长 6.0–7.2 mm。体狭长，浅黄褐色，杂黑褐色小斑。头部黄白色，头顶两侧具深色斑，前端两侧具褐色短横皱；触角线形；第 1 节黑褐色，杂黄白色斑；第 2 节淡黑褐色，中部外侧具 1 黄褐色环；第 3 节黄褐色，基部具 1 浅色环，端部 1/4 至第 4 节末端淡黑褐色。前胸背板灰褐色至深褐色，胝区色浅，中纵线及后缘黄白色，基部具黑色毛瘤。小盾片黄褐色，近端部两侧具黑褐色斑。半鞘翅灰褐色，杂黑褐色斑，被银白色丝状毛及黑褐色半直立毛，爪片末端、革片端角及楔片内缘中部各具 1 黑色毛簇；膜片烟褐色，具灰褐色斑点。

分布：宁夏（盐池、六盘山）、河北、内蒙古、黑龙江、四川、甘肃；朝鲜，俄罗斯，欧洲。

（101）砂地植盲蝽 *Phytocoris jorigtooi* Kerzhner *et* Schuh, 1995

体长 4.1–6.5 mm。体狭长，体色浅黄，被平伏银色丝状毛及半直立褐色短毛。头部浅黄色，复眼红褐色；触角线形，第 1 节较粗；喙伸达后足基节后端。前胸背板近梯形，基部最宽；浅黄色，沿后缘具 6 个黑色毛瘤。小盾片三角形，浅黄色。半鞘翅浅黄色，杂不明显浅褐色斑点，被浅色丝状毛及半直立褐毛，爪片端和革片内端角具黑毛丛；膜片透明，具灰褐色斑点。寄主：黑沙蒿、白刺、碱蓬、柠条。

分布：宁夏（盐池、灵武、中宁）、内蒙古、陕西；蒙古。

（102）棒角束盲蝽 *Pilophorus clavatus* (Linnaeus, 1767)

体长 5.0 mm。体束腰形，棕褐色，被金黄色平伏毛和黑褐色短毛。头部深褐色；触角第 1 节深褐色，第 2 节褐色，端部黑褐色；第 3 节基半部黄白色，端半部黑褐色；第 4 节黑褐色，基部黄白色。前胸背板及小盾片深褐色。半鞘翅黄褐色，具 2 条银白色鳞片状毛组成的横带，前横带位于基部 1/3 处，不达爪片，后横带位于端部 1/3 处，达爪片，但爪片上的毛带向基部平移；爪片与膜片相接处也具银白色毛带，略模糊；膜片黄白色。

分布：宁夏（盐池）、河北、内蒙古、浙江、山东、陕西、甘肃、新疆；俄罗斯，法国，德国，意大利，丹麦，瑞典，美国，加拿大。

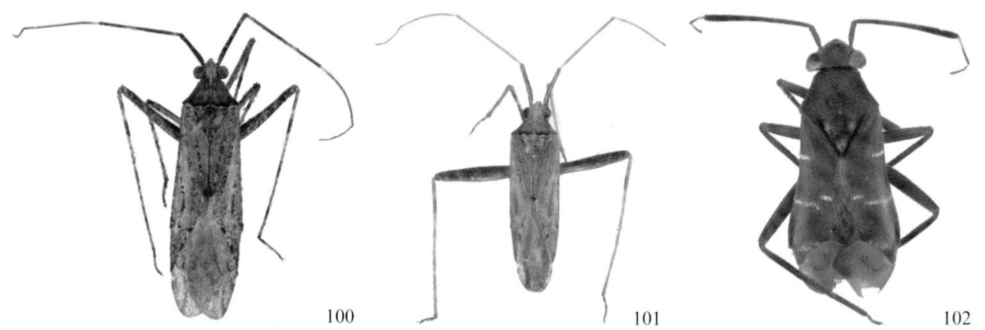

100. 扁植盲蝽 *Phytocoris intricatus* Flor, 1861; 101. 砂地植盲蝽 *Phytocoris jorigtooi* Kerzhner *et* Schuh, 1995; 102. 棒角束盲蝽 *Pilophorus clavatus* (Linnaeus, 1767)

（103）红楔异盲蝽 *Polymerus cognatus* (Fieber, 1858)

体长 4.0–5.5 mm。体狭长，黄褐色，具黑斑，雄性较雌性色暗。雄性头部黑色，眼内侧具 1 对淡黄斑；雌性头部浅黄色，中部色暗。雄性触角第 1 节黑色，第 2–4 节红褐色；雌性第 1 节近基端和末端黑色，第 2–3 节黄褐色，第 4 节黑褐色。前胸背板雄性全黑色；雌性黄色，或淡黄色，盘区端部 2/3 灰黑色。小盾片黑色，端部具黄斑，雌性黄斑大于雄性。爪片和革片具黑斑，雌性黑斑远小于雄性黑斑占比；楔片胭红色，前、后缘浅黄色。膜片烟褐色。寄主：苜蓿、藜科杂草。

分布：宁夏（盐池、贺兰山）、北京、天津、河北、山西、内蒙古、吉林、黑龙江、山东、河南、四川、陕西、甘肃、新疆；朝鲜，俄罗斯（远东、西伯利亚），中亚，欧洲，北美洲。

（104）北京异盲蝽 *Polymerus pekinensis* Horáth, 1901

体长 4.7–7.7 mm。体粗壮，黑色。头垂直，下伸；头黑色，眼内缘具 1 白斑；触角第 1 节黄褐色，内侧黑褐色，第 2–4 节黑色。前胸背板及翅被闪光丝状毛，有些聚合成小毛斑；楔片缝及楔片末端具窄黄白色边。

分布：宁夏（盐池、贺兰山）、北京、天津、山西、内蒙古、吉林、黑龙江、浙江、安徽、福建、江西、山东、四川、云南、陕西；朝鲜，日本。

（105）绿狭盲蝽 *Stenodema virens* (Linnaeus, 1767)

体长 6.5–8.5 mm。体狭长。活体绿色；标本黄褐色，头部复眼内侧黑色，前胸背板两侧经胝区各有 1 深色纵带，半鞘翅爪片脉两侧与革片内半浅黑褐色，膜片烟色，翅脉浅黄褐色。

分布：宁夏（盐池、贺兰山）、内蒙古；蒙古，中亚，西亚，西伯利亚，欧洲，北美洲。

103. 红楔异盲蝽 *Polymerus cognatus* (Fieber, 1858); 104. 北京异盲蝽 *Polymerus pekinensis* Horáth, 1901; 105. 绿狭盲蝽 *Stenodema virens* (Linnaeus, 1767)

（106）条赤须盲蝽 *Trigonotylus coelestialium* (Kirkaldy, 1902)

体长 5.0–6.5 mm。体狭长。活体鲜绿色，标本绿褐色。触角第 1 节具 3 条界限明显的红色纵纹，余下各节全红色；头顶中纵线黑褐色。前胸背板具 4 条不明显褐色纵纹。

分布：宁夏（盐池、贺兰山）、河北、山西、内蒙古、辽宁、吉林、黑龙江、山东、河南、陕西、新疆；蒙古，俄罗斯，英国，美国。

（107）蒙古柽盲蝽 *Tuponia mongolica* Drapolyuk, 1980

体小型，体长 3.0 mm。体黄白色，小盾片基部和革片端部通常橘红色。体被黑色

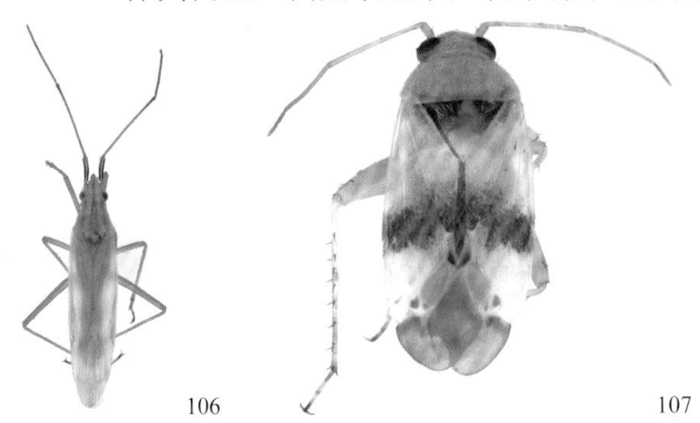

106. 条赤须盲蝽 *Trigonotylus coelestialium* (Kirkaldy, 1902); 107. 蒙古柽盲蝽 *Tuponia mongolica* Drapolyuk, 1980

刚毛状毛和银色丝状毛。头垂直，额与唇基相连处微凹陷，喙向后伸达腹基部。

分布：宁夏、天津、河北、内蒙古、山东；蒙古。

（四十一）扁蝽科 Aradidae

体小至中型，体长 2.2–20.0 m。体色暗，褐色或黑色。体扁平，体背常具各式瘤突或皱纹。头部复眼小，无单眼，触角瘤发达；触角 4 节，喙 4 节，跗节 2 节。一般前翅膜片具 4 条翅脉，端部呈网状，或整个膜片呈网状；短翅或无翅种类较多。腹部腹面无毛点毛。世界已知 1800 多种，中国已知 100 多种。

（108）文扁蝽 *Aradus hieroglyphicus* Sahlberg, 1878

体长 7.0 mm。体黄褐色至褐色，具瘤突。头部中叶侧缘近平行，末端圆；触角基突端部锥状，末端尖；触角 4 节，第 1 节短小，第 2 节最长，长于第 3 节与第 4 节长度的和；第 3 节黄白色。前胸背板中部黑褐色，边缘黄褐色；中部具 4 条纵脊，侧缘上翘，侧边具不规则齿突，侧角钝圆；后缘中部在小盾片基部上方部分内凹。小盾片基半部方形，端半部三角形，末端圆钝；侧缘具脊，上折。侧接缘第 2–7 节略突出；革片基部侧缘上翘，侧缘齿状；膜片发达，具清晰翅脉，伸至腹部末端。各节端部 1/4 红褐色或黄色。腹部腹面黑褐色。

分布：宁夏（盐池）、北京、河北、内蒙古、河南、四川、新疆；韩国，日本，俄罗斯，吉尔吉斯斯坦。

108. 文扁蝽 *Aradus hieroglyphicus* Sahlberg, 1878

（四十二）同蝽科 Acanthosomatidae

体常椭圆形，中小型至中大型；体色多为绿色或褐色，具红色花斑。头平伸，近三角形；单眼明显；触角多为 5 节，极少为 4 节。前胸背板梯形，侧角常强烈延伸呈尖刺状。中胸小盾片三角形，不长于前翅长度的 1/2。中胸腹板中线处具 1 纵隆脊。腹部第 3 腹板中部常具 1 强刺，前伸，常与胸部腹板隆脊嵌合。各足跗节 2 节。世界已知 200 多种，中国已知 90 多种。

（109）宽肩直同蝽 *Elasmostethus humeralis* Jakovlev, 1883

体长 10.0 mm。体长椭圆形。头部黄褐色，侧叶散布几个黑色刻点；触角 5 节。前胸背板除侧角内侧黑色外，暗绿色，被稀疏黑色小刻点；侧角圆钝，略突出。中胸小盾片黄褐色，基中部带红褐色，散布黑色小刻点。爪片及革片基部红褐色，余部黄褐色；膜片烟褐色。腹部黄褐色，

109. 宽肩直同蝽 *Elasmostethus humeralis* Jakovlev, 1883

背面末端侧角红褐色。寄主：杨、榆。

分布：宁夏（盐池、贺兰山）、北京、吉林、四川、陕西；日本，俄罗斯（西伯利亚）。

（四十三）土蝽科 Cydnidae

小型至中大型；体褐色或黑色，少数具白色或蓝白色花斑；常具光泽。头平伸或前倾；头前缘常有粗短栉状刚毛列；触角多为 5 节，少数为 4 节。小盾片常长于前翅长度的 1/2。腹部各节两侧的 2 根毛点毛在气门后排成纵列。各足跗节 3 节。世界已知 780 多种，中国已知 70 多种。

（110）长点阿土蝽 *Adomerus notatus* (Jakovlev, 1882)

体长 4.8 mm。体椭圆形；黑色，前胸背板侧缘、前翅革片侧缘和其中部的斜斑、腹部侧缘及各足胫节背侧中部条纹均白色；全身密被浓密刻点。头部侧片略长于中片；触角 5 节，渐变长，第 5 节末端锥状。前胸背板近梯形，前侧缘光滑，侧角圆滑；前胸腹部中部具 2 条纵脊，形成 1 条纵沟。小盾片舌状，末端圆滑。革片中部斜斑长大于宽的 3 倍；膜片烟褐色，侧缘黄褐色，透明。

分布：宁夏（盐池）、北京、河北、内蒙古、青海；蒙古，俄罗斯。

（111）圆点阿土蝽 *Adomerus rotundus* (Hsiao, 1977)

体长 4.0–5.0 mm。体椭圆形；黑色，前胸背板侧缘、前翅革片侧缘和其中部的斜斑、腹部侧缘及各足胫节背侧中部条纹均白色。头部侧片略长于中片；触角 5 节，渐变长，第 5 节末端锥状。前胸背板近梯形，前侧缘光滑，侧角圆滑；前胸腹部中部平，无纵沟。小盾片舌状，末端圆滑，完全黑色，末端无白斑。革片中部斜斑长近为宽的 2 倍；膜片黄褐色，透明。

分布：宁夏（盐池）、北京、天津、江苏、山东、香港；日本，俄罗斯。

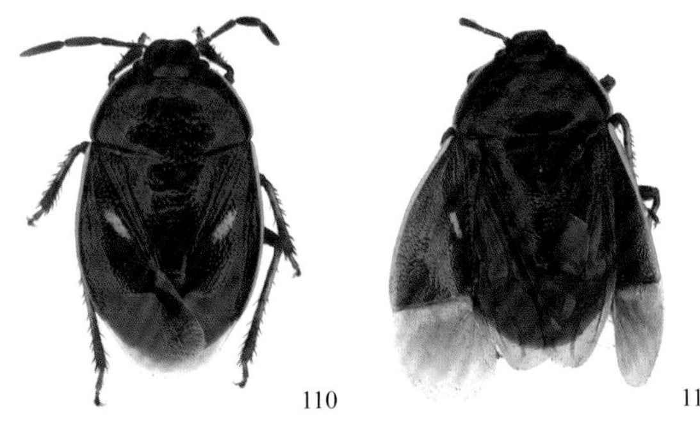

110. 长点阿土蝽 *Adomerus notatus* (Jakovlev, 1882); 111. 圆点阿土蝽 *Adomerus rotundus* (Hsiao, 1977)

（四十四）蝽科 Pentatomidae

触角多为 5 节，少数种类 4 节。前胸背板多为六角形；小盾片发达，多数为三角形，紧接前胸背板后方，遮于腹部背面，长度略超过腹部的一半，少数种类超过腹长的 2/3，盖住整个腹板。膜片具多数纵脉，很少分支。世界已知 4700 多种，中国已知 360 多种。

（112）西北麦蝽 *Aelia sibirica* Reuter, 1884

体长 9.0–10.5 mm。体长椭圆形，黄褐色，自头部基部 1/2 处至小盾片端部常具黄白色中纵脊，其两侧布褐色刻点。头部侧缘黑色；触角红褐色至黑褐色。前胸背板侧缘黄白色，侧角内侧略膨凸；小盾片发达，舌状，超过膜片基部；革片内侧青褐色，具黑色刻点，侧缘黄褐色；膜片透明。寄主：苜蓿、麦类、禾本科牧草。

分布：宁夏（盐池、贺兰山）、山西、内蒙古、甘肃、青海、新疆；中亚，南亚，俄罗斯。

（113）邻实蝽 *Antheminia lindbergi* (Tamanini, 1962)

体长 8.0–10.0 mm。体椭圆形，青黄色。头部侧缘黑色；触角基节黄褐色，端部 4 节黑褐色。前胸背板端半部具 4 条黑色纵纹，有时不清晰；前侧缘浅黄白色；侧角周缘大部红褐色。小盾片基半部青绿色，端部变窄，侧缘浅黄白色。前翅革片红褐色，膜片浅黄色。侧接缘黄褐色。寄主：禾本科植物。

分布：宁夏（盐池、贺兰山）、内蒙古；蒙古，俄罗斯（东部）。

（114）紫翅果蝽 *Carpocoris purpureipenis* (DeGeer, 1773)

体长 11.5–12.0 mm。体宽椭圆形，黄褐色至紫褐色。触角黑色，基节黄褐色；头部中部具 2 条黑色纵纹，侧叶外缘具黑边；前胸背板前半部具 4 条黑色纵带，侧角端部常为宽广的黑色；小盾片末端淡色；前翅膜片浅烟褐色，基内角具大黑斑，外缘端部呈 1 个黑斑。腹部侧接缘黄黑相间。寄主：沙枣、苹果及梨等。

分布：宁夏（盐池、贺兰山）、山西、吉林、黑龙江、陕西、青海；古北区。

112

113

114

112. 西北麦蝽 *Aelia sibirica* Reuter, 1884; 113. 邻实蝽 *Antheminia lindbergi* (Tamanini, 1962); 114. 紫翅果蝽 *Carpocoris purpureipenis* (DeGeer, 1773)

（115）斑须蝽 *Dolycoris baccarum* (Linnaeus, 1758)

体长 8.0–13.0 mm。体椭圆形，黄褐色至紫褐色，密被黑色小刻点和白色细绒毛；

触角黑色，第 2–4 节的基部和末端浅黄色，第 5 节基部浅黄色；前胸背板前侧缘常呈浅白色边；小盾片末端色淡，黄白色；革片暗红褐色；腹部侧接缘黄黑相间。胸部、腹部的腹面浅黄褐色，散布零星黑色小刻点。寄主：麦类、高粱、水稻、玉米、棉花、柑橘、葡萄、苹果、葱、桃、菊花、醉蝶花、月季、禾本科杂草等。

分布：宁夏（盐池、贺兰山）、河北、山西、内蒙古、辽宁、吉林、黑龙江、江苏、浙江、福建、江西、山东、河南、湖北、湖南、广东、广西、海南、四川、贵州、云南、西藏、陕西、青海、新疆；朝鲜，日本，印度，俄罗斯，中亚地区，北美洲。

（116）赤条蝽 *Graphosoma rubrolineatum* (Westwood, 1837)

体长 11.0 mm。体椭圆形，橙红色，体背具黑色纵纹，头部 2 条，前胸背板 6 条，小盾片 4 条；腹部侧接缘黑色，每节两端具橙红色斑；体腹面橙红色，具若干黑色斑点列。触角黑色，足橙红色至黑褐色。小盾片发达，近达腹末。寄主：榆、葱及洋葱等。

分布：宁夏（盐池）、河北、山西、内蒙古、辽宁、黑龙江、江苏、浙江、江西、山东、河南、湖北、广东、广西、四川、贵州、陕西、甘肃、新疆；朝鲜，日本，俄罗斯（东西伯利亚）。

（117）草蝽 *Peribalus strictus vernalis* (Wolf, 1804)

体长 6.0–8.5 mm。体椭圆形，体背灰黄褐色，密被黑色小刻点；头侧缘及前胸背板前侧缘具淡色边；触角基部 3 节黄褐色，第 4–5 节黑褐色，第 4 节基部、端部黄褐色；翅膜片浅黄白色；腹部侧接缘黄褐色，各节两端具黑斑；体腹面黄褐色，腹板前中部常呈红褐色，有时具 3 条模糊黑褐色纵纹。

分布：宁夏（盐池、贺兰山）、北京、山西、辽宁、吉林、黑龙江、新疆；伊朗，土耳其，俄罗斯（西伯利亚），欧洲。

115. 斑须蝽 *Dolycoris baccarum* (Linnaeus, 1758); 116. 赤条蝽 *Graphosoma rubrolineatum* (Westwood, 1837); 117. 草蝽 *Peribalus strictus vernalis* (Wolf, 1804)

（118）横纹菜蝽 *Eurydema gebleri* Kolenati, 1846

体长 6.0–8.0 mm。头部黑色，侧叶基部 2/3 及其外缘和前缘黄色；触角黑色。前胸背板橘红色、浅黄色，具 6 个黑色斑，前 2 后 4，后部侧缘的 2 个较小。小盾片黄白色，基部具 1 个三角形大型黑斑；近端处两侧各有 1 个小黑斑；端部橘红色。前翅革片黑色，末端具 1 白色杂橘红色的横斑；侧接缘黄白色至黄红色。腹部腹面黄白色，各节基部中央具 1 对黑斑，近侧缘每侧中部具 1 个黑斑。寄主：十字花科杂草。

分布：宁夏（盐池、贺兰山）、北京、天津、河北、山西、内蒙古、辽宁、吉林、黑龙江、江苏、安徽、山东、湖北、四川、贵州、西藏、陕西、甘肃、新疆；俄罗斯，土耳其，南欧。

（119）苍蝽 *Brachynema germarii* (Kolenati, 1846)

体长 10.0–11.0 mm。体浅绿色至暗绿色。头部侧叶边缘及前胸背板前侧缘青白色，头部侧叶略卷起。触角基部 3 节暗绿色，第 4–5 节褐色。小盾片末端色浅，青白色。前翅革片前缘大部呈 1 青白色的宽边，膜片浅白色，脉较细且多。侧接缘青白色。体腹面浅黄白色，密布青绿色小刻点。腹板各节后侧角黑色。寄主：骆驼刺、牧草、沙枣、假木贼等。

分布：宁夏（盐池、贺兰山）、河北、西藏、陕西、甘肃、青海、新疆；俄罗斯，中东至欧洲。

118. 横纹菜蝽 *Eurydema gebleri* Kolenati, 1846; 119. 苍蝽 *Brachynema germarii* (Kolenati, 1846)

（120）宽碧蝽 *Palomena viridissima* (Poda, 1761)

体长 12.0–13.5 mm。体背暗绿色，前胸背板侧缘饰浅黄色，前翅膜片烟褐色；触角基部 3 节暗绿色，第 4 节除基部暗绿色外，黄褐色，第 5 节黑褐色；体腹面周缘浅绿色，沿中纵线显浅黄色。寄主：麻、玉米。

分布：宁夏（盐池、贺兰山）、北京、河北、山西、内蒙古、吉林、黑龙江、山东、陕西、甘肃、青海、新疆；蒙古，朝鲜，印度，俄罗斯（西伯利亚），欧洲，北非。

（121）金绿真蝽 *Pentatoma metallifera* (Motschulsky, 1859)

体长 17.0–24.0 mm。体背面金绿色；头部侧叶约与中叶末端平齐，侧叶侧缘略上翘；触角黑褐色。前胸背板前侧缘具明显锯齿，侧角尖，明显伸出体外，背板后 3/4 具明显横皱；中部及后缘具紫红褐色横纹。小盾片舌状，密被横皱，末端圆钝；侧缘紫红褐色。前翅膜片褐色，具 7–9 条纵脉。体腹面红褐色。寄主：杨、榆。

分布：宁夏、北京、河北、山西、内蒙古、辽宁、吉林、黑龙江、甘肃、青海；蒙古，朝鲜，俄罗斯（西伯利亚）。

（122）沙枣润蝽 *Rhaphigaster brevispina* Horváth, 1889

体长 13.5–16.0 mm。体长椭圆形，灰褐色或黑褐色；触角黑色，各节基半部黄褐色；小盾片近末端处两侧各具 1 个小黑斑；膜片浅白色，散布若干褐色小圆斑点。体密布刻点，头、前胸前侧缘、小盾片及前翅外缘的刻点黑色，其余浅色。寄主：沙枣。

分布：宁夏（盐池、银川）、内蒙古、甘肃、新疆；小亚细亚，伊朗，中欧，南欧，阿尔及利亚。

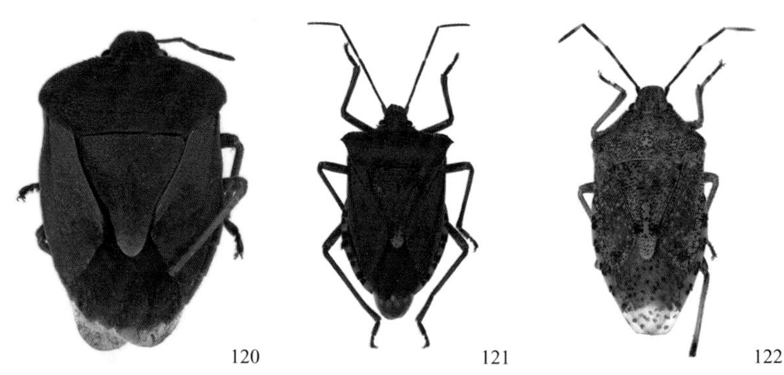

120. 宽碧蝽 *Palomena viridissima* (Poda, 1761); 121. 金绿真蝽 *Pentatoma metallifera* (Motschulsky, 1859); 122. 沙枣润蝽 *Rhaphigaster brevispina* Horváth, 1889

（四十五）盾蝽科 Scutelleridae

小型至中型。体卵圆形，腹面平坦，背面极圆隆。触角 4 节或 5 节，具单眼。小盾片极大，能盖住整个腹部和前翅的大部。前翅与体长相等。臭腺发达。世界已知 450 多种，中国已知 40 多种。

（123）绒盾蝽 *Irochrotus sibiricus* Kerzhner, 1976

体长 5.0–8.5 mm。体卵圆形，灰黑色，密被灰色及黑褐色长毛。头部宽短，基部矩形，端部半圆形；触角 5 节，黄褐色。前胸背板长方形，中部具深横沟，前、后缘直。小盾片圆隆。寄主：燕麦、莜麦、芒草等禾本科植物。

分布：宁夏（盐池、贺兰山）、内蒙古、甘肃、新疆；蒙古，俄罗斯。

（124）灰盾蝽 *Odontoscelis fuliginosa* (Linnaeus, 1761)

体长 6.5–7.5 mm。体卵圆形，密被短毛；体灰黑色，有 1 条白色中纵线自前胸背板前缘至体末端，前胸背板基部中间两侧各具 1 白色小斑，小盾片两侧各具 1 白色纵纹，其后端内侧具黑色短纵纹。头部宽短，基部矩形，端部半圆形；触角 5 节，红褐色至黑褐色。前胸背板后侧角前方具 1 小缺刻。小盾片圆隆。

分布：宁夏（盐池、贺兰山）、北京、河北；蒙古，欧洲。

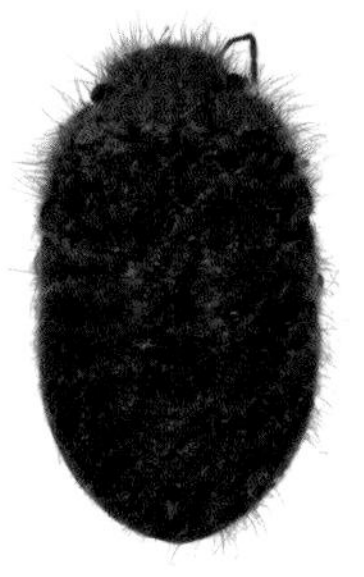

123　　124

123. 绒盾蝽 *Irochrotus sibiricus* Kerzhner, 1976; 124. 灰盾蝽 *Odontoscelis fuliginosa* (Linnaeus, 1761)

（四十六）红蝽科 Pyrrhocoridae

体中至大型，椭圆形，体色多为鲜红色，具黑斑；头部平伸，无单眼；触角 4 节，喙 3 节，跗节 3 节。前胸背板侧边薄，上卷；后胸无臭腺孔。前翅膜片纵脉多于 5 支，可具分支，基部有 2–3 个由 4 条纵脉围成的大型翅室。植食性，主要寄主为锦葵科及其邻近科。世界已知 300 多种，中国已知 40 种左右。

（125）突背斑红蝽 *Physopelta gutta* (Bermeister, 1834)

体长 13.5 mm。长椭圆形，革片长，两侧平行。体黑色，密被黄褐色平伏短毛；前胸背板和革片棕褐色；前胸背板前缘和侧缘、革片侧缘及腹部侧缘红褐色。头部近三角形，末端锥状；触角第 4 节基半部浅黄色。前胸背板梯形，中部具 1 横凹，侧缘在该处浅凹。革片中央 2 大斑及其顶角亚三角形斑黑褐色；膜片黑褐色，端缘透明。

分布：宁夏（盐池）、广东、广西、四川、云南、西藏、台湾；日本，缅甸，印度，孟加拉国，斯里兰卡，印度尼西亚，澳大利亚。

（126）地红蝽 *Pyrrhocoris tibialis* Statz *et* Wagner, 1950

体长 8.0–11.0 mm。椭圆形，灰褐色，具黑褐色刻点。头顶由 4 块近方形斑和基部中央 1 纵短带构成“V”形淡褐色斑。前胸背板侧缘、革片侧缘及侧接缘色淡，浅黄褐色。触角、小盾片基角和近基部中央 2 个小圆斑、腿节及身体腹面黑褐色至黑色。前胸背板前缘与头宽度近相等，几无刻点，侧缘近斜直。小盾片顶端具刻点。前翅膜

125

126

125. 突背斑红蝽 *Physopelta gutta* (Bermeister, 1834); 126. 地红蝽 *Pyrrhocoris tibialis* Statz *et* Wagner, 1950

片翅缘呈乱网状。寄主：冬葵、禾本科杂草。

分布：宁夏（盐池、贺兰山）、北京、天津、内蒙古、辽宁、江苏、浙江、上海、山东、西藏；朝鲜，日本，俄罗斯。

（四十七）蛛缘蝽科 Alydidae

体长 10.0–12.0 mm，中型。体纤细；头部宽，平伸；小颊很短，不伸过触角着生处。触角 4 节，细长；具单眼。后足腿节具发达刺状突起。后胸侧板臭腺沟缘明显。产卵器片状。植食性，寄主以豆科和禾本科为主。世界已知 300 多种，中国已知 30 多种。

（127）亚蛛缘蝽 *Alydus zichyi* Horváth, 1901

体长 10.5 mm。体狭长，前翅两侧近平行；黑褐色，具刻点及被毛。头部眼前部近三角形；触角第 1–3 节黄褐色，各节末端黑褐色，第 4 节黑褐色。前胸背板梯形，中部具横凹，侧角突出，钝尖；前叶中央具黄白色短纵纹。小盾片三角形，黑色，末端黄白色，上翘。革片黄褐色，具黑色刻点；膜片烟褐色。臭腺孔明显。

分布：宁夏（盐池、贺兰山）、河北、山西、黑龙江、河南、四川；俄罗斯。

（128）点蜂缘蝽 *Riptortus pedestris* (Fabricius, 1775)

体长 14.5–17.0 mm。体狭长，黄褐色至黑褐色，密被白色短伏毛，前胸背板及前、中、后胸侧板具颗粒状小突起。头大，近三角形。触角细长，第 1 节长于第 2 节；第 4 节长于第 2、第 3 节之和。前胸背板梯形，侧角突出呈尖齿状。小盾片三角形，末端白色。革片及爪片密被刻点；膜片具许多平行纵脉。臭腺孔接近中胸侧板后缘。腹部腹板黄褐色，散布黑褐色小刻点，中部具 1 黑色大斑。寄主：水稻、棉、麻、蚕豆。

分布：宁夏（盐池）、北京、江苏、浙江、安徽、福建、江西、河南、湖北、四川、云南、西藏；韩国，日本，阿富汗。

127

128

127. 亚蛛缘蝽 *Alydus zichyi* Horváth, 1901; 128. 点蜂缘蝽 *Riptortus pedestris* (Fabricius, 1775)

（四十八）缘蝽科 Coreidae

体长 7.0–45.0 mm，中至大型。体形细长至椭圆形；头常短小，触角 4 节；具单眼。

前胸背板侧角一般呈刺状，或为叶状突起，或强烈扩展成奇异的形状；小盾片小，短于前翅爪片；爪片在小盾片后常形成爪片接合缝；膜片具许多平行纵脉。后足股节有时粗大，具瘤状或刺状突起，胫节呈叶状或齿状扩展。体腹面，后胸具臭腺孔，腹板具毛点。植食性，吸食寄主植物汁液。世界已知 1900 多种，中国已知 200 多种。

（129）刺缘蝽 *Centrocoris volxemi* (Puton, 1878)

体长 9.0–10.0 mm。体浅黄褐色。头背面具许多棘刺；触角第 1 节粗壮，第 2 节最长，第 4 节黑褐色。前胸背板、前翅革片及腹部腹面均具散乱不规则褐色斑，前胸背板侧缘具小齿，后缘在小盾片外侧伸出 2 个三角形突起。膜片烟褐色。侧接缘上翘，黄褐色与黑褐色相间。

分布：宁夏（盐池）、新疆；阿塞拜疆，阿富汗，哈萨克斯坦，亚美尼亚，土耳其，格鲁吉亚，伊朗，伊拉克，吉尔吉斯斯坦，科威特，蒙古，沙特阿拉伯，塔吉克斯坦，土库曼斯坦，乌兹别克斯坦。

（130）颗缘蝽 *Coriomeris scabricornis* (Panzer, 1805)

体长 8.0–9.0 mm。体背褐色，腹面黄褐色。头部具浓密刻点；触角前 3 节近相等，第 1 节较粗，第 4 节较粗短，末端尖。前胸背板近梯形，侧角尖；侧缘具 10 枚左右白色短突起，后缘在小盾片基角的外侧具 2 枚白色短突起。小盾片小，三角形，末端尖。前翅膜片灰褐色，翅脉黄褐色，杂黑褐色。

分布：宁夏（盐池、贺兰山）、北京、天津、河北、山西、江苏、山东、河南、四川、西藏、陕西、新疆；俄罗斯（西伯利亚），中亚细亚，欧洲。

（131）钝肩普缘蝽 *Plinachtus bicoloripes* Scott, 1874

体长 13.5–15.0 mm。体背黑褐色，密被细密刻点；腹面黄色，带红褐色。头部近三角形，中叶略长于侧叶；触角红褐色，4 节，第 1、第 4 节较粗，第 2 节最长。前胸背板梯形，具细密横皱；侧角略突出。小盾片小，三角形，末端尖。膜片黑色，具许多平行纵脉。寄主：白杜。

分布：宁夏（盐池）、湖北、江西、四川、陕西、云南；韩国，日本，俄罗斯。

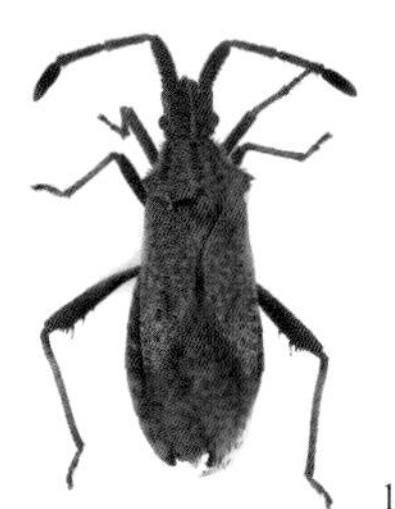

129. 刺缘蝽 *Centrocoris volxemi* (Puton, 1878); 130. 颗缘蝽 *Coriomeris scabricornis* (Panzer, 1805); 131. 钝肩普缘蝽 *Plinachtus bicoloripes* Scott, 1874

（四十九）姬缘蝽科 Rhopalidae

体小型至中型，长 6.0–8.0 mm；体形细长或椭圆形，体色暗淡。头部三角形；具单眼；触角 4 节，第 4 节较粗短，短于头的长度。后胸侧板具臭腺开口，无明显臭腺沟缘。腹部第 5 腹节背板后缘中央向前弯曲。世界已知 210 多种，中国已知 40 多种。

（132）离缘蝽 *Chorosoma macilentum* Stål, 1858

体长 14.0–18.0 mm。体纤细，黄绿色，腹部背面基部及侧缘向后延伸的 2 条纵纹、喙末端、后足胫节末端腹面及后足跗节腹面均为黑色，触角微带红色，前翅透明，翅脉饰红色。前翅不达第 4 腹节后缘。寄主：小麦、披碱草、白茅、无芒雀麦等。

分布：宁夏（盐池）、山西、内蒙古、陕西、甘肃、新疆；蒙古，俄罗斯，哈萨克斯坦。

（133）亚姬缘蝽 *Corizus tetraspilus* Horváth, 1917

体长 10.0 mm。长椭圆形，红色或橙红色，具黑色斑点，密被浅色细长毛。头顶红色，复眼周围黑色。前胸背板近梯形，前缘宽横带及后缘 4 个纵形斑黑色。小盾片基部黑色，端部红色。前翅爪片大部黑色，革片中部具 1 个不规则大黑斑；膜片黑褐色，具许多纵脉。腹部各节背板中央及两侧各有 1 个黑色斑点，第 8 腹板 3 个黑斑常清晰。寄主：小麦、紫花苜蓿、蒲公英、风毛菊等。

分布：宁夏（盐池、贺兰山）、山西、内蒙古、黑龙江、西藏、甘肃；蒙古，俄罗斯（西伯利亚），中亚。

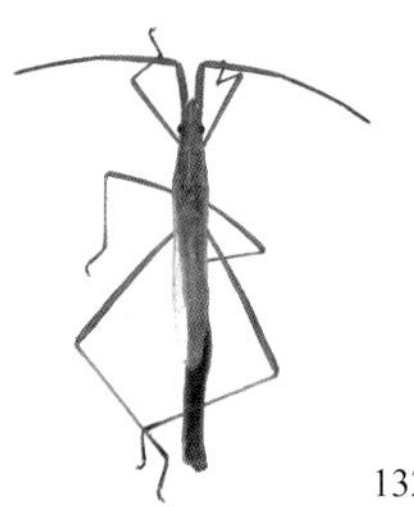
132

133

132. 离缘蝽 *Chorosoma macilentum* Stål, 1858; 133. 亚姬缘蝽 *Corizus tetraspilus* Horváth, 1917

（134）茼环缘蝽 *Stictopleurus abutilon* (Rossi, 1790)

体长 7.0–9.0 mm。体长椭圆形，两侧近平行。体草黄色，体腹面常具红色小点，前翅革片内侧及外侧常显浅红色；膜片透明；腹部背面黑色，端部具黄色斑点。

分布：宁夏（盐池、贺兰山）、内蒙古、新疆；蒙古，俄罗斯，巴基斯坦，伊朗，阿富汗。

（135）闭环缘蝽 *Stictopleurus viridicatus* (Uhler, 1872)

体长 5.5–6.7 mm。体椭圆形。体背青绿色，头部及体腹面黄绿色；前胸背板前端及各足股节内侧具黑色斑点；腹部背面黑色，中部有 3 个黄斑，端部仅中间黑色，两侧黄色。前胸背板横沟前方横脊粗，横沟两侧弯曲呈环状；刻点呈黑色。小盾片舌状，基侧角黄白色。半鞘翅翅脉黄白色；膜片透明。

分布：宁夏（盐池、贺兰山）、北京、河北、山西、内蒙古、辽宁、吉林、陕西、新疆；蒙古，朝鲜，俄罗斯，乌克兰，哈萨克斯坦，吉尔吉斯斯坦，乌兹别克斯坦。

134. 苘环缘蝽 *Stictopleurus abutilon* (Rossi, 1790); 135. 闭环缘蝽 *Stictopleurus viridicatus* (Uhler, 1872)

（五十）长蝽科 Lygaeidae

体小至中型，多椭圆形，体色晦暗，少数鲜红色，具黑斑；头部多平伸，具单眼；触角 4 节，喙 4 节。前胸背板梯形，前倾或平坦，侧角多圆钝。前翅爪片结合缝长大，无楔片及楔片缝；膜片 5 支，可具分支，纵脉相互间隔，多少平行。世界已知 4000 多种，中国已知 320 多种。

（136）横带红长蝽 *Lygaeus equestris* (Linnaeus, 1758)

体长 12.0–13.5 mm。体长椭圆形，红色，具黑斑。头部红色，中叶端部和眼周缘黑色；触角黑褐色，各节末端略带红色。前胸背板红色，前叶及其在中纵线两侧向后的突出部及后缘带黑色，中部的两个圆斑暗黑色。小盾片黑色，“T”形脊显著。前翅红色，爪片中部具椭圆形黑斑，端部黑褐色；革片中部具不规则大黑斑，在爪片末端相连成 1 横带；膜片黑褐色，革片端缘两端的斑点、边缘中部的圆斑及其前侧方三角形斑均白色。胸部腹面黑褐色，中部及两侧共具 4 条黑色点列。腹部腹面红色，各节基部中央两侧具黑色条斑，前侧角具黑色圆斑。寄主：豆科牧草、榆、桦树、刺槐、白菜、甘蓝、油菜、风毛菊、柠条、沙蒿、甘草、苦豆子等。

分布：宁夏（盐池、贺兰山）、河北、山西、内蒙古、辽宁、吉林、黑龙江、江苏、浙江、山东、四川、云南、青海、西藏、陕西、甘肃、新疆；蒙古，日本，印度，俄罗斯，英国，非洲。

（137）桃红长蝽 *Lygaeus murinus* (Kiritschenko, 1914)

体长 10.5–12.5 mm。长椭圆形，红色。头顶自基部至中叶基部具橘红色椭圆形斑；触角黑色，各节末端浅红色。前胸背板黑色，侧缘具半圆形橘红色斑，基部中央向前具 1 剑状橘红色纵斑；胸背侧板每节后背方各具 1 黑褐色圆斑；小盾片黑色。爪片黑色或橘红色，中部具小黑斑；革片黑褐色，中部具 1 圆斑，圆斑至翅基部橘红色，外侧也具 1 红斑；膜片黑褐色，其内角、外缘、中央圆斑及革片顶角与圆斑相连的角状斑均白色。寄主：十字花科蔬菜及豆科牧草。

分布：宁夏（盐池、贺兰山）、北京、河北、山西、内蒙古、四川、甘肃、西藏、新疆；俄罗斯（西伯利亚），中亚至欧洲。

（138）小长蝽 *Nysius ericae* (Schilling, 1829)

体长 3.6–4.5 mm。体浅青褐色，头背面、前胸背板和足股节内侧具黑色斑纹。头眼前部分长且尖；触角第 2 节与第 4 节近等长；喙向后伸达后足基节后缘处，第 1 节末至前胸。前胸背板刻点大且密，胝区呈 1 黑色宽横带。小盾片黑色，有时两侧各具 1 大黄斑，被平伏毛。前翅半透明，淡白色，翅面毛平伏，在各脉上有 1 褐斑；膜片半透明，几无色。

分布：宁夏、北京、天津、河北、内蒙古、河南、四川、贵州、西藏；蒙古，俄罗斯（西伯利亚），中亚至欧洲，北美洲。

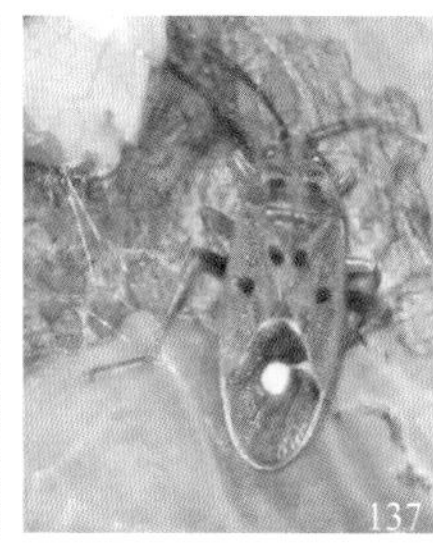

136. 横带红长蝽 *Lygaeus equestris* (Linnaeus, 1758); 137. 桃红长蝽 *Lygaeus murinus* (Kiritschenko, 1914); 138. 小长蝽 *Nysius ericae* (Schilling, 1829)

八、脉翅目 Neuroptera

（五十一）褐蛉科 Hemerobiidae

体小至中型，体长 2.0–18.0 mm，体多黄褐色，翅上具褐色斑。触角念珠状；上颚发达，端部尖，有的左右不对称。翅形多样，多为卵形或狭长。世界已知 600 多种，中国已知 130 多种。

（139）埃褐蛉 *Hemerobius exoterus* Navás, 1936

体长 8.0 mm，翅展 17.0 mm。头部黄褐色，头顶两侧及颊黑褐色；下唇须及下颚须黄褐色，末节褐色加深。触角黄褐色，密被黄白色短毛。胸部黄褐色，侧缘具褐色细纵纹。翅椭圆，前翅浅褐色，翅痣红褐色，翅缘色深于内部，外缘及后缘具间断透明斑；翅纵脉黄褐色与褐色间隔。后翅黄褐色，透明，翅痣红褐色。足褐色，跗节末端色深。

分布：宁夏（盐池、固原、泾源、六盘山）、北京、河北、山西、内蒙古、吉林、福建、河南、江西、四川、陕西、西藏、新疆；俄罗斯，墨西哥。

（140）日本褐蛉 *Hemerobius japonicus* Nakahara, 1915

体长 5.5–6.0 mm，翅展 11.5–12.5 mm。头部黄褐色，头顶两侧及颊黑褐色；下唇须及下颚须黄褐色，末节褐色加深。触角黄褐色，密被黄白色短毛。胸部黄褐色，中部具黄色纵带。翅透明，翅纵脉黄褐色，具褐色间隔，Rs 脉起点处及分叉处明显，横脉均褐色；1m-cu 横脉处具不规则形状小褐斑。足黄褐色，无斑。捕食蚜虫、蚧壳虫等。

分布：宁夏（盐池、固原、泾源、六盘山）、北京、山西、内蒙古、浙江、安徽、江西、河南、湖北、四川、云南、贵州、陕西、甘肃、新疆；日本。

（141）角纹脉褐蛉 *Micromus angulatus* (Stephens, 1836)

体长 4.5 mm，翅展 9.0 mm。头部深黄褐色，被稀疏长毛，颜面黑褐色，下唇须黑褐色，下颚须及触角深黄褐色，触角密被毛。胸部背板黄褐色，前胸凹窝内和中、后胸盾片两侧均呈褐色；前胸背板被稀疏长毛。足黄褐色。前翅密布大小不等的褐斑及黄褐色波状纹，翅脉黄褐色；Rs 脉分支 4 支；阶脉 2 组，均 5 段。后翅透明，翅脉黄褐色；Rs 脉分支 4 支。腹部深褐色，端部几节被短毛。捕食蚜虫、蚧壳虫等。

139. 埃褐蛉 *Hemerobius exoterus* Navás, 1936; 140. 日本褐蛉 *Hemerobius japonicus* Nakahara, 1915; 141. 角纹脉褐蛉 *Micromus angulatus* (Stephens, 1836)

分布： 宁夏（盐池、固原、泾源）、北京、河北、内蒙古、浙江、河南、湖北、云南、陕西、台湾；日本，欧洲。

（142）满洲益蛉 *Sympherobius manchuricus* Nakahara, 1960

体长 4.0 mm 左右，翅展 11.5 mm 左右。头、胸部黑褐色，胸部中央具灰黄褐带。足黄褐色，无明显斑点。翅椭圆形，前翅浅褐色，翅脉褐色，横脉处具褐斑，后缘间断有亮斑，Rs 脉分 2 支；后翅较前翅色浅，透明。腹部黄褐色，杂深褐色斑，具黄白色毛。

分布： 宁夏（盐池）、北京、河北、内蒙古、辽宁、福建、湖北、陕西、甘肃、青海；蒙古，俄罗斯。

（143）北齐褐蛉 *Wesmaelius conspurcatus* (Mclachlan, 1875)

体长 5.5–6.0 mm，翅展 11.0–12.0 mm。头部黄褐色，头顶在两触角间具三角形褐色斑，后方中央具褐色细纵纹；唇基上方深褐色，触角前缘具褐色斑点。胸部黄褐色，两侧褐色，前胸中部具 1 褐色细纵纹。足黄褐色，前、中足腿节端部褐色。翅椭圆形，透明；前翅翅面略呈浅黄褐色，外缘常具浅褐色斑，翅脉黄褐色，具褐色点；Rs 脉 3 分支；阶脉 2 组，内阶脉最下部 1 节染黑褐色。后翅透明，翅痣明显。腹部黑褐色。

分布： 宁夏（盐池、固原、六盘山）、北京、内蒙古、甘肃、青海、新疆；欧洲。

（144）贺兰丛褐蛉 *Wesmaelius helanensis* Tian *et* Liu, 2011

体长 5.0–6.0 mm，翅展 16.0–18.0 mm。头部黄褐色，额黑褐色；触角黄褐色，密被白色短毛。胸部黄褐色，侧面具黑褐色纵带，前、中胸具较细褐色中纵纹，前胸中纵纹两侧具黑褐色小圆斑。足黄褐色。翅椭圆形，透明；前翅翅脉黄褐色，具褐色间隔，翅面具矢状纹，后缘色深，密布大小不等褐斑；Rs 脉 3 分支。后翅透明，翅面黄褐色。腹部黄褐色，具黄白色毛。

分布： 宁夏（盐池）、内蒙古、甘肃、青海、新疆。

142. 满洲益蛉 *Sympherobius manchuricus* Nakahara, 1960; 143. 北齐褐蛉 *Wesmaelius conspurcatus* (Mclachlan, 1875); 144. 贺兰丛褐蛉 *Wesmaelius helanensis* Tian *et* Liu, 2011

（五十二）草蛉科 Chrysopidae

体中至大型，纤细柔弱，体多草绿色，少数黄色或灰白色。头部常具黑斑；触角丝状，复眼突出。前胸背板长形或梯形。翅透明，横脉较多，阶脉 2–3 组或更多；前、后翅的翅脉相似。草蛉卵具细长的丝状柄，幼虫捕食蚜虫。世界已知 1950 多种，中国已知 240 多种。

（145）大草蛉 *Chrysopa pallens* (Rambur, 1838)

体绿色。体长约 13.0 mm，翅展 38.0 mm。头部浅黄色，具 5 个或 7 个黑斑点，头顶无黑斑；触角短于前翅，基部两节浅黄色，鞭节浅黄褐色。翅透明，翅脉绿色，前翅前缘横脉列黑色。足跗节和爪褐色。捕食柳蚜、麦蚜、桃蚜、叶蝉、飞虱、粉虱及蛾类的幼虫。

分布：宁夏，中国广泛分布；朝鲜，日本，俄罗斯，欧洲。

（146）叶色草蛉 *Chrysopa phyllochroma* Wesmael, 1841

体绿色。体长约 10.0 mm，翅展 25.0 mm。头部具 9 个黑色斑点，头顶、触角下方、颊和唇基各 1 对，触角间有 1 个；下颚须和下唇须黑色；触角第 2 节黑色。翅绿色，前、后翅的前缘横脉列仅靠近亚前缘脉一端黑色。捕食蚜虫及鳞翅目幼虫等。

分布：宁夏、北京、河北、山西、内蒙古、辽宁、吉林、黑龙江、江苏、浙江、安徽、福建、山东、河南、湖北、湖南、四川、西藏、陕西、甘肃、新疆；朝鲜，日本，俄罗斯，欧洲。

（147）张氏草蛉 *Chrysopa* (*Euryloba*) *zhangi* Yang, 1991

体长约 6.0 mm，翅展 13.0 mm。头部黄绿色，无斑；胸背中央为黄色纵带，两侧绿色。翅绿色，前翅阶脉黑色，后翅阶脉绿色。

分布：宁夏（盐池）、新疆。

145

146

147

145. 大草蛉 *Chrysopa pallens* (Rambur, 1838); 146. 叶色草蛉 *Chrysopa phyllochroma* Wesmael, 1841; 147. 张氏草蛉 *Chrysopa* (*Euryloba*) *zhangi* Yang, 1991

（五十三）蚁蛉科 Myrmeleontidae

头下口式，上颚发达；复眼半球形，两复眼间距较宽；触角棒状，鞭节端部逐渐膨大。前胸发达，多与腹部等宽，长与中胸相等。翅多狭长，翅脉网状。跗节 5 节，一般第 5 跗节最长。幼虫称为蚁狮，多在沙土中做漏斗状穴，捕食滑入的蚁等昆虫。世界已知 2000 多种，中国已知 116 种。

（148）褐纹树蚁蛉 *Dendroleon pantherius* (Fabricius, 1787)

体长 17.0–25.0 mm，翅展 33.0–45.0 mm。头顶黄褐色，触角红褐色，末端黑色。

胸部背面黄褐色，中央具褐色纵带，后胸最明显；翅透明，具明显褐斑；翅痣淡红褐色。翅透明，具褐斑：前翅斑纹在翅尖及后缘，后缘中央的弧形纹和其下的褐斑最明显；后翅斑纹在翅端部，前缘翅痣旁褐斑最大，翅尖褐斑呈三角形。腹部黄褐色，第2节黑色，第3节大部黑褐色，腹面黑褐色。捕食鳞翅目、鞘翅目等幼虫。

分布：宁夏（盐池、贺兰山）、北京、河北、上海、江苏、浙江、江西、福建、湖北、陕西、甘肃；欧洲。

（149）图兰次蚁蛉 *Deutoleon turanicus* Navás, 1927

体长 30.0–33.0 mm，翅展 66.0–80.0 mm。头部黄色，额部在触角基部下缘各具1黑色横斑，两斑中间有1三角状小斑；头顶具2横列黑斑；触角黑色。前胸背板黄色，中央具2条黑色纵带，其中部向外斜伸。中、后胸黑色，具黄斑。足黄色杂黑色，胫节中央外侧具1黑纹。腹部黑色，各节后缘色淡。翅透明，翅痣黄色；雌性后翅近端部具1黑褐色条斑，雄性不显。

分布：宁夏（盐池、贺兰山）、内蒙古；欧洲。

（150）多斑东蚁蛉 *Euroleon polyspilus* (Gerstaecker, 1884)

体长 32.0–35.0 mm，翅展 76.0–80.0 mm。头部黄色，具发达黑斑；下唇须细长，黑褐色；触角黑褐色，各节末端黄色。胸部黑色，前胸背板具1黄褐色中纵带。翅透明，翅脉黑白相间，前翅沿 Rs 脉的分支及 M 脉与 CuA_1 脉之间的横脉具许多褐斑，翅痣白色。足黑褐色，前足基节和腿节内侧黄色。

分布：宁夏（盐池）、吉林；蒙古，日本，俄罗斯。

148. 褐纹树蚁蛉 *Dendroleon pantherius* (Fabricius, 1787); 149. 图兰次蚁蛉 *Deutoleon turanicus* Navás, 1927; 150. 多斑东蚁蛉 *Euroleon polyspilus* (Gerstaecker, 1884)

（151）蒙双蚁蛉 *Mesonemurus mongolicus* Hölzel, 1970

体长 16.0–27.0 mm，翅展 32.0–46.0 mm。头部黄色，头顶具黑色纵带，其两侧各有1黑色斑点；触角呈棒状，端部基节膨大，黑色，各节端部黄色。前胸背板黄色，中部具2条黑色纵带，其两侧各有1黑色圆形斑点。中、后胸黑色，具黄色斑点。翅透明，前翅翅脉黑黄相间，散布着许多沿翅脉形成的黑褐色斑点；后翅翅脉黑黄相间，翅面几乎无黑褐色斑点。腹部狭长，雄性超过前翅长，雌性与前翅近等长。

分布：宁夏、内蒙古、陕西、青海；蒙古。

（152）卡蒙蚁蛉 *Mongoleon kaszabi* Hölzel, 1970

体长 17.0–23.0 mm，翅展 40.0–46.0 mm。头部黄色，具黑色斑点；触角基部褐色，端部黑色。前胸背板黄色，具 3 条黑色纵带。翅透明，前翅翅脉黑黄相间，R 脉和 Rs 脉上具 1 系列散碎褐斑，在近外缘的区域有许多散碎褐斑；肘脉合斑斜线状。后翅与前翅相似，在近外缘具散碎褐斑。足黄色，具稀疏黑色和白色短刚毛。

分布：宁夏（盐池、白汲滩、同心）、内蒙古；蒙古。

（153）乌拉尔阿蚁蛉 *Myrmecaelurus uralensis* (Hölzel, 1969)

体长 21.0–37.0 mm，翅展 48.0–56.0 mm。头部黄色，头顶具黑色中纵纹，前方有 2 个向中间倾斜的椭圆形黑斑，后方为 2 近圆形褐色斑点；触角黑色，端部腹面黄色。胸部背板黄色，具 3 条黑色纵纹；前胸背板两侧纵纹短且细，不达前缘；中、后胸背板纵纹粗短。翅脉大部分黄黑相间，翅痣黄色。足黄色，具稀疏黑色刚毛。

分布：宁夏（盐池）、北京、青海、新疆；蒙古，俄罗斯，哈萨克斯坦，吉尔吉斯斯坦，塔吉克斯坦，乌兹别克斯坦，土库曼斯坦，土耳其，亚美尼亚。

151. 蒙双蚁蛉 *Mesonemurus mongolicus* Hölzel, 1970; 152. 卡蒙蚁蛉 *Mongoleon kaszabi* Hölzel, 1970; 153. 乌拉尔阿蚁蛉 *Myrmecaelurus uralensis* (Hölzel, 1969)

九、鞘翅目 Coleoptera

（五十四）龙虱科 Dytiscidae

体小至大型，体长 1.0–48.0 mm，椭圆形至长卵形，体流线形，宽扁，背、腹面均略拱，体多青褐色至黑褐色。头短阔，部分隐藏于前胸背板下，触角 11 节，多数超过前胸背板后缘。前胸背板近梯形，基部最宽。腹部 8 节，可见节 6 节，第 2–4 节愈合。足较短，后足远离前、中足，特化为游泳足，腿节至胫节外侧具游泳毛；雄虫前足跗节膨大，下侧具黏性毛，分泌黏性物质吸住雌虫。成虫、幼虫均为捕食性昆虫，捕食昆虫幼虫、桡足类、介足类等节肢动物。世界已知 4300 多种，中国已知 340 多种。

（154）齿缘龙虱 *Eretes sticticus* (Linnaeus, 1767)

体长 12.0–14.5 mm。体灰黄褐色，鞘翅青褐色；头顶中央及基部两侧各具 1 黑纹，前胸背板中部两侧各具 1 黑色窄横条；鞘翅端部 1/4 处具波状黑色横带，每翅具 3 条明显黑色刻点列，余部刻点小而密。后足胫节短，近似方形；雄性前足跗节基部 3 节呈圆盘状，其腹面具密吸毛。捕食小鱼和其他水生小动物。

分布：宁夏（盐池、泾源、隆德、青铜峡、西吉、中卫）、北京、河北、山西、辽宁、黑龙江、上海、江苏、浙江、福建、江西、山东、河南、湖北、湖南、广东、广西、海南、四川、贵州、云南、陕西、台湾、香港；朝鲜，韩国，日本，俄罗斯，印度，不丹，菲律宾，中亚，欧洲，非洲。

（155）宽缝斑龙虱 *Hydaticus grammicus* (Germar, 1827)

体长 9.5–11.0 mm。体黄褐色，鞘翅青褐色；头部红褐色，基部黑色，触角、口须浅黄褐色；前胸背板近梯形，前缘中部具凹陷，前角尖，较突出。小盾片三角形。鞘翅弧拱，具黑色纵条纹，内侧条纹较宽且连续，外侧条纹稀疏，断续。后足胫节短扁，端距刺状；雄性前足跗节基部 3 节呈圆盘状。捕食水生小动物。

154

155

154. 齿缘龙虱 *Eretes sticticus* (Linnaeus, 1767); 155. 宽缝斑龙虱 *Hydaticus grammicus* (Germar, 1827)

分布：宁夏（盐池、贺兰山、平罗、银川、永宁、中宁、中卫）、北京、河北、辽宁、吉林、黑龙江、江苏、湖北、湖南、海南、四川、云南；朝鲜，日本，伊朗，乌兹别克斯坦，土库曼斯坦，哈萨克斯坦，欧洲。

（五十五）水龟甲科 Hydrophilidae

体小至大型，体长 1.0–40.0 mm，椭圆形至卵圆形，体流线形，体背隆凸，腹面扁平，背面一般光滑无毛，腹面一般具拒水毛被。头部背面一般具“Y”形缝；下颚须长丝状，与触角等长或更长；触角 7–9 节，末端 3 节特化，呈锤状。前胸背板多隆起，基部最宽。鞘翅具刻点行或沟纹，缘折发达。后胸腹板突明显。足具长毛。跗节多为 5 节。世界已知 2900 多种，中国已知 330 种左右。

（156）钝刺腹牙甲 *Hydrochara affinis* (Sharp, 1873)

体长 15.0–19.0 mm。体宽卵形，背面隆起；体背面黑色，腹面红褐色至黑褐色，中部色较深；触角和下颚须黄褐色，触角端锤暗黄褐色；足黄褐色，基节及腿节基部黑褐色。头部近方形，唇基两侧具钩状凹，复眼内缘具 1 斜凹，凹内均具圆刻点。前胸背板近梯形，前、后缘略凹入，近两前角各具 1 近直凹，端部 1/3 中部两侧各具 1 斜凹，凹内及盘区基部 1/5–3/5 处两侧具刻点；前胸腹板脊状隆起，后端无长刺；腹刺略超后足基节，末端钝；鞘翅宽卵形，每翅具 4 条刻点列。捕食水生虫类和鱼苗。

分布：宁夏、北京、河北、内蒙古、上海、浙江、江西、广东、四川、云南、西藏、台湾、香港；朝鲜，日本，俄罗斯（远东），东洋界。

（157）长须牙甲 *Hydrophilus* (*Hydrophilus*) *acuminatus* Motschulsky, 1854

体长 36.0–42.0 mm。体长卵形，背面较隆起；体黑色，触角和下颚须黄褐色，触角端锤黄白色，端锤前 1 节黑褐色。头部近矩形，复眼内侧凹窝内刻点大而圆。前胸背板近梯形，前、后缘略凹入；前胸腹板强烈隆起，呈帽状；腹刺达第 2 节中部；鞘翅卵形，每翅具 4 条刻点列。雄虫前足末跗节扩大，呈三角形。捕食各种水生昆虫的幼虫和蛹、蝌蚪及鱼苗等。

156

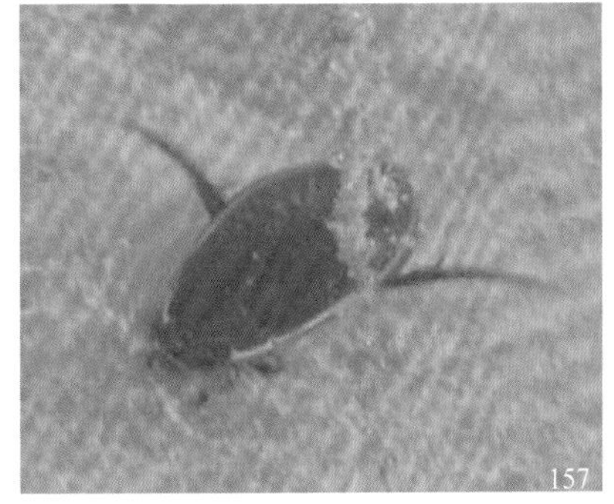
157

156. 钝刺腹牙甲 *Hydrochara affinis* (Sharp, 1873); 157. 长须牙甲 *Hydrophilus* (*Hydrophilus*) *acuminatus* Motschulsky, 1854

分布：宁夏、北京、河北、内蒙古、辽宁、黑龙江、江苏、浙江、山东；朝鲜，日本，俄罗斯（远东）。

（五十六）步甲科 Carabidae

体小至大型，体长 1.0–85.0 mm。体多暗色，常具金属光泽。体扁平或长形，复眼发达，少数退化；触角 11 节，多为丝状。鞘翅多将腹部全遮盖，或端部平截，腹末外露。腹部可见腹板 6 个。跗节 5–5–5 式。世界已知 37 600 多种，中国已知 3000 多种。

（158）黄唇虎甲 *Cephalota chiloleuca* (Fischer von Waldheim, 1820)

体长 8.0 mm。体墨绿色，具铜红色及铜绿色光泽。上唇及上颚基部 2/3 黄白色。前胸背板近方形，表面被白色毛。鞘翅近长方形，末端变窄，圆滑；外缘及后缘被乳白色带覆盖，乳白色带自基部 1/4 处伸出 1 短斑，末端膨大，自中部伸出 1 宽带，宽带末端向下延伸呈钩状；翅面刻点，具白带处呈白色，无白带处呈蓝绿色。捕食小型昆虫。

分布：宁夏（盐池、贺兰山、海原、同心、永宁）、云南、甘肃；蒙古，俄罗斯，哈萨克斯坦，欧洲。

（159）芽斑虎甲 *Cicindela gemmata* Faldermann, 1835

体长 12.0 mm。体墨绿色，具蓝紫色光泽。上唇及上颚基部白色。前胸背板近方形，表面隆起，前缘中部及后缘凹。鞘翅近长方形，末端变窄，圆滑；每翅表面的前、中、端处乳白色斑粗大明显；前、端斑呈“C”形，中部斑呈楼梯状。捕食鳞翅目幼虫。

分布：宁夏（盐池、贺兰山、泾源、六盘山）、北京、河北、山西、内蒙古、黑龙江、上海、江苏、浙江、安徽、福建、江西、山东、河南、湖北、广东、海南、四川、云南、西藏、甘肃、新疆、台湾；朝鲜，日本，俄罗斯。

（160）月斑虎甲 *Cicindela lunulata* Fabricius, 1781

体长形，体长 12.0–16.0 mm。体黑蓝色，头、胸部具铜色金属光泽。上唇和上颚基部外侧乳白色，上唇前缘中部有 1 尖齿。前胸背板近方形，背面具“工”字形凹，前胸两侧被白色半竖长毛。鞘翅近长方形，末端圆滑，密被细小刻点，每翅表面的前、中、端处乳白色斑粗大明显；前、端斑呈“C”形，中部具两对圆形斑点，靠前 1 对与侧面白斑相连。捕食小型昆虫。

分布：宁夏（盐池、贺兰山）、北京、天津、河北、山西、内蒙古、辽宁、河南、贵州、甘肃、新疆；俄罗斯，蒙古至中亚，欧洲和北非。

（161）云纹虎甲 *Cylindera elisae* (Motschulsky, 1859)

体长形，体长 8.0–9.0 mm。体黑褐色，具铜红色或铜绿色金属光泽。上唇和上颚基半部乳白色，上唇前缘中部齿短钝。前胸背板近方形，前胸两侧被白色半竖长毛，鞘翅近长方形，末端圆滑，密被细小刻点，具乳白色斑，在肩胛外侧和翅端各具 1“C”形斑，两“C”形斑沿外缘被 1 细纵带相连，中部具内伸波状纹。捕食小型昆虫。

分布: 宁夏、天津、河北、山西、内蒙古、吉林、江苏、浙江、安徽、福建、江西、山东、河南、湖北、湖南、广东、海南、四川、云南、西藏、甘肃、新疆、台湾；蒙古，朝鲜，日本，俄罗斯。

158. 黄唇虎甲 *Cephalota chiloleuca* (Fischer von Waldheim, 1820); 159. 芽斑虎甲 *Cicindela gemmata* Faldermann, 1835; 160. 月斑虎甲 *Cicindela lunulata* Fabricius, 1781; 161. 云纹虎甲 *Cylindera elisae* (Motschulsky, 1859)

（162）斜斑虎甲 *Cylindera obliquefasciata* (Adams, 1817)

体长形，体长 10.0–11.0 mm。体墨绿色，上唇乳白色至淡黄色，前缘微波状，中间具尖齿。前胸背板矩形，明显窄于头部。鞘翅狭长，末端圆滑，具 4 对白色斑：肩斑及基部 1/4 中间的 1 对圆斑较小；中部具由外向内侧斜的条斑，前宽后窄；翅端弯钩状斑较宽，向后呈条状。捕食小型昆虫。

分布: 宁夏（盐池、贺兰山）、北京、河北、山西、内蒙古、辽宁、黑龙江、河南；俄罗斯，蒙古至中亚，巴基斯坦，伊朗。

（163）黄足尖须步甲 *Acupalpus flaviceps* (Motschulsky, 1850)

体长 3.0 mm。体黄褐色，鞘翅端部 3/5 具黑褐色大斑，斑间具间断。头、胸部近光滑；前胸背板近方形。鞘翅长卵形，两侧近平行；每翅具 9 条刻点行，行间平坦。

分布: 宁夏（盐池）；蒙古，俄罗斯，阿富汗，伊朗，哈萨克斯坦，吉尔吉斯斯坦，塔吉克斯坦，土库曼斯坦，乌兹别克斯坦。

（164）纤细胫步甲 *Agonum gracilipes* (Duftschmid, 1812)

体长 9.0 mm。体黑褐色，具金属光泽；触角柄节红褐色。前胸背板宽略大于长，两侧中部稍前最宽；基部直，前缘微内凹，侧缘圆弧形，边缘微上翘，后角近直，前角略大于直角；背面中纵线明显。鞘翅长卵形，两侧近平行；每翅具 9 条刻点行，行间平坦，行间具 4–5 个毛穴。捕食鳞翅目幼虫及蛴螬。

分布: 宁夏（盐池）；蒙古，俄罗斯，欧洲。

（165）点胸暗步甲 *Amara dux* Tschitschérine, 1894

体长 15.0–17.0 mm。体深黄褐色，头、胸部背面黑色，鞘翅红褐色至黑色，口须及触角黄褐色。前胸背板宽大于长，基部近直，后角直角形，侧缘弧形，中部之前最宽，最宽处具长毛 1 根，前角钝，前缘略内凹。鞘翅宽卵形；每翅具 9 条纵沟，沟内具刻点，行间光滑。捕食地表或地下活动的昆虫幼虫。

分布：宁夏（盐池、贺兰山）、河北、内蒙古、辽宁；蒙古，朝鲜，日本，俄罗斯（远东、东西伯利亚）。

（166）甘肃胸暗步甲 *Amara gansuensis* Jedlička, 1957

体长 10.0–15.0 mm。体褐色，触角、口须红褐色。前胸背板宽大于长，基部近直，前缘略内凹，侧缘弧形，基部内凹较甚，前、后角近直角，后角处具 1 长毛；盘区光亮，基部深凹内刻点粗大。鞘翅宽卵形；每翅具 9 条纵沟，沟内具刻点，行间略突起。捕食小型昆虫。

分布：宁夏（盐池、贺兰山）、北京、辽宁、陕西、甘肃；朝鲜，俄罗斯（远东）。

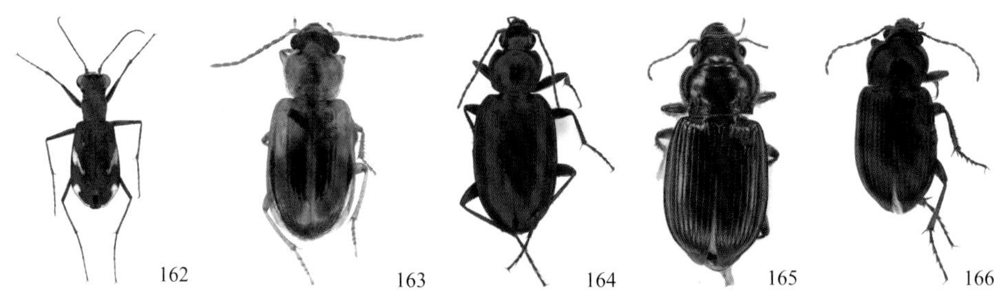

162. 斜斑虎甲 *Cylindera obliquefasciata* (Adams, 1817); 163. 黄足尖须步甲 *Acupalpus flaviceps* (Motschulsky, 1850); 164. 纤细胫步甲 *Agonum gracilipes* (Duftschmid, 1812); 165. 点胸暗步甲 *Amara dux* Tschitschérine, 1894; 166. 甘肃胸暗步甲 *Amara gansuensis* Jedlička, 1957

（167）巨胸暗步甲 *Amara gigantea* (Motschulsky, 1844)

体长 18.5 mm。体黑色，口须、触角及足跗节红褐色。前胸背板宽大于长，基部近直，后角直角形；侧缘近弧形，于后角处内凹，在端部略靠前处最宽，最宽处及后角处各具 1 根毛；前角近直角，前缘略内凹；盘区大部光滑，基部及亚端缘具刻点组成的横带。鞘翅长卵形；每翅具 9 条纵沟，沟内具刻点，行间光滑，微隆起。捕食地表或地下活动的昆虫幼虫。

分布：宁夏（盐池、泾源）、北京、河北、山西、内蒙古、辽宁、吉林、黑龙江、上海、江苏、浙江、山东、四川、陕西、甘肃；蒙古，朝鲜，日本，俄罗斯。

（168）淡色暗步甲 *Amara helva* Tschitscherine, 1898

体长 9.5–10.0 mm。体黄褐色，上颚端部黑褐色。前胸背板宽大于长，基部近直，前缘略内凹，侧缘自基部向中部近直，自中部向端部弧形变窄，近端部 1/4 处具 1 根毛。鞘翅长卵形；每翅具 9 条纵沟，沟内具刻点，行间平坦光滑。

分布：宁夏（盐池）；蒙古，俄罗斯，哈萨克斯坦。

（169）绿斑步甲 *Anisodactylus poeciloides pseudoaeneus* Dejean, 1829

体长 10.0–12.0 mm。体黑色，体背具绿色金属光泽。前胸背板宽大于长，前、后缘近直，前角钝圆，后角近直，侧缘弧形，侧缘具毛 1 根。鞘翅长卵形，两侧近平行，每翅具 9 条纵沟，行间微隆。

分布：宁夏、内蒙古、新疆；俄罗斯，土耳其，伊朗，吉尔吉斯斯坦，欧洲。

（170）半月锥须步甲 *Bembidion semilunicum* Netolitzky, 1914

体长 5.0–7.0 mm。体黄褐色，头、胸部背面黑褐色，具金属光泽；触角近红褐色；鞘翅端部具略似半月形的倒“八”字形黄褐色斑纹。前胸背板宽大于长，两侧中部稍前最宽；基部直，前缘微内凹，侧缘由最宽处向前、后缘弧形收缩，后角近直，前角略大于直角；盘面拱起，两侧及基部低平；背面中纵线明显，不达前、后缘。鞘翅较扁，两侧近平行，末端变窄，圆滑；每翅具 8 条刻点行。

分布：宁夏（盐池）、辽宁、河南；日本。

（171）杂斑锥须步甲 *Bembidion semipunctatum* (Donovan, 1806)

体长 4.5–5.5 mm。体黑色，具金属光泽；触角基部 3 节、口须及足黄褐色；鞘翅上散布黄白色不规则小斑。前胸背板宽大于长，两侧中部稍前最宽，基部近直，前缘略内凹，侧缘由最宽处向前、后缘弧形收缩，前、后角近直；背面中纵线明显，不达前、后缘；盘面具细密刻点。鞘翅较扁，两侧近平行，末端变窄，圆滑；每翅具 7 条刻点行。捕食小型昆虫。

分布：宁夏（盐池）；俄罗斯，欧洲，北美洲。

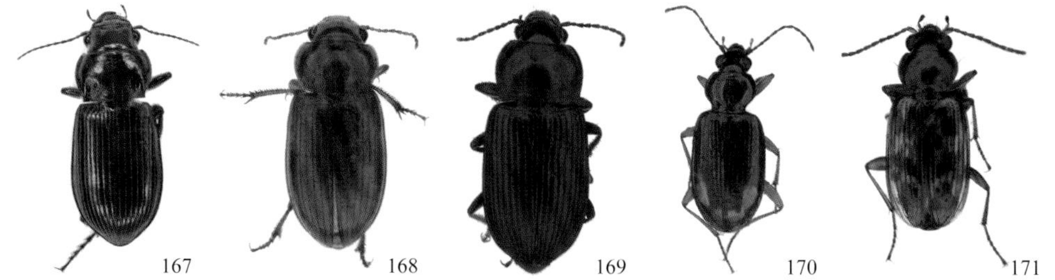

167. 巨胸暗步甲 *Amara gigantea* (Motschulsky, 1844)；168. 淡色暗步甲 *Amara helva* Tschitscherine, 1898; 169. 绿斑步甲 *Anisodactylus poeciloides pseudoaeneus* Dejean, 1829; 170. 半月锥须步甲 *Bembidion semilunicum* Netolitzky, 1914; 171. 杂斑锥须步甲 *Bembidion semipunctatum* (Donovan, 1806)

（172）中华金星步甲 *Calosoma chinense* Kirby, 1819

体长 26.0–35.0 mm。体背黑色，具铜色金属光泽；足黑色。头密布细刻点，额沟较长，口须端部平截；触角丝状，11 节，端部 7 节密被短绒毛。前胸背板近梯形，宽大于长，背面密布细刻点，侧缘弧形上翘，后角钝圆，基凹较长。鞘翅近长方形，两侧近平行，每翅具 3 行金绿色圆形星点，行间杂小粒突。腹板末节具纵行皱纹。中、后足胫节弯曲，雄虫前足跗节基部 3 节膨大。捕食鳞翅目黏虫、菜青虫及地老虎等幼虫，直翅目若虫及鞘翅目幼虫等。

分布：宁夏（盐池、贺兰山）及全国大多数省（自治区）；朝鲜，日本，俄罗斯，东南亚。

（173）雕步甲 *Carabus glyptopterus* Fischer von Waldheim, 1828

体长 26.0–35.0 mm。体黑色，具光泽。上颚发达，上唇及唇基前缘深凹；触角丝状，11 节，基部 4 节光滑，余下各节密被短毛。前胸背板宽大于长，中部稍前最宽；前、后缘深凹，侧缘上卷，前、后角突出而下沉；盘区隆起，刻点稀疏，周缘刻点较密。鞘翅长卵形，侧缘上卷，翅面鱼鳞状。捕食鳞翅目幼虫等。

分布：宁夏（盐池、固原、罗山）、河北、山西、内蒙古、黑龙江、甘肃；蒙古，俄罗斯（东西伯利亚）。

（174）革青步甲 *Chlaenius alutaceus* Gebler, 1830

体长 13.0 mm。体黑色。前胸背板长宽近相等，基部直，基角近直角，侧缘基半部近直，中部略近基部处最宽，由此向前弧形变窄，前角钝圆，前缘中部凹；盘区基半部密布皱状粗大刻点及黄褐色伏卧毛，基角处具 1 根直立长毛。小盾片三角形，光滑。鞘翅长卵形，两侧近平行；每翅具 9 条刻点沟，行间密被横皱和黄褐色伏卧毛。

分布：宁夏（盐池）、北京、河北、内蒙古、辽宁、黑龙江、江苏、山东；蒙古，韩国，日本，俄罗斯，哈萨克斯坦，吉尔吉斯斯坦，亚美尼亚，阿塞拜疆，保加利亚，伊朗，摩尔多瓦，罗马尼亚，土库曼斯坦，乌克兰，乌兹别克斯坦。

（175）狭边青步甲 *Chlaenius inops* Chaudoir, 1856

体长 10.0–12.0 mm。体黄褐色，头、胸部背面及鞘翅绿色，鞘翅绿色较弱，前胸背板侧缘黄褐色，鞘翅侧缘及端部黄褐色，翅端黄褐色斑在翅端 1/3 处向后逐渐加宽到 6–8 行距，在近端处占据 1–4 行距；触角基部 3 节黄色，余下各节黄褐色。前胸背板长宽近相等，基部直，基角近直角，侧缘基半部近直，近中部最宽，由此向前弧形变窄，前角钝圆，前缘中部凹；盘区被粗大刻点及黄褐色伏卧毛，基部较密，前部、中部较稀。小盾片三角形，光滑。鞘翅长卵形，两侧近平行；每翅具 9 条刻点沟，行间密被横皱和黄褐色伏卧毛。

分布：宁夏（盐池）、北京、河北、山西、内蒙古、辽宁、黑龙江、上海、浙江、江苏、安徽、福建、山东、河南、湖北、湖南、广东、广西、四川、江西、云南、贵州、陕西、台湾；朝鲜，日本，俄罗斯，越南。

（176）皮步甲 *Corsyra fusula* (Fischer von Waldheim, 1820)

体长 8.5–10.0 mm。头、胸部黑褐色，密布刻点和短毛；下唇须和下颚须黄褐色，触角和上颚红褐色；前胸背板侧缘黄褐色。足红褐色，胫节黄褐色。鞘翅浅黄褐色，具黑斑，自基部向端部 1/7 沿中缝每翅具渐窄的黑色纵纹，在中部略靠后部有 1 不规则黑色斑与该纵条纹相连，末端中部另有 1 黑色横斑。腹部腹板黄褐色。前胸背板近八边形，前端 1/3 处最宽，前缘微凹，前角圆钝，外缘弧突，最宽处和后角各具毛 1 根，后角尖，后缘中部凸出。鞘翅由基部向端部渐宽，末端平截，基部中间凹；沟列浅，行距间具细密刻点。雄性前足跗节基部 3 节扩大。捕食鳞翅目幼虫。

172. 中华金星步甲 *Calosoma chinense* Kirby, 1819; 173. 雕步甲 *Carabus glyptopterus* Fischer von Waldheim, 1828; 174. 革青步甲 *Chlaenius alutaceus* Gebler, 1830; 175. 狭边青步甲 *Chlaenius inops* Chaudoir, 1856; 176. 皮步甲 *Corsyra fusula* (Fischer von Waldheim, 1820)

分布：宁夏（盐池、贺兰山、罗山、同心）、内蒙古；蒙古，哈萨克斯坦，俄罗斯，欧洲。

（177）双斑猛步甲 *Cymindis* (*Tarsostinus*) *binotata* Fischer von Waldheim, 1820

体长 8.5–9.5 mm。体黑色。触角、下唇须、下颚须及足黄褐色，鞘翅基部 3/5 于行 5–7 间具黄色窄带，经行 5 与行 3–5 黄色短纵斑相连；体表被黄褐色短毛。前胸背板心形，刻点密，侧缘边缘翘起，后角呈钝角上翘，具小齿突，在中部靠前及基角各有 1 毛。鞘翅平坦，密布刻点。足爪梳齿式。捕食鳞翅目幼虫及蛴螬。

分布：宁夏（盐池、贺兰山、泾源、罗山、同心）、河北、内蒙古、吉林、山东、河南、甘肃；朝鲜，日本，蒙古，俄罗斯（远东）。

（178）半猛步甲 *Cymindis daimio* Bates, 1873

体长 10.5 mm。头部黑色，额中部具 2 个黄褐色圆斑，触角、下唇须和下颚须黄色。前胸背板黄色，前、后缘黑色；两侧缘折发达，前角突出，前缘中部凹陷，基部近平直，具细小刻点，盘区近光滑。小盾片近三角形，黑色。鞘翅周缘黄色，盘区黑色；每翅具 9 条刻点纵沟列。各足除基节褐色外，其他部分黄褐色。捕食鳞翅目幼虫及蛴螬。

分布：宁夏（盐池、泾源、同心、罗山、贺兰山）、河北、内蒙古、吉林、山东、河南、甘肃；朝鲜，日本，蒙古，俄罗斯（远东）。

（179）条噬步甲 *Daptus vittatus* Fischer von Waldheim, 1823

体长 6.5–8.0 mm。头部红褐色，头顶中部具 1 个三角形黑斑，其两侧具黑色纵纹，上唇黑色，触角及口须黄褐色。前胸背板黄褐色至红褐色，前缘具黑色横带。鞘翅黄白色至黄褐色，每翅近翅缝具 1 黑色纵条斑，不达前、后缘。足黄白色。前胸背板倒梯形，前、后角近直角，盘区前端强隆起，侧缘中部略靠前具长毛 1 根。鞘翅狭长，两侧近平行，每翅具 9 条刻点行，行间微隆。

分布：宁夏（盐池）；韩国，中亚，欧洲。

（180）赤胸长步甲 *Dolichus halensis* (Schaller, 1783)

体长 18.0 mm。体长形。头部黑色，触角达鞘翅基部，红褐色，基部 3–4 节淡黄色。前胸背板近方形，黑色具褐色边，有时背板前部红褐色；中部略拱，侧缘后部翘起。鞘翅狭长，末端渐窄，每翅具 9 条刻点列；翅色均一黑色，或在翅基中部具棕红色斑，两翅色斑合起呈舌状。捕食蝼蛄若虫，螟蛾、夜蛾等鳞翅目幼虫及蛴螬，蝇类幼虫。

分布：宁夏（盐池、贺兰山）及全国大多数省（自治区）；朝鲜，日本，俄罗斯，欧洲。

177　178　179　180a　180b

177. 双斑猛步甲 *Cymindis* (*Tarsostinus*) *binotata* Fischer von Waldheim, 1820; 178. 半猛步甲 *Cymindis daimio* Bates, 1873; 179. 条噬步甲 *Daptus vittatus* Fischer von Waldheim, 1823; 180. 赤胸长步甲 *Dolichus halensis* (Schaller, 1783)（a. 黑色型；b. 鞘翅近中缝红色型）

（181）红角婪步甲 *Harpalus amplicollis* Ménétriés, 1848

体长 7.5–9.0 mm。体暗黄褐色至黑褐色；触角、下颚须、下唇须及足黄褐色；前胸背板后角红褐色。前胸背板宽大于长，前缘微凹，前角钝圆，后缘近平直，后角近直角，两侧缘弧突，中部具 1 根毛；基凹浅，盘区光滑。小盾片三角形，刻点细密。鞘翅行距平坦，行间无毛穴。捕食鳞翅目幼虫及蛴螬等。

分布：宁夏（盐池、贺兰山）、北京、河北、内蒙古；韩国，日本，俄罗斯，欧洲。

（182）谷婪步甲 *Harpalus calceatus* (Duftschmid, 1812)

体长 11.0–15.5 mm。体黑色，触角、口须及足跗节暗黄褐色。前胸背板长宽近相等，前缘微凹，后缘近平直，前、后角近直角，侧缘基半部斜直，端半部弧形，于端部略前处最宽；盘区光滑，基部及侧缘具刻点。小盾片三角形。鞘翅长卵形，两侧近平行，每翅具 9 条刻点行，除第 8 与第 9 行间具浅刻点外，余下各行间光滑。捕食鳞翅目幼虫及蛴螬等。

分布：宁夏、河北、山西、内蒙古、辽宁、四川、云南、陕西、新疆；蒙古，朝鲜，日本，俄罗斯（远东、东西伯利亚），印度，中东，欧洲。

（183）直角婪步甲 *Harpalus* (*Harpalus*) *corporosus* (Motschulsky, 1861)

体长 11.0–15.5 mm。体黑色，触角、下颚须、下唇须及足跗节红褐色。前胸背板宽大于长，前缘微凹，前角钝圆，后缘近平直，后角略大于或近呈直角，两侧缘弧突；基凹宽浅，近圆形，具大片刻点，盘区光滑。小盾片三角形，刻点细密。鞘翅沟列深，行距平坦。雄性前、中足跗节基部 4 节膨大。捕食鳞翅目幼虫及蛴螬等。

分布：宁夏（盐池、固原、贺兰山、泾源、隆德、罗山、同心）、北京、山西、内蒙古、辽宁、吉林、黑龙江、四川、陕西、甘肃、青海；朝鲜，日本，俄罗斯（远东）。

（184）红缘婪步甲 *Harpalus froelichii* Sturm, 1818

体长 9.0 mm。体黑色，前胸背板侧缘和鞘翅侧缘红褐色。前胸背板宽大于长，前缘微凹，前角钝圆，后缘近平直，后角近直角；基凹浅，盘区光滑。小盾片三角形，刻点细密。鞘翅两侧近平行，每翅具 9 条纵沟，行间平坦。

分布：宁夏（盐池）；朝鲜，日本，俄罗斯，中亚，欧洲。

（185）毛婪步甲 *Harpalus griseus* (Panzer, 1796)

体长 9.0–12.0 mm。体黑色，触角、唇基端缘、前胸背板基侧角和侧缘、足均黄褐色。前胸背板宽大于长，中部之前最宽，最宽处具长毛 1 根，前缘微凹，前角钝圆，后缘近平直，后角近呈直角。小盾片三角形。鞘翅长卵形，每翅具 9 条纵沟，行间平。

分布：宁夏、河北、山西、吉林、黑龙江、上海、江苏、浙江、安徽、福建、山东、河南、湖北、湖南、广西、四川、贵州、云南、陕西、甘肃、新疆、台湾；蒙古，朝鲜，日本，俄罗斯，中东，欧洲，非洲界，东洋界。

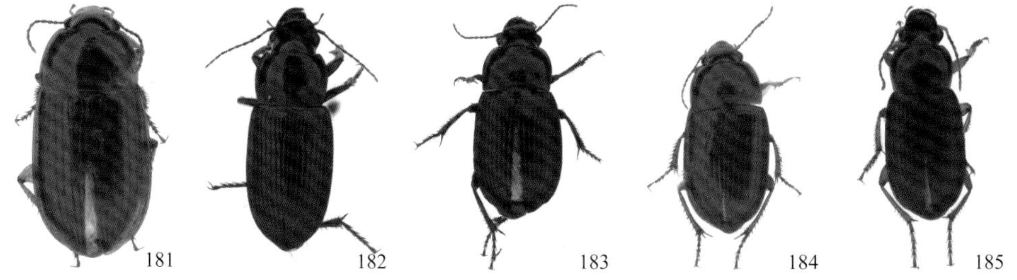

181. 红角婪步甲 *Harpalus amplicollis* Ménétriés, 1848; 182. 谷婪步甲 *Harpalus calceatus* (Duftschmid, 1812); 183. 直角婪步甲 *Harpalus* (*Harpalus*) *corporosus* (Motschulsky, 1861); 184. 红缘婪步甲 *Harpalus froelichii* Sturm, 1818; 185. 毛婪步甲 *Harpalus griseus* (Panzer, 1796)

（186）列穴婪步甲 *Harpalus lumbaris* Mannerheim, 1825

体长 10.5 mm。头、胸部黑色，前胸背板侧缘及基角红褐色，触角及口须黄褐色；鞘翅红褐色，基部色深，呈黑褐色；足黄褐色。触角向后伸达前胸背板基部。前胸背板宽大于长，中部之前最宽，最宽处略前具长毛 1 根，前缘微凹，前角钝圆，后缘近平直，后角近呈直角。小盾片三角形。鞘翅长卵形，每翅具 9 条纵沟，行间略隆起，第 3、第 5、第 7 行间各具数个毛穴。

分布：宁夏、北京、山西、内蒙古、辽宁、甘肃、青海、新疆；蒙古，朝鲜，俄罗斯（东西伯利亚），哈萨克斯坦。

（187）巨胸婪步甲 *Harpalus macronotus* Tschitscherine, 1893

体长 14.0–15.0 mm。体黑色，触角、下颚须、下唇须及足跗节红褐色。前胸背板宽大于长，前缘微凹，前角钝圆，后缘近平直，后角近呈直角，两侧缘弧突；基凹狭窄，刻点为狭长区域。小盾片三角形，具横皱。鞘翅长卵形，两侧近平行，每翅具 9 条刻点行。前足胫节端距 1 枚，外缘具刺 4–5 枚。捕食鳞翅目幼虫及蛴螬等。

分布：宁夏（盐池、固原、海原、贺兰山、红寺堡、罗山）、新疆；蒙古，俄罗斯（东西伯利亚），吉尔吉斯斯坦，哈萨克斯坦，欧洲。

（188）白毛婪步甲 *Harpalus pallidipennis* Morawitz, 1862

体长 8.0–9.5 mm。头及前胸背板黑褐色，触角、下颚须、下唇须、前胸背板侧缘、足及体腹面中部黄褐色；鞘翅浅褐色，杂黄斑。前胸背板宽大于长，前缘弧凹，前角钝圆，后缘近平直，两侧缘弧突；基凹深，基部刻点密集，盘区光滑。小盾片三角形，刻点细密。鞘翅两侧近平行，端部 1/6 处始变窄，每翅具 9 纵沟，沟间平坦。前足胫节外缘具 4 枚短刺。捕食黏虫等鳞翅目幼虫。

分布：宁夏（盐池、固原、泾源、隆德）、北京、河北、山西、内蒙古、辽宁、吉林、黑龙江、江苏、浙江、福建、江西、山东、河南、湖北、广西、四川、云南、西藏、陕西、甘肃、青海；蒙古，朝鲜，日本，俄罗斯（远东）。

（189）草原婪步甲 *Harpalus pastor* Motschulsky, 1844

体长 11.5–12.0 mm。体黑色，触角、口须及足红褐色。前胸背板宽大于长，近中部最宽，最宽处具长毛 1 根，前缘微凹，前角钝圆，后缘近平直，后角近呈直角；基部具稠密刻点。小盾片三角形。鞘翅长卵形，每翅具 9 条纵沟，行间平。

分布：宁夏（盐池、红寺堡、泾源）、河北、山西、内蒙古、辽宁、黑龙江、上海、江苏、浙江、福建、山东、湖北、广东、广西、四川、甘肃；朝鲜，俄罗斯（远东）。

（190）黄缘心步甲 *Nebria livida* (Linnaeus, 1758)

体长 16.0 mm。头部黑色，额中部具 2 个黄褐色圆斑，触角、下唇须和下颚须黄色。前胸背板黄色，前、后缘黑色；两侧缘折发达，前角突出，前缘中部凹陷，基部近平直，具细小刻点，盘区近光滑。小盾片近三角形，黑色。鞘翅周缘黄色，中部黑色；每翅具 9 条刻点纵沟列。各足除基节褐色外，黄褐色。

分布：宁夏（盐池、贺兰山）、北京、河北、山西、内蒙古、辽宁、吉林、黑龙江、江苏、浙江、河南、青海；朝鲜，日本，俄罗斯。

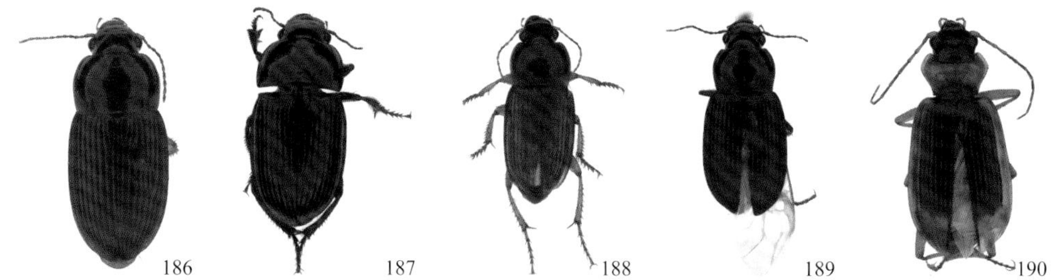

186. 列穴婪步甲 *Harpalus lumbaris* Mannerheim, 1825; 187. 巨胸婪步甲 *Harpalus macronotus* Tschitscherine, 1893; 188. 白毛婪步甲 *Harpalus pallidipennis* Morawitz, 1862; 189. 草原婪步甲 *Harpalus pastor* Motschulsky, 1844; 190. 黄缘心步甲 *Nebria livida* (Linnaeus, 1758)

（191）虹翅碱步甲 *Pogonus iridipennis* Nicolai, 1822

体长 6.5–7.5 mm。体黑色，头、胸部背面具蓝紫色光泽，触角、下唇须、下颚须、足及鞘翅黄褐色，鞘翅基部中央具 1 三角形褐色斑。前胸背板宽大于长，中部最长，前缘微凹，前角钝圆，外缘弧突，基部近直，基角近直角，后缘近平，基凹浅，凹内皱状；基部具刻点，盘区光滑，中纵沟细浅；侧缘中部和基角各具毛 1 根。鞘翅刻点小，刻点行间平坦。

分布：宁夏（盐池）、北京、内蒙古；蒙古，俄罗斯，哈萨克斯坦，土耳其，欧洲。

（192）短翅伪葬步甲 *Pseudotaphoxenus brevipennis* Semenov, 1889

体长 21.0–25.0 mm。体黑色光亮。头部微隆；上颚外缘内弯，内缘基部 2/3 近直，端部 1/3 内弯，末端尖；上唇横宽，前缘微凹，具毛 6 根；触角线形，柄节背面近端部具长毛 1 根；头部与触角之间有 2 个浅纵凹，纵凹间有浅横皱。前胸背板近方形，前缘凹入中部近直，前角圆滑；侧缘微上翘，基部近直，端部轻弧弯，中部之前最宽；后缘近直，中部浅凹入，后角近直角；盘区明显隆起，中纵线明显，不达后缘，侧、后缘宽扁，侧缘近中部有 1 具毛小凹窝。鞘翅长卵形，每翅具 9 条刻点行，第 8、第 9 行间具毛穴。前足胫节凹截内长刺 1 枚，长达胫节端部；端距 1 枚。捕食鳞翅目幼虫及蛴螬。

分布：宁夏（盐池、贺兰山）、青海、西藏。

（193）蒙古伪葬步甲 *Pseudotaphoxenus mongolicus* (Jedlicka, 1953)

体长 14.0–17.0 mm。体狭长，背面黑色，腹面红褐色。头部微隆；上颚外缘内弯，内缘基部 2/3 近直，端部 1/3 内弯，末端尖；上唇前缘具毛 6 根，中间 2 根短；触角线形，柄节近基部具长毛 1 根。前胸背板宽略大于长，前缘近直，前角角状突出，圆滑；缘折发达，上翘，基部近直，端部轻弧弯，中部之前最宽；后缘近直，中部浅凹入，后角近直角；盘区强隆起，中纵线达后缘，两侧及后部宽扁，近中部各有 1 具毛小凹窝。鞘翅长卵形，每翅具 9 条刻点行，第 8、第 9 行间具毛穴。前足胫节凹截内长刺 1 枚，长达胫节端部；端距 1 枚。捕食鳞翅目幼虫及蛴螬。

分布：宁夏（盐池、贺兰山）、山西；蒙古。

（194）黑颈地步甲 *Odacantha puziloi* Solsky, 1875

体长 7.0 mm。头部黑色；下颚须第 1 节黄褐色，端部两节黑色。触角第 1 节至第 4 节基部 1/3 黄褐色，第 4 节基部 1/3 至末节黑褐色；第 1 节背面端部和第 2 节腹面中部各具 1 根直立毛，第 3 节末端具 3 根直立毛，第 4 节至末节密被白色短毛，各节端部具几根较长直立毛，环生。前胸背板黑色，柱状，基部缢缩，中部略靠前处最宽；缢缩处及前部变窄区具横纹，中纵沟明显，近侧缘自前缘至基部 1/4 处具明显纵刻痕；基部及前缘具稀疏刻点。鞘翅黄褐色，近中缝色较深；两侧近平行，末端斜截，不达腹末；缘折明显，每翅具 8 条刻点行，均不达末端，刻点细且稀。腹部黑色，端部 2 节黄褐色。足黄褐色。

分布：宁夏（盐池）、北京、辽宁、吉林、黑龙江；朝鲜，日本，俄罗斯。

（195）均圆步甲 *Omophron aequale* Morawitz, 1863

体长 6.5 mm。体近卵圆形，黄褐色，具蓝绿色斑纹；触角、下颚须、下唇须、前胸背板和鞘翅侧缘泛黄白色；上唇白色，上颚端半部黑色。头顶复眼内侧各具 1 蓝绿色斑纹，呈皱状，其内具小而散乱刻点，其余区域光滑，中部具浅纵沟，前侧角具缘折；唇基心形，表面光滑，前缘弧凹，前侧角具毛 1 根；上唇略隆起，具细密横皱，中部具 1 圆褐纹，端缘浅“W”形，具毛 6 根；上颚端部钩状，基侧沟宽。前胸背板前缘凹入，中间微前突，前侧角尖，向前伸达复眼中部；侧缘由端缘向基部渐宽，后侧角略小于直角，后缘波状，中部后凸近半圆形；基端中部具近菱形蓝绿色斑；除前侧角外具细小且散乱刻点。鞘翅每翅具 15 条刻点行，行间平坦；翅表蓝绿斑纹有变异，沿中缝自基部至近末端常具细纹，横向由 3 排斑纹组成，第 1 排基部近达翅侧缘，向后伸达基部 1/8，第 2 排斑纹位于翅中部略靠前，第 3 排斑纹位于翅 2/3 处，第 2、第 3 排中斑较大，常与侧斑相接。

分布：宁夏（盐池）、北京、河北、江苏、河南、广东、广西、海南、四川、重庆、台湾；日本，俄罗斯。

（196）单齿蝼步甲 *Scarites terricola* Bonelli, 1813

体长 17.0–22.0 mm。体黑色具光泽。头近方形，上颚全部外露，左右不对称，背面平凹有皱，内侧具基齿和中齿，外侧具纵沟，端部尖。触角短，11 节，几达前胸背板后缘，近念珠状，基部 4 节光裸，余节密被短黄褐毛。前胸背板六边形，宽大于长，前部最宽，基部较狭，侧缘近平行，前缘弧凹，前横沟和中纵沟明显。鞘翅长形，基沟外端肩齿突出，两侧近平行，每侧各具 7 条纵沟，纵沟细，沟间平坦。足胫节宽扁；前足挖掘式，前端具 2 个指状突；中足胫节端部具 1 长齿突。成虫危害小麦、粟、黍种子，幼虫捕食地老虎。

分布：宁夏（盐池、贺兰山）、河北、内蒙古、辽宁、黑龙江、河南、江苏、甘肃、新疆、台湾；日本，北非，欧洲南部。

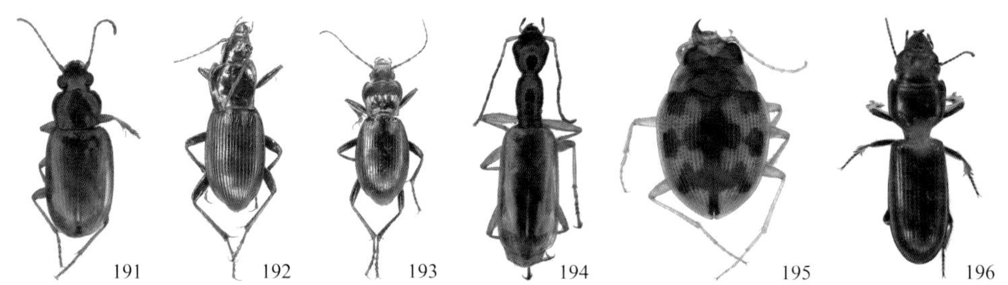

191. 虹翅碱步甲 *Pogonus iridipennis* Nicolai, 1822; 192. 短翅伪葬步甲 *Pseudotaphoxenus brevipennis* Semenov, 1889; 193. 蒙古伪葬步甲 *Pseudotaphoxenus mongolicus* (Jedlicka, 1953); 194. 黑颈地步甲 *Odacantha puziloi* Solsky, 1875; 195. 均圆步甲 *Omophron aequale* Morawitz, 1863; 196. 单齿蝼步甲 *Scarites terricola* Bonelli, 1813

（197）暗滴曲缘步甲 *Syntomus obscuroguttatus* (Duftschmid, 1812)

体长 4.0 mm。体黑褐色；触角基部 3 节及各足跗节黄白色，鞘翅近翅缝具黄白色纵条带，不达前、后缘。头部密被细小颗粒；复眼突出。前胸背板近“心”形，中纵脊明显，盘面具微细横皱，侧缘基部 1/4 及端部 1/4 各具 1 根长毛。鞘翅近矩形，末端平截，未达腹部末端，两侧近平行。

分布：宁夏（盐池）；中亚，欧洲。

197. 暗滴曲缘步甲 *Syntomus obscuroguttatus* (Duftschmid, 1812)

（五十七）阎甲科 Histeridae

体小至中大型，体长 0.5–30.0 mm，体背隆凸或背腹扁平；体多为黑色，具蓝色或绿色金属光泽；体背多光裸。触角膝状，端部 3 节棒状。鞘翅具刻点沟；后翅发达。腹部宽短，可见节 7 节，至少前 5 节被鞘翅覆盖。世界已知 4000 多种，中国已知 190 多种。

（198）半纹腐阎甲 *Saprinus semistriatus* (Scriba, 1790)

体长 6.0–10.0 mm。体宽扁，背中为隆起，体黑色，具蓝色光泽。头部扁平，密被细小刻点；触角锤状，柄节和端部 3 节膨大。前胸近梯形，前缘中部凹，后缘中部后凸，表面中部光滑，周缘具刻点，前缘近中部刻点细小，侧缘及后缘刻点粗大。鞘翅近方形，基半部近光滑，具肩线和背线，肩线较短，肩下线近达外缘，背线近平行，背线内具刻点，第 1 和第 2 背线间皱状，且有刻点；端半部密被粗大刻点。臀板近三角形，末端圆滑，表面密被刻点。各足胫节宽扁，前足胫节外缘及端缘共具 9–10 枚粗钝齿，中、后足胫节各具 6 枚短尖齿。取食动物尸体、粪便。

198. 半纹腐阎甲 *Saprinus semistriatus* (Scriba, 1790)

分布：宁夏（盐池、贺兰山）、辽宁、吉林、黑龙江、新疆；蒙古，俄罗斯，伊朗，埃及，欧洲，北非。

（五十八）葬甲科 Silphidae

体小至大型，体长 7.0–45.0 mm，卵形至长形，扁平；体背通常光滑。触角 11 节，一般末端 3 节膨大，呈棒状；有时触角呈膝状，柄节长。前胸背板具完整侧边。鞘翅端部常平截，露出腹部 1–5 节，有时鞘翅完全遮盖住腹部。前足基节横形突起，相互靠近；中足基节一般相互远离，极少靠近；跗式 5–5–5。世界已知 200 种左右，中国已知 75 种。

（199）曲亡葬甲 *Thanatophilus sinuatus* (Fabricius, 1775)

体长约 12.0 mm。体宽扁，黑色。头部扁平，密被刻点及黄色毡毛层；触角锤状，端部 3 节膨大，末节端圆。前胸略窄于前翅，前缘中部凹入，基部两侧后突，中部近平直；盘区具细密刻点和黄褐色毡毛层，散布黑褐色毛被组成的小斑。小盾片近半圆形，末端呈角状突出，表面被黄褐色毡毛层。鞘翅宽卵形，每鞘翅具 3 条隆脊，其中第 3 条最高，第 2 和第 3 条在后端 1/3 处内折；隆脊间具短横脊；翅面均匀被刻点毛。取食动物尸体。

分布：宁夏、北京、内蒙古、辽宁、吉林、黑龙江、湖北、四川、云南、西藏、新疆、台湾；朝鲜，日本，蒙古，俄罗斯，中东，欧洲，北非。

（200）双斑冥葬甲 *Ptomascopus plagiatus* (Ménétriés, 1854)

体长 14.5–16.0 mm。体狭长黑色，有光泽，密布刻点；唇基淡黄色，鞘翅基部具 1 红褐色大斑。触角锤状，暗褐色；柄节长，宽扁，端部 4 节膨阔，末节端圆。前胸背板盔状，边缘平直；盘区横沟、中纵沟不显，具细密刻点，周缘刻点粗深。小盾片舌状，密布刻点及黄褐色毛。鞘翅近长方形，达鞘翅第 3 节，翅面具细密刻点。腹部背板具黑褐色毛；后缘具黄褐色毛，腹部腹面被黄褐色毛。取食各种动物尸体、蝇蛆、蛴螬等。

分布：宁夏、北京、内蒙古、辽宁、吉林、黑龙江、上海、江苏、福建、河南、湖北、广西、甘肃、青海、台湾；朝鲜，俄罗斯。

199. 曲亡葬甲 *Thanatophilus sinuatus* (Fabricius, 1775); 200. 双斑冥葬甲 *Ptomascopus plagiatus* (Ménétriés, 1854)

（五十九）隐翅甲科 Staphylinidae

体小至大型，体长 0.5–50.0 mm，卵形至长形，扁平或柱状；体色一般深色，常具红色或黄色斑。触角 11 节，多为念珠状和锤状，有的呈丝状，基本可达前胸背板中部，有的可超过鞘翅中部。鞘翅有时高度退化，仅覆盖腹部第 1–3 节；后翅发达，折叠于鞘翅之下。世界已知 63 000 多种，中国已知 6100 多种。

（201）暗缝布里隐翅虫 *Bledius limicola* Tottenham, 1940

体长 4.5–6.0 mm。雌雄异型，雄性前胸背板具 1 长刺状的前背角。体狭长，黑色，鞘翅除基部外红褐色，各足胫节红褐色，各跗节黄褐色。头部密布细密皱纹；触角上脊钝角状。前胸背板近盾形，前、后缘近平直，侧缘弧弯，前角近直角，后角钝圆；表面被粗大刻点，有 1 深纵沟自后缘中部延伸至前背角端部。鞘翅矩形，长略大于宽，表面密被细刻点，细刻点间散布粗大刻点。后翅发达。腹部各节背板端部隆起，表面密被细密刻点。

分布：宁夏（盐池）、山西；蒙古，乌兹别克斯坦，阿富汗，哈萨克斯坦，吉尔吉斯斯坦，土库曼斯坦，伊朗，埃及，突尼斯，摩洛哥，利比亚，阿尔及利亚，土耳其，塞浦路斯，俄罗斯，欧洲。

（202）赤翅隆线隐翅虫 *Lathrobium* (*Lathrobium*) *dignum* Sharp, 1874

体长约 5.5 mm。体狭长，黑色，触角、足、鞘翅（除基部）、腹部末端均为红褐色。头部狭长，刻点细密，被短柔毛。前胸背板长方形，刻点较头部粗大。鞘翅近矩形，基部较端部略窄，刻点较前胸背板略密。腹部两侧近平行，具细密刻点。

分布：宁夏（盐池）、辽宁、黑龙江、上海、江苏、陕西、甘肃；朝鲜，日本，俄罗斯（远东）。

（203）斑翅菲隐翅虫 *Philonthus dimidiatipennis* Erichson, 1840

体长约 5.0 mm。体狭长，黑色；鞘翅端半部除翅中缝外黄褐色；触角柄节、上颚（除末端黑色）、下颚须、下唇须均红褐色；足黄褐色。头部近椭圆形；头顶具稀疏大刻点。前胸背板近矩形，后缘略凸出，两侧近平形；背面两侧各具 3 列粗大刻点，近中间列刻点数较多。小盾片三角形，末端尖。鞘翅两侧近平行，密被刻点状皱纹。腹

201a

201b

202

203

201. 暗缝布里隐翅虫 *Bledius limicola* Tottenham, 1940（a. 雄；b. 雌）；202. 赤翅隆线隐翅虫 *Lathrobium* (*Lathrobium*) *dignum* Sharp, 1874；203. 斑翅菲隐翅虫 *Philonthus dimidiatipennis* Erichson, 1840

部刻点状皱纹较鞘翅密。

分布： 宁夏（盐池）、内蒙古；蒙古，乌兹别克斯坦，哈萨克斯坦，阿富汗，伊朗，伊拉克，土耳其，亚美尼亚，摩洛哥，阿尔及利亚，俄罗斯（欧洲部分），欧洲。

（204）斑缘菲隐翅虫 *Philonthus ephippium* Nordmann, 1837

体长约 8.1 mm。体狭长，黑色；鞘翅红褐色，中间自基部至端部 1/4 具 1 倒梯形大黑斑；触角柄节、上颚（除末端黑色）、下颚须、下唇须及足均红褐色。头部后缘略凹；头顶具稀疏大刻点。前胸背板前缘近直，前角近直角，两侧自前缘至后缘渐加宽，后缘凸出，后角近圆滑；背面两侧各具 3 列粗大刻点，近中间列刻点数较多。小盾片三角形，末端尖。鞘翅两侧近平行，刻点细密，具短横皱。腹部刻点状皱纹较鞘翅密。

分布： 宁夏（盐池）；蒙古，俄罗斯，土库曼斯坦，格鲁吉亚，哈萨克斯坦，吉尔吉斯斯坦。

（205）林氏菲隐翅虫 *Philonthus linki* Solsky, 1866

体长 7.8 mm。体狭长，黑色，足腿节及跗节红褐色至黑褐色。头近六角形，前方弧凸；头顶中部光滑，两侧具稀疏粗大刻点。前胸背板长大于宽，前缘近直，前角近直角；两侧缘近平行；后角钝，圆滑，后缘近直；盘面具粗大刻点。小盾片三角形，末端尖。鞘翅近矩形，长略大于宽，基部略窄于端部；表面密被细密皱纹。腹部各节背板后侧角钝尖，表面具不规则皱。

分布： 宁夏（盐池）、黑龙江；俄罗斯（欧洲部分、西伯利亚），波兰，英国。

（206）红棕皱纹隐翅虫 *Rugilus* (*Eurystilicus*) *rufescens* (Sharp, 1874)

体长 4.0–4.4 mm。体红褐色；上颚黑褐色，下颚须黄褐色；鞘翅后缘黄褐色；足胫节及跗节近黄褐色；腹部黑褐色。头顶及前胸背板密被细密刻点；头部近方形，长略小于宽；前胸背板近椭圆形。鞘翅具细密刻点，被短柔毛。腹部背板密布粗刻点。

分布： 宁夏（盐池）、北京、河北、山西、黑龙江、上海、江苏、浙江、湖南、陕西；韩国，日本，斯里兰卡，俄罗斯，缅甸，新加坡。

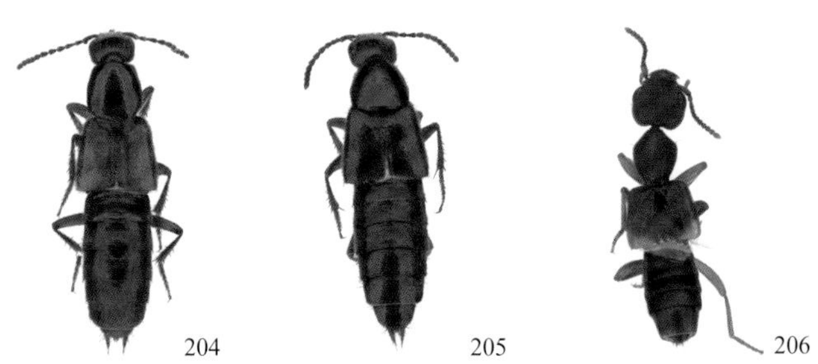

204. 斑缘菲隐翅虫 *Philonthus ephippium* Nordmann, 1837; 205. 林氏菲隐翅虫 *Philonthus linki* Solsky, 1866; 206. 红棕皱纹隐翅虫 *Rugilus* (*Eurystilicus*) *rufescens* (Sharp, 1874)

（六十）粪金龟科 Geotrupidae

体小至中大型，体长 5.0–45.0 mm。体黄色、黄褐色至黑色，常具金属光泽。复眼一般完整，少数被眼角分离。触角 10 节或 11 节，端部 3 节棒状。前胸背板强隆起，有或无角突、结节、沟或脊。腹部可见腹板 6 个。跗式 5–5–5。目前世界已知 1000 余种，中国已知 110 多种。

（207）戴锤角粪金龟 *Bolbotrypes davidis* (Fairmaire, 1891)

体长 8.0–11.0 mm。体近半球形，红褐色，前胸背板和鞘翅间及体腹面被金黄色毛。头部刻点粗密；额隆呈片状隆起，末端中部和两侧角各具 1 短突；唇基具缘折，近梯形，中部具 1 突起；上颚短阔，刀状，外缘高，内侧近平。前胸背板近梯形，具缘折，前缘中部凹，后缘略弧凸，两侧缘弧凸；中部前方具 1 陡直斜面，斜面后缘中部具 1 短直横脊，中部平直，向两侧具凹，近端部具角状突起；脊前刻点密集，脊后中部近光滑，向两侧刻点大而稀疏，近侧缘刻点密集。小盾片舌状，基部刻点小而密集。鞘翅圆拱，具 15 条刻点沟，行间隆起，光滑。取食畜类粪便。

分布：宁夏（盐池、贺兰山、平罗、青铜峡）、北京、山西、甘肃；蒙古，朝鲜，俄罗斯（远东）。

（208）波笨粪金龟 *Lethrus* (*Heteroplistodus*) *potanini* Jakovlev, 1889

体长约 14.0 mm。体宽卵形，黑色，具淡蓝色光泽。上颚发达，近为前胸背板长度的 3/4，内缘具 4–5 枚小齿，左上颚腹面外缘具 1 强直长角突，向下弯曲；上唇外露，前缘中部凹；唇基近梯形，侧缘翘起；头面部近方形，中部极凹，其后渐隆起，眼上刺突发达，三角状向颜侧延伸。触角 11 节，第 9 节发达，圆锥状，其后 2 节套叠其内。前胸背板横宽，前缘中部凹，前侧角钝；侧缘弧凸，锯齿状；后缘近直，后侧角钝圆；盘区具网状皱，中部有浅纵沟。小盾片三角形，中部有 1 条浅纵沟，两侧被细小刻点。鞘翅十分圆隆，表面粗糙，具大小不等瘤突。臀板遮于鞘翅下。前足胫节外缘具 7–8 枚齿突。取食牛粪、马粪。

分布：宁夏（盐池、贺兰山、平罗、青铜峡）、山西、内蒙古、甘肃；蒙古。

207. 戴锤角粪金龟 *Bolbotrypes davidis* (Fairmaire, 1891); 208. 波笨粪金龟 *Lethrus* (*Heteroplistodus*) *potanini* Jakovlev, 1889（a. 侧面观；b. 正面观）

（六十一）皮金龟科 Trogidae

体卵圆形或长卵圆形，黑褐色或红褐色，体背强拱起，腹面较平坦。头部常被前胸背板遮盖，触角 10 节，鳃片部 3 节。前胸背板盘区常有凹陷；小盾片三角形；鞘翅常有成列瘤突。腹部可见腹板 5 节，臀板为鞘翅所覆盖。目前世界已知 300 余种，中国已知 25 种。

（209）尸体皮金龟 *Trox cadaverinus* Illiger, 1802

209. 尸体皮金龟 *Trox cadaverinus* Illiger, 1802

体长约 6.0 mm。体长卵形，黑色。下口式，头顶近矩形，周缘具稀疏大刻点；唇基弧形，具颗粒状突起；触角红褐色，柄节瘤状，被黄色毛，鳃片部与柄部近等长，鳃片部密被黄色短毛。前胸背板横阔，前缘中部凹，前侧角尖；侧缘略弧弯，中部之后最宽，后侧角近直角形；后缘中部明显弧突；背面极隆起，基部中央具 1 凹陷，其两侧各具 1 小凹；整个背板被粗大刻点。小盾片近舌状，表面密被细密刻点。鞘翅强隆起，具明显刻点沟，沟间平坦，具方形刻点；肩凸明显，翅坡陡峭降落。前足腿节下缘具细锯齿，前足胫节外缘具 5 枚钝齿。取食动物尸体。

分布：宁夏（盐池、平罗、同心）、内蒙古、甘肃、青海；蒙古，俄罗斯（远东、西伯利亚），土库曼斯坦，吉尔吉斯斯坦，欧洲。

（六十二）锹甲科 Lucanidae

体小至大型，体长 2.0–100.0 mm。体多黑色，有时色彩艳丽。大多呈性二型，雄性多特化；复眼完整、被眼角部分分离或完全分离。触角 10 节，端部 3–6 节栉状。腹部可见腹板 5 个。跗式 5–5–5。世界已知 1250 种左右，中国已知近 300 种。

（210）大卫刀锹甲 *Dorcus davidis* (Fairmaire, 1887)

210. 大卫刀锹甲 *Dorcus davidis* (Fairmaire, 1887)

体长 22.0 mm（不含上颚），黑色。雌雄异型。体宽扁，长椭圆形。头横宽，密布刻点；雄性上颚发达，微弧弯，末端尖，长度约与前胸宽度相等，近中部有 1 枚指向内侧的钝齿，基半部密布刻点；雌性上颚短小。前胸背板宽约为长的 2 倍；前缘微波形；侧缘端部 2/3 弧形，基部 1/3 处具 1 钝齿，由钝齿至后缘斜直；后缘近直；前角近直角，后角弧钝；盘区隆起，前缘被细小刻点，侧缘及端缘被粗大刻点。鞘翅长卵形，肩角尖；翅面具稠密刻点。足发达，前足胫节外缘具 5 枚小齿。幼虫腐食性，成虫取食植物伤口处溢液。

分布：宁夏、北京、河北、内蒙古、陕西、青海；蒙古。

（六十三）红金龟科 Ochodaeidae

体小型，体长 3.0–10.0 mm。体背多隆拱；头前口式，上颚背视可见。触角 9 节或 10 节，端部 3 节鳃片状。鞘翅将腹部全部遮住，常具刻点沟。腹部可见腹板 6 个。目前世界已知 80 余种，中国已知 9 种左右。

（211）锈红金龟 *Codocera ferruginea* (Eschscholtz, 1818)

体长 4.0–8.0 mm。体近椭圆形，锈红色，头、胸部近红褐色，全体密被金黄色绒毛，其中触角柄节、各足及鞘翅周缘的被毛较长。头顶横宽，密被皱状刻点；唇基近半圆形，边缘黑褐色，表面密被皱状刻点，基缘中部略凹，端部中间具 1 纵向短突起；上唇近矩形，基部具 4 个凹，端部隆起；上颚发达，边缘黑褐色；复眼大；触角 11 节，端部 3 节为鳃片部，柄节粗壮，瘤状。前胸背板前缘中部凹，前侧角略小于直角，侧缘弧凸，后缘向后略凸，边缘均具缘折；盘区密被细密刻点。小盾片舌状，表面密被刻点。鞘翅前缘近平直，向后渐变窄，末端圆滑；每翅具 9 条刻点沟，沟间平。前足胫节外缘 3 齿。取食动物粪便或尸体。

211. 锈红金龟 *Codocera ferruginea* (Eschscholtz, 1818)

分布：宁夏（盐池、海原、同心）、河北、山西、内蒙古、辽宁、吉林、黑龙江、河南、新疆；朝鲜，蒙古，俄罗斯（远东、东西伯利亚），塔吉克斯坦，乌兹别克斯坦，土库曼斯坦，吉尔吉斯斯坦，哈萨克斯坦，欧洲。

（六十四）金龟科 Scarabaeidae

体小至大型，体长 1.5–225.0 mm。体型多变，体卵圆形或圆柱形，多光亮，有或无金属光泽。触角大多 10 节，极少数 8 节或 9 节，端部鳃片状。鞘翅扁平或隆突。腹部可见 5–7 个腹板。目前世界已知 3 万多种。

（212）迟钝蜉金龟 *Aphodius languidulus* Schmidt, 1916

体长 4.5 mm。体长椭圆形，黄褐色，头面部和前胸背板盘区色深，红褐色。头部短阔，两侧向外略弧凸；唇基近梯形，端缘微上翘，中部略凹，后缘中部具 1 小瘤突；触角 9 节，鳃片部 3 节。前胸背板极隆突，散布大小不等刻点；中部具 1 红褐色宽矩形斑，其两侧中部各具 1 浅黑褐色小圆斑。小盾片舌状，散布大小不等刻点。鞘翅两侧近平行，端部变窄，末端圆滑，每翅具 9 条深刻点沟，沟间光滑。臀板被鞘翅遮盖。前足胫节外缘具 5 齿，基侧 2 枚极小。

分布：宁夏（盐池、固原、泾源）、北京、上海、四川、云南、西藏、甘肃、青海、新疆、台湾；朝鲜，日本，俄罗斯（远东）。

（213）马粪蜉金龟 *Aphodius* (*Agrilinus*) *sordidus* (Fabricius, 1775)

体长 6.5 mm。体长椭圆形，黄褐色，头顶黑色。额唇基缝隆脊侧边黑褐色，唇基中部浅黑褐色；前胸背板黄褐色，中部黑褐色，其两侧各具 1 黑褐色圆斑；小盾片黑褐色；鞘翅肩凸后方及端部 2/5 中部各具 1 黑褐斑。头部短阔，散布小刻点，基部刻点较密；唇基近梯形，端缘中部微凹；基部中央具 1 小瘤突；触角 9 节，鳃片部 3 节。前胸背板极隆突，前缘中部凹，侧缘及后缘略弧突，前侧角近直角，后角钝，圆滑，表面零星被圆形刻点。小盾片近三角形，末端尖。鞘翅两侧近平行，端部变窄，末端圆滑，每翅具 9 条深刻点沟，沟间光滑。臀板被鞘翅遮盖。前足胫节外缘具 6 齿，基侧 3 枚极小。成虫、幼虫均以食粪为生。

分布：宁夏、北京、云南；蒙古，朝鲜，日本，俄罗斯（远东、东西伯利亚），吉尔吉斯斯坦，哈萨克斯坦，土耳其，欧洲。

（214）红亮蜉金龟 *Aphodius* (*Aphodiellus*) *impunctatus* Waterhouse, 1875

体长 4.5–5.0 mm。体长椭圆形，红褐色。头部短阔；唇基近梯形，中部微圆隆，散布浅疏刻点；触角 9 节，鳃片部 3 节。前胸背板极隆突，前缘中部凹，侧缘及后缘略弧突。小盾片舌状，端尖。鞘翅两侧近平行，端部变窄，末端圆滑，每翅具 9 条深刻点沟，沟间光滑。前足胫节外缘 3 齿。成虫、幼虫均以食粪为生。

分布：宁夏（盐池、贺兰山、同心）、山西、内蒙古、辽宁、吉林、黑龙江；蒙古，日本，俄罗斯（东西伯利亚）。

（215）边黄蜉金龟 *Aphodius* (*Labarrus*) *sublimbatus* Motschulsky, 1860

体长 4.7–5.2 mm。体长椭圆形，暗黄褐色，头面部和前胸背板中部深褐色或黑色。头部短阔；唇基近梯形，前缘中部弧凹，基部中间具 1 小瘤突；触角 9 节，鳃片部 3 节。前胸背板极隆突，前、后角均为直角，后缘略弧突，盘区散布大小不等刻点。小盾片舌状。鞘翅两侧近平行，端部变窄，末端圆滑，每翅具 9 条深刻点沟，沟间光滑；翅面具不规则模糊暗褐色小斑。前足胫节外缘 3 齿。

212. 迟钝蜉金龟 *Aphodius languidulus* Schmidt, 1916; 213. 马粪蜉金龟 *Aphodius* (*Agrilinus*) *sordidus* (Fabricius, 1775); 214. 红亮蜉金龟 *Aphodius* (*Aphodiellus*) *impunctatus* Waterhouse, 1875; 215. 边黄蜉金龟 *Aphodius* (*Labarrus*) *sublimbatus* Motschulsky, 1860

分布：宁夏（盐池、固原、同心）、吉林、黑龙江、台湾；朝鲜，日本，俄罗斯。

（216）德国瑞蜉金龟 *Rhyssemus germanus* (Linnaeus, 1767)

体长 3.0 mm。体长椭圆形，黑色，唇基前缘、触角及足红褐色。头部短阔；唇基近梯形，前缘中部具 1 浅弧凹；触角 9 节，鳃片部 3 节。前胸背板横阔，前缘凹，具明显饰边，前角近直角，后角钝圆，侧缘斜直，端半部钝锯齿状，后缘略弧突，侧缘及后缘具短鳞片；背板具 4 条横隆脊，基部 2 条中部断裂。小盾片长三角形，端尖。鞘翅两侧近平行，端部变窄，末端圆滑，每翅具 9 条刻点沟，沟间具方块状皱。前足胫节外缘 3 齿。取食腐烂植物。

分布：宁夏（盐池）、北京、内蒙古、辽宁；俄罗斯，欧洲，引入北美洲。

（217）车粪蜣螂 *Copris ochus* (Motschulsky, 1860)

体长 21.0–26.0 mm。体黑色，光亮。雌雄异型。头部近扇形；唇基前缘中部具凹刻；额前部：雄性有 1 根向后弧弯的发达角突，雌虫无角突，具 1 粗短横脊状隆起，其两端光滑瘤状。触角 9 节，端部 3 节鳃片状。前胸背板隆突，雄性前端中部呈斜坡状，端部具 1 对向前上方斜伸的角突，斜坡两侧有不整凹坑，凹坑侧前方各有 1 枚尖齿突；雌虫简单，前端 1/4 处具 1 横脊。鞘翅宽扁，每翅具 8 条纵线，纵线间具细皱纹。足粗壮；前足胫节外缘 3 齿；后足胫节外缘锯齿状，端部 1/3 及末端齿较发达。取食人粪、畜粪。

分布：宁夏、北京、河北、山西、内蒙古、辽宁、江苏、浙江、福建、河南、广东；蒙古，朝鲜，日本，俄罗斯（远东）。

（218）小驼嗡蜣螂 *Onthophagus* (*Palaeonthophagus*) *gibbulus* (Pallas, 1781)

体长约 9.0 mm。体黑色，鞘翅茶褐色，散布黑褐色小斑。雌雄异型。雌性：头部近梯形，前缘中部微凹，额唇基缝及后头处各具 1 条横脊，表面密被横皱。触角 9 节，端部 3 节鳃片状。前胸背板横阔，略隆突，近前缘中部具短矮横脊，脊端圆凸。小盾片缺如。鞘翅宽扁，每翅具 7 条刻点沟，沟间平，疏布成列短毛。臀板近三角形，疏布圆形小刻点。纵线间具细皱纹。足粗壮，被睫毛状毛，前足胫节外缘 4 齿。雄性未见标本。取食动物粪便。

分布：宁夏、北京、山西、内蒙古、辽宁、吉林、黑龙江、新疆；蒙古，朝鲜，日本，俄罗斯（远东、西伯利亚），中东至欧洲。

（219）台风蜣螂 *Scarabaeus* (*Scarabaeus*) *typhon* (Fischer von Waldheim, 1823)

体长 25.0–30.0 mm。体黑色，宽椭圆形。头部宽扁，前端具 6 枚大齿。触角 9 节，端部 3 节鳃片状。前胸背板横阔，侧缘及后缘锯齿状；盘区隆突，中纵带光滑，两侧散布粒突。鞘翅宽扁，缘折发达，每翅具 6 条模糊纵线，纵线间光滑，散布粒突。足粗壮，前足胫节外缘 4 齿。取食畜粪。

分布：宁夏、河北、山西、内蒙古、辽宁、吉林、黑龙江、江苏、浙江、安徽、江西、山东、河南、西藏、陕西、甘肃、新疆；蒙古，朝鲜，阿富汗，伊朗，乌兹别

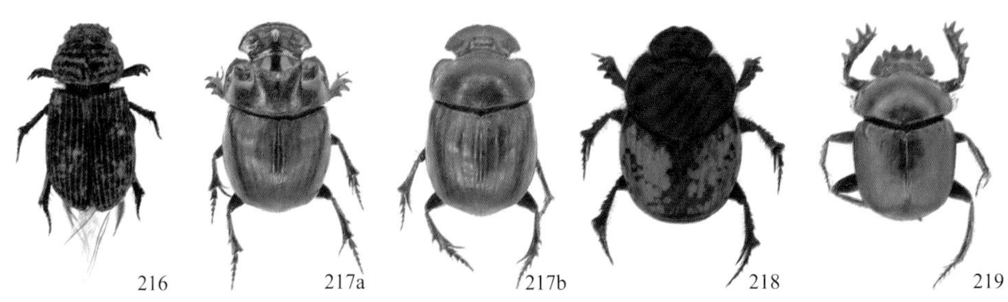

216. 德国瑞蜉金龟 *Rhyssemus germanus* (Linnaeus, 1767); 217. 车粪蜣螂 *Copris ochus* (Motschulsky, 1860)（a. 雄; b. 雌）; 218. 小驼嗡蜣螂 *Onthophagus* (*Palaeonthophagus*) *gibbulus* (Pallas, 1781); 219. 台风蜣螂 *Scarabaeus* (*Scarabaeus*) *typhon* (Fischer von Waldheim, 1823)

克斯坦，土库曼斯坦，哈萨克斯坦，土耳其，黎巴嫩，塞浦路斯，叙利亚，伊拉克，以色列，约旦，欧洲。

（220）莱雪鳃金龟 *Chioneosoma* (*Aleucolomus*) *reitteri* (Brenske, 1887)

体长 18.5–20.0 mm。体长卵形，红褐色，头面部色较深，黑褐色；前胸背板（除盘区）、鞘翅（除中部）、腹部臀板及腹板覆白色粉被；头、胸部腹面密被灰黄色绒毛。头部较小，唇基横阔，边缘翘起，端缘中部深凹；触角 10 节，鳃片部 3 节，桨状。前胸背板近六边形，后缘弧突，侧缘基部 2/3 近平行，端部 1/3 渐变窄，前缘略弧凹；盘区被致密圆形刻点。前胸背板与鞘翅间具灰黄色长绒毛。小盾片近三角形，被均匀具毛刻点。鞘翅近矩形，密布具毛刻点，纵肋 4 条，明显。臀板近三角形，微隆，密被灰白色绒毛。前足胫节外缘 3 齿；爪下齿突位于基部。寄主：沙枣及大田作物。

分布：宁夏、内蒙古、西藏、陕西、甘肃、青海、新疆；蒙古，巴基斯坦，中亚。

（221）白云鳃金龟替代亚种 *Polyphylla alba vicaria* Semenov, 1900

体长 30.0 mm，体宽 13.0 mm。体长椭圆形，红褐色，全体被白色至黄白色鳞片，头、胸部腹面密被黄褐色毛。触角 10 节，鳃片部雄性 7 节，雌性 6 节。唇基近方形，中部凹，侧缘翘起。前胸背板近六边形，后缘弧突，侧缘角状，盘区中纵沟微凹，中部两侧各具 1 裸斑。鞘翅肩角明显。寄主：柳、胡杨、葡萄等。

分布：宁夏、内蒙古、陕西、甘肃、新疆；蒙古，哈萨克斯坦。

（222）大云鳃金龟 *Polyphylla laticollis* Lewis, 1887

体长 31.0–38.5 mm，体宽 15.5–20.0 mm。体长椭圆形，黑褐色，鞘翅色较淡，体背面常具各式白色或乳白色鳞片组成的斑纹。触角 10 节，雄性鳃片长大，由 7 节组成；雌性鳃片较小，由 6 节组成。唇基近方形，端缘翘起，表面密布皱状刻点。前胸背板近六边形，后缘弧突，侧缘角状，端部中间两侧具凹，盘区被粗大刻点。鞘翅肩角明显，盘区略凹凸不平，具皱状刻点。寄主：松、云杉、杨、柳、榆等。

分布：宁夏、北京、河北、山西、内蒙古、辽宁、吉林、黑龙江、浙江、安徽、福建、江西、山东、河南、湖北、四川、贵州、云南、陕西、甘肃、青海、新疆；蒙古，朝鲜，日本。

（223）马铃薯鳃金龟东亚亚种 *Amphimallon solstitiale sibiricus* (Reitter, 1902)

体长 12.5 mm。体长椭圆形，黄褐色，唇基、头背及前胸背板色较深，近黑褐色；体被黄白色绒毛，胸部腹板被毛较长。头顶刻点皱状，具 1 齿状横脊；唇基端缘上翘，表面密布皱状刻点；触角 9 节，鳃片部 3 节，雄性鳃片长大，与柄部近等长，雌性较短小。前胸背板近六边形，后缘中部略后凸，前缘中部微凹，侧缘在端部略收窄，盘区密被皱状刻点。小盾片舌形，边缘光滑，中部具粗浅刻点。鞘翅近矩形，肩胛略隆突，具 4 条明显纵肋。臀板三角形，略隆突，密被网状刻点。寄主：马铃薯及大田农作物。

分布：宁夏、内蒙古、辽宁、吉林、黑龙江、陕西、甘肃、青海、新疆；蒙古，哈萨克斯坦，俄罗斯（远东）。

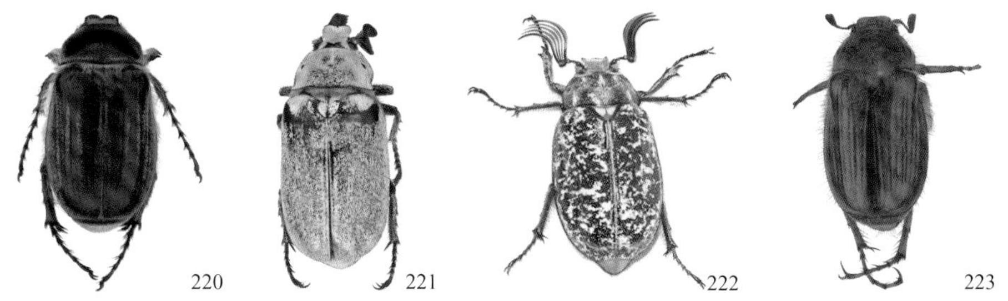

220. 莱雪鳃金龟 *Chioneosoma* (*Aleucolomus*) *reitteri* (Brenske, 1887); 221. 白云鳃金龟替代亚种 *Polyphylla alba vicaria* Semenov, 1900; 222. 大云鳃金龟 *Polyphylla laticollis* Lewis, 1887; 223. 马铃薯鳃金龟东亚亚种 *Amphimallon solstitiale sibiricus* (Reitter, 1902)

（224）华北大黑鳃金龟 *Holotrichia oblita* (Faldermann, 1835)

体长 17.0–22.0 mm。体长椭圆形，黑褐色至黑色。唇基横阔，前、侧缘上翘，前缘中部略凹；触角 10 节，雄性鳃片部与柄部相等。前胸背板侧缘弧凸，中部最宽，盘区密布粗大刻点。小盾片近半圆形。鞘翅具明显纵肋，翅面密布刻点状横皱。臀板近三角形，下部强度向后隆突，末端圆尖。胸部下侧密被柔长黄毛。寄主：榆、杏、苹果、柳、杨、槐及牧草。

分布：宁夏、北京、天津、河北、山西、内蒙古、辽宁、吉林、黑龙江、江苏、安徽、福建、江西、山东、河南、湖北、广西、四川、贵州、陕西、甘肃、青海；韩国，日本，俄罗斯（远东）。

（225）毛双缺鳃金龟 *Diphycerus davidis* Fairmaire, 1878

体长 5.0–6.5 mm。体长椭圆形，黑色；全体被毛，体背面被毛黑褐色，腹面被毛灰白色，杂黄褐色。头顶密布小颗粒状皱；唇基基部 1/3 侧缘呈弧形，渐变窄，端部 2/3 呈梯形，端缘上翘，表面密布粗浅皱纹；触角 9 节，鳃片部 3 节，较长，近与其前 5 节总长相等。前胸背板横阔，近六边形，前缘略弧凹，侧缘中部略前最宽，向前、后缘均变窄，前、后侧角均略大于直角，后缘近直，中部具 2 齿形缺刻，呈倒“W”形；盘区密布圆形具毛刻点；中部及两侧各具 1 乳白色纵带。小盾片近三角形，两侧密列尖端相对的乳白短毛。鞘翅短，自基部向端部渐变窄，端部圆滑，肩凸明显。

分布：宁夏（盐池）、山西、河南、陕西。

（226）小黄鳃金龟 *Pseudosymmachia flavescens* (Brenske, 1892)

体长 12.5 mm。体狭长，浅黄褐色，头部和前胸背板色较深，呈浅栗褐色；全体密被短毛。头面部密布粗大刻点，额中部具中纵沟，两侧隆突；唇基端部及侧缘均上翘，密被具毛刻点；触角 9 节，鳃片部 3 节。前胸背板横阔，侧缘中部略前最宽，向前、后缘均变窄，前、后侧角均近直角形，前缘中部凹，后缘中部略弧凸；盘区密布具毛刻点。小盾片近三角形，散布具毛刻点。鞘翅刻点稠密，仅第 1 纵肋可见，肩凸明显。寄主：成虫为害苹果、梨、海棠的叶子；幼虫为害苗木根部。

分布：宁夏（盐池、泾源）、北京、河北、山西、辽宁、江苏、浙江、山东、河南、湖南、陕西、甘肃；土耳其。

（227）黑皱鳃金龟 *Trematodes tenebrioides* (Pallas, 1781)

体长 19.0–21.0 mm。体宽短，黑褐色。头顶刻点粗大，后头刻点较小而密；唇基横阔，端缘及侧缘上翘，刻点与头顶近等大，较稀疏；触角 10 节，鳃片部 3 节，短小，与第 1 节近等长。前胸背板前缘凹，前侧角尖，侧缘折角状，前半段斜直，后半段齿状，后缘略弧凸，盘区刻点较头顶大且稀。小盾片近半圆形。鞘翅粗皱状，肩凸及端凸不发达，纵肋几不显。后翅短小，长度近达第 2 腹板或略超过。寄主：苜蓿、针茅草、赖草、杨、柳等。

分布：宁夏、北京、天津、河北、山西、内蒙古、辽宁、吉林、黑龙江、江苏、浙江、安徽、江西、山东、河南、湖南、陕西、甘肃、青海、台湾；蒙古，日本，俄罗斯（西伯利亚）。

224. 华北大黑鳃金龟 *Holotrichia oblita* (Faldermann, 1835); 225. 毛双缺鳃金龟 *Diphycerus davidis* Fairmaire, 1878; 226. 小黄鳃金龟 *Pseudosymmachia flavescens* (Brenske, 1892); 227. 黑皱鳃金龟 *Trematodes tenebrioides* (Pallas, 1781)

（228）黑绒金龟 *Maladera* (*Omaladera*) *orientalis* (Motschulsky, 1858)

体长 8.0–9.5 mm。体近椭圆形，黑色；触角黄褐色，腮叶端半部红褐色；足红褐色，腿节色深，略呈黑褐色；体背面具丝绒般光泽。头顶基半部光滑，端半部中部具稀疏刻点；唇基皱状，中部略隆起，端缘上翘；触角 9 节，有时 10 节，腮片部由 3 节组成，雄虫腮片部是柄部长的2倍。前胸背板宽大于长，前缘中部凹，前侧角尖；侧缘近平行，端部收狭；后缘后凸，后侧角钝，盘区密被刻点。小盾片舌形，刻点较前胸背板略稀，具刻点毛。鞘翅近矩形，肩角略突出，刻点小而稀疏，每翅具9条刻点沟，沟间微隆。寄主：各种农作物，多种果树、林木及蔬菜、杂草等。

分布：宁夏、北京、河北、山西、内蒙古、辽宁、吉林、黑龙江、江苏、浙江、安徽、福建、江西、山东、河南、湖北、广东、海南、贵州、陕西、甘肃、青海、新疆、台湾；蒙古，朝鲜，日本，俄罗斯（远东）。

（229）阔胫赤绒金龟 *Maladera* (*Cephaloserica*) *verticalis* (Fairmaire, 1888)

体长8.5–9.5 mm。体近椭圆形，黄褐色至红褐色，具光泽。头顶具弱中纵脊，散布稀疏浅刻点；唇基皱状，具弱中纵脊，缘折发达；触角10节，腮片部由3节组成，雄虫腮片部是柄部长的2倍。前胸背板宽大于长，前缘中部凹，前侧角尖；侧缘近平行，端部收狭；后缘后凸，后侧角钝，盘区被稀疏浅刻点。小盾片舌形，中部光滑，两侧具刻点。鞘翅近矩形，肩角略突出，每翅具9条刻点沟，沟间微隆，有少量刻点。头、胸部腹面及前足基节至腿节具杂乱绒毛。臀板近三角形，具皱状刻点；腹部腹面每节具1排粗短刺毛。各足跗节端部具轮生刺；前足胫节外侧具2齿；中、后足胫节1/3处和2/3处及末端均具轮生短刺，后足胫节宽扁，两端距分别位于胫节两侧。寄主：苹果、梨、杨、柳、榆等。

分布：宁夏、北京、河北、山西、辽宁、吉林、黑龙江、江苏、浙江、江西、山东、河南、陕西、台湾；朝鲜。

（230）小阔胫绢金龟 *Maladera ovatula* (Fairmaire, 1891)

体长6.0–8.0 mm。体近椭圆形，黄褐色，具光泽。头顶中间大部近平，具皱状刻点；唇基皱状，缘折发达；触角10节，腮片部由3节组成，雄虫腮片部与柄部等长。前胸背板宽大于长，前缘中部凹，前侧角尖；侧缘近平行，端部收狭；后缘后凸，后侧角钝；盘区纵向中部及横向基部刻点略密，余部刻点较稀疏。小盾片舌形，中部光滑，两侧具刻点。鞘翅近矩形，肩凸略突出，每翅具9条刻点沟，沟间微隆，有少量刻点。头、胸部腹面及前足基节至腿节具杂乱绒毛。臀板近三角形，具皱状刻点；腹部腹面每节具1排粗短刺毛。前足胫节外缘具2齿，后足胫节宽扁，2端距位于胫节两侧。寄主：幼虫取食苗木根部及作物的地下部分，成虫取食苹果、梨、海棠等果木叶片。

分布：宁夏、河北、山西、内蒙古、辽宁、吉林、黑龙江、江苏、安徽、山东、河南、广东、海南、四川。

（231）黄褐异丽金龟 *Anomala exoleta* Faldermann, 1835

体长15.0–18.0 mm。体长卵形，黄褐色，具光泽。头顶具细粒状刻点，额具皱状刻点；唇基近矩形，端缘上翘；触角9节，鳃片部由3节组成，雄虫鳃片部长于柄部，雌虫腮片部比柄部略短。前胸背板宽大于长，前缘中部凹，前侧角尖；侧缘端部收狭；

后缘后凸，后侧角钝；盘区中部具 1 浅纵沟，两侧具细密刻点。小盾片近半圆形，刻点较前胸背板小且密。鞘翅肩凸和后凸明显，每翅具 3 条模糊纵肋，密布刻点，刻点间皱状。头、胸部腹面及前足基节至腿节具金黄色绒毛。臀板近三角形，前缘和侧缘具金黄色毛。腹部腹面每节具 1 排刺毛。前足胫节外缘具 2 齿，后足胫节宽扁，2 端距位于胫节两侧；内、外侧爪不等大，前、中足的大爪分叉。幼虫为害果树、玉米、大豆等作物根部。

分布：宁夏、北京、河北、山西、内蒙古、辽宁、吉林、黑龙江、江苏、安徽、福建、山东、河南、湖北、陕西、甘肃、青海；蒙古。

228. 黑绒金龟 *Maladera* (*Omaladera*) *orientalis* (Motschulsky, 1858); 229. 阔胫赤绒金龟 *Maladera* (*Cephaloserica*) *verticalis* (Fairmaire, 1888); 230. 小阔胫绢金龟 *Maladera ovatula* (Fairmaire, 1891); 231. 黄褐异丽金龟 *Anomala exoleta* Faldermann, 1835

（232）蒙古异丽金龟 *Anomala mongolica* Faldermann, 1835

体长 18.0 mm。体长卵形，墨绿色，腹面杂黄褐色，全体具光泽。额刻点密皱状，头顶中部刻点小且稀，周缘刻点粗且密；唇基近梯形，边缘翘起不强，刻点较额大，连成皱状；触角 9 节，鳃片部 3 节，雄长雌短。前胸背板横阔，前缘中部凹，前部具黄褐色膜质透明宽饰边，前侧角近直角；侧缘中部最宽，向端部收狭较甚；后缘后凸，后侧角略大于直角；盘区密被均匀圆刻点，中部具 1 弱浅纵沟。小盾片近三角形，侧缘及末端光滑，中部具粗大圆刻点。鞘翅近矩形，端部略膨阔，纵肋不显，密布刻点；缘折自中部之后具膜质饰边。臀板近三角形，黄褐色，基部中间具 1 墨绿色三角斑；表面密被横皱。胸部腹面被黄褐色绒毛；腹部腹面每节具 1 排绒毛，侧缘具同色毛簇。前足胫节外缘 2 齿，前、中足的大爪分叉。幼虫为害大豆、玉米等根部；成虫取食大豆、刺槐、苹果、葡萄、山里红、杨、柳等。

分布：宁夏（盐池）、北京、河北、山西、内蒙古、辽宁、吉林、黑龙江、山东；蒙古，朝鲜，俄罗斯（远东）。

（233）弓斑塞丽金龟 *Cyriopertha arcuata* (Gebler, 1832)

体长 13.5–15.0 mm。体长卵形，色型有变化：①体黑色，触角及鞘翅茶褐色；②体黄褐色，鞘翅具黑褐色完整弓形斑，或不全，或完全无。头面部中部有时黄褐色；头顶刻点细密，颜面刻点粗大；唇基端缘强翘起，侧缘翘起略弱，表面被皱状粗刻点；触角 9 节，鳃片部 3 节，雄性鳃片部极长，长大于唇基的宽。前胸背板中部前方近侧缘常各具 1 个黑色小斑；前缘中部凹，前侧角近直角；侧缘基半部略内凹，端半部略外凸，后角处最宽，后角近直角形；后缘弧凸；盘区被稀疏粗浅刻点毛。小盾片宽舌状，中部刻点略粗大，基侧、端侧的刻点较小。鞘翅具 4 条明显纵肋，布具毛刻点，毛稀短；缘折具粗强刺毛。臀板近三角形，表面被皱状刻点，基半部被黄白色刺毛。胸部腹面密被灰黄色绒毛；腹部腹面每节具 1 排绒毛，侧缘具同色毛簇。前足胫节内缘无距，外缘 2 齿，各末跗节发达，远长于基部各节。寄主：幼虫危害麦类根部；成虫取食小麦、禾本科植物嫩穗和向日葵花盘。

分布：宁夏（盐池、六盘山、同心）、北京、河北、内蒙古、辽宁、吉林、黑龙江、河南、陕西、甘肃；蒙古，俄罗斯（远东、东西伯利亚）。

（234）苹毛丽金龟 *Proagopertha lucidula* (Faldermann, 1835)

体长 10.0–12.0 mm。体长卵形，黑褐色，鞘翅浅黄褐色或红褐色，头部及前胸背板常具紫红色光泽。头面部具粗大致密刻点，中部刻点略小；唇基近梯形，端缘及侧缘轻微上翘，表面呈横皱状；触角 9 节，鳃片部 3 节。前胸背板前缘中部凹，其前饰黄褐色透明饰边，前侧角近直角；侧缘弧凸，后角略大于直角；后缘中部弧凸；盘区被致密圆形刻点，中部两侧具灰黄色长绒毛。小盾片近半圆形，散布零星小刻点。鞘翅表面光滑，具 9 条刻点列。臀板近三角形，呈细密横皱状，散布小突起，被灰黄色绒毛。胸部腹面密被灰黄色绒毛；前胸腹板突强直前伸。前足胫节外缘 2 齿，雄性内缘无距。寄主：榆、苹果等。

分布：宁夏（盐池、彭阳、银川）、河北、山西、内蒙古、辽宁、吉林、黑龙江、江苏、安徽、山东、河南、四川、陕西、甘肃；俄罗斯（远东），朝鲜。

232. 蒙古异丽金龟 *Anomala mongolica* Faldermann, 1835; 233. 弓斑塞丽金龟 *Cyriopertha arcuata* (Gebler, 1832)（翅斑变异）; 234. 苹毛丽金龟 *Proagopertha lucidula* (Faldermann, 1835)

（235）茸喙丽金龟 *Adoretus puberulus* Motschulsky, 1835

体长 11.5 mm。体长卵形，深褐色，头部色较深，黑褐色；全体密被具茸毛刻点。唇基半圆形，边缘上翘；上唇呈喙状向下延伸，呈"T"形，喙状延伸部分有中纵脊；复眼大而突出；触角 10 节，鳃片部 3 节，略长于柄部。前胸背板短阔，前缘中部凹，前侧角近直角；侧缘微弧凸，后角钝角形；后缘中部微弧凸。小盾片宽舌状。鞘翅可见 4 条纵肋。臀板短阔，突出，被毛较长。前足胫节外缘 3 齿，中、后足的大爪均不分裂。寄主：苹果、玉米等。

分布：宁夏（盐池）、北京、河北、山西、陕西。

（236）阔胸禾犀金龟 *Pentodon quadridens mongolicus* Motschulsky, 1849

体长 18.0–24.0 mm。体宽椭圆形，黑褐色。唇基近梯形，前缘平直，两端各具 1 上翘钝突，侧缘微卷曲；额唇基缝明显，中央有 1 对疣突；额及唇基具粗糙皱纹。触角 10 节，端部 3 节鳃片状。前胸背板横阔；前缘凹入，中部近直，前角近直角；侧缘弧突；后缘中部近直，两侧微弧凹，后角圆弧形；盘区向前隆突，表面散布大圆刻点。前胸腹突圆柱形，端部具黄褐色毛。鞘翅近方形；肩角下方微隆起；纵肋模糊。足粗壮，前足胫节宽扁，外缘锯齿状，中齿及端部 2 齿较大；后足胫节端半部上方弯曲，端缘有刺 17–24 枚。寄主：多种植物的种子、芽、根、茎、块根等。

分布：宁夏、北京、河北、山西、内蒙古、辽宁、吉林、黑龙江、江苏、浙江、山东、河南、陕西、甘肃、青海；蒙古。

（237）白星花金龟 *Protaetia* (*Liocola*) *brevitarsis* (Lewis, 1879)

体长 18.0–22.0 mm。体宽扁，体色有变异，古铜色、铜黑色或铜绿色，具光泽；前胸背板和鞘翅具杂乱云状、条形或点状白色绒毛斑。额及唇基密被圆刻点，中部隆起；唇基侧缘下垂，末端上翘，中部略凹；触角 10 节，鳃片部 3 节，雄性鳃片部较长。前胸背板长宽近相等，几自基部向端部渐变窄，侧缘中部略外凸；基部与小盾片相交处内凹；盘区中部刻点较小，向侧缘呈短刻纹状。小盾片舌状，光滑。鞘翅侧缘基部内弯，翅面具粗大网状皱，肩凸和后凸明显。臀板近三角形，表面被细密横皱。前足胫节外缘具 3 枚锐齿。寄主：苹果、梨、丁香、山杏。

分布：宁夏、北京、河北、山西、内蒙古、辽宁、黑龙江、江苏、浙江、安徽、福建、江西、山东、河南、湖北、湖南、四川、西藏、陕西、甘肃、新疆、台湾；蒙古，朝鲜，日本，俄罗斯（远东）。

235

236

237

235. 茸喙丽金龟 *Adoretus puberulus* Motschulsky, 1835; 236. 阔胸禾犀金龟 *Pentodon quadridens mongolicus* Motschulsky, 1849; 237. 白星花金龟 *Protaetia* (*Liocola*) *brevitarsis* (Lewis, 1879)

（六十五）扁腹花甲科 Eucinetidae

体小型，体长 0.8–4.0 mm，体黑色或红褐色。头部小，下垂；后足基节大，常遮住第 1 腹板。多生活于被真菌覆盖的树皮或碎木屑，食真菌；有些类群具趋光性。

(238)红端扁腹花甲 *Eucinetus haemorrhoidalis* (Germar, 1818)

体长 2.7–3.6 mm。体黑色，鞘翅端部红褐色，触角及足红褐色。头部常缩在前胸背板下，触角线状，11 节。前胸背板近梯形，后缘长于前缘，前缘弧凹，后缘后突，盘区略拱起；鞘翅具明显的纵行及横皱。

分布：宁夏（盐池）、北京；朝鲜，俄罗斯至欧洲，北美洲。

238. 红端扁腹花甲 *Eucinetus haemorrhoidalis* (Germar, 1818)

（六十六）吉丁科 Buprestidae

体小至大型，体长 1.5–75.0 mm。头部较小，下口式。触角短，11 节，多为短锯齿状。前胸与体后部相接紧密，后角圆钝；前胸腹后突端部扁平，嵌入中胸腹板，前胸不能活动。鞘翅长，端部逐渐变窄。前、中足基节球状，后足基节横阔呈板状，跗节 5 节，第 1–4 节腹面具扁平膜质叶片。成虫多具亮丽光泽，可用做装饰物。幼虫可蛀干为害，是果树、林木的主要害虫。世界已知 14 700 多种，中国已知 700 多种。

(239)棕窄吉丁 *Agrilus* (*Agrilus*) *integerrimus* (Ratzeburg, 1837)

体长 5.0–5.5 mm。体褐色，具铜色光泽，密被白色短鳞毛。头部略窄于前胸，触角自第 4 节至末节锯齿状。前胸背板前缘中部凹，前侧角突出，后缘波状，具 3 处凹陷；盘区中部隆起，前端 1/3 处中部具 1 浅凹；表面密被横皱。小盾片前端长方形，密被细密横皱，后端锥状。鞘翅基部至 3/5 处近平行，亚基部两侧略凹，端部 2/5 向末端渐变窄，末端边缘具小齿；表面密布刻点，基部具 1 凹窝。寄主：杨、榆。

分布：宁夏（盐池、贺兰山）；蒙古，韩国，俄罗斯，欧洲。

(240)沙柳窄吉丁 *Agrilus* (*Robertius*) *moerens* Saunders, 1873

体长 5.0 mm。体褐色，具红铜色光泽，密被短伏毛。头部略窄于前胸，触角自第 4 节至末节锯齿状。前胸背板前缘中部凹，前侧角突出，后缘中部呈矩形突出，其后缘略凹，两侧浅弧凹；盘区具皱状刻点。小盾片近三角形，上缘圆滑，两侧缘向端部弧凹，中部极尖；表面具极细小横纹。鞘翅基部至 3/5 处近平行，亚基部两侧略凹，端部 2/5 向末端渐变窄，末端平截，锯齿状；表面具皱状刻点。寄主：沙柳。

分布：宁夏（盐池、灵武）、北京、河北、内蒙古、黑龙江、四川、陕西、甘肃；朝鲜，日本，俄罗斯（远东）。

(241)杨十斑吉丁紫铜亚种 *Trachypteris picta decostigma* (Fabricius, 1787)

体长 11.5 mm。体深褐色，除鞘翅外，多少带紫褐色光泽。触角弱锯齿状，头部及前胸背板刻点细密，前胸背板在中部最宽，前缘略凹入，后缘向后弧突，近侧缘具凹陷，表面前端 1/3 中部两侧具极小光滑区域。小盾片小，椭圆形。鞘翅前端 2/3 两侧近平行，端部 1/3 渐变窄，末端平截；翅边缘锯齿状；翅面具 4 条纵线，每翅具黄色斑点 5–6 个，以 5 个居多。寄主：杨、柳。

分布：宁夏（盐池、银川、中卫）、山西、内蒙古、陕西、甘肃、新疆；土耳其，叙利亚，以色列，欧洲，非洲北部，新热带界。

（242）梨金缘吉丁 *Lamprodila limbata* (Gebler, 1832)

体长 14.5–18.0 mm。体翠绿色，前胸背板两侧和鞘翅侧缘红褐色，体具金属光泽。头部具皱状刻点，下颚须黑褐色，触角基部 2 节同体色，第 3 节至末节黑褐色，自第 4 节之后呈锯齿状。前胸背板在中部略靠前处最宽，前、后缘近平截，表面具 5 条蓝黑色纵隆线，中间的 1 条粗而明显，基部两侧具 2 个凹窝，刻点大小不等。小盾片近梯形，前缘中部凹入，后缘中部凸出。鞘翅基部至 3/5 处近平行，亚基部两侧略凹，端部 2/5 向末端渐变窄，末端平截，锯齿状；每鞘翅具 8 条断续蓝黑色纵纹。寄主：梨、苹果、杏、桃、杨等。

分布：宁夏（盐池、贺兰山）、河北、辽宁、吉林、黑龙江、河南、西北及长江流域；蒙古，俄罗斯。

239. 棕窄吉丁 *Agrilus* (*Agrilus*) *integerrimus* (Ratzeburg, 1837); 240. 沙柳窄吉丁 *Agrilus* (*Robertius*) *moerens* Saunders, 1873; 241. 杨十斑吉丁紫铜亚种 *Trachypteris picta decostigma* (Fabricius, 1787); 242. 梨金缘吉丁 *Lamprodila limbata* (Gebler, 1832)

（六十七）泥甲科 Dryopidae

体小型，体长 1.3–9.5 mm。体黑色，鞘翅常具金属光泽。复眼多突出，少数退化。触角短，向后不伸达前胸中部。前胸背板长与宽近相等或短于宽。鞘翅多隆突，倒卵形，有些长形，背面凸起或扁平。腹部可见腹板 5 个，前两节合生。世界已知 280 多种，中国已知 20 多种。

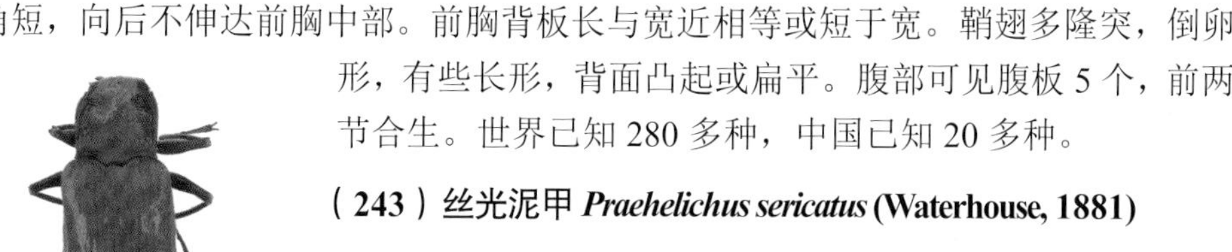

243. 丝光泥甲 *Praehelichus sericatus* (Waterhouse, 1881)

（243）丝光泥甲 *Praehelichus sericatus* (Waterhouse, 1881)

体长 5.5–7.5mm。体灰褐色至黑褐色，被淡黄色短绒毛；触角、口器及足红褐色。触角 11 节，栉状。前胸背板宽于长，前缘微凹，基部二湾状，前、后角突出，尖；前胸腹板突前缘圆突，两侧几乎平行；小盾片心形。鞘翅狭长，肩部后端内凹。

分布：宁夏（盐池）、北京、四川、新疆；南亚。

（六十八）叩甲科 Elateridae

体多狭长，体色多暗。前胸后角突出呈刺状，前胸腹板前缘呈半圆形叶片状向前突出，后突狭尖，伸入中胸腹窝中，组成叩头和弹跳的关节。前足基节窝向后开放，中足基节较靠近，后足基节横阔，下方可容纳腿节，跗节 5 节，有时下方附有膜状叶片，爪镰刀状、栉齿状或分裂为二。幼虫俗称金针虫，是重要的地下害虫，可为害多种农作物及林木。世界已知 10 000 多种，中国已知 1400 多种。

（244）平凡心盾叩甲 *Cardiophorus* (*Cardiophorus*) *vulgaris* Motschulsky, 1860

体长 5.5–6.5 mm。体黑褐色，足黄褐色，体被黄白色细卧毛。头部密布刻点，额脊完全，向前拱出呈弓形。触角长达鞘翅基部，锯齿状，柄节粗短，第 2 节短柱状，第 3–10 节近三角形，第 3 节长于第 2 节，末节柱状。前胸背板凸，长宽近相等，两侧拱出近弓形，后角尖突状，具脊，后缘波状；刻点细密。小盾片心形。鞘翅每翅具 9 行深刻点沟。

分布：宁夏（盐池、泾源）、华东；蒙古，日本，俄罗斯（远东）。

244. 平凡心盾叩甲 *Cardiophorus* (*Cardiophorus*) *vulgaris* Motschulsky, 1860

（六十九）花萤科 Cantharidae

体小至中大型，体长 1.2–28.0 mm。体色黄色、蓝色或黑色等。体长形，两侧近平行。头部方形至长方形；触角 11 节，多为丝状，少数呈锯齿状。前胸背板多为方形，少数椭圆形。足发达，胫节端部具强化刺，跗节 5–5–5 式，第 4 节为双叶状。世界已知 6000 多种，中国已知 700 多种。

（245）红毛花萤 *Cantharis rufa* Linnaeus, 1758

体长 8.0–11.0 mm。头部橙色，触角柄节和梗节橙色，鞭节黑色；前胸背板橙红色；鞘翅周缘浅黄色，中部一般具黑色纵带，或呈浅黄色；腹部黑色，端部 2 节橙色；足橙色。主要捕食蚜虫、蚧壳虫、叶甲等。

分布：宁夏（盐池、贺兰山）、北京、河北、内蒙古、黑龙江、青海、新疆；蒙古，朝鲜，俄罗斯，哈萨克斯坦，乌兹别克斯坦，阿富汗，吉尔吉斯斯坦，欧洲，北美洲。

（246）黑斑花萤 *Cantharis plagiata* Heyden, 1889

体长 4.5 mm。头部、触角、前胸背板及足暗黄褐色，前胸背板具 1 黑色中纵带；鞘翅周缘黄白色，中部具 1 浅黑褐色宽纵带。

分布：宁夏（盐池、泾源）、河北、黑龙江、湖北、四川、陕西、甘肃；朝鲜，日本，俄罗斯（远东）。

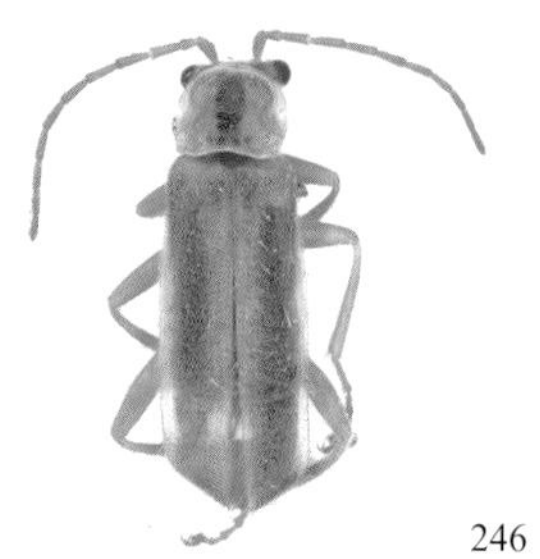

245. 红毛花萤 *Cantharis rufa* Linnaeus, 1758; 246. 黑斑花萤 *Cantharis plagiata* Heyden, 1889

（七十）皮蠹科 Dermestidae

体小型，体长 1.0–8.0 mm。体呈卵圆形或长椭圆形，体色褐色或黑褐色。触角短，10 节或 11 节。腹板 5 节。足短，腿节下侧具凹沟以纳胫节，胫节常具刺，跗节 5 节。世界已知 1000 多种，中国已知 40 多种。

（247）日白带圆皮蠹 *Anthrenus nipponensis* Kalík *et* Ohbayashi, 1985

体长 3.0 mm。体卵圆形，黑褐色，被白、褐、黑三色鳞片组成的花斑。头部陷于前胸背板下，具白色与黄褐色相间的花纹；触角端部 3 节膨大。前胸背板宽大于长，前缘近直，基部中间角状突出；表面被黄褐色鳞片。鞘翅被黄褐色鳞片，基半部有 1 条宽“H”形白色鳞斑。为害皮张、干鱼、动物性药材及动物标本。

分布：宁夏（盐池）、华北、辽宁、吉林、黑龙江、河南、山东、浙江、四川、陕西；朝鲜，日本。

（248）玫瑰皮蠹 *Dermestes dimidiatus* Kuznecova, 1808

体长 10.0–12.0 mm。体长椭圆形，黑褐色。头部横宽，密被刻点，被黄褐色毡毛；触角端部 3 节膨大。前胸背板近梯形，背面隆起，前缘近直，基部中间突出平直；盘区密被刻点及灰黄白色毛。鞘翅狭长，基部 1/3 两侧近平行，向后渐窄；背面除基部被灰黄白色毛外，被毛黑褐色。腹部腹板大部被白色毛，第 2–5 腹板前侧角及近后缘中央两侧各有 1 个黑斑，第 5 腹板中部 2 个大斑相互连接。寄主：动物尸体。

分布：宁夏（盐池、贺兰山、银川、青铜峡、同心）、河北、内蒙古、黑龙江、西藏、甘肃；蒙古，俄罗斯，哈萨克斯坦，欧洲。

247. 日白带圆皮蠹 *Anthrenus nipponensis* Kalík *et* Ohbayashi, 1985; 248. 玫瑰皮蠹 *Dermestes dimidiatus* Kuznecova, 1808

（249）沟翅皮蠹 *Dermestes freudei* Kailík *et* Ohbayashi, 1982

体长 8.0–9.0 mm。体长卵圆形，黑褐色。头部横宽，密被刻点，被金黄色毛；触角端部 3 节膨大。前胸背板近梯形，背面隆起，前缘近直，基部二湾状；盘区密被刻点及金黄色毛。鞘翅狭长，两侧近平行；每鞘翅具明显纵沟纹 10 条。栖息于动物性中药材及其他储藏品中，捕食其他昆虫和节肢动物。

分布：宁夏（盐池）、华北、辽宁、吉林、黑龙江、河南、广东、江西、四川；朝鲜，日本。

（250）红带皮蠹 *Dermestes vorax* Motschulsky, 1860

体长 10.0–12.0 mm。体长卵圆形，黑褐色，被黑褐色毛，鞘翅基部具红褐色宽毛带，毛带基部具 1 个黑斑，中部具 3 个黑斑，横向排列。头部横宽，密被刻点；触角端部 3 节膨大。前胸背板近梯形，背面隆起，前缘近直，基部中间突出平直；盘区密被刻点。鞘翅狭长，两侧近平行，端部变窄，末端圆滑。为害皮张、干鱼、动物性药材及动物标本。

分布：宁夏（盐池）、华北、辽宁、吉林、黑龙江、山东、浙江、广西、甘肃、新疆；朝鲜，日本，俄罗斯。

249. 沟翅皮蠹 *Dermestes freudei* Kailík *et* Ohbayashi, 1982; 250. 红带皮蠹 *Dermestes vorax* Motschulsky, 1860

（七十一）郭公甲科 Cleridae

体小至中大型，体长 3.0–50.0 mm。体多窄长，多鲜艳，呈橙色、红色、蓝色等；体多被毛。触角 11 节，丝状，少数呈锯齿状。鞘翅两侧平行。腹部可见节 6 个，少数 5 个。世界已知 3570 多种，中国已知 150 多种。

（251）普通郭公虫 *Clerus dealbatus* (Kraatz, 1879)

体长 7.0–10.0 mm。体及足黑色。触角线状，黑色，末端红褐色。鞘翅基部 1/3 为红色，余 2/3 为黑色，基部 1/3 处及端部 1/3 处各具一白毛带，其中基部 1/3 的白毛带中部略呈“V”字形。捕食榆、柳等钻蛀性小蠹、吉丁等昆虫。

分布：宁夏（盐池）、北京、河北、山西、内蒙古、辽宁、吉林、黑龙江、上海、江苏、浙江、福建、山东、广东、四川、贵州、云南、西藏、陕西；朝鲜，俄罗斯，印度，哈萨克斯坦。

（252）赤足尸郭公 *Necrobia rufipes* (DeGeer, 1775)

体长 3.5–6.5 mm。全体深蓝色，密被黑色短毛。触角基部 3–5 节红褐色，余节暗褐色，足赤色。取食干肉、皮毛、鱼粉及花生、药材等。

分布：宁夏、北京、山西、黑龙江、上海、福建、江西、山东、湖北、湖南、广东、广西、四川、贵州、云南、海南、甘肃、新疆；古北区，印度。

（253）连斑奥郭公 *Opilo communimacula* (Fairmaire, 1888)

体长 7.0 mm。体黑色，触角黄褐色，鞘翅红色，末端前方中部具 1 个大黑斑。

分布：宁夏（盐池、贺兰山、平罗、银川、中卫）、北京、山西；蒙古。

（254）中华毛郭公甲 *Trichodes sinae* Chevrolat, 1874

体长 10.0–18.0 mm。全体深蓝色，密被长毛。头部下倾，触角丝状，末端数节膨大如棍棒状，达前胸中部。前胸背板前较后宽，后缘收缩似颈，窄于鞘翅。鞘翅狭长，红色，基部 1/3、端部 1/3 和翅端具黑色横纹。幼虫取食蜂类幼虫，成虫取食植物花粉。

分布：宁夏、北京、河北、山西、内蒙古、辽宁、吉林、黑龙江、上海、江苏、浙江、福建、江西、山东、河南、湖北、湖南、广东、广西、四川、重庆、贵州、云南、西藏、青海、新疆；朝鲜，俄罗斯，蒙古。

251. 普通郭公虫 *Clerus dealbatus* (Kraatz, 1879); 252. 赤足尸郭公 *Necrobia rufipes* (DeGeer, 1775); 253. 连斑奥郭公 *Opilo communimacula* (Fairmaire, 1888); 254. 中华毛郭公虫 *Trichodes sinae* Chevrolat, 1874

（七十二）瓢虫科 Coccinellidae

体小至中型，体长 0.8–18.0 mm。体多卵圆形，少数长形；体多褐色或黑色，常具鲜艳色斑。头后部常被前胸背板遮盖，触角 11 节，锤状或短棒状，下颚须末端多为斧刃状。腹部全被鞘翅遮盖，可见腹板 5–6 个。跗节隐 4 节。世界已知 6000 多种，中国已知 720 多种。

（255）二星瓢虫 *Adalia bipunctata* (Linnaeus, 1758)

体长 4.0–6.0 mm。体椭圆形，中度拱起。头部黑色，复眼内侧各有 1 个近半圆形的小白斑。前胸背板黄白色，中部具 1 个“M”形黑斑，斑纹有变异，有的前胸背板全黑色，有的黑斑缩小，呈 1 个“八”字形黑斑。鞘翅斑纹也有变异，典型的为二星型，鞘翅黄褐色或橘红色，中部具 1 个横椭圆形黑斑；有的鞘翅底色为黑色，具 2 个红斑。捕食桃粉蚜、槐蚜、吹绵蚜和木虱等。

分布：宁夏、北京、河北、山西、辽宁、吉林、黑龙江、江苏、浙江、福建、江西、山东、河南、四川、云南、西藏、陕西、甘肃、新疆；广布于亚洲，欧洲，非洲北部和中部及北美洲。

（256）黑缘盔唇瓢虫 *Chilocorus rubidus* Hope in Gary, 1831

体长 5.5–6.5 mm。体近心形，枣红色，头部、前胸背板及鞘翅边缘黑色。前胸背板半圆形，前缘中部“倒梯形”凹入，两侧呈矩形突出。鞘翅显著拱起，缘折宽。捕食桃球蚧、白蜡虫等。

分布：宁夏、北京、天津、河北、内蒙古、辽宁、吉林、黑龙江、江苏、浙江、福建、山东、河南、湖南、海南、四川、贵州、云南、西藏、陕西、甘肃；蒙古，朝鲜，日本，印度，尼泊尔，印度尼西亚，越南，俄罗斯，澳大利亚，西伯利亚。

（257）红点盔唇瓢虫 *Chilocorus kuwanae* Silvestri, 1909

体长 3.5–4.0 mm。体椭圆形，黑色，鞘翅中部靠前各具 1 个橙色斑点。前胸背板近“心”形，前缘中部“倒梯形”凹入，两侧呈矩形突出。鞘翅显著拱起，缘折宽。捕食桃球蚧、桑白蚧、洋槐上的东方盔蚧、褐圆蚧及盾蚧亚科的一些种。

分布：宁夏、北京、河北、山西、辽宁、吉林、黑龙江、上海、江苏、浙江、安徽、福建、江西、山东、河南、湖南、广东、四川、贵州、云南、陕西、甘肃、香港；朝鲜，日本，印度，意大利，美国（引进）。

255. 二星瓢虫 *Adalia bipunctata* (Linnaeus, 1758); 256. 黑缘盔唇瓢虫 *Chilocorus rubidus* Hope in Gary, 1831; 257. 红点盔唇瓢虫 *Chilocorus kuwanae* Silvestri, 1909

（258）七星瓢虫 *Coccinella septempunctata* Linnaeus, 1758

体长 5.0–8.0 mm。体卵形，背面显著拱起。头及前胸背板黑色，上颚外侧、额唇基沟上沿及复眼内侧斑均黄白色；鞘翅黄色、橙红色至红色，两鞘翅上共有 7 个黑斑。捕食槐蚜、松蚜、杨蚜及螨类。

分布：中国（除海南、香港）；古北区，东南亚，印度，新西兰，北美洲（引进）。

（259）拟九斑瓢虫 *Coccinella magnifica* Redtenbacher, 1843

体长 5.5–7.0 mm。体卵形，与七星瓢虫相似，在肩胛处各多出 1 个小黑斑。捕食蚜虫，有时捕食叶甲幼虫。

分布：宁夏、北京、内蒙古、山东、陕西、新疆；蒙古，俄罗斯，欧洲。

（260）双七瓢虫 *Coccinula quatuordecimpustulata* (Linnaeus, 1758)

体长 3.5–4.5 mm。体卵圆形。头部黄色，后缘具黑色窄带。前胸背板黑色，前缘黄色，在中部及两前角较大，呈斑状向后延伸。鞘翅黑色，共有 14 个黄斑，每侧按 2–2–2–1 排列。捕食麦蚜、菜蚜等。

分布：宁夏、北京、河北、山西、内蒙古、辽宁、吉林、黑龙江、江西、山东、河南、四川、甘肃、新疆；日本，俄罗斯，欧洲。

258. 七星瓢虫 *Coccinella septempunctata* Linnaeus, 1758; 259. 拟九斑瓢虫 *Coccinella magnifica* Redtenbacher, 1843; 260. 双七瓢虫 *Coccinula quatuordecimpustulata* (Linnaeus, 1758)

（261）异色瓢虫 *Harmonia axyridis* (Pallas, 1773)

体长 5.4–8.0 mm。体卵圆形，强烈拱起；体背色泽及斑纹变异较大。头部黄白色或黄白色和黑色相间或全为黑色。前胸背板变异大，底色黄白色，中部常有黑斑，有的呈“M”形，有的呈“八”字形，有的为 2 个或 4 个独立的黑斑，或中部黑斑完全融合在一起，仅两前侧角呈黄白色。鞘翅可分为浅色型和深色型两类，浅色型底色常为每翅至多有 9 个黑斑及 1 个合在一起的小盾斑，有的黑斑部分消失以至全部消失，有时两鞘翅上斑纹不对称；深色型底色黑色，每翅各有 6 个、4 个、2 个或 1 个红色斑，甚至全为黑色；大多数鞘翅末端 7/8 处有 1 隆起的脊，极少数没有。捕食蚜虫、木虱、粉蚧等。

261. 异色瓢虫 *Harmonia axyridis* (Pallas, 1773)（a. 不同斑纹变异；b. 生态照）

分布：宁夏、北京、河北、山西、吉林、黑龙江、江苏、浙江、福建、江西、山东、河南、湖南、广东、广西、四川、云南、陕西、甘肃；蒙古，朝鲜，日本，俄罗斯（西伯利亚）。

（262）隐斑瓢虫 *Harmonia yedoensis* (Takizawa, 1917)

体长 8.0 mm。体卵圆形，强烈拱起；前胸背板褐色；鞘翅褐色，具"脸谱"形黄白纹。捕食蚜虫。

分布：宁夏、北京、河北、山西、吉林、黑龙江、江苏、浙江、福建、江西、山东、河南、湖南、广东、广西、四川、云南、陕西、甘肃；蒙古，朝鲜，日本，俄罗斯（西伯利亚）。

（263）十三星瓢虫 *Hippodamia tredecimpunctata* (Linnaeus, 1758)

体长 6.0–6.5 mm。体长卵形，扁平拱起。头部黑色，前缘黄白色，并向后呈三角形突入。前胸背板橙黄色，中部具 1 近梯形黑色斑，其近前缘两侧各具 1 个小黑斑。鞘翅橙黄色，共有 13 个黑斑，除小盾斑外，每翅各 6 个，呈 1–2–1–1–1 排列；有时仅在鞘翅前端 1/4 近外缘处各具 1 个小黑斑。捕食棉蚜、麦二叉蚜、豆蚜、玉米蚜、洋槐蚜及褐飞虱、灰飞虱等。

分布：宁夏、北京、天津、河北、山西、内蒙古、吉林、黑龙江、江苏、江西、湖北、湖南、陕西、甘肃、新疆；蒙古，朝鲜，日本，俄罗斯，伊朗，阿富汗，哈萨克斯坦，欧洲，北美洲等。

（264）多异瓢虫 *Hippodamia variegata* (Goeze, 1777)

体长 4.0–4.7 mm。头前部黄白色，后部黑色，或唇基具 2 个黑斑。前胸背板黄白色，基部通常具黑色横带，且向前伸出 4 条纵带呈"叉"状，有时黑带前端愈合，构成 2 个"口"字形斑。鞘翅黄褐色至红褐色，两鞘翅上共有 13 个黑斑，除小盾斑外，其余每鞘翅具 6 个黑斑。黑斑的变异很大，向黑色型变异时，黑斑相互连接或部分黑斑相互连接；向浅色型变异时，部分黑斑消失。捕食棉蚜、槐蚜、麦蚜、豆蚜等多种蚜虫。

分布：宁夏、北京、河北、山西、吉林、黑龙江、江苏、浙江、安徽、福建、山东、河南、四川、云南、西藏、陕西、甘肃、青海、新疆；古北区，印度，尼泊尔，非洲，并引入北美洲、南美洲和大洋洲。

262

263

264

262. 隐斑瓢虫 *Harmonia yedoensis* (Takizawa, 1917); 263. 十三星瓢虫 *Hippodamia tredecimpunctata* (Linnaeus, 1758)（两种斑纹类型）; 264. 多异瓢虫 *Hippodamia variegata* (Goeze, 1777)

（265）侧条小盾瓢虫 *Tytthaspis lateralis* Fleischer, 1900

体长 3.0 mm。体圆形拱起，黄白色，具黑斑；头部后缘有中部具凹刻的黑带，前胸背板具对称的 6 个小圆斑，近呈“W”形；鞘翅缝黑色，两侧各具 4 个黑斑，黑斑外侧具 1 弯曲黑色纵带。

分布：宁夏（盐池）、内蒙古；蒙古。

（266）龟纹瓢虫 *Propylea japonica* (Thunberg, 1781)

体长 3.5–4.5 mm。头前部黄白色，雌性中部具 1 个“I”形黑斑，雄性只在额后缘具黑带。前胸背板中部具 1 个黑斑。鞘翅常黄白色，具龟纹状黑色斑纹，鞘缝黑色，斑纹有变异；黑斑全部相连或黑斑之间彼此不相连。捕食蚜虫、木虱、棉铃虫卵、幼虫、叶螨等。

分布：宁夏、北京、河北、内蒙古、辽宁、吉林、黑龙江、上海、江苏、浙江、江西、福建、山东、河南、湖北、湖南、广东、广西、海南、四川、云南、陕西、甘肃、青海、新疆、台湾；朝鲜，日本，印度，俄罗斯（西伯利亚），意大利。

（267）菱斑巧瓢虫 *Oenopia conglobata* (Linnaeus, 1758)

体长 4.5–5.5 mm。体近椭圆形，中度拱起。体背淡黄色或浅红褐色。头部及前胸背板黄白色，复眼黑色，前胸背板中部具 2 个近“八”字形短斑，两侧各具 2 个黑斑，基部近中间另有 1 个小圆斑。鞘翅具黑色斑纹，有变异，常见的每翅上具 8 个黑斑，呈 2–2–1–2–1 排列，有时斑点相连。捕食麦蚜、棉蚜、玉米蚜、洋槐蚜、苹果绵蚜等。

分布：宁夏、北京、河北、山西、内蒙古、福建、山东、河南、西藏、陕西、甘肃、新疆；蒙古。

265

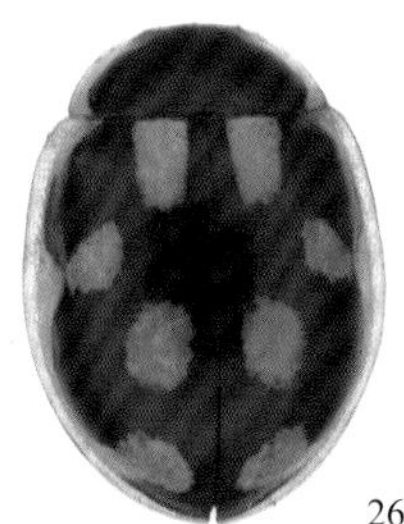
266

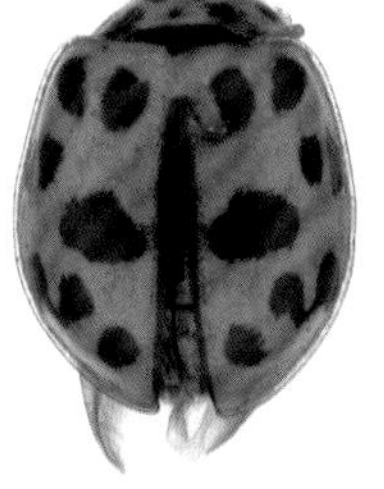
267

265. 侧条小盾瓢虫 *Tytthaspis lateralis* Fleischer, 1900; 266. 龟纹瓢虫 *Propylea japonica* (Thunberg, 1781); 267. 菱斑巧瓢虫 *Oenopia conglobata* (Linnaeus, 1758)

（七十三）花蚤科 Mordellidae

体小至中型，体长多为 1.5–8.0 mm，少数可达 15.0 mm。体侧扁，呈楔形，体色黑色、黄色、白色或红色。头近卵形，与前胸背板等宽，眼后方收缩；下颚须 4 节，端节斧状；触角丝状，多数 11 节，端部几节略呈锯齿状。前胸背板小，与鞘翅基部等宽，表面有皱纹状刻点，侧缘弓形；前胸腹板很短；前足基节窝后方开放；中胸腹板短，具隆线，后方变尖；中足基节窝分离；后足极长，跗节 5–5–4 式。腹部可见节 5–6 节，端部尖。世界已知 2300 多种，中国已知 110 多种。

（268）黑花蚤西北亚种 *Mordella holomelaena sibirica* Apfelbeck, 1914

268. 黑花蚤西北亚种
Mordella holomelaena sibirica
Apfelbeck, 1914

体长 3.0 mm，体黑色。触角线状，基部 4 节黄褐色。鞘翅黑色密被褐色倒伏毛。后足胫节距 2 枚，黑色。

分布：宁夏（盐池）、内蒙古；俄罗斯，白俄罗斯，西班牙。

（七十四）大花蚤科 Ripiphoridae

体小至中型，体长多为 4.0–15.0 mm。体流线形，驼背状，雌虫有时退化为幼虫形。体色多呈黑色和橘黄色。头大，低垂，向胸部弯曲；触角 11 节，雄性多为栉状或锯齿形，雌性一般为锯齿形；下颚须 4 节，丝状。前胸背板大，向前端明显变窄；前足基节窝大，后方开放，汇合。鞘翅完整，后翅宽大。腹部可见节 5 节，末端不变尖。跗式 5–5–4 式。世界已知 450 多种。

（269）双带凸顶花蚤 *Macrosiagon bifasciata* (Marseul, 1877)

体长 5.0 mm。体黑色；鞘翅黄褐色，基部和末端黑色，翅中部近侧缘具 1 个近圆形黑斑，外侧饰红褐色。触角 11 节，栉状。鞘翅渐狭，末端圆形。足细长，胫节距发达。

分布：宁夏（盐池）、内蒙古；日本。

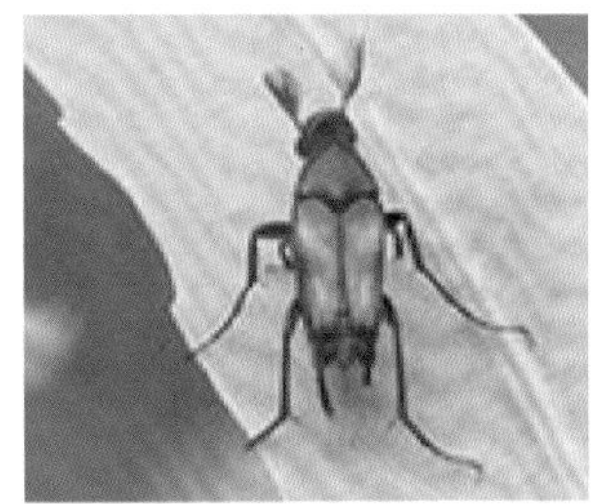

269. 双带凸顶花蚤
Macrosiagon bifasciata
(Marseul, 1877)

（七十五）拟步甲科 Tenebrionidae

体小至大型，体长 2.0–80.0 mm，体色有黑色、褐色、紫色等多种。头部通常卵形，前口式或下口式；触角 11 节，位于头前侧靠下，触角形状多样，有丝状、念珠状及锯齿状等；复眼横置，边缘不完整。前足基节窝关闭或部分开放；跗节 5–5–4 式。鞘翅完整，具发达假缘折。腹节可见 5 节，腹板第 1–3 节紧密愈合，第 4、第 5 节可活动。目前世界已知 25 000 多种，中国已知 2100 多种。

（270）林氏伪叶甲 *Lagria hirta* (Linnaeus, 1758)

体长 7.5–9.5 mm，体黑色，鞘翅深黄褐色；体被黄色茸毛。头部横宽，复眼突出，触角窝位于复眼前缘，雄性触角末节与其前 3 节或 4 节长度近相等，下颚须末节锥形；头顶具稀疏圆形刻点。前胸背板比头部略宽，长大于宽，端部 1/3 处略膨大，具稀疏圆形刻点。鞘翅细长，饰边除肩部外可见；翅面具不明显纵脊线，刻点小而杂乱。取食花蜜和花粉。

分布：宁夏、天津、河北、黑龙江、河南、四川、陕西、甘肃；俄罗斯，伊朗，伊拉克，以色列，塞浦路斯，土耳其，欧洲，北非。

（271）蒙古漠王 *Platyope mongolica* Faldermann, 1835

体长 11.0–15.0 mm，黑色，宽扁椭圆形，十分隆起。头顶密被具毛圆刻点；颊宽弧状，略直，边上翘。触角近线形，端部几节基部细，端节短柱状。前胸背板密布颗粒状突起，宽为长的 1.8 倍；前角顶部尖；基部近两侧角处各有 1 深凹，中部浅凹。前胸腹突表面粗糙，具颗粒状突起，末端中央深凹，两侧突向基节延伸。鞘翅长为宽的 1.4 倍，两侧近平行，由基部 3/5 向端部强烈地收缩；翅面密布具刺毛粒点，由灰白色短毛组成 6 条纵条带；假缘折被白短毛。前足胫节外侧具齿突，端部 4 个较大，端齿尤甚。

分布：宁夏、内蒙古、吉林、辽宁；蒙古。

（272）谢氏宽漠王 *Mantichorula semenowi* Reitter, 1889

体长 12.0–17.0 mm，黑色，宽扁椭圆形，十分隆起；触角、足、假缘折及体腹面被白短毛，杂黑色刺状毛。头顶具稀疏具毛圆刻点，头顶于复眼间具 2 个浅凹；颊宽弧状，略直，边上翘。触角近线形，端部几节基部细，端节半圆形；触角第 3、第 4 节前缘及第 10 节端缘具中长黑色毛。前胸背板宽为长的 1.6 倍；侧缘端部角状突出；盘区中部具白短毛构成的宽带，侧区散布颗粒状突起。前胸腹突略高于前足基节，表面粗糙，具颗粒状突起，末端中央微凹，两侧呈圆角状突起。鞘翅长为宽的 1.3 倍，两侧近平行，由中部向端部强烈地收缩，侧缘细齿状。后足跗节前 3 节的后缘斜直。

分布：宁夏、内蒙古、陕西、甘肃；蒙古。

（273）粒角漠甲 *Trigonocnera granulata* Ba *et* Ren, 2009

体长 18.5–20.5 mm，体卵圆形，黑色，前胸背板和鞘翅表面具颗粒状突起。唇基具具毛小粒突；触角第 2–9 节圆柱形，第 10–11 节近球形。前胸背板宽为长的 1.3 倍；前缘弧形凹入；基部近直；侧缘基半部内凹，端半部近直，前角锐，后角近直角形。前胸腹突无凹陷，末端圆，超出前足基节。鞘翅长为宽的 1.4 倍，两侧近平行；基部弱二湾状，肩圆滑；近侧缘各具 2 条脊。前足胫节向端部渐宽，外缘锯齿状。

分布：宁夏、内蒙古。

（274）克小鳖甲 *Microdera* (*Dordanea*) *kraatzi* (Reitter, 1889)

体长 7.5–10.0 mm，体长卵形，黑色，光亮。唇基钝三角形，前缘突出；头部微隆起，被稠密圆刻点。前胸背板椭圆形，宽为长的 1.3 倍；盘区拱起，向侧缘及后缘下降较陡，表面具稠密刻点。前胸侧板内、外侧具刻点，中部具粗皱纹。鞘翅长卵形，长为宽的 1.5 倍；基部无饰边；翅背隆起，具稠密圆刻点。

分布：宁夏、内蒙古、甘肃；蒙古。

270. 林氏伪叶甲 *Lagria hirta* (Linnaeus, 1758); 271. 蒙古漠王 *Platyope mongolica* Faldermann, 1835; 272. 谢氏宽漠王 *Mantichorula semenowi* Reitter, 1889; 273. 粒角漠甲 *Trigonocnera granulata* Ba *et* Ren, 2009; 274. 克小鳖甲 *Microdera* (*Dordanea*) *kraatzi* (Reitter, 1889)

（275）小丽东鳖甲 *Anatolica amoenula* Reitter, 1889

体长 11.0–12.0 mm，体长卵形，黑色，光亮。唇基前缘直；前颊和唇基间有圆弧形浅凹刻，上颚基部不完全露出；头顶平坦，具细刻点。触角长达前胸背板基部，端节尖卵形。前胸背板似心形，宽为长的 1.3 倍；前缘浅凹入，中部近直，前角轻微下垂，近直角；侧缘弧形，近基部直；基部宽弧形后突，后角圆直角形；盘区刻点浅细。前胸腹突向后平伸。鞘翅长卵形，长为宽的 1.4 倍；基部无饰边；肩角发达，钝齿状前伸；翅背隆起，至翅尾急剧下降，盘区刻点浅细，稀疏。腹部肛节侧缘中部具缺刻。

分布：宁夏、内蒙古、甘肃。

（276）宽腹东鳖甲 *Anatolica gravidula* Frivaldszky, 1889

体长 13.0 mm，体宽卵形，黑色，弱光亮。唇基前缘直；前颊和唇基间有圆弧形浅凹刻，上颚基部不完全露出；头顶微拱起，具细刻点。触角长达前胸背板基部，第 3–7 节圆柱形；端部 4 节近三角形，前侧呈锯齿状。前胸背板宽为长的 1.4 倍；前缘浅凹入，中部近直，前角突出；侧缘端部弱弧形，近基部直；基部近直，中间轻微弧突，后角直角形；盘区密被细刻点，刻点间距近等于其纵径。前胸侧板具粗糙皱纹，腹突中部浅凹。鞘翅宽卵形，长为宽的 1.3 倍；基部饰边不完整；肩圆钝，前伸；翅面密被细刻点，刻点间距近等于其纵径，侧区具模糊长压痕。

分布：宁夏、内蒙古、甘肃、新疆。

（277）尖尾东鳖甲 *Anatolica mucronata* Reitter, 1889

体长 12.5–16.0 mm，体长卵形，黑色，光亮。唇基前缘直；前颊和唇基间有圆弧形浅凹刻，上颚基部不完全露出；头顶平坦，具细刻点。触角长达前胸背板基部，第 3–7 节圆柱形；端部 4 节近三角形，前侧呈锯齿状。前胸背板宽为长的 1.4 倍；前缘浅凹入，中部近直，前角突出，近直角；侧缘端部弱弧形，近基部直；基部中间近直，两侧略前凹，后角钝角形；盘区具细刻点。前胸腹突向后水平角状延伸。鞘翅长卵形，长为宽的 1.6 倍；基部饰边不完整；肩角锐，前伸；翅面具细刻点；翅尾略分开。腹部肛节侧缘中部具缺刻。雄性阳茎细长且厚，端部铲状。寄主：沙蒿、骆驼蓬、沙米、白茨等。

分布: 宁夏、内蒙古、陕西、甘肃；蒙古。

(278) 波氏东鳖甲 *Anatolica potanini* Reitter, 1889

体长 11.0–12.0 mm，体宽卵形，黑色，光亮。唇基前缘直；前颊和唇基间有圆弧形浅凹刻，上颚基部不完全露出；头顶平坦，具细刻点。触角长达前胸背板中部，第 2–6 节圆柱形；第 7–10 节近球形，端节卵圆形。前胸背板似心形，宽约为长的 1.1 倍；前缘浅凹入，中部近直，前角轻微下垂，近直角；侧缘弧形，近基部直；基部轻微弧形后突，后角圆滑，近直角形；盘区刻点浅细。前胸腹突向后平伸。鞘翅宽卵形，长约为宽的 1.3 倍；基部饰边不完整；肩角前伸；翅背平坦，沿中缝弱凹，盘区刻点浅细，稀疏。后足胫节端距宽扁，披针状。寄主：沙米、沙蒿。

分布: 宁夏、内蒙古、四川、陕西、甘肃、新疆；蒙古。

275. 小丽东鳖甲 *Anatolica amoenula* Reitter, 1889; 276. 宽腹东鳖甲 *Anatolica gravidula* Frivaldszky, 1889; 277. 尖尾东鳖甲 *Anatolica mucronata* Reitter, 1889; 278. 波氏东鳖甲 *Anatolica potanini* Reitter, 1889

(279) 达氏琵甲 *Blaps davidis* Deyrolle, 1878

体长 22.0 mm，体宽卵形，黑色。上唇被毛，前缘具凹刻；唇基前缘平截；触角第 2–6 节圆柱形，第 7 节阔三角形，第 8–10 节近球形，端节不规则卵形。前胸背板近方形；前缘弧形凹入；基部近直；侧缘基半部斜直，端半部向前角弧弯；盘区轻微拱起，中部具稀疏刻点，周围具刻点及皱纹。前胸腹突中沟深，垂直下折。鞘翅卵圆形，侧缘向端部弧形收缩，翅尾长 2.0 mm；翅面具明显皱纹。寄主：柠条豆荚、茅草、苜蓿及各种落花、落叶。

分布: 宁夏、内蒙古、陕西。

(280) 弯齿琵甲 *Blaps femoralis* Fischer-Waldheim, 1844

体长 20.0–23.0 mm，近卵圆形，黑色。上唇被毛，前缘中部具半圆形小凹；唇基前缘微凹；触角第 2–6 节圆柱形，第 7 节阔三角形，第 8–10 节近球形，端节近卵形。前胸背板近方形；前缘弧形凹入；基部近直；侧缘基半部斜直，端半部收缩；前角钝，后角近直角形；盘区被小圆刻点。前胸腹突中沟较浅，垂直下折。鞘翅卵圆形，侧缘向端部弧形收缩，翅面具明显横皱纹。前足腿节下侧端部具发达钩状齿。寄主：沙蒿、骆驼蓬。

分布: 宁夏、河北、内蒙古、陕西、甘肃；蒙古。

（281）异距琵甲 *Blaps kiritshenkoi* Semenow *et* Bogatschev, 1936

体长 18.0–19.0 mm，体卵圆形，黑色。上唇及唇基前缘微凹；触角第 3–6 节圆柱形，第 7 节横形，第 8–10 节近球形，端节近卵形。前胸背板近方形；前缘弧形凹入；基部近直；侧缘中部最宽，基半部斜直，端半部向前角弧弯；盘区拱起，中部具小圆刻点，周边浅凹。前胸腹突中沟浅，垂直下折。鞘翅卵圆形，翅面具浅圆刻点。胫节端距宽扁，不对称，内侧的较外侧发达，末端圆。寄主：沙蒿、骆驼蓬、马蔺、刺叶柄、棘豆。

分布：宁夏（盐池、灵武、贺兰山、同心、中卫）、内蒙古、甘肃；蒙古。

（282）荒漠土甲 *Melanesthes* (*Melanesthes*) *desertora* Ren, 1993

体长 10.0–11.0 mm，体黑色。唇基前缘凹刻，近三角形；触角第 3 节近为第 2 节的 4 倍。前胸背板宽为长的 3 倍，前缘弧形凹入，中部近直，前角锐；基缘中部近直，两侧弯曲，后角近直角形；侧缘有宽边；盘区具稀疏长圆形刻点，侧区有圆形大刻点，侧边具不规则皱纹。鞘翅长约为宽的 1.3 倍；翅面具木锉状粒点，基部具刻点行。前足胫节外缘端部具不规则波状齿，常具 3–4 枚钝齿，中齿及端齿较大。

分布：宁夏（盐池、灵武、同心）。

279. 达氏琵甲 *Blaps davidis* Deyrolle, 1878; 280. 弯齿琵甲 *Blaps femoralis* Fischer-Waldheim, 1844; 281. 异距琵甲 *Blaps kiritshenkoi* Semenow *et* Bogatschev, 1936; 282. 荒漠土甲 *Melanesthes* (*Melanesthes*) *desertora* Ren, 1993

（283）奥氏真土甲 *Eumylada oberbergeri* (Schuster, 1933)

体长 7.0–8.0 mm，体黑色。唇基前缘深凹，近半圆形。前胸背板横宽，前缘弧形凹入，前角突出，末端尖；基缘中部近直，两侧弯曲，后角近直角形；侧缘中部外弯，向前、后渐收缩，向前收缩较大；盘区密布大、小 2 种刻点，中部具 1 纵凹，基部两侧各具 1 横凹。鞘翅长约为宽的 1.4 倍；肩齿尖，其后 1/5 处有 1 弱齿；翅面刻点行粗，内侧行间具散乱刻点。

分布：宁夏、内蒙古。

（284）长爪方土甲 *Myladina unguiculina* Reitter, 1889

体长 9.0–11.0 mm，体黑色。上唇及唇基前缘深凹，近半圆形；触角基部几节近线形，端部4节宽大于长。前胸背板近方形，前缘中部直，前角突出，末端尖；基缘近直，两侧弱凹，后角向后侧方突出，近直角形；侧缘基部近直，端半部向前角弯曲；盘区轻微拱起，两侧密布刻点，前缘约1/3处中部两侧各具1黑色光滑瘤突。鞘翅长约为宽的1.3倍，两侧近平行；基部在前胸背板后角后方有浅凹，肩角尖，明显外凸；翅面具稀疏刻点行，行间刻点不明显。前足胫节外侧锯齿状。寄主：沙生植物。

分布：宁夏、内蒙古、陕西。

（285）网目土甲 *Gonocephalum reticulatum* Motschulsky, 1854

体长4.0–7.0 mm，体锈褐色至黑褐色，前胸背板两侧红褐色。唇基前缘浅凹近三角形；触角基部几节近线形，端部4节横宽，呈锤状。前胸背板密布具毛颗粒状突起，前缘约1/3中部两侧各具1黑色光滑瘤突；前缘略内凹，基部具2处凹刻，侧缘宽扁；前角突出，末端钝；后角近直角形。鞘翅长约为宽的1.6倍，两侧近平行；翅面具刻点行，行间密布具刺毛粒点，每行2列。前足胫节外侧锯齿状，末端略突出。寄主：麦类、棉花、麻类、蔬菜、糜子、藜科杂草、苗木等。

分布：宁夏、北京、河北、山西、内蒙古、辽宁、吉林、黑龙江、陕西、甘肃；朝鲜，蒙古，俄罗斯。

283. 奥氏真土甲 *Eumylada oberbergeri* (Schuster, 1933); 284. 长爪方土甲 *Myladina unguiculina* Reitter, 1889; 285. 网目土甲 *Gonocephalum reticulatum* Motschulsky, 1854

（七十六）芫菁科 Meloidae

体小至大型，体长5.0–45.0 mm，少数可达15.0 mm。体色多呈绿色、红色或黑色等。头部下弯，宽于前胸背板，后部强缢缩，呈细颈状；复眼肾形或卵形，侧置；触角念珠状、棒状或线状，有时部分节呈栉齿状；或雌雄异型，雄性中间部分变粗。鞘翅柔软，完整或短缩。腹部可见腹板6个。跗节5–5–4式。世界已知3000多种，中国已知近200种。

（286）中华豆芫菁 *Epicauta* (*Epicauta*) *chinensis* (Laporte, 1840)

体长14.5–25.0 mm，全体黑色，被细短黑色毛，后头红色，额中间具1个红斑。头部密布刻点，触角基部内侧具黑色发亮圆扁瘤1个；雌性触角线状，雄性触角第3–9节栉齿状。前胸背板两侧平行，背面具1条白色中纵纹。鞘翅的侧缘、端缘及中缝处常有白毛带。前足腿节端部1/2腹面具凹缝，密被黄褐色毛。寄主：紫苜蓿、紫穗槐、槐、豆类、甜菜、玉米、马铃薯等。

分布：宁夏、北京、天津、河北、山西、内蒙古、吉林、黑龙江、江苏、安徽、山东、河南、湖北、湖南、四川、陕西、甘肃、新疆、台湾；朝鲜，日本。

（287）西北豆芫菁 *Epicauta* (*Epicauta*) *sibirica* (Pallas, 1773)

体长 17.0–21.0 mm，全体黑色被细短黑色毛，头大部分红色，复眼内侧具黑斑。头部密布刻点；雌性触角线状，雄性触角第 4–9 节栉齿状。前胸背板两侧平行，前端略窄。鞘翅密布细小刻点和黑色短毛；端缘具白色毛带。前足腿节端部 1/2 腹面具凹缝，密被黄褐色毛。寄主：苜蓿、黄芪、玉米、南瓜、向日葵、糜子、甜菜、茄子、马铃薯、豆类、蔬菜等。

分布：宁夏（盐池、贺兰山、六盘山、同心、银川）、北京、河北、山西、内蒙古、辽宁、吉林、黑龙江、江苏、浙江、江西、河南、湖北、湖南、广东、四川、云南、陕西、甘肃、青海、新疆；蒙古，日本，俄罗斯（西伯利亚），哈萨克斯坦。

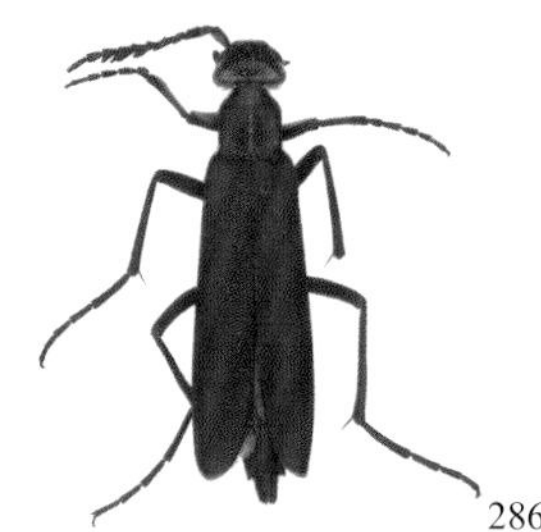

286. 中华豆芫菁 *Epicauta* (*Epicauta*) *chinensis* (Laporte, 1840); 287. 西北豆芫菁 *Epicauta* (*Epicauta*) *sibirica* (Pallas, 1773)

（288）绿芫菁 *Lytta* (*Lytta*) *caraganae* (Pallas, 1781)

体长 12.0–19.5 mm，金属绿色或蓝绿色，具铜色金属光泽；额中央具 1 黄褐色斑。头部具稀疏刻点；触角 11 节，第 5–10 节念珠状。前胸背板宽短，前角隆突，基部近波曲状，表面具稀疏小刻点。鞘翅密布细小刻点和细皱纹；光亮无毛。寄主：苜蓿、黄芪、柠条、国槐、豆类、花生、锦鸡儿、紫穗槐、刺槐等；幼虫捕食小虫。

分布：宁夏、北京、河北、山西、内蒙古、辽宁、吉林、黑龙江、上海、江苏、浙江、安徽、江西、山东、河南、湖北、湖南、陕西、甘肃、青海、新疆；蒙古，朝鲜，日本，俄罗斯。

288. 绿芫菁 *Lytta* (*Lytta*) *caraganae* (Pallas, 1781)（a. 群体为害；b. 交配）

（289）光亮星芫菁 *Megatrachelus politus* (Gebler, 1832)

体长 9.5–10.0 mm，体黑色光亮，被金黄色短毛；唇基黄褐色，鞘翅淡黄色至红褐色，每鞘翅在近基部和端部各具 1 个小黑圆斑，淡色型黑斑有时不明显。头部近方形，刻点粗密，下方被白色长毛；额在两复眼间具 1 对浅凹洼，两触角间具 1 光滑横脊；触角线形，11 节，密被黑色短伏毛及零星黄白色立毛。前胸背板长大于宽，基部 2/3 两侧平行，端部 1/3 处向前变窄；表面刻点粗大稀疏。鞘翅两侧近平行，翅肩突，表面皱纹状。足细长，胫节和跗节被毛黑色。

分布：宁夏（盐池）、陕西；朝鲜，日本，俄罗斯（西伯利亚）。

（290）圆点斑芫菁 *Mylabris aulica* Ménétriés, 1832

体长 9.5 mm，体黑色，被黑色毛。头密布刻点；触角 11 节，短棒状。鞘翅红褐色，斑纹黑色：基部 1/4 处具 1 对圆斑，中部具短波状带，端部具两个圆斑。

分布：宁夏（盐池）、内蒙古、黑龙江；蒙古，俄罗斯，阿塞拜疆。

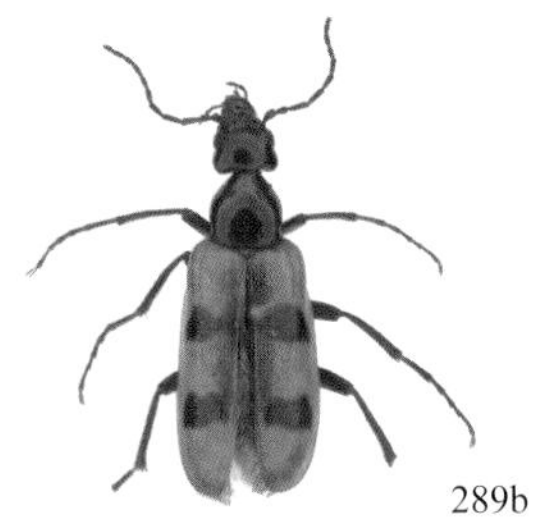

289. 光亮星芫菁 *Megatrachelus politus* (Gebler, 1832)（a. 访花；b. 标本照）; 290. 圆点斑芫菁 *Mylabris aulica* Ménétriés, 1832

（291）苹斑芫菁 *Mylabris* (*Eumylabris*) *calida* (Pallas, 1782)

体长 12.0–20.0 mm，体黑色，被黑色毛。头密布刻点，额部中央一般具 2 个红斑；触角 11 节，短棒状。前胸背板长与宽近相等，盘区中部及后缘之前各具 1 圆凹。鞘翅红褐色，具黑斑：基部 1/4 处具 1 对黑圆斑，中部具黑色波状带，端部具两个横斑，斑纹常有变异，端部的 2 个黑斑有时愈合；翅面具细皱纹。寄主：黄芪、锦鸡儿、益母草、芍药、蚕豆、大豆、马铃薯、风轮菜、瓜类、沙果、苹果等。

分布：宁夏、河北、山西、内蒙古、辽宁、吉林、黑龙江、江苏、山东、河南、湖北、湖南、陕西、甘肃、青海、新疆；蒙古，朝鲜，日本，俄罗斯，巴基斯坦，中亚，西亚，巴尔干半岛，北非。

（292）蒙古斑芫菁 *Mylabris* (*Chalcabris*) *mongolica* (Dokhtouroff, 1887)

体长 16.0 mm，体黑色，被黑色毛；头及前胸背板具蓝色光泽，中、后胸及腹部具铜色金属光泽；额中央具 1 红褐色斑；鞘翅基部及端部红褐色，中部黄白色，翅面具黑斑：基部 1/4 及 1/2 各具 1 波状带，基带中部沿中缝向前与小盾片相接；端部 1/4

处每翅具 2 个斑，外侧斑较大；端部具弧形斑，沿中缝向上延伸越过端部 1/4 斑。头部及前胸背板密布刻点。鞘翅具小刻点及小横皱，被黑色稀疏短毛。寄主：黄芪、芍药、豆科植物等。

分布：宁夏、河北、内蒙古、河南、陕西、甘肃、新疆；蒙古。

291. 苹斑芫菁 *Mylabris* (*Eumylabris*) *calida* (Pallas, 1782); 292. 蒙古斑芫菁 *Mylabris* (*Chalcabris*) *mongolica* (Dokhtouroff, 1887)

（293）丽斑芫菁 *Mylabris* (*Chalcabris*) *speciosa* (Pallas, 1781)

体长 16.5–18.0 mm，体黑色，被黑色毛。头及前胸背板密布刻点；额中央具 1 红褐色斑。鞘翅黄褐色，具黑斑：基部 1/4 内侧为 1 个小圆斑，外侧为 1 前伸达基部的竖条斑，中部为 1 对方形斑，中间窄相连；端部 1/4 处内侧为 1 个小圆斑，外侧为 1 个大方形斑；端缘深灰褐色；翅面具细皱纹。寄主：蜀葵、黄芪、芍药、豆类、甜菜、枸杞、十字花科植物、马蔺、草木樨、苜蓿等。

分布：宁夏、河北、内蒙古、辽宁、吉林、黑龙江、上海、江西、陕西、甘肃、青海；蒙古，俄罗斯（东西伯利亚），阿富汗，乌兹别克斯坦，哈萨克斯坦。

（294）豪瑟狭翅芫菁 *Stenoria hauseri* (Escherich, 1904)

体长 6.5–8.0 mm，体黑色，鞘翅橙黄色至红褐色，腹部背板除基节外红褐色；头背及胸腹侧被黄白色短绒毛。头下弯，触角线形，11 节。前胸背板基部窄，端部宽，表面被细小刻点。鞘翅达端部第 3 节，外侧中部略后内凹，近末端两侧均变窄，末端圆滑。

分布：宁夏（盐池）；俄罗斯。

293. 丽斑芫菁 *Mylabris* (*Chalcabris*) *speciosa* (Pallas, 1781)（a. 栖息状态；b. 为害状）; 294. 豪瑟狭翅芫菁 *Stenoria hauseri* (Escherich, 1904)

（七十七）蚁形甲科 Anthicidae

体小至中型，体长 1.5–16.0 mm，大多呈亮黄色或黑色。体近椭圆形；额脊发达，呈片状，常遮住触角窝；触角 11 节，丝状或锯齿状。颈部细；前胸背板形态多样，与头部近等宽，窄于鞘翅。鞘翅一般完整，具刻点及伏毛。跗节 5–5–4 式。目前世界已知 3500 多种，中国已知 130 多种。

（295）光翅棒蚁形甲 *Clavicollis laevipennis* (Marseul, 1877)

体长 1.9–2.4 mm。体黑色，下颚须、触角及足红褐色。头近卵圆形，后缘较直；下颚须端节膨大，近三角形；复眼圆形突出；触角 11 节，念珠状，端部 4 节膨大。前胸背板前宽后窄，基半部缢缩，最宽处与头部近等宽。鞘翅密布成行的黄白色短毛。

分布：宁夏（盐池）、辽宁；韩国，日本。

（296）独角蚁形甲 *Notoxus monoceros* (Linnaeus, 1760)

体长 4.2–5.3 mm。体细长，黄褐色，被浅黄色覆毛。头部下垂，复眼黑色外突，后缘略内凹，触角丝状，11 节，末节锥状，端尖。前胸背板向背前方强烈隆起略呈球形，前突超过头长，基半部中线两侧各具 1 脊，端半部两侧具齿突，端缘上翘，脊及齿突色暗。鞘翅密布成行的黄短毛，肩角及翅端 2/5 处各具 1 个黑斑，两斑间沿鞘缝具 1 黑色纵纹，有时相连。

分布：宁夏、内蒙古、辽宁、黑龙江、甘肃、新疆；吉尔吉斯斯坦，土库曼斯坦，乌兹别克斯坦，奥地利，比利时，波斯尼亚，克罗地亚，捷克，斯洛文尼亚，俄罗斯，乌克兰，波兰，丹麦，芬兰，德国，希腊，意大利，法国，英国，拉脱维亚，荷兰，挪威，葡萄牙，西班牙，瑞典，瑞士。

（297）谷蚁形甲 *Omonadus floralis* (Linnaeus, 1758)

体长 2.8–3.5 mm。体红褐色，头部及足腿节色较暗，鞘翅中部及腹部腹面近黑色。头近方形，后缘较直；下颚须端节膨大，近斧形；复眼突出，近球形；触角 11 节，念珠状。前胸背板近倒梯形，基部缢缩，最宽处位于端部 1/5 处，近前缘处有 1 对并列的瘤状突。鞘翅密布刻点及黄白色短毛。

分布：宁夏（盐池），中国大部分省（自治区）；世界广布。

（298）晦雷蚁形甲 *Steropes obscurans* Pic, 1894

体长 4.5 mm。体狭长，主要被黄色短毛。头部黑色；上颚红褐色，端部黑色；下颚须黄褐色，触角红褐色。触角基部 3 节短柱状，第 3 节略短于第 1 节，长于第 2 节；第 4–8 节念珠状；第 9–11 节长扁，第 9 节近为第 3 节的 5 倍，第 9、第 10 节近相等，第 11 节近为第 9 节的 2 倍。胸部、足、鞘翅红褐色，鞘翅近翅缝具不明显黑褐纵带，肩后部具 1 黑色圆斑。腹部黑褐色。

分布：宁夏（盐池）；俄罗斯。

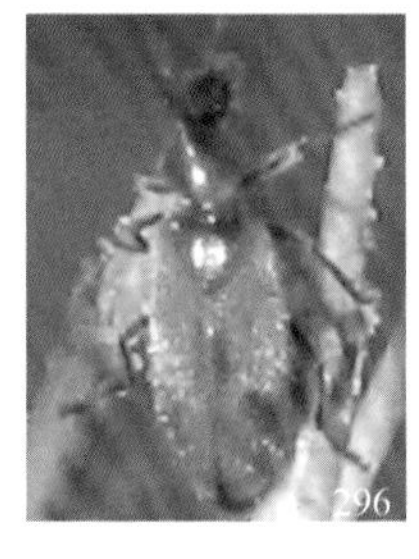

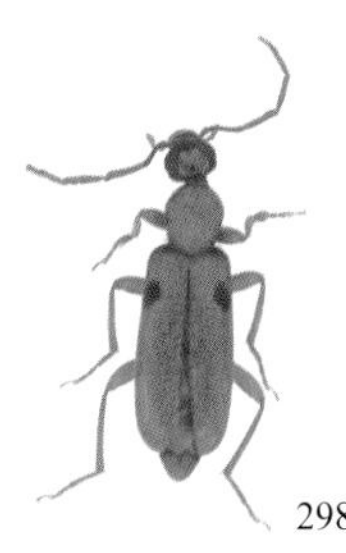

295. 光翅棒蚁形甲 *Clavicollis laevipennis* (Marseul, 1877); 296. 独角蚁形甲 *Notoxus monoceros* (Linnaeus, 1760); 297. 谷蚁形甲 *Omonadus floralis* (Linnaeus, 1758); 298. 晦雷蚁形甲 *Steropes obscurans* Pic, 1894

（七十八）天牛科 Cerambycidae

体小至大型，体长 2.4–175.0 mm。体多圆柱形，背部略扁。头部突出，前口式或下口式；触角 11 节，多为丝状或锯齿状。前胸背板多具侧刺突或侧瘤突。跗节 5–5–5 式或 4–4–4 式。世界已知 35 000 多种，中国已知 3450 多种。

（299）苜蓿多节天牛 *Agapanthia amurensis* Kraatz, 1879

体长 12.0 mm。体黑色，具蓝紫色光泽。头顶及颜面刻点密集，被稀疏黑色毛。触角长超过体长；柄节发达，向端部渐宽；基部 6 节下沿具黑色细长缨毛，柄节及第 3 节端部有毛刷状簇毛，自第 3 节起各节基部密被灰白色绒毛。前胸背板长宽近相等，两侧中部之后稍膨突。鞘翅密布刻点，被黑色半卧短毛。寄主：苜蓿等。

分布：宁夏（盐池、固原、贺兰山、泾源、彭阳、同心）、河北、内蒙古、吉林、黑龙江、江苏、浙江、福建、江西、山东、河南、湖北、湖南、四川、陕西、新疆；蒙古，朝鲜，日本，俄罗斯。

（300）光肩星天牛 *Anoplophora glabripennis* (Motschulsky, 1854)

体长 22.0–33.0 mm。体黑色，具光泽；每鞘翅具 20 个左右由白色绒毛组成的大小不等的斑纹；触角各节基部及各跗节背面密被灰蓝色短毛。头顶及颜面中部具纵沟，唇基略鼓起。触角长超过体末端。前胸背板两侧各有 1 刺状突起。鞘翅具杂乱刻纹。寄主：杨、柳、榆、苹果、梨等。

分布：宁夏、河北、山西、内蒙古、辽宁、吉林、黑龙江、江苏、浙江、安徽、福建、江西、山东、河南、湖北、湖南、广西、四川、贵州、云南、西藏、陕西、甘肃；韩国，日本，欧洲，新北界。

（301）普红缘亚天牛 *Anoplistes halodendri pirus* (Arakawa, 1932)

体长 15.0 mm。体狭长，黑色，鞘翅边缘及基部楔形斑红褐色；体表被灰白色短毛。唇基弓形，额两侧突起，头顶具粗大刻点；触角与体长近相等，柄节粗，第 3 节最长，余下各节近相等。前胸背板两侧中部后方具 1 突起，背面中部两侧及端部 1/3 处近侧缘两侧各具 1 突起；表面具网状刻点，被毛较长。鞘翅两侧缘近平行，翅面具网状细刻点，被毛较短。寄主：杨、柳、榆、苹果、梨等。

分布：宁夏、河北、山西、内蒙古、辽宁、吉林、黑龙江、江苏、浙江、江西、山东、河南、湖北、湖南、贵州、陕西、甘肃、青海、新疆、台湾；朝鲜，俄罗斯。

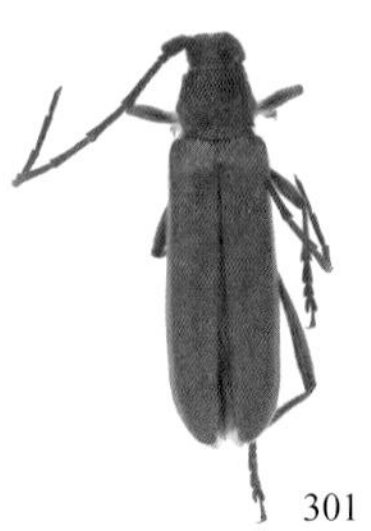

299. 苜蓿多节天牛 *Agapanthia amurensis* Kraatz, 1879; 300. 光肩星天牛 *Anoplophora glabripennis* (Motschulsky, 1854)（榆树主干蛀道及成虫）; 301. 普红缘亚天牛 *Anoplistes halodendri pirus* (Arakawa, 1932)

（302）樱桃绿虎天牛 *Chlorophorus diadema* (Motschulsky, 1854)

体长 10.5–13.5 mm。体近筒形，黑褐色。头部被黄白色毛，头顶及唇基中部具浅脊，触角基瘤内侧呈角状突起；触角达鞘翅基部 2/5 处，柄节粗，第 3 节最长。前胸背板膨隆，密布刻点，前缘及基部具少量黄色绒毛，中部具 1 大的黑色无毛区域。小盾片后端圆形，具黄色绒毛。鞘翅被黑色短毛，具 1 由黄白色绒毛构成的“灭”字形纹，鞘翅末端也具黄白色绒毛。前胸背板中部两侧及端部 1/3 处近侧缘两侧各具 1 突起；表面具网状刻点，被毛较长。鞘翅两侧缘近平行，翅面具网状细刻点，被毛较短。体腹面密被黄白色毛。寄主：刺槐、樱桃、桦、灌丛。

分布：宁夏、北京、天津、河北、山西、内蒙古、辽宁、吉林、黑龙江、江苏、山东、河南、湖北、甘肃及台湾地区；蒙古，朝鲜，日本，俄罗斯（西伯利亚）。

（303）芫天牛 *Mantitheus pekinensis* Fairmaire, 1889

体长 18.0–21.0 mm。体黄褐色，颅顶、触角柄节、前胸背板及鞘翅基部红褐色，腹部色暗；全身密被灰白色稀细短毛。头略宽于前胸，头顶及唇基中部具纵凹，前额具凹穴；额刻点粗大，头顶刻点细密；触角柄节粗短，第 3 节与其后各节近相等。前胸背板近方形，密布细小刻点，中纵区光滑，近前缘中部两侧各有 1 光滑小瘤突。小盾片宽舌状，端半部平，基半部斜坡状。雌性鞘翅仅达腹部第 2 节；雄性鞘翅正常，达体末端，翅面密布细小刻点。寄主：刺槐、白皮松。

分布：宁夏（盐池、海原、贺兰山、同心、中宁）、北京、河北、山西、内蒙古、黑龙江、上海、江苏、浙江、福建、山东、河南、湖南、广东、广西、陕西、甘肃；蒙古，朝鲜。

（304）中华裸角天牛 *Aegosoma sinicum* White, 1853

体长 40.0 mm。体宽扁，红褐色至黑褐色。头部密被颗粒状小突起，头顶中纵沟浅且细，额中部具深凹，上颚外侧具较大刻点，唇基外侧刻点略小，触角长达鞘翅端部 1/5 处；复眼间至唇基及头部腹面被金黄色短毛。前胸背板近梯形，前端缢缩；基缘波状，中央两旁稍弯曲；侧缘基部饰边可见；盘区中部及侧面中部隆突；表面具大小不等小突起，前、后缘两侧的 4 个凹穴内，密被金黄色短毛。小盾片舌状，中纵沟光滑，其中部断开；表面皱状；基部两侧金黄色毛较长且密，端部金黄色毛短且稀。鞘翅密布颗粒状小突起，每翅近翅缝具 2 条较明显细纵脊，靠外侧另有 2 条不太显纵脊。寄主：刺槐、樱桃、桦、灌丛。

分布：宁夏、北京、天津、河北、山西、内蒙古、辽宁、吉林、黑龙江、江苏、山东、河南、湖北、甘肃及台湾地区；蒙古，朝鲜，日本，俄罗斯（西伯利亚）。

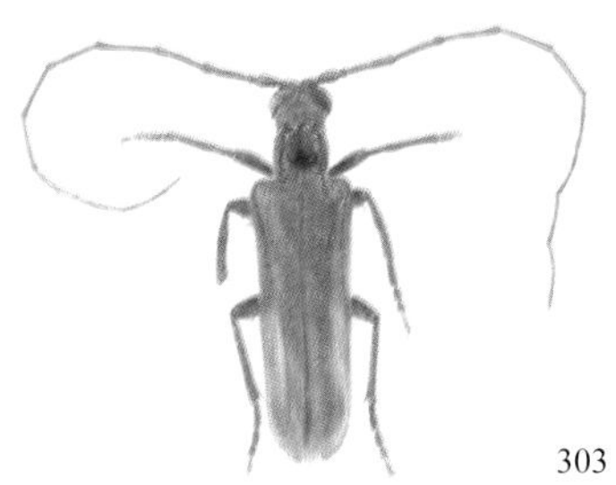

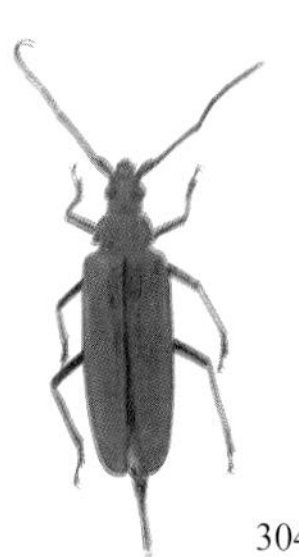

302. 樱桃绿虎天牛 *Chlorophorus diadema* (Motschulsky, 1854); 303. 芫天牛 *Mantitheus pekinensis* Fairmaire, 1889; 304. 中华裸角天牛 *Aegosoma sinicum* White, 1853

（305）红缘赫氏筒天牛 *Oberea herzi* Ganglbauer, 1887

体长 11.0–12.0 mm。体细长；头部和体腹面黑色，下唇须、下颚须黄褐色；前胸背板黄褐色或红褐色；鞘翅黄褐色，侧缘自肩部向后至中部具一黑色纵带；足黄褐色，胫节和跗节色暗。头部被灰色绒毛，头顶中部具 1 中脊，两侧具粗大刻点；触角近等于体长。前胸背板略窄于头部，长宽略等；前端高，基部明显低。小盾片近倒梯形，端部微凹入。鞘翅两侧近平行，中部稍收狭；端部横截或微斜截，缘角钝圆形；翅面具 1 明显纵脊，密布粗糙刻点，排列整齐，端部刻点变细。

分布：宁夏（盐池）、北京、河北、内蒙古、江苏、浙江、福建；蒙古，日本，俄罗斯。

（306）舟山筒天牛 *Oberea inclusa* Pascoe, 1858

体长 14.0 mm。体狭长；头部黑色，下唇须、下颚须黄褐色；前胸背板和小盾片红褐色，中、后胸腹面黑色，侧缘红褐色；鞘翅黄褐色，侧缘及除基部的翅缝黑色；足黄褐色，胫节和跗节色暗；腹部腹面第 1 节黑色，侧缘红褐色，第 2–3 节黑色，第 4–5 节黄褐色，第 5 节后部黑色，并具黑色毛簇。头顶凹陷，头部中央具一纵沟，从唇基延伸至后头，头部表面具细密刻点。触角近等于体长。前胸长宽近相等，两侧均匀隆起，中区拱凸，刻点细密。小盾片近方形，后缘平截。鞘翅两侧近于平行，末端截形，表面刻点细密。

分布：宁夏（盐池）、内蒙古、江苏、浙江、福建、江西、河南、湖北、广东、广西、四川；朝鲜，韩国，俄罗斯。

（307）黑筒天牛 *Oberea morio* Kraatz, 1879

体长 10.0–13.0 mm。体狭长，黑色，下唇须、下颚须黄褐色；鞘翅黄褐色，侧缘自肩部至基部 3/5 处黑色；足红褐色，胫节和跗节色暗；体被灰白色毛。头、胸部刻点散乱，前胸背板中部两侧具 2 个光滑微突起区域；触角近达体末端。小盾片近倒梯形。鞘翅两侧近于平行，中部稍收狭，表面刻点粗大，排列整齐。后足腿节达第 2 可见腹节中部。

分布：宁夏（盐池）、北京、辽宁、吉林、黑龙江、西藏；朝鲜，俄罗斯。

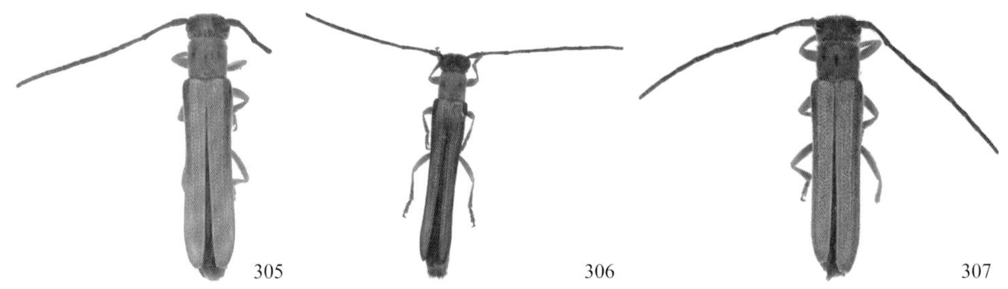

305. 红缘赫氏筒天牛 *Oberea herzi* Ganglbauer, 1887; 306. 舟山筒天牛 *Oberea inclusa* Pascoe, 1858; 307. 黑筒天牛 *Oberea morio* Kraatz, 1879

（308）土耳其筒天牛 *Oberea ressli* Demelt, 1963

体长 10.0 mm。体细长，红褐色，上颚端半部和前胸背板两侧纵纹黑褐色，触角、复眼及鞘翅黑色。头部被黄白色绒毛，头顶至唇基具浅中纵沟，头顶刻点散乱，复眼内缘列密且大；触角近达鞘翅末端；柄节粗短，第 3–5 节近等长，第 6–10 节近等长，第 11 节略短；触角后缘具黑褐色短毛。前胸背板略窄于头部，长略大于宽，两侧中部稍凸出，盘区密布刻点。小盾片舌状，基部凹。鞘翅与头部近等宽，两侧近平行，表面密布刻点。后足腿节很短，不超过第 1 腹节末端。

分布：宁夏（盐池、灵武）、天津、河北、陕西、新疆；蒙古，土耳其。

（309）多斑坡天牛 *Pterolophia multinotata* Pic, 1931

体长 7.0–8.0 mm。体粗短，触角与体近等长。头顶及额具中纵纹，被毛霉灰色，杂灰白毛；触角灰褐色，自第 3 节起至末节，基部密被灰白色毛，呈灰白色。前胸背

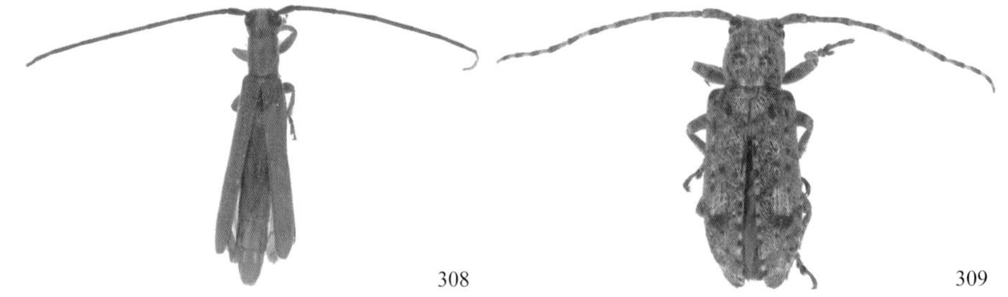

308. 土耳其筒天牛 *Oberea ressli* Demelt, 1963; 309. 多斑坡天牛 *Pterolophia multinotata* Pic, 1931

板宽略大于长，基部缢缩；被霉灰色毛，中部两侧有些被毛末端黑色，形成散乱小黑斑；中部自前缘至后缘具灰白色毛形成的断续毛带。鞘翅被毛稀疏，可见刻点；主要被毛霉灰色至黄褐色，杂灰白色，形成毛斑，肩角黑色，基部形成 1 顶端黑色的毛簇，翅缘黄褐斑与黑褐斑相间。腹部主要被灰白色毛。寄主：柠条、刺槐、国槐。

分布：宁夏（盐池、灵武）；蒙古，俄罗斯。

（310）青杨楔天牛 *Saperda populnea* (Linnaeus, 1758)

体长 10.0 mm。体长形，黑色；全身被淡黄色绒毛，杂黑灰色长竖毛，前胸背板中区两侧各有 1 条金黄色绒毛纵条纹，每个鞘翅有 4–5 个黄色绒毛圆斑，雄虫鞘翅斑纹隐约可见，不甚明显。头顶刻点粗糙；雄虫触角略长于身体，雌虫触角短于身体，第 3 节长于第 4 节。前胸背板近圆柱形，长宽近相等，表面密布粗刻点。小盾片半圆形。鞘翅两侧近平行，后端收狭，端缘圆形，翅面刻点较前胸刻点粗且深。寄主：毛白杨、河北杨、小叶杨。

分布：宁夏、河北、山西、内蒙古、辽宁、吉林、黑龙江、江苏、安徽、福建、山东、河南、湖北、广东、陕西、甘肃、青海、新疆；蒙古，朝鲜，俄罗斯，伊朗，哈萨克斯坦，土耳其，欧洲。

（311）家茸天牛 *Trichoferus campestris* (Faldermann, 1835)

体长 15.5–16.5 mm。体黄褐色至黑褐色，被覆灰褐色绒毛，小盾片及肩部着生较浓密淡黄色毛。头部具网状皱，触角基瘤鼓起，雄虫触角与体长近相等，雌虫触角短于体长，第 3 节与柄节近等长。前胸背板宽大于长，表面刻点粗密，粗刻点之间着生细小刻点。小盾片短，舌状。鞘翅两侧近于平行，翅面分布中等的刻点，端部刻点渐细弱。寄主：刺槐、枣、丁香、杨、榆、苹果等，木质家具、床板等。

分布：宁夏、河北、山西、内蒙古、辽宁、吉林、黑龙江、江苏、浙江、安徽、江西、山东、河南、湖北、湖南、四川、贵州、云南、西藏、陕西、甘肃、青海、新疆；蒙古，朝鲜，日本，俄罗斯，印度，伊朗，哈萨克斯坦，塔吉克斯坦，土库曼斯坦，吉尔吉斯斯坦，欧洲，东洋界。

310

311

310. 青杨楔天牛 *Saperda populnea* (Linnaeus, 1758); 311. 家茸天牛 *Trichoferus campestris* (Faldermann, 1835)

（七十九）叶甲科 Chrysomelidae

体小至中大型，体长 1.0–40.0 mm。体卵形至长形；体色多变，有或无金属光泽。

复眼突出，触角多为 11 节，通常为丝状或锯齿状。前胸背板多横宽，背部略扁。鞘翅一般遮住腹部，有些短翅型，臀板外露。跗节 5–5–5 式或 4–4–4 式。世界已知 40 000 多种，中国已知 1400 多种。

（312）紫穗槐豆象 *Acanthoscelides pallidipennis* (Motschulsky, 1874)

体长 1.5–2.5 mm。体椭圆形，黑色，被白色短毛；触角及足黄褐色，鞘翅黑褐色，端半部常呈黄褐色。头顶两侧近平行，复眼极突出。前胸背板前缘比头部略宽，向后缘渐加宽；表面具小粒状突起。小盾片近长方形，末端圆滑。鞘翅近方形，刻点行深且细。臀板发达，宽舌状。寄主：紫穗槐。

分布：宁夏、北京、天津、河北、内蒙古、辽宁、吉林、黑龙江、河南、陕西、新疆；朝鲜，日本，塔吉克斯坦，欧洲。

（313）赭翅豆象 *Bruchidius apicipennis* (Heyden, 1892)

体长 2.0–2.5 mm。体近椭圆形，黑色；触角及足黄褐色，鞘翅基半部绿褐色，端半部黄褐色。头部密被黄褐色伏毛；复眼凹缘深；触角粗短，向后伸达鞘翅基部。前胸背板自基部向前缘渐窄，前缘与头部近等宽，后缘中部矩形凸出；盘区密被灰绿色毛，散布刻点。小盾片小，近长方形，后缘中部凹，被灰绿色毛。鞘翅刻点行深且细，行间被灰绿色毛。臀板外露，密被灰白色毛。寄主：红花苦豆、苦参、苦马豆。

分布：宁夏（盐池、平罗、银川、永宁）、河北、内蒙古、甘肃、新疆；蒙古，土库曼斯坦，哈萨克斯坦。

（314）绿豆象 *Callosobruchus chinensis* (Linnaeus, 1758)

体长 2.0–3.0 mm。体卵圆形，黑色；触角及足深褐色。头顶小，复眼极突出，额中部具明显纵脊。前胸背板自基部向端部渐狭，表面具密集刻点，后缘中部具瘤状突起，密被白毛。鞘翅常有白色毛带，密布小刻点。寄主：豆类种籽。

分布：宁夏（盐池）；世界广布。

（315）柠条豆象 *Kytorhinus immixtus* Motschulsky, 1874

体长 3.5–5.5 mm。体椭圆形，黑色；触角褐色，足黄褐色，鞘翅除肩角外黄褐色。

312. 紫穗槐豆象 *Acanthoscelides pallidipennis* (Motschulsky, 1874); 313. 赭翅豆象 *Bruchidius apicipennis* (Heyden, 1892); 314. 绿豆象 *Callosobruchus chinensis* (Linnaeus, 1758); 315. 柠条豆象 *Kytorhinus immixtus* Motschulsky, 1874

复眼极突出，头顶近三角锥状。雄性触角栉齿状，雌性触角锯齿状。前胸背板近梯形，宽略大于长，自基部向端部渐收窄；表面密被白色贴伏短毛。小盾片长方形，密被白色贴伏短毛。鞘翅近长方形，肩角突出，其后略内凹，刻点行深且细；表面密被白色贴伏短毛。寄主：小叶柠条及锦鸡儿属植物种子。

分布：宁夏（盐池、灵武、陶乐、同心、中卫）、内蒙古、陕西、甘肃、青海；蒙古，俄罗斯，吉尔吉斯斯坦。

（316）牵牛豆象 *Spermophagus sericeus* (Geoffroy, 1785)

体长 2.0–2.5 mm。体卵圆形，黑色，体被白色短毛。头部小，几被前胸背板遮盖；触角宽扁，自第 5 节开始扩大。前胸背板横宽，前缘半圆形，后缘中叶圆。小盾片三角形；鞘翅刻点行浅，每翅具 9 条刻点行。寄主：日本打碗花。

分布：宁夏（盐池）、甘肃、新疆；俄罗斯，欧洲中部和南部地区。

（317）绿齿豆象 *Rhaebus solskyi* Kraatz, 1879

体长 3.0–4.0 mm。体狭长，蓝绿色，具金属光泽。头部刻点小而密，多相互连接，额中部具短中纵脊；触角线状，向后可伸达鞘翅中部，第 1 节膨阔，第 2 节短于第 1 节，第 3 节略长于第 4 节，自第 4 节起端部膨大，末节端尖。前胸背板自基部向端部渐变窄，前、后缘近平直，盘区密布刻点。小盾片三角形。鞘翅自基部向端部渐变宽，末端圆，盘区皱状，被短毛，具 10 条刻点行。后足腿节中等粗，雄性内缘具 1 列尖齿，跗节第 1 节长，第 2 节略长于第 1 节长度的 1/2，爪纵裂。寄主：白刺。

分布：宁夏（盐池）、内蒙古、甘肃、青海、新疆；蒙古，哈萨克斯坦。

（318）杨叶甲 *Chrysomela populi* Linnaeus, 1758

体长 8.0–12.0 mm。体长椭圆形，黑褐色，具铜绿色光泽；鞘翅黄褐色，中缝末端具 1 个小黑斑。头顶前端具 1 宽“V”形凹，触角达前翅基部。前胸背板宽大于长，盘区中部光滑，其边缘具“八”字形凹纹，凹纹外侧具粗糙刻点。小盾片短舌状。鞘翅刻点粗密，刻点间略隆突。寄主：柳属植物、山杨、银白杨、青杨、小叶杨。

分布：全国广布；蒙古，韩国，日本，俄罗斯，印度，尼泊尔，阿富汗，伊朗，土耳其，欧洲。

（319）柳十八斑叶甲 *Chrysomela salicivorax* (Fairmaire, 1888)

体长 7.0–8.5 mm。体背黄褐色；头、前胸背板中部、小盾片具深青铜色；鞘翅每侧具 9 个黑色斑，翅缝黑褐色。体腹面中部黑褐色，具黑蓝色光泽；侧缘黄褐色。触角黄褐色，端部 5 节黑色。足黄褐色，腿节端半部黑色，跗节黑褐色。寄主：杨属和柳属植物。

分布：宁夏、北京、河北、辽宁、吉林、黑龙江、浙江、安徽、江西、山东、湖北、湖南、四川、贵州、云南、陕西、甘肃；朝鲜。

316. 牵牛豆象 *Spermophagus sericeus* (Geoffroy, 1785); 317. 绿齿豆象 *Rhaebus solskyi* Kraatz, 1879; 318. 杨叶甲 *Chrysomela populi* Linnaeus, 1758; 319. 柳十八斑叶甲 *Chrysomela salicivorax* (Fairmaire, 1888)

(320)沙蒿金叶甲 *Chrysolina aeruginosa* (Faldermann, 1835)

体长 6.5–8.0 mm。体卵圆形，体色有变化，蓝绿色或蓝紫色，具光泽。头顶刻点稀且细；触角远超前胸背板基部。前胸背板亚侧缘微凹，刻点粗大，其余部位刻点较小；前缘深凹，前角突出，后缘向后弧凸。小盾片舌状，基部具几个刻点。鞘翅刻点粗且深，略呈双行排列，行间有细刻点和横皱纹。寄主：黑沙蒿、白沙蒿。

分布：宁夏（盐池、固原、贺兰山、灵武、同心、吴忠、中卫）、北京、河北、内蒙古、辽宁、吉林、黑龙江、四川、西藏、甘肃、青海；蒙古，朝鲜，俄罗斯，哈萨克斯坦。

(321)薄荷金叶甲 *Chrysolina exanthematica* (Wiedemann, 1821)

体长 9.5 mm。体长卵圆形，黑褐色，具蓝紫色光泽。头顶刻点稀且细；触角达前胸背板基部。前胸背板亚侧缘凹，基部凹陷较深，盘区中部刻点小且密集，向侧缘刻点较大；前缘深凹，前角突出，后缘向后弧凸。小盾片短舌状，表面光滑。鞘翅刻点小而密集，每翅具 5 行无刻点的光亮圆盘状凸起。寄主：艾蒿属、薄荷。

分布：宁夏（盐池、海原、贺兰山、彭阳、同心）、河北、辽宁、吉林、黑龙江、江苏、浙江、安徽、福建、江西、河南、湖北、湖南、广东、广西、四川、贵州、云南、陕西、青海；朝鲜，日本，俄罗斯，印度，尼泊尔，巴基斯坦，哈萨克斯坦，东洋界。

(322)杨梢肖叶甲 *Parnops glasunowi* Jacobson, 1894

体长 5.0–6.5 mm。体狭长，黑色或黑褐色，头、胸和鞘翅均为黄褐色。复眼球状，黑色。触角 11 节，丝状。前胸背板宽大于长，呈长方形。小盾片半圆形；鞘翅两侧平行，端部狭圆；前胸背板和鞘翅上密生黄色绒毛。寄主：小叶杨、钻天杨、旱柳。

分布：宁夏（盐池、贺兰山、六盘山、同心、银川、中宁）、河北、山西、内蒙古、辽宁、吉林、黑龙江、江苏、河南、陕西、甘肃、青海、新疆；俄罗斯，伊朗，塔吉克斯坦，乌兹别克斯坦，土库曼斯坦。

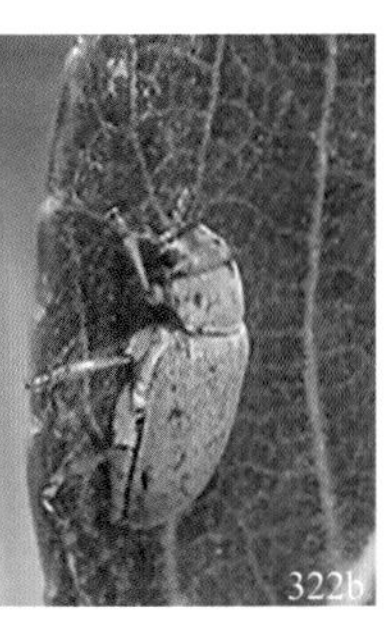

320. 沙蒿金叶甲 *Chrysolina aeruginosa* (Faldermann, 1835); 321. 薄荷金叶甲 *Chrysolina exanthematica* (Wiedemann, 1821); 322. 杨梢肖叶甲 *Parnops glasunowi* Jacobson, 1894（a. 背视；b. 侧视）

（323）中华萝藦肖叶甲 *Chrysocus chinensis* Baly, 1859

体长 7.2–13.5 mm，体宽 4.2–7.0 mm。体粗壮，长卵形，金属蓝色或蓝绿色、蓝紫色。头部中央具 1 细纵纹，有时不显；触角基部各有一微隆起的瘤。触角黑色，达鞘翅肩部。前胸背板长大于宽，基部狭；盘区似球面，中部隆起，两侧低下；缘折明显，中部之前圆弧形，中部之后近直。小盾片近三角形，有时中部有 1 红斑。鞘翅肩部和基部均隆起，两者之间有 1 纵沟，基部之后有 1 条或深或浅的横凹。前胸腹板横阔，在前足基节后的部分向两侧扩展。中胸腹板宽，方形，在雄性后缘中部具 1 小尖刺，在雌性的后缘中部稍向后突出。寄主：茄、芋、甘薯、蕹菜、雀瓢、黄芪、罗布麻、曼陀罗、鹅绒藤、戟叶鹅绒藤。

分布：宁夏、河北、山西、内蒙古、辽宁、吉林、黑龙江、江苏、浙江、山东、河南、陕西、江西；朝鲜，日本，俄罗斯（西伯利亚）。

（324）黄臀短柱叶甲 *Pachybrachis* (*Pachybrachis*) *ochropygus* (Solsky, 1872)

体长 3.0 mm。体圆柱形，腹面黑色，背面浅黄色。头顶中部具 1 近“Y”形纵带，后缘具 1 黑色横斑。前胸背板具 1 近“M”形黑纹或 5 个黑斑；小盾片黑色。鞘翅外侧自肩胛向后具 3 个黑斑，鞘翅内侧具 1 条黑色宽纵带，中缝黑色。足黄褐色，腿节顶端具黄白色斑。头顶平截，缩于颈部之下；复眼肾形，内缘中部凹切。前胸背板横宽，后缘具明显边框，被稀疏刻点。小盾片倒梯形，端部上翘，平截。鞘翅基部略宽于前胸，彼此不相接；黑纵纹处刻点略密集，其他部分刻点稀疏。寄主：柳属、杨属植物。

分布：宁夏（盐池、泾源）、北京、河北、山西、辽宁、吉林、黑龙江、安徽、四川、甘肃、青海、新疆；朝鲜，蒙古，俄罗斯（远东）。

（325）花背短柱叶甲 *Pachybrachis* (*Pachybrachis*) *scriptidorsum* Marseul, 1875

体长 3.0 mm。体圆柱形，腹面黑色，背面浅黄色，头顶中部具 1 个近高脚杯状黑斑，前胸背板具 1 个近“M”形黑斑，鞘翅外侧自肩胛向后具 3 个黑斑，鞘翅内侧具 2–3 个不完整的黑色条纹，翅缘黑色。头顶平截，缩于颈部之下；触角线状，达体中部；复眼肾形，内缘中部凹切。前胸背板横宽，后缘具明显边框，中部前端光滑，其余部分具稀疏刻点。小盾片倒梯形，基部凹陷，端部上翘。鞘翅基部略宽于前胸，彼此不相接；每翅具 11 条刻点行，行间明显隆起。臀板黑色，端部两侧各具 1 黄斑。足黄褐色，腿节顶端具黄白色斑。寄主：柳属、艾蒿属植物、胡枝子。

分布：宁夏（盐池、泾源、银川）、北京、河北、山西、内蒙古、辽宁、吉林、黑龙江、山东、河南、湖北、陕西；蒙古，朝鲜，俄罗斯（西伯利亚），欧洲。

323a

323b

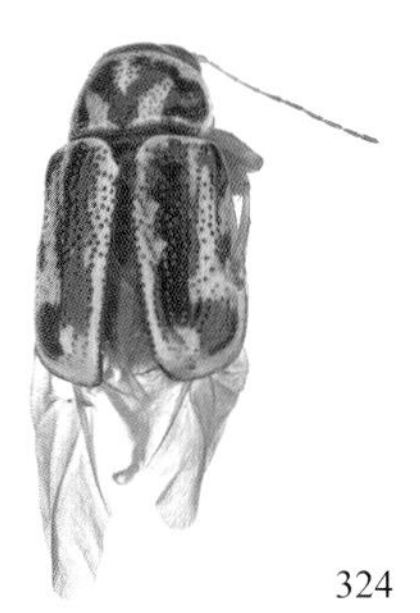
324

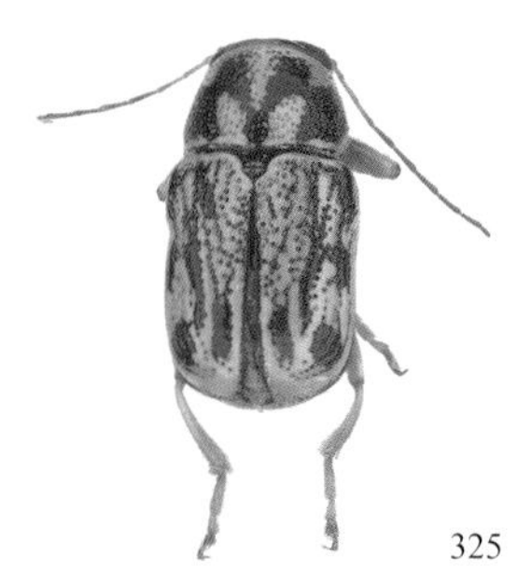
325

323. 中华萝藦肖叶甲 *Chrysocus chinensis* Baly, 1859（a. 栖境照；b. 交尾）；324. 黄臀短柱叶甲 *Pachybrachis* (*Pachybrachis*) *ochropygus* (Solsky, 1872); 325. 花背短柱叶甲 *Pachybrachis* (*Pachybrachis*) *scriptidorsum* Marseul, 1875

（326）亚洲切头叶甲 *Coptocephala orientalis* Baly, 1873

体长 5.0 mm。头、体腹面和足黑色，头部宽短，额近方形，头顶高凸，光滑无刻点；触角黑色，第 3、第 4 节红褐色；长度超过前胸基部。前胸背板宽，红褐色，侧缘弧形，后角圆。鞘翅黄褐色具 2 条蓝黑色横带，一条在基部，另一条在中部稍后，黑斑有变异，有时宽带状，有时基部仅在肩胛处留 1 个小黑斑。寄主：蒿属、栎属、刺槐。

分布：宁夏（盐池、海原、贺兰山、泾源、隆德、彭阳、同心）、北京、河北、山西、内蒙古、辽宁、吉林、黑龙江、山东、湖北、陕西、青海、新疆；朝鲜，韩国，日本，俄罗斯。

（327）槭隐头叶甲 *Cryptocephalus mannerheimi* Gebler, 1825

体长 6.0–8.0 mm。黑色，前胸背板和鞘翅具黄斑，颊上有 1 黄斑。触角黑色，雄性长达体长的 3/4，雌虫约达体长的 1/2。前胸背板宽大于长，自基部向前渐收狭，基缘中部稍向后凸，沿侧缘每侧各有 1 条中部向内凹的黄色宽纵纹，自前缘中部向后伸达盘区中部有 1 向后指的“箭头”形黄斑，基部中央具 1 方形斑。鞘翅翅面斑纹常有变异：一般每个鞘翅有 4 个斑，在基缘中央有 1 个三角形斑，中部有 2 个长方形斑，近端缘有 1 个方形大斑；有时翅基部的三角形斑消失，有时中部的 2 个斑汇合成 1 个横斑。寄主：杨属、榆属、茶条木。

分布：宁夏（盐池、贺兰山）、河北、山西、内蒙古、辽宁、黑龙江；朝鲜，日本，俄罗斯。

（328）毛隐头叶甲 *Cryptocephalus* (*Asionus*) *pilosellus* Suffrian, 1854

体长 3.5–5.0 mm。体黑色；头顶黄色，中部具黑色纵纹，端部向触角基扩展；触角黄褐色至红褐色；唇基黄色，端缘黑色。前胸背板周缘除后缘中部两侧黑色外，呈黄色。鞘翅黄色，具黑斑；肩胛处具 1 个黑斑，与其平行的翅内侧具 1 个黑斑；中部具 4 个纵斑；翅端具 3 个黑斑；黑斑数量常有变异，一般肩胛处黑斑均存在。寄主：榆、枣。

分布：宁夏（盐池、同心）、北京、河北、吉林、黑龙江、山东、陕西、甘肃、青海；蒙古。

326. 亚洲切头叶甲 *Coptocephala orientalis* Baly, 1873; 327. 槭隐头叶甲 *Cryptocephalus mannerheimi* Gebler, 1825; 328. 毛隐头叶甲 *Cryptocephalus* (*Asionus*) *pilosellus* Suffrian, 1854

（329）二点钳叶甲 *Labidostomis urticarum* Frivaldszky, 1892

体长 7.0–11.0 mm。体蓝绿色至靛蓝色，具金属光泽；鞘翅黄褐色。头顶及体腹面被白色竖毛。头长方形，上颚呈钳形前伸；触角锯齿形，蓝黑色，基部 4 节黄褐色。前胸背板近前缘中线两侧有 2 个斜凹，后缘近波形，后角尖。鞘翅肩胛上具 1 个黑斑。前足胫节内侧前缘具 1 排刷状毛束。寄主：胡枝子、柳、杏、枣、青杨、榆、李。

分布：宁夏（盐池、贺兰山）、北京、河北、山西、内蒙古、辽宁、黑龙江、山东、陕西、青海、甘肃；朝鲜，俄罗斯。

（330）灰褐萤叶甲 *Galeruca* (*Galeruca*) *pallasia* Jakobson, 1925

体长 10.0 mm。体宽扁，黑色，前胸背板中部黑褐色，边缘黄褐色；鞘翅黄褐色，具 4 条未达末端的黑褐色纵脊，第 1 与第 4 条末端融合在一起，第 3 条起自鞘翅基部 1/3 处。额唇基区呈“人”字形隆突，额瘤不甚发达，表面具刻点，头部刻点粗密，每 1 刻点内具 1 短毛，触角向后伸达鞘翅基部 1/3 处。前胸背板前缘中部凹入，肩角突出，后缘波曲，盘区凹凸不平，刻点粗密。小盾片倒梯形，密布刻点，每刻点内 1 短毛。鞘翅除纵脊外，密布粗密刻点，盘区刻点不带毛，近侧缘刻点具毛。寄主：榆。

分布：宁夏（盐池、固原、海原、同心）、内蒙古、西藏、甘肃、青海。

（331）双斑长跗萤叶甲 *Monolepta hieroglyphica* (Motschulsky, 1858)

体长 3.5–5.0 mm。体近长卵圆形，黄褐色，头部红褐色，唇基及中、后胸黑色，鞘翅基部两侧各具 1 个黑斑，端部向后角状延伸，黑斑内又具 1 白色大斑。头部光滑，触角长，近达鞘翅 2/3 处。前胸背板宽大于长，基部圆弧形后凸，前缘圆弧形浅凹，两侧具缘折，表面具小且稀疏刻点。鞘翅近方形，缘折全可见，密布小刻点。寄主：杨、豆科、十字花科等。

分布：宁夏（盐池、平罗）、北京、河北、山西、内蒙古、辽宁、吉林、黑龙江、浙江、福建、湖北、湖南、四川、贵州、西藏、台湾；蒙古，朝鲜，俄罗斯（远东），东洋界。

（332）白茨粗角萤叶甲 *Diorhabda rybakowi* Weise, 1890

体长 4.5–5.5 mm。体长形，大部分黄褐色；触角第 1–3 节背面及第 4–11 节、头背“山”字形纹、鞘翅背纵纹、腹部各节两侧、足腿节与胫节相接处均黑褐色。头顶具中纵沟，两侧具密集刻点，额瘤及唇基光滑无刻点。前胸背板宽大于长，盘区中部两侧具圆凹，中部刻点稀少，两侧较密。小盾片舌状，基部具刻点。鞘翅肩胛稍隆，表面密布刻点，呈皱纹状，缘折除肩胛下其余均可见。寄主：白茨、苜蓿、荞麦。

分布：宁夏（盐池、同心、贺兰山）、内蒙古、四川、陕西、甘肃、新疆；蒙古。

329. 二点钳叶甲 *Labidostomis urticarum* Frivaldszky, 1892; 330. 灰褐萤叶甲 *Galeruca* (*Galeruca*) *pallasia* Jakobson, 1925; 331. 双斑长跗萤叶甲 *Monolepta hieroglyphica* (Motschulsky, 1858); 332. 白茨粗角萤叶甲 *Diorhabda rybakowi* Weise, 1890

（333）榆绿毛萤叶甲 *Pyrrhalta aenescens* (Fairmaire, 1878)

体长 7.5–9.0 mm。体长形，全身被毛，橘黄色至黄褐色，头顶 1 个黑斑，触角线形，背面黑色，第 3 节长于第 2 节，第 3–5 节近于等长。前胸背板宽大于长，具 3 个黑斑，前、后缘中央微凹，盘区中央具宽浅纵沟，两侧各 1 近圆形深凹。鞘翅绿色，两侧近平行，翅面具不规则纵隆线。足较粗壮，爪双齿式。寄主：榆。

分布：宁夏（盐池、贺兰山）、北京、河北、山西、内蒙古、辽宁、吉林、江苏、山东、河南、甘肃、台湾；蒙古，日本，俄罗斯。

（334）枸杞龟甲 *Cassida deltoides* Weise, 1889

体长 4.0–6.0 mm。卵圆形，淡绿色，鞘翅中缝的驼顶、中部及后部各有 1 个血红斑，有时斑点连在一起。头顶具中纵沟，触角黄绿色，端部 3–4 节色较深。前胸背板扁圆形，前缘呈弧形突出。鞘翅基部略宽于前胸背板，前角前伸，前凹明显，驼顶拱出。寄主：枸杞、藜属等。

分布：宁夏、河北、内蒙古、江苏、江西、湖南、陕西、甘肃、新疆；蒙古。

（335）黑条龟甲 *Cassida lineola* Creutzer, 1799

体长 6.0–8.0 mm。体椭圆形，两侧近平行；活体多绿色，标本长期放置，变黄褐色；鞘翅具黑纵纹，中缝自基部 1/3 处至端部 1/6 处具 1 条，第 2 条纵脊线中部断续 1 条，第 3 条纵脊基部具 1 条短黑纹，盘侧后部 1 条。头部黑色，触角基节黄褐色，端部 4–5 节黑色。前胸背板近梯形，前缘平截，两侧圆弧状，后缘中部后凸，表面强隆起，具稀疏刻点。小盾片三角形；鞘翅基洼略凹，盘区具大小不等刻点。寄主：蒿属、甜菜。

分布：宁夏（盐池）、河北、山西、内蒙古、江苏、浙江、湖北、江西、福建、广东、广西、云南、陕西、台湾；朝鲜，日本，俄罗斯（西伯利亚），欧洲。

（336）枸杞负泥虫 *Lema* (*Lema*) *decempunctata* (Gebler, 1830)

体长 4.5–6.0 mm。头部、前胸背板、小盾片、体腹面黑色，具蓝色金属光泽；鞘翅黄褐色，每翅具 5 个黑色小圆斑，斑点数量和大小有变异，有时无斑点。足黄褐色，腿节端部黑色。前胸背板近方形，近中央有 1 椭圆形深凹窝。鞘翅侧缘基部之后略加宽，末端圆。寄主：枸杞、野生枸杞。

分布：宁夏（盐池、贺兰山）、北京、河北、山西、内蒙古、山东、陕西、江苏、浙江、江西、福建、湖南、四川、甘肃、西藏；朝鲜，日本，俄罗斯。

333. 榆绿毛萤叶甲 *Pyrrhalta aenescens* (Fairmaire, 1878); 334. 枸杞龟甲 *Cassida deltoides* Weise, 1889; 335. 黑条龟甲 *Cassida lineola* Creutzer, 1799; 336. 枸杞负泥虫 *Lema* (*Lema*) *decempunctata* (Gebler, 1830)

（337）柳沟胸跳甲 *Crepidodera plutus* (Latreille, 1804)

体长 3.2 mm。体腹面黑色，背面蓝绿色，前胸背板具铜色金属光泽；触角基部 4

节黄褐色，5–11 节黑色；足黄褐色至红褐色，后足腿节及中足腿节腹面黑色。头顶基半部网纹较密；额瘤长形，内端宽圆，外侧较细；两触角间隆起呈脊状；触角长达鞘翅基部 1/3。前胸背板横宽，两侧缘略弧突，具缘折，前缘近直，后缘略后凸，盘区隆起，基部 1/4 中部凹，被大小不等稀疏刻点。小盾片三角形，黑色。鞘翅两侧近平行，肩胛隆突，刻点排列整齐，每翅具 10 刻点行，行间平坦，刻点细浅。寄主：柳、杨、枸杞、艾蒿等。

分布：宁夏、河北、山西、吉林、黑龙江、湖北、云南、西藏、甘肃；朝鲜，日本，俄罗斯（西伯利亚），中亚，欧洲。

（338）黑足凹唇跳甲 *Argopus nigritarsis* (Gebler, 1823)

体长 4.0 mm。体卵圆形，背面拱隆。体红褐色，触角（除基部 4 节黄褐色）和各足的胫节及跗节均黑色。头顶光滑，额瘤明显，近圆形，唇基端部纵脊向两侧倾斜。触角向后伸达鞘翅中部。前胸背板前缘中部凹入，前侧角突出，外缘弧凸，后缘明显后凸；盘区具稀疏刻点。小盾片三角形，光滑。鞘翅肩胛略隆突，刻点稀疏。寄主：沙参、黄药子。

分布：宁夏（盐池）、河北、山西、浙江、福建、江西、湖北、四川、陕西、台湾；蒙古，日本，俄罗斯（远东、东西伯利亚），哈萨克斯坦，欧洲。

337

338

337. 柳沟胸跳甲 *Crepidodera plutus* (Latreille, 1804); 338. 黑足凹唇跳甲 *Argopus nigritarsis* (Gebler, 1823)

（339）粟凹胫跳甲 *Chaetocnema ingenua* (Baly, 1876)

体长 2.8 mm。体褐色，具铜色金属光泽；触角及足黄褐色。颜面及头顶密被粗深刻点，额唇基沟密被白短毛，唇基黑褐色；触角向后伸达肩胛。前胸背板极隆突，前缘略向前凸，后缘明显后凸，刻点粗密。小盾片半圆形，刻点细小。鞘翅刻点行中刻点粗大，行间平，具小刻点。寄主：谷子、小麦、糜粟、水稻、陆稻。

分布：宁夏、天津、河北、山西、内蒙古、吉林、黑龙江、江苏、福建、河南、湖北、湖南、云南、陕西、甘肃、台湾；俄罗斯，日本，巴基斯坦，阿富汗，东洋界。

（340）黄宽条菜跳甲 *Phyllotreta humilis* Weise, 1887

体长 2.5 mm。体黑色，触角及足红褐色至黑褐色；鞘翅具黄色宽纵带，从基部几达后缘。头部具稀疏刻点；触角长，近达鞘翅中部。前胸背板横宽，中域刻点小而密集，周缘刻点大且稀疏。鞘翅刻点细浅。寄主：十字花科植物、大麻、胡瓜等。

分布：宁夏（盐池、固原、海原、泾源、六盘山、隆德、石嘴山、同心、西吉、中卫）、河北、山西、内蒙古、吉林、黑龙江、江苏、山东、陕西、甘肃、新疆；蒙古，俄罗斯。

（341）葱黄寡毛跳甲 *Luperomorpha suturalis* Chen, 1938

体长 3.5–4.2 mm。体背面黄褐色，体腹面黑色；触角和足红褐色，或足腿节红褐色至黑色；小盾片、鞘翅中缝及侧缘黑色。颜面中纵脊与额两侧斜隆起向额中部汇聚，呈三角状；头顶具细密横皱；触角长为体长的 1/2 或更多；柄节粗壮，第 2–3 节念珠状，以后各节柱状，着生于上一节的后缘。前胸背板前缘近直，侧缘及后缘微弧突，盘区密被细密横皱，杂稀疏小刻点。鞘翅两侧近平行，表面刻点粗大，略密。寄主：沙葱、葱、韭、蒜。

分布：宁夏（盐池）、北京、河北、山西、内蒙古、吉林、江苏、安徽、山东。

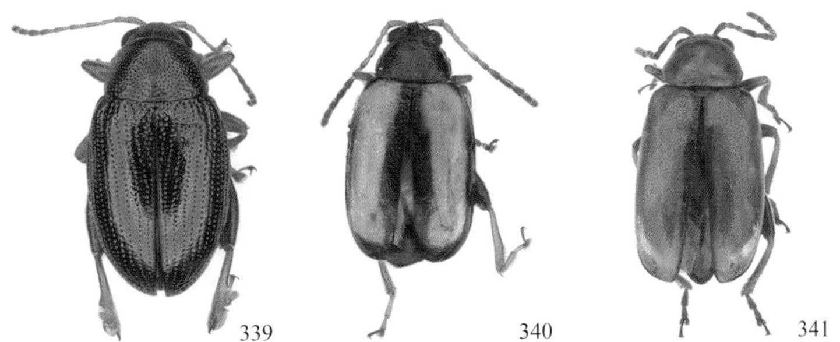

339. 粟凹胫跳甲 *Chaetocnema ingenua* (Baly, 1876); 340. 黄宽条菜跳甲 *Phyllotreta humilis* Weise, 1887; 341. 葱黄寡毛跳甲 *Luperomorpha suturalis* Chen, 1938

（八十）象甲科 Curculionidae

体多宽卵形，被鳞片。头、喙延长，弯曲；触角 11 节，分为柄节、索节和棒节。前胸背板多突起，有些具瘤突。鞘翅多遮盖腹部，端部具翅坡。足胫节多弯曲；跗节 5–5–5 式，第 4 节双叶状。世界已知 49 800 多种，中国已知 2200 多种。

（342）玉米象 *Sitophilus zeamais* Motschulsky, 1855

体长 2.3–4.5 mm。体褐色至深褐色，鞘翅基部及端部各具 2 红褐色圆斑，有时似融合在一起。喙粗壮；触角细长，8 节，索节第 1 节长于第 2 节。前胸背板长宽近相等，由基部向端部渐收窄，前缘近平截，后缘中部后凸；表面具圆形小刻点，中部无光滑区域，中部由基部至端部刻点数不少于 20 个。鞘翅刻点行较深，行间具小刻点。寄主：种子、植物性中药材。

分布：宁夏、北京、黑龙江、江西、河南、湖北、湖南、广西、贵州、香港；日本，印度，伊朗，尼泊尔，叙利亚，不丹，塞浦路斯，以色列，伊拉克，约旦，黎巴嫩，欧洲。

（343）米象 *Sitophilus oryzae* (Linnaeus, 1767)

体长 3.0 mm。与玉米象相似；前胸背板中部有 1 无刻点纵向裸区，刻点呈纵向椭圆形；鞘翅刻点行浅，行间呈小方块状。寄主：玉米、米、高粱、麦、谷等。

分布：宁夏、山西、内蒙古、江苏、浙江、福建、江西、安徽、湖北、湖南、广东、广西、海南、四川、贵州、云南、西藏、台湾、香港、澳门；日本，俄罗斯，印度，伊朗，叙利亚，也门，塞浦路斯，以色列，伊拉克，约旦，黎巴嫩，埃及，欧洲。

（344）榆跳象 *Orchestes alni* (Linnaeus, 1758)

体长 2.5–3.0 mm。体黑褐色，触角、足、前胸背板及鞘翅黄褐色；鞘翅基部 1/3 处两侧各具 1 不规则黑斑，近 2/3 处具 1 黑褐色大横斑，雌性有时斑纹不显。喙粗壮，弯于前胸背板下方；复眼球形突出。前胸背板长宽近相等，自端部 1/3 开始收窄，末端平截；前胸背板及鞘翅基部 1/4 两侧具硬刚毛。鞘翅肩部突出，每翅具 10 条刻点列。寄主：榆。

分布：宁夏、北京、天津、河北、内蒙古、辽宁、吉林、黑龙江、上海、江苏、河南、陕西、甘肃、新疆；土耳其，欧洲，北非，新北界。

（345）杨潜叶跳象 *Tachyerges empopulifolis* (Chen, 1988)

体长 2.5–3.0 mm。体黑褐色，喙、触角及足黄褐色。喙粗壮，弯于前胸背板下方；复眼球形突出，在背侧近接触。前胸背板宽远大于长，中部凹。鞘翅每翅具 10 条刻点行，行间具白色尖细卧毛；翅上具灰白色或黄绿色粉被。寄主：小叶杨、青杨、北京杨、加杨等。

分布：宁夏（盐池）、北京、河北、山西、内蒙古、辽宁、黑龙江、山东、甘肃。

342

343
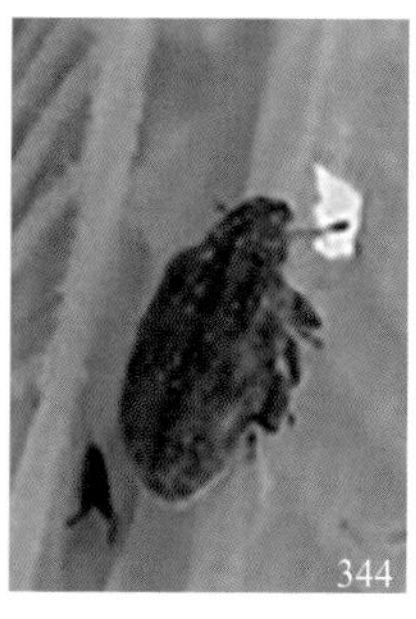
344

345

342. 玉米象 *Sitophilus zeamais* Motschulsky, 1855; 343. 米象 *Sitophilus oryzae* (Linnaeus, 1767); 344. 榆跳象 *Orchestes alni* (Linnaeus, 1758); 345. 杨潜叶跳象 *Tachyerges empopulifolis* (Chen, 1988)

（346）欧洲方喙象 *Cleonis pigra* (Scopoli, 1763)

体长 12.5 mm。体黑褐色，密被灰白色毛状鳞片；前胸背板具 1 中纵纹，基部两侧各有 1 角状纹，鞘翅各有 2 条明显斜带。喙粗壮，背面具粗隆线；触角沟深，柄节极长，略弯，棒长椭圆形。前胸背板具不规则刻点，后缘中部后凸。鞘翅两侧近平行，两侧末端中部具浅刻。寄主：甜菜、飞廉属和蓟属等。

分布：宁夏（盐池）、北京、河北、山西、内蒙古、辽宁、黑龙江、河南、四川、陕西、甘肃、青海、新疆；蒙古，韩国，俄罗斯，孟加拉国，巴基斯坦，阿富汗，塔吉克斯坦，乌兹别克斯坦，土库曼斯坦，吉尔吉斯斯坦，哈萨克斯坦，土耳其，阿尔及利亚，伊拉克，以色列，欧洲，北非，东洋界。

（347）沙蒿大粒象 *Adosomus grigorievi* Suvorov, 1915

体长 18.0–21.0 mm。体黑褐色，被白色毛状鳞片。喙发达，中隆线强隆起，基部两侧具纵凹。胸部和腹部具大小不等近圆形斑点，中部的较大；前胸背板及中部具白色纵纹，鞘翅具白色纵带，中部 2 条较细。寄主：花棒、沙蒿。

分布：宁夏（盐池、银川、灵武、同心）；俄罗斯。

（348）帕氏舟喙象 *Scaphomorphus pallasi* (Faust, 1890)

体长 15.5 mm。体狭长，橄榄灰色，两侧各 1 黑褐色宽纵带自前胸背板延续到鞘翅末端，鞘翅中部两侧各具 1 黑褐色纵带，鞘翅基部两侧各具 1 黑褐色小圆点。寄主：花棒。

分布：宁夏（盐池、贺兰山、中宁、中卫）、山西、内蒙古、辽宁；蒙古，俄罗斯（西伯利亚东部），伊朗，哈萨克斯坦，欧洲。

（349）亥象 *Callirhopalus sedakowii* Hochhuth, 1851

体长 3.0–4.0 mm。体近卵形，黑褐色，体表均匀被灰白色圆形鳞片，前胸背板中部及两侧各具 1 条褐色纵纹，鞘翅行间具 1 褐色大斑，后缘弧形，与其后 1 浅色斑形成近“锚”状斑。喙粗短，两侧隆起，中部沟状；触角柄节直，向端部渐加宽，索节 1 与 2 近等长，棒卵形。前胸背板宽大于长。鞘翅行间散布短倒伏毛。

分布：宁夏（盐池、海原、贺兰山、中卫）、河北、山西、内蒙古、陕西、甘肃、青海；俄罗斯。

346

347

348

349

346. 欧洲方喙象 *Cleonis pigra* (Scopoli, 1763); 347. 沙蒿大粒象 *Adosomus grigorievi* Suvorov, 1915; 348. 帕氏舟喙象 *Scaphomorphus pallasi* (Faust, 1890); 349. 亥象 *Callirhopalus sedakowii* Hochhuth, 1851

（350）甜菜毛足象 *Phacephorus umbratus* (Faldermann, 1835)

体长 6.0–8.5 mm。体黑褐色，被黄褐色鳞片及灰白色和黑褐色鳞毛，喙端部具闪光小圆鳞片，鞘翅上散布黑褐色斑点。喙宽短，中沟浅；触角柄节弯，索节 1 长大于

2，棒细长而尖。前胸背板长宽近相等，中部之前最宽。鞘翅两侧近平行，后端渐缩窄，行间 5 端部具翅瘤。寄主：蓼科、藜科、苋科牧草。

分布：宁夏、北京、河北、山西、内蒙古、甘肃、青海、新疆；蒙古，俄罗斯（西伯利亚）。

（351）共轭象 *Curculio conjugalis* (Faust, 1882)

体长 6.0–8.5 mm。体黑褐色，被灰白色至黄白色鳞状毛，喙和触角红褐色。头部近球形；喙细长，中隆线明显；触角柄节细长，微弯，索节和棒具白色贴伏短毛和较长鳞片状毛，索节 1 与 2 近等长，3–7 节渐变短，棒椭球形，末端尖。前胸背板长略大于宽，端部缢缩。鞘翅向端部渐收窄，肩部微隆。爪跗节 3 宽于节 1 和节 2。寄主：蓼科、藜科、苋科牧草。

分布：宁夏（盐池）；韩国。

（352）杏虎象 *Rhynchites fulgidus* Faldermann, 1835

体长 6.0–7.0 mm。体亮酒红色，具铜绿色光泽，被灰白色短柔毛。喙发达，由基部向端部渐收缩，末端加宽，具 4 齿。触角线形，端部 3 节膨大。前胸长宽近相等，中部膨阔，前、后缘缢缩，背板中部刻点大而稀，周缘刻点小而密。鞘翅近方形，端部陡降，周缘具饰边，基部 1/3 处具凹；刻点大而明显，刻点间皱状。寄主：榆叶梅、杏、桃等。

分布：宁夏、中国北方；蒙古，俄罗斯（远东、东西伯利亚）。

（353）波纹斜纹象 *Lepyrus japonicus* Roelofs, 1873

体长 12.5 mm。体黑褐色，密被黄褐色鳞状毛，杂白色针状毛；前胸背板两侧具米黄色斜纹；鞘翅中部具白色及米黄色鳞片构成的波状带。喙下弯，触角基后部加宽，中隆线明显；触角柄节微弯，索节 1 与 2 近等长，棒卵形。前胸背板长宽近相等，基部略向后突，向端部渐窄；表面具不规则突起，近基部具“V”形深凹。鞘翅表面不平整，基半部具不规则洼，翅瘤明显。寄主：杨、柳等。

分布：宁夏（盐池）、北京、河北、山西、内蒙古、辽宁、吉林、黑龙江、江苏、浙江、安徽、福建、山东、陕西；俄罗斯，朝鲜，日本。

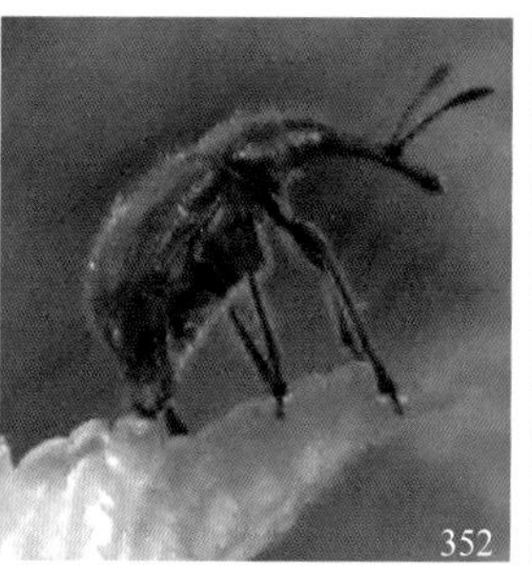

350. 甜菜毛足象 *Phacephorus umbratus* (Faldermann, 1835); 351. 共轭象 *Curculio conjugalis* (Faust, 1882); 352. 杏虎象 *Rhynchites fulgidus* Faldermann, 1835; 353. 波纹斜纹象 *Lepyrus japonicus* Roelofs, 1873

（354）多纹叶喙象 *Diglossotrox alashanicus* Suvorov, 1912

体长 8.5–12.0 mm。体黑褐色，被白色鳞片，前胸两侧鳞片淡粉红色；前胸背板近侧缘各具 1 条白色纵带；鞘翅中部及行 4、5 间各具 1 白色纵带。喙粗短，表面斜坡状，末端两侧具叶突；触角达前胸背板中部，索节 1 是 2 的 2 倍长，棒长卵形。前胸背板长宽近相等，中部之前最宽，前、后缘中部均浅内凹；表面密被圆形小刻点。鞘翅两侧近平行，端部近圆锥状。寄主：骆驼蓬、沙蒿等。

分布：宁夏（盐池、中卫）、内蒙古。

（355）棉尖象 *Phytoscaphus gossypii* Chao, 1974

体长 3.9–4.7 mm。体红褐色，被淡绿色鳞片，具铜色闪光；前胸背板具 3 条模糊灰褐色暗纹，中部 1 条较细，两侧的 2 条较粗。鞘翅遍布暗褐色云斑。头宽大于长，喙细长，背面两侧具侧隆线，中间具深沟；额具明显中线。前胸背板梯形，基部最宽。鞘翅行纹细，行间略隆。寄主：棉花、玉米、大豆、大麻等。

分布：宁夏、北京、河北、内蒙古、江苏、江西、河南、陕西。

（356）褐纹球胸象 *Piazomias bruneolineatus* Chao, 1980

体长 4.5–5.3 mm。体粗短，黑褐色，密被金绿色圆形鳞片。喙长宽相等，中部略凹。前胸背板两侧均匀圆凸，中部最宽。鞘翅中部最宽，行纹细，行间具不规则长毛列，第 1、第 4、第 7 行间具褐色纹。寄主：骆驼蓬等。

分布：宁夏（盐池、固原、隆德、同心）、北京、河北、山西、陕西。

（357）金绿树叶象 *Phyllobius virideaeris* (Laicharting, 1781)

体长 5.5 mm。体黑褐色，密被卵形绿色鳞片，具金色光泽。喙长略大于宽，两侧近平行，中沟浅凹；触角近达前胸后缘，柄节微弯，索节 1 略长于 2，棒卵形。前胸宽大于长，两侧近平行，基部 1/3 处微隆，前、后缘平截。鞘翅两侧近平行，翅表行间具灰褐色短毛。寄主：李子、杨。

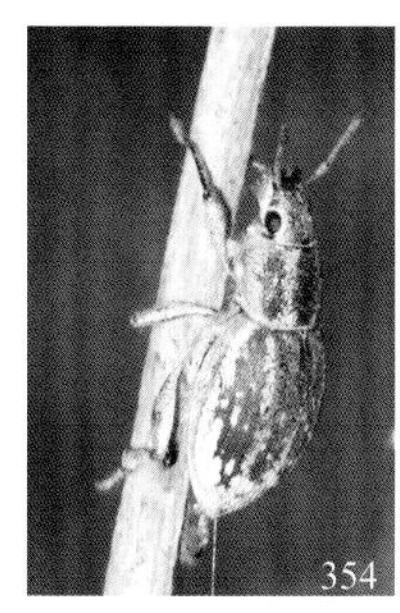

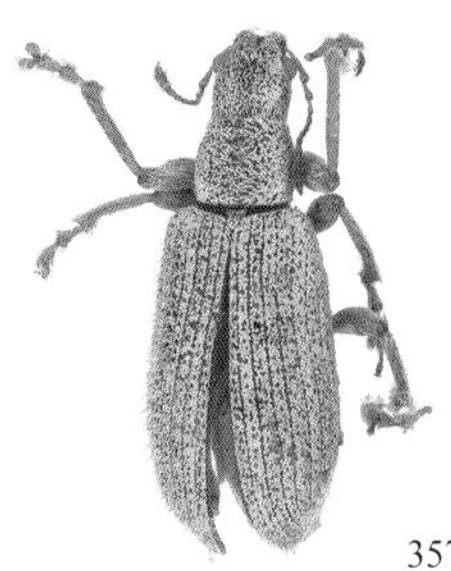

354. 多纹叶喙象 *Diglossotrox alashanicus* Suvorov, 1912; 355. 棉尖象 *Phytoscaphus gossypii* Chao, 1974; 356. 褐纹球胸象 *Piazomias bruneolineatus* Chao, 1980; 357. 金绿树叶象 *Phyllobius virideaeris* (Laicharting, 1781)

分布：宁夏（盐池、贺兰山）、北京、河北、山西、内蒙古、吉林、黑龙江、湖北、四川、陕西、甘肃、新疆；蒙古，俄罗斯，塔吉克斯坦，乌兹别克斯坦，吉尔吉斯斯坦，哈萨克斯坦，土耳其，欧洲，北非。

（358）鳞片遮眼象 *Pseudocneorhinus squamosus* Marshall, 1934

体长 3.0–3.5 mm。体黑褐色，翅具黑色和白色两种半倒伏片状毛，白色鳞片状毛很宽，近三角形，顶端直，黑色鳞片状毛较窄。喙较粗短，背面中部凹；触角膝状，第 1 节超过复眼基部，休止时完全遮盖复眼。鞘翅基部两侧直，行间波纹状。

分布：宁夏（盐池、贺兰山）、内蒙古、甘肃；蒙古，俄罗斯。

（359）短毛草象 *Chloebius immeritus* (Schöenherr, 1826)

体长 3.0–4.0 mm。体黑色，被绿色鳞片，具铜色闪光。喙两侧近平行，中沟深且细；触角后伸远超前胸背板后缘，表面散布白色毛，索节 1 与 2 近等长。前胸背板宽略大于长，两侧近平行，中部最宽，前、后缘平截。鞘翅两侧近平行，翅表行间具灰绿色宽短鳞状毛。寄主：苜蓿、甘草、红花、苦参、沙枣、甜菜、花棒。

分布：宁夏、河北、内蒙古、辽宁、江苏、浙江、福建、江西、山东、河南、湖北、湖南、广东、海南、四川、贵州、云南、陕西、甘肃、新疆、台湾；蒙古，俄罗斯，中亚，东洋界。

（360）甘草鳞象 *Lepidepistomus elegantulus* (Roelofs, 1873)

体长 3.0–4.0 mm。体黑褐色，密被卵形绿色鳞片，具金色光泽。喙长略大于宽，两侧近平行，近基部具 1 对驼背样隆起，隆起后端中部洼；触角后伸远超前胸背板后缘，柄节极弯，索节 1 略长于 2，棒长卵形。前胸背板长宽近相等，两侧近平行，前缘平截，基部二凹状，中部后凸。鞘翅两侧近平行，肩部明显，行纹深且细，行间具倒伏短毛。寄主：甘草。

分布：宁夏；朝鲜，韩国，日本。

358

359

360

358. 鳞片遮眼象 *Pseudocneorhinus squamosus* Marshall, 1934; 359. 短毛草象 *Chloebius immeritus* (Schöenherr, 1826); 360. 甘草鳞象 *Lepidepistomus elegantulus* (Roelofs, 1873)

十、双翅目 Diptera

（八十一）蚊科 Culicidae

成蚊头、胸及其附肢、翅脉及胸部均具鳞片；口器长喙状，由下唇包围 6 根长针状构造，即上颚和下颚各一对，上唇和舌各一。蚊类幼虫水生，雌性成虫不但吸血，且是多种严重疾病的传播媒介，如疟疾、淋巴丝虫病、流行性乙型脑炎及登革热等。世界已知近 4000 种，中国已知 390 多种和亚种。

（361）背点伊蚊 *Aedes* (*Ochlerotatus*) *dorsalis* (Meigen, 1830)

体长 5.5 mm。头顶及后头鳞浅黄色，两侧鳞暗褐色；喙淡色，末端呈黑色；触须淡色，杂少量暗鳞。胸部浅黄色，两侧缘鳞暗褐色；胸侧面几全覆白鳞。腹部覆浅黄色鳞片，两侧具黑褐色斑块。翅鳞黄褐色，杂黑色鳞片。各足 1–2 跗节、中后足 2–3 跗节及后足 3–4 跗节具跨关节白环。

分布：北方广布、江苏、浙江、安徽；蒙古，日本，俄罗斯，北美洲，中欧，北非。

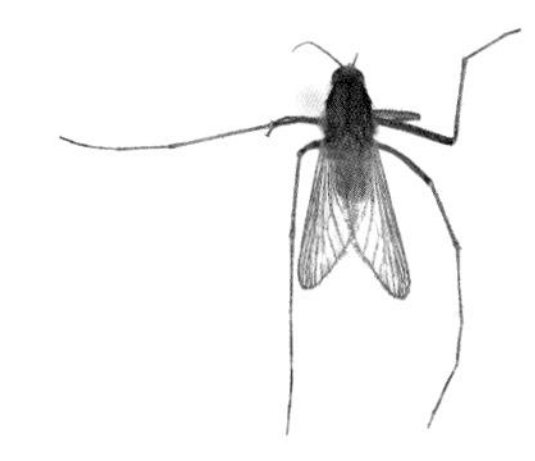

361. 背点伊蚊 *Aedes* (*Ochlerotatus*) *dorsalis* (Meigen, 1830)

（八十二）摇蚊科 Chironomidae

体微小至中型，不具鳞片，体色多样，黑色、白色、黄色等，可有鲜明色斑。复眼发达，无单眼。雌雄二型，雄性触角鞭节各节具轮状排列的长毛，雌性鞭节无轮毛。

（362）云集多足摇蚊 *Polypedilum nubifer* (Skuse, 1889)

体长 5.0 mm。体黑色，胸部具灰色粉被。翅透明，具弱的翅斑。额瘤存在。上附器突起外侧无刚毛，抱器端节粗短。

分布：宁夏（盐池）；世界广布。

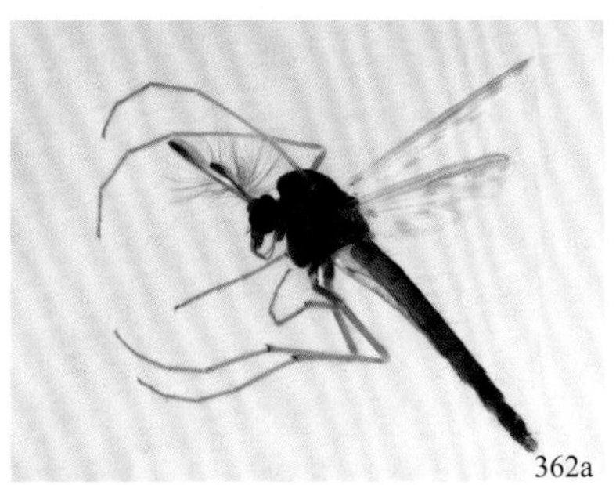

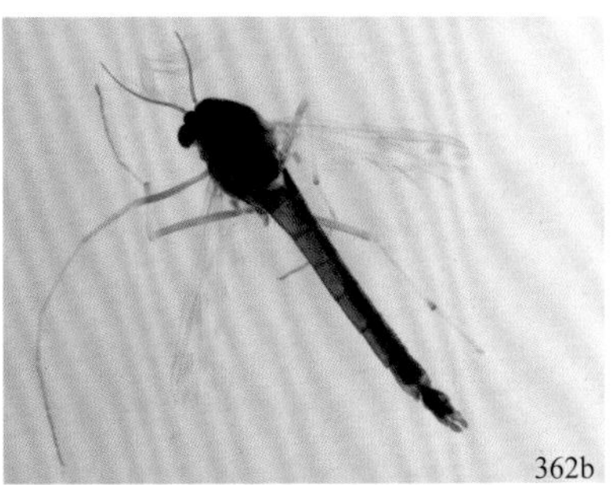

362. 云集多足摇蚊 *Polypedilum nubifer* (Skuse, 1889)（a. 侧视；b. 背视）

（八十三）毛蚊科 Bibionidae

体小至中型，粗壮多毛，体色多为黑色或黄褐色。两性常异型。雄性头部较圆，复眼邻接；雌性头部较长，复眼小而远离，单眼瘤存在。触角多短小，鞭节 7–10 节，一般均粗短。胸背多隆突，小盾片较小，侧板发达。翅发达，透明或色暗，A_2 脉曲折。成虫白昼活动，有的种类具访花习性。世界已知 700 多种，中国已知 120 多种。

363. 红腹毛蚊 *Bibio rufiventris* (Duda, 1930)

（363）红腹毛蚊 *Bibio rufiventris* (Duda, 1930)

体长 10.0–11.0 mm。雌雄异型。雄性体黑色，复眼及翅脉红褐色；头部半球形，复眼接眼。雌性黑色，中胸背板和腹部橘红色；头部近卵形，复眼不相接，单眼突起。寄主：4 月末 5 月初可见成虫活动于柳树上。

分布：宁夏（盐池）、北京、河北、内蒙古、黑龙江、陕西、福建；朝鲜，日本。

（八十四）大蚊科 Tipulidae

体小至大型，体色多样，黄色、灰色、褐色或黑色，少数色彩艳丽。头部延长，常具鼻突，下颚须一般 4 节，末节长。中胸背板具“V”形盾间缝。足很细长。腹部较长，雄性腹末一般较膨大，雌性末端一般尖。世界已知 4316 多种，中国已知 567 种。

364. 伦贝短柄大蚊 *Nephrotoma lundbecki* (Nielsen, 1907)

（364）伦贝短柄大蚊 *Nephrotoma lundbecki* (Nielsen, 1907)

体长 11.0–14.5 mm。头部黄色，喙上缘、鼻突及触角鞭节黑色。胸部浅黄色，前胸背板两侧黑褐色，中胸前盾片具 3 个亮黑色斑，侧斑外弯；中背片中部具 1 条褐色带。胸部上侧片、侧背片及侧背瘤突具黑色斑。足黄褐色，腿节和胫节端部黑色。腹部黄色，背板中央具近三角形黑褐色斑，侧缘黑褐色；腹板黄褐色。

分布：宁夏（盐池）、内蒙古；蒙古，俄罗斯，加拿大，美国，格陵兰岛，芬兰，挪威，瑞典。

（八十五）水虻科 Stratiomyidae

体小至中大型，体长 2.0–25.0 mm。体多黑色或黄色，具各种色斑及金属光泽。体多背腹扁平，少数强烈隆突，也可见拟蜂形态。多雌雄异型，通常雄性复眼接眼式，雌性离眼式，少数种类雌雄均为离眼式。触角鞭节线状或短缩成盘状。小盾片端缘具 2–8 根刺，有些种类仅可见一系列小齿突，或完全光滑。翅盘室较小，五边形。腹部多扁平。足通常无距。世界已知 3000 多种，中国已知 340 多种。

（365）角短角水虻 *Odontomyia angulata* (Panzer, 1798)

体长 8.0–12.0 mm。头部：雄性接眼，褐色，额及颜面黑褐色，触角黄色，鞭节末端有时黑色；雌性离眼，头部黄色。胸腹部两性相似：胸部黑褐色，密被银白色倒伏毛，具光泽；小盾片后端及刺浅黄褐色；翅透明，R_4 脉存在；平衡棒黄褐色，球部黄绿色。腹部黄绿色，第 1–5 腹板各节中部具达前、后缘的黑色梯形斑。足黄色。

分布：宁夏（盐池、同心）、北京、山西、新疆；古北界。

（366）中华盾刺水虻 *Oxycera sinica* (Pleske, 1925)

体长 7.3–8.0 mm。雄性：头顶黑色，额除上额具 1 黑色三角形小斑外黄色，后头黑色，复眼后缘具 1 黄色长条斑。胸部黑色，中胸背板中部具 1 对黄色纵条斑，向后超过横缝，但不达后缘；背侧板在横缝前有 1 对大的黄色前侧斑，横缝后还有 1 对大的黄色后侧斑，中侧片具较大黄斑，腹侧片后上方具 1 小黄斑；小盾片及刺黄色；翅近透明，翅痣黄色；平衡棒黄褐色，球部黄色。腹部黑色，第 2–4 背板两侧具黄斑，第 2 背板黄斑较小，第 3、第 4 背板黄斑近呈“八”字形，第 4 节两斑相距较近，第 5 背板端部有近半圆形黄斑；第 2 和第 3 腹板中部具黄斑。雌性未知。

分布：宁夏（盐池）、甘肃、新疆。

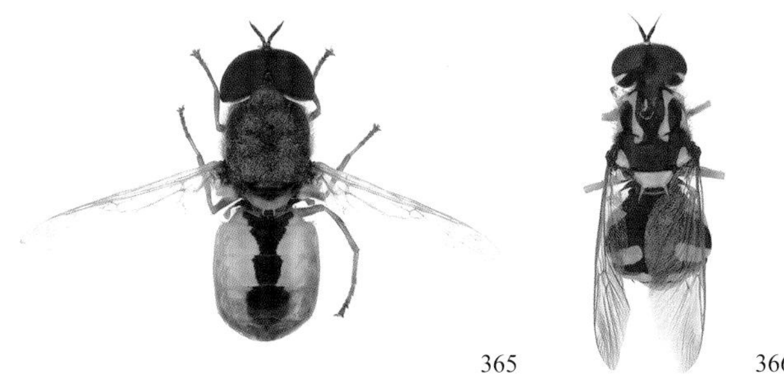

365. 角短角水虻 *Odontomyia angulata* (Panzer, 1798); 366. 中华盾刺水虻 *Oxycera sinica* (Pleske, 1925)

（八十六）虻科 Tabanidae

体小至中大型，体长 5.0–26.0 mm。体多粗壮。头部多宽于前胸，雄性复眼接眼式，雌性离眼式，雌性额在两复眼间具强骨化瘤。中胸发达，翅多透明，有的具斑纹，上、下腋瓣和翅瓣均发达。爪间突发达，呈垫状。世界已知 4300 多种，中国已知 450 多种。

（367）莫斑虻 *Chrysops mlokosiewiczi* Bigot, 1880

体长 9.0–11.0 mm。额胛适中，边缘部分呈黑色，其余黄褐色。触角细长，第 1 节黄色或黄棕色，第 2 节棕黑色，第 3 节黑色，整个触角被黑毛。胸部背板黑色，具 2 条灰黄色、宽而明显的条纹，到达小盾片基部。胸侧板具浅黄色毛。翅透明，横带斑外缘平直，端斑颇窄，中室透明。腹部浅黄色，第 2–6 背板具 4 条大而明显的楔形黑色纵纹，不到达背板后缘。腹板黄色，每节中央基部具小黑色斑。

分布：宁夏、北京、天津、河北、山西、内蒙古、辽宁、吉林、黑龙江、河南、陕西；伊朗，俄罗斯，中亚。

（368）娌斑虻 *Chrysops ricardoae* Pleske, 1910

体长 7.0–11.0 mm。额胛适度大，黑色，两侧与眼不相接触。触角除第 1 节基部暗褐色外，呈黑色。胸部背板黑色，覆灰色粉被，具 2 条浅黄灰色条纹，背板两侧具黄色毛。翅透明，横带斑锯齿状，端斑呈带状，与横带相连接处占据着整个第 1 径室。腹部背板第 1–2 节黄色，第 1 节中央具黑斑，宽度窄于小盾片宽度；第 2 背板中部具 2 个近“八”字形椭圆形黑斑；第 3–4 背板中央具 1 黄色三角形斑；其后各节暗黄色。

分布：宁夏（盐池）、内蒙古、黑龙江、新疆；蒙古，俄罗斯。

367. 莫斑虻 *Chrysops mlokosiewiczi* Bigot, 1880; 368. 娌斑虻 *Chrysops ricardoae* Pleske, 1910

（八十七）蜂虻科 Bombyliidae

体小至大型，体长多为 2.0–25.0 mm，少数可达 40.0 mm。体表多被各种颜色的毛和鳞片，头部半球形或近球形，喙通常长，触角鞭节有 1–4 亚节，第 1 节较粗大，余下各节形成端刺。翅透明，常具斑。足细长，多具鬃。世界已知 5000 多种，中国已知 230 多种。

（369）金毛雏蜂虻 *Anastoechus aurecrinitus* Du *et* Yang, 1990

体长 8.0–9.0 mm。体黑色，头、胸部被灰色粉，腹部被褐色粉。头部额两侧被稀疏直立黑色毛，颜被浓密直立白色长毛和稀疏直立黑色长毛，后头被稀疏直立黑色长毛；触角各节相接处微黄褐色，柄节密被白色和黑色长毛，鞭节光裸，顶部具附节。胸部背面被毛几为金黄色，小盾片后缘具 12 根黄色鬃；胸侧上、下前侧片被毛白色。腹部背板被毛以金黄色为主，后缘被深褐色鬃；腹板被白色和黄色长毛。

分布：宁夏（盐池、同心）、北京、内蒙古、青海。

（370）凡芷蜂虻 *Exhyalanthrax afer* (Fabricius, 1794)

体长 7.0–9.0 mm。体黑色，头、胸部被褐色粉。头部额被直立黑色毛和侧卧黄色鳞片，颜被直立黑色毛和侧卧黄色鳞片，后头被稀疏直立淡黄色毛；复眼边缘被侧卧白色鳞片；触角柄节密被黑色长毛，鞭节光裸，顶部具附节。胸部背面被稀疏黑色短毛；肩胛被浓密白色长毛，中胸背板前缘被稀疏黄色长毛；胸部鬃黑色，翅基边缘 3 根，翅后胛 3 根，小盾片后缘两侧各 6 根；胸侧上、下前侧片被毛白色。翅大部透明，基前部黑色，约占翅面的 1/5。腹部黑色，背板具白色和黄色相间的鳞毛带，腹端部密被黑色毛；腹板鳞片以黄色为主，端节鳞片大部分白色。

分布：宁夏（盐池）、北京、内蒙古、山东、四川、新疆、西藏；中东，欧洲。

369 370

369. 金毛雏蜂虻 *Anastoechus aurecrinitus* Du *et* Yang, 1990; 370. 凡芷蜂虻 *Exhyalanthrax afer* (Fabricius, 1794)

（371）白毛驼蜂虻 *Geron pallipilosus* Yang *et* Yang, 1992

体长 4.5–5.5 mm。体黑色。头部被白色粉，毛以白色为主；触角深褐色，柄节和鞭节较长，梗节短，柄节被稀疏褐色毛，鞭节向端部渐变窄，光裸；雄性接眼式，雌性离眼式；后头除白色粉被和被毛外，还有白色鳞片。胸部背面被褐色粉，侧面和腹面被白色粉，胸部被毛以白色为主。翅透明，平衡棒浅黄色。腹部被白色粉，腹部毛以白色为主，背板鳞片黄色，腹板鳞片白色。

分布：宁夏（盐池、银川）、内蒙古。

（372）中华驼蜂虻 *Geron sinensis* Yang *et* Yang, 1992

体长 5.0–6.0 mm。体黑色。头部被白色粉，毛以黄色为主；触角黑色，柄节和鞭节较长，梗节短，柄节被黑色毛，鞭节向端部渐变窄，光裸；雄性接眼式，雌性离眼式；后头被黄色鳞片。胸部被白色粉，胸部被毛以黄色为主。翅透明，平衡棒浅黄色。

371a

371b

372

371. 白毛驼蜂虻 *Geron pallipilosus* Yang *et* Yang, 1992（a. 侧视；b. 背视）; 372. 中华驼蜂虻 *Geron sinensis* Yang *et* Yang, 1992

腹部被褐色粉，腹部背板被稀疏浅黄色毛及伏卧金黄色鳞片，腹板被侧卧白色和黄色鳞片及稀疏淡黄色毛和直立的白色毛。

分布： 宁夏（盐池）、北京。

（八十八）食虫虻科 Asilidae

体中至大型，体多黑色或褐色，具毛和鬃，有时光裸。复眼分开较宽，单眼瘤明显。触角柄节和梗节多被毛。口器长而坚硬，适于捕食和刺吸猎物。中胸强隆起。翅 R_{2+3} 脉不分支，末端多接近 R_1 脉；R_{4+5} 脉多分叉，R_5 脉多达翅端后；腋瓣发达，有时退化。世界已知近 5000 种，中国已知 250 多种。

373. 中华盗虻 *Cophinopoda chinensis* (Fabricius, 1794)

（373）中华盗虻 *Cophinopoda chinensis* (Fabricius, 1794)

体长 20.0–28.0 mm。头、胸部黑色，触角基部 2 节红褐色，端节黑色；胸部被灰色粉被。腹部红褐色，侧面具黑纵带，有时腹面除端节外均黑色。足黑色，胫节红褐色。头部密被绵毛。捕食小型昆虫。

分布： 全国广布；朝鲜，日本，印度，尼泊尔，斯里兰卡，印度尼西亚。

（八十九）食蚜蝇科 Syrphidae

食蚜蝇科属于双翅目环裂亚目无缝组，其幼虫和成虫均具有极其重要的经济意义：食蚜蝇亚科幼虫主要捕食蚜虫；成虫大多访花，是重要的传粉昆虫。成虫特征：外形似蜂，体色鲜艳明亮，胸背常具蓝色、绿色光泽，腹部常具黄黑相间的斑纹；翅 R_{4+5} 脉和 M_{1+2} 脉间具 1 条横跨 r–m 脉的伪脉。目前世界已知 6000 多种，中国已知 580 多种。

（374）紫额异巴蚜蝇 *Allobaccha apicalis* (Loew, 1858)

体长 9.0–12.0 mm。雌性：头部蓝黑色，被浅色毛；额中部具淡黄色至黄色粉被侧斑；颜具棕黄色粉被，正中有蓝黑色中条。中胸背板和小盾片亮黑色，具青铜色光泽，被棕黄色竖毛；肩胛及中侧片纵条淡黄色。足黄色，基节黑褐色；后足腿节端部 1/3 处具褐色宽带。翅透明，前缘具暗色带，翅端具黄褐色斑。腹部亮黑色，第 1 背板大部红黄色，后缘黑色；第 2 背板前缘具 2 个红黄色小侧斑，中部偏后具 1 红黄色横带；第 3 节中部具黄色近三角形斑，后缘深凹入；第 4 背板近前缘两侧各具 1 黄色纵条及 1 长形斜斑，两者基部相连呈钩状；第 5 背板前缘侧边具近三角形黄色小斑。雄性额前部具紫色光泽，后部密被黄色粉及棕色毛。

分布： 宁夏（盐池）、江苏、浙江、安徽、福建、江西、湖北、湖南、广东、广西、四川、云南、陕西、甘肃、香港、台湾；俄罗斯，日本，东洋区。

（375）狭带贝食蚜蝇 *Betasyrphus serarius* (Wiedemann, 1830)

体长 7.0–8.0 mm。雌性：头部黑色，被黑毛，额中部覆灰白色粉被；颜棕黄色，被棕黄色毛，覆灰白色粉被，中突及口侧缘黑色；复眼密被黄白色短毛。中胸背板黑色，具铜绿色光泽，中部具 3 条不明显淡色粉被；小盾片黄褐色，被棕黄色毛，后缘具黑色长毛。足大部红褐色，前、中足基部 1/3 及中足腿节基部 1/2 黑色。腹部背板黑色；第 1 背板具光泽；第 2 背板中部及第 3、第 4 背板前部 1/3 处各具 1 灰白色至黄色横带；各节背板横带对应区域被毛浅色。雄性各横带均较雌性窄。

分布：全国广布；俄罗斯，朝鲜，日本，巴布亚新几内亚，澳大利亚，整个东南亚。

（376）八斑长角蚜蝇 *Chrysotoxum octomaculatum* Curtis, 1837

体长 13.0–14.0 mm。雄性：额和头顶黑色，被黑毛，额两侧覆灰白色粉被；触角黑色，芒棕褐色；颜亮黄色，具黑色中纵条和侧纵条。胸部黑色，中胸背板具 1 对灰色宽纵纹，超过横沟但远离背板后缘；侧面具黄斑；小盾片黄色，被黄毛，中央暗黑色，被黑毛。足棕黄色，前足腿节端半部及胫节大部淡黄色。翅透明，前缘具黄斑。腹部长卵圆形，背板中央隆起，侧缘隆脊发达。腹部背板各节后缘棕黄色；第 2–5 节各具 1 对“八”字形黄斑，内侧部分略窄，近背板前缘；外侧部分较宽，不达背板侧缘。雌性额近复眼具 1 对近四边形黄斑；腹部第 2–5 背板斑纹同雄性，各节后缘窄，红褐色或不显。

分布：宁夏、北京、河北、内蒙古、黑龙江、浙江、江西、湖北、湖南、四川、甘肃；俄罗斯，欧洲。

374. 紫额异巴蚜蝇 *Allobaccha apicalis* (Loew, 1858); 375. 狭带贝食蚜蝇 *Betasyrphus serarius* (Wiedemann, 1830); 376. 八斑长角蚜蝇 *Chrysotoxum octomaculatum* Curtis, 1837

（377）红盾长角蚜蝇 *Chrysotoxum rossicum* Becker, 1921

体长 10.0–13.0 mm。复眼裸；头顶和额黑色，被黑色毛，雌性额中部具 1 对灰黄色粉被斑。颜红褐色，具黑色宽纵条；触角黑色至黑褐色。胸部黑色，中胸背板两侧具黄色宽纵条，盾沟处短中断；侧板具黄斑；小盾片红黄色。足红黄色，基节和转节黑色，胫节基半部淡黄色。翅透明，前缘基部 3/4 黄色，中部具 1 大黑褐斑。腹部黑色至红褐色；第 2 背板具 1 对近三角形黄斑，第 3–4 背板各具 1 弓形黄色横带，横带中部断开；所有黄斑均不达背板侧缘。

分布：宁夏（盐池）、河北、内蒙古、黑龙江；俄罗斯，蒙古。

（378）白纹毛食蚜蝇 *Dasysyrphus albostriatus* (Fallén, 1817)

体长 9.0 mm。雄性：头部暗褐色，额端半部及颜两侧覆黄色粉被；颜中部具黑色宽纵条。胸部黑色，具铜绿色光泽，中胸背板前中部具 1 对灰白色纵条，略超过中纵沟，但远离后缘；肩胛及翅后胛暗黄色；小盾片暗黄色，中部具黑色斑，有紫色光泽。腹部黑色，具黄斑；第 2 节具 1 对黄色三角形侧斑；第 3–4 节近前缘具 1 对“八”字形黄斑，第 4 节黄斑中间似相连；第 4–5 节后缘黄色，第 5 节两基角具三角形小黄斑。雌性额黑色，中部在黑色中纵线两侧覆黄色粉被。

分布：宁夏（盐池）、甘肃、新疆；俄罗斯，蒙古，日本，欧洲。

（379）双线毛食蚜蝇 *Dasysyrphus bilineatus* (Matsumura, 1917)

体长 13.0 mm。雌性：头顶黑色，额端半部覆黄色粉被；颜中部红色至黑色，两侧覆黄色粉被，复眼短纵带黑色。中胸背板黑色，具宽的灰白色粉被纵条，肩胛及翅后胛覆白色粉被；小盾片黄色。足大部黄褐色；基节，转节，前、中足腿节基部 1/4，后足腿节基部 5/6 和胫节端半部均为黑色。腹部黑色，第 2–4 背板各具 1 对黄横斑，黄斑后缘中部凹入；第 2 节黄斑位于前缘 1/3 处，不与前、侧缘接触；第 3–4 节黄斑近前缘，内侧接前缘，略外斜，外端接外缘；第 4–5 节后缘暗黄色，第 5 节两基角具三角形小黄斑。雄性额红黄色，两侧覆黄色粉被。

分布：宁夏（盐池）、北京、辽宁、吉林、台湾；俄罗斯，朝鲜，日本。

377. 红盾长角蚜蝇 *Chrysotoxum rossicum* Becker, 1921; 378. 白纹毛食蚜蝇 *Dasysyrphus albostriatus* (Fallén, 1817); 379. 双线毛食蚜蝇 *Dasysyrphus bilineatus* (Matsumura, 1917)

（380）黑带食蚜蝇 *Episyrphus balteatus* (De Geer, 1776)

体长 7.0–11.0 mm。雄性：复眼裸；头顶黑色，覆黄粉，被棕黄毛；额黑色，覆黄粉，被黑毛，基部除与触角基部相接处具 2 小黑斑外黄色；颜黄色，覆黄粉，被同色长毛。胸部黑色，中胸背板中央具 1 狭长灰纵条，两侧灰纵纹更宽；胸部侧斑大部覆黄色粉被，被细长黄毛；小盾片黄色，被毛大部黑色。足棕黄色，被黄长毛；后足腿节端半部及胫节被黑短毛。翅透明，后缘密集排列骨化的小黑点。腹部近长卵形，背板大部黄色，第 1 背板大部黑色，近前侧角黄色；第 2–4 背板除后端具黑横带外，近基部还有 1 狭窄黑横带；第 2 背板基部中央具 1 黑斑，有时中部增宽并向前、后伸展，有时很短；第 5 节全黄色或具 1 弧形狭带。雌性：额大部分黑色，覆黄粉；腹部第 5 背板具 1 弧形黑横带，其中部向前呈箭头状突出。

分布：全国广布；俄罗斯，蒙古，日本，阿富汗，北非，澳大利亚，东洋区，欧洲。

（381）黑色斑眼蚜蝇 *Eristalinus aeneus* (Scopoli, 1763)

体长 10.0–11.0 mm。雄性：头部黑色，密被灰白色毛；额及颜覆灰白粉被；复眼具稀疏短毛及深色圆斑。胸部黑色；中胸背板有蓝色光泽，具 2 条灰纵纹。足大部黑色，前、中足胫节基半部及后足胫节基部 1/3 黄色。腹部背板黑色，具铜绿色光泽。雌性与雄性相似。

分布：宁夏（盐池）、北京、河北、内蒙古、黑龙江、上海、江苏、浙江、福建、山东、河南、湖南、广东、广西、海南、四川、云南、甘肃、新疆；古北区，新北区，东洋区，非洲区。

（382）短腹管蚜蝇 *Eristalis arbustorum* (Linnaeus, 1758)

体长 9.0–11.0 mm。雄性：头部黑色；头顶被黑色毛；额及颜覆灰白色粉被，密被棕黄色长毛；复眼密被棕色毛。中胸背板黑色，密被黄白色毛，前中部无或具不明显粉被纵条；小盾片红褐色，被棕黄色毛。足大部黑色；前、后足腿节基半部，中足腿节基部 3/4 和第 1 跗节棕黄色。腹部棕黄色；第 2 背板正中具 1 宽“I”形黑斑；第 3–4 背板大部黑色，后缘淡黄色，第 3 背板前缘两侧具 1 对新月形浅黄斑。雌性：腹部背板黑色，第 2–4 节后缘浅黄白色，第 2 背板前侧角红褐色。

分布：宁夏、北京、河北、山西、内蒙古、辽宁、吉林、黑龙江、浙江、福建、山东、河南、湖北、四川、云南、西藏、陕西、甘肃、青海、新疆；俄罗斯，印度，伊朗，叙利亚，阿富汗，欧洲，北美洲，北非。

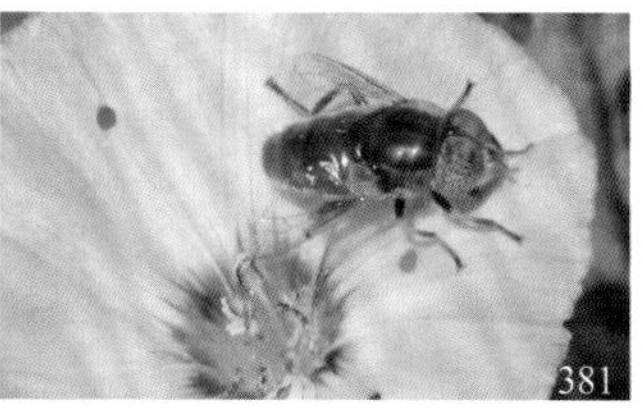

380. 黑带食蚜蝇 *Episyrphus balteatus* (De Geer, 1776); 381. 黑色斑眼蚜蝇 *Eristalinus aeneus* (Scopoli, 1763); 382. 短腹管蚜蝇 *Eristalis arbustorum* (Linnaeus, 1758)

（383）灰带管蚜蝇 *Eristalis cerealis* Fabricius, 1805

体长 11.0–13.0 mm。雄性：头部黑色；颜覆黄色粉被；复眼密被棕色毛；触角芒基部具羽状毛。中胸背板黑色，具 3 条淡色粉被横带。足大部黑色；前、后足腿节基半部，中足腿节基部 3/4 和第 1 跗节棕黄色。腹部棕黄色；第 2、第 3 背板正中各具 1“I”形黑斑，第 3 背板“I”形斑前缘有时缺；第 2–4 节后缘棕黄色。雌性：腹部背板第 3 节几全黑，仅前、后缘棕黄色。

分布：宁夏、河北、内蒙古、辽宁、黑龙江、江苏、浙江、安徽、福建、江西、山东、河南、湖北、湖南、广东、四川、云南、西藏、陕西、甘肃、青海、新疆、台湾；俄罗斯，朝鲜，日本，东洋区。

（384）长尾管蚜蝇 *Eristalis tenax* (Linnaeus, 1758)

体长 15.0–16.0 mm。雄性：头顶及额具黑毛；颜两侧被黄白色粉被，中部具黑色中纵条。中胸背板黑色，小盾片棕黄色。足大部黑色；前、后足腿节基半部，中足腿节基部 3/4 和第 1 跗节棕黄色。翅透明，中部自前缘至中室具 1 棕色斑。腹部棕黄色；第 2 背板正中具 1“I”形黑斑；第 3 背板基部 2/3 处具 1 黑横带，其中部向前延伸呈 1 菱形斑。雌性：腹部背板第 3 节几全黑。

分布：宁夏（盐池）；世界广布。

（385）宽带优食蚜蝇 *Eupeodes confrater* (Wiedemann, 1830)

体长 13.0 mm。雌性：头顶黑色，被黑毛；额黄色，被黑毛；颜黄色，中突黑色。胸部黑色；中胸背板具铜绿色光泽，侧缘暗黄色；侧斑覆黄白色粉被；小盾片黄色，被黑长毛。足大部棕黄色，后足腿节端半部外侧有 1 黑斑。腹部黑色，第 2–4 背板各具 1 黄色宽横带，中部前、后缘均具三角形小突起；第 2 背板横带位于中间，其中部前缘凹入，达侧缘；第 3–4 背板横带近前缘，均达侧缘；第 5 背板大部黄色，中部具 1 黑斑。雄性与雌性相似。

分布：宁夏（盐池）、江苏、江西、湖南、广西、四川、贵州、云南、西藏、陕西、甘肃；日本，东洋区，巴布亚新几内亚。

383. 灰带管蚜蝇 *Eristalis cerealis* Fabricius, 1805; 384. 长尾管蚜蝇 *Eristalis tenax* (Linnaeus, 1758); 385. 宽带优食蚜蝇 *Eupeodes confrater* (Wiedemann, 1830)

（386）大灰优食蚜蝇 *Eupeodes corollae* (Fabricius, 1794)

体长 7.0–10.0 mm。雌性：头顶黑色，被黑毛；额黄色，被黑毛；颜黄色，中突黑色。胸部黑色；中胸背板具铜绿光泽，侧缘暗黄色；侧斑覆黄白色粉被；小盾片暗黄色，被黄毛。腹部黑色；背板第 2 节具 1 对黄斑，第 3、第 4 节黄斑分离或窄相连，第 5 节大部黑色，后缘黄色。雄性腹部背板第 3–4 节黄斑中部常相连，第 5 背板大部黄色，后缘黑色。

分布：全国广布；俄罗斯，蒙古，日本，亚洲，欧洲，北非。

（387）凹带优食蚜蝇 *Eupeodes nitens* (Zetterstedt, 1843)

体长 10.0–13.0 mm。雄性：头顶黑色，被黑细毛；额黑色，两侧覆浅黄色粉被，被黑毛；颜黄色，中突黑色。中胸背板黑亮，被黄色长毛；小盾片棕黄色，被稀疏黑毛。

足大部棕黄色，基节及转节黑色，后足腿节被黑毛。腹部背板黑色；第 2 背板中部具 1 对近卵形黄斑，前侧角达背板侧缘；第 3–4 背板前缘各具 1 黄色宽横带，横带侧缘略弧形凹入，后缘中部深凹入，第 4 背板后缘黄色；第 5 背板大部黄色，中部具 1 小黑斑。雌性：额正中具倒“Y”形狭黑条。

分布：宁夏、北京、河北、内蒙古、吉林、黑龙江、江苏、浙江、福建、江西、广西、四川、云南、西藏、陕西、甘肃、新疆；俄罗斯，蒙古，朝鲜，日本，阿富汗，欧洲。

（388）黑额鬃胸蚜蝇 *Ferdinandea nigrifrons* (Egger, 1860)

体长 10.0 mm。雄性：头顶及额黑色，被黑毛；颜棕黄色，近复眼内缘覆白色粉被；复眼均匀被淡黄色短毛。中胸背板黑色，肩胛红褐色，具 4 条不明显灰白色粉被，被黑色毛杂淡黄色毛，侧缘及后缘有粗大黑鬃；中胸侧板被淡黄色毛，上部具 3 根黑色粗鬃；小盾片暗红褐色，被淡黄色毛，后缘具 8 根黑色粗鬃。足棕黄色，基节及转节暗褐色至黑色，前足腿节基半部及胫节端半部、中足腿节基部 2/3 和后足腿节基部 5/6 均黑色。翅透明，r_{2+3} 脉与 r_{4+5} 脉分叉处至 An_1 室上缘及 r-m 脉具黑纹。腹部黑色，密被淡黄色毛，第 2、第 3 背板有带紫色光泽的后缘带，第 3 背板后缘闪光带上被毛黑色。雌性：胸部黑鬃更粗壮，翅上黑纹更粗；腹部被毛均淡黄色，第 2、第 3 背板后缘紫色光泽带不太明显。

分布：宁夏（盐池）、四川、甘肃。

386. 大灰优食蚜蝇 *Eupeodes corollae* (Fabricius, 1794); 387. 凹带优食蚜蝇 *Eupeodes nitens* (Zetterstedt, 1843); 388. 黑额鬃胸蚜蝇 *Ferdinandea nigrifrons* (Egger, 1860)

（389）连斑条胸蚜蝇 *Helophilus continuus* Loew, 1854

体长 10.0 mm。雌性：头顶黑色，被黑毛，覆黄白色粉被；额及颜覆黄白色粉被，被棕黄色毛，额中部具 1 近倒“Y”形黑色狭带，颜中纵带黑色。中胸背板黑色，具 4 条黄白色粉被纵带，密被棕黄色毛；中胸侧板覆白色粉被；小盾片黄褐色，被棕黄色毛。足大部黑色，前足腿节端部 1/3 及胫节基部 1/2，中足腿节端半部和胫节、后足腿节基部 1/3 及端缘下侧与胫节基部 1/3 均黄褐色。腹部背板 1–3 节棕黄色；第 1 背板中部具 1 宽大黑斑；第 2 背板中部具 1 沙漏形黑斑，其中间细颈处具 2 灰白色粉斑；第 3 背板前缘中部具 1 半圆形黑斑，后缘具黑色宽横带，其中部向前呈三角形小凸起，前、后缘黑色域间具“八”字形灰白色粉被；第 4 背板黑色，中部具 1 对近新月形灰白色粉斑，其内侧较宽，中间相连；第 5 背板黑色，中部具灰白色横带。雄性腹部第 5 背板中部黑色，无横带。

分布：宁夏（盐池）、北京、河北、内蒙古、吉林、江苏、四川、西藏、甘肃、新疆；俄罗斯，蒙古，阿富汗。

（390）方斑墨蚜蝇 *Melanostoma mellinum* (Linnaeus, 1758)

体长 7.0–8.0 mm。雄性：头部亮黑色，复眼红色；颜覆白粉被，被黄色细毛。胸部黑色，具铜绿色光泽，中胸背板和小盾片被黄色短毛；小盾片具 3–4 个不规则横刻凹。腹部黑色，长约为宽的 4 倍；第 2–4 节具黄斑，第 2 节黄斑较小，近半圆形，第 3–4 节黄斑矩形；各节斑均达侧缘。雌性：腹部第 3–4 节黄斑近三角形，内侧大于外侧。

分布：全国广布；俄罗斯，蒙古，日本，伊朗，阿富汗，北非，欧洲，新北区。

（391）梯斑墨蚜蝇 *Melanostoma scalare* (Fabricius, 1794)

体长 6.0–9.0 mm。雄性：头部亮黑色，复眼红色；颜覆黄色粉被，中突亮黑色。胸部亮黑色，被黄色短毛；小盾片具不规则横皱。腹部黑色，长约为宽的 6 倍；第 2–4 节具黄斑：第 2 节黄斑较小，半圆形；第 3–4 节黄斑矩形。雌性：腹部第 2 背板黄斑近卵形，斜置；第 3–4 节黄斑外侧弧形强凹入。

分布：宁夏（盐池）、北京、河北、内蒙古、江苏、浙江、福建、江西、山东、湖北、湖南、四川、贵州、云南、西藏、陕西、甘肃、新疆、台湾；俄罗斯，蒙古，日本，阿富汗，非洲区，东洋区，巴布亚新几内亚。

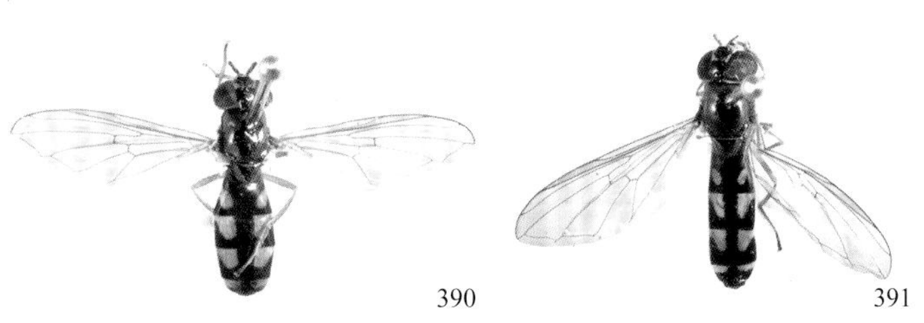

389. 连斑条胸蚜蝇 *Helophilus continuus* Loew, 1854; 390. 方斑墨蚜蝇 *Melanostoma mellinum* (Linnaeus, 1758); 391. 梯斑墨蚜蝇 *Melanostoma scalare* (Fabricius, 1794)

（392）双色小蚜蝇 *Paragus bicolor* (Fabricius, 1794)

体长 6.0 mm。雄性：头顶黑色，前半部覆白色粉被；额及颜黄白色，被银白色毛。中胸背板黑色，刻点密；小盾片前半部黑色，后半部棕黄色。足红褐色，基节、转节黑色；前、中足腿节端部 1/3 及后足腿节端部 1/4 黄白色。腹部大部黄褐色，第 1 背板及第 2 背板前缘中部黑色。雌性颜黄色，中部具 1 黑色纵条。

分布：宁夏（盐池）、北京、河北、山西、内蒙古、辽宁、吉林、黑龙江、江苏、山东、西藏、青海、新疆；俄罗斯，蒙古，伊朗，阿富汗，欧洲，北非，新北区。

（393）暗红小蚜蝇 *Paragus haemorrhous* Meigen, 1822

体长 4.0–5.0 mm。雄性：头顶青黑色，被棕黄毛；额及颜黄色，被银白毛，颜中部具黑色中纵条。中胸背板黑色，刻点密；小盾片全黑色。足红褐色；基节、转节、前足、中足腿节基部 1/3、后足腿节基部 2/3 均黑色；各足腿节端部及胫节基部黄白色。腹部背板大部黑色；第 1–2 背板黑色，第 2–5 节侧缘红褐色；第 3 背板红褐色，前缘中部具 1 黑色宽横带；第 4 背板黑色，两侧缘具 1 对近倒三角形红褐斑；第 5 背板大部红褐色，前缘中部具 1 黑色宽横带；变异较大，有的标本第 4 背板红褐色。雌性：腹部全黑色，第 3–5 节背板侧缘具黄边。

分布：宁夏（盐池）、甘肃、青海；欧洲，北美洲，非洲。

（394）四条小蚜蝇 *Paragus quadrifasciatus* Meigen, 1822

体长 3.5–4.5 mm。雄性：头顶黑色，前半部覆白色粉被；额及颜黄白色，被银白色毛；复眼中部具 2 列白色垂直毛点。中胸背板黑色，具光泽，刻点密；小盾片前半部黑色，后半部黄色。足红褐色至黑色；前、中足腿节端部 2/3 及胫节基部 1/2，后足腿节端部 1/4 及胫节基部 1/2，均黄白色。腹部宽短，黑色，具黄色横带；第 2 背板横带短，不达侧缘；第 3 背板完整，占前缘的 1/2；第 4、第 5 背板横带近棕褐色，近中部各具 1 白色粉被狭横带。雌性：颜正中具暗色纵条，腹部第 2 背板黄带近达侧缘，其他同雄性。

分布：宁夏（盐池）、北京、河北、山西、黑龙江、江苏、浙江、山东、河南、湖北、海南、四川、云南、西藏、甘肃、青海、新疆；俄罗斯，朝鲜，日本，伊朗，阿富汗，欧洲，北非。

392

393

394

392. 双色小蚜蝇 *Paragus bicolor* (Fabricius, 1794); 393. 暗红小蚜蝇 *Paragus haemorrhous* Meigen, 1822; 394. 四条小蚜蝇 *Paragus quadrifasciatus* Meigen, 1822

（395）卷毛宽跗蚜蝇 *Platycheirus ambiguus* (Fallén, 1817)

体长 9.5 mm。雄性：头顶黑色，被棕黄色毛；额灰褐色；颜黑色，被棕黄色毛，覆灰白粉被，中突明显。中胸背板及小盾片青黑色，具光泽，密被棕黄色毛。足大部黑色；前足腿节至胫节基部 1/2、中足腿节（除腹面）及胫节基部 1/2、后足腿节基部及端部均黄褐色；前足腿节端部 2/3 外侧具 12–14 根粗长黑毛，最末端 1 根最长且卷曲。腹部黑色，具光泽；第 2–4 背板各具 1 对黄白斑，斑块上均覆灰白粉被。雌性触角第 3 节长于雄性；额两侧粉被斑小；腹部第 3–4 节的黄白斑常连成横带。

分布：宁夏（盐池）、北京、河北、黑龙江、西藏、甘肃；俄罗斯，蒙古，日本，印度，尼泊尔，欧洲，北美洲。

（396）斜斑鼓额食蚜蝇 *Scaeva pyrastri* (Linnaeus, 1758)

体长 10.0–15.0 mm。雄性：头顶黑色，被黑色长毛；额明显隆起，高于复眼，黄色，密被黑长毛；复眼背面相接，颜面向下略倾斜，密被棕色毛；颜黄色，被棕黄色毛，近复眼内缘具黑长毛。中胸背板黑色，具蓝色光泽，被棕黄色毛；小盾片暗黄色，被黑长毛，杂淡色毛。足大部棕黄色，基节及转节黑色，前足腿节基部 1/2、中足腿节基部 2/3 及后足腿节基部 5/6 黑色。腹部背板黑色，第 2–4 节各具 1 对黄斑；第 2 背板黄斑位于中部，近直，外缘略宽；第 3–4 背板黄斑内侧近前缘斜向后达中部，前缘凹入；各节黄斑均不达侧缘；第 4、第 5 节后缘黄色。雌性：复眼离眼；腹部黄斑较雄性窄。

分布：宁夏、北京、河北、内蒙古、辽宁、黑龙江、上海、江苏、浙江、山东、河南、四川、云南、西藏、甘肃、青海、新疆；俄罗斯，蒙古，日本，阿富汗，欧洲，北美洲，北非。

（397）月斑鼓额食蚜蝇 *Scaeva selenitica* (Meigen, 1822)

体长 12.0 mm。头顶黑色，密被黑色毛；额黄色，被黑色毛；复眼被稀疏淡色毛；颜黄色，具黑纵纹。中胸背板黑色，具蓝色光泽，被棕黄色毛；小盾片暗黄色，被黑长毛。足大部棕黄色，基节及转节黑色，前、中足腿节基部 1/3 及后足腿节基部 5/6 黑色，后足胫节中部偏后具 1 宽黑环，各足跗节端部黑色。腹部背板黑色，第 2–4 节各具 1 对新月形黄斑；第 2 背板黄斑位于中部；第 3–4 背板黄斑内侧靠近背板前缘；第 5 节背板后缘黄色。

分布：宁夏、北京、河北、辽宁、黑龙江、上海、江苏、浙江、江西、湖南、广西、四川、云南、甘肃；俄罗斯，蒙古，印度，越南，阿富汗，欧洲。

395. 卷毛宽跗蚜蝇 *Platycheirus ambiguus* (Fallén, 1817); 396. 斜斑鼓额食蚜蝇 *Scaeva pyrastri* (Linnaeus, 1758); 397. 月斑鼓额食蚜蝇 *Scaeva selenitica* (Meigen, 1822)

（398）暗跗细腹食蚜蝇 *Sphaerophoria philanthus* (Meigen, 1822)

体长 6.0–8.0 mm。雄性：头顶黑色，被黑长毛；额及颜黄色，被白毛，额上部杂少许黑毛，颜中突色深。中胸背板黑色，具光泽，中部具 1 对自前缘至后缘的灰纵纹，侧缘自前缘至小盾片基部黄色；小盾片黄色。足黄色，跗节色暗，棕黄色至棕黑色，后足跗节尤明显。腹部狭长，背板黑色；第 2–4 背板中部具黄色横带；第 2 背板黄带位于中部 1/2；第 3 背板黄带位于中部 3/5；第 4 背板黄带位于前缘 3/4；各节黄带均达背板侧缘，黄带前、后缘中部有或无浅凹，黄带自前缘至后缘向后弯曲；第 5 背板大部黄色，背板后缘中部具1对内斜黑斑。雌性：头顶黑色，额及颜黄色，额中部黑斑呈宽“T”形，末端略分叉。腹部背板斑纹近同雄性，第5背板后缘黑斑近“山”字形，第6背板后缘中部具1对内斜黑斑。

分布：宁夏（盐池）、甘肃。

（399）短翅细腹食蚜蝇 *Sphaerophoria scripta* (Linnaeus, 1758)

体长10.0–11.0 mm。雄性：头顶黑色，前半部被毛黑色，后半部被毛暗黄色；额及颜黄色，颜中突色深。中胸背板黑色，具光泽，侧缘自前缘至小盾片基部黄色；小盾片黄色。足黄色。腹部狭长，超过翅长，大部棕黄色；第1背板黑色；第2背板前缘1/2及后缘1/4黑色；第3背板前、后缘1/4各具1红褐色至黑色窄带，前缘带近“M”形；第4背板斑纹近同第3背板，前缘带略窄，后缘带有时不完整或仅余两黑侧斑；第5背板前缘正中具黑色楔形斑，近达前部的2/3，两侧具向中间弯曲的弧形黑条斑，近达后缘。雌性额前部淡黄色，后部亮黑色，正中具黑色宽纵条，达触角基部。

分布：宁夏、江苏、福建、湖南、四川、贵州、云南、甘肃、新疆；印度，尼泊尔，俄罗斯，蒙古，叙利亚，阿富汗，欧洲，北美洲。

（400）黄环粗股蚜蝇 *Syritta pipiens* (Linnaeus, 1758)

体长9.0–12.0 mm。雄性：头顶黑色，被浅色毛，前半部被黄色粉被；颜黑色，覆黄色粉被。中胸背板黑色，中部具1对灰白短纵条，两侧自肩胛至盾沟淡黄色，后侧角具1对斜置淡黄纹；侧板黑色，覆灰白粉被。前、中足除近基节黑色外大部分棕黄色，前足胫节近端部具暗色环；后足腿节极粗壮，大部黑色，基部具棕色环，中部下侧具较宽棕色半环，腹缘端部2/5两侧各有4枚或5枚黑色短刺，第1胫节细长且弯曲，中部具1棕色环。腹部狭长，黑色；第1背板两侧具黄斑；第2背板基部2/3具较大黄色宽横带，侧缘与第1背板黄斑相连；第3背板基部1/2具较大黄斑；第4背板前缘两侧有时具淡色小斑，后缘黄色。雌性：腹部较宽，第3背板黄斑较小，各黄斑不同程度覆灰白色粉被。

分布：宁夏、北京、河北、上海、江苏、安徽、福建、湖北、湖南、广东、四川、贵州、甘肃、新疆、台湾；印度，斯里兰卡。

（401）长翅寡节蚜蝇 *Triglyphus primus* Loew, 1840

体长6.5–7.0 mm。雌性：体黑色，具光泽；触角第3节下半部，前、中足膝部及

398

399

400

401

398. 暗跗细腹食蚜蝇 *Sphaerophoria philanthus* (Meigen, 1822); 399. 短翅细腹食蚜蝇 *Sphaerophoria scripta* (Linnaeus, 1758); 400. 黄环粗股蚜蝇 *Syritta pipiens* (Linnaeus, 1758); 401. 长翅寡节蚜蝇 *Triglyphus primus* Loew, 1840

中足第 1 跗节均黄色；额和颜密被长毛，口缘不突出；后足跗节第 1 跗节略膨大。雄性触角第 2、第 3 节黄褐色或黑褐色。

分布：宁夏（盐池）、北京、河北、浙江、山东、四川、西藏、甘肃；俄罗斯，朝鲜，日本，欧洲。

（九十）秆蝇科 Chloropidae

体小型，体长 1.0–5.0 mm，体黑色或黄色。体多细长，额宽，有时前缘具隆突；颜面凹或平，髭角尖或钝圆；触角柄节较短，梗节明显，鞭节发达，触角芒细长或宽扁，多被毛。中胸背板长大于宽；小盾片短圆至长锥状。翅透明，翅脉退化，无臀室，前缘脉有时具缺刻。世界已知 1700 多种，中国已知 180 多种。

（402）内蒙古麦秆蝇 *Meromyza neimengensis* An *et* Yang, 2005

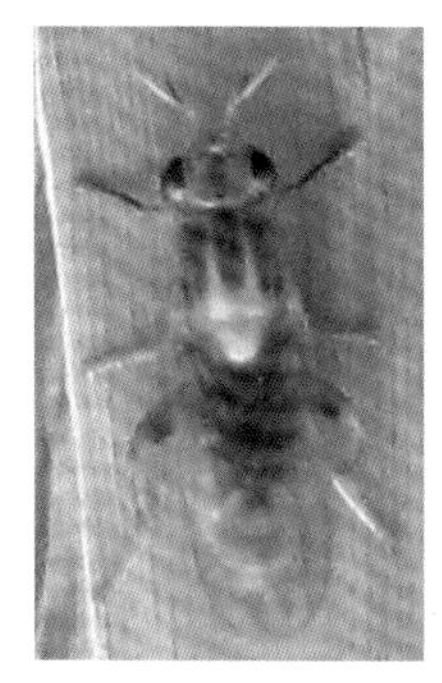

402. 内蒙古麦秆蝇 *Meromyza neimengensis* An *et* Yang, 2005

体长 4.3–5.0 mm。体黄色，头部单眼瘤黑色，头部毛和鬃黑色；触角黄色，触角芒褐色，端部浅黑色；喙和须黄色，毛淡黄色。胸被灰色粉，胸部毛和鬃黑色；肩胛有浅褐色斑；中胸背板有 3 条暗褐色至黑色的纵斑；中纵斑延伸至小盾片；小盾片黄色，有浅褐色中斑；腹侧片有红褐色斑。足黄色，被灰色粉；足毛和鬃主要黑色。翅透明，翅脉褐色；平衡棒黄色。腹部被灰色粉，第 1 背板两侧各有 1 个黑斑；第 1 背板后部、第 2–3 背板前部黑色，有时不显；腹部毛主要黑色，腹面有淡黄色毛。

分布：宁夏（盐池）、内蒙古。

（九十一）眼蝇科 Conopidae

体小至中型，体长 2.5–20.0 mm。体多黑色或黄褐色，拟态泥蜂或蜜蜂。头部宽于胸部，额极宽；触角 3 节。中胸盾沟不完整，肩后鬃及翅内鬃无，下腋瓣退化。腹部长筒形，基部常收缩。目前世界已知 800 多种。

403. 颊虻眼蝇 *Myopa buccata* (Linnaeus, 1758)

（403）颊虻眼蝇 *Myopa buccata* (Linnaeus, 1758)

体长 5.0–11.0 mm。头顶黄色，具红褐色斑，颜及颊黄色，后头红褐色，侧后头黄色，具 2–3 个圆形褐斑；颊下缘具浅黄色长纤毛；喙长于头，黑褐色，端部红褐色；触角红褐色，第 2 节长度为第 3 节的 2.5 倍，第 2 节被黑色短毛，第 3 节光裸。胸部红褐色，中胸盾片中部黑色，被毛主要黑色；小盾片后缘具 4 根黑色鬃；足红褐色，被黑色毛，前足腿节背面大部、中足和后足背面 3/5–4/5 黑色。翅烟色，具透明窗。腹部红褐色，被稀疏黑色毛，第 2–4 背板后缘两侧及第 5 背板被银灰色粉被。

分布：宁夏（盐池）、浙江、山东、四川；俄罗斯，欧洲，古北区。

（九十二）鼻蝇科 Rhiniidae

口前缘呈鼻状突出，中颜板的下部、髭的前方有明显突起，突起明显高于颜脊；后头上半部具1半圆形裸露区，无粉被及毛；下腋瓣狭小。世界已知370多种，中国已知近100种。

（404）不显口鼻蝇 *Stomorhina obsoleta* (Wiedemann, 1830)

体长5.5–7.5 mm。雄性接眼式；侧颜下半部黑色，光亮；触角暗褐色，第3节长约为第2节长的2.5倍；口前缘突出于额前缘。胸部具白色粉被，生毛点明显，无斑条。翅透明，端部有黑晕。足股节黑色，前足基节及各胫节黄色。腹部第1、第2合背板及第3、第4背板分别具“工”字形黑斑，两侧生毛点明显。雌性间额与侧额近等宽，腹部几全黑褐色。

分布：宁夏（盐池）、北京、黑龙江、江苏、浙江、安徽、福建、江西、山东、湖北、湖南、广东、广西、四川、贵州、陕西、台湾；朝鲜，日本，俄罗斯（远东）。

404. 不显口鼻蝇 *Stomorhina obsoleta* (Wiedemann, 1830)

（九十三）寄蝇科 Tachinidae

体小至中大型，体长2.0–20.0 mm。体粗壮，多毛和鬃。触角3节，具额囊缝，触角芒光裸或具微毛。后小盾片发达，下腋瓣发达。腹末多刚毛。寄蝇是寄生能力最强，寄生种类最繁杂的类群，不仅可以寄生于鳞翅目、膜翅目及鞘翅目的幼虫，还可以寄生于直翅目、半翅目等昆虫的成虫。目前世界已知10 000多种，中国已知1100多种。

（405）哑铃膜腹寄蝇 *Gymnosoma clavata* (Rohdendorf, 1947)

体长6.0–7.5 mm。头部被金黄色粉被，间额暗红褐色；后头被银白色粉被；中胸盾片具4条黑色纵纹，中部2条细长，缘侧2条近三角形；小盾片中央具1条近似“哑铃形”的粉被。腹部融合，呈球形，红褐色，背中部具4个黑色小斑点，背面端半部两侧具杆状黑斑；雄虫肛尾叶末端指状，其端部膨大呈球形，向腹面弯曲。寄主：半翅目蝽科等昆虫。

分布：宁夏（盐池）、山西、西藏；亚洲中部，俄罗斯。

（406）荒漠膜腹寄蝇 *Gymnosoma desertorum* (Rohdendorf, 1947)

体长5.5–6.0 mm。头部除头顶及上额被金黄色粉被外，均被银白色粉被，间额红褐色；中胸盾片具4条黑色纵纹，中部2条细长，缘侧2条粗短；小盾片中央具较宽粉被。腹部融合，呈球形，淡橘红色，背中部具4个黑色小斑点，中部2个横椭圆形，背面端半部两侧具斜锥状黑斑；雄虫肛尾叶末端三角形。

分布：宁夏（盐池）、内蒙古、新疆；蒙古，俄罗斯（西部），外高加索，巴基斯坦，中亚，欧洲（东欧、南欧），哈萨克斯坦，中东。

（407）怒寄蝇 *Tachina nupta* (Rondani, 1859)

体长 9.0–15.0 mm。头部被黄色粉，间额红褐色；触角红褐色，第 3 节及触角芒黑褐色，下颚须黄色。胸部红黄色，中胸盾片除周缘外背面大部黑色。腹部背板红黄色，中部具黑色纵条，黑纵条在各节后缘变窄，有时纵条缩减，仅达第 3 腹节中部；腹部腹板及其相邻背板内缘黑色。寄主：松毛虫、甘蓝夜蛾。

分布：宁夏（盐池）、北京、天津、河北、山西、内蒙古、辽宁、吉林、黑龙江、浙江、湖北、广东、广西、云南、四川、西藏、陕西、甘肃、青海、新疆；蒙古，朝鲜，日本，俄罗斯，中亚，欧洲。

405. 哑铃膜腹寄蝇 *Gymnosoma clavata* (Rohdendorf, 1947); 406. 荒漠膜腹寄蝇 *Gymnosoma desertorum* (Rohdendorf, 1947); 407. 怒寄蝇 *Tachina nupta* (Rondani, 1859)

（九十四）羌蝇科 Pyrgotidae

头部大，触角第 2 节除角羌蝇属外无背裂，第 3 节长于第 2 节。翅第 5 径室开放，肘臀横脉向内弯曲。下腋瓣小型。腹基部狭窄，雄性呈棍棒状。世界已知 330 多种。

（408）东北适羌蝇 *Adapsilia mandschurica* (Hering, 1940)

体长 6.0–7.0 mm。体淡黄色，中胸盾片具近“木”字形黑斑，腹部红褐色，各节两侧暗红褐色；触角第 2 节与第 3 节长度相近，触角芒 2 节，端半部光滑。小盾片具 2 对缘鬃，被细刚毛；翅透明，具烟斑，斑纹有变异。

分布：宁夏（盐池）、北京、黑龙江；朝鲜。

408. 东北适羌蝇 *Adapsilia mandschurica* (Hering, 1940)

十一、鳞翅目 Lepidoptera

（九十五）长角蛾科 Adelidae

体小至中型。体色多鲜艳。触角发达，雄性常为前翅长的 2–3 倍，雌性一般与前翅近等长。雄性复眼发达，下唇须 3 节。世界已知 300 种左右，中国有 40 种左右。

（409）灰褐丽长角蛾 *Nemophora raddei* (Rebel, 1901)

翅展 11.0–15.0 mm。触角线状，雄性约为翅长的 2 倍，雌性略短于前翅，柄节粗壮，褐色，具铜色金属光泽。雄性复眼发达，在头背近相接；头顶光滑，后头周缘具黑色长毛；下唇须发达，长度约为复眼直径的 2 倍，具黑色长毛，杂黄色鳞毛。雌性复眼侧置；头顶及后头周缘具黄色短鳞毛；下唇须短小，略短于复眼直径，被黄色短鳞毛，外侧具黑色刺毛。前翅浅黄褐色，翅面散布黑色鳞片丛，具金属光泽；亚外缘线及其外侧翅脉呈黑褐色，具金属光泽；缘毛金黄色，近臀角呈黑褐色。后翅褐色，外缘及臀角缘毛金黄色，后缘缘毛黑褐色。腹部褐色，具光泽。寄主：柳。

分布：宁夏（盐池）、北京、辽宁、台湾；日本，俄罗斯（远东）。

409. 灰褐丽长角蛾 *Nemophora raddei* (Rebel, 1901)（a. 柳树冠层成群飞舞；b. 雄性成虫在柳树叶片和花序活动；c. 雄性成虫在灌木间停息；d. 雌性在灌木层停息）

（九十六）谷蛾科 Tineidae

体多小至中型，极少大型；头部被长鳞毛或狭窄的叶状鳞片；下颚须多为 5 节，长而折叠；喙短，外颚叶分离；下唇须下垂、前伸或上举，第 2 节多具侧鬃。前、后翅狭长，休止时呈屋脊状。后足胫节背面和外侧具长鳞毛。幼虫食性复杂，主要取食地衣、真菌和各种动、植物碎屑；有些种类取食含几丁质和角蛋白的物质，对毛皮制品及含有蛋白质的各种药品、谷类及加工品造成危害。世界已知 360 属 2500 多种，中国约 36 属 100 种左右。

（410）褐宇谷蛾 *Cephitinea colonella* (Erschoff, 1874)

翅展 15.0–30.0 mm。头部暗赭黄色，头顶中央色较深；下唇须赭黄色，外侧杂暗褐色鳞片；触角暗褐色，鞭节各节均被 1 轮狭窄的浅黄色鳞片。前翅暗赭黄色，混杂暗褐色鳞片，在前、后缘彼此间隔排列；后翅灰白色。腹部赭黄色。仓库害虫之一，危害谷物和各种农作物种子。

分布：宁夏（盐池）、北京、天津、山西、上海、江苏、浙江、山东、湖南、陕西、青海；日本，哈萨克斯坦，中亚，东洋区。

（411）杯连宇谷蛾 *Rhodobates cupulatus* Li *et* Xiao, 2006

翅展 16.5–24.0 mm。头部暗褐色，夹带灰白色；下唇须内侧灰白色，外侧暗褐色，被 3–10 根硬鬃，鳞刷不明显；触角灰褐色，柄节无栉，鞭节密被纤毛，雄性各亚节稀疏的被 1 轮短的扇状鳞片，雌性的各亚节被 2 轮狭窄鳞片。翅暗褐色，前翅后缘中部具 1 条斜至中室末端的黑褐色带，雄性有时不显，雌性多见。

分布：宁夏（盐池）、天津。

（412）螺谷蛾 *Tinea omichlopis* Meyrick, 1928

翅展 9.0–12.0 mm。头部赭黄色；下唇须内侧黄色，外侧暗褐色；触角暗褐色。前翅暗褐色，前缘 3/5 处有 1 个赭黄色小斑，透明斑小或不明显，位于翅中央；缘毛褐色。后翅灰色，缘毛黄褐色。腹部灰褐色。寄主：幼虫生活于鸟巢或蝙蝠居住的地方，一年发生 2 代。

分布：宁夏（盐池）、天津、河北、内蒙古、河南、陕西、甘肃、新疆；中亚，西伯利亚，俄罗斯。

410

411

412

410. 褐宇谷蛾 *Cephitinea colonella* (Erschoff, 1874); 411. 杯连宇谷蛾 *Rhodobates cupulatus* Li *et* Xiao, 2006; 412. 螺谷蛾 *Tinea omichlopis* Meyrick, 1928

413. 拟地中海毡谷蛾 *Trichophaga bipartitella* (Ragonot, 1892)

（413）拟地中海毡谷蛾 *Trichophaga bipartitella* (Ragonot, 1892)

翅展 11.0–19.0 mm。头部白色；下唇须内侧暗赭色，外侧暗褐色；触角暗赭色，柄节白色。前翅基部 2/5 暗褐色，端部 3/5 白色，翅端灰褐色；后翅灰褐色。腹部灰褐色。

分布：宁夏（盐池）、天津、河北、陕西；蒙古，中亚，欧洲以及整个地中海区域。

（九十七）细蛾科 Gracillariidae

体小至中型，翅展 4.5–21.0 mm。头部通常光滑，无单眼。触角常长于前翅或与前翅等长，少数短于前翅。下唇须3节，上举、前伸或下垂。前翅狭长，后翅矛形。目前世界已知近900种，中国有22种。

（414）柳丽细蛾 *Caloptilia chrysolampra* (Meyrick, 1936)

翅展8.5–9.5 mm。头顶黄褐色，颜面亮黄色；下唇须乳白色，第3节近末端黑褐色；触角柄节深褐色，鞭节乳白色，具褐色环纹。前翅红褐色至黑褐色，具紫色光泽，前缘具1鲜黄色三角形大斑，后缘基部具1黄色短纵纹。后翅灰褐色。寄主：杨柳科植物。

分布：宁夏（盐池）、湖北、陕西；日本。

（415）斑细蛾 *Calybites phasianipennella* (Hübner, 1813)

翅展10.0 mm。头顶灰褐色，颜面黄褐色；下唇须第2节平伸，黄褐色，杂黑褐色鳞片，第3节弯曲，上举，底色黄褐色，密被灰褐色鳞片；触角灰褐色，柄节和第1鞭节端部背面浅黄色。胸部及前翅灰褐色，具光泽；前缘基部1/3及2/3处和后缘中部各具1黄色斑块。后翅黄褐色。腹部灰褐色。寄主：藜、千屈菜、蓼、酸模、毛黄连花。

分布：宁夏、北京、天津、山西、内蒙古、吉林、黑龙江、浙江、安徽、福建、河南、湖北、湖南、广东、四川、贵州、云南、西藏、陕西、甘肃、青海、新疆、台湾；韩国，日本，泰国，印度尼西亚，印度，巴基斯坦，西亚，欧洲。

414. 柳丽细蛾 *Caloptilia chrysolampra* (Meyrick, 1936)（a. 停歇于杨树叶片上；b. 标本照）；
415. 斑细蛾 *Calybites phasianipennella* (Hübner, 1813)

（416）白头翼细蛾 *Micrurapteryx gradatella* (Herrich-Schäffer, 1855)

翅展9.5–11.5 mm。头顶白色，前端两侧具褐色毛簇，前端中部略浅黄色；颜面白色，两侧复眼内缘下半部浅黄褐色；下唇须平伸，白色；触角灰褐色，腹面基部白色。前翅底色白色，具1褐色中纵带，自基部达端部1/3处，末端尖；端半部前、后缘发出若干斜纹；末端具1黑色圆形斑。后翅灰褐色。寄主：树锦鸡儿、野豌豆。

分布：宁夏、山西、四川；俄罗斯，乌克兰，塔吉克斯坦，挪威，瑞典，芬兰，德国，波兰，罗马尼亚，西班牙。

（417）白杨潜细蛾 *Phyllonorycter pastorella* (Zeller, 1846)

翅展7.0–9.0 mm。头顶被1簇蓬松白色鳞毛簇；下唇须短小，白色；触角达前翅的 4/5，柄节白色，背中杂黄褐色鳞片，鞭节黄褐色环与黑色环相间。胸部白色，杂灰褐色。前翅斑纹有变异，分夏型和秋型，夏型为黄褐斑与白斑相间；秋型色较暗，翅底色白色，基部 4/5 杂黄褐色与黑褐色鳞片，基部 1/4 背、腹各具 1 黑褐色斜斑，翅中部背侧具 1 黑色斜纹，翅基 4/5 处具 1 黑色曲纹，外侧为黄褐色与白色相间的斑纹；缘毛黄褐色。后翅矛状，灰褐色；缘毛金黄色。腹背面灰黑褐色，腹面白色。寄主：杨柳科的钻天柳、山杨、香杨、苦杨、辽杨、黑杨、白柳、垂柳、黄花柳、长柱柳、爆竹柳、五蕊柳、三蕊柳、蒿柳。

分布：宁夏（盐池）、北京、河北、辽宁；朝鲜，日本，中亚至欧洲。

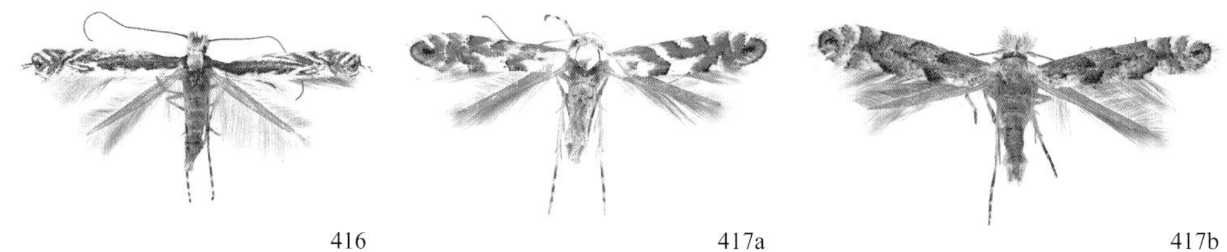

416. 白头翼细蛾 *Micrurapteryx gradatella* (Herrich-Schäffer, 1855); 417. 白杨潜细蛾 *Phyllonorycter pastorella* (Zeller, 1846)（a. 夏型；b. 秋型）

（九十八）巢蛾科 Yponomeutidae

体小至中型，翅展 10.0–35.0 mm。头顶被粗糙或光滑鳞片；下唇须上举或近直，第 2 节下面无前伸的鳞片簇；触角长为前翅的 2/3–3/4，柄节有或无栉。前翅宽或窄，有翅痣；后翅与前翅等宽或窄于前翅，长卵形、卵形或披针形。世界已知 500 多种，中国已知 80 多种。

（418）丽长角巢蛾 *Xyrosaris lichneuta* Meyrick, 1918

翅展 13.0–18.0 mm。头部白色，鳞片末端浅灰色；下唇须灰白色，第 3 节背面的鳞片蓬松；触角灰色或浅褐色，柄节有褐色环。前翅颜色及翅面斑纹变化较大：浅灰色、灰色、浅褐色或褐色，杂生稀疏或稠密的褐色至深褐色鳞片，翅褶至后缘部分通常色浅，后缘中部通常伸出 1 条褐色或深褐色带，此带通过翅褶延伸至中室上缘；后翅灰色。腹部灰色。寄主：南蛇藤、卫矛、垂丝卫矛、大翼卫矛。

分布：宁夏（盐池）、河北、辽宁、江苏、浙江、福建、江西、河南、湖北、湖南、广西、海南、贵州、云南、陕西、西藏、台湾；日本，印度。

（419）苹果巢蛾 *Yponomeuta padella* (Linnaeus, 1758)

翅展 16.0–24.0 mm。头、胸部白色，胸部具 5 个黑点，以 2–2–1 的形式分布于基部 1/3、2/3 和末端。翅基片具 1 个黑点。前翅白色，前缘基部 1/5 黑褐色，翅面具 35–46 个黑点，亚前缘线自前缘基部至 2/5 处有 4–7 个，径脉自翅基部 1/3–3/4 处有 3–6 个，亚中线自翅基部至臀角有 8–10 个，亚背线自翅近基部至臀角前的后缘处有 5–9 个，径脉线与亚中线之间近翅端有 8–12 个；后翅灰褐色。腹部灰白色，腹面及肛毛簇白色。寄主：沙果、苹果、杏、海棠、梨、李。

分布：宁夏（盐池）、北京、河北、山西、内蒙古、辽宁、黑龙江、河南、陕西、甘肃、青海；日本，俄罗斯（远东），欧洲，北美洲。

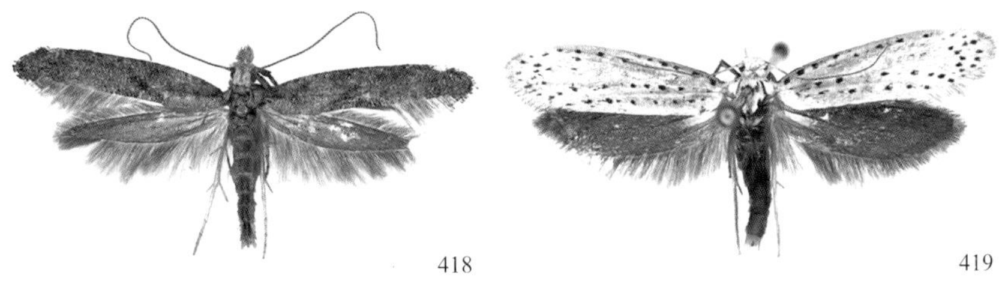

418. 丽长角巢蛾 *Xyrosaris lichneuta* Meyrick, 1918; 419. 苹果巢蛾 *Yponomeuta padella* (Linnaeus, 1758)

（九十九）银蛾科 Argyrestiidae

体小至中型，翅展 7.0–17.0 mm；头部被粗糙鳞片；下唇须略弯曲、前伸或有时斜向上举，被光滑鳞片，内侧色通常比外侧浅；触角长为前翅的 3/4–4/5，柄节具浓密栉毛，每鞭节背面具 1 深色环或斑。前翅披针形，具翅痣，翅脉 11 条或 12 条。后翅窄披针形，翅脉 8 条，缘毛长为翅宽的 2.0–2.5 倍。幼虫钻蛀嫩茎、芽和果实，偶尔潜叶。世界已知约 170 种，中国已知 64 种。

（420）白臀银蛾 *Argyresthia* (*Argyresthia*) *chiotorna* Liu, Wang *et* Li, 2017

翅展 10.5–14.0 mm。头部白色，颜面饰黄色；触角白色，柄节黄白色；下唇须黄白色，杂浅褐色。前翅黑灰色，前缘基部 1/5 至端部 1/5 之前具黑色及黄白色的小斑，中部的黑斑较大，顶角前有两个黄白色的斑；中褶基部 2/5 具 1 黑褐色带；腹缘条带白色，自基部达中褶末端；中褶末端前具 1 黑褐色腹缘斑。后翅灰色。腹部黄褐色。

分布：宁夏（盐池、贺兰山）、北京、河北、内蒙古、甘肃、山西。

420. 白臀银蛾 *Argyresthia* (*Argyresthia*) *chiotorna* Liu, Wang *et* Li, 2017

（一百）菜蛾科 Plutellidae

体小型；头部被紧贴鳞片或丛毛；下唇须第 2 节腹面有前伸的毛束，第 3 节上举，光滑，末端尖；触角长为前翅的 2/3–4/5，休止时触角前伸。前翅狭窄，有翅痣和副室，缘毛有时长；后翅狭窄，披针形，缘毛长。世界已知 54 种，中国有 17 种左右。

（421）小菜蛾 *Plutella xylostella* (Linnaeus, 1758)

翅展 10.0–15.0 mm。头部光滑，白色；下唇须第 2 节鳞毛簇近三角形，褐色，第

3 节光滑，末端尖；触角线状，为前翅长的 2/3–4/5，鞭节褐色与白色相间。前翅灰褐色，披针形；后缘具 1 条黄色或白色宽带由翅基直达臀角；外缘有 1 黄白色线；缘毛灰褐色。后翅灰白色，半透明；缘毛灰白色至灰褐色。前足和中足白色，胫节黑褐色或褐色；后足灰白色，杂生灰褐色鳞片。腹部背面褐色，腹面白色。寄主：十字花科植物。

分布：世界广布。

421. 小菜蛾 *Plutella xylostella* (Linnaeus, 1758)（a. 生态照；b. 标本照）

（一百零一）雕蛾科 Glyphipterigidae

体小至中型，翅展 5.0–20.0 mm；头部被薄片状鳞片；下唇须上举，第 2 节和第 3 节鳞片粗糙，第 2 节较粗；触角线状，长为前翅的 3/5。翅中等宽度；前翅有翅痣，顶角略呈钩状，外缘及后缘常有艳丽斑纹；后翅略窄于前翅。世界已知 530 多种，中国已知 40 多种。

422. 短茎斑邻菜蛾 *Acrolepiopsis brevipenella* Moriuti, 1972

（422）短茎斑邻菜蛾 *Acrolepiopsis brevipenella* Moriuti, 1972

翅展 13.5 mm。头部灰黄色，杂褐色鳞片。前翅基部 1/3 褐色，端部 2/3 浅黄色杂褐色鳞片，后缘基部 1/3 和 1/2 处分别具 1 三角形白斑，前者较大且明显。后翅灰色。腹部灰褐色。

分布：宁夏（盐池）、云南；蒙古，日本。

（一百零二）冠翅蛾科 Ypsolophidae

体小至中型，翅展 13.0–31.0 mm。头顶被粗糙或光滑鳞片；下唇须上举或略弯曲，第 2 节腹面通常具长鳞片簇，第 3 节比第 2 节长或短；触角长为前翅的 3/4。前翅窄长或近卵形，末端钩状或伸长。后翅与前翅等长或比前翅略长，长卵形。世界已知 140 种，中国已知 54 种。

（423）圆冠翅蛾 *Ypsolopha vittella* (Linnaeus, 1758)

翅展 18.0–20.0 mm。头部灰白色，杂生褐色或黄白色，颜面白色；触角柄节基部黑灰色，鞭节黑褐色与白色相间；下唇须灰白色，杂褐色；第 2 节鳞毛簇长，略短于下唇须；第 3 节明显长于第 2 节，末端尖。前翅灰白色至黄褐色；前缘基部 2/3 具若干黑褐色短横斑；后缘基部 2/3 具 1 深褐色波状带；翅端部 1/3 或 2/5 处中央有一窄的黑褐色不连续的纵斑；缘毛黄褐色，顶角处颜色较深。后翅灰色；缘毛灰白色至灰褐色，基部有 1 条黑灰色线。足灰褐色，杂生灰白色；跗节灰白色，杂生褐色。腹部背面黄褐色，腹面灰白色。寄主：榆科的榆属；壳斗科的栎属、水青冈属；忍冬科的忍冬属。

分布：宁夏（盐池、银川、芦花台）、天津、河北、吉林、黑龙江、云南、青海；日本，土耳其，俄罗斯（西伯利亚），欧洲，北美洲。

423. 圆冠翅蛾 *Ypsolopha vittella* (Linnaeus, 1758)（a. 幼虫；b. 蛹；c. 天敌捕食；d–f. 成虫）

（一百零三）遮颜蛾科 Blastobasidae

体小至中型，各个种之间外形很相似，静止时胸部背面略微弓起。触角柄节膨大。前翅近披针形，后翅尖刀状。腹部各节末端具刺。世界已知 500 多种，中国目前有 80 种左右。

（424）双突弯遮颜蛾 *Hypatopa biprojecta* Teng *et* Wang, 2019

翅展 13.0–18.0 mm。头部浅灰褐色，鳞片端部浅灰白色；触角柄节背面褐色，腹面灰白色，栉黄褐色，鞭节褐色，向端部色渐浅；下唇须褐色，内侧杂灰白色鳞片，第 3 节略短于第 2 节。前翅褐色，鳞片末端灰白色；基部 1/3 处外侧具 2 个深褐色斑，其内缘具模糊灰白色饰带，中室端部具 2 个黑点；缘毛灰褐色。后翅及缘毛灰褐色。腹部背面褐色，腹面灰白色，末节背腹面均黄褐色。

424. 双突弯遮颜蛾 *Hypatopa biprojecta* Teng *et* Wang, 2019

分布：宁夏（盐池、六盘山、云雾山）、河北、山西、甘肃。

（一百零四）织蛾科 Oecophoridae

体小至中型，一般翅展小于 50.0 mm。触角长短于前翅，柄节一般具栉。下唇须一般 3 节，向上弯曲；基节短，第 2 节最长，延伸至触角基部或超过触角基部，少数第 2 节短而未达触角基部，第 3 节较第 2 节短。前翅三角形、长卵圆形或宽矛形；后翅宽，顶角圆。后足胫节有时被长鳞毛。幼虫取食叶片，卷叶、缀叶，或取食花、种子或蛀食植物的茎。生活于树皮下，或腐烂的木头，或死树表面的干燥真菌群中。一些种是重要的农林、仓储害虫。

（425）远东丽织蛾 *Epicallima conchylidella* (Snellen, 1884)

翅展 12.5–17.0 mm。头部黄白色饰褐色，触角深褐色，鞭节各节具白色环，下唇须白色杂黑色。前翅黄色，前缘基部 2/3 杂黑色鳞片，基部 1/4–1/2 处具 1 从前缘 1/4 至后缘的赭褐色大斑，内外缘饰白带，其中内缘直，外缘弯曲；从中室末端斜至臀角具 1 三角形黑斑。后翅灰色。

分布：宁夏（盐池）、北京、天津、河北、山西、内蒙古、黑龙江、陕西、甘肃、新疆；俄罗斯（远东）。

425a

425b

425. 远东丽织蛾 *Epicallima conchylidella* (Snellen, 1884)（a. 标本照；b. 生态照）

（426）米仓织蛾 *Martyringa xeraula* (Meyrick, 1910)

翅展 18.0–24.0 mm。头黄褐色。下唇须发达，向上弯曲超过头顶；第 2 节淡赭黄色，基部杂深褐色鳞片；第 3 节浅褐色，末端浅黄褐色。触角淡赭黄色，柄节黑褐色。前翅长椭圆形，黄褐色，杂生灰色或褐色鳞片；基部色较暗；中室中部及端部各有 1 个黑色斑；缘毛灰褐色。后翅及缘毛灰白色。腹部黄褐色，侧缘具黑褐色鳞片。寄主：大米等储谷。

分布：全国广布；朝鲜，日本，印度，泰国，北美洲等。

（427）三线锦织蛾 *Promalactis trilineata* Wang *et* Zheng, 1998

翅展 11.0–13.0 mm。头部白色，后头赭黄色，触角银白色，鞭节白色与黑色相

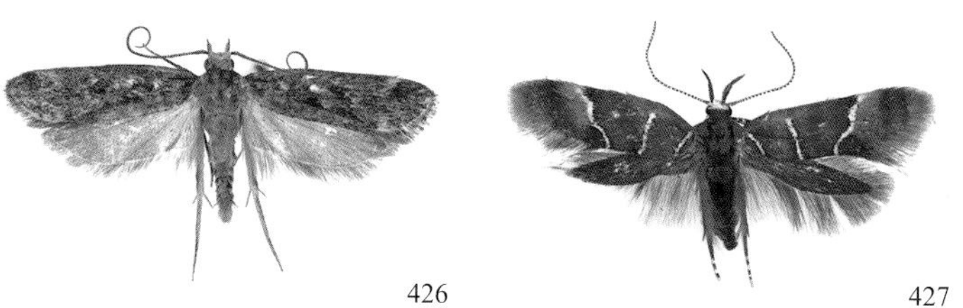
426　427

426. 米仓织蛾 *Martyringa xeraula* (Meyrick, 1910); 427. 三线锦织蛾 *Promalactis trilineata* Wang *et* Zheng, 1998

间，下唇须赭黄色。前翅橘黄色，具 3 条白色斜带，边缘杂黑色鳞片，基带由基部翅褶处外斜至后缘，中带由基部近 1/3 的前缘略下处外斜至后缘，微弯曲，端带自前缘 2/3 处内斜至臀角之前。后翅灰褐色。

分布：宁夏（盐池）、天津、辽宁、河南、湖北、陕西。

（一百零五）展足蛾科 Stathmopodidae

头部光滑，略倾斜。下唇须长，强烈上弯；第 3 节与第 2 节近等长，末端尖。触角短于前翅，雄性下侧常具长纤毛。前翅狭窄，缘毛长于翅宽；后翅极狭，近线状，具长缘毛。后足常斜上举，胫节和各跗节末端具轮生刺群。世界已知 370 多种。

（428）京蓝展足蛾 *Cyanarmostis vectigalis* Meyrick, 1927

翅展 13.0–16.0 mm。体黑色，具蓝色金属光泽。复眼下方具 1 条白色细线。前翅黑色，具金属光泽。后翅黑色或白色。后足胫节末端和跗节基部具白色斑点，距白色。腹部黑色，第 4–7 节背面后缘灰白色。幼虫肉食性，寄生在槐树、枣树和栾树上的大球蚧 *Eulecanium* sp. 内，并在雌性蚧体内做茧越冬，一年一代，日行性。

分布：宁夏（盐池）、北京、河北、山西、陕西、甘肃。

428. 京蓝展足蛾 *Cyanarmostis vectigalis* Meyrick, 1927

（一百零六）鞘蛾科 Coleophoridae

体多小型，翅展 6.0–22.0 mm。头光滑，触角长达前翅的 2/3 或与其等长，柄节常具鳞毛簇或栉，鞭节基部几节常加粗。下唇须 3 节，前伸或上举，第 3 节常上举。前翅披针形，顶角尖，偶尔镰刀状，翅面常有沿翅脉的纵条纹。后翅矛形，顶角尖。胫节距式 0–2–4，后足胫节常具长鳞毛。世界已知 1386 种，中国目前有 60 种左右。

（429）滨藜金鞘蛾 *Goniodoma auroguttella* Fischer von Röslerstamm, 1841

翅展 8.5–10.0 mm。头灰色，具金属光泽，头顶中部淡黄色，额黄白色；眼后鳞金黄色；下唇须前伸，白色，略带浅黄色；喙覆盖灰白色鳞片；触角柄节灰白色，略带黄色，前缘具长鳞毛簇，鞭节黑白相间。前翅黄色，前缘白色，前缘带银色，后缘带灰褐色，翅褶为一条银色条纹，中室近中部有 1 条银色条纹，中室末端有 1 个银色大圆斑，沿前缘端部 1/2 至末端有若干不规则的银色斑点，这些银色斑点和条纹均散生黑色鳞片。后翅及其缘毛灰褐色。腹部背板中部具成对刺斑。

429. 滨藜金鞘蛾 *Goniodoma auroguttella* Fischer von Röslerstamm, 1841

分布：宁夏（盐池）；俄罗斯西南部，哈萨克斯坦，土耳其，希腊，罗马尼亚，匈牙利，斯洛伐克，捷克，波兰，奥地利，意大利，法国，葡萄牙。

（一百零七）绢蛾科 Scythrididae

体小至中型，翅展 5.5–27.0 mm。体大多暗色、褐色或黑色，少数种类具白色或黄色斑纹。大多数种类白天活动，世界性分布，主要生活于干旱及半干旱的环境中。目前世界已知近 900 种，中国已知 22 种。

（430）沙蒿斑绢蛾 *Eretmocera artemisia* Li, 2019

翅展 9.5–11.5 mm。头部深褐色，具浅蓝紫色光泽；颈部自侧缘至下唇须第 1 节基部具白色毛状鳞片；下唇须第 1 节白色，第 2 节和第 3 节背面白色，腹面除第 2 节基部白色外，其余黑色，第 3 节略短于第 2 节，末端尖；触角黑色，鞭节基半部后缘具直立鳞片，雄性腹面具短纤毛。前翅狭长，黑褐色，具灰铜色及蓝色光泽；雄性有或模糊抑或无 4 个黄斑，雌性明显，前缘 1/5 或 1/4 处 1 个，中室基部 2/5 处 1 个，后缘基部 1/3 处 1 个，翅褶末端 1 个；缘毛灰褐色，顶角处杂橘黄色。后翅和缘毛深褐色，缘毛基部黄色。腹部基部几节黑褐色，具铜紫色光泽，雄性第 4–7 节，雌性第 4–6 节，橘黄色；腹面黄色，杂褐色。

分布：宁夏（盐池）、天津。

（431）枸杞绢蛾 *Scythris buszkoi* Baran, 2004

翅展 11.4–13.4 mm。头、胸部及前翅深灰褐色，具古铜色光泽；领部侧面至下唇须基部白色；下唇须黑褐色，杂灰白色；前翅翅褶 1/4 处和 1/2 处下缘各具 1 狭黑褐斑。后翅及缘毛黑褐色。腹部黑褐色，腹面略带白色。寄主：枸杞。

分布：宁夏（盐池）、北京、河北、陕西、青海；奥地利，保加利亚，匈牙利，斯洛伐克，乌克兰。

（432）马头绢蛾 *Scythris caballoides* Nupponen, 2009

翅展 11.0–12.5 mm。头、胸部深灰褐色；领部侧面至下唇须基部白色；下唇须背面白色，腹面第 2 节中部之前白色，其后灰褐色；触角柄节米黄色，鞭节褐色。前翅灰白色至深褐色；翅褶基部至亚顶角具乳白色条带，其 1/4 和 1/2 处下缘各具 1 深灰褐色模糊狭斑；缘毛深灰褐色。后翅灰褐色，鳞片端部略带黑褐色；缘毛深灰褐色。腹部背面灰褐色，腹面灰白色。

430

431

432

430. 沙蒿斑绢蛾 *Eretmocera artemisia* Li, 2019; 431. 枸杞绢蛾 *Scythris buszkoi* Baran, 2004; 432. 马头绢蛾 *Scythris caballoides* Nupponen, 2009

分布：宁夏（盐池）；哈萨克斯坦，乌兹别克斯坦。

（433）棒瓣绢蛾 *Scythris fustivalva* Li, 2018

翅展 14.0–15.5 mm。头部深灰褐色，略带乳白色，复眼背缘及颈部白色；下唇须第 1 节白色，第 2 节和第 3 节背面乳白色，腹面黑色，第 3 节略短于第 2 节，末端尖；触角柄节黑色，末端略带乳白色，鞭节背面乳白色，腹面黑色，雄性腹面具短纤毛。前翅狭长，深灰褐色，密布乳白色鳞片，基半部前缘 1/3 较稀少；前缘自基部 1/3 或 1/2 至顶角前乳白色；翅褶具乳白色纵带；缘毛深灰色，顶角处略带乳白色。后翅灰褐色，缘毛深古铜色。腹部灰褐色。

分布：宁夏（盐池）。

（434）球绢蛾 *Scythris mikkolai* Sinev, 1993

翅展 11.0–14.0 mm。头、胸部深灰褐色；领部侧面至下唇须基部白色；下唇须背面白色，腹面第 2 节中部之前白色，其后灰褐色；触角黑褐色。前翅灰褐色；翅褶具明显乳白色条带；缘毛前缘近顶角处黄褐色，外缘处黑褐色。后翅黑褐色；缘毛黄褐色，后缘缘毛具古铜色光泽。腹部背面黑褐色，腹面灰白色。

分布：宁夏（盐池）、辽宁、河南、陕西、甘肃；蒙古，俄罗斯，乌克兰。

（435）东方绢蛾 *Scythris orientella* Sinev, 2001

翅展 14.0–19.0 mm。头、胸部及前翅黑褐色，具古铜色光泽；领部侧面至下唇须基部白色；下唇须背面白色，腹面第 2 节中部之前白色，其后黑褐色。后翅及缘毛黑褐色，端半部具古铜色光泽。腹部背面黑褐色，腹面黄褐色。

分布：宁夏、河北、安徽、河南、陕西；蒙古，俄罗斯。

433. 棒瓣绢蛾 *Scythris fustivalva* Li, 2018; 434. 球绢蛾 *Scythris mikkolai* Sinev, 1993; 435. 东方绢蛾 *Scythris orientella* Sinev, 2001

（436）柽柳绢蛾 *Scythris pallidella* Passerin d’Entrèves *et* Roggero, 2006

翅展 14.0 mm。头、胸部褐色；领部侧面至下唇须基部白色；下唇须褐色，第 2 节基部杂白色。前翅浅褐色，具金色光泽；缘毛前缘近顶角白色，外缘浅褐色。后翅灰色；缘毛黄褐色。寄主：柽柳属植物。

分布：宁夏（盐池）；蒙古，哈萨克斯坦，塔吉克斯坦，乌兹别克斯坦。

（437）中华绢蛾 *Scythris sinensis* (Felder *et* Rogenhofer, 1875)

翅展 12.0–17.0 mm。体深褐色、灰黑色或黑色，具光泽；一些个体前翅基部近 1/3 处及翅端部有淡赭黄色斑点；缘毛灰褐色或褐色。后翅和缘毛褐色。后足胫节被黑色长毛。腹部背面基部 2 节黑褐色，第 3 节中部黑褐色，两侧黄色，第 4 节及以后各节和腹部腹面均黄色。寄主：藜科的草地滨藜、藜。

分布：宁夏、天津、河北、辽宁、吉林、浙江、河南、陕西、甘肃、台湾；韩国，日本，德国，英国，爱沙尼亚，拉脱维亚，立陶宛，白俄罗斯，俄罗斯，西伯利亚，古北区北部（除北极）。

（438）西氏绢蛾 *Scythris sinevi* Nupponen, 2003

翅展 8.0–9.5 mm。头、胸部深褐色；领部侧面至下唇须基部白色；下唇须基节白色，第 2 节和第 3 节褐色，杂白色。前翅深褐色，略带紫色光泽；翅褶和顶角处杂浅色鳞片；缘毛灰褐色。后翅及缘毛深褐色。腹部腹面深褐色，腹面灰白色。寄主：沙蒿类。

分布：宁夏（盐池）；蒙古，俄罗斯。

436　　437　　438

436. 柽柳绢蛾 *Scythris pallidella* Passerin d'Entrèves *et* Roggero, 2006; 437. 中华绢蛾 *Scythris sinensis* (Felder *et* Rogenhofer, 1875); 438. 西氏绢蛾 *Scythris sinevi* Nupponen, 2003

（一百零八）尖蛾科 Cosmopterigidae

体小型。额常强烈突出；下唇须三节，强烈弯曲，上举过头顶，第 3 节常长于第 2 节，少数短于或与第 2 节等长；复眼常染有鲜艳的红色。翅一般狭长披针形。世界已知 2000 多种，中国目前已记录 60 多种。

（439）拟伪尖蛾 *Cosmopterix crassicervicella* Chrétien, 1896

翅展 7.0–10.5 mm。颜面灰色；头顶黑褐色，中央及两侧具白色线纹；触角黑褐色，杂白色。胸部褐色，中部具 1 白色纵纹。前翅黑褐色；基部 1/3 处具 3 条平行银白短纵纹；基横带及端横带银白色，中横带黄色，其端突将端横带一分为二；缘毛灰褐色。后翅及缘毛灰褐色。

分布：宁夏（盐池）、陕西；俄罗斯。

（440）芦苇尖蛾 *Cosmopterix lienigiella* Zeller, 1846

翅展 10.0–11.0 mm。颜面白色；头顶黄褐色，中央及两侧具白色线纹；下唇须背腹面白色，侧面黄褐色；触角黄褐色，基部 3/5 前缘及后缘具白色纵带。胸部黄褐色，中央具 1 条白色纵纹；翅基片黄褐色，内缘白色。前翅黄褐色；亚基线分为近平行的 3 支，中纵线延伸至基横带之前，亚前缘线长为中纵线长的 4/5，亚后缘线长为中纵线长的 1/4；基横带及端横带银白色，中横带黄色，亚端斑和端斑相连成 1 白色纵纹；缘毛深灰色。后翅和缘毛深灰色。寄主：禾本科的芦苇。

分布：宁夏（盐池）、河北、辽宁、新疆、台湾；俄罗斯（远东），欧洲，北非。

（441）蒲尖蛾 *Limnaecia phragmitella* Stainton, 1851

翅展 13.0–17.0 mm。头、胸部黄褐色；触角灰黄色，鞭节背面具黑褐色环纹；下唇须黄白色，第 2 节末端具黑褐色鳞片，第 3 节侧面黑褐色。前翅灰黄色，前缘基半部灰褐色，中室中部具灰褐色纵纹，中室中部和末端具灰褐色斑点，环有白色鳞片，中室末端至顶角前沿翅脉具数条不规则灰褐色纵纹，翅外缘及其内侧具一系列黑褐色斑。后翅深灰色。寄主：香蒲属的狭叶香蒲、宽叶香蒲。

分布：宁夏（盐池）、吉林、黑龙江、新疆；世界性分布。

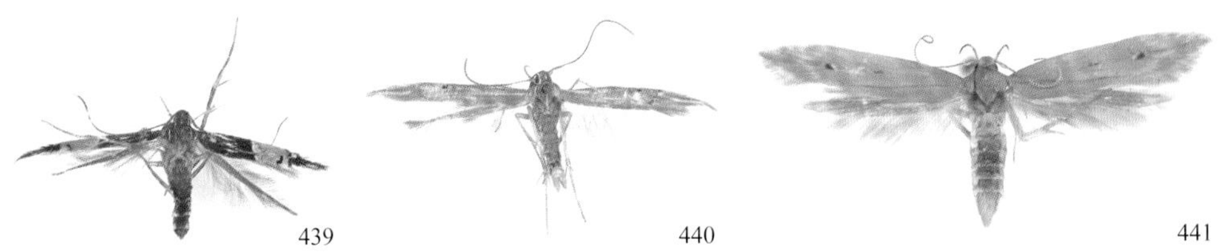

439. 拟伪尖蛾 *Cosmopterix crassicervicella* Chrétien, 1896; 440. 芦苇尖蛾 *Cosmopterix lienigiella* Zeller, 1846; 441. 蒲尖蛾 *Limnaecia phragmitella* Stainton, 1851

（一百零九）麦蛾科 Gelechiidae

体小至中型，翅展 7.0–32.0 mm；头部通常光滑，被朝前下方弯曲的长鳞片；下唇须 3 节，通常上举，极少平伸，第 2 节常较粗且具毛簇及粗鳞片，第 3 节尖细；触角线状，雄性下侧常具短纤毛。前翅广披针形，一般无翅痣。后翅顶角突出，外缘内凹。成虫大多晚上活动，可以灯诱获得，少数种类白天活动；幼虫生活习性多样，有卷叶、缀叶、潜叶、蛀梢、蛀果、蛀茎、蛀种子，少数种类腐生。世界已知近 5000 种，中国已知约 600 种。

（442）胡枝子树麦蛾 *Agnippe albidorsella* (Snellen, 1884)

翅展 7.5–10.5 mm。头部白色，额两侧黑色；触角黑色，各鞭节末端具黄褐色环；下唇须白色，第 2 节外侧基部黑色，第 3 节末端黑色。前翅黑色，1/3 处有 1 自前缘至后缘渐扩展的白横带，前缘 2/3 处和臀角各有 1 三角形灰白色斑；缘毛外缘处深褐色，后缘处白色。后翅及缘毛灰色。腹部褐色。寄主：胡枝子。

分布：宁夏（盐池、六盘山）、北京、天津、河北、江苏、浙江、安徽、江西、河南、山东、陕西、西藏；朝鲜，日本，俄罗斯。

（443）共轭树麦蛾 *Agnippe conjugella* (Caradja, 1920)

翅展 7.5–8.7 mm。头部白色；触角柄节背面黑色，腹面白色，各鞭节黑色，末端具白环；下唇须白色，第 2 节基部黑色，第 3 节略短于第 2 节。前翅底色白色，具黑斑：基斑近梯形，自前缘至后缘渐窄，中斑和亚顶角斑相连，均不达后缘，亚顶角斑略大于中斑，顶角较狭；后缘自基斑至亚顶角斑黄白色；缘毛外缘处灰色，后缘处黄白色。后翅及缘毛灰色。腹部背面黄褐色至黑褐色；腹面灰褐色。寄主：骆驼刺。

分布：宁夏（盐池、中卫）；阿富汗，伊朗，哈萨克斯坦，乌兹别克斯坦，土库曼斯坦，吉尔吉斯斯坦。

（444）刺树麦蛾 *Agnippe echinulata* (Li, 1993)

翅展 8.0–8.5 mm。头部白色；触角黑色，各鞭节末端具黄褐色环；下唇须白色，第 2 节外侧基部 1/2 黑色。前翅黑色；基部 1/5 处有 1 白色横带与后缘白色纵带相连延伸至顶角，白色纵带在 1/3 处和 2/3 处变窄；前缘 3/4 处有 1 白斑；缘毛灰褐色，臀角处白色。后翅及缘毛灰色。腹部灰褐色。寄主：藜。

分布：宁夏（盐池）、陕西、甘肃、青海、新疆；朝鲜，日本，欧洲，北非，北美洲。

442. 胡枝子树麦蛾 *Agnippe albidorsella* (Snellen, 1884); 443. 共轭树麦蛾 *Agnippe conjugella* (Caradja, 1920); 444. 刺树麦蛾 *Agnippe echinulata* (Li, 1993)

（445）郑氏树麦蛾 *Agnippe kuznetzovi* (Lvovsky *et* Piskunov, 1989)

翅展 8.5–10.5 mm。头部、中胸和翅基片白色；触角柄节黑色，各鞭节黑色，末端具白环；下唇须第 2 节基部褐色。前翅赭色或黑色，基部 1/5 有 1 条白色横带，其后缘略带赭色；后缘具白色基纹；前缘中部有 1 大白点；端部 1/4 处有 1 条倒尖形斜横带；外缘黑色，缘毛灰色，端部黑色。后翅灰褐色，缘毛黄褐色。腹部黄褐色。

分布：宁夏（盐池、中宁）、河北；蒙古，哈萨克斯坦。

（446）甜枣条麦蛾 *Anarsia bipinnata* (Meyrick, 1932)

翅展 15.5–20.5 mm。头部灰褐色，额两侧黑色；下唇须第 1、第 2 节外侧深褐色，内侧白色，第 2 节腹面密被近方形鳞毛簇，雌性第 3 节灰白色，基部 1/3 处和中部黑色；触角柄节灰白色，鞭节灰色，具褐色环。前翅灰褐色，散布黑色鳞片；前缘具外斜的模糊短横线，基部黑色，中部略凹，具 1 近半圆形黑斑；中室中部具斜置黑斑；缘毛灰褐色。后翅及缘毛灰褐色。腹部灰褐色，末端色较浅。寄主：甜枣、藿香蓟、茶条槭、栎。

分布：宁夏（盐池）、河北、山西、内蒙古、黑龙江、安徽、河南、湖北、四川、贵州、陕西、甘肃、青海；韩国，日本，俄罗斯。

445. 郑氏树麦蛾 *Agnippe kuznetzovi* (Lvovsky *et* Piskunov, 1989)（a. 赭色型；b. 黑色型）; 446. 甜枣条麦蛾 *Anarsia bipinnata* (Meyrick, 1932)

（447）锦鸡儿条麦蛾 *Anarsia caragana* Yang *et* Li, 2000

翅展 12.0–12.5 mm。体灰白色至灰褐色；额两侧黑褐色；下唇须第 2 节外侧深褐色，内侧灰白色，第 2 节腹面密被近方形鳞毛簇，雌性第 3 节白色，基部和中部黑色；触角柄节灰白色，鞭节灰色，具褐色环。前翅散布黑色鳞片；前缘具外斜的深褐色短横线；中室 2/3 处和末端各有 1 模糊斑点；缘毛灰白色，杂黑褐色鳞片。后翅及缘毛灰色。腹部灰褐色，杂灰白色，末端色较浅。寄主：柠条。

分布：宁夏（盐池）。

（448）沙条麦蛾 *Anarsia psammobia* Falkovitsh *et* Bidzilya, 2003

翅展 13.0–16.0 mm。头部白色；下唇须第 2 节外侧深褐色，内侧和末端白色，第 2 节腹面密被近长方形鳞毛簇，雌性第 3 节白色；触角柄节灰白色，杂褐色，鞭节灰白色，具褐色环纹。前翅灰白色，散布褐色；前缘具外斜的深褐色短横线；前缘端部 1/5 及外缘具模糊深褐色斑；缘毛灰色。后翅及缘毛灰白色。腹部灰白色。

分布：宁夏（盐池）；乌兹别克斯坦。

447. 锦鸡儿条麦蛾 *Anarsia caragana* Yang *et* Li, 2000（a. 雌性；b. 雄性）; 448. 沙条麦蛾 *Anarsia psammobia* Falkovitsh *et* Bidzilya, 2003

（449）西伯利亚条麦蛾 *Anarsia sibirica* Park *et* Ponomarenko, 1996

翅展 15.0–17.0 mm。头部褐色，散布灰白色；下唇须第 2 节外侧深褐色，末端白色，内侧白色，第 2 节腹面密被近长方形鳞毛簇，雌性第 3 节灰白色，基部和近 2/3 处各有 1 深褐色环纹；触角灰褐色，鞭节腹面灰白色。前翅灰褐色，杂黑色鳞片；前缘具外斜的深褐色短横线；亚前缘近基部具 1 深褐色小斑；缘毛灰色。后翅及缘毛灰色。

腹部灰褐色。

分布：宁夏（盐池）、内蒙古；俄罗斯。

（450）钩麦蛾 *Aproaerema anthyllidella* (Hübner, [1813])

翅展 8.0–10.0 mm。头灰白色至灰褐色；下唇须白色至浅褐色，第 2 节前侧具黑色纵纹；触角黑色，腹面杂白色。前翅黑色，前缘和后缘 2/3 处各有 1 白斑，翅褶 2/3 处有 1 小白斑；翅端杂白色。后翅及缘毛灰褐色。腹部背面黑色，腹面灰褐色。寄主：豆科植物。

分布：宁夏（盐池）、陕西、青海、新疆；朝鲜，日本，土耳其，欧洲，北美洲。

（451）长钩麦蛾 *Aproaerema longihamata* Li, 1993

翅展 8.0–10.0 mm。头灰褐色至褐色；下唇须白色；触角黑色。胸部、翅基片及前翅黑褐色；前翅前缘 3/4 处有 1 白斑，翅褶 2/3 处有 1 小白斑；翅端杂白色。后翅及缘毛灰色。腹部背面黑褐色，腹面灰褐色。

分布：宁夏（盐池）、陕西；乌克兰。

449　　450　　451

449. 西伯利亚条麦蛾 *Anarsia sibirica* Park *et* Ponomarenko, 1996; 450. 钩麦蛾 *Aproaerema anthyllidella* (Hübner, [1813]); 451. 长钩麦蛾 *Aproaerema longihamata* Li, 1993

（452）苜蓿带麦蛾 *Aristotelia subericinella* (Duponchel, 1843)

翅展 11.0–14.0 mm。头部黄白色；下唇须第 1、第 2 节白色，基部 1/3 和 2/3 处黄褐色，第 3 节黑色，中部具白色环；触角黑色，鞭节具白色环纹。前翅底色白色，具黑色及黄褐色鳞片；前缘于基部、基部 1/4 及基部 3/4 各具 1 黑斑，顶角处具 1 模糊黑褐色斜纹；翅褶下部黄褐色，中室外侧具 1 椭圆形黄褐色斑；缘毛灰褐色。后翅灰褐色；缘毛长，黄褐色。腹部灰褐色，侧缘灰白色。

分布：宁夏（盐池）、新疆；蒙古，中亚，土耳其，欧洲。

（453）丹凤针瓣麦蛾 *Aroga danfengensis* Li *et* Zheng, 1998

翅展 14.0–15.0 mm。头部黄白色；触角黑色；下唇须黄白色，第 1 节外侧黑褐色；第 2 节腹面具粗鳞片，第 3 节与第 2 节近等长，散生黑色鳞片。前翅黑色，前缘和后缘 2/3 处各有 1 个三角形黄白色斑；缘毛灰色。后翅及缘毛灰色。

分布：宁夏（盐池）、陕西。

（454）遮眼针瓣麦蛾 *Aroga velocella* (Zeller, 1839)

翅展 9.0–12.0 mm。头部浅黄白色；触角黑褐色。前翅黑褐色散生黄褐色鳞片；前缘亚端部具 1 黄白色斑，翅褶具黄褐色斑；缘毛灰黄褐色。后翅灰色，缘毛黄褐色。腹部除末节外浅黑褐色，各节后缘黄白色；末节黄褐色。

分布：宁夏（盐池）；土耳其，欧洲。

452　　453　　454

452. 苜蓿带麦蛾 *Aristotelia subericinella* (Duponchel, 1843); 453. 丹凤针瓣麦蛾 *Aroga danfengensis* Li *et* Zheng, 1998; 454. 遮眼针瓣麦蛾 *Aroga velocella* (Zeller, 1839)

（455）蒙古柱麦蛾 *Athrips mongolorum* Piskunov, 1980

翅展 9.0–12.0 mm。头部黄白色；下唇须灰白色，杂黑褐色鳞片，第 2 节外侧基部及端部 1/3 处黑褐色，第 3 节端半部黑褐色，末端白色，第 2 节下侧鳞片发达，第 3 节略短于第 2 节。触角黑褐色与黄褐色相间。胸部及翅基片灰白色至黄褐色。前翅底色黄白色，散布黑褐色鳞片；前翅基部具 2–3 个黑斑，近中部具 3 个黑斑，周缘具褐色鳞片，基部 2/3 处有 2 个小斑；有时翅面无黑斑及黑褐色鳞片，呈纯黄白色；缘毛黄白色。后翅灰褐色，缘毛灰褐色。腹部灰褐色。

分布：宁夏；土库曼斯坦，乌兹别克斯坦，哈萨克斯坦，蒙古。

（456）内蒙柱麦蛾 *Athrips neimongolica* Bidzilya *et* Li, 2009

翅展 10.0–12.0 mm。头部灰褐色，头顶两侧灰白色；下唇须灰白色，第 2 节外侧杂黑褐色鳞片，第 3 节端部 1/3 黑褐色；下唇须强烈上弯，第 3 节短于第 2 节。触角黑褐色。前翅底色灰色，散布顶端黄褐的鳞片；1/4、1/2 及 2/3 处各具 1 对小黑斑，周缘黄色，斑点有时不清晰；缘毛黄褐色，顶端褐色。后翅灰色，缘毛灰褐色。腹部黄褐色，杂黑褐色鳞片。

分布：宁夏（盐池）、内蒙古。

（457）帕氏柱麦蛾 *Athrips patockai* (Povolný, 1979)

翅展 15.0–16.0 mm。头、胸部及前翅米黄色，杂褐色鳞片；下唇须灰白色，第 2 节外侧杂褐色鳞片，第 3 节端部 1/3 黑褐色；触角柄节灰褐色，鞭节灰白色与黑褐色相间；前翅中室端缘具 2 个黑斑，翅褶中部和末端各具 1 个黑斑。后翅灰色。

分布：宁夏（盐池）；斯洛伐克，斯洛文尼亚。

455. 蒙古柱麦蛾 *Athrips mongolorum* Piskunov, 1980; 456. 内蒙柱麦蛾 *Athrips neimongolica* Bidzilya *et* Li, 2009; 457. 帕氏柱麦蛾 *Athrips patockai* (Povolný, 1979)

（458）七点柱麦蛾 *Athrips septempunctata* Li *et* Zheng, 1998

翅展 16.5–17.5 mm。头部灰白色，杂黑色鳞片；下唇须白色，第 2 节外侧中部深褐色，第 3 节基部和 2/3 处深褐色。触角柄节黑褐色，鞭节黑褐色与灰白色相间。前翅灰褐色，端半部沿翅脉及外缘散布黑色鳞片，翅褶 1/3 和 2/3 处两侧各有 1 对赭色鳞片簇；缘毛灰色。后翅及缘毛灰色。腹部背面灰褐色，腹面灰白色。

分布：宁夏（盐池）、甘肃。

（459）无颚突柱麦蛾 *Athrips tigrina* (Christoph, 1877)

翅展 13.0–16.0 mm。头部灰白色，杂赭色鳞片；下唇须白色，第 3 节基部 1/3 和 2/3 处深褐色；触角柄节赭褐色，基部和端部白色，鞭节黑褐色与灰白色相间。前翅灰白色，具灰褐色及赭色鳞片；基部 1/7 处赭褐色，1/3 处具 1 自前缘达后缘的赭色竖鳞形成的横带，中室末端及下角各具 1 褐色鳞片簇，杂赭褐色鳞片，有时两者融合；翅端部赭色；缘毛黄褐色。后翅灰色，缘毛黄褐色。腹部背面灰白色至褐色，腹面白色。

分布：宁夏（盐池、沙坡头）、内蒙古、新疆；蒙古，土库曼斯坦，乌兹别克斯坦。

（460）斯氏苔麦蛾 *Bryotropha svenssoni* Park, 1984

翅展 10.0–13.0 mm。头顶褐色，额灰白色；下唇须第 1、第 2 节外侧灰褐色，内侧灰白色，第 3 节略长于第 2 节，黑褐色；触角灰褐色，鞭节杂灰白色鳞片。前翅褐色，杂灰白色鳞片，端部 1/4 处具 1 浅色带；中室中部和端部分别具 1 深褐色圆斑；翅褶 1/3 及 2/3 处各具 1 灰褐色圆斑；缘毛灰色。后翅及缘毛灰色。腹部灰褐色，腹面色浅。

分布：宁夏（盐池）、陕西、甘肃；韩国。

458. 七点柱麦蛾 *Athrips septempunctata* Li *et* Zheng, 1998; 459. 无颚突柱麦蛾 *Athrips tigrina* (Christoph, 1877); 460. 斯氏苔麦蛾 *Bryotropha svenssoni* Park, 1984

（461）小卡麦蛾 *Carpatolechia minor* (Kasy, 1979)

翅展 12.5–13.5 mm。颅顶灰褐色，杂褐色；颜面灰白色；下唇须第 1、第 2 节灰白色，外侧散生褐色鳞片，第 3 节基半部灰白色，基部 1/3 具黑褐色环，端半部黑褐色；触角柄节黑褐色，鞭节灰白色与黑褐色相间。前翅灰褐色，具黑色、棕色和浅灰色鳞片，黑色鳞片常具小白点；翅基部 1/5、1/3、3/5 处可见半伏状鳞片簇；缘毛灰褐色，具灰白色线。后翅灰褐色，边缘黄褐色，具铜色光泽；缘毛黄褐色。腹部背面黄褐色，腹面灰白色。

分布：宁夏（盐池）；奥地利。

（462）三斑考麦蛾 *Caulastrocecis tripunctella* (Snellen, 1884)

翅展 12.0–13.0 mm。头部灰白色，头顶中部浅灰褐色；下唇须灰白色，第 2 节外侧黄褐色至褐色；第 2 节具鳞片，第 3 节纤细，与第 2 节近等长；触角背面灰白色与黑褐色相间。前翅灰白色，端部杂黄褐色鳞片；中室端部及其外侧各具 1 较大黑点，翅褶中部具 1 较小黑点；有时翅面无黑点；缘毛黄褐色。后翅黑褐色，缘毛黄褐色。腹部黄褐色至黑褐色。

分布：宁夏（盐池）；俄罗斯。

（463）大通雪麦蛾 *Chionodes datongensis* Li *et* Zheng, 1997

翅展 15.0–19.0 mm。头部黑褐色；触角黑色；下唇须灰白色，第 2 节外侧散布褐色鳞片，第 3 节腹面及末端褐色。前翅黄褐色，杂黑褐色鳞片；前缘端部 1/4 处具 1 黄白色斑；中室基部和端部各具 1 黄褐色斑，后缘黄褐色；缘毛灰褐色，杂黑色。后翅灰色；缘毛黄褐色。腹部黄褐色。

分布：宁夏（盐池）、青海。

461. 小卡麦蛾 *Carpatolechia minor* (Kasy, 1979); 462. 三斑考麦蛾 *Caulastrocecis tripunctella* (Snellen, 1884); 463. 大通雪麦蛾 *Chionodes datongensis* Li *et* Zheng, 1997

（464）藜彩麦蛾 *Chrysoesthia hermannella* (Fabricius, 1781)

翅展 8.0–8.5 mm。头、中胸和翅基片黑色，具银色金属光泽，触角黑色；下唇须平伸，第 1 节黑色，第 2、第 3 节银白色。前翅金黄色至橘红色，杂黑色，具银斑，基部 1/3 处有 1 条银色横带，横带外侧有上、中和下 3 个纵向银斑，缘毛黑褐色；后翅黑褐色。腹部黑色，末端灰白色。寄主：藜。

分布：宁夏（盐池）、陕西、甘肃、青海、新疆；朝鲜，日本，欧洲，北非，北美洲。

（465）六斑彩麦蛾 *Chrysoesthia sexguttella* (Thunberg, 1794)

翅展 8.0–9.0 mm。头部灰褐色杂黑色，具金属光泽，触角黑褐相间；下唇须前伸，略上弯，内侧白色杂黑色，外侧黑色。前翅黑色，有 3 个黄色大斑；后翅灰褐色。腹部黑色。寄主：藜、滨藜、苋。

分布：宁夏（盐池）、浙江、陕西、新疆；朝鲜，日本，欧洲，北美洲。

（466）栎棕麦蛾 *Dichomeris quercicola* Meyrick, 1921

翅展 13.5–17.5 mm。头部褐色，头顶两侧浅黄色；下唇须第 1、第 2 节外侧褐色，内侧灰褐色；第 2 节腹面具发达鳞毛簇；第 3 节细长，上举。触角背面灰褐色和浅黄色相间。前翅黄色，前缘基部黑色，有不规则断续黑色横线至 4/5 处；中室基部、中部及端部具黑点，中部的黑点较大；翅褶 1/3 处后方具 1 黑点；翅端散布深褐色鳞片，外缘褐色，缘毛黄色；后翅灰白色，散布灰褐色鳞片。腹部灰白色，两侧灰褐色。寄主：栎和短枝胡枝子等。

分布：宁夏（盐池）、北京、安徽、江西、河南、湖南、陕西、甘肃；蒙古，朝鲜，日本，印度，俄罗斯（远东）。

464. 藜彩麦蛾 *Chrysoesthia hermannella* (Fabricius, 1781); 465. 六斑彩麦蛾 *Chrysoesthia sexguttella* (Thunberg, 1794); 466. 栎棕麦蛾 *Dichomeris quercicola* Meyrick, 1921

（467）艾棕麦蛾 *Dichomeris rasilella* (Herrich-Schäffer, 1854)

翅展 11.0–16.5 mm。头部灰白色，头顶中部浅灰褐色；下唇须赭褐色至褐色，第 2 节上侧及第 3 节末端灰白色；第 2 节背面有鳞毛簇；第 3 节细长，短于第 2 节。触角背面褐色和灰色相间，有灰白色鳞片形成的齿。前翅前缘中部或中部外侧略凹，顶角尖，外缘斜直；底色灰白色至灰褐色，散布深褐色鳞片；前缘端半部深褐色；中室中部及末端有黑色弧形斑；翅褶基半部具 2 条间断黑纹；外缘褐色；缘毛灰褐色。后翅灰白色，散布灰褐色鳞片；缘毛灰白色。腹部灰白色，腹面灰褐色。寄主：艾、西北蒿、矢车菊等。

分布：宁夏（盐池）、黑龙江、浙江、安徽、福建、江西、河南、湖南、四川、贵州、陕西、青海、台湾；朝鲜，日本，俄罗斯（远东），欧洲。

（468）黑银麦蛾 *Eulamprotes wilkella* (Linnaeus, 1758)

翅展 10.0–11.0 mm。头部白色，触角黑白相间，柄节有 1 根深褐色栉状鬃，下唇须第 1、第 2 节基部外侧和第 3 节端部黑色。前翅黑色，1/3、1/2、2/3 处及外缘各具 1 条出自前缘的银色横带，缘毛深褐色；后翅褐色。腹部黑色，末端白色。寄主：寄奴花、卷耳。

分布：宁夏（盐池）、甘肃、青海、新疆；欧洲。

（469）卡氏菲麦蛾 *Filatima karsholti* Ivinskis *et* Piskunov, 1989

翅展 17.0–20.0 mm。头部灰褐色，额灰白色；触角柄节褐色，鞭节黑色与灰白色相间；下唇须灰白色，有时灰褐色，第 2 节腹面具粗糙鳞片，第 3 节末端尖，稍短于第 2 节。前翅灰褐色，杂灰白色和黑色鳞片，翅脉色深；中室中部具 1 椭圆形黑斑，端部具 1 短弧形黑斑；翅端部 1/4 具 1 模糊白带；近顶角密布黑褐色鳞片；缘毛灰色，杂黑色。后翅及缘毛灰色。腹部褐色。

分布：宁夏、甘肃、青海；蒙古。

467. 艾棕麦蛾 *Dichomeris rasilella* (Herrich-Schäffer, 1854); 468. 黑银麦蛾 *Eulamprotes wilkella* (Linnaeus, 1758); 469. 卡氏菲麦蛾 *Filatima karsholti* Ivinskis *et* Piskunov, 1989

（470）乌克兰菲麦蛾 *Filatima ukrainica* Piskunov, 1971

翅展 15.0–17.0 mm。头部黄白色至黄褐色，杂褐色，额黄白色；触角黄褐色，各鞭节端半部具褐色环纹；下唇须黄白色，第 1 节外侧黑褐色，第 3 节杂褐色鳞片。前翅黄褐色，鳞片末端黑色，前缘基半部色略浅，前缘基部 4/5 处具 1 黄褐色小斑；缘毛黄褐色。后翅灰褐色，缘毛黄褐色。腹部背面黄色，腹面白色。

分布：宁夏（盐池）；自瑞典至乌克兰西南部。

（471）柳麦蛾 *Gelechia atrofusca* Omelko, 1986

翅展 15.0–17.0 mm。颅顶灰褐色，杂褐色鳞片，颜面灰白色；触角柄节黑褐色，鞭节灰褐相间；下唇须第 1、第 2 节灰白色，外侧散生褐色鳞片。前翅褐色，散生灰白色鳞片；前缘近基部、中部和 3/4 处各有 1 个黑斑，中室中部和端部颜色较深，呈不明显的黑褐色斑；4/5 处具不明显的浅色横带向外缘弯曲；缘毛灰褐色。后翅及缘毛灰褐色。寄主：柳。

分布：宁夏、陕西、青海；俄罗斯（远东）。

（472）环斑戈麦蛾 *Gnorimoschema cinctipunctella* (Erschoff, [1877])

翅展 15.8–21.2 mm。头部灰色至灰褐色，额白色；触角柄节褐色，鞭节褐色，各鞭节基部具灰色环纹；下唇须灰白色，第 2 节外侧杂褐色鳞片，第 3 节具 2 个褐色环纹。前翅灰褐色，鳞片末端黑色，基部和亚端部杂黑色鳞片，亚缘域基部 3/4 杂赭色鳞片，中室具 3–4 个周缘赭色的黑斑，前缘 2/3 下侧具 1 不规则黑斑，前缘 1/5 至后缘 2/3 具 1 模糊灰白色斜带，前缘斑和臀斑白色，使基部 3/4 形成 1 白带；缘毛灰色，顶端黑色。后翅及缘毛灰色。腹部黄褐色至黑褐色。

分布：宁夏（盐池、六盘山、同心、永宁）、河北、内蒙古、甘肃、青海；蒙古，俄罗斯。

470. 乌克兰菲麦蛾 *Filatima ukrainica* Piskunov, 1971; 471. 柳麦蛾 *Gelechia atrofusca* Omelko, 1986; 472. 环斑戈麦蛾 *Gnorimoschema cinctipunctella* (Erschoff, [1877])

（473）拟蛮麦蛾 *Encolapta epichthonia* (Meyrick, 1935)

翅展 22.0 mm。头部白色，杂褐色鳞片；触角柄节灰白色，鞭节褐色；下唇须第 1、第 2 节内侧灰白色，外侧黑褐色，末端灰白色，第 3 节黑色，杂灰白色鳞片，基部 1/3 和末端灰白色。前翅灰褐色，杂黑褐色鳞片；前缘有褐色短横线；翅端部色较深；缘毛灰色。后翅灰褐色；缘毛灰色。腹部背面黑褐色，腹面灰褐色。

分布：宁夏（盐池、六盘山）、北京、天津、河北、山西、江苏、浙江、山东、河南、陕西、台湾。

（474）加氏艾麦蛾 *Istrianis jaskai* Bidzilya, 2018

翅展 10.0–11.1 mm。头、胸部白色，下唇须白色，第 2 节外侧基部 1/4 褐色，触角黑色，鞭节具模糊的浅色环纹。前翅白色杂黑色；前缘基部具黑色条带，前缘及翅中部具若干黑点，翅中部具 2 个模糊黄斑。后翅及缘毛灰色。

分布：宁夏（盐池）；俄罗斯。

（475）拟鞘大边麦蛾 *Megacraspedus coleophorodes* (Li *et* Zheng, 1995)

翅展 21.0–22.0 mm。头部黄白色；触角褐色；下唇须第 2 节极长，外侧黄褐色，内侧黄白色，第 3 节极短，常被第 2 节的鳞片覆盖。前翅黄白色至黄褐色。后翅灰褐色。腹部黄褐色，具白色鳞片。

分布：宁夏（盐池）、甘肃、青海。

473. 拟蛮麦蛾 *Encolapta epichthonia* (Meyrick, 1935); 474. 加氏艾麦蛾 *Istrianis jaskai* Bidzilya, 2018; 475. 拟鞘大边麦蛾 *Megacraspedus coleophorodes* (Li *et* Zheng, 1995)

(476) 岩粉后麦蛾 *Metanarsia alphitodes* (Meyrick, 1891)

翅展 10.0–14.0 mm。头部白色;触角柄节白色，前端具白色鳞毛簇，鞭节灰白色;下唇须略向上弯曲，第 2 节外侧具黄褐色鳞片，第 3 节短于第 2 节，基部 2/3 具 1 黄褐色环。前翅白色，杂黄褐色鳞片，近外缘较密，基部具 2 模糊斑块，中部具 1 黄褐色横带。后翅灰白色，具银色光泽。腹部黄褐色，具灰白色鳞片。

分布: 宁夏（盐池）; 蒙古，阿尔及利亚，哈萨克斯坦，土库曼斯坦，乌兹别克斯坦。

(477) 皮氏后麦蛾 *Metanarsia piskunovi* Bidzilya, 2005

翅展 20.0–22.0 mm。头、胸部亮黄色; 触角柄节白色，鞭节灰褐色，具白环; 下唇须微弯，第 2 节外侧浅黄褐色，内侧白色，第 3 节白色，长度约为第 2 节的 1/2。前翅浅黄色，近外缘有褐色鳞片，中部和 2/3 处各具 1 褐色小斑; 缘毛黄褐色。后翅浅灰色，缘毛黄褐色。腹部黄褐色。

分布: 宁夏（盐池）; 蒙古。

(478) 埃氏尖翅麦蛾 *Metzneria ehikeella* Gozmány, 1954

翅展 11.0–16.0 mm。头部灰白色。前翅狭长，前缘平直，顶角尖; 底色灰色，散生褐色鳞片; 中室末端具 1 褐色斑点; 缘毛灰白色。后翅灰褐色，缘毛灰色。腹部灰色至灰褐色。

分布: 宁夏（盐池）、新疆; 中亚，土耳其，中欧，北非。

476. 岩粉后麦蛾 *Metanarsia alphitodes* (Meyrick, 1891); 477. 皮氏后麦蛾 *Metanarsia piskunovi* Bidzilya, 2005; 478. 埃氏尖翅麦蛾 *Metzneria ehikeella* Gozmány, 1954

(479) 网尖翅麦蛾 *Metzneria neuropterella* (Zeller, 1839)

翅展 18.5–20.5 mm。头灰白色，杂褐色; 下唇须灰褐色，第 2、第 3 节背面灰白色，第 3 节短于第 2 节，末端尖; 触角黄褐色至灰褐色。前翅灰白色至灰褐色，前缘中部略凹入，顶角尖，略后弯；前缘 1/3 处具 1 黑斑；缘毛灰褐色。后翅灰褐色，缘毛黄褐色。寄主：无茎刺苞菊、欧洲刺苞菊、蓟、川续断等。

分布：宁夏（盐池）、河北；蒙古，俄罗斯（西伯利亚），北非，欧洲。

（480）拟黄尖翅麦蛾 *Metzneria subflavella* Englert, 1974

翅展 12.0–20.0 mm。头灰白色，杂褐色；下唇须赭褐色，第 2 节背面灰白色，第 2 节很长，约为复眼直径的 4 倍，第 3 节约为第 2 节长的 1/3；触角灰白色，具灰褐色环纹。前翅底色灰白色，前缘及外缘赭褐色，中室端部至翅端具 1 灰褐色不规则横带，有时不显；缘毛黄褐色。后翅褐色，缘毛黄褐色。腹部灰白色。

分布：宁夏（盐池）；伊朗，匈牙利，法国。

（481）亮斑单色麦蛾 *Monochroa lucidella* (Stephens, 1834)

翅展 13.5–16.0 mm。颅顶及颜面褐色，后头金黄色；下唇须外侧黄褐色，内侧黄白色；触角黑褐色，具金色光泽。前翅底色黄色，具褐色鳞片，端部较明显，翅面有金色光泽；前缘端部 1/3 及臀角各具 1 黄斑，臀角斑较大；盘室端部 1/3 处具 1 模糊黑褐色斑；亚前缘中部、中室近 1/3 及翅褶中部具模糊黄斑，近顶角前缘及外缘具黄褐色小点；缘毛黄褐色。后翅及缘毛褐色。腹部背面灰褐色，腹面灰白色。

分布：宁夏（盐池）；日本，欧洲。

479　　480　　481

479. 网尖翅麦蛾 *Metzneria neuropterella* (Zeller, 1839); 480. 拟黄尖翅麦蛾 *Metzneria subflavella* Englert, 1974; 481. 亮斑单色麦蛾 *Monochroa lucidella* (Stephens, 1834)

（482）粗额柽麦蛾 *Ornativalva aspera* Sattler, 1976

翅展 11.0–13.0 mm。头有短的额突，额苍白色，头顶浅褐色，触角黑褐色，背面有浅色环，腹面白色；下唇须白色，第 3 节腹面褐色。前翅基部 2/3 的前半部黑褐色，前缘略淡，后半部淡褐色或赭黄色，“W”形纹越过翅褶 1/3 处，“W”形中部有白色鳞片，中室端部具 1 黑点。后翅及缘毛灰褐色。

分布：宁夏（盐池）、新疆；蒙古。

（483）埃及柽麦蛾 *Ornativalva heluanensis* (Debski, 1913)

翅展 11.0–12.0 mm。头白色，无额突，触角褐色，有浅色环；下唇须白色，第 2、第 3 节基部及端部有褐色鳞片。前翅灰白色，1/4、1/3 和 2/3 处分别有不规则褐色大斑。后翅灰白色。寄主：多枝柽柳、柽柳、瓣鳞花。

分布：宁夏（盐池）、青海、新疆；亚洲西部，欧洲。

（484）中国桎麦蛾 *Ornativalva sinica* Li, 1991

翅展 14.0 mm。头部褐色，触角黑色，每节基部色浅，端部色深；下唇须第 2 节灰白色，杂褐色鳞片，第 3 节黑褐色，与第 2 节近等长。前翅褐色，基前半部具 1 黑色“W”形黑纹，边缘饰赭色，“W”形纹端部和中室端部各具 1 黑点，前者较小，前缘和后缘 2/3 处各具 1 灰白色斑，前者较亮，外缘具若干小黑点。后翅灰褐色。

分布：宁夏（盐池）、陕西。

482. 粗额桎麦蛾 *Ornativalva aspera* Sattler, 1976; 483. 埃及桎麦蛾 *Ornativalva heluanensis* (Debski, 1913); 484. 中国桎麦蛾 *Ornativalva sinica* Li, 1991

（485）灰桎麦蛾 *Ornativalva grisea* Sattler, 1967

翅展 11.0–17.0 mm。头部白色杂黑色，触角黑色；下唇须黑褐色，第 1、第 2 节内侧白色杂黑色鳞片。前翅灰褐色至深褐色，基前半部“W”纹黑色，饰有灰白色边，“W”纹末端圆点不清楚，中室末端具 1“L”形黑斑，外缘黑色。后翅灰白色至灰褐色。

分布：宁夏（盐池）、新疆；阿富汗。

（486）尖瓣桎麦蛾 *Ornativalva acutivalva* Sattler, 1976

翅展 11.0–12.5 mm。头部赭色，散布褐色鳞片，触角黑色，鞭节各节具灰褐色环纹；下唇须白色，第 3 节黑色。前翅前半部深褐色，后半部赭色，前缘基半部深褐色，端半部渐灰色，“W”形纹较小，“W”形纹末端和中室末端各具 1 黑点，前者小而不明显，外缘具成排的黑色鳞片。后翅灰色。

分布：宁夏（盐池）、内蒙古；蒙古。

（487）泽普桎麦蛾 *Ornativalva zepuensis* Li *et* Zheng, 1995

翅展 12.0–15.0 mm。头部灰褐色；触角深褐色，鞭节各节基半部灰白色；下唇须

485. 灰桎麦蛾 *Ornativalva grisea* Sattler, 1967; 486. 尖瓣桎麦蛾 *Ornativalva acutivalva* Sattler, 1976; 487. 泽普桎麦蛾 *Ornativalva zepuensis* Li *et* Zheng, 1995

黄褐色杂黑色鳞片，第 3 节色较深。胸部及翅基片褐色。前翅褐色，后缘灰褐色饰以赭色，基前半部“W”纹底部饰有赭色，“W”纹末端和中室末端各有 1 深褐色点。后翅灰褐色。

分布：宁夏（盐池）、青海、新疆。

（488）尖展肢麦蛾 *Palumbina oxyprora* (Meyrick, 1922)

翅展 12.0 mm。头部银白色，触角灰白色，下唇须白色，第 2 节外侧具近达末端的画笔状毛簇。前翅灰褐色，具细长白色斜带，一条自后缘基部达前缘 1/2 处，一条自端部前缘内斜至后缘，两斜带之间具 2 条白色纵带。后翅灰色。

分布：宁夏（盐池）、重庆、广东、贵州、海南、河南、河北、上海、陕西、山西、台湾、云南、浙江；印度。

（489）西宁平麦蛾 *Parachronistis xiningensis* Li *et* Zheng, 1996

翅展 9.0–11.5 mm。头部灰白色，杂黑色鳞片；触角柄节灰白色，近末端有黑色鳞片，鞭节黑白相间；下唇须黑色，杂白色。前翅灰白色，散布黑色鳞片；前缘基部 2/3 具 3 个黑斑；近基部及中室中部各具 1 个较大黑斑；中室末端及近顶角处密布黑色鳞片；缘毛灰白色，杂褐色，臀角处灰褐色。后翅灰白色，散布褐色鳞片，缘毛灰色。腹部灰褐色。

分布：宁夏（盐池）、贵州、青海。

（490）戈氏皮麦蛾 *Peltasta gershensonae* (Emelyanov *et* Piskunov, 1982)

翅展 10.5–20.5 mm。头部灰白色，杂褐色鳞片；触角黑褐色；下唇须黑褐色，杂灰白色。前翅色斑变异大：有的完全黑褐色；有的前缘白色，杂灰褐色，后缘灰褐色，中间有黑色分隔；有的底色灰白色，翅脉灰褐色；缘毛灰白色至灰褐色。后翅及缘毛灰色。腹部背面黄褐色，腹面灰白色，杂灰褐色。

488. 尖展肢麦蛾 *Palumbina oxyprora* (Meyrick, 1922); 489. 西宁平麦蛾 *Parachronistis xiningensis* Li *et* Zheng, 1996; 490. 戈氏皮麦蛾 *Peltasta gershensonae* (Emelyanov *et* Piskunov, 1982)（a–d. 翅面斑纹变异）

分布：宁夏（盐池）；蒙古。

（491）旋覆花曲麦蛾 *Ptocheuusa paupella* (Zeller, 1847)

翅展 10.0–12.0 mm。头部白色；下唇须上举，第 2 节与第 3 节等长；触角淡黄白色，柄节前缘具扩大的鳞片。前翅黄褐色，前缘及各翅脉黄白色，缘毛灰白色。后翅及缘毛灰白色。腹部背面灰褐色，腹面灰白色。寄主：高山旋覆花。

分布：宁夏（盐池、中宁）；印度，欧洲。

（492）蒿沟须麦蛾 *Scrobipalpa occulta* (Povolný, 2002)

翅展 12.0–12.5 mm。头部灰白色，具灰褐色鳞片；下唇须灰白色，第 2 节腹面鳞片粗糙，灰褐色；第 3 节与第 2 节近等长；触角黑褐色。前翅灰褐色；中室中部和翅褶中部各具 1 小黑点，缘毛灰色。后翅及缘毛灰色。腹部褐色。寄主：洋艾、艾蒿、迟熟滨菊、普通艾蒿。

分布：宁夏（盐池）、新疆；欧洲。

（493）香草纹麦蛾 *Thiotricha subocellea* (Stephens, 1834)

翅展 12.0–15.0 mm。头部灰白色至灰褐色，触角灰白色至深褐色，下唇须长，褐色，第 2 节内侧灰白色，第 3 节散布黑褐色鳞片。有两种色型：一种通体深褐色，无斑纹。另一种色型特征如下：胸部褐色，中室末端略向后有 1 黑褐色大斑，翅褶至后缘之间除基部和末端灰白色外均为深褐色，沿外缘散生稠密的褐色鳞片；后翅灰褐色。寄主：藜。

分布：宁夏（盐池）、陕西、甘肃；俄罗斯（远东），欧洲。

491. 旋覆花曲麦蛾 *Ptocheuusa paupella* (Zeller, 1847); 492. 蒿沟须麦蛾 *Scrobipalpa occulta* (Povolný, 2002); 493. 香草纹麦蛾 *Thiotricha subocellea* (Stephens, 1834)

（一百一十）羽蛾科 Pterophoridae

头部宽，前额常形成锥状突起或在触角基部形成很小的鳞毛突；喙光裸。前翅通常 2 裂，后翅 3 裂，翅面斑纹和翅形的变异很大。静止时前、后翅卷褶，与身体垂直。足细长。世界已知 1560 多种，中国已知 140 多种。

（494）灰棕金羽蛾 *Agdistis adactyla* (Hübner, [1819])

翅展 21.0–26.0 mm。头被粗鳞，灰色至灰棕色，偶杂白色或灰白色。触角灰色，长约为前翅的 1/2。下唇须上举或斜向上举，达或略低于头顶，第 1–2 节被粗鳞毛，第

3 节较短，末端钝。颈部具竖鳞。前翅完整，灰色至灰棕色；前缘具 4 个褐色小斑；裸区颜色较浅，顶角处具 1 个褐色斑点，后缘具 3 个褐色斑点；缘毛灰白色，短。后翅灰色至灰棕色。腹部灰棕色，夹杂白色鳞片，细长。寄主：菊科的荒野蒿、猪毛蒿、银香菊，藜科的藜，杜鹃花科的枞枝欧石楠。

分布：宁夏（盐池、六盘山、中卫）、北京、天津、河北、山西、内蒙古、辽宁、陕西、甘肃、新疆；蒙古，中东，欧洲。

（495）大金羽蛾 *Agdistis ingens* Christoph, 1887

翅展 30.0–35.0 mm。头顶被灰白色鳞片，散生褐色；无前额突。触角长于前翅的 1/2，柄节和梗节略微膨大；鞭节背面黄白色，但每节端部褐色。下唇须紧贴颜面，达头顶或略低于头顶；灰白色，散布褐色鳞片；第 1–2 节被长而粗的鳞毛，第 3 节短，末端钝。前翅完整，灰色，前缘具 4 个浅褐色斑点；裸区颜色较浅，顶角处具 1 个褐色斑点，后缘具 2 个褐色斑点；缘毛灰白色，臀角处颜色暗。后翅灰色至灰褐色。腹部褐色，被灰白色鳞片。

分布：宁夏（盐池）、甘肃；蒙古，阿富汗，哈萨克斯坦，塔吉克斯坦，吉尔吉斯斯坦，乌兹别克斯坦，土库曼斯坦，俄罗斯，北欧。

（496）柽柳金羽蛾 *Agdistis tamaricis* (Zeller, 1847)

翅展 20.0–26.0 mm。头被粗鳞，灰色至灰棕色，夹杂白色或灰白色；额区具小锥形突起。触角灰色至灰褐色，长约为前翅的 1/2 或稍长。下唇须上举或斜向上举，达头顶或略低于头顶，第 1 节和第 2 节被粗鳞毛，第 3 节较短，末端钝，藏于第 2 节内。前翅灰色至灰棕色；前缘依次分布 4 个褐色斑点，端部两个略小，不明显；基部 2 斑点间距较端部 2 斑点间距略长；基部第 2 个斑点下方具 1 个不明显褐斑；裸区顶角具 1 个褐色斑点，后缘依次具 2 个斑点；缘毛灰白色，短。后翅灰色至灰棕色，缘毛灰色，短。前、中足胫节白色至褐色；中足跗节内侧白色，外侧土黄色至褐色；后足胫节内侧白色，外侧土黄色至褐色。腹部灰棕色，夹杂白色鳞片，细长。寄主：柽柳科的多枝柽柳、异花柽柳、水柏枝。

分布：宁夏（盐池、银川）、北京、天津、河北、内蒙古、上海、山东、广东、陕西、甘肃、新疆、台湾；西亚，中东，欧洲。

494. 灰棕金羽蛾 *Agdistis adactyla* (Hübner, [1819]); 495. 大金羽蛾 *Agdistis ingens* Christoph, 1887; 496. 柽柳金羽蛾 *Agdistis tamaricis* (Zeller, 1847)

（497）胡枝子小羽蛾 *Fuscoptilia emarginata* (Snellen, 1884)

翅展 17.0–25.0 mm。头部土黄色至黄褐色，额区和后头区散布直立鳞毛。触角土黄色至褐色，达翅长的 1/3 或更长。下唇须土黄色至褐色，尖细光滑，第 1、第 2 节上举，第 3 节前伸。前翅 1/3 开裂；土黄色至黄褐色，散布深褐色鳞片；翅面基部和裂口之间的 1/2 处和 3/5 处各有一黑褐色斑，前一个斑点靠近内缘，后一斑点临近前缘，这两个斑点有的不明显；一褐色斑点位于裂口稍前；缘毛白色，但在每叶的顶角、臀角处则为土黄色；第 2 叶有黑褐色鳞齿。后翅土灰色或土黄色，比前翅颜色稍浅；第 1 裂在 3/5 处，第 2 裂在 1/5 处；缘毛灰色或灰白色。前、中足胫节白色至褐色，末端加深；前足跗节内侧土黄色至褐色，外侧白色；中足跗节内侧白色，外侧土黄色至褐色；后足胫节内侧白色，外侧土黄色至褐色；跗节内侧白色，外侧黄白色至褐色。腹部与胸部相连处黄白色，其余各节背腹部白色至黄色，侧面黄色至黄褐色，到末端颜色又变浅。寄主：豆科的胡枝子、截叶胡枝子。

分布：宁夏（盐池、银川）、北京、天津、河北、山西、内蒙古、辽宁、吉林、黑龙江、江苏、安徽、福建、江西、山东、河南、四川、贵州、陕西、甘肃；蒙古，朝鲜，日本，俄罗斯（远东）。

（498）甘草枯羽蛾 *Marasmarcha glycyrrihzavora* Zheng *et* Qin, 1997

翅展 25.0–29.0 mm。头部和额区紧贴褐色粗鳞，前额突无或很小；头顶鳞毛浅黄色至赭色，前伸。触角长为前翅的 1/2；柄节和梗节略微膨大；鞭节背面黄白色，但每节端部赭褐色，很细。下唇须细长，前伸或斜向上举，约为复眼直径的 2 倍；背面赭褐色，腹面黄白色；第 1 节被很长的鳞毛，第 2 节也被鳞毛，但很短，整个长度约等于复眼直径，第 3 节尖细，很短。后头区和头胸之间有竖鳞，极短，端部二分叉，不明显。前翅在 3/4 处开裂，浅黄色至赭褐色，近顶角处颜色较浅；翅面中室的部位颜色浅，中室的基部有一不明显的褐色点斑，很小；裂口处常有一“〈”状横带，黄白色，开口朝外，与第 2 裂叶等齐的横带不明显；缘毛黄白色至黄褐色。后翅简单，比前翅的颜色稍浅；第 1、第 2 裂叶宽披针形，第 3 裂叶狭披针形；第 3 叶端部无鳞齿；缘毛黄白色至灰白色。前足和中足的腿节和胫节内侧赭褐色，外侧白色，跗节灰白色，中足的距灰白色；后足外侧赭褐色，内侧白色，散布赭色，两对距白色。腹部背面赭褐色，每节都有 1 对白色纵线，不明显，末端灰白色；腹面黄白色至赭褐色。寄主：甘草。

分布：宁夏（盐池、云雾山、银川）、天津、内蒙古、陕西、新疆；俄罗斯。

（499）褐秀羽蛾 *Stenoptilodes taprobanes* (Felder *et* Rogenhofer, 1875)

翅展 13.0–14.0 mm，头部灰褐色至黑褐色，后缘灰白色。触角长达前翅的 1/2 或稍短；柄节深褐色，鞭节黑白相间，腹面有短纤毛。下唇须褐色，略向上举；第 1、第 2 节散布白色鳞片；第 3 节尖细、光滑，短于第 2 节。前翅灰褐色，散生黑色和灰白色鳞片，亚前缘线灰白色，第 1 叶中部近后缘有不规则纵斑；亚缘线白色，内侧中下部具 1 三角形褐色斑。中室基部、中部和末端各有一个清楚或不清楚的灰白色圆点；第 1 叶外缘略向内凹；缘毛灰色，第 1 叶端部有黑色鳞齿，第 2 叶缘毛中夹杂有黑色鳞齿。后翅褐色，散生黑色鳞片，第 2 叶近端部有一个灰白色圆点，第 3 叶端部有黑色鳞齿，缘毛灰褐色。

分布：宁夏（盐池、六盘山）、北京、天津、内蒙古、浙江、安徽、福建、江西、山东、河南、湖北、湖南、广东、广西、海南、四川、贵州、云南、陕西、台湾；日本，缅甸，泰国，印度，斯里兰卡，欧洲，马达加斯加，美国，巴拉圭，玻利维亚。

497. 胡枝子小羽蛾 *Fuscoptilia emarginata* (Snellen, 1884); 498. 甘草枯羽蛾 *Marasmarcha glycyrrihzavora* Zheng *et* Qin, 1997; 499. 褐秀羽蛾 *Stenoptilodes taprobanes* (Felder *et* Rogenhofer, 1875)

（500）甘薯异羽蛾 *Emmelina monodactyla* (Linnaeus, 1758)

翅展 18.0–28.0 mm。头灰白色至褐色，光滑。两触角基部之间为淡黄色或白色，沿触角下方与复眼的上方相连，形成一“U”形结构。后头区与头胸之间有许多直立、散生的鳞毛簇，颜色同头部。下唇须细长、直立、上举，刚达或超过复眼直径。触角可达前翅的 2/3。前翅 1/3 处开裂，灰白色至褐色，前缘基半部和后缘基部、中部均有一系列小斑点，开裂处前端有 1 个小横斑，两叶的顶角偏下均有两个小斑，这些斑点的颜色比翅面的颜色略深；两叶的端部均锐；缘毛的颜色比翅面的颜色略浅，但前翅顶角下缘的缘毛颜色要比其他地方的缘毛颜色深。后翅 3 叶均尖细，狭披针形，有颜色较浅的缘毛。腹部细长，灰白色至灰褐色，背线颜色浅，每节的基部都有 1 小褐色斑，有的不太明显。

此种在全世界范围内广布，在颜色、大小和翅面斑纹上的变异都很大。颜色：从灰白色至灰褐色；大小：从翅展 18.0 mm 至翅展 28.0 mm。翅面斑纹：从非常黯淡的斑点至黑褐色斑点。

分布：宁夏（盐池、六盘山）；世界广布。

（501）白滑羽蛾 *Hellinsia albidactyla* (Yano, 1963)

翅展 13.5–22.0 mm。头部颜面灰褐色至浅褐色，无前额突；头顶黄灰色至灰褐色，鳞片较粗，两触角间和触角周围连成一近白色方形域。触角略微长于前翅的 1/2；基节略微膨大，多为白色，有的被灰褐色鳞片；鞭节密被细绒毛，浅褐色至灰褐色，末端颜色较深。下唇须短于复眼直径，紧贴颜面上举，有的标本末节略微前伸；基节几乎全部隐藏在复眼之下的黄白色至浅灰色鳞片中；第 2 节灰褐色至黄白色，无鳞毛刷；末节略微短于第 2 节，末端尖细。前翅在 3/5 处开裂，底色灰白色，极其稀疏地散布一些灰褐色鳞片，前缘偶颜色深；翅面未开裂部分的基部、中部正中央分别具一个非常小的灰褐色至褐色斑点；裂口之前具 2 个几乎连接在一起的略微向内倾斜的浅灰褐色至褐色小斑点；第 1 裂叶前缘基部具一灰褐色至褐色椭圆形斑点，缘毛灰白色至浅灰色。后翅简单，翅面颜色比前翅略深，缘毛颜色同翅面，较长。腹部灰白色至浅灰褐色，中等粗细。

分布：宁夏（盐池）、山西、河北、吉林、黑龙江、安徽、河南、四川、贵州、陕西、甘肃、新疆；朝鲜，日本，俄罗斯。

（502）长须滑羽蛾 *Hellinsia osteodactyla* (Zeller, 1841)

翅展 16.0–17.0 mm。头部颜面浅褐色，无前额突；头顶黄白色，鳞片非常粗。触角约为前翅长的 1/2 或略长；基节略微膨大，黄白色；鞭节密被细绒毛，浅褐色，末端颜色较深。下唇须约为复眼直径的 1.5 倍，紧贴颜面上举，末节略微前伸；基节几乎全部隐藏在复眼之下的黄白色长鳞片中；第 2 节浅黄白色，端部背侧具略微扩展的鳞毛刷；末节略微短于第 2 节，末端尖细。前翅在 3/5 处开裂，底色浅黄白色，极其稀疏地散布一些灰褐色鳞片；缘毛浅黄白色。后翅简单，翅面颜色比前翅略灰，缘毛颜色同翅面，较长。腹部浅黄白色至灰黄色，中等粗细。寄主：菊科的毛果一枝黄花、银毛千里光、林荫千里光、千里光、麻菀、欧蓍草、北艾等。

分布：宁夏（盐池、泾源、六盘山、中宁）、山西、内蒙古、黑龙江、山东、四川、云南、陕西、甘肃、新疆；蒙古，朝鲜，日本，中亚，欧洲。

500. 甘薯异羽蛾 *Emmelina monodactyla* (Linnaeus, 1758); 501. 白滑羽蛾 *Hellinsia albidactyla* (Yano, 1963); 502. 长须滑羽蛾 *Hellinsia osteodactyla* (Zeller, 1841)

（一百一十一）舞蛾科 Choreutidae

体小型至中小型，翅展 5.0–20.0 mm。单眼明显；触角线状，雄性腹面具纤毛；喙基部具鳞片。下唇须上举，第 2 节多具突出鳞毛簇。前翅宽三角形，顶角圆滑，外缘宽圆；翅面常有具金属光泽的斑纹。后翅宽卵形，较前翅略宽。前胫节具前胫突。成虫一般日行性。世界已知 420 多种，中国已知 30 多种。

（503）山地舞蛾 *Choreutis montana* (Danilevski, 1973)

翅展 13.0–14.0 mm。头、胸部黄褐色；触角柄节黄褐色，鞭节除末端几节外背面黑白相间，腹面具纤毛，雄性较雌性发达；下唇须略上举，背面黄褐色，腹面白色，第 3 节长为第 2 节的一半。前翅底色黄色，杂黄褐色；前缘具 4 个赭褐色斑；中带黄褐色，前半段两侧略呈浅黄白色；外缘线细，黄褐色，波曲状，中室外侧极外凸；缘毛赭褐色。后翅黑褐色；缘毛浅黄白色，缘线黑褐色。腹部背面黄褐色；腹面黄白色。寄主：苹果属、唐棣属、桦木属等。

分布：宁夏（盐池）、青海；吉尔吉斯斯坦，塔吉克斯坦，哈萨克斯坦。

（504）白缘前舞蛾 *Prochoreutis sehestediana* (Fabricius, 1776)

翅展 11.0–13.0 mm。头部黄褐色，具铜色金属光泽，头顶两侧杂银白色鳞片；触角柄节褐色，鞭节除末端几节外背面黑白相间，腹面具纤毛，雄性较雌性发达；下唇须黄褐色，散布白色和黑褐色，第 2 节具 3 簇平伸长鳞片，与第 3 节近平行，呈栉状。前翅灰褐色至黑褐色，中部散布白色鳞片，前缘基部，亚前缘中部及后缘外侧 1/3 处具银斑，外缘具 2 条银带，银带间及基部金黄色；缘毛白色，杂褐色，顶角和臀角处黑褐色。后翅黄褐色至黑褐色，前缘基部 1/2 灰白色，外缘中部及臀角处各具 1 白色条斑；缘毛外缘处白色，杂褐色，臀角及后缘处黄褐色。腹部背面黑褐色，各节后缘白色；腹面前半部黑褐色，后半部白色。

分布：宁夏（盐池、六盘山）、陕西；日本，俄罗斯，印度，斯里兰卡，尼泊尔，中亚，外高加索，叙利亚，东洋区。

503 504

503. 山地舞蛾 *Choreutis montana* (Danilevski, 1973); 504. 白缘前舞蛾 *Prochoreutis sehestediana* (Fabricius, 1776)

（一百一十二）卷蛾科 Tortricidae

体小至中型，翅展多为 7.0–35.0 mm，少数可达 60.0 mm。头顶具粗糙的鳞片；单眼存在；喙发达，基部无鳞片；下唇须 3 节，平伸或上举，被粗糙鳞片。前翅阔，宽三角形，或近方形；有些雄性前缘具前缘褶，其内具特殊香鳞；中室具 M 脉主干，一般不分支。世界已知 9000 多种，中国已知 700 多种。

（505）柳凹长翅卷蛾 *Acleris emargana* (Fabricius, 1775)

翅展 19.5 mm。体灰褐色。前翅前缘基半部隆起，1/3–1/2 处强烈凹入，其后略向外凸出，顶角尖锐，强烈突出，外缘内凹，臀角宽圆；底色灰黑色，翅面有很多灰色竖鳞，前缘凹入处边缘浅黄白色；缘毛灰黑色。后翅及缘毛灰白色。腹部背面灰褐色，腹面灰色。寄主：杨柳科的黄花柳、龙江柳、卷边柳、柳、山杨；桦木科的桦木、桤木、榛。

分布：宁夏（盐池）、北京、吉林、黑龙江、浙江、四川、云南、陕西、甘肃、青海；韩国，日本，俄罗斯（远东），中欧。

（506）杨凹长翅卷蛾 *Acleris issikii* Oku, 1957

翅展 14.5–17.0 mm。体灰褐色。前翅前缘基半部隆起，中部之后明显凹入，顶角尖锐，外缘内凹，臀角宽圆；底色灰色，杂灰褐色和黄褐色鳞片，前缘中部有 3 个黄白色条斑，中间的最大，后缘浅黄色。后翅及缘毛灰褐色。腹部背面灰褐色，腹面灰色。寄主：杨柳科的杞柳、粉枝柳、卷边柳、柳、山杨、钻天杨、黑杨。

分布：宁夏（盐池）、黑龙江；蒙古，中亚，俄罗斯（远东），中欧。

（507）黑斑长翅卷蛾 *Acleris nigriradix* (Filipjev, 1931)

翅展 19.0–22.0 mm。头部灰白色，杂褐色鳞片；下唇须内侧灰白色，外侧灰褐色；触角灰褐色。前翅底色黄褐色，具黑灰色斑纹，前缘具 1 近倒梯形黑褐斑，前端宽，后端窄，缘毛黑灰色。后翅及缘毛灰白色。腹部背面黄褐色，腹面黄白色。

分布：宁夏（盐池）、黑龙江、湖南；韩国，日本，俄罗斯（远东）。

505 506 507

505. 柳凹长翅卷蛾 *Acleris emargana* (Fabricius, 1775); 506. 杨凹长翅卷蛾 *Acleris issikii* Oku, 1957; 507. 黑斑长翅卷蛾 *Acleris nigriradix* (Filipjev, 1931)

（508）榆白长翅卷蛾 *Acleris ulmicola* (Meyrick, 1930)

翅展 19.2–23.5 mm。头顶灰白色，杂灰褐色鳞片；额灰白色，上半部色略深；下唇须内侧灰白色，外侧灰色；触角灰色。前翅底色灰白色，杂灰褐色鳞片，在翅面组成许多小网格；具 3 条灰褐色竖鳞组成的斑纹，第 1 条自前缘 1/5 处达后缘 1/4 处，近线状，第 2 条自前缘中部近达后缘 3/4 处，很宽，第 3 条自前缘 2/3 处伸达臀角，较宽；缘毛灰白色。后翅及缘毛灰白色。腹部灰褐色。体色有变异，从灰白色至暗灰色。寄主：榆科的黑榆、裂叶榆、春榆。

分布：宁夏（盐池）、北京、河北、内蒙古、吉林、黑龙江、河南、山东、西藏、青海、台湾；朝鲜，日本，俄罗斯（远东）。

（509）分光卷蛾 *Aphelia disjuncta* (Filipjev, 1924)

翅展 18.5–21.5 mm。头部黄白色；下唇须黄白色，外侧被少许灰色鳞片；触角黄褐色。前翅底色灰白色，具土黄色斑纹：基斑端部向后缘扩展，中带近前缘窄，近后缘加宽，外缘斑与端纹融合；缘毛灰白色。后翅及缘毛灰白色。腹部背面灰色，腹面黄白色。

分布：宁夏（盐池）、河北、青海、新疆；蒙古，中亚，俄罗斯（远东），中欧。

（510）棉花双斜卷蛾 *Clepsis pallidana* (Fabricius, 1776)

翅展 15.5–21.5 mm。头顶黄褐色，额黄白色。下唇须第 2 节内侧黄白色，外侧黄褐色；第 3 节淡黄色。触角背面灰褐色，腹面黄白色。前翅底色黄色，具红褐色斑纹；基斑小；自前缘近基部至后缘中部及前缘中部至后缘臀角各具 1 条斜纹；亚端纹小，近倒三角形；缘毛黄白色。后翅及缘毛灰白色。腹部背面黄白色，腹面灰白色。寄主：苜蓿、锦鸡儿、蒿、棉、大麻等。

分布：宁夏、北京、天津、河北、内蒙古、吉林、黑龙江、山东、四川、青海、陕西、甘肃、新疆；韩国，日本，中欧。

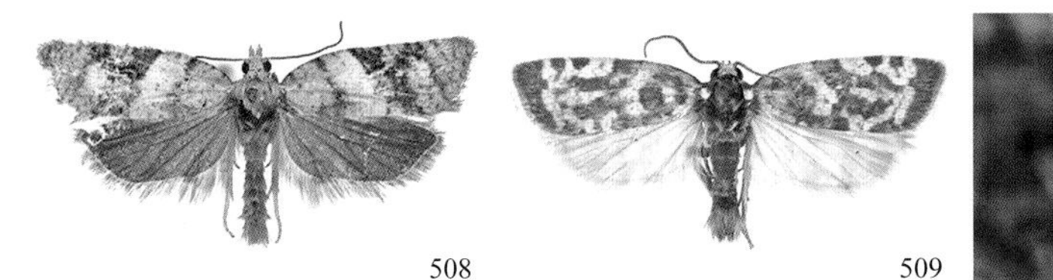

508. 榆白长翅卷蛾 *Acleris ulmicola* (Meyrick, 1930); 509. 分光卷蛾 *Aphelia disjuncta* (Filipjev, 1924); 510. 棉花双斜卷蛾 *Clepsis pallidana* (Fabricius, 1776)

（511）青云卷蛾 *Cnephasia stephensiana* (Doubleday, 1849)

翅展 14.5–20.5 mm。头、胸部灰褐色，下唇须内侧灰色。前翅底色灰色，具灰褐色斑纹：基带大，中部向外突出；中带完整而宽，自前缘中部伸达臀角之前；亚端纹自前缘 2/3 处伸达臀角，前半部宽，后半部窄；缘毛深灰色。后翅深灰色，缘毛灰白色。腹部背面暗灰色，腹面灰色。寄主：菊科的茼蒿、蒲公英、旋覆花、山柳菊、蓟、一年蓬、藏岩蒿、宽叶山蒿、毛果一枝黄花、蜂斗菜、千里光、苦苣菜、款冬、矢车菊；车前科的车前；蓼科的钝叶酸模、酸模；豆科的紫花苜蓿、菜豆、白三叶、野豌豆；蔷薇科的苹果、悬钩子、草莓；杜鹃花科的越橘；茄科的烟草；杨柳科的杨；藜科的藜；伞形科的短毛独活；柿科的柿。

分布：宁夏（盐池）、河北、山西、四川、青海、陕西、甘肃；日本，韩国，中亚，小亚细亚，俄罗斯（远东），中欧。

（512）暗褐卷蛾 *Pandemis phaiopteron* Razowski, 1978

翅展 19.5–27.0 mm。额被灰白色鳞片，头顶被灰褐色鳞片；下唇须外侧灰褐色，内侧黄白色；触角黄白色。前翅宽阔，前缘中部强烈隆起，其后平直，顶角近直角，外缘略弯曲；底色土黄色至黄褐色，斑纹由暗褐色和黄褐色鳞片组成；基斑大，中带前后近等宽，亚端纹小，倒三角形；缘毛锈褐色。后翅及缘毛暗灰色。腹部背面暗褐色，腹面灰褐色。

分布：宁夏（盐池）、河北、内蒙古、四川、青海、陕西、甘肃。

（513）苹褐卷蛾 *Pandemis heparana* (Denis *et* Schiffermüller, 1775)

翅展 16.5–26.5 mm。额被灰白色长鳞片，头顶被灰褐色粗糙鳞片；下唇须外侧灰色杂灰褐色鳞片，内侧白色；触角基部白色，其余灰白色。前翅宽阔，前缘中部之前均匀隆起，其后平直，顶角近直角，外缘略斜直；底色灰褐色，斑纹由灰褐色和黄褐色鳞片组成；基斑大，中带后半部宽于前半部，有时中带常断裂，亚端纹小，倒三角形；缘毛黄褐色。后翅暗灰色，前缘基部 4/5 灰白色，缘毛暗灰色。腹部背面暗褐色，腹面灰白色。寄主：苹果、李、梨、桃、柳、榆等。

分布：宁夏（盐池）、天津、河北、黑龙江、青海、陕西；韩国，日本，俄罗斯（远东地区），欧洲。

511. 青云卷蛾 *Cnephasia stephensiana* (Doubleday, 1849); 512. 暗褐卷蛾 *Pandemis phaiopteron* Razowski, 1978; 513. 苹褐卷蛾 *Pandemis heparana* (Denis *et* Schiffermüller, 1775)

（514）青海双纹卷蛾 *Aethes alatavica* (Danilevski, 1962)

翅展 13.0–16.0 mm。头部黄白色；下唇须外侧黄褐色杂黄白色，内侧黄白色；触角褐色杂黑褐色。前翅底色黄白色；前缘基部 1/5 黄褐色；中带出自翅前缘中部，斜伸至翅后缘基部 2/5 处，前端 1/3 浅黄褐色，后端 2/3 褐色杂黑褐色；亚端带出自前缘端部 1/4 处，伸达臀角，浅黄褐色，前缘黄褐色；亚端带内侧具 2 个黄褐色斑，略杂黑褐色；亚臀斑小，三角形，位于翅后缘端部 1/4 处；外缘黑褐色；缘毛黄白色。后翅及缘毛灰白色。腹部黑褐色。

分布：宁夏（盐池、泾源）、北京、山西、内蒙古、陕西、青海、新疆；俄罗斯。

（515）尖顶双纹卷蛾 *Aethes fennicana* (Hering, 1924)

翅展 13.0–15.0 mm。头部浅黄白色；下唇须黄白色，内侧色略淡，外侧杂黄褐色；触角浅黄白色，略杂浅黄褐色。前翅底色黄白色；前缘基部杂黄褐色鳞片；中带出自翅前缘中部，斜伸至翅后缘基部 2/5 处，有时前半段不显；亚端带出自前缘端部 1/4 处，伸达臀角略前方，黄褐色杂黑褐色，有时前半段不显；缘毛黄白色。后翅及缘毛基半部灰褐色，缘毛端半部灰白色。

分布：宁夏（盐池）、新疆；欧洲。

（516）牛旁双纹卷蛾 *Aethes rubigana* (Treitschke, 1830)

翅展 11.0–17.0 mm。头部黄白色；下唇须外侧浅黄褐色，内侧黄白色；触角黄褐色。前翅底色黄白色；前缘基部 1/5 黄褐色；中带出自翅前缘中部，斜伸至翅后缘基部 1/3 处，黄褐色，边缘杂黑褐色鳞片；前端 1/3 外弯，断裂；亚端带自前缘端部 1/4 处伸达臀角，中部断裂，前端 1/3 黑褐色杂黄褐色；亚臀斑小，三角形，位于翅后缘端部 1/4 处，黑褐色；缘毛黄白色。后翅及缘毛灰褐色。腹部黑褐色。

分布：宁夏（盐池、泾源）、北京、河北、辽宁、吉林、黑龙江；日本，俄罗斯，欧洲。

514　515　516

514. 青海双纹卷蛾 *Aethes alatavica* (Danilevski, 1962); 515. 尖顶双纹卷蛾 *Aethes fennicana* (Hering, 1924); 516. 牛旁双纹卷蛾 *Aethes rubigana* (Treitschke, 1830)

（517）拟多斑双纹卷蛾 *Aethes subcitreoflava* Sun *et* Li, 2013

翅展 8.0–20.0 mm。头部浅黄色；下唇须外侧黄色杂浅黄褐色，内侧浅黄白色，第 2 节端部膨大，第 3 节短小，几乎隐藏在第 2 节的鳞毛中。前翅底色黄色，具浅黄褐色网状纹；近基部具 1 个黄褐色斑；中带出自翅前缘中部，伸达翅后缘 1/3 处，前端 1/3 处断裂，前端 1/3 浅黄褐色，后端 2/3 褐色杂黑褐色；臀斑与中带平行，位于后缘 3/4 处；缘毛黄色，略杂黄褐色。后翅灰色，缘毛灰白色。腹部黑褐色。

分布：宁夏（盐池）、山西、吉林、内蒙古、甘肃。

（518）一带灰纹卷蛾 *Cochylidia moguntiana* (Rössler, 1864)

翅展 8.0–9.5 mm。头部黄白色；下唇须外侧黄褐色，内侧黄白色，第 3 节几乎被第 2 节的鳞毛覆盖；触角黄褐色，略杂深褐色。前翅底色浅黄色至浅黄褐色，前缘基半部具 1 条黑褐色带；中带自前缘中部斜至后缘基部 1/3 处，近前缘处黑灰色，后端深赭褐色杂黑褐色，前端 1/3 处及翅褶处各具 1 个黑斑；亚端带自前缘端部近顶角处延伸至近臀角上方，与中带平行；1 条黑灰色短带自中带中部外侧斜至亚端带末端内侧，三者在前翅形成 1 个"N"形斑纹；亚臀斑位于后缘端部 1/3 处，为 1 小黑点；缘毛黄褐色。后翅及缘毛灰色。腹部灰褐色。

分布：宁夏（盐池、中宁）、北京、天津、河北、山西、内蒙古、辽宁、黑龙江、安徽、福建、山东、河南、湖南、四川、贵州、陕西、甘肃；韩国，俄罗斯，阿富汗，伊朗，欧洲。

（519）尖瓣灰纹卷蛾 *Cochylidia richteriana* (Fischer von Röslerstamm, 1837)

翅展 11.0–13.5 mm。头部黄白色；下唇须外侧黄褐色，略杂黑褐色，内侧黄白色，第 3 节几乎被第 2 节的鳞毛覆盖；触角黄褐色，略杂深褐色。前翅底色浅黄褐色至黄褐色，散布赭色鳞片；前缘散布黑褐色鳞片，基部 1/3 具 1 黑褐色窄带；中带自前缘中部向后内斜至后缘基部 1/3 处，前端 1/3 黑灰色，略外弯，后端 2/3 深赭褐色，边缘密布黑褐色鳞片；亚端带自前缘近顶角处延伸至臀角，灰褐色，杂赭色；1 条赭褐色短带自中带前端外侧斜至亚端带末端内侧，三者在前翅形成 1 个“N”形的斑纹；近中带后端外侧具 1 个赭色斑；顶角处具 1 个灰褐色小斑点；亚臀斑位于后缘端部 1/4 处，为 1 个小黑点；缘毛浅黄褐色，杂黑褐色，形成 1–2 列黑褐色小斑点。后翅褐色，缘毛浅黄褐色。腹部灰褐色。

分布：宁夏（盐池、六盘山）、北京、天津、河北、山西、内蒙古、辽宁、黑龙江、山东、湖南、四川、青海；韩国，日本，俄罗斯，欧洲。

517. 拟多斑双纹卷蛾 *Aethes subcitreoflava* Sun *et* Li, 2013; 518. 一带灰纹卷蛾 *Cochylidia moguntiana* (Rössler, 1864); 519. 尖瓣灰纹卷蛾 *Cochylidia richteriana* (Fischer von Röslerstamm, 1837)

（520）褐斑窄纹卷蛾 *Cochylimorpha cultana* (Lederer, 1855)

翅展 13.0–18.0 mm。头部白色；下唇须外侧黄褐色，内侧浅黄白色。前翅底色浅黄白色，散布黄褐色鳞片；基部内斜，黄色杂黄褐色；中带出自翅前缘中部，伸达翅后缘基部 2/5 处，黄褐色，后半部略杂黑褐色；亚端带自前缘基部 3/4 处内斜至后缘基部 5/6 处，黄褐色；亚端带和外缘之间密布黄褐色鳞片；缘毛黄褐色，略杂黑褐色。后翅灰色，缘毛浅灰色。腹部黄褐色。

分布：宁夏（盐池、海原、永宁）、山西、吉林、山东、陕西、甘肃、青海；俄罗斯，欧洲。

（521）尖突窄纹卷蛾 *Cochylimorpha cuspidata* (Ge, 1992)

翅展 13.0–18.0 mm。头部白色；触角黄褐色，杂黑褐色；下唇须外侧黄褐色杂黑褐色，内侧浅黄白色。前翅前缘平直，外缘倾斜；底色浅黄白色，有 1 条短带自后缘基部上斜至翅室基部 1/3 处，黄褐色略杂黑褐色；中带自前缘中部内斜至后缘基部 2/5 处，黄褐色杂黑褐色，前端 1/3 处几乎断裂，后端 2/3 略内弯；亚端带自前缘端部 1/4 处外斜至臀角，黄褐色杂黑褐色；后缘端部 2/5 处具 1 个黄褐色斑，略杂黑褐色；顶角、外缘及缘毛黑褐色。后翅及缘毛灰色。腹部黄褐色。

分布：宁夏（盐池）、北京、天津、河北、山西、内蒙古、辽宁、黑龙江、安徽、河南、湖北、陕西、甘肃；韩国。

（522）杂斑窄纹卷蛾 *Cochylimorpha halophilana clavana* (Constant, 1888)

翅展 16.0–20.0 mm。头部黄白色；触角黄色，略杂黄褐色；下唇须外侧黄色，略带褐色，内侧浅黄白色。前翅前缘平直，外缘略倾斜；底色浅黄白色，散布浅黄褐色鳞片；中带自前缘中部内斜至后缘基部 2/5 处，黄褐色，前端 1/3 色略浅；前缘端部 1/4 处及顶角处各具 1 条短带向下延伸，在翅前端 1/4 处相交，合并为 1 条延伸至臀角的带；缘毛浅黄褐色。后翅及缘毛浅灰色。腹部浅灰褐色。

分布：宁夏（盐池）、新疆；法国。

520　521　522

520. 褐斑窄纹卷蛾 *Cochylimorpha cultana* (Lederer, 1855); 521. 尖突窄纹卷蛾 *Cochylimorpha cuspidata* (Ge, 1992); 522. 杂斑窄纹卷蛾 *Cochylimorpha halophilana clavana* (Constant, 1888)

（523）双带窄纹卷蛾 *Cochylimorpha hedemanniana* (Snellen, 1883)

翅展 10.0–18.0 mm。头顶及额黄色。触角黄褐色，略杂黑褐色。下唇须外侧黄褐色，内侧浅黄白色。前翅前缘近平直，外缘倾斜；底色浅黄白色；前缘基部 1/5 黄褐色，杂黑褐色；中带自前缘近中部斜伸至后缘基部 2/5 处，黄褐色，略杂黑褐色；亚端带自前缘端部 1/4 处延伸至臀角，中部略膨大，黄褐色，近亚端带内缘中部具 1 个黑色小斑点；后缘端部 2/5 处具 1 个浅黄褐色斑；顶角及外缘具黄褐色小斑点；缘毛黑褐色杂黄褐色。后翅及缘毛灰色。腹部黄褐色。

分布：宁夏（盐池、六盘山）、北京、天津、河北、山西、辽宁、黑龙江、江苏、安徽、山东、河南、湖北、云南、陕西；韩国，日本，俄罗斯。

（524）丽江窄纹卷蛾 *Cochylimorpha maleropa* (Meyrick, 1937)

翅展 7.0–14.0 mm。头、胸部浅黄白色；触角黄褐色，略杂黑褐色鳞片。前翅底色黄色，斑纹浅黄褐色，杂黑褐色；前缘基半部具 1 条黄褐色窄带；中带自前缘中部内斜至后缘基部 2/5 处，前端 1/3 消失，后端 2/3 黄褐色，杂黑褐色；缘毛黄色。后缘及缘毛浅灰褐色。腹部浅黄褐色。

分布：宁夏（盐池）、陕西、云南。

（525）宽突纹卷蛾 *Cochylis dubitana* (Hübner, [1796–1799])

翅展 15.5 mm。头部浅黄白色；下唇须外侧黄色略杂黑褐色，内侧浅黄白色；触角黑褐色。前翅底色浅黄白色，前缘杂黑褐色鳞片；基斑自前缘基部 1/4 缩窄至后缘基部 1/5；中带自前缘中部达后缘中部，前半部仅在前缘处形成 1 黑褐色斑，后半部灰褐

523　524　525

523. 双带窄纹卷蛾 *Cochylimorpha hedemanniana* (Snellen, 1883); 524. 丽江窄纹卷蛾 *Cochylimorpha maleropa* (Meyrick, 1937); 525. 宽突纹卷蛾 *Cochylis dubitana* (Hübner, [1796–1799])

色；亚端带宽，自前缘端部 1/5 沿外缘延伸至臀角，灰黑色；近亚端带后半部内侧具 1 模糊灰色斑；缘毛灰黑色。后翅及缘毛灰褐色。腹部灰褐色。

分布：宁夏（盐池）、黑龙江；欧洲。

（526）钩端纹卷蛾 *Cochylis faustana* (Kennel, 1919)

翅展 8.0–9.5 mm。头部浅黄白色；触角柄节浅黄白色，鞭节黄褐色，杂黑褐色鳞片。前翅底色浅黄色；前缘杂黑褐色鳞片；基部消失；中带自前缘中部伸达后缘基部 1/3–1/2 处，前半部仅在前缘形成 2 个黑褐色小斑点，后半段黄褐色杂黑褐色鳞片；亚端带自前缘基部 3/4 沿外缘延伸至后缘端部 1/3，黄褐色，前缘具 3 个黑褐色小斑点；缘毛灰褐色杂黄褐色。后翅及缘毛浅灰白色。腹部灰褐色。

分布：宁夏（盐池）、内蒙古、新疆；俄罗斯。

（527）裂瓣纹卷蛾 *Cochylis discerta* Razowski, 1970

翅展 10.0–14.5 mm。头部黄褐色；触角黄褐色，略杂黑褐色；下唇须外侧黄褐色略杂黑褐色，内侧黄白色。前翅阔，底色浅黄色；前缘杂黑褐色小斑点，基斑小，在前缘延伸至基部 1/4 处；中带自前缘中部至后缘中部，前端 1/3 黑褐色，后端 2/3 灰褐色，前端 1/3 处几乎断裂；亚端带近倒三角形，自前缘端部 1/5 沿外缘延伸至臀角，边缘黑褐色，中部杂黄褐色；亚臀斑为 1 个黑褐色小斑点，位于后缘端部 1/4 处；缘毛黑褐色。后翅及缘毛灰色。腹部灰褐色。

分布：宁夏（盐池）、山西、内蒙古、甘肃；蒙古。

526

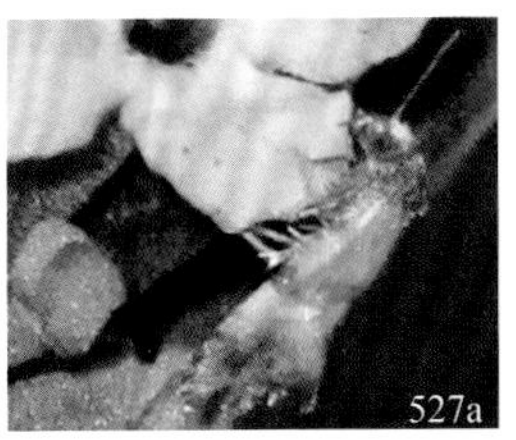
527a

527b

526. 钩端纹卷蛾 *Cochylis faustana* (Kennel, 1919); 527. 裂瓣纹卷蛾 *Cochylis discerta* Razowski, 1970（a. 生态照；b. 标本照）

（528）双条银纹卷蛾 *Eugnosta dives* (Butler, 1878)

翅展 12.0–26.0 mm。头部浅黄褐色；触角黄褐色；下唇须外侧浅黄褐色，内侧黄白色。前翅①有斑型：前翅底色黄褐色；斑纹亮银白色：前缘基部 2/5 具 1 条窄带，有 1 条带自前缘基部沿前缘下方延伸至前缘基部 2/5 处；有 1 条带自前缘端部 2/5 沿前缘下方延伸至翅顶角，略后弯，中部断开；有 1 条带自基部后缘上方延伸至臀角，中部略向前隆起；缘毛浅黄白色。后翅灰褐色，缘毛灰色。②无斑型：前翅黄色，中部具 2 个黑褐色小斑；后翅灰褐色。腹部褐色。

分布：宁夏（盐池）、天津、河北、山西、内蒙古、辽宁、吉林、黑龙江、江苏、山东、河南、陕西、甘肃、青海、新疆；日本，俄罗斯。

（529）双斑银纹卷蛾 *Eugnosta magnificana* (Rebel, 1914)

翅展 19.0–30.0 mm。头部黄白色；触角背面褐色，腹面白色；下唇须外侧红褐色，内侧浅黄白色。前翅红褐色，具 2 个银色大斑，内侧 1 个近肾形，外侧 1 个钩状弯曲；缘毛红褐色。后翅褐色，缘毛白色。腹部黑褐色。

分布：宁夏（盐池）、内蒙古；俄罗斯，伊朗，阿富汗，欧洲。

528a

528b

529

528. 双条银纹卷蛾 *Eugnosta dives* (Butler, 1878)（a. 标本照；b. 生态照）；529. 双斑银纹卷蛾 *Eugnosta magnificana* (Rebel, 1914)

（530）胡麻短纹卷蛾 *Falseuncaria kaszabi* Razowski, 1966

翅展 11.0–15.0 mm。头部黄白色；下唇须外侧黄褐色至赭褐色，略杂黑褐色鳞片，内侧黄白色；触角赭褐色至黑褐色。前翅底色黄色至赭褐色，端部 1/3 赭黄色至赭色；前缘基半部杂黑褐色鳞片；中带与外缘近平行，自中室后缘端部 1/3 内斜至翅后缘基部 1/3，近前缘部分消失，黄褐色至赭色，杂黑褐色；后缘具黑褐色小斑点；缘毛浅黄褐色至赭色。后翅及缘毛灰色。腹部灰黑色。

分布：宁夏（盐池、六盘山、中宁）、内蒙古、陕西、甘肃、青海；蒙古。

（531）河北狭纹卷蛾 *Gynnidomorpha permixtana* ([Denis *et* Schiffermüller], 1775)

翅展 8.0–12.0 mm。头部浅黄色；下唇须外侧浅黄褐色，内侧黄白色；触角赭褐色，略杂黑褐色。前翅底色浅黄褐色，前缘自基部至中带有 1 条深褐色带，略杂黑褐色鳞片；中带自前缘中部内斜至后缘基部 2/5 处，黄褐色杂黑褐色，前端 1/3 处略外弯；有 1 条褐色、渐宽的分支自中带前端 2/5 斜至臀角，与中带连接，具 1 个黑褐色斑点，外缘中部伸出 1 个短条纹与亚端带中部相连；亚端带褐色杂黑褐色，自前缘端部 1/4 延伸至外缘臀角上方，前端 2/3 宽，后端 1/3 窄，模糊；亚臀斑三角形，褐色，位于后缘端部 1/3，其顶角几乎达中带中部，与中带相连处具 1 个较大的黑褐色斑；后缘分布黑褐色斑点，近基部有 1 条浅褐色窄带斜向上延伸至翅室后缘基部 1/3 处，模糊；缘毛浅黄褐色。后翅及缘毛浅灰色。腹部灰褐色。

分布：宁夏（盐池、中宁）、北京、天津、河北、山西、辽宁、黑龙江、上海、浙江、安徽、福建、山东、河南、湖北、海南、四川、贵州、西藏、陕西、甘肃、台湾；蒙古，韩国，日本，俄罗斯，阿富汗，伊朗，欧洲。

（532）蛛形狭纹卷蛾 *Gynnidomorpha vectisana* (Humphreys *et* Westwood, 1845)

翅展 8.0–12.0 mm。头部浅黄白色；下唇须外侧浅黄色，内侧浅黄白色；触角黄褐色，略杂黑褐色。前翅底色黄色；前缘自基部至中带有 1 条黑褐色窄带，略杂赭黄色；中带自前缘中部内斜至后缘基部 2/5 处，褐色，前缘 1/3 处略外弯；有 1 条黄褐色、渐宽的带自中带前端 1/3 处斜至臀角；亚端带自前缘端部 1/4 延伸至臀角，黄褐色；亚臀斑三角形，浅黄褐色，位于后缘端部 2/5 处，其顶角与中带后端 1/3 处相连，连接处有 1 个黑褐色小斑点；中带与翅外缘间杂浅黑褐色细纹；外缘及后缘杂黑褐色鳞片，后缘近基部有 1 条黄褐色、渐窄的带斜向上延伸至翅室后缘基部 1/3 处；缘毛浅黄白色。后翅及缘毛灰色。腹部灰褐色。

分布：宁夏（盐池）、吉林、江西、河南、新疆；韩国，日本，欧洲。

530. 胡麻短纹卷蛾 *Falseuncaria kaszabi* Razowski, 1966; 531. 河北狭纹卷蛾 *Gynnidomorpha permixtana* ([Denis *et* Schiffermüller], 1775); 532. 蛛形狭纹卷蛾 *Gynnidomorpha vectisana* (Humphreys *et* Westwood, 1845)

（533）黑缘褐纹卷蛾 *Phalonidia zygota* Razowski, 1964

翅展 14.0–16.0 mm。头部白色；触角褐色；下唇须外侧第 1–2 节黑褐色，第 2 节末端和第 3 节全部白色，内侧白色。前翅底色浅黄白色，前缘杂黑褐色小斑点，翅基及基部 1/6 处各具 1 个黑褐色斑；中带自前缘中部内斜至后缘 2/5 处，前、后缘各形成 2 个黑褐色斑，中间为浅黄色细纹，几乎消失；近中带后半部内侧具 1 条浅黄色细带，略杂灰褐色；亚端带倒三角形，自前缘端部 1/5 沿外缘延伸至臀角；近亚端带后部 3/4 内侧具 1 条浅黄色细纹，末端与亚端带融合；缘毛黑褐色略杂黄褐色。后翅及缘毛灰白色。腹部灰褐色。

分布：宁夏（盐池）、北京、天津、河北、内蒙古、吉林、黑龙江、山东、甘肃、青海；蒙古，韩国，日本，俄罗斯。

（534）网斑纹卷蛾 *Phtheochroa retextana* (Erschoff, 1874)

翅展 17.0 mm。头部白色；下唇须外侧黄色，略杂褐色，内侧黄白色；触角黄褐色。前翅底色浅黄白色；前缘杂黑褐色小斑点；前缘基部 1/6 具 1 个黑褐色斑；中带自前缘中部内斜至后缘基部 2/5 处，前端 1/3 几乎消失，仅在前缘处形成 1 个褐色斑，后端 2/3 黑褐色略杂黑色；翅端部 1/5 具 1 条褐色窄带，与外缘平行，前端 1/3 几乎消失，仅在前缘处形成 1 个黑褐色小斑点；翅端部 1/5 具浅褐色细纹；外缘及后缘杂黑褐色小斑点；缘毛浅黄色。后翅及缘毛灰白色。腹部黑褐色。

分布：宁夏（盐池）、内蒙古、甘肃；土耳其。

（535）杨斜纹小卷蛾 *Apotomis inundana* (Denis *et* Schiffermüller, 1775)

翅展 17.5–19.0 mm。头顶浅褐色；触角褐色；下唇须第 1 节白色，第 2–3 节褐色，第 3 节色较深。前翅浅褐色；端部 5 对钩状纹白色，第 6、第 7 对斜向后端延伸，在 R_4 脉基部汇合，后端分离，分别伸达臀角，两者间为 1 不规则褐色长斑；中带褐色，前端窄，向后端渐宽，伸达后缘端半部；后中带褐色，近弯月状；缘毛褐色，杂白色。后翅褐色，前缘白色。

分布：宁夏（盐池）、吉林、黑龙江、陕西、青海；俄罗斯，欧洲。

533. 黑缘褐纹卷蛾 *Phalonidia zygota* Razowski, 1964; 534. 网斑纹卷蛾 *Phtheochroa retextana* (Erschoff, 1874); 535. 杨斜纹小卷蛾 *Apotomis inundana* (Denis *et* Schiffermüller, 1775)

（536）香草小卷蛾 *Celypha cespitana* (Hübner, 1814–1817)

翅展 12.0–14.0 mm。头部淡黄色至胭脂红色；触角褐色；下唇须浅褐色，第 2 节腹面及侧面具黑斑。前翅钩状纹白色，下方暗纹铅色；第 1、第 2 对钩状纹延伸至翅褶基部，第 3、第 4 对钩状纹延伸至翅后缘 1/3 处，第 5、第 6 对钩状纹的暗纹亮铅色，沿中带外缘向后延伸，在 M_2 脉中部分离，第 5 对钩状纹向内延伸至翅后缘 2/3 处，第 6 对钩状纹的暗纹达臀角。后翅灰色至黑褐色。寄主：百里香、车轴草。

分布：宁夏（盐池）、天津、河北、内蒙古、吉林、黑龙江、山东、河南、湖北、广东、四川、贵州、云南、陕西、甘肃、青海、新疆；日本，俄罗斯，欧洲，北美洲。

（537）草小卷蛾 *Celypha flavipalpana* (Herrich-Schäffer, 1851)

翅展 12.0–17.0 mm。头部黄褐色，头顶中央两侧黑褐色；触角褐色至深褐色；下唇须上举，略前伸，第 2 节外侧基半部黑褐色。前翅窄，前缘微弓，钩状纹白色，下方的暗纹铅灰色；基斑和亚基斑相连，黑褐色，杂白色斑块及赭色，外缘中部略突出；第 3、第 4 对钩状纹及暗纹显著，达翅后缘 1/3 处；中带窄，前端深褐色杂赭色，后端浅黄色杂深褐色，并覆有赭色，内缘近直，外缘有 3 处角状突出，后端达翅后缘中部；第 5、第 6 对钩状纹及暗纹沿中带外缘向后延伸，自 M_1 脉与 M_2 脉基半部分离，分别达翅后缘 2/3 处与臀角；第 7–9 对钩状纹及暗纹斜至翅外缘 M_1 脉处。后翅灰色。

分布：宁夏（盐池）、北京、天津、河北、内蒙古、吉林、黑龙江、浙江、安徽、山东、河南、湖南、四川、贵州、陕西、甘肃、青海、新疆；韩国，日本，俄罗斯，欧洲。

（538）条斑镰翅小卷蛾 *Ancylis loktini* Kuznetsov, 1969

翅展 10.5–17.5 mm。头部褐色；触角深褐色；下唇须灰白色杂褐色。前翅底色黄褐色，顶角处颜色加深，略凸出；基斑小，由深褐色点和线组成；前缘从基部至顶角有 9 对黄白色钩状纹；中带为 1 黑褐色条斑，由前缘延伸至翅中部；肛上纹黄褐色，中央有 4 条平行黑色短横线；臀斑褐色杂黑色；缘毛黄褐色。后翅灰褐色，缘毛基部 1/3 灰褐色，端部 2/3 浅灰黄色。

分布：宁夏（盐池）、北京、天津、河北、内蒙古、黑龙江；俄罗斯。

536

537

538

536. 香草小卷蛾 *Celypha cespitana* (Hübner, 1814–1817); 537. 草小卷蛾 *Celypha flavipalpana* (Herrich-Schäffer, 1851); 538. 条斑镰翅小卷蛾 *Ancylis loktini* Kuznetsov, 1969

（539）白钩小卷蛾 *Epiblema foenella* (Linnaeus, 1758)

翅展 12.0–26.0 mm。头顶灰色，额白色；触角灰色；下唇须灰褐色。前翅褐色；前翅端半部具 4 对白色钩状纹，其余钩状纹不明显；顶角褐色；翅面的白色斑纹主要有 4 种类型：①由后缘 1/3 处伸出一条白色宽带，到中室前缘以 90° 角折向后缘，而后又折向顶角，触及肛上纹；②由后缘 1/3 处伸出一条宽的白带，到中室前缘以 90° 角折向肛上纹，但不触及肛上纹；③由后缘基部 1/4 伸出一白色细带，达中室前缘；④由后缘 1/4 处伸出一条白色宽带，伸向前缘，端部变窄，但不达前缘。后翅及缘毛灰色或褐色。寄主：艾蒿、芦苇等。

分布：宁夏（盐池、泾源）、天津、河北、内蒙古、吉林、黑龙江、江苏、浙江、安徽、福建、江西、山东、河南、湖北、湖南、广西、四川、贵州、云南、陕西、甘肃、青海、新疆、台湾；蒙古，韩国，日本，泰国，印度，中亚，俄罗斯（远东），哈萨克斯坦。

（540）缘花小卷蛾 *Eucosma agnatana* (Christoph, 1872)

翅展 16.0–18.0 mm。头、胸部灰白色；触角浅褐色；下唇须第 2 节灰白色，末节平伸，隐藏在第 2 节的长鳞片中。前翅狭长，底色灰黄色；前缘从顶角至中部具 5 对灰白色钩状纹；基斑退化，基部 1/3 色略深；肛上纹近三角形，内有 2 条平行的褐色短带；缘毛灰褐色。后翅及缘毛灰色。腹部灰白色。

分布：宁夏（盐池）、河北、山西、内蒙古、陕西、青海；蒙古，俄罗斯，哈萨克斯坦，欧洲。

（541）隐花小卷蛾 *Eucosma apocrypha* Falkovitsh, 1964

翅展 14.0–17.0 mm。头顶灰白色，额白色；下唇须灰白色，第 2 节端部及第 3 节灰褐色；触角褐色，柄节灰白色。前翅狭长，底色浅灰褐色；前缘自顶角至 1/5 处具 8 对灰色钩状纹；肛上纹近椭圆形，内有两条褐带；缘毛灰褐色。后翅及缘毛灰色。

分布：宁夏（盐池）、内蒙古、四川；蒙古，哈萨克斯坦，俄罗斯（远东），欧洲。

539. 白钩小卷蛾 *Epiblema foenella* (Linnaeus, 1758); 540. 缘花小卷蛾 *Eucosma agnatana* (Christoph, 1872); 541. 隐花小卷蛾 *Eucosma apocrypha* Falkovitsh, 1964

（542）定花小卷蛾 *Eucosma certana* Kuznetsov, 1967

翅展 18.0 mm。头部灰白色；触角褐色；下唇须灰白色，第 3 节平伸。前翅灰褐色夹杂灰色。前翅钩状纹银白色，近中部 2 对钩状纹伸向肛上纹，端部 3 对钩状纹向下汇合，伸达外缘 1/3 处。肛上纹近方形，两侧银白色，内含 2 条黑色短带；缘毛灰褐色。后翅及缘毛灰色。

分布：宁夏（盐池）；俄罗斯。

（543）黑花小卷蛾 *Eucosma denigratana* (Kennel, 1901)

翅展 19.0 mm。头顶黄褐色，额白色。触角柄节黄白色，鞭节褐色。下唇须基节黄白色，端部两节黄褐色，末节下垂。胸部和翅基片橙红色。前翅底色灰色，杂灰褐色鳞片，基斑橙红色；前缘从顶角至中部有 5 对灰色钩状纹；肛上纹近方形，内有 2 条褐带，内、外缘银铅色；缘毛灰褐色，基部和中部各具 1 黑色带。后翅及缘毛灰褐色。腹部灰褐色，末端黄褐色。

分布：宁夏（盐池）、河北、黑龙江；韩国，日本，俄罗斯（远东）。

（544）邻花小卷蛾 *Eucosma getonia* Razowski, 1972

翅展 18.0–19.5 mm。头部被白色鳞片。触角浅褐色。下唇须灰白色夹杂褐色，末节隐藏在第 2 节的长鳞片中。前翅长三角形，底色浅褐色；从顶角至前缘中部有 4 对灰色钩状纹；肛上纹近方形，内有褐点；缘毛灰褐色，在臀角处灰色。后翅及缘毛灰色。

分布：宁夏（盐池）、河北、内蒙古；蒙古，俄罗斯。

542. 定花小卷蛾 *Eucosma certana* Kuznetsov, 1967; 543. 黑花小卷蛾 *Eucosma denigratana* (Kennel, 1901); 544. 邻花小卷蛾 *Eucosma getonia* Razowski, 1972

（545）块花小卷蛾 *Eucosma glebana* (Snellen, 1883)

翅展 16.0–18.0 mm。头顶鳞片灰白色，额白色；触角褐色；下唇须灰白色，杂褐色鳞片。前翅浅褐色；前缘自顶角至中部有 5 对灰色钩状纹；基斑、中带不明显；肛上纹近圆形，内有 2 条褐色横带；缘毛灰褐色。后翅及缘毛灰色或褐色。

分布：宁夏（盐池）、陕西；韩国，日本，俄罗斯（远东）。

（546）逸花小卷蛾 *Eucosma ignotana* (Caradja, 1916)

翅展 17.0–19.5 mm。头顶白色，夹杂褐色鳞片，额白色。触角柄节白色，鞭节浅褐色。下唇须灰褐色，杂白色鳞片。前翅长三角形，灰白色，前缘色深，顶角呈褐色；自顶角至前缘中部具 4 对灰色钩状纹；翅面有 2 条褐带，一条从后缘 1/3 发出，伸向顶角，止于中室，另一条从前缘中部发出，伸向臀角，止于中室前角；肛上纹近椭圆形，内有褐点；缘毛灰褐色。后翅及缘毛灰色。

分布：宁夏（盐池）、内蒙古、四川、陕西、青海；俄罗斯。

（547）屯花小卷蛾 *Eucosma tundrana* (Kennel, 1900)

翅展 16.0–20.5 mm。头部白色；触角鞭节浅褐色；下唇须灰褐色，杂白色鳞片，第 3 节短，隐藏在第 2 节的长鳞片中。前翅灰白色；前缘自基部至顶角有 4 对白色钩状纹；前缘中部有一条褐色短带伸达肛上纹；后缘 1/3 处有一褐带斜向顶角，止于中室；肛上纹圆形，内有 2 条褐带；缘毛褐色或灰色。后翅及缘毛灰色。腹部基节灰白色，余下各节黄褐色。寄主：菊科的菊属植物。

分布：宁夏（盐池）、河北、山西、内蒙古、黑龙江、广西、陕西、甘肃、新疆；俄罗斯（远东），哈萨克斯坦，欧洲。

545. 块花小卷蛾 *Eucosma glebana* (Snellen, 1883); 546. 逸花小卷蛾 *Eucosma ignotana* (Caradja, 1916); 547. 屯花小卷蛾 *Eucosma tundrana* (Kennel, 1900)

（548）丹氏小卷蛾 *Cydia danilevskyi* (Kuznetsov, 1973)

翅展 12.5–21.0 mm。头部黄褐色；触角黑褐色；下唇须上举，外侧灰褐色，内侧黄白色。前翅近长方形，由基部向端部逐渐加宽，前缘中部微突，顶角圆，近直角；基部 1/2 深褐色，端部 1/2 黄褐色；前缘具 9 对黄色钩状纹，第 5、第 7 组钩状纹末端各具 1 条铅灰色条纹；肛上纹不明显，内、外缘线铅色，内具 4–5 条黑色短横线；缘毛灰褐色，缘线黑褐色。后翅深褐色，前缘色较浅；缘毛黄色。腹部灰褐色，杂黑色。

分布：宁夏（盐池、泾源）、山西、辽宁、浙江、河南、四川、甘肃；俄罗斯。

（549）栗黑小卷蛾 *Cydia glandicolana* (Danilevsky, 1968)

翅展 14.0–21.0 mm。头部黑褐色；触角长近为前翅的 1/2，各鞭节具浅色环；下唇须上举，杂黄褐色鳞片。前翅灰褐色，杂黄色；前缘具 9 对黄色钩状纹，端部第 1、第 3 及第 5 对钩状纹间各发出 1 条铅色暗纹；肛上纹内、外缘线铅色，内具 3–4 条黑色短横线；背斑黄白色，达中室端部上角；缘毛浅黄褐色，杂黑褐色。后翅黄褐色，缘毛基部 1/3 黄褐色，端部 2/3 灰黄褐色。

分布：宁夏、天津、河北、甘肃；朝鲜，日本，俄罗斯。

（550）单微小卷蛾 *Dichrorampha simpliciana* (Haworth, 1811)

翅展 10.5–18.0 mm。头部土黄色；触角长约为前翅长的 1/2，浅黄褐色；下唇须外侧黄褐色，内侧黄白色。前翅黑褐色，散布黄色鳞片；前缘具 6 浅黄色钩状纹；肛上纹内、外缘线铅色，具黄色鳞片，沿外缘有 3 个黑色斑点；缘毛灰褐色。后翅灰黄褐色，缘毛浅黄褐色。

分布：宁夏（盐池）、河北、山西、吉林、黑龙江、江苏、河南、四川；俄罗斯，北欧。

548. 丹氏小卷蛾 *Cydia danilevskyi* (Kuznetsov, 1973); 549. 栗黑小卷蛾 *Cydia glandicolana* (Danilevsky, 1968); 550. 单微小卷蛾 *Dichrorampha simpliciana* (Haworth, 1811)

（551）植黑小卷蛾 *Endothenia gentiana* (Hübner, 1799)

翅展 13.0–19.0 mm。头部深褐色；下唇须前伸，第 2 节多毛呈膨大状；第 3 节小，基部褐色，端部深褐色。前翅前缘钩状纹呈杏黄色，自前缘 3/4 至后缘臀角附近连线以内呈深褐色，其间有不明显的黑褐色夹杂银色的基斑和中带等不规则斑纹；翅端部杏黄色，外缘和缘毛黑褐色。后翅灰褐色，缘毛浅灰褐色。

分布：宁夏（盐池）、北京、安徽、江西；蒙古，朝鲜，日本，俄罗斯，北美洲。

（552）水苏黑小卷蛾 *Endothenia nigricostana* (Haworth, 1811)

翅展 10.5–12.5 mm。头、胸部灰褐色；下唇须外侧灰色，末端灰褐色，内侧浅灰白色。前翅灰褐色，翅中部及后缘杂浅黄色，外缘内侧具不规则黑斑点；前缘钩状纹明显。后翅灰褐色。

分布：宁夏（盐池）、北京、吉林、黑龙江、河南；朝鲜，日本，俄罗斯，欧洲。

（553）柠条支小卷蛾 *Fulcrifera luteiceps* (Kuznetsov, 1962)

翅展 12.0–19.0 mm。头部黄褐色；触角背面褐色，腹面浅黄色；下唇须黄白色杂黄褐色。前翅浅黑褐色，端部 1/3 杂浅黄赭色鳞片；前缘有 5 对明显浅黄白色钩状纹，后缘中部有 1 淡黄白色斑，外缘和内缘近乎平行，肛上纹被钩状纹延伸的铅色线所包围，中央有 5 条平行黑色短横线；缘毛黄褐色。后翅灰褐色，缘毛灰白色。寄主：蒙古锦鸡儿及其他豆科植物。

分布：宁夏（盐池）、天津、四川、甘肃；蒙古，俄罗斯（西伯利亚）。

551

552

553

551. 植黑小卷蛾 *Endothenia gentiana* (Hübner, 1799); 552. 水苏黑小卷蛾 *Endothenia nigricostana* (Haworth, 1811); 553. 柠条支小卷蛾 *Fulcrifera luteiceps* (Kuznetsov, 1962)

（554）东支小卷蛾 *Fulcrifera orientis* (Kuznetsov, 1966)

翅展 12.0–14.0 mm。头部浅黄褐色；触角黄褐色，长约为前翅的 1/2；下唇须上举，黄白色，第 3 节短，前伸。前翅黄褐色，散布黄色鳞片；钩状纹黄白色，端部第 2、第 3 对钩状纹间有 1 条铅纹达外缘，第 3、第 4 对钩状纹间的铅色暗纹达肛上纹内缘线上方；背斑浅黄褐色，伸达翅中部；肛上纹外缘线明显，内缘线和外缘线均具金属光泽，内有 4–5 条黑色短横线；缘毛黄褐色。后翅灰黄褐色，缘毛浅灰黄褐色。寄主：豆科植物。

分布：宁夏（盐池）、河北、吉林、黑龙江、河南、四川、陕西；日本，俄罗斯。

（555）麻小食心虫 *Grapholita delineana* Walker, 1863

翅展 8.0–14.0 mm。头部灰褐色，额黄白色；触角黄褐色；下唇须黄白色。前翅近长方形，前缘微突，顶角钝；基部 1/3 灰褐色，端部 2/3 黄褐色；前缘具 9 对黄白色钩状纹；肛上纹不明显，内、外缘线铅色，具金属光泽，内无短横线；背斑由 4 条黄白色平行弧状纹组成；缘毛灰褐色。后翅黄褐色，缘毛灰褐色。腹部背面深灰褐色，腹面色较浅。

分布：宁夏（盐池）、北京、天津、河北、黑龙江、上海、浙江、安徽、福建、江西、河南、湖北、四川、陕西、甘肃、新疆；从大西洋海岸到太平洋海岸，中欧，南欧，摩尔达维亚，乌克兰，外高加索，沿阿穆尔河地和沿海边区。

（556）暗条小食心虫 *Grapholita nigrostriana* Snellen, 1883

翅展 11.5–14.0 mm。头顶黄褐色，额前黄白色；触角黑褐色；下唇须黄白色。前翅长梯形，自基部向端部渐宽；基部浅铜黄色，向端部色加深，呈黄褐色；前缘具 9 对白色钩状纹：第 5、第 7 组末端各具 1 条向下斜伸的铅色纹，第 4–6 组钩状纹下侧具 1 黑色短纵纹；背斑自后缘中部弧弯至翅基部 2/3 处，由 2 条白带组成；肛上纹仅存在 1 条铅灰色至黄铜色的内缘线；缘毛黄褐色。后翅灰褐色，前缘色较浅，缘毛黄色。

分布：宁夏（盐池）；斯洛伐克至远东地区。

554. 东支小卷蛾 *Fulcrifera orientis* (Kuznetsov, 1966); 555. 麻小食心虫 *Grapholita delineana* Walker, 1863; 556. 暗条小食心虫 *Grapholita nigrostriana* Snellen, 1883

（557）杨柳小卷蛾 *Gypsonoma minutana* (Hübner, [1796–1799])

翅展 11.0–17.0 mm。头顶灰黄色，额浅白色；触角浅褐色；下唇须平伸，第 3 节短，隐藏在第 2 节的鳞片中。前翅狭长，底色浅黄白色，前缘端半部具 4 对明显钩状纹；基斑浅褐色，夹杂少许白条纹，从前缘基部 1/4 伸达后缘 1/3；中带黄褐色，自前缘中部伸达臀角前，从中部向后渐宽；肛上纹椭圆形，内具 4 条黑色条纹；缘毛灰色或灰褐色。后翅及缘毛灰色至浅灰褐色。寄主：杨柳科植物。

分布：宁夏、北京、河北、山西、黑龙江、山东、河南、陕西、青海、新疆；蒙古，韩国，日本，阿富汗，伊朗，以色列，俄罗斯，欧洲，北非。

（558）豆小卷蛾 *Matsumuraeses phaseoli* (Matsumura, 1900)

翅展 14.0–20.0 mm。头部浅黑褐色；触角黄褐色，长度近为前翅的 1/2；下唇须第 2 节鳞毛簇发达，灰黄褐色，第 3 节灰褐色。前翅灰黄褐色，基部灰褐色，中室外侧具 1 个黑褐色小斑，近顶角处有 2 个小斑；缘毛黄褐色。后翅灰黄色，近透明；缘毛灰白色。寄主：豆科的草木樨、紫花苜蓿等。

分布：宁夏（盐池）、天津、河北、山西、内蒙古、辽宁、吉林、黑龙江、江苏、江西、山东、河南、湖北、四川、贵州、西藏、陕西、甘肃；朝鲜，日本，印度尼西亚，尼泊尔，俄罗斯。

（559）褐纹刺小卷蛾 *Pelochrista dira* Razowski, 1972

翅展 24.0–28.0 mm。头顶黄白色，后头毛簇浅黄褐色；下唇须内侧灰白色，外侧暗黄褐色，杂黑褐色；触角黄褐色，具白色短纤毛。前翅底色灰白色，具黑褐色斜纹和浅黄褐色斑；前缘基部黑褐色，前缘 1/4 至后缘 1/5 具 1 浅黄褐色斜带，前端 1/4 不显，后端 1/2 内、外侧镶黑褐色边；前缘端部 1/3 浅黄褐色与白色相间；中室中部至翅褶中部具 1 浅黄褐色斜斑；中室外侧具 1 浅黄褐色斑；臀角内侧具 1 浅黄褐色斑；外缘浅黄褐色；缘毛黄褐色，基部黑色。后翅褐色；缘毛灰白色，基部被毛灰色至灰褐色。腹部黄褐色。

分布：宁夏（盐池）、天津、四川、甘肃；蒙古，俄罗斯（西伯利亚）。

557

558

559

557. 杨柳小卷蛾 *Gypsonoma minutana* (Hübner, [1796–1799]); 558. 豆小卷蛾 *Matsumuraeses phaseoli* (Matsumura, 1900); 559. 褐纹刺小卷蛾 *Pelochrista dira* Razowski, 1972

（560）饰刺小卷蛾 *Pelochrista ornata* Kuznetsov, 1967

翅展 19.0–20.0 mm。头顶白色；下唇须内侧白色，外侧灰褐色，第 2 节腹缘具黄褐色长鳞毛，鳞毛末端白色，末端略内侧呈褐色；触角黑褐色，具黄白色短纤毛，各鞭节背面被白色鳞片。前翅底色灰白色，具灰褐色斑纹；前缘基部具 1 短纵斑，前缘中部有 1 斜向中室后角的斜斑，前缘端部具 1 近半圆形斑，其圆心褐色；后缘基部 1/4 处有 1 上斜至中室基部的斑纹，后缘中部具 1 三角形小斑，其后另具 1 斜斑，与之融合；有时翅面斑纹模糊；缘毛灰白色。后翅褐色；缘毛灰白色。腹部灰褐色。

分布：宁夏（盐池）、黑龙江、江苏、上海；俄罗斯（远东）。

（561）褪色刺小卷蛾 *Pelochrista decolorana* (Freyer, 1842)

翅展 11.0–17.0 mm。头顶鳞片灰白色夹杂褐色。触角浅褐色。下唇须灰褐色，末节小，隐藏在第 2 节的长鳞片中。前翅灰色，前缘色深；自顶角至前缘 1/3 处有 4 对灰色钩状纹；翅面散布黑褐色小点；肛上纹椭圆形，内有褐点；缘毛上半部褐色，下半部灰色。后翅及缘毛灰色。

分布：宁夏（盐池）、天津、河北、内蒙古、黑龙江、安徽、河南、陕西、甘肃、新疆；蒙古，韩国，日本，俄罗斯，欧洲。

（562）滑黑痣小卷蛾 *Rhopobota blanditana* (Kuznetsov, 1988)

翅展 11.0 mm。头顶黑褐色，额白色。触角褐色。下唇须褐色，末节平伸。前翅底色灰白色，顶角黑褐色；前缘褐色，自顶角至基部 1/3 有 7 对灰色钩状纹；基斑灰色，很小；后缘 1/3 处形成 1 三角形斑；肛上纹灰色，卵形，内有 5 条褐色短带；肛上纹内侧有一大的三角形褐斑；缘毛褐色。后翅及缘毛深灰色。

分布：宁夏（盐池）、四川、贵州；越南，泰国。

560. 饰刺小卷蛾 *Pelochrista ornata* Kuznetsov, 1967; 561. 褪色刺小卷蛾 *Pelochrista decolorana* (Freyer, 1842); 562. 滑黑痣小卷蛾 *Rhopobota blanditana* (Kuznetsov, 1988)

（一百一十三）木蠹蛾科 Cossidae

体中至大型，多粗壮。成虫喙退化；下唇须小或消失；触角线形、单栉形或双栉形；单眼常缺如。足胫节距退化。前翅常有副室，中脉在中室内发达，并常分叉，形成 1 小中室。后翅 Sc 脉游离，或与 Rs 脉间有 1 短横脉相连。世界已知 970 多种，中国有 65 种左右。

（563）芳香木蠹蛾东方亚种 *Cossus cossus orientalis* Gaede, 1929

翅展 53.5–82.0 mm。头顶毛丛和领片鲜黄色，领中部具 1 深褐色带；颜面黑褐色；下唇须黑褐色，略上举；触角单栉状，红褐色，分支黑褐色。前翅基半部银灰色，端半部褐色，翅面具黑色线纹；前缘基半部具 8 条短黑纹；从 CuA_1 和 CuA_2 基部各发出 1 条达后缘的曲线；翅端部一般具 1 条垂直于前缘并达臀角的粗线，亚外缘线一般明显，有时很细或间断。后翅暗褐色，中室白色，端半部具波状横纹。腹部灰褐色，具不明显的浅色环。寄主：榆、柳、杨等。

分布：宁夏、北京、天津、河北、山西、内蒙古、辽宁、吉林、黑龙江、山东、河南、四川、陕西、青海、甘肃；欧洲，中亚，非洲。

（564）沙蒿线角木蠹蛾 *Holcocerus artemisiae* Chou *et* Hua, 1986

翅展 40.5–60.0 mm。触角线状；下唇须平伸，略超过颜面，黄白色，末节黑色。头顶毛丛、翅基片和胸前部灰褐色，杂黑色鳞毛；胸后部具 1 条黑色横带；腹部浅灰褐色。前翅底色白，前缘具 1 列小黑点，中室深褐色，中室之后与 1A 脉之间具 1 很大卵形白斑；中室外自 M_2 脉直到 1A 脉具 5 个暗色斑，其间由白色翅脉隔开；端部具网状条纹，端部翅脉间具黑色纵条纹。后翅灰褐色。寄主：榆、柳、杨等。

分布：宁夏（盐池、银川）、内蒙古、陕西。

（565）榆木蠹蛾 *Holcocerus vicarius* (Walker, 1865)

翅展 45.5–86.0 mm。头顶毛丛、领片和翅基片暗灰褐色；颜面黑褐色；下唇须紧贴颜面，黄褐色，略上举；触角线形，近片状，黑褐色。中胸黄白色，近后缘具 1 黑横带。翅底色较暗，前翅前缘基部 2/3、中室及中室基部下方 1/3、翅端部均为暗灰褐色；中室末端具 1 明显白斑，中室后与 1A 脉间具 1 土褐色区；翅端部具网状黑纹。后翅灰黑色，中室黄白色。腹部黄褐色，杂黑褐色。寄主：榆、沙枣、杨、柳等。

分布：宁夏、北京、天津、河北、山西、内蒙古、辽宁、吉林、黑龙江、上海、江苏、安徽、山东、四川、云南、河南、陕西、甘肃；朝鲜，越南，日本，俄罗斯。

（566）卡氏木蠹蛾 *Isoceras kaszabi* Daniel, 1965

翅展 38.0–50.0 mm。头部和领片灰白色，杂黑褐色；下唇须平伸，黑褐色，腹面灰白色；触角双栉状，干白色，分支红褐色。胸部银灰色，翅基片后缘和后胸末端鳞片饰黑色。腹部黄褐色。整个体腹面白色。翅白色，前翅自顶角向内后方，经中室下角之外有 1 条由许多黑横线组成的黑褐色斜带，延伸到 1A 脉的中部；后翅臀角杂褐色。寄主：沙蒿。

分布：宁夏、内蒙古、青海、陕西；蒙古。

563. 芳香木蠹蛾东方亚种 *Cossus cossus orientalis* Gaede, 1929; 564. 沙蒿线角木蠹蛾 *Holcocerus artemisiae* Chou *et* Hua, 1986; 565. 榆木蠹蛾 *Holcocerus vicarius* (Walker, 1865); 566. 卡氏木蠹蛾 *Isoceras kaszabi* Daniel, 1965

（一百一十四）透翅蛾科 Sesiidae

体多小至中型，形似蜂类；下唇须发达，常上举；喙发达，少数种类退化；触角多呈棒状，末端常有小毛束，有些雄性触角栉状。翅狭长，多透明，翅脉及翅缘常被鳞片。足胫节常有丛生刺毛束。腹部多黑色或褐色，带黄色斑纹。成虫多白天活动采集花蜜。世界已知 800 多种，中国已知 100 种左右。

（567）踏郎音透翅蛾 *Bembecia hedysari* Wang *et* Yang, 1994

翅展 12.0–17.0 mm。雄性头部黑色，具紫色金属光泽；领片侧缘至下唇须基部白色；下唇须背面米黄色，腹面白色；触角黑褐色，具纤毛，末端具小毛束。前翅大部透明，翅基部及前缘区黑色，后缘金黄色；中斑基半部黑色，端半部浅黄色；外透区明显，被翅脉分隔成 6 部分。后翅透明，前缘黄色，翅脉黑褐色，中横脉具 1 金黄色小斑。腹部黑色；背板第 2 节后缘黄色，第 3 节近后缘具 1 细黄带，第 4 节基半部黑色，端半部黄色，第 5 节后缘黄色，第 6 节基半部黑色，端半部黄色，第 7 节黄色，近基部具狭窄黑带；腹板第 4–7 节黄色，第 5、第 6、第 7 节各节基部具黑色窄带；尾毛丛中部黄色，两侧黑色。雌性与雄性大体相似；前翅中斑基半部黑色，端半部橘红色；后翅臀区被橘红色鳞片；腹部背板第 2 节基半部黑色，端半部黄色，第 3 节大部分黑色，近后缘具 1 条黄色不规则窄带，第 4 节黄色，第 5–6 节基半部黑色，端半部黄色，尾毛丛橘红色，两侧各具 1 黑色毛簇。寄主：花棒。

分布：宁夏（盐池）、陕西。

（568）榆举肢透翅蛾 *Oligophlebia ulmi* (Yang *et* Wang, 1989)

翅展 12.0–17.0 mm。头部黑色，具紫色金属光泽；领片侧缘至下唇须基部白色；下唇须背面米黄色，腹面白色；触角末端无毛束，背面黑色，具紫色光泽，腹面黄褐色，具古铜色光泽。胸部黑色，带紫色光泽，胸背具 2 条黄色纵带，后胸中部有 1 米黄色斑。前翅狭长，黑色，具紫色光泽；中室外侧具 2 个狭条状透明斑；中室中部及端部各具 1 黄色斑，透明斑外侧至顶角黄色；缘毛黄褐色，有时基部白色。后翅透明，翅脉及边缘黑色，具光泽；缘毛黑褐色，后缘基部呈黄白色。足腿节黑色，胫节和跗节浅黄色；前足胫节基部 1/4 处和端部各有 1 米黄色刺毛丛；中足胫节基部 1/3 处及端部各具 1 黑褐色刺毛丛，后者较大；后足胫节具 1 较大黑色刺毛丛。腹部背面黑色，第 4 节后缘及末端浅黄色；腹面除前 3 节及第 4 节中部浅黄色外黑色。寄主：榆。

分布：宁夏（盐池、海原）、陕西、甘肃。

567. 踏郎音透翅蛾 *Bembecia hedysari* Wang *et* Yang, 1994; 568. 榆举肢透翅蛾 *Oligophlebia ulmi* (Yang *et* Wang, 1989)（a. 标本照；b. 生态照）

（569）凯叠透翅蛾 *Scalarignathia kaszabi* Capuše, 1973

翅展 22.0–26.0 mm。雄性头部黑色，后缘具黄色鳞毛；下唇须基节黄白色，第 2 节浅黄色，腹面外侧具黑色长毛，第 3 节黄色。触角黑色，具端毛束。领片黑色。前翅黑褐色，后缘橙红色；前透区和后透区明显；中室端斑黑褐色，外侧具橙红色小斑；缘毛黑褐色。后翅透明，翅脉黑褐色，缘毛黑褐色，近后缘处呈黄色。腹部黑褐色；第 2–6 背板后缘具黄色窄带，第 2–5 节中部散布黄色鳞片；尾毛丛黑褐色，中部和两侧各具 1 黄色毛簇。雌性与雄性区别：头顶橘红色，颜面黄色；触角基部 5/7 橙黄色，端部 2/7 黑色；下唇须黄色，第 2 节端部橙红色；头后缘黄色。前翅橘红色，基部黑色，前缘褐色，中斑橙红色；缘毛褐色。后翅透明，翅脉黑褐色，缘毛褐色。尾毛丛黑褐色，两侧各具 1 橘红色毛簇。

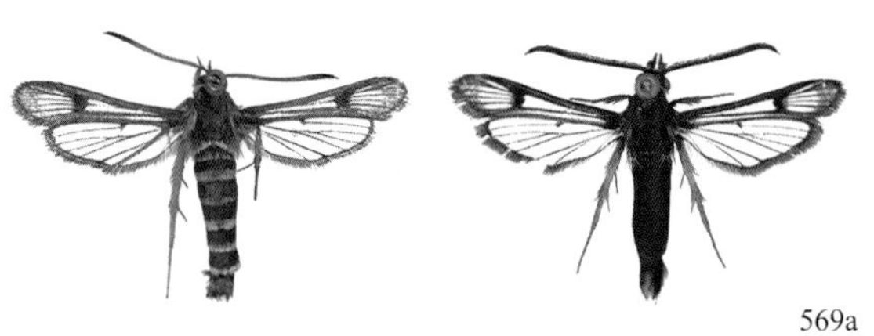

569. 凯叠透翅蛾 *Scalarignathia kaszabi* Capuše, 1973（a. 左雌右雄；b. 生态照）

分布： 宁夏（盐池、海原）、青海；蒙古，俄罗斯。

（一百一十五）斑蛾科 Zygaenidae

体小至大型，翅展 12.0–110.0 mm。头部光滑，大多具单眼，下唇须短，光滑；触角大多粗壮，呈棒状，有时雄性栉状。前翅阔，顶角圆，通常有金属光泽并且大多具有突出的红色或黄色斑点。后翅圆滑，等于或略宽于前翅。成虫通常白天活动，飞行缓慢。目前世界已知 1000 多种，中国已知 140 多种。

（570）梨叶斑蛾 *Illiberis pruni* Dyar, 1905

翅展 20.0–26.0 mm。体黑色。触角：雄性双栉状，雌性锯状；前、后翅黑色，透明。寄主：梨、苹果、海棠、桃、杏、樱桃和沙果等果树。

分布： 宁夏（盐池）、河北、山西、辽宁、吉林、黑龙江、江苏、浙江、江西、山东、湖南、广西、四川、云南、陕西、甘肃、青海；日本。

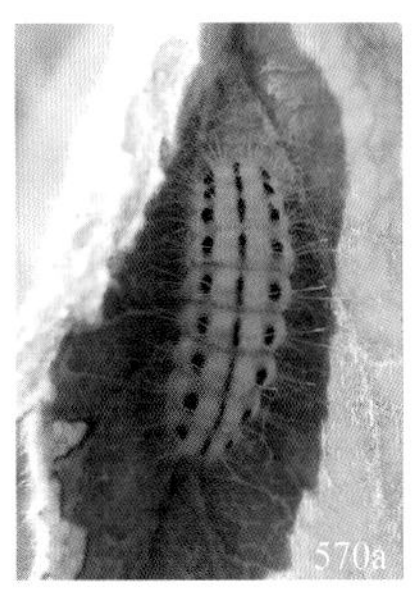

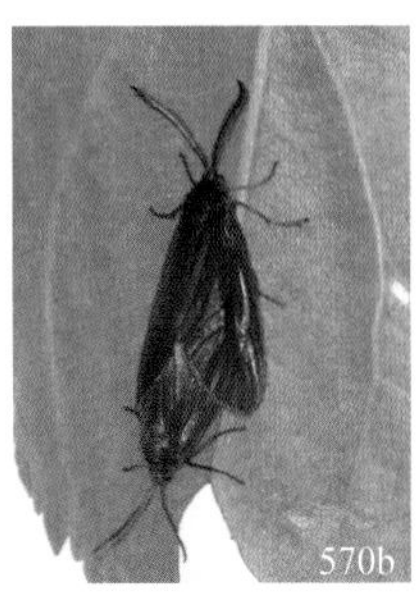

570. 梨叶斑蛾 *Illiberis pruni* Dyar, 1905
（a. 幼虫；b. 成虫交配）

（一百一十六）螟蛾科 Pyralidae

复眼裸，大而圆。下唇须几乎全部 3 节，平伸、斜上举或上弯于额前面；喙通常发达，但在有些类群中退化或消失。前翅一般宽三角形，R_5 脉与 R_3+R_4 脉共柄或合并；后翅宽于前翅，臀域大。鼓膜器的鼓膜泡几乎完全闭合；节间膜与鼓膜在同一平面上；无听器间突。世界已知 7200 多种。

（571）二点织螟 *Aphomia zelleri* (de Joannis, 1932)

翅展雄性 18.0–26.0 mm，雌性 29.0–50.0 mm。额和头顶浅黄白色，下唇须浅褐色，触角灰白色至浅褐色。前翅密被淡褐色鳞片，雌性颜色稍暗，中室中部和端部各有 1 个淡褐色斑点。后翅灰白色，外缘淡褐色。腹部灰色。寄主：储藏粮食、谷物、杂草及苔藓类。

分布： 宁夏（盐池）、北京、天津、河北、内蒙古、吉林、湖北、广东、四川、陕西、青海、新疆；朝鲜，日本，斯里兰卡，欧洲。

（572）库氏歧角螟 *Endotricha kuznetzovi* Whalley, 1963

翅展 16.0–22.0 mm。头部红褐色，杂淡黄色。前翅紫红色杂黑色，前缘黑色，有 1 列黄白色斑点，中部有 1 条淡黄色宽带，内侧深褐色镶边，中室端斑黄色，外横线黄色，直，略内斜。后翅紫红色杂黑色，中部具 1 条淡黄色宽带，深褐色镶边。腹部红褐色，生殖节淡黄色。

分布： 宁夏（盐池）、北京、河北、辽宁、黑龙江、江苏、安徽、河南、广西、海南、四川、陕西；俄罗斯。

（573）灰巢螟 ***Hypsopygia glaucinalis*** **(Linnaeus, 1758)**

翅展 23.0 mm。头部黄褐色。前翅青灰色，前缘红褐色，具间断黄色刻点；内横线和外横线浅黄色。后翅灰褐色，内横线和外横线黄白色。腹部黄褐色。寄主：谷物、干草及畜牧干饲料等。

分布：宁夏（盐池）、北京、天津、河北、内蒙古、辽宁、吉林、黑龙江、江苏、浙江、福建、江西、山东、河南、湖北、湖南、广东、海南、四川、贵州、云南、陕西、甘肃、青海、台湾；朝鲜，日本，欧洲。

571. 二点织螟 *Aphomia zelleri* (de Joannis, 1932); 572. 库氏歧角螟 *Endotricha kuznetzovi* Whalley, 1963; 573. 灰巢螟 *Hypsopygia glaucinalis* (Linnaeus, 1758)

（574）中国软斑螟 ***Asclerobia sinensis*** **(Caradja, 1937)**

翅展 14.5–21.0 mm。头部黄白色；下唇须第 2、第 3 节褐色；触角鞭节黑褐色。前翅底色米黄色，前缘端部 1/3 及翅顶角杂灰褐色；内横线较宽，米黄色，其内侧另有 1 金黄色鳞毛脊。后翅半透明，灰色。腹部黄白色，背面各节基部呈褐色。

分布：宁夏（盐池）、北京、天津、河北、黑龙江、安徽、山东、河南、四川、云南、陕西、甘肃。

（575）雅鳞斑螟 ***Asalebria venustella*** **(Ragonot, 1887)**

翅展 18.0−26.0 mm。头顶灰白色；触角背面灰白色，腹面深褐色；下唇须第 1 节灰白色，雄性第 2 节灰白色杂黑褐色鳞片，近垂直上举过头顶，第 3 节灰褐色，长约为第 2 节的 1/5，雌性下唇须第 2 节灰白色散布黑色鳞片，第 3 节灰褐色，长约为第 2 节的 1/3。前翅灰白色，散布黄色和黑色鳞片，翅基部 1/5 近后缘半部密被黄色鳞片，前缘和近外缘处黑色鳞片较多；内横线黄白色，从前缘基部 1/3 至后缘中部之前，两侧镶黑色边，内侧黑边较宽，具黑色鳞毛脊；中室端斑黑色，椭圆形，分离；外横线灰白色，从前缘端部 1/8 至后缘端部 1/6，近直，在 M_1 脉和 CuA_2 脉处略弯，内侧镶黑色窄边，外侧密布黄褐色鳞片，形成 1 黄色褐宽带；缘毛白色，端部黑色。后翅灰褐色，外缘及翅脉颜色较深，缘毛基部 1/3 灰褐色，端部灰白色。

分布：宁夏（盐池）、内蒙古、青海；伊朗，土耳其，西班牙，法国，意大利，俄罗斯，中亚。

（576）荫缘曲斑螟 ***Ancylosis umbrilimbella*** **(Ragonot, 1901)**

翅展 14.5–18.5 mm。头、胸部浅黄褐色；触角褐色；下唇须基部 2 节垂直上举，第

3 节尖细，前伸。前翅浅黄色至黄褐色，内横线白色，弯曲成弧形，内侧镶褐色边，前缘 1/4 消失；后翅半透明，灰白色。

分布：宁夏（盐池）、陕西、甘肃、新疆；摩洛哥，阿尔及利亚，突尼斯，埃及，阿拉伯，巴林，科威特，巴勒斯坦，伊拉克，伊朗，印度。

574. 中国软斑螟 *Asclerobia sinensis* (Caradja, 1937); 575. 雅鳞斑螟 *Asalebria venustella* (Ragonot, 1887); 576. 荫缘曲斑螟 *Ancylosis umbrilimbella* (Ragonot, 1901)

（577）豆荚斑螟 *Etiella zinckenella* (Treitschke, 1832)

翅展 16.0–22.0 mm。头、胸部黄褐色；下唇须长，内侧白色，外侧黄褐色；触角背面黑褐色，腹面白色。前翅底色黄褐色，前缘从基部至顶角具 1 条白色纵条带，内线处具 1 新月形金黄色斑，外线隐约可见，细锯齿状，与外缘平行；缘毛灰褐色。后翅浅灰褐色。腹部各节基部黑褐色，端部黄色。寄主：槐、毛条、苦参、苕子、豆类。

分布：宁夏（盐池、贺兰山）、北京、天津、河北、安徽、福建、山东、河南、广东、四川、贵州、云南、陕西、新疆；世界性分布。

（578）尖裸斑螟 *Gymnancyla termacerba* Li, 2010

翅展 21.0–23.0 mm。体淡黄色，腹部色较深，略带黄褐色；触角鞭节背面黑褐色，腹面端半部黄褐色。前翅淡黄色，内横线、外横线及外缘线白色，内横线斜直，自前缘基部 1/3 至后缘基部 2/5 处，外横线与外缘线平行，内斜，外缘线外侧饰黑褐色鳞片。后翅灰褐色。额前具尖齿状突起。

分布：宁夏（盐池、罗山、同心、银川、中宁）、天津、河北、内蒙古、辽宁、黑龙江、山东、河南、陕西、新疆。

（579）红翅拟桎斑螟 *Merulempista rubriptera* Li *et* Ren, 2011

翅展 20.5–21.5 mm。头部浅黄色；触角柄节浅黄色，鞭节背面黑褐色，腹面黄褐色。前翅基部后缘具黄色斑，内横线宽，黄白色，其内侧饰黑色鳞片，外侧饰鲜黄色

577. 豆荚斑螟 *Etiella zinckenella* (Treitschke, 1832); 578. 尖裸斑螟 *Gymnancyla termacerba* Li, 2010; 579. 红翅拟桎斑螟 *Merulempista rubriptera* Li *et* Ren, 2011

鳞片，缘毛灰褐色。后翅灰褐色，缘毛灰白色。腹部黑褐色，背面各节后缘黄褐色。寄主：柽柳。

分布：宁夏（盐池）、内蒙古。

（580）台湾瘿斑螟 *Pempelia formosa* (Haworth, 1811)

翅展 15.0–20.0 mm。头顶灰褐色；雄性触角黄褐色，鞭节基部缺刻内鳞片簇黑褐色，雌性触角灰褐色；下唇须第 1 节灰白色，第 2 节外侧黑褐色，内侧灰白色，第 3 节短小，灰黑色。前翅黄褐色，杂红褐色和灰白色鳞片，翅基部约 1/3 红褐色；内横线白色，锯齿状，自前缘基部 1/3 之前斜伸至后缘近中部，其内侧镶宽黑边，外侧镶细黑边；中室端斑为 2 个黑色圆斑，有时连接；外横线白色，从前缘端部 1/5 至后缘端部 1/4，在 M_1 脉和 A 脉处内弯，两侧镶黑边；外缘线由黑色圆点组成；缘毛灰褐色，端部白色。后翅灰褐色，缘毛基部 1/3 深褐色，端部黄褐色。

分布：宁夏（盐池）、北京、天津、河北、山西、辽宁、黑龙江；韩国。

（581）棘刺类斑螟 *Phycitodes albatella* (Ragonot, 1887)

翅展 14.0–20.5 mm。头顶灰褐色；雄性触角被短纤毛；下唇须第 1 节灰白色，第 2 节基部灰白色，端部黑褐色；第 3 节黑褐色，为第 2 节长的 2/3。前翅底色灰褐色，前缘白色；内横线被排成“V”形的 3 个黑褐色斑所代替；外横线明显，灰白色，与翅外缘平行；中室端斑黑褐色，明显分离；外缘线淡黄褐色，内侧的缘点黑褐色；缘毛浅灰色。后翅半透明，浅灰色，翅脉及外缘灰褐色，缘毛灰白色。腹部黄褐色，各节背端部黄白色。

分布：宁夏（盐池、贺兰山）、内蒙古、天津、河北、山西、吉林、河南、湖北、湖南、西藏、陕西、新疆；黎巴嫩，叙利亚，伊拉克，伊朗，巴勒斯坦，阿富汗，巴基斯坦。

（582）豆锯角斑螟 *Pima boisduvaliella* (Guenée, 1845)

翅展 15.0–22.0 mm。头部灰白色，头顶中域两侧具黑色纵纹；下唇须灰褐色，内侧具灰白色鳞片，第 2 节斜上举，第 3 节向前平伸。前翅黄褐色，杂黑褐色鳞片；前缘具 1 黄白色纵带，内、外侧杂黑色鳞片；中室端部具 1 黑色小斑；缘毛灰色。后翅灰色，外缘灰褐色。寄主：绒毛花、牛角兰、芒柄花、紫云英、山黧豆等。

分布：宁夏（盐池、贺兰山）、河北、内蒙古、西藏、陕西、甘肃、新疆；加拿大，欧洲。

580. 台湾瘿斑螟 *Pempelia formosa* (Haworth, 1811); 581. 棘刺类斑螟 *Phycitodes albatella* (Ragonot, 1887); 582. 豆锯角斑螟 *Pima boisduvaliella* (Guenée, 1845)

（583）印度谷斑螟 *Plodia interpunctella* (Hübner, [1813])

翅展 13.0–18.0 mm。头、胸部黄褐色至黑褐色，触角灰褐色。前翅基部浅黄褐色，前缘色略深；外侧锈红色或红褐色；外横线铅灰色，与外缘近平行；外缘线黑色；缘毛黑褐色。后翅半透明，灰白色；缘毛灰色。寄主：药材、干果、干菜及加工品等，是重要的仓库害虫。

分布：宁夏（盐池）；世界广布。

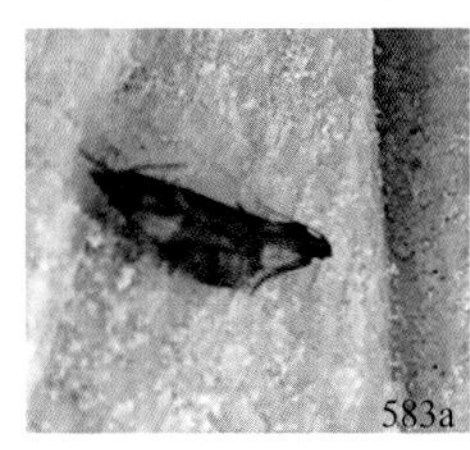
583a

583b

583. 印度谷斑螟 *Plodia interpunctella* (Hübner, [1813])（a. 交尾图；b. 标本照）

（584）红云翅斑螟 *Oncocera semirubella* (Scopoli, 1763)

翅展 18.0–25.5 mm。头顶被朱红色或淡黄色竖立鳞片，后头淡黄色；下唇须内侧淡黄色，外侧红褐色至黑褐色，第 2 节是第 3 节长的 3 倍；触角黄褐色。前翅前缘白色，后缘黄色，中部具桃红色横带；缘毛红色。后翅淡褐色；缘毛灰白色。腹部背面灰褐色，腹面红褐色至褐色。寄主：苜蓿、百脉根。

分布：宁夏（盐池）、北京、天津、河北、内蒙古、吉林、黑龙江、江苏、浙江、安徽、福建、江西、山东、河南、湖北、湖南、广东、广西、四川、贵州、云南、陕西、甘肃、台湾；日本，俄罗斯，印度，英国，保加利亚，匈牙利。

（585）菊髓斑螟 *Myelois circumvoluta* (Fourcroy, 1785)

翅展 28.0–29.0 mm。头、胸部和腹部白色。前翅除前缘略带黄色外白色，具黑斑：亚基部具 1 黑斑，内线处具 2 个黑斑，中室基部具 1 个黑斑，近末端具 2 个黑斑，外线具 6 个略弯曲排列的黑斑，外缘线具 6 个黑斑；缘毛基部白色，端部灰白色。后翅灰白色，翅脉及外缘被褐色鳞片，缘毛白色。寄主：刺蓟、牛蒡。

分布：宁夏（盐池）、黑龙江；欧洲。

（586）黄缘燃斑螟 *Cremnophila sedakovella* (Eversmann, 1851)

翅展 23.0–26.0 mm。头部浅黄白色，有时额及下唇须呈黄色；雄性触角腹面具纤毛。前翅底色浅黄白色，具黑斑，前缘黄色，端部 2/7 呈黄带状，外缘端部 4/5 黄色；基部具 1 黑斑，内线处具 2 个黑斑，中室基部具 1 个黑斑，近末端具 2 个黑斑，近呈带状，外线具 6 个斜列的黑斑，中部 3 个近相连，外缘黄带上缘黑色；缘毛黄色。后翅灰褐色，缘毛基半部黄褐色，端半部灰色。腹部黄褐色，腹面各节两侧具黑斑。

分布：宁夏（盐池）、黑龙江；欧洲。

584. 红云翅斑螟 *Oncocera semirubella* (Scopoli, 1763); 585. 菊髓斑螟 *Myelois circumvoluta* (Fourcroy, 1785); 586. 黄缘燃斑螟 *Cremnophila sedakovella* (Eversmann, 1851)

（587）卡夜斑螟 *Nyctegretis lineana katastrophella* Roesler, 1970

翅展 11.0–19.0 mm。头顶被毛灰白色至灰褐色；触角灰褐色；下唇须黄褐色，超过头顶，第 3 节略长于第 2 节。前翅灰褐色至黑褐色，内、外横线白色，呈倒“八”字形，两横线间近中部前缘具 1 倒三角形深色斑。后翅灰色。

分布：宁夏（盐池）、河北、内蒙古、陕西、甘肃、青海、新疆；蒙古，朝鲜。

（588）柳阴翅斑螟 *Sciota adelphella* (Fischer von Röeslerstamm, 1836)

翅展 17.0–25.0 mm。头顶黄白色；触角褐色，雄性鞭节基部缺刻内鳞片簇黑褐色；下唇须上举过头顶，基节灰白色，第 2、第 3 节褐色，雄性第 3 节极短小，近为第 2 节长的 1/6，雌性第 3 节为第 2 节长的 1/2。前翅底色灰褐色；基部黄褐色；前缘在内横线后散布黑褐色鳞片；内横线白色，锯齿状，内侧饰黑色宽边，外侧具黑色细边；外横线白色，波状，内、外侧具黑边；中室端斑黑色；缘点黑色；缘毛黑灰色。后翅黄褐色，半透明；缘毛灰色。腹部各节基部褐色，端部黄白色。

分布：宁夏（盐池）、天津、河北、内蒙古、辽宁、安徽、福建、江西、河南、湖北、陕西；俄罗斯，德国，匈牙利，法国，荷兰。

（589）基红阴翅斑螟 *Sciota hostilis* (Stephens, 1834)

翅展 18.5–25.0 mm。头顶鳞片灰白色或灰褐色；下唇须雄性灰白色，雌性灰白色杂黑褐色；触角灰白色或浅褐色，雄性基部缺刻内鳞片簇黑色。前翅底色灰褐色，基部浅黄褐色，内横线白色，内、外侧镶黑色边，内侧饰边较宽；外横线锯齿状；中室端斑黑色，分离；外缘线白色；缘毛浅灰色至深灰色。后翅半透明，缘毛灰白色，基部 1/3 处具褐色。腹部各节背板基部黑褐色，端部黄褐色；腹面白色，杂褐色鳞片。

分布：宁夏、天津、河北、湖北、新疆；中欧，西欧。

587. 卡夜斑螟 *Nyctegretis lineana katastrophella* Roesler, 1970; 588. 柳阴翅斑螟 *Sciota adelphella* (Fischer von Röeslerstamm, 1836); 589. 基红阴翅斑螟 *Sciota hostilis* (Stephens, 1834)

（一百一十七）草螟科 Crambidae

头部头顶有直立的鳞片；额区形状变化较大，有圆形、扁平、锥形、圆柱形、脊状、刺状或凹凸不平等情况；下唇须 3 节，前伸、斜上举或向上弯于颜面之前。喙通常很发达，但在一些类群中则退化。复眼大，球形，无可见刚毛，昼出性的复眼有时退化，周围常裸露。足细长，雄性常有结构各异的香鳞。听器间突简单或两裂；鼓膜泡开放，鼓膜脊存在，有特殊的感觉器。世界已知 11 700 多种。

（590）铜色田草螟 *Agriphila aeneociliella* (Eversmann, 1844)

翅展 22.0–29.0 mm。头部白色，下唇须内侧灰白色，外侧黑褐色。前翅浅黄褐色，纵带两侧散布黑褐色鳞片，前沿基部 2/3 黑褐色，前缘及中部各具 1 条纵带，银白色，自基部近达外缘。后翅灰褐色。腹部灰白色。寄主：无芒雀麦。

分布：宁夏（盐池）、北京、河北、山西、黑龙江、青海、陕西、甘肃、新疆；朝鲜，日本，俄罗斯，欧洲。

（591）银光草螟 *Crambus perlellus* (Scopoli, 1763)

翅展 21.0–28.0 mm。体银白色，领片两侧淡黄色。后翅灰白色至淡褐色。腹部淡褐色。寄主：羊茅、白绒草、发草。

分布：宁夏（盐池）、天津、河北、山西、内蒙古、吉林、黑龙江、河南、浙江、江西、四川、云南、西藏、青海、新疆；日本，土耳其，俄罗斯，欧洲，北非，北美洲。

（592）泰山齿纹草螟 *Elethyia taishanensis* (Caradja *et* Meyrick, 1936)

翅展 15.0–20.0 mm。头、胸部浅黄色杂褐色。前翅黄白色，散布淡褐色鳞片，翅中部具 1 白色末端分叉的纵纹，中带白色，具淡褐色边，锯齿状，亚外缘线白色，大锯齿状，顶角淡褐色，有 2 条白色斜纹，外缘在顶角下方凹入。后翅浅褐色。腹部浅褐色。

分布：宁夏（盐池）、天津、河北、山西、内蒙古、黑龙江、安徽、山东、河南、湖北、四川、青海、陕西、甘肃。

590. 铜色田草螟 *Agriphila aeneociliella* (Eversmann, 1844); 591. 银光草螟 *Crambus perlellus* (Scopoli, 1763); 592. 泰山齿纹草螟 *Elethyia taishanensis* (Caradja *et* Meyrick, 1936)

（593）饰纹广草螟 *Platytes ornatella* (Leech, 1889)

翅展 14.0–22.0 mm。头、胸部白色杂浅褐色。前翅淡褐色，纵纹白色，由基部近达外缘，中带淡褐色，锯齿状，亚外缘线白色，具褐色镶边，外缘中部和臀角之间具3个黑色斑点。后翅浅褐色。腹部浅褐色。

分布：宁夏（盐池）、北京、天津、河北、山西、内蒙古、吉林、黑龙江、浙江、安徽、江西、山东、四川、贵州、西藏、青海；朝鲜，日本，俄罗斯（远东地区）。

（594）银翅黄纹草螟 *Xanthocrambus argentarius* (Staudinger, 1867)

翅展 19.0–25.5 mm。体黄白色。前翅银白色，前缘黄褐色，外横线"M"形，淡黄色杂淡褐色，亚外缘线波状，白色，内侧淡褐色镶边，外侧淡黄色镶边，外缘中部和臀角之间具 3 个黑色斑点。后翅白色。

分布：宁夏（盐池）、河北、山西、内蒙古、辽宁、黑龙江、河南、陕西、甘肃、四川、青海、新疆；哈萨克斯坦，吉尔吉斯斯坦，俄罗斯。

（595）大禾螟 *Schoenobius gigantellus* (Schiffermüller *et* Denis, 1775)

翅展雄性 24.0–31.0 mm，雌性 31.0–45.0 mm。头部浅黄色；下唇须土黄色至黄褐色，第 2 节长度约为第 3 节长度的 3 倍；下颚须灰褐色。领片、翅基片和胸部土黄色至黄褐色。雄性前翅浅黄色杂浅褐色；基部具 3 个浅褐色斑点，中部有 2 个浅褐色斑点，端部有 2 个深褐色斑点；亚外缘线浅褐色，由顶角伸至后缘端部约 1/3 处，锯齿状，向内倾斜，中部有 1 个深褐色斑点；外缘有 1 列小黑点；缘毛白色。后翅灰色，外缘有 1 列小黑点；缘毛白色。雌性前翅土黄色，无斑纹，顶角稍尖；缘毛土黄色。后翅和缘毛白色。腹部浅黄色。寄主：芦苇。

分布：宁夏、北京、天津、河北、山西、内蒙古、黑龙江、上海、江苏、山东、湖南、广东、陕西、新疆；朝鲜，韩国，日本，瑞典，俄罗斯，英国。

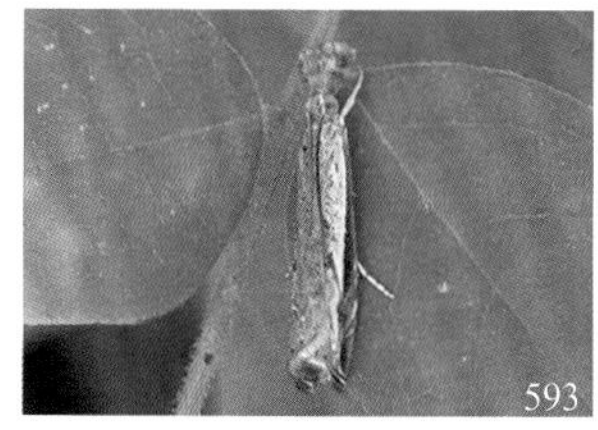

593. 饰纹广草螟 *Platytes ornatella* (Leech, 1889); 594. 银翅黄纹草螟 *Xanthocrambus argentarius* (Staudinger, 1867); 595. 大禾螟 *Schoenobius gigantellus* (Schiffermüller *et* Denis, 1775)

（596）花分齿螟 *Aporodes floralis* (Hübner, [1809])

翅展 13.0–17.0 mm。触角间鳞片白色，后头具深褐色立鳞，额前微隆起，黄褐色至深褐色，周缘白色；下唇须白色，第 1 节毛簇发达，第 2 节外侧基部及第 3 节外侧黑色。前翅底色黄褐色，密被褐色鳞片，后缘基部黑色，前缘基部 1/3 和 2/3 处具小黑斑；中室斑 2 个，黑色，有时相连；内横带浅黄褐色，宽；外横带浅黄褐色，细，前半段清晰，其外侧饰黑褐色；外缘黑褐色；缘毛黄褐色。后翅黄褐色，杂黑褐色鳞片，外横带及外缘黑色，臀角处黄色；缘毛基部褐色，余部黄褐色。腹部背面黑褐色，各节后缘黄褐色；腹面前两节白色，余下各节灰白色，杂黑褐色。寄主：刺苞菜蓟、田旋花。

分布：宁夏（盐池）；巴基斯坦，伊拉克，伊朗，哈萨克斯坦，吉尔吉斯斯坦，俄罗斯，欧洲。

（597）茴香薄翅野螟 *Evergestis extimalis* (Scopoli, 1763)

翅展 28.0 mm。头部黄褐色。胸、腹部背面浅黄色，腹面有白色鳞片。前翅浅黄色，前中线浅褐色，形成向外凸出的钝角，中室端脉斑为浅褐色肾形环斑，后中线不明显，沿翅外缘有暗褐色大斑块。后翅淡黄褐色，外缘浅褐色。寄主：茴香、甜菜、白菜、油菜、芥菜、萝卜、甘蓝。

分布：宁夏（盐池）、北京、内蒙古、黑龙江、江苏、山东、四川、云南、陕西；朝鲜，日本，俄罗斯（远东），欧洲，美国。

（598）旱柳原野螟 *Euclasta stoetzneri* (Caradja, 1927)

翅展 26.0–38.0 mm。头、胸部褐色，具白色纵条。前翅灰褐色，翅脉深褐色，中室具 1 白色宽带，R_3 脉至 2A 脉各脉间白色，正中是褐色纵带。后翅白色，半透明，亚外缘带宽，灰褐色。腹部背面灰白色，腹面褐色。寄主：旱柳、杠柳。

分布：宁夏（盐池、贺兰山）、北京、天津、河北、山西、内蒙古、吉林、黑龙江、福建、山东、河南、湖北、四川、西藏、陕西、甘肃；蒙古。

596. 花分齿螟 *Aporodes floralis* (Hübner, [1809]); 597. 茴香薄翅野螟 *Evergestis extimalis* (Scopoli, 1763); 598. 旱柳原野螟 *Euclasta stoetzneri* (Caradja, 1927)

（599）网锥额野螟 *Loxostege sticticalis* (Linnaeus, 1761)

翅展 24.0–26.0 mm。头、胸部褐色，额黑褐色，下唇须及胸部腹面污白色。前翅棕褐色夹杂着污白色鳞片，中室圆斑和中室端斑黑褐色，中室圆斑扁圆形，中室端斑肾形，两者之间是浅黄色平行四边形斑；后中线黑褐色，略呈锯齿状，亚外缘线为浅黄色带，外缘线和缘毛黑褐色。后翅褐色，后中线黑褐色，外缘伴随着浅黄色线，亚外缘线浅黄色。腹部背面褐色，腹面污白色。寄主：小麦、燕麦、马铃薯、玉米、高粱、亚麻、豆类、甜菜、菜籽、胡萝卜、蔬菜、藜科、蓼科、菊科杂草和牧草。

分布：宁夏（盐池、贺兰山）、天津、河北、山西、内蒙古、吉林、江苏、河南、四川、西藏、陕西、甘肃、青海、新疆；朝鲜，日本，印度，俄罗斯，德国，波兰，捷克，斯洛伐克，匈牙利，罗马尼亚，保加利亚，澳大利亚，意大利，美国，加拿大。

（600）黄绿锥额野螟 *Loxostege deliblatica* Szent-Ivány *et* Uhrik-Meszáros, 1942

翅展 23.5–26.5 mm。头、胸部浅嫩绿色，下唇须腹面乳白色，背面灰褐色。触角黑褐色，背面鳞片浅嫩绿色。前翅浅嫩绿色，前缘褐色，中室端斑模糊，从顶角向中室后角伸出 1 略呈弧形的褐色宽带，外缘线褐色。后翅污白色，半透明。腹部灰白色。寄主：蒿属植物。

分布：宁夏（盐池、贺兰山）、河北、内蒙古、河南、山东、青海；俄罗斯，德国，波兰，东欧。

（601）黄缘红带野螟 *Pyrausta contigualis* South, 1901

翅展 16.5–23.5 mm。头部黄色，额两侧有白色纵条。胸、腹部背面黄色，腹面及足白色。前翅玫红色，翅基部至前中线黄色，中室末端上角处具 1 黄色方形斑，后中线为黄色宽带。后翅浅黄色，亚外缘带褐色。

分布：宁夏（盐池、贺兰山）、天津、河北、辽宁、河南、四川、陕西、甘肃；朝鲜，日本。

599. 网锥额野螟 *Loxostege sticticalis* (Linnaeus, 1761); 600. 黄绿锥额野螟 *Loxostege deliblatica* Szent-Ivány *et* Uhrik-Meszáros, 1942; 601. 黄缘红带野螟 *Pyrausta contigualis* South, 1901

（602）尖双突野螟 *Sitochroa verticalis* (Linnaeus, 1758)

翅展 21.5–28.0 mm。头、胸部黄色，额两侧有白色纵条。前翅背面黄色，腹面浅黄色，斑纹黑褐色，后中线宽，与外缘近平行，亚外缘线宽，在顶角处加大为斑块，略弯。后翅浅黄色，斑纹黑褐色，后中线出自前缘 2/3 处，中间有 1 略内凹的角，亚外缘线在顶角处膨大为斑块，其余部分为断续的斑点。腹部背面黄色，腹面黑褐色。寄主：苜蓿。

分布：宁夏（盐池）、天津、河北、山西、内蒙古、辽宁、黑龙江、江苏、山东、四川、云南、西藏、陕西、甘肃、青海、新疆；朝鲜，日本，印度，俄罗斯，欧洲。

（603）黄翅双突野螟 *Sitochroa umbrosalis* (Warren, 1892)

翅展 21.0–23.5 mm。体黄色，有时后翅顶角、臀角或整个后翅褐色，翅面无斑纹。

分布：宁夏（盐池）、北京、河北、山西、浙江、河南、广东、广西、海南、四川、贵州、青海；朝鲜，日本。

（604）黄长角野螟 *Uresiphita gilvata* (Fabricius, 1794)

翅展 24.0–29.5 mm。体褐色。前翅黄褐色，前中线深褐色，略呈锯齿状，中室圆斑深褐色，中室端斑黑褐色，后中线由翅脉上的黑褐色斑点组成，略呈弧形。后翅黄色，亚外缘带黑褐色，顶角处宽，外缘线黄色。寄主：蓼、豆类、草锦、旱柳。

分布：宁夏（盐池）、北京、河北、内蒙古、陕西、新疆；日本，印度，斯里兰卡，马德拉群岛，叙利亚，亚丁湾，巴基斯坦，俄罗斯（远东地区），欧洲。

602. 尖双突野螟 *Sitochroa verticalis* (Linnaeus, 1758); 603. 黄翅双突野螟 *Sitochroa umbrosalis* (Warren, 1892); 604. 黄长角野螟 *Uresiphita gilvata* (Fabricius, 1794)

（605）黄翅缀叶野螟 *Botyodes diniasalis* (Walker, 1859)

翅展 28.0–33.0 mm。额黄褐色，两侧有白条，下唇须黄褐色，腹面白色。胸、腹部黄色，腹面白色。翅黄色，斑纹褐色；前翅中室圆斑小，中室端脉斑肾形，斑纹内有 1 条白色新月形纹，后中线波纹状弯曲，亚外缘线波纹状弯曲，亚外缘至外缘棕褐色；后翅中室端脉斑新月形，后中线和亚外缘线与前翅相似。寄主：白杨。

分布：宁夏（盐池、贺兰山）、北京、河北、辽宁、江苏、浙江、福建、山东、河南、湖北、广东、海南、四川、贵州、云南、陕西、台湾；朝鲜，日本，缅甸，印度。

（606）稻纵卷叶野螟 *Cnaphalocrocis medinalis* (Guenée, 1854)

翅展 16.0–20.0 mm。头部及颈片暗褐色，下唇须褐色，腹面白色。胸、腹部灰黄褐色，腹部背面末几节末端各具 1 黑色和 1 白色线，末节具成束黑白色鳞毛，腹部腹面白色。翅黄色。前翅前缘及外缘有较宽暗褐色带，中室端斑暗褐色，前中线褐色弯曲，后中线褐色直斜。后翅中室端斑暗褐色，后中线近“Y”形，弯曲，外缘具 1 暗褐色宽带。寄主：马唐、水稻、雀稗等。

分布：宁夏（盐池）、北京、天津、河北、内蒙古、辽宁、吉林、黑龙江、江苏、浙江、福建、江西、山东、湖北、湖南、广东、广西、四川、云南、贵州、台湾；朝鲜，日本，越南，缅甸，泰国，马来西亚，印度尼西亚，菲律宾，印度，澳大利亚，巴布亚新几内亚。

（607）白纹翅野螟 *Diasemia reticularis* (Linnaeus, 1761)

翅展 16.0–20.5 mm。体、翅茶褐色。前翅前中线白色，中室内有 1 近三角形白斑，中室端斑白色，后中线白色，在 M_2 脉处向内弯曲成角，中室下方有 1 白斑与中室内三角形白斑相接，外缘有 1 排锯齿状深色斑。后翅中室内有 1 白斑，中室外有 1 白色横带达翅的前缘和后缘，后中线白色，波状。腹部各节背面后缘黄白色。

分布：宁夏（盐池）、天津、河北、辽宁、吉林、黑龙江、浙江、福建、山东、河南、湖北、广东、四川、云南、贵州、陕西；朝鲜，日本，俄罗斯（远东）。

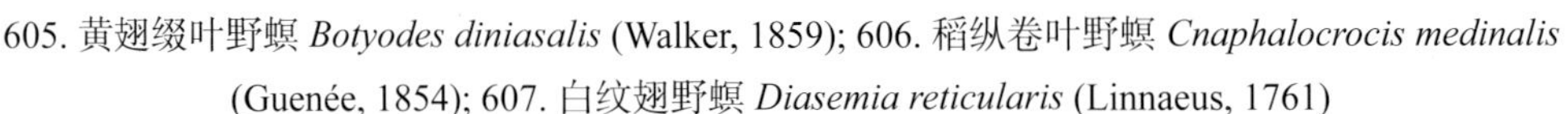
605. 黄翅缀叶野螟 *Botyodes diniasalis* (Walker, 1859); 606. 稻纵卷叶野螟 *Cnaphalocrocis medinalis* (Guenée, 1854); 607. 白纹翅野螟 *Diasemia reticularis* (Linnaeus, 1761)

（608）四斑绢丝野螟 *Glyphodes quadrimaculalis* (Bremer *et* Grey, 1853)

翅展 31.5–38.0 mm。头、胸部黑褐色杂白色，翅基片白色。前翅黑色，具 4 个白斑，最外侧白斑下侧沿翅外缘有 5 个小白斑排成 1 列。后翅白色，外缘具 1 黑色宽带。腹部背面黑褐色，各节后缘白色；腹面及侧面白色。

分布：宁夏（盐池、贺兰山）、天津、河北、辽宁、吉林、黑龙江、浙江、福建、山东、河南、湖北、广东、四川、云南、贵州、陕西；朝鲜，日本，俄罗斯（远东）。

（609）棉褐环野螟 *Haritalodes derogata* (Fabricius, 1775)

翅展 25.0–36.5 mm。额白色，下唇须褐色，腹面白色。胸部淡黄色，领片有 1 对黑褐色斑，翅基片上有 4–6 个黑褐色斑，前胸上有 1 对黑褐色斑，中胸有 1 个大黑褐斑。前、后翅淡黄色，前中线、后中线、亚外缘线及外缘线褐色。前翅基部有 3 个黑褐斑，黑褐斑和前中线间有 1 新月形斑，中室内有 1 个深褐色环形斑纹，中室端部有 1 深褐色肾形斑纹，中室下方有 1 稍小的深褐色环纹。后翅中室端有 1 细长褐色环纹。腹部背面黄褐色，各节后缘淡黄色，腹末具 1 黑褐斑。寄主：棉、木槿、黄蜀葵、芙蓉、秋葵、蜀葵、锦葵、冬葵、野棉花、梧桐。

分布：宁夏（盐池）、北京、河北、山西、江苏、浙江、安徽、福建、江西、山东、河南、湖北、湖南、广东、广西、四川、贵州、云南、陕西、台湾；朝鲜，日本，越南，缅甸，泰国，新加坡，印度尼西亚，菲律宾，印度，美国，非洲，南美洲。

（610）黑点蚀叶野螟 *Lamprosema commixta* (Butler, 1879)

翅展 15.0–20.0 mm。额、头顶白色，触角黄色或黄褐色。胸部淡黄色杂褐色斑。前翅淡黄色，基域具 3 个褐色至暗褐色大斑，基部前缘具 1 黑色斑，中室圆斑暗褐色，环状，中室端斑暗褐色，近方形，中央色浅。翅前缘中室端斑上方有 1 暗褐色大斑，

608. 四斑绢丝野螟 *Glyphodes quadrimaculalis* (Bremer *et* Grey, 1853); 609. 棉褐环野螟 *Haritalodes derogata* (Fabricius, 1775); 610. 黑点蚀叶野螟 *Lamprosema commixta* (Butler, 1879)

前中线黑色，波状，后中线黑色，波状，在中室下角处强烈内弯。后翅黄白色，基部有 1 褐色大斑，中室端部具 2 个平行的短棒状细斑。腹部背面淡黄色，各节后缘褐色；腹面白色。

分布：宁夏（盐池）、北京、天津、安徽、福建、广东、海南、四川、云南、西藏、台湾；日本，越南，马来西亚，印度，斯里兰卡。

（611）豆荚野螟 *Maruca vitrata* (Fabricius, 1787)

翅展 23.0–28.5 mm。头部棕褐色，额正中和两侧各有 1 白线，下唇须黑褐色，腹面白色。胸、腹部背面黄褐色，腹面白色。前翅棕褐色，中室内有 1 倒杯形透明斑，中室下方有 1 小透明斑，中室外有 1 从前缘伸至 CuA_2 脉的长透明斑。后翅白色，半透明，外缘棕褐色，中线和后中线之间近臀角处有不连续的淡褐色线。寄主：大豆、菜豆、豌豆、豇豆、扁豆、绿豆、玉米。

分布：宁夏（盐池、贺兰山）、北京、天津、河北、山西、内蒙古、江苏、浙江、福建、山东、河南、湖北、湖南、广东、广西、海南、四川、贵州、云南、陕西、台湾；朝鲜，日本，印度，斯里兰卡，尼日利亚，坦桑尼亚，澳大利亚，夏威夷。

（612）贯众伸喙野螟 *Mecyna gracilis* (Butler, 1879)

翅展 20.0–24.0 mm。额黄褐色，两侧有白纵纹，下唇须褐色，腹面白色。胸、腹部背面黄褐色。翅黄色。前翅前缘灰褐色，前中线紫褐色，向外倾斜，中室内及其下方各有 1 紫褐色圆形斑纹，中室端部有 1 紫褐色方形斑纹，后中线紫褐色锯齿状。后翅中室端部具 1 紫褐色条斑，后中线同前翅；前、后翅的外缘具紫褐色宽带。寄主：贯众。

分布：宁夏（盐池、贺兰山）、北京、天津、河北、黑龙江、福建、江西、山东、湖北、台湾；朝鲜，日本，俄罗斯（远东）。

（613）麦牧野螟 *Nomophila noctuella* (Denis *et* Schiffermüller, 1775)

翅展 26.5–31.0 mm。体棕褐色。前翅斑纹色较深且显著，中室基部下方有 1 黑色斑纹，中室圆斑褐色，边缘色较深，中室端斑褐色，肾形，中室下方有 1 边缘深的褐色大斑。后翅色较浅，半透明。寄主：小麦、苜蓿、紫花苜蓿、柳、萹蓄。

分布：宁夏（盐池、贺兰山）、北京、天津、河北、内蒙古、江苏、山东、河南、湖北、广东、四川、云南、贵州、西藏、陕西、台湾；日本，印度，俄罗斯（欧洲部分、中亚细亚），罗马尼亚，保加利亚，南斯拉夫，北美洲。

611. 豆荚野螟 *Maruca vitrata* (Fabricius, 1787); 612. 贯众伸喙野螟 *Mecyna gracilis* (Butler, 1879); 613. 麦牧野螟 *Nomophila noctuella* (Denis *et* Schiffermüller, 1775)

（614）甜菜青野螟 *Spoladea recurvalis* (Fabricius, 1775)

翅展 17.0–23.0 mm。额白色，有棕褐色条纹。胸、腹部背面黑褐色，腹面白色，腹部背面各节后缘白色。前翅黑褐色，前中线淡褐色，细弱不明显，中室端具 1 白斑，后中线为 1 白色宽带。后翅黑褐色，1 条白色带从前缘中部伸向后缘中部。寄主：甜菜、苋菜、藜。

614. 甜菜青野螟 *Spoladea recurvalis* (Fabricius, 1775)

分布：宁夏（盐池、贺兰山）、北京、天津、河北、山西、内蒙古、辽宁、吉林、黑龙江、江西、山东、广东、广西、四川、贵州、西藏、陕西、台湾；朝鲜，日本，越南，缅甸，泰国，印度尼西亚，菲律宾，印度，尼泊尔，不丹，斯里兰卡，非洲，澳大利亚，北美洲，南美洲。

（一百一十八）舟蛾科 Notodontidae

体一般中等大小，体长 35.0–60.0 mm，少数可达 100.0 mm 以上。体多褐色，少数色浅。喙柔弱或退化；无下颚须；下唇须 3 节，前伸或上举；具单眼，不发达；触角一般雄蛾双栉形，雌性线形。胸部隆起，被浓厚鳞片和毛；鼓膜位于胸部末端，在鼓膜之上的后盾区具 1 膨大部分，呈蜡滴状。前翅后缘中部常具 1 齿形毛簇，停息时前翅折于背部，毛簇立起呈角状。足胫节距骨化的端部边缘具锯齿。雄性腹部末端具长毛状鳞毛簇。幼虫体色鲜艳，栖息时头尾翘起，形如龙舟。幼虫一般为害树木，取食寄主植物的叶片，多为森林害虫，部分为果树害虫。世界已知 3800 多种，中国有 520 种左右。

（615）杨二尾舟蛾 *Cerura menciana* Moore, 1877

体长 28.0–30.0 mm，翅展 56.0–74.0 mm。体灰白色，下唇须黑色。胸背具两列 6 个黑点，翅基片有 2 个黑点。翅脉灰褐色，翅面具黑色斑纹。前翅基部具 2 个黑点，亚基线由 1 列黑点组成，翅面具数排锯齿状黑色波纹，外缘具近 8 个黑点。后翅横脉纹黑色，端线由 8 个黑点组成。腹部第 1–6 节背面两侧被毛黑色，被 1 条灰白色中纵带分隔，第 7–8 节中部灰白色，具 4 条黑色短纹，两侧黑色；腹部各节侧面各具 1 黑斑；腹部腹面灰白色，有时黄染。寄主：杨、柳。

分布：宁夏（盐池、贺兰山苏峪口），除新疆、贵州和广西尚无记录外，几乎遍布全国；朝鲜，日本，越南。

（616）燕尾舟蛾绯亚种 *Furcula furcular sangaica* (Moore, 1877)

体长 15.0–16.0 mm，翅展 35.0–38.0 mm。头部灰白色，眼缘黑色；触角背面灰白色，分支近黑色；胸部背面：前胸污白色，中、后胸灰白色，具 4 条铅黑色带，带间呈杏黄色。前翅灰白色，内、外横线之间密被灰黑色鳞片，内横线带状，黑色，中间缢缩，两侧边缘杏黄色；外横线黑色，波状；翅端部具 1 条从前缘伸达 M_3 脉的黑色短带；端线由 8 个黑点组成。后翅白色，臀角处色暗，端线由翅脉间的黑点组成。腹背黑色，各节后缘具灰白色横线。寄主：杨、柳。

分布：宁夏（盐池、贺兰山）、河北、山西、内蒙古、吉林、黑龙江、江苏、浙江、湖北、四川、云南、陕西、新疆；朝鲜，日本，俄罗斯。

（617）姹羽舟蛾 *Pterotes eugenia* (Staudinger, 1896)

体长 15.0–18.0 mm，翅展 33.0–37.0 mm。头部淡黄褐色；下唇须黄白色，杂黑色；触角灰白色，分支黄褐色；领部灰白色至褐色，胸部被毛黄褐色，末端杂黑色，后胸中部两侧各有 1 簇白色鳞毛簇。前翅红褐色，被黑色及白色鳞片，从基部中央到中室外有 1 条灰白色纵纹；内、外线黑色，断续，在后缘呈“V”形连接；缘毛黑色和黄白色相间。后翅灰褐色，缘毛灰白色。腹部黄褐色；两侧灰黑色，节间具白色毛簇；臀毛簇灰褐色。

分布：宁夏（盐池、贺兰山）、陕西、内蒙古；蒙古。

615. 杨二尾舟蛾 *Cerura menciana* Moore, 1877; 616. 燕尾舟蛾绯亚种 *Furcula furcular sangaica* (Moore, 1877); 617. 姹羽舟蛾 *Pterotes eugenia* (Staudinger, 1896)

（一百一十九）毒蛾科 Lymantriidae

体中至大型。喙退化或消失；无单眼；触角一般双栉形，雄蛾分支长于雌性。翅通常圆阔，有些种类雌性翅退化。后翅具封闭或半封闭的基室。鼓膜器位于后胸末端。雌性腹部末端常有 1 大鳞毛丛。幼虫体常具瘤突，瘤上具毛束，有些毛有毒，会引起人的过敏反应；腹部第 6–7 节具翻缩腺。幼虫一般为害树木，取食寄主植物的叶片。世界已知 2700 多种，中国有 360 多种。

（618）榆黄足毒蛾 *Ivela ochropoda* (Eversmann, 1847)

翅展雄性 25.0–30.0 mm，雌性 32.0–40.0 mm。体白色；下唇须黄色；触角栉齿黑色；前足腿节端半部至跗节，中、后足胫节端半部至跗节，均鲜黄色。寄主：榆。

分布：宁夏（盐池、贺兰山）、河北、山西、内蒙古、辽宁、吉林、黑龙江、山东、河南、陕西；朝鲜，日本，俄罗斯。

（619）雪毒蛾 *Leucoma salicis* (Linnaeus, 1758)

翅展雄性 35.0–45.0 mm，雌性 45.0–55.0 mm。体白色；下唇须黑色；触角栉齿灰褐色；头部、胸部、前翅基部和腹部有时染浅黄色；足胫节和跗节有黑环。寄主：柳、杨、榛、槭、杜松。

分布：宁夏、河北、山西、内蒙古、辽宁、吉林、黑龙江、江苏、浙江、安徽、山东、河南、湖北、湖南、青海、甘肃、陕西、新疆、西藏；朝鲜，日本，俄罗斯，欧洲，北美洲。

（620）侧柏毒蛾 *Parocneria furva* (Leech, 1888)

翅展 23.0–35.0 mm。体灰褐色，杂灰白色鳞毛。前翅中室下方具断续黑纹；后翅近透明。寄主：侧柏、黄桧、桧柏。

分布：宁夏（盐池）、河北、山西、内蒙古、辽宁、吉林、黑龙江、江苏、浙江、安徽、山东、河南、湖北、湖南、陕西；日本。

618 619 620

618. 榆黄足毒蛾 *Ivela ochropoda* (Eversmann, 1847); 619. 雪毒蛾 *Leucoma salicis* (Linnaeus, 1758); 620. 侧柏毒蛾 *Parocneria furva* (Leech, 1888)

（621）灰斑台毒蛾 *Teia ericae* (Germar, 1818)

雌雄异型，雌性无翅；体长雄性 21.0–30.0 mm，雌性 8.0–15.0 mm，雄性翅展 23.0–24.0 mm。雄虫翅赭褐色，后翅色较深；前翅前缘中部具 1 近三角形灰色斑，近臀角处有 1 白斑，外线及其内侧 1 线波曲状，灰褐色。雌性体表密被白短毛。寄主：柳、杨、杨梅、山毛榉、栎、鼠李、蔷薇、杜鹃、柽柳、沙枣、花棒、沙冬青、豆类等。

621. 灰斑台毒蛾 *Teia ericae* (Germar, 1818)

分布：宁夏（盐池、银川）、河北、辽宁、吉林、黑龙江、陕西、甘肃、青海；欧洲。

（一百二十）夜蛾科 Noctuidae

体中至大型，体色大多较灰暗，北方寒冷地区种类更明显，热带地区种类常色泽鲜艳。喙多发达；下唇须前伸或上举；触角丝状、锯齿形或栉状。胸部粗大，背面常有竖起的鳞毛丛。前翅肘脉四叉型，一般具副室；后翅四叉型或三叉型，$Sc+R_1$ 脉与 Rs 脉在中室基部有一小段相接后又分开。胫节距式 0–2–4 式。腹基部具反鼓膜巾。

（622）榆剑纹夜蛾 *Acronicta hercules* (Felder *et* Rogenhofer, 1874)

翅展 42.0–53.0 mm。头、胸部灰色。前翅灰褐色，基线、内线和外线均双线黑褐色，环纹、肾纹均黑边，环纹灰白色，肾纹灰褐色。后翅灰白色，翅脉色深；腹部黄褐色。寄主：榆。

分布：宁夏（盐池）、北京、河北、黑龙江、福建、云南；日本。

（623）桃剑纹夜蛾 *Acronicta intermedia* (Warren, 1909)

翅展 42.0 mm。头、胸部灰褐色。翅基片及前翅灰白色。前翅剑纹黑色，粗壮，内线和外线均双线黑褐色，环纹和肾纹灰色具黑边，两者间具 1 黑线，外线在亚中褶和 1 脉间有黑纹穿过，亚端线白色。后翅白色。腹部灰褐色。寄主：苹果、沙果、梨、杏、桃、李、柳。

分布：宁夏（盐池、贺兰山）、北京、河北、山西、辽宁、吉林、黑龙江、山东、河南、福建、广西、四川、贵州、云南；朝鲜，日本，俄罗斯，越南。

（624）黄地老虎 *Agrotis segetum* (Denis *et* Schiffermüller, 1775)

翅展 30.0–32.0 mm。头、胸部浅褐色。前翅黄褐色，散布小黑点，基线、内线及外线均双线黑色，波状，但多不显；剑纹小，环纹褐色具黑边，末端尖，肾纹明显，褐色具黑边；亚端线褐色，外侧呈深灰褐色。后翅灰白色。腹部灰褐色。寄主：云杉、松柏幼苗及低矮草本植物。

分布：全国广泛分布；朝鲜，日本，印度，欧洲，非洲等。

622. 榆剑纹夜蛾 *Acronicta hercules* (Felder *et* Rogenhofer, 1874); 623. 桃剑纹夜蛾 *Acronicta intermedia* (Warren, 1909); 624. 黄地老虎 *Agrotis segetum* (Denis *et* Schiffermüller, 1775)

（625）大地老虎 *Agrotis tokionis* Butler, 1881

翅展 45.0–48.0 mm。头、胸部褐色，有时胸部黑褐色。前翅灰褐色，基线、内线及外线均黑色，双曲线，剑纹小，环纹、肾纹褐色具黑边，肾纹外侧具黑斑。后翅浅黄褐色。腹部灰褐色。寄主：杨、柳等。

分布：全国广泛分布；日本，俄罗斯。

（626）小地老虎 *Agrotis ipsilon* (Hüfnagel, 1766)

翅展 48.0–50.0 mm。头、胸部及前翅褐色至黑褐色。前翅前缘区色较暗，基线、内线及外线均黑色，双线，亚端线上具 1 黑色楔形纹，剑纹狭长，褐色具黑边，环纹扁圆形，褐色具黑边，中央具 1 黑点，肾纹大，褐色具黑边，外侧具 1 楔形纹。后翅灰白色。腹部灰褐色。寄主：多种草本、杨属苗木或根须。

分布：全国广泛分布；世界性分布。

（627）远东地夜蛾 *Agrotis desertorum* Boisduval, 1840

翅展 31.0–33.0 mm。头、胸部及前翅黄褐色，胸部及前翅杂黑褐色鳞片。前翅内线黑褐色，波形；环纹眼状，中部具 1 黑斑，边缘黑色；剑纹黑色，圆形；肾纹黑褐色，外缘齿状；外线黑褐色，锯齿形；亚端区白色；端线为 1 列黑色斑纹。后翅灰白色，端缘具 1 列黑色斑纹。腹部背面黄褐色，腹面黄白色。

分布：宁夏（盐池）、内蒙古；俄罗斯。

625 626 627

625. 大地老虎 *Agrotis tokionis* Butler, 1881; 626. 小地老虎 *Agrotis ipsilon* (Hüfnagel, 1766); 627. 远东地夜蛾 *Agrotis desertorum* Boisduval, 1840

（628）皱地夜蛾 *Agrotis clavis* (Hüfnagel, 1766)

翅展 41.0 mm。头、胸部褐色。前翅浅灰褐色，基线、内线和外线均双线黑色，外线灰色，锯齿形，剑纹窄长，细剑状，环纹黑色杂灰色，肾纹褐色具黑边，亚端线内侧具 1 列黑褐尖齿纹。后翅浅褐色。腹部灰褐色。寄主：烟草等。

分布：宁夏（盐池、贺兰山）、河北、四川、青海；日本，印度，中亚地区，欧洲，非洲。

（629）麦奂夜蛾 *Amphipoea fucosa* (Freyer, 1830)

翅展 34.0 mm。头、胸部及前翅黄褐色。前翅各横线褐色，肾纹白色，杂褐色鳞片。后翅及腹部灰黄褐色。寄主：小麦、大麦、玉米等。

分布：宁夏（盐池、贺兰山）、河北、山西、内蒙古、黑龙江、河南、湖北、湖南、云南、青海、新疆；日本。

（630）曲肾介夜蛾 *Phidrimana amurensis* (Staudinger, 1892)

翅展 35.0 mm。头部灰白色，杂黑褐色。胸部和前翅灰白色，杂黑色鳞片；基线、内线和外线均黑色锯齿形，环纹和肾纹黑色，肾纹后端膨大，亚端线浅褐色。后翅及腹部灰褐色。

分布：宁夏（盐池）、内蒙古、黑龙江；蒙古，俄罗斯。

628 629 630

628. 皱地夜蛾 *Agrotis clavis* (Hüfnagel, 1766); 629. 麦奂夜蛾 *Amphipoea fucosa* (Freyer, 1830); 630. 曲肾介夜蛾 *Phidrimana amurensis* (Staudinger, 1892)

（631）旋歧夜蛾 *Anarta trifolii* (Hüfnagel, 1766)

翅展 31.0–38.0 mm。头、胸部灰褐色，杂黑色。前翅黄褐色；基线、内线和外线均双线黑色，外线锯齿状；剑纹、环纹和肾纹具黑色边，剑纹黄色，环纹黄褐色，周缘饰白色，肾纹下半部黑色，上半部黑色与灰白色相间；亚端线黄白色，锯齿状。后翅灰白色，端带灰褐色。腹部黄褐色。寄主：洋葱及多种草本植物。

分布：宁夏、河北、西藏、甘肃、青海、新疆；印度，亚洲西部，欧洲，北非。

（632）污秀夜蛾 *Apamea anceps* ([Denis *et* Schiffermüller], 1775)

翅展 35.0 mm。头部灰褐色，杂黑褐色。胸部黑褐色，杂灰褐色。前翅灰褐色，杂黄褐色；亚中褶基部黑褐色；内线白色，齿状；剑纹白色，肾纹灰褐色，外侧饰白色；外线黑色，波状，外侧灰褐色，亚端线由 1 列黑色斑组成，其内侧具黑褐色宽带。后翅及腹部灰褐色。

分布：宁夏（盐池）、陕西；蒙古，俄罗斯，欧洲，北非。

（633）委夜蛾 *Athetis furvula* (Hübner, [1808])

翅展 28.0–30.0 mm。头、胸部灰白色，杂褐色鳞片，胸部褐色鳞片较密集。前翅黄褐色至灰褐色，前缘端半部具间隔黄褐色点；基线、内线和外线黑色，内线波状，环纹为 1 黑点，肾纹黑褐色，内侧白色，亚端线白色，下半部内斜。后翅浅褐色。腹部背面黄褐色，杂灰褐色斑点；腹面灰褐色。寄主：低矮草本植物。

分布：宁夏（盐池、贺兰山）、河北、内蒙古、辽宁、吉林、黑龙江、甘肃、新疆；朝鲜，日本，欧洲。

631. 旋歧夜蛾 *Anarta trifolii* (Hüfnagel, 1766); 632. 污秀夜蛾 *Apamea anceps* ([Denis *et* Schiffermüller], 1775); 633. 委夜蛾 *Athetis furvula* (Hübner, [1808])

（634）后委夜蛾 *Athetis gluteosa* (Treitschke, 1835)

翅展 21.0 mm。头、胸部及前翅浅灰褐色，杂褐色鳞片。前翅基线、内线、中线和外线灰褐色，内线波状，中线前半段近直，后半段波浪形，肾纹褐色，亚端线灰白色，端线为 1 列黑褐纹。后翅灰白色，微带褐色。腹部灰白色，杂褐色鳞片。寄主：低矮草本植物。

分布：宁夏（盐池）、黑龙江、青海、四川、西藏；蒙古，朝鲜，日本，中亚地区，欧洲。

（635）二点委夜蛾 *Athetis lepigone* (Möschler, 1860)

翅展 25.0 mm。体灰白色。前翅黄褐色，中室具 2 个黑点。后翅灰白色。

分布：宁夏（盐池）、河北；日本，欧洲。

（636）黑点丫纹夜蛾 *Autographa nigrisigna* (Walker, [1858])

翅展 34.0 mm。体灰褐色，颈板后缘杂白色。前翅基线、内线和外线色较浅，环纹长形，肾纹具浅色边，外缘深内凹，近中室后缘为银色弧形，下侧方另具一近三角形小银斑。后翅浅褐色。寄主：棉花、甜菜、苜蓿、豌豆、白菜、甘蓝、茄子、胡萝卜、大麻、大豆、蚕豆。

分布：宁夏（盐池）、华北、西北、西南；日本，印度，俄罗斯，欧洲。

634. 后委夜蛾 *Athetis gluteosa* (Treitschke, 1835); 635. 二点委夜蛾 *Athetis lepigone* (Möschler, 1860); 636. 黑点丫纹夜蛾 *Autographa nigrisigna* (Walker, [1858])

（637）满丫纹夜蛾 *Autographa mandarina* (Freyer, 1845)

翅展 40.0 mm。体红褐色，颈板端部白色。前翅基线、内线银色，锯齿状，外线双线褐色，环纹褐色，具银边，其后有 1 "Y" 形银纹。后翅淡褐色。寄主：胡萝卜。

分布：宁夏（盐池）、辽宁、吉林、黑龙江；日本，俄罗斯。

（638）楔斑启夜蛾 *Euclidia fortalitium* (Tausch, 1809)

翅展 30.0–34.0 mm。头、胸部灰白色或黄褐色，杂黑褐色。前翅灰色，前缘和外缘灰褐色；翅面具 2 个褐斑，两斑外侧饰白色，基斑楔形，其外侧弧凹；端斑自前缘达后缘，外侧偏下半部呈三角形凹入；亚端线黄白色。后翅褐色，外线和亚端线处各具 1 黄褐色宽带。腹部背面黄褐色，腹面灰白色。

分布：宁夏（盐池）、青海、新疆；中亚地区，亚洲西部，俄罗斯。

（639）白点逸夜蛾 *Caradrina albina* Eversmann, 1848

翅展 26.0–29.0 mm。体黄褐色或灰褐色。前翅具细黑点，斑纹退化：剑纹与环纹不显，基线、内线和外线仅在前缘具 1 黑点，肾纹黑褐色，亚端线灰白色。后翅灰白色，外端灰褐色。腹部黄褐色，杂黑褐色鳞片。

分布：宁夏（盐池）、山西、内蒙古；中亚地区，俄罗斯。

（640）暗灰逸夜蛾 *Caradrina montana* Bremer, 1861

翅展约 26.0 mm。头部灰白色，触角黄褐色。胸部及前翅黄褐色，杂褐色鳞片，斑纹退化：剑纹与环纹不显，基线、内线和外线仅在前缘具 1 黑点，肾纹黑褐色。后翅灰白色。腹部灰褐色。寄主：羊蹄、车前、山柳、苦苣菜。

分布：宁夏（盐池）、中国北方；蒙古，朝鲜，俄罗斯，欧洲。

（641）凡锁额夜蛾 *Cardepia irrisoria* (Ershov, 1874)

翅展约 25.0 mm。头部黄白色。胸部米黄色，杂黑色鳞片。前翅底色白色，具米黄色斑纹，杂黄褐色鳞片；前缘具 7 个黑斑；内线米黄色，波状；环纹大，白色具黄褐色边；剑纹粗短，米黄色，具黄褐色边；肾纹具褐边，上部白色，下部褐色；外线米黄色，锯齿状；亚端线白色，内侧自 M 脉向下具米黄色宽带。后翅灰白色，中室端部和翅端部具灰黄褐色鳞片。腹部黄褐色。

分布：宁夏（盐池）；俄罗斯，土耳其。

（642）珀光裳夜蛾 *Catocala helena* Eversmann, 1856

翅展约 65.0 mm。头、胸部灰黄褐色，杂白色和黑褐色。前翅青灰色，带黑褐色；基线黑色，内线前半段黑色，后半段灰褐色；肾纹浅黄白色，具黑褐色斑，边缘黑褐色；外线黑褐色，前半段锯齿状，后半段波状；亚端线灰色，后半段波状；端线为 1 列黑褐色点。后翅红褐色，中带和端带黑色，中带未达后缘。腹部黄褐色。

分布：宁夏（盐池）、河北、内蒙古、黑龙江、江苏；蒙古。

637. 满丫纹夜蛾 *Autographa mandarina* (Freyer, 1845); 638. 楔斑启夜蛾 *Euclidia fortalitium* (Tausch, 1809); 639. 白点逸夜蛾 *Caradrina albina* Eversmann, 1848; 640. 暗灰逸夜蛾 *Caradrina montana* Bremer, 1861; 641. 凡锁额夜蛾 *Cardepia irrisoria* (Ershov, 1874); 642. 珀光裳夜蛾 *Catocala helena* Eversmann, 1856

（643）普裳夜蛾 *Catocala hymenaea* ([Denis *et* Schiffermüller], 1775)

翅展约 46.0 mm。头部灰白色杂黑色，胸部灰黄褐色，杂黑色。前翅灰色，杂黄褐色和黑色鳞片，基线、内线和外线均黑色，基线和内线波状，外线在中室外侧外凸，尖齿状，中室下侧部分内斜，波状；肾纹浅黄白色，内侧具黄褐色鳞片，外侧具 1 黑褐色宽纵带；亚端线灰白色，端线为 1 列黑点。后翅橘黄色，中带与前缘带及亚中褶基纹构成1闭合环，中带黑色，前缘带与亚中褶基纹灰褐色，有时亚中褶基纹与中带有间隔；端带黑色，在臀角处有间断。腹部黄褐色。寄主：黑刺李、李、乌荆子。

分布：宁夏（盐池）、辽宁、黑龙江；亚洲西部，欧洲。

（644）裳夜蛾 *Catocala nupta* (Linnaeus, 1767)

翅展60.0–74.0 mm。头部灰白色杂黄褐色和黑色；胸部黄褐色杂黑色和白色。前翅灰色，具褐色带，杂黑色鳞片，基线黑色波状，内线褐色，双线波状，线间灰色；肾纹近半圆形，内部黑褐色，外围灰色；外线黑褐色，双线，线间灰色，自前缘脉细锯齿状外斜，在6脉处折角后深锯齿形内斜，3脉后强内伸至肾纹下方，形成1椭圆圈；亚端线黑褐色，双线，锯齿状，线间灰白色；端线为1列黑点。后翅红色，中带黑色，未达后缘；端带黑色，顶角处白色。腹部灰褐色。寄主：杨、柳、枣。

分布：宁夏（盐池）、河北、辽宁、黑龙江、福建、四川、西藏、新疆；朝鲜，日本，欧洲。

（645）红腹裳夜蛾 *Catocala pacta* (Linnaeus, 1758)

翅展约50.0 mm。头部白色杂灰褐色。胸部白色杂红褐色和黑色。前翅深灰色，基线波状，由米黄色和黑褐色鳞片组成；内线米黄色，内侧灰白色；肾纹小，米黄色，杂褐色及白色鳞片，下侧有2个不明显米黄色环；外线米黄色，前半段锯齿状，后半段极内斜，波状；端部翅脉带黑色鳞片；端线由1列黑点组成。后翅胭脂红色，前缘基部2/3黄白色，中带和端带黑色，中带不达后缘，缘毛白色。腹部背面浅胭脂红色，节间黄褐色；腹面白色。寄主：柳。

分布：宁夏（盐池）、黑龙江、新疆；蒙古，欧洲。

643. 普裳夜蛾 *Catocala hymenaea* ([Denis *et* Schiffermüller], 1775); 644. 裳夜蛾 *Catocala nupta* (Linnaeus, 1767); 645. 红腹裳夜蛾 *Catocala pacta* (Linnaeus, 1758)

（646）朝鲜裳夜蛾 *Catocala puella* Leech, 1889

翅展40.0–42.0 mm。头部灰白色，杂黑褐色，胸部黑褐色，杂灰白色。前翅灰褐色，密布黑褐色鳞片；基线和内线黑色波状；肾纹小，黑褐色；外线黑褐色，前缘至M_1脉外斜，M_1脉弧弯至M_3脉之后，急剧内凹，形成囊状结构，之后呈两尖锐齿状；亚端线灰色。后翅杏黄色，中带黑色，达后缘；前缘和亚中褶各具1浅褐色纹，前缘纹与中带相连，亚中褶纹未达中带；端带黑色，臀角处间断。腹部灰褐色，具金黄色鳞毛。

分布：宁夏（盐池）、黑龙江；朝鲜。

（647）塞望夜蛾 *Clytie syriaca* (Bugnion, 1837)

翅展 40.0–41.0 mm。头、胸部灰黄褐色，杂灰白色。前翅黄褐色，有时基部及亚端线内侧宽带深灰褐色；环纹小，黄褐色，肾纹黑褐色，内线、外线、亚端线和端线均黑褐色，端线波状。后翅黄褐色，端带黑褐色。腹部黄褐色，杂黑色。

分布：宁夏（盐池）、内蒙古、新疆；亚洲西部。

（648）鹿侃夜蛾 *Conisania cervina* (Eversmann, 1842)

翅展 32.0–37.0 mm。头、胸部灰白色至黄褐色，杂黑色鳞片。前翅黄褐色，杂黑色鳞片，主要翅脉白色。后翅灰褐色，杂黄褐色鳞片。腹部黄褐色，杂黑色鳞片。

分布：宁夏（盐池）、中国北方；蒙古，朝鲜，俄罗斯，欧洲。

646. 朝鲜裳夜蛾 *Catocala puella* Leech, 1889; 647. 塞望夜蛾 *Clytie syriaca* (Bugnion, 1837); 648. 鹿侃夜蛾 *Conisania cervina* (Eversmann, 1842)

（649）中亚藓夜蛾 *Cryphia fraudatricula* (Hübner, [1803])

翅展 26.0 mm。头部灰白色。胸部浅灰褐色，杂黑色。前翅黄白色至黄褐色，杂黑色鳞片；内线和外线黑色，内线后缘不显，经翅褶有 1 黑纹将内线和外线连接起来，内部灰白色，环纹和肾纹位于其中，均褐色。后翅灰褐色。腹部深灰褐色。

分布：宁夏（盐池）；俄罗斯。

（650）欧藓夜蛾 *Cryphia ochsi* (Boursin, 1940)

翅展 19.0–25.0 mm。头、胸部及前翅浅灰褐色，杂黑色。前翅翅基前缘黑褐色，中部具 1 黑褐色大斑，外侧中部极突出，自 5 脉处向内收缩，后缘宽是前缘的 1/2。后翅灰褐色，杂黄褐色鳞片。腹部灰褐色，杂黑色鳞片，腹背各节后缘色浅。

分布：宁夏（盐池）、新疆；欧洲。

（651）碧银冬夜蛾 *Cucullia argentea* (Hüfnagel, 1766)

翅展 35.0–36.0 mm。头、胸部灰色，胸部前缘和中部各具 1 条黑褐色宽带。前翅银白色，具灰绿色带纹：前、后缘各 1 条灰绿色纵纹，各横线为灰绿色宽带，内、外线在中脉由 1 灰绿色纵纹相连。后翅灰褐色，基部白色。腹部基部几节深黄褐色，端部几节黄白色。寄主：蒿属植物。

分布：宁夏（盐池）、河北、内蒙古、黑龙江、西藏、新疆；日本，欧洲。

649. 中亚藓夜蛾 *Cryphia fraudatricula* (Hübner, [1803]); 650. 欧藓夜蛾 *Cryphia ochsi* (Boursin, 1940); 651. 碧银冬夜蛾 *Cucullia argentea* (Hüfnagel, 1766)

（652）黄条冬夜蛾 *Cucullia biornata* Fischer *de* Waldheim, 1840

翅展 41.0–50.0 mm。头部黄褐色，触角间具 1 白色横纹。胸部灰白色，杂褐色，颈板具 2 条黑褐色细横线。前翅灰褐色，翅脉色深；亚中褶基部浅黄色，具 1 黑纵纹；中室浅黄色，下缘杂褐色鳞片；端区各翅脉间具黄白色细纵线，杂浅褐色鳞片。后翅黄白色，端半部微带褐色。腹部背面黄褐色，腹面白色。

分布：宁夏（盐池、贺兰山）、河北、内蒙古、辽宁、新疆；俄罗斯。

（653）卒冬夜蛾 *Cucullia dracunculi* (Hübner, [1813])

翅展 36.0–42.0 mm。头、胸部灰白色，杂黑褐色。前翅灰色，前缘区密被褐色鳞片，翅脉深褐色；亚中褶具 1 黑色细纵纹；内线黑褐色，锯齿形；环纹和肾纹浅黄褐色，具黑边，环纹内侧中部凹；外线灰白色，波状；端区各翅脉间具灰白色纹。后翅白色，端半部褐色。腹部背面灰褐色，腹面灰白色。寄主：紫菀属。

分布：宁夏（盐池）、新疆；中亚地区，欧洲。

（654）蒿冬夜蛾 *Cucullia fraudatrix* Eversmann, 1837

翅展约 36.0 mm。头、胸部及前翅灰褐色。前翅亚中褶基部具 1 黑纵纹，内线黑色，中室下方锯齿状，环纹和肾纹灰色，两纹间黑色，外线黑色，波状，亚端线灰色，前端内侧具 1 黑斑，4 脉前和 2 脉后各有 1 黑纵纹。后翅黄白色，端带灰褐色。腹部黄褐色，杂灰色。寄主：莴苣。

分布：宁夏（盐池）、辽宁、吉林、浙江；日本，欧洲。

652. 黄条冬夜蛾 *Cucullia biornata* Fischer *de* Waldheim, 1840; 653. 卒冬夜蛾 *Cucullia dracunculi* (Hübner, [1813]); 654. 蒿冬夜蛾 *Cucullia fraudatrix* Eversmann, 1837

（655）富冬夜蛾 *Cucullia fuchsiana* Eversmann, 1842

翅展 31.0–33.0 mm。头部黄褐色，杂灰白色，触角间具黑褐色横纹。胸部灰白色，杂黄褐色和黑色。前翅灰白色，杂褐色；基部白色，内线双线黑色，波状，环纹白色，中部具黄褐斑，两侧黑色，与肾纹间具 1 黑斑，肾纹大，具黑边，亚端线白色，内侧具几个黑褐纹，顶角具 1 白色斜纹。后翅白色，端带褐色。腹部黄褐色。寄主：扫帚艾。

分布：宁夏（盐池）、河北、内蒙古、黑龙江、青海、新疆；蒙古，俄罗斯。

（656）挠划冬夜蛾 *Cucullia naruenensis* Staudinger, 1879

翅展 33.0–37.0 mm。头、胸部灰白色，杂黑褐色，颈板具 2 条黑褐色横线。前翅灰白色，前缘局部中脉区及后缘区带黑褐色，翅脉黑褐色；亚中褶具 1 黑纵纹；中室具 1 黑纵纹；基线和内线黑色，锯齿状；肾纹黄白色，杂黄褐色；端区翅脉间具黑褐色宽纹，端线为 1 列黑斑。后翅灰白色，主要翅脉灰褐色，端半部灰褐色。腹部背面浅黄褐色，杂黑褐色鳞片，基部 4 节具黑褐色中纵线。腹面白色，杂黑褐色鳞片。

分布：宁夏（盐池）、内蒙古、新疆；蒙古，俄罗斯。

（657）银白冬夜蛾 *Cucullia platinea* Ronkay *et* Ronkay, 1987

翅展 31.5–35.0 mm。头部灰黄色。前胸灰白色，前端具 2 条灰色横带。前翅银白色，前缘和后缘具黄褐色横带，环纹由 2 块黑色鳞片组成，肾纹为 1 块黑色方形斑，外线可见零星残存鳞片，端线由 1 列黑点组成；缘毛白色。后翅浅灰褐色，缘毛白色。腹部背面黄褐色，腹面白色。

分布：宁夏（盐池）、北京、甘肃；蒙古。

655. 富冬夜蛾 *Cucullia fuchsiana* Eversmann, 1842; 656. 挠划冬夜蛾 *Cucullia naruenensis* Staudinger, 1879; 657. 银白冬夜蛾 *Cucullia platinea* Ronkay *et* Ronkay, 1987

（658）银装冬夜蛾 *Cucullia splendida* (Stoll, [1782])

翅展 34.0–36.0 mm。头、胸部灰色；胸部后端鳞毛白色；胸部前缘和中部各具 1 条黑褐色宽带。前翅银白色，具蓝色光泽；后缘具 1 亮黄色纵带；缘毛白色。后翅白色，端部具灰褐色宽带。腹部白色，基部几节背面黄褐色。

分布：宁夏（盐池）、内蒙古、甘肃、青海、新疆；蒙古，俄罗斯。

（659）暗石冬夜蛾 *Lithophane consocia* (Borkhausen, 1792)

翅展 29.0–36.0 mm。头部白色，杂褐色；下唇须内侧灰白色，外侧黑褐色。胸部和前翅灰色，带深褐色。前翅亚中褶中部黄褐色，下缘具 1 黑褐纹；内线和外线黑褐色，波状，外线在 5 脉后呈半圆形内凹；环纹和肾纹黄褐色，杂红褐色，具黑边。后翅黄白色，翅脉浅黄色，外线浅褐色，端部散布浅褐色鳞片，端线黑色。腹部背面灰褐色，杂黑色鳞片，腹面白色。寄主：辽东楤木。

分布：宁夏（盐池）、黑龙江；欧洲。

（660）白肾俚夜蛾 *Deltote martjanovi* (Tschetverikov, 1904)

翅展约 23.0 mm。体褐色，前翅黄褐色至黑褐色。前翅基线、内线和外线均黑色，内线及外线近锯齿形；肾纹大，白色，具黑边。后翅黄褐色。

分布：宁夏（盐池、贺兰山）、北京、河北、内蒙古、黑龙江；俄罗斯。

658. 银装冬夜蛾 *Cucullia splendida* (Stoll, [1782]); 659. 暗石冬夜蛾 *Lithophane consocia* (Borkhausen, 1792); 660. 白肾俚夜蛾 *Deltote martjanovi* (Tschetverikov, 1904)

（661）分歹夜蛾 *Diarsia deparca* (Butler, 1879)

翅展 37.0 mm。头部灰白色；下唇须基部两节黑褐色，第 2 节末端及第 3 节灰白色；触角黄褐色，后缘被白色鳞片，前缘密被黄白色短感觉毛。胸部背面灰白色，杂灰褐色鳞片；腹面灰褐色，杂灰白色。前翅黄褐色，杂褐色鳞片；内线和外线灰褐色，波状；剑纹外侧为 1 黑点，环纹大，灰白色，具灰褐色边，肾纹黄褐色，具灰褐色边，内侧具 1 月牙形深褐色斑；顶角及外缘黑褐色鳞片较密集；亚端线黄色。后翅黄褐色。腹部灰白色，腹面杂灰褐色鳞片；端部 3 节侧缘具黄褐色鳞毛。

分布：宁夏（盐池）、四川、云南、西藏；日本，印度，斯里兰卡。

（662）灰歹夜蛾 *Diarsia canescens* (Butler, 1878)

翅展 41.0 mm。头、胸部红褐色。前翅灰褐色；基线、内线及外线均双线黑色，内线和外线波状；环纹和肾纹浅黄褐色；亚端线浅黄色，锯齿状。后翅灰褐色。腹部背面灰褐色，端部黑色，腹面黄褐色。寄主：紫云英、多种蔬菜、茶。

分布：宁夏（盐池）、河北、内蒙古、黑龙江、河南、湖北、江西、四川、青海、新疆；朝鲜，印度，缅甸，欧洲。

（663）马蹄二色夜蛾 *Dichromia sagitta* (Fabricius, 1775)

翅展 34.0 mm。头、胸部灰褐色。前翅灰褐色杂细黑点，内、外线灰白色，两线间具 1 黑褐色马蹄形大斑。后翅黄色，端区具 1 黑褐带。腹部黄色。寄主：娃儿藤属。

分布：宁夏（盐池）、湖南、福建、广东、海南、广西、贵州、云南；日本，印度，缅甸，斯里兰卡。

661　　662　　663

661. 分歹夜蛾 *Diarsia deparca* (Butler, 1879); 662. 灰歹夜蛾 *Diarsia canescens* (Butler, 1878); 663. 马蹄二色夜蛾 *Dichromia sagitta* (Fabricius, 1775)

（664）肖髯须夜蛾 *Hypena iconicalis* Walker, [1859]

翅展 28.0 mm。头、胸部褐色；触角被白色鳞片。前翅外线灰白色，外线内侧深褐色，外线外侧灰色，杂深褐色。后翅灰褐色。腹部深灰褐色。寄主：山蚂蝗属。

分布：宁夏（盐池）、四川、广西、贵州、海南、台湾、西藏；印度，马来西亚，印度尼西亚，斯里兰卡。

（665）塞妃夜蛾 *Drasteria catocalis* (Staudinger, 1882)

翅展 36.0 mm。头、胸部黑褐色，杂黄褐色，下唇须内侧黄褐色，触角黑褐色。前翅中部黄褐色，两侧褐色，杂黑色鳞片；基部灰褐色，基线双线黑色，内线黑色波状，内侧黑褐色，外侧黄褐色；肾纹灰黄色，具黑边；外线黑褐色，锯齿形，自前缘脉后外弯，在肘脉处向内伸达肾纹后端折向后行，外侧深褐色；亚端线黑褐色，锯齿状，外侧具 1 黄褐色纹；端线黑色，波状。后翅浅黄褐色，横脉纹及端带黑色，肘脉末端具 1 黑斑，周缘黄褐色。腹部黄褐色，杂黑褐色鳞片。

分布：宁夏（盐池）、甘肃、新疆；中亚地区。

（666）躬妃夜蛾 *Drasteria flexuosa* (Ménétriés, 1849)

翅展 35.0 mm。头部黄褐色，杂白色；胸部黄褐色，杂黄白色。前翅灰色带黄褐色，杂黑色鳞片；基线黑色，自前缘脉弧弯至亚中褶，内线黑色，自前缘脉外斜至亚中褶折角内斜；肾纹黑褐色，边缘不清；外线黑色，自前缘脉后弧形内弯，至肘脉内折至肾纹下方，近直达后缘，似与内线相连形成环状结构；外线外侧前缘处具 1 黑褐斑，亚端带黄褐色，端线黑色。后翅及缘毛白色，M 脉黑色，后缘带灰褐色，亚端带黑褐色，端带白色，M 脉末端具 1 黑色圆斑，其外侧缘毛基部黑色，端部灰白色。腹

664　　665　　666

664. 肖髯须夜蛾 *Hypena iconicalis* Walker, [1859]; 665. 塞妃夜蛾 *Drasteria catocalis* (Staudinger, 1882); 666. 躬妃夜蛾 *Drasteria flexuosa* (Ménétriés, 1849)

部黄褐色，杂褐色鳞片。

分布：宁夏（盐池）、新疆；蒙古，中亚地区。

（667）元妃夜蛾 *Drasteria obscurata* (Staudinger, 1882)

翅展 29.0 mm。头顶灰色，额灰白色。胸部灰色，杂灰白色。前翅褐色；内线黑色；环纹白色，肾纹黑褐色，具黑边；外线黑色，大波曲状，后缘至 3 脉近直，3 脉和前缘在 7 脉处形成角突；亚端带黄白色，端线黑色，由断续黑纹组成。后翅黄白色，中室中部具 1 灰褐纹，端部灰褐色。腹部浅黄褐色。

分布：宁夏（盐池）、新疆；中亚地区。

（668）罗妃夜蛾 *Drasteria rada* (Boisduval, 1848)

翅展 31.0–35.0 mm。头部黄褐色，微带红褐色，触角黑色。前翅黑褐色；内线内侧浅红褐色，内线黑色，波状，外侧具 1 土黄色宽带，向外与黑褐带间具灰白色缓冲带；肾纹小，褐色，浅黄边；外线黑色，前半段两侧饰土黄色，自前缘外弯至肘脉，再向上内折至肾纹下方内侧，再折向后缘；亚端线黄褐色，自顶角内侧波曲内斜至臀角；端线为 1 列灰色纹；缘毛黑褐色。后翅及缘毛白色，基部和后缘带褐色，横脉纹及端带黑色，横脉纹窄长，与端带相连，顶角、中褶末端及肘脉末端各有 1 白纹，中脉末端及其外侧缘毛黑色。腹部灰黄褐色，杂褐色鳞片。

分布：宁夏（盐池）、内蒙古；蒙古，欧洲。

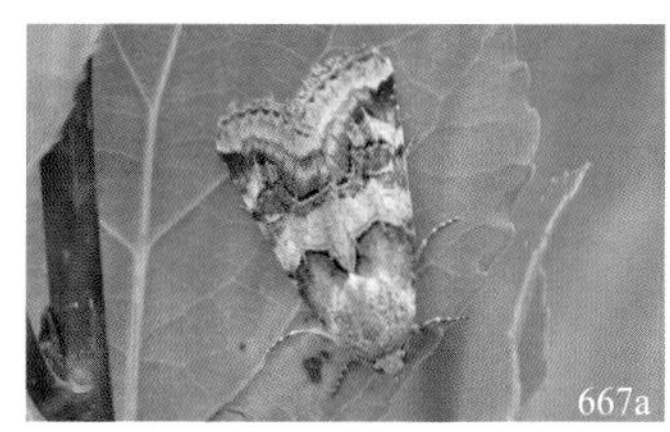
667a

667b

668

667. 元妃夜蛾 *Drasteria obscurata* (Staudinger, 1882)（a. 生态照；b. 标本照）; 668. 罗妃夜蛾 *Drasteria rada* (Boisduval, 1848)

（669）古妃夜蛾 *Drasteria tenera* (Staudinger, 1877)

翅展 32.0–35.0 mm。头、胸部黑褐色，杂灰色。前翅灰色，杂黑褐色鳞片；有些翅面斑纹不显，有些剑纹、环纹和肾纹黄褐色，剑纹极长，环纹长形，肾纹外缘齿状，中部凹。后翅白色，亚中褶及其后部灰褐色，端半部黑褐色，M 脉端部具 1 黑斑，周缘白色。腹部灰色。

669a

669b

669. 古妃夜蛾 *Drasteria tenera* (Staudinger, 1877)（a. 翅面斑纹变异；b. 体色与榆树枝干相近）

分布：宁夏（盐池）、内蒙古、新疆；俄罗斯。

（670）粉缘钻夜蛾 *Earias pudicana* Staudinger, 1887

翅展 23.0 mm。头部黄白色，胸部粉绿色，或中、后胸粉红色。前翅黄绿色，前缘自基部至 2/3 处白色，略带粉红色；中室具 1 褐色圆斑或无；缘毛褐色；后翅白色。腹部灰白色。

分布：宁夏（盐池）、北京、内蒙古、黑龙江；俄罗斯。

（671）美纹孤夜蛾 *Elaphria venustula* (Hübner, 1790)

翅展 19.0–20.0 mm。头顶灰白色，额灰褐色；胸部基部和末端鳞片灰褐色，中部鳞片白色，翅基片基半部鳞片灰褐色，端半部鳞片白色。前翅灰褐色，自翅基部下缘至顶角具 1 白色斜带，斜带后部褐色较深，外线白色，较宽。后翅灰白色，端半部灰褐色。腹部灰褐色。寄主：匍匐委陵菜。

分布：宁夏（盐池）、黑龙江、新疆；亚洲西部，欧洲。

（672）谐夜蛾 *Emmelia trabealis* (Scopoli, 1763)

翅展 19.0–22.0 mm。头、胸部黄褐色。前翅浅黄色至黄色，前缘具 5 个黑斑，中室具 2 个黑斑，翅后缘及中室后缘各具 1 条黑色纵带，伸至外线，外线黑色，较宽，亚端线上具 3–4 个黑斑。后翅浅黄褐色。腹部黄白带褐色。寄主：甘薯、田旋花等。

分布：宁夏（盐池、贺兰山）、河北、内蒙古、黑龙江、江苏、广东、新疆；朝鲜，日本，亚洲西部，欧洲，非洲。

670. 粉缘钻夜蛾 *Earias pudicana* Staudinger, 1887; 671. 美纹孤夜蛾 *Elaphria venustula* (Hübner, 1790); 672. 谐夜蛾 *Emmelia trabealis* (Scopoli, 1763)

（673）甘清夜蛾 *Enargia kansuensis* Draudt, 1935

翅展 32.0–38.0 mm。头、胸部浅黄褐色；翅基片边缘杂黑褐色。前翅霉绿灰色；基部具 1 黑褐斑；内线黑色，锯齿状；环纹灰绿色具黑边，肾纹“8”字形，中央黑色，边缘灰绿色；外线黑色，略外弯，缘毛灰褐色。后翅浅灰褐色，横脉纹深褐色。腹部灰褐色。

分布：宁夏（盐池）、内蒙古、甘肃、青海。

（674）白线缓夜蛾 *Eremobia decipiens* (Alphéraky, 1895)

翅展 41.0–44.0 mm。头、胸部褐色，胸部杂白色，前胸和中胸间具 1 黑色横带。前翅灰褐色；线纹白色，基线和外线锯齿状，环纹长椭圆形，肾纹窄长；翅外缘为 1 列新月形黑纹。后翅及腹部灰褐色。

分布：宁夏（盐池）、黑龙江、新疆；蒙古。

（675）钩尾夜蛾 *Eutelia hamulatrix* Draudt, 1950

翅展 30.0–31.0 mm。头顶黄褐色，下唇须黑褐色杂灰白色。胸部黄白色至黄褐色，杂黑色。前翅浅黄褐色，杂白色鳞片，具黑纹；基线黄褐色，波状，内线和外线黑褐色，前者微弯，后者锯齿形；环纹和肾纹近白色，肾纹内部具黄褐色弧纹；亚端线双线黑色，其内 3–5 脉间及 6 脉处各具 1 黑斑；端线为 1 列新月形黄褐色纹，外侧饰白色。后翅灰褐色，基部下侧灰白色。腹部褐色。

分布：宁夏（盐池）、浙江、安徽、河南、四川、陕西。

673. 甘清夜蛾 *Enargia kansuensis* Draudt, 1935; 674. 白线缓夜蛾 *Eremobia decipiens* (Alphéraky, 1895); 675. 钩尾夜蛾 *Eutelia hamulatrix* Draudt, 1950

（676）淡文夜蛾 *Eustrotia bankiana* (Fabricius, 1775)

翅展 23.0–26.0 mm。头、胸部黄褐色。前翅浅绿褐色，杂黑色鳞片；前缘基部银白色，内线和外线均为白色窄带，内线外侧中部具 1 白色角斑，外线内侧在中室处突出 1 弧形斑；亚端线外侧黄褐色。后翅灰色，端斑密布灰褐色鳞片。腹部黄褐色。寄主：早熟禾。

分布：宁夏（盐池）、内蒙古、黑龙江、江苏、新疆；欧洲，伊朗等。

（677）暗切夜蛾 *Euxoa nigricans* (Linnaeus, 1761)

翅展 40.0 mm。头、胸部褐色杂灰白色。前翅深褐色，杂黑色鳞片；亚中褶具黑色斑，环纹不规则状，内、外侧具黑边，肾纹内侧具黑边，外侧呈黄褐色，外线和亚端线浅黄褐色，波状。后翅黄褐色。腹部黄褐色，杂黑褐色鳞片。寄主：低矮草本植物。

分布：宁夏（盐池）、黑龙江、青海、新疆；蒙古，亚洲西部，欧洲。

（678）白边切夜蛾 *Euxoa oberthuri* (Leech, 1900)

翅展 40.0 mm。头、胸部褐色。前翅褐色，前缘区浅灰褐色；基线与内线双线黑色；剑纹褐色，边缘黑色，环纹与肾纹灰色，边缘黑色；外线黑色；亚端线浅褐色。后翅浅褐色，端区色暗。腹部褐色。寄主：苜蓿、车前、杨、柳。

分布：宁夏（盐池）、河北、内蒙古、吉林、四川、云南、西藏；朝鲜，日本。

676. 淡文夜蛾 *Eustrotia bankiana* (Fabricius, 1775); 677. 暗切夜蛾 *Euxoa nigricans* (Linnaeus, 1761); 678. 白边切夜蛾 *Euxoa oberthuri* (Leech, 1900)

（679）灰茸夜蛾 *Hada extrita* (Staudinger, 1888)

翅展 29.0–31.0 mm。头部黄褐色；胸部黄褐色，杂黑色。前翅黄褐色，具白纹和黑纹；基线黑色，内线黄褐色，基线与内线间黄白色，杂黄褐色鳞片；环纹和肾纹白色，具黑边，剑纹灰褐色黑边，剑纹与外线间具 1 黄白色矩形斑；外线黑色，锯齿状；亚端带白色；端线黑色。后翅灰褐色，端部色暗。腹部灰褐色。

分布：宁夏（盐池）、四川、西藏；印度（锡金），不丹，中亚地区。

（680）梳跗盗夜蛾 *Hadena aberrans* (Eversmann, 1856)

翅展 28.0–33.0 mm。头、胸部灰白色，微带黄色。前翅黄褐色；基部白色；环纹大，白色，肾纹上半部白色，下半部灰褐色；亚端带白色，波状，内侧 4 脉和 5 脉间各具 1 黑褐色斑，外侧灰褐色。后翅基半部黄褐色，端半部灰褐色。腹部灰黄色。

分布：宁夏（盐池）、黑龙江、陕西、山东；日本等。

（681）斑盗夜蛾 *Hadena confusa* (Hüfnagel, 1766)

翅展 33.0–34.0 mm。头部及前胸黄褐色，杂黑色；中、后胸白色，杂黑色。前翅深霉绿色，具白斑，线纹黑色：基部具 1 大白斑；基线、内线、外线均双线黑色，基线和内线波状，外线锯齿状；剑纹及环纹白色，融合并向前延伸至前缘，环纹两侧黑色；肾纹白色，下方具褐色小斑，两侧黑色；亚端线黑色，锯齿形，外侧具白色纹；端线为 1 列黑色斑纹。后翅褐色。腹部暗褐色。寄主：剪秋萝、麦瓶草属的果荚。

分布：宁夏（盐池）、山西、内蒙古、黑龙江、山东、青海、新疆；蒙古，土耳其，欧洲，北非。

679. 灰茸夜蛾 *Hada extrita* (Staudinger, 1888); 680. 梳跗盗夜蛾 *Hadena aberrans* (Eversmann, 1856); 681. 斑盗夜蛾 *Hadena confusa* (Hüfnagel, 1766)

（682）砾阴夜蛾 *Anarta sabulorum* (Alphéraky, 1882)

翅展 38.0 mm。头、胸部及前翅黄褐色，杂黑色。前翅基线、内线及外线双线黑色，内线波状，外线锯齿状，剑纹、环纹及肾纹黄褐色具黑边，前缘近顶角具 1 黄褐色斑，端线为 1 列灰褐色小斑。后翅灰白色。腹部黄褐色。

分布：宁夏（盐池）、贵州、新疆；中亚地区。

（683）棉铃虫 *Helicoverpa armigera* (Hübner, 1808)

翅展 30.0–38.0 mm。头、胸部灰褐色或青灰色。前翅底色黄褐色，具青灰色及红褐色斑纹：基线、内线和外线双线褐色，环纹褐边，中央具 1 褐点，肾纹褐边，亚端线褐色，外线和亚端线间带青灰色。后翅白色，横脉纹灰褐色，端带黑色。腹部灰褐色。寄主：豆科的苜蓿；蔷薇科的苹果、李、桃等果树。

分布：宁夏（盐池）；世界广布。

（684）焰实夜蛾 *Heliothis fervens* Butler, 1881

翅展 25.0–28.0 mm。头、胸部黄褐色至红褐色。前翅红褐色；雄性前翅亚前缘区及中室各具 1 透明膜，膜上具搓板状横纹，前缘自基部至透明膜端部膨大，加厚，起响板的作用，通过前翅特殊的结构发声来吸引雌性；雌性前翅基部黑褐色，杂黄褐色，外线及亚端线间黑褐色。后翅黑色，中室外侧具 1 白斑。腹部黑色，各节末端黄褐色。日行性。

分布：宁夏（盐池）、河北、黑龙江、湖北、湖南、江西、西藏；日本。

（685）实夜蛾 *Heliothis viriplaca* (Hüfnagel, 1766)

翅展 34.0 mm。头、胸部及前翅浅灰褐色，带霉绿色；内线和外线黑褐色锯齿形，中线带状；环纹由 3 个黑点组成，肾纹有几个黑点；亚端线黑色，与外线间区域灰褐

682. 砾阴夜蛾 *Anarta sabulorum* (Alphéraky, 1882); 683. 棉铃虫 *Helicoverpa armigera* (Hübner, 1808); 684. 焰实夜蛾 *Heliothis fervens* Butler, 1881（a. 雄性；b. 雌性）; 685. 实夜蛾 *Heliothis viriplaca* (Hüfnagel, 1766)（a. 生态照；b. 标本照）

色。后翅黄褐色，横脉纹及端带黑色。腹部灰褐色。寄主：苜蓿、李、桃、豌豆、大豆、向日葵、麻类、甜菜、棉、烟草、马铃薯及绿肥作物等。

分布：宁夏（盐池）、河北、黑龙江、江苏、云南、西藏、新疆；日本，印度，缅甸，叙利亚，欧洲。

（686）北筱夜蛾 *Hoplodrina octogenaria* (Goeze, 1781)

翅展 25.0 mm。头部灰白色；胸部灰褐色，带霉绿色。前翅灰褐色；基线和内线黑色，内线波状；环纹和肾纹黄褐色，杂黑点；外线黄褐色；亚端线黄白色；端线由 1 列黑点组成。后翅浅褐色。腹部灰褐色。寄主：繁缕、酸模、堇菜等属。

分布：宁夏（盐池）、内蒙古、黑龙江、新疆；欧洲。

（687）苹梢鹰夜蛾 *Hypocala subsatura* Guenée, 1852

翅展 44.0 mm。头、胸部灰褐色。前翅紫褐色，杂黑色鳞片；内线褐色，波状；肾纹不显或黑色；外线黑褐色，波状；亚端线黄褐色；前翅有变异，有的翅面具 1 扭角形大黑褐斑。后翅黄色，前缘及端缘黑褐色，亚中褶具 1 黑褐色纵纹。腹部黄色，具黑色横条。寄主：苹果、栎。

分布：宁夏（盐池）、河北、内蒙古、辽宁、江苏、浙江、福建、山东、河南、广东、海南、云南、西藏、陕西、甘肃；印度，孟加拉国。

686　687a　687b

686. 北筱夜蛾 *Hoplodrina octogenaria* (Goeze, 1781); 687. 苹梢鹰夜蛾 *Hypocala subsatura* Guenée, 1852（a, b. 斑纹变异）

（688）海安夜蛾 *Lacanobia contrastata* (Bryk, 1942)

翅展 38.0 mm。头、胸部灰褐色，杂灰白色。前翅灰褐色，杂黑色鳞片；亚中褶基部具 1 黑色短纵纹；内线和外线双线黑色，波状；剑纹、环纹和肾纹黄褐色具黑边；翅端半部翅脉黑色；亚端线黄白色；端线黑色。后翅黄褐色。腹部黄褐色，杂灰色鳞片。寄主：桦、忍冬属、蓼属。

分布：宁夏（盐池）、内蒙古、黑龙江、新疆；欧洲。

（689）桦安夜蛾 *Lacanobia contigua* ([Denis *et* Schiffermüller], 1775)

翅展 41.0 mm。头部黄褐色；胸部灰褐色杂黑色。前翅灰褐色，杂黑色鳞片；亚中褶基部具 1 黑色短纵纹；内线和外线双线黑色，外线锯齿形；环纹大，具黑边；肾纹褐色，内侧具黑边；端部翅脉黑色；亚端线黄褐色，锯齿状。后翅黄褐色，具光泽。腹部灰褐色。寄主：桦、栎、一枝黄花属。

分布：宁夏（盐池）、内蒙古、辽宁、黑龙江、山东、新疆；日本，欧洲。

（690）交安夜蛾 *Lacanobia praedita* (Hübner, 1807)

翅展 30.0 mm。头部灰白色。胸部灰褐色。前翅黄褐色；翅基部具 1 黑色三角形斑；内线和外线黄白色，两线间灰褐色，具 1 黄白色角状斑；亚端线黄白色，4 脉处锯齿状，端线黄白色。后翅黄褐色。腹部灰褐色。

分布：宁夏（盐池）；欧洲。

688. 海安夜蛾 *Lacanobia contrastata* (Bryk, 1942); 689. 桦安夜蛾 *Lacanobia contigua* ([Denis *et* Schiffermüller], 1775); 690. 交安夜蛾 *Lacanobia praedita* (Hübner, 1807)

（691）僧夜蛾 *Leiometopon simyrides* Staudinger, 1888

翅展 30.0–32.0 mm。头、胸部灰白色杂浅褐色。前翅灰白色杂褐色，肘室和中室下缘雪白色，肘室下侧饰黑色纹；剑纹狭长，黑色，环纹不显，肾纹略宽，黑色；外线黑褐色，自顶角至 2 脉基部具 1 黑褐曲纹。后翅浅褐色。腹部灰褐色。寄主：白茨。

分布：宁夏（盐池）、内蒙古、新疆。

（692）蛀亮夜蛾 *Longalatedes elymi* (Treitschke, 1825)

翅展 25.0–29.0 mm。头部灰白色，胸部灰色杂黑色。前翅灰黄褐色杂褐色鳞片，线、纹不显，端线由 1 列断续黑端纹组成。后翅和腹部灰白色。寄主：沙丘野麦。

分布：宁夏（盐池）、黑龙江、新疆；欧洲。

（693）黏夜蛾 *Leucania comma* (Linnaeus, 1761)

翅展 33.0 mm。头顶黄白色，略带黑色；下唇须浅黄褐色。前胸黄褐色，略染黑色，中、后胸黄白色。前翅浅黄褐色，翅脉白色，端半部翅脉间黑色；亚中褶具 1 黑褐色长纵带。后翅黄褐色。腹部黄褐色。寄主：鸭茅、酸模。

分布：宁夏（盐池）、黑龙江、青海；土耳其，欧洲。

691. 僧夜蛾 *Leiometopon simyrides* Staudinger, 1888; 692. 蛀亮夜蛾 *Longalatedes elymi* (Treitschke, 1825); 693. 黏夜蛾 *Leucania comma* (Linnaeus, 1761)

（694）平影夜蛾 *Lygephila lubrica* (Freyer, 1846)

翅展 47.0–50.0 mm。头部黑色，下唇须第 2 节下缘具灰褐色鳞片。胸部黄褐色，杂黑色鳞片，颈板黑色。前翅黄褐色，密布黑褐色细纹，基线不明显，内线黑色，有间断；肾纹底色灰褐色，边缘具几个黑斑；亚端线和端线青灰色，两线间褐色。后翅黄褐色，端带黑褐色。腹部灰色，杂黑褐色鳞片。

分布：宁夏（盐池）、河北、山西、内蒙古、陕西、新疆；蒙古。

（695）粗影夜蛾 *Lygephila procax* (Hübner, [1813])

翅展 31.0–33.0 mm。头部和前胸黑褐色，中、后胸褐色。前翅灰褐色，杂黑色鳞片，线纹不显；前缘具黑褐色与灰白色相间的斑纹；亚端线及其外侧黄褐色，杂黑色鳞片。后翅基半部浅黄褐色，端部灰褐色。腹部浅黄褐色。

分布：宁夏（盐池）；俄罗斯。

694a

694b

695

694. 平影夜蛾 *Lygephila lubrica* (Freyer, 1846)（a. 标本照；b. 生态照）；695. 粗影夜蛾 *Lygephila procax* (Hübner, [1813])

（696）瘦银锭夜蛾 *Macdunnoughia confusa* (Stephens, 1850)

翅展 29.0–34.0 mm。头、胸部浅黄褐色，杂灰白色及黑色。前翅黄褐色，具金黄色光泽；翅基部和前缘色淡；中室下部与内、外线间区域红褐色，内线银白色，上半部不显，下半部上缘向外与 1 银白色银锭状纹相连；环纹浅红褐色，边缘银白色；肾纹大，外侧无银白色纵纹；外线黄白色，中段不显；端线黑色，其内侧是白色纹。后翅黄褐色，端部深褐色。腹部背面灰黄褐色，杂黑色斑点；腹面灰色，杂黑色斑点。寄主：母菊、欧蓍等。

分布：宁夏（盐池）、北京、河北、山东、陕西、新疆；朝鲜，日本，印度，中东至欧洲。

（697）甘蓝夜蛾 *Mamestra brassicae* (Linnaeus, 1758)

翅展 45.0–48.0 mm。头、胸部褐色，杂灰白色及黄褐色。前翅褐色；基线和内线均双线黑色，后者波状；剑纹、环纹、肾纹具黑边，肾纹近外缘具白斑；剑纹后下方具 2 个红褐色斑纹；亚端线黄褐色，在 3–4 脉处锯齿状；端线黑褐色。后翅浅褐色，翅脉色深。腹部灰褐色。寄主：甘蓝、向日葵、白菜、萝卜、菠菜、胡萝卜。

分布：宁夏（盐池）、华北、辽宁、吉林、黑龙江、内蒙古、湖北、四川、西藏；日本，印度，俄罗斯，欧洲。

（698）草禾夜蛾 *Mesoligia furuncula* ([Denis *et* Schiffermüller], 1775)

翅展 22.0 mm。头、胸部灰白色，胸部末端鳞片束和翅基片端部 2/3 黑褐色，杂灰白色。前翅基半部黄褐色，杂黑褐色；端半部灰白色，端线为 1 列黄褐色新月形斑纹，其内侧具 1 黄褐色与黑褐色鳞片组成的宽带，宽带前端 1/5 灰白色；外线灰褐色，自 4 脉后强内弯。后翅黄褐色，杂褐色鳞片。腹部灰褐色，背面第 2–5 节中部具黑色纵带。

分布：宁夏（盐池）、黑龙江、青海；中亚地区，欧洲。

696. 瘦银锭夜蛾 *Macdunnoughia confusa* (Stephens, 1850); 697. 甘蓝夜蛾 *Mamestra brassicae* (Linnaeus, 1758); 698. 草禾夜蛾 *Mesoligia furuncula* ([Denis *et* Schiffermüller], 1775)

（699）鳄夜蛾 *Mycteroplus puniceago* (Boisduval, 1840)

翅展 30.0–32.0 mm。头、胸部黄白色至黄褐色；额具短柱状突起；下唇须平伸，黄褐色。前足胫节第 1 跗节外侧具红褐色弯爪状刺。前翅黄白色，杂米黄色鳞片；中线处形成 1 米黄色宽带，中部外凸；亚中褶具 1 黑点。后翅白色。腹部黄白色。寄主：滨藜属、多子藜属。

分布：宁夏（盐池）、青海；俄罗斯。

（700）污研夜蛾 *Mythimna impura* (Hübner, [1808])

翅展 33.0 mm。头部和前胸青灰色；下唇须内侧白色，外侧浅黄褐色；触角背面白色，腹面红褐色；中、后胸浅黄色。前翅浅黄褐色，翅脉白色，饰褐色。后翅黄白色，杂黑色鳞片，外缘具黄色光泽。腹部黄白色。

分布：宁夏（盐池）、河北、四川、青海；日本，欧洲，非洲。

（701）荫秘夜蛾 *Mythimna opaca* (Staudinger, 1899)

翅展 34.0 mm。头、胸部灰褐色杂黑色。前翅深黄褐色，杂黑色鳞片；内线和外线黑褐色，波状，中室下角具 1 白纹。后翅灰黄褐色；缘毛末端白色。腹部背面灰黄褐色，腹面灰褐色。

699. 鳄夜蛾 *Mycteroplus puniceago* (Boisduval, 1840); 700. 污研夜蛾 *Mythimna impura* (Hübner, [1808]); 701. 荫秘夜蛾 *Mythimna opaca* (Staudinger, 1899)

分布：宁夏（盐池）、新疆；俄罗斯。

（702）黏虫 *Mythimna separata* (Walker, 1865)

翅展 36.0–40.0 mm。头、胸部灰褐色。前翅灰黄褐色，带霉绿色；内线和外线黑褐色，锯齿形；中线带状，环纹由 3 个黑点组成，肾纹有几个黑点；亚端线黑色，内侧与外线间部分灰褐色。后翅黄褐色，横脉纹及端带黑色。腹部灰褐色。寄主：苜蓿、李、桃、豌豆、大豆、向日葵、麻类、甜菜、棉、烟草、马铃薯及绿肥作物等。

分布：宁夏（盐池）、河北、黑龙江、江苏、云南、西藏、新疆；日本，印度，缅甸，叙利亚，欧洲。

（703）绒秘夜蛾 *Mythimna velutina* (Eversmann, 1846)

翅展 41.0–48.0 mm。头部和前胸深灰褐色，中、后胸及翅基片灰白色，翅基片内侧缘黑色。前翅灰褐色，杂黑色鳞片，M 脉白色，除前缘区外，各翅脉间黑色；亚中褶基部具 1 黑纵纹，其端部上方另有 1 黑纵纹；翅基部下缘具 1 黑斑；中室内部具 1 黑纹，末端具 1 黄褐色纹，内、外侧均布黑纹，外线为 1 列黑色齿形斑；端线黑色。后翅浅黄褐色。腹部黄褐色。

分布：宁夏（盐池）、河北、内蒙古、黑龙江、新疆；蒙古，俄罗斯。

（704）稻螟蛉夜蛾 *Naranga aenescens* Moore, 1881

翅展 16.0–18.0 mm。头部灰白色。胸部黄褐色。前翅金黄色，具灰褐色条纹，一条自前缘中部至后缘内中区，另一条位于顶角处。后翅灰褐色。腹部黄褐色。寄主：稻、高粱、玉米、稗、茅草、茭白等。

分布：宁夏（盐池）、河北、江苏、福建、湖南、江西、广西、云南、陕西、台湾；朝鲜，日本，缅甸，印度尼西亚。

702

703

704

702. 黏虫 *Mythimna separata* (Walker, 1865); 703. 绒秘夜蛾 *Mythimna velutina* (Eversmann, 1846); 704. 稻螟蛉夜蛾 *Naranga aenescens* Moore, 1881

（705）皮夜蛾 *Nycteola revayana* (Scopoli, 1772)

翅展 22.0 mm。头、胸部及前翅灰色。前翅基部沿翅褶下缘有黑色短弧纹，内线双线波状，黑色，中间白色；肾纹小，红褐色；外线双线波状，黑色；亚端线黑色，锯齿状，翅外缘具细黑色鳞片。后翅灰白色或灰褐色。腹部浅灰褐色。寄主：柳、栎。

分布：宁夏（盐池）、黑龙江、江苏、西藏、陕西、新疆；日本，印度，亚洲西部，欧洲，非洲，美洲。

（706）蚀夜蛾 *Oxytripia orbiculosa* (Esper, 1799)

翅展 47.0 mm。头部污褐色，胸部褐色。前翅黑褐色；基线、内线、外线及亚端线均黑色，饰白色；剑纹具黑边，肾纹大，近菱形，白色。后翅灰白色，端部具黑褐色宽带。腹部黑色，末端黄褐色。寄主：鸢尾科植物。

分布：宁夏（盐池）、内蒙古、吉林、青海、新疆；日本，欧洲。

（707）平夜蛾 *Paragona multisignata* (Christoph, 1881)

翅展 14.0–16.0 mm。头、胸部灰白色，杂灰褐色。前翅底色灰白色，前缘黑褐色，后缘红褐色，内线、中线、外线及端线黑色；内线前半部波曲状，后半部近直，中线在中室后部至肘脉间加粗，外线波曲状，端线波状。后翅红褐色，线纹与前翅近似。腹部灰白色，杂褐色，基部 4 节中线两侧具圆形银色鳞片组成的光斑，周缘黑色。

分布：宁夏（盐池）、北京、辽宁；蒙古，朝鲜，日本，俄罗斯。

705. 皮夜蛾 *Nycteola revayana* (Scopoli, 1772); 706. 蚀夜蛾 *Oxytripia orbiculosa* (Esper, 1799); 707. 平夜蛾 *Paragona multisignata* (Christoph, 1881)

（708）围连环夜蛾 *Perigrapha circumducta* (Lederer, 1855)

翅展 46.0–47.0 mm。体黄褐色，前翅中部具 1 深褐色区域，环纹和肾纹大，位于其内，黄褐色，均与其后 1 黄褐色大斑相连。

分布：宁夏（盐池）、山西、内蒙古、新疆；中亚地区。

（709）姬夜蛾 *Phyllophila obliterata* (Rambur, 1833)

翅展 23.0–24.0 mm。头、胸部及前翅黄白色杂褐色。前翅基线和内线不显；环纹为 1 黑点，肾纹具浅褐边；外线内侧中部具 1 褐色斑；亚端线内侧饰浅褐色，自顶角斜至臀角。后翅白色，端部具浅褐色。腹部黄褐色。寄主：除虫菊、蒿。

分布：宁夏（盐池）、河北、内蒙古、黑龙江、江苏、浙江、湖北、江西、福建、陕西、新疆；亚洲西部，欧洲。

（710）金纹夜蛾 *Plusia festucae* (Linnaeus, 1758)

翅展 36.0 mm。头、胸部橘黄色杂红褐色。前翅黄褐色，前缘区基部、后缘区外半部及端区金色，基线、内线及外线褐色，中室具 2 银斑。后翅浅黄褐色。腹部黄褐色。寄主：稻、香蒲。

分布：宁夏（盐池）、黑龙江；日本，朝鲜。

708. 围连环夜蛾 *Perigrapha circumducta* (Lederer, 1855); 709. 姬夜蛾 *Phyllophila obliterata* (Rambur, 1833); 710. 金纹夜蛾 *Plusia festucae* (Linnaeus, 1758)

（711）蒙灰夜蛾 *Polia bombycina* (Hüfnagel, 1766)

翅展 45.0 mm。头、胸部灰白色至黑褐色。前翅灰褐色，杂灰白色；内线黑褐色，波状；环纹和肾纹灰褐色，周缘饰黄色鳞片；外线锯齿状，黑褐色；其外侧饰黄褐色带。后翅和腹部黄褐色。寄主：苦苣菜、蓼、蓍等属植物。

分布：宁夏（盐池）、河北、内蒙古、黑龙江、山东、青海、新疆；蒙古，朝鲜，日本，欧洲。

（712）波莽夜蛾 *Raphia peusteria* Püngeler, 1907

翅展 34.0–36.0 mm。头、胸部及前翅黑色，杂白色；前翅内、外线黑褐色，内线在 1A 处极内斜，形成 1 锐齿，外线波状；环纹和肾纹白色，亚端线白色。后翅白色，外缘和后缘具黑色鳞片。

分布：宁夏（盐池）、青海；俄罗斯。

（713）涓夜蛾 *Rivula sericealis* (Scopoli, 1763)

翅展 15.0 mm。头部白色；下唇须前伸，两侧黄褐色，第 2 节鳞片簇发达，呈三角形，第 3 节短小。胸部黄白色。前翅淡黄色；内线褐色，常不显；肾纹灰褐色具黑边，椭圆形，内具 2 黑点；外线锯齿状；亚缘线由黑点组成，黑点中心具白色；端线褐色。后翅白色。腹部黄白色。寄主：禾草。

分布：宁夏（盐池）、北京、黑龙江、江苏、云南；日本。

711. 蒙灰夜蛾 *Polia bombycina* (Hüfnagel, 1766); 712. 波莽夜蛾 *Raphia peusteria* Püngeler, 1907; 713. 涓夜蛾 *Rivula sericealis* (Scopoli, 1763)

（714）栉跗夜蛾 *Saragossa siccanorum* (Staudinger, 1870)

翅展 28.0 mm。体黄褐色。额部鼓胀，头顶鳞片黄白色至黄褐色。胸部鳞片黄白色至黄褐色，饰黑色窄带。前翅黄褐色，前缘端部 1/4 具 3 个黄白色斑；基线和内线黑色，基线中部外侧及内线内侧白色；剑纹、环纹和肾纹白色，具黑边；外线黑色，锯齿形；亚端线及其外侧白色。后翅黄褐色。腹部黄褐色，腹面色较深。

分布： 宁夏、甘肃；中亚地区。

（715）宽胫夜蛾 *Protoschinia scutosa* ([Denis *et* Schiffermüller], 1775)

翅展 19.0–25.0 mm。体灰褐色；前翅灰白色；基线和内线黑色；剑纹、环纹和肾纹大而明显，灰褐色具黑边，后者中央具 1 浅褐纹；外线与亚端线黑色，其间形成 1 灰褐色曲带；后翅黄白色，横脉纹明显；腹部浅褐色。寄主：艾属、藜属。

分布： 宁夏（盐池）、北京、河北、内蒙古、山东、江苏、湖南、甘肃、青海；朝鲜，日本，印度，亚洲中部，欧洲，美洲北部。

714

715a

715b

714. 栉跗夜蛾 *Saragossa siccanorum* (Staudinger, 1870); 715. 宽胫夜蛾 *Protoschinia scutosa* ([Denis *et* Schiffermüller], 1775)（a. 生态照；b. 标本照）

（716）网夜蛾 *Sideridis reticulata* (Goeze, 1781)

翅展 40.0 mm。头、胸部黄褐色，杂灰褐色。前翅灰褐色，斑纹和脉纹白色；环纹斜，中央黑色，外围白圈，肾纹边缘白，中央有黑扁圈，剑纹大，具黑边；外线波浪形，两侧黑色。后翅浅褐色，端区色暗。腹部褐色。寄主：麦瓶草、酸模、报春等属植物。

分布： 宁夏（盐池）、内蒙古、湖南、青海、西藏、新疆；蒙古，欧洲。

（717）远东寡夜蛾 *Sideridis remmiana* Kononenko, 1989

翅展 34.0 mm。头、胸部灰白色，杂灰褐色。前翅底色黄褐色，杂黑褐色鳞片；内线双线黑色；环纹椭圆形，内部上侧具黑色横斑；剑纹短，灰褐色具黑边；肾纹白色具黑边；外线波状；亚端线黑色，间断齿状；端线为 1 列黑斑。后翅灰白色，端区杂灰褐色鳞片。腹部黄白色。

分布： 宁夏（盐池）；俄罗斯。

（718）曲线贫夜蛾 *Simplicia niphona* (Butler, 1878)

翅展 34.0 mm。头、胸部及前翅均为黄褐色。前翅内线和外线均浅灰褐色，波曲状，肾纹小，浅灰褐色，亚端线宽，黄白色。后翅黄白色，杂褐色鳞片，亚端线宽，黄白色。腹部灰黄色。

分布： 宁夏（盐池）、河北、内蒙古、浙江、福建、湖南、广西、云南、西藏、海南、台湾；日本。

716　　717　　718

716. 网夜蛾 *Sideridis reticulata* (Goeze, 1781); 717. 远东寡夜蛾 *Sideridis remmiana* Kononenko, 1989; 718. 曲线贫夜蛾 *Simplicia niphona* (Butler, 1878)

（719）淡剑灰夜蛾 *Spodoptera depravata* (Butler, 1879)

翅展 32.0 mm。头、胸部黄褐色，杂黑色。前翅浅黄褐色，杂黑褐色鳞片；翅褶具 1 黑褐色纵纹；环纹黄白色，具灰褐色边；前缘近顶角具 1 黑褐色斑。后翅灰白色，端部灰褐色。腹部灰色。寄主：结缕草、粟。

分布：宁夏（盐池）、湖北、湖南、江苏、浙江、福建；日本。

（720）甜菜夜蛾 *Spodoptera exigua* (Hübner, [1808])

翅展 19.0–25.0 mm。体灰褐色。前翅内线和外线双线黑色，环纹与肾纹灰白色。后翅白色，翅脉和端区黑褐色。腹部浅褐色。寄主：大葱、甘蓝、大白菜、芹菜、菜花、胡萝卜、芦笋、蕹菜、苋菜、辣椒、豇豆、花椰菜、茄子、芥兰、番茄、菜心、小白菜、青花菜、菠菜、萝卜等。

分布：宁夏（盐池）、华北、华东、华中、华南、西南；日本，印度，缅甸，亚洲西部，大洋洲，欧洲，非洲。

（721）朝光夜蛾 *Stilbina koreana* Draudt, 1934

翅展 31.0–33.0 mm。头、胸部浅黄色，额具三叉戟形突起。翅浅黄色，前翅散布黑色鳞片：基线在前缘余一黑点，内线和外线呈间断黑点状，环纹可见下半部黑点，肾纹周缘黑点完整，其内零星杂黄褐色鳞片；黑色斑点变异大，有些无黑色鳞片。腹部黄褐色，基部几节浅黄色。

分布：宁夏（盐池）、河北；朝鲜。

719　　720　　721

719. 淡剑灰夜蛾 *Spodoptera depravata* (Butler, 1879); 720. 甜菜夜蛾 *Spodoptera exigua* (Hübner, [1808]); 721. 朝光夜蛾 *Stilbina koreana* Draudt, 1934

（722）庸肖毛翅夜蛾 *Thyas juno* (Dalman, 1823)

翅展 84.0–90.0 mm。头部褐色，下唇须基部两节橘红色，第 3 节褐色，杂白色鳞片。胸部背面褐色，杂白色鳞片。前翅背面褐色，杂黑褐色鳞片；基线、内线和外线均黄褐色；肾纹具浅黑褐色边，下半部常为 1 黑斑；亚端线黑褐色，自顶角弧弯至臀角前方。后翅背面橘红色，亚端区具 1 黑色大斑，其内有 1 粉蓝色钩形纹。腹部背面橘红色，第 1–3 节灰褐色，第 4–6 节灰褐色域位于中部，自第 4 节渐变窄，第 6 节宽为背板宽的 1/3；腹面观浅橘红色，足胫节和跗节褐色，前翅具 2 个黑褐色斑。

分布：宁夏（盐池）、北京、河北、辽宁、黑龙江、浙江、安徽、山东、河南、江西、湖北、湖南、福建、海南、四川、贵州、云南；日本，印度。

（723）角乌夜蛾 *Usbeca cornuta* Püngeler, 1914

翅展 30.0 mm。头、胸部黑褐色。前翅黑褐色，基线和内线双线波状，黑色；环纹、肾纹黄褐色，杂白色；外线锯齿形，外侧灰褐色；端线由黑色窄纹组成。后翅黄白色。腹部黑褐色。

分布：宁夏（盐池）、吉林、黑龙江；蒙古，朝鲜，俄罗斯。

（724）齿美冬夜蛾 *Xanthia tunicata* Graeser, 1890

翅展 36.0 mm。体黄色，后翅米黄色，下唇须外侧及各足胫节至跗节腹面杂红褐色。前翅外缘锯齿状；基线、内线和外线均双线褐色，内线波状，外线锯齿状；环纹大，具褐色边，肾纹褐边，下侧具黑褐色斑，且斑内杂浅黄白色鳞片；亚端线褐色，波状，不太明显，内侧前缘处具 1 深褐色斑；缘毛深褐色。后翅外缘中部齿状；缘毛米黄色。

分布：宁夏（盐池）、河北、内蒙古、黑龙江；蒙古。

722

723

724

722. 庸肖毛翅夜蛾 *Thyas juno* (Dalman, 1823); 723. 角乌夜蛾 *Usbeca cornuta* Püngeler, 1914; 724. 齿美冬夜蛾 *Xanthia tunicata* Graeser, 1890

（725）八字地老虎 *Xestia c-nigrum* (Linnaeus, 1758)

翅展 29.0–36.0 mm。头、胸部褐色。前翅灰褐色带黑色，基线、内线及外线均双线黑色；环纹灰白色，宽“V”形，肾纹灰褐色具黑边；亚端线浅黄色，近顶角处具 1 列黑斜条。腹部背面黄白色；腹面褐色。寄主：杨柳、葡萄等。

分布：全国广布；朝鲜，日本，印度，欧洲，美洲。

（726）紫灰镰须夜蛾 *Zanclognatha violacealis* Staudinger, 1892

翅展 22.0–24.0 mm。头部和胸部浅灰褐色，大部分鳞片末端褐色。前翅灰黄褐色，杂褐色鳞片，内线、外线和亚端线均褐色，内线和外线波状，亚端线近斜直；肾纹为 1

暗褐色窄曲纹。后翅黄白色，端半部杂褐色鳞片。腹部底色浅黄褐色，密布褐色鳞片。

分布：宁夏（盐池）、黑龙江；朝鲜，俄罗斯。

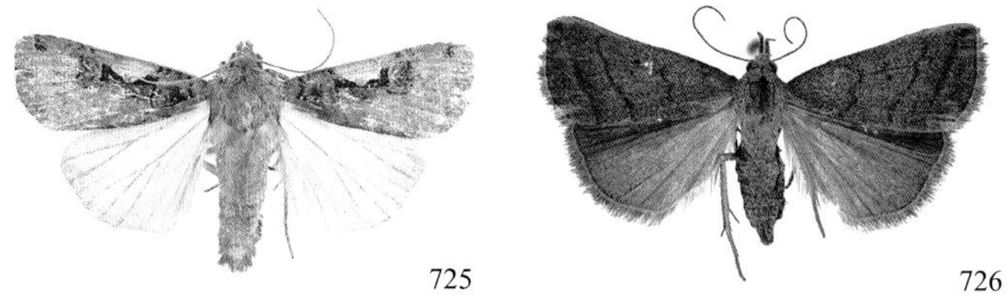

725. 八字地老虎 *Xestia c-nigrum* (Linnaeus, 1758); 726. 紫灰镰须夜蛾 *Zanclognatha violacealis* Staudinger, 1892

（一百二十一）尺蛾科 Geometridae

体小至大型，翅展 12.0–120.0 mm。体多细长；单眼无，毛隆小，喙发达；翅通常阔，常有线纹，少数种类雌性翅退化或消失。后翅 Sc 脉基部常强烈弯曲。世界已知 25 500 多种，中国有 2000 多种。

（727）春尺蠖 *Apocheima cinerarius* (Erschoff, 1874)

体长 7.0–19.0 mm。雌虫触角线状，无翅，灰褐色，近纺锤形，后胸及腹部 1–3 节背面具黑褐色小刺列。雄性具翅，翅展 26.0–35.0 mm，触角双栉状，头部及胸背部密被灰色细长毛。前翅灰褐色至黑褐色，内线、中线、外线黑褐色，有时中线不显。后胸及腹部 1–3 节背面具黑褐色小刺列。寄主：杨、柳、榆、槐、沙枣、梨、苹果等。

分布：宁夏（盐池、贺兰山）、北京、河北、山西、内蒙古、黑龙江、河南、四川、陕西、青海、甘肃、新疆；朝鲜，俄罗斯，中亚。

（728）山枝子尺蛾 *Aspitates tristrigaria* Bremer *et* Grey, 1853

翅展 34.0–37.0 mm。体白色，触角褐色，腹部背面各节末端具横纹。翅白色；前翅前缘密布黑褐斑，中室端具 1 黑褐斑；内线及外线波曲状，黑褐色，不达前缘；亚外缘线较粗，与外缘近平行；外缘具黑褐色近半月形黑斑；缘毛污白色。后翅中室端具 1 黑斑，外线黑色，波曲状，不达前缘。足灰白色，各节背面色较深。寄主：山枝子、刺槐、草苜蓿、洋槐。

分布：宁夏（盐池）、北京、河北、山西、内蒙古、辽宁、吉林、山东、陕西。

727. 春尺蠖 *Apocheima cinerarius* (Erschoff, 1874); 728. 山枝子尺蛾 *Aspitates tristrigaria* Bremer *et* Grey, 1853（a. 生态照；b. 标本照）

(729) 萝藦艳青尺蛾 *Agathia carissima* Butler, 1878

翅展 27.0–34.0 mm。体黄褐色具鲜绿色斑纹。翅鲜绿色，前翅前缘黄白色，基部褐色，中线灰白色，端带深褐色，M_3 脉处向外突出，顶角处具鲜绿色斑。后翅后缘深褐色，端带内缘波曲，顶角下方具 1 狭长绿斑，CuA_2 两侧各具 1 小绿斑。寄主：隔山消、萝藦。

分布：宁夏（盐池）、北京、山西、内蒙古、辽宁、吉林、黑龙江、河南、湖北、湖南、四川、云南、陕西、甘肃；朝鲜，日本，俄罗斯，印度。

729a

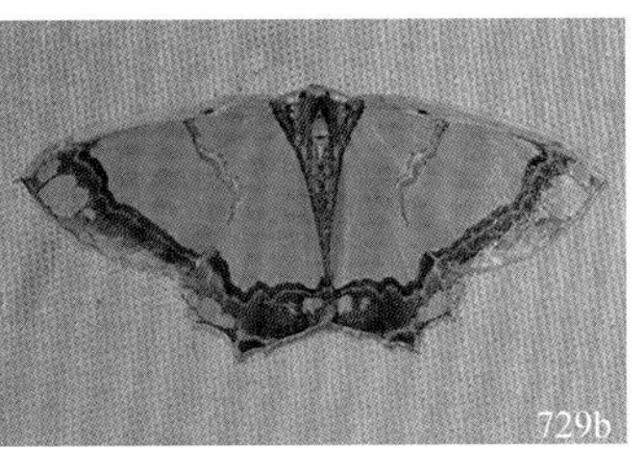
729b

729. 萝藦艳青尺蛾 *Agathia carissima* Butler, 1878（a. 标本照；b. 休止状态）

(730) 丝棉木金星尺蛾 *Abraxas suspecta* Warren, 1894

翅展 37.0–43.0 mm。体黄色。触角黄褐色。腹部具黑斑，背面具 3 条，背中 1 条，两侧中部各 1 条，其中背中的 1 条较大；腹面近边缘各具 1 条大黑斑；两侧缘各具 1 条大黑斑。翅银白色，具浅灰色斑纹，翅斑有变异；前翅基部及近臀角处各有 1 深黄褐色斑纹；后翅斑纹较少，近臀角处有 1 深黄褐色大斑。足灰褐色，基节及腿节腹面黄色。寄主：杨、柳、卫矛、榆等。

分布：宁夏（盐池、贺兰山）、北京、河北、山西、上海、江苏、山东、江西、湖北、湖南、四川、陕西、台湾；朝鲜，日本，俄罗斯。

730a

730b

730. 丝棉木金星尺蛾 *Abraxas suspecta* Warren, 1894（a. 幼虫；b. 成虫）

(731) 大造桥虫 *Ascotis selenaria* ([Denis *et* Schiffermüller], 1775)

翅展 33.0–44.0 mm。体色变异较大，灰褐色至深褐色；翅内、外线一般黑色，中室端部具 1 浅褐色斑，边缘黑色。寄主：豆类、草莓、棉、苹果、梨。

分布：中国广布；朝鲜，日本，印度，斯里兰卡，俄罗斯，欧洲，北非。

（732）小红姬尺蛾 *Idaea muricata* (Hüfnagel, 1767)

翅展 18.0–20.0 mm。体红褐色；头、触角及足黄白色；翅红褐色，前翅基部具 1 个黄斑，中部 2 个黄斑，中部 2 个黄斑常融合成 1 大斑，近外缘具暗褐色横线，外缘及缘毛黄色；后翅中部具黄色斑。

分布：宁夏（盐池）、北京、河北、辽宁、山东、湖南；朝鲜，日本，俄罗斯。

（733）驼尺蛾 *Pelurga comitata* (Linnaeus, 1758)

翅展 25.0–29.0 mm。头、胸部黄褐色，中胸前半部凸起呈驼峰状。前翅浅黄褐色至黄褐色，基线黑褐色，波状；内线黄白色，在中室上缘处凸出 1 分岔的尖齿，外侧与外线间色深，中点小，黑色，外线黑褐色，波状内斜，中部具 1 大突起，外侧饰黄白色纹；自顶角斜伸出 1 黑褐色纹，达 R_5 脉；端线褐色。后翅浅黄褐色。腹部黄褐色。寄主：藜、滨藜。

分布：宁夏（盐池、贺兰山）、北京、河北、内蒙古、辽宁、吉林、黑龙江、四川、甘肃、青海、新疆；蒙古，朝鲜，日本，俄罗斯，欧洲。

731. 大造桥虫 *Ascotis selenaria* ([Denis *et* Schiffermüller], 1775); 732. 小红姬尺蛾 *Idaea muricata* (Hüfnagel, 1767); 733. 驼尺蛾 *Pelurga comitata* (Linnaeus, 1758)

（734）净无缰青尺蛾中亚亚种 *Hemistola chrysoprasaria lissas* Prout, 1912

翅展 25.0–30.0 mm。头顶前半部黄白色，后半部蓝绿色；触角双栉形，绿褐色。胸部背面蓝绿色。翅蓝绿色，外线白色；前翅前缘略呈黄褐色。腹部浅蓝绿色。

分布：宁夏、北京、内蒙古、新疆；蒙古，俄罗斯，哈萨克斯坦，吉尔吉斯斯坦，乌兹别克斯坦，欧洲。

（735）桦尺蠖 *Biston betularia* (Linnaeus, 1758)

翅展 42.0–51.0 mm。体灰褐色至黑褐色；头顶白色，下唇须短，略超过颜面，雄性触角除末端外双栉状。前翅内线和外线黑色，明显，外线在中室外侧具 1 明显凸起；内线内侧具 1 模糊深灰褐色宽带；中线灰褐色，模糊；亚端线黄白色，波状。后翅外线黑色，明显，中室外具 1 明显外凸锐齿；中线模糊，宽，灰褐色。腹部浅蓝绿色。寄主：桦、杨、椴、榆、栎、槐、柳、苹果、落叶松等。

分布：宁夏（盐池）、北京、河北、内蒙古、四川、云南、西藏、陕西、甘肃、青海；朝鲜，日本，印度，俄罗斯至欧洲，北美洲。

734. 净无缰青尺蛾中亚亚种 *Hemistola chrysoprasaria lissas* Prout, 1912; 735. 桦尺蠖 *Biston betularia* (Linnaeus, 1758)（a. 灯诱休止状态；b. 标本照）

（736）槐尺蠖 *Chiasmia cinerearia* (Bremer *et* Grey, 1853)

翅展 34.0–39.0 mm。头部黄褐色，下唇须基部和触角背面鳞片黄白色。胸部灰白色，略带黄褐色，领片亚末端具黑褐色横纹。前翅灰色，外线外侧除顶角外，灰褐色；内线和中线褐色，均在中室处外突；外线在 R_4 脉向下呈黑色宽带，中部具 1 黄白色细线。后翅外缘齿状；翅面灰色，外线外侧灰褐色；中线褐色，外线褐色，外侧另有 1 模糊浅褐色带。腹部灰褐色，杂黑色鳞片。寄主：国槐。

分布：宁夏（盐池、贺兰山）、北京、河北、天津、山西、辽宁、吉林、黑龙江、江苏、浙江、安徽、山东、河南、湖北、广西、四川、西藏、陕西、甘肃；朝鲜，日本。

736. 槐尺蠖 *Chiasmia cinerearia* (Bremer *et* Grey, 1853)（a. 生态照；b. 标本照）

（737）斑雅尺蛾 *Apocolotois arnoldiaria* (Oberthür, 1912)

雄性：翅展 41.0–44.0 mm。头部灰色或褐色，触角栉状，主干浅红褐色，栉齿褐色。前胸及胸部腹面褐色，中、后胸黄色，具浅红褐色斑纹；基部前缘具 1 小斑；内线自前缘向内部弧弯，在肘脉处形成 1 折角后，向外弧弯，内侧具浅红褐色斑纹；亚端带自顶角斜达后缘，自 M_3 脉后达外缘，在肘区具两个白色小斑，内线带与亚端带间散布黑褐色小斑，中室端部有 1 较大圆斑；白色小斑大小有变异。后翅黄色，亚端带浅红褐色，内侧散布浅红褐色小斑，外侧略带浅黄褐色。腹部黄褐色。雌性不详。寄主：水蜡树、山杏、榆等。

分布：宁夏（盐池）、北京、吉林、黑龙江、青海、甘肃；俄罗斯。

（738）石带庶尺蛾 *Digrammia rippertaria* (Duponchel, 1830)

翅展 23.0–25.0 mm。头、胸部灰色，杂灰褐色。前翅灰色，内缘带和外缘带黑褐色，均不达前缘。后翅灰色，杂褐色鳞片。有些个体翅面色深，呈深褐色。腹部灰褐色。

分布： 宁夏（盐池）、中国北方；俄罗斯（西伯利亚），中亚地区，土耳其，意大利等。

737. 斑雅尺蛾 *Apocolotois arnoldiaria* (Oberthür, 1912)（a, b. 翅面斑纹变异）; 738. 石带庶尺蛾 *Digrammia rippertaria* (Duponchel, 1830)

（739）水界尺蛾 *Horisme aquata* (Hübner, [1813])

翅展 27.0–29.0 mm。颜面褐色，颅顶灰白色。胸部和前翅白色；中胸前端具 1 黑褐色横带。前翅前缘黄褐色，下侧具 1 条自基部斜至顶角的白色纵带，中点黑色，位于其中；亚端带自顶角至臀角，褐色，顶角处黑色；亚端带与白色纵带和后缘形成的三角区里，有若干平行于亚端带的褐色斜带；端线黑褐色。后翅白色，带纹与前翅相接。腹部白色，各节后缘黄褐色，第 1–6 节后缘中部具黑色立毛簇。

分布： 宁夏（盐池）、北京、河北、内蒙古、黑龙江、甘肃、新疆；俄罗斯，欧洲。

（740）榆津尺蛾 *Astegania honesta* (Prout, 1908)

翅展 27.0–29.0 mm。头部白色，雄性触角栉状，雌性触角线状。胸部白色至浅黄褐色。前翅浅黄褐色，前缘具 2 个明显黑斑；内线、外线褐色，外线外侧饰白色。后翅灰白色。腹部浅黄褐色。寄主：榆。

分布： 宁夏（盐池）、北京、天津、河北、山东；俄罗斯。

（741）霞边紫线尺蛾 *Timandra recompta* (Prout, 1930)

翅展 24.0 mm。头顶前端白色，头顶后端及颜面深褐色。胸部浅黄褐色。翅浅黄褐色，外缘红褐色；前翅前缘黄褐色，中点红褐色，外线灰褐色，自顶角斜至臀角前缘；有 1 条红褐色斜带自顶角斜至后缘中部；后翅有与前翅带纹相连的带纹。腹部黄褐色，杂黑色鳞片。

739. 水界尺蛾 *Horisme aquata* (Hübner, [1813]); 740. 榆津尺蛾 *Astegania honesta* (Prout, 1908); 741. 霞边紫线尺蛾 *Timandra recompta* (Prout, 1930)

分布：宁夏（盐池）、北京、河北、黑龙江、山东、河南、湖北、湖南；日本，俄罗斯。

（742）桑褶翅尺蛾 ***Apochima excavata*** **(Dyar, 1905)**

翅展 37.0–42.0 mm。雄性：头顶白色，杂黄褐色；后头具 1 撮红褐色鳞片簇，鳞片末端黑褐色；额部具 1 黑色三棱锥状突起，上沿被毛黑褐色，两侧上部被毛灰褐色，下部被毛白色；下唇须内侧白色，外侧灰褐色，具黑色鳞状毛；触角栉状，主干白色，分支红褐色；触角基部腹面有 1 簇灰褐色“睫毛”遮于复眼之上。胸部前端被毛灰白色，后端被毛黄褐色；杂长柄状鳞片，基部长柄白色，末端膨大处黑色或米黄色。前翅灰白色；内线折角状，上半段红褐色，杂黑色，下半段黑色，并与基部下缘黑色短纵带相接；外线黑色，波状，中室端半部至前缘红褐色，后缘中部具红褐斑，向上斜伸 1 黑带，与中室红褐斑相接；亚端带及其外侧灰褐色，杂黑色及红褐色鳞片；缘毛灰褐色。后翅灰白色，中部红褐色带与前翅相接，至中室后呈黑褐色；外缘带灰褐色，其外侧除前缘外浅灰褐色。休止时每翅褶起，略呈棍棒状，前翅斜向前侧方，后翅与腹部平行。腹部灰白色，杂黑色鳞片。雌性不详。寄主：苹果、梨、核桃、槐、山楂、桑、榆、杨、刺槐、桃、柽柳等。

分布：宁夏（盐池）、北京、河北、河南、陕西、新疆；朝鲜，日本。

（743）泛尺蛾 ***Orthonama obstipata*** **(Fabricius, 1794)**

翅展 20.0–22.0 mm。雌雄异型。雄性：头部灰褐色，杂黄褐色鳞片；颜面下侧形成 1 前突鳞片簇。胸部黄褐色，杂灰褐色。前翅黄褐色，中部具 1 黑褐色宽带，中点黑色，外线黄白色，锯齿形，内侧饰黑褐色，顶角处具 1 黑褐色短斜纹。后翅黄褐色，杂黑褐色鳞片。腹部黄褐色，杂灰褐色鳞片。雌性与雄性的区别是前翅色深：前翅暗红褐色，中部具 1 黑褐色宽带，中点白色，内部具 1 黑点；内线白色，双线波状，外线和亚端线不甚显，白色，波状。寄主：羊蹄。

分布：宁夏（盐池）、北京、河北、内蒙古、辽宁、上海、浙江、福建、山东、河南、湖南、广西、四川、云南、西藏、甘肃；世界广泛分布。

742. 桑褶翅尺蛾 *Apochima excavata* (Dyar, 1905); 743. 泛尺蛾 *Orthonama obstipata* (Fabricius, 1794)（a. 雌性；b. 雄性）

（744）奇脉尺蛾 ***Narraga fasciolaria*** **(Hüfnagel, 1767)**

翅展 18.0–21.0 mm。头部白色或黄褐色，雌性触角线状，雄性触角栉状。胸部黄褐色。翅深褐色，前翅内横带、中带、外横带淡黄色，常常仅可见中带和外横带前端；

后翅淡黄色带纹与前翅相接，有的个体完全褐色；缘毛白色与褐色相间；休止时翅常蝴蝶般叠于体背；翅腹面白色，具清晰淡黄色带纹。腹部背面黄褐色，腹面白色，均杂黑色鳞片。寄主：荒野蒿。

分布：宁夏（盐池）、中国北方；俄罗斯至欧洲。

（745）博氏花波尺蛾 *Eupithecia bohatschi* Staudinger, 1897

翅展 17.0–18.0 mm。头部黑褐色，触角黄褐色，下唇须内侧白色。胸部白色，背部前端黑色。前翅底色白色，具灰褐色、黑色和金黄色斑带；中点黑色；基半部在前缘具 3 个灰褐色斑，内线黑褐色，双线波状，线间白色；中线黑褐色，与内线相间部分在中室下呈灰褐色；外线宽，白色，双线波状，中室外侧具 1 黑褐斑，其下侧金黄色与褐色鳞片相间；外线外侧金黄色，杂黑褐色，亚端线白色，锯齿形，端线为 1 列黑色斑。后翅灰褐色，中点黑色，基部灰白色，中部具 2 间隔灰白色横带，外线区具灰白色宽横带，亚缘线灰白色锯齿状。腹部背面末节白色，前面各节灰白色至灰褐色，杂赭褐色鳞片，各节后侧角具黑斑；腹面白色，杂黑色鳞片。

分布：宁夏（盐池）、北京、河北、山西、内蒙古、黑龙江、四川、云南、西藏、甘肃、青海；蒙古，朝鲜，俄罗斯。

744a

744b

745

744. 奇脉尺蛾 *Narraga fasciolaria* (Hüfnagel, 1767)（a. 标本照；b. 侧面生态照）；745. 博氏花波尺蛾 *Eupithecia bohatschi* Staudinger, 1897

（746）双波红旋尺蛾 *Rhodostrophia jacularia* (Hübner, [1813])

翅展 24.0 mm。头顶白色；颜面和下唇须褐色；触角白色，雌性线状，雄性栉状，分支黄褐色。胸部及前翅黄褐色；前翅内横带和外横带褐色，内斜，波状；中点褐色。后翅黄白色，外线浅褐色，波曲状。腹部黄褐色。

分布：宁夏（盐池）、中国北方；蒙古，俄罗斯。

（747）双丽花波尺蛾 *Eupithecia biornata* Christoph, 1867

翅展 19.0 mm。头部灰白色，触角黄褐色。胸部灰黄褐色。翅灰褐色；前翅基部至顶角具 1 黄褐色斜带。腹部黄褐色。

分布：宁夏（盐池）、中国北方；俄罗斯，乌克兰，哈萨克斯坦。

（748）奥岩尺蛾 *Scopula albiceraria* (Herrich-Schäffer, 1844)

翅展 24.0 mm。体灰白色；翅上杂黑色鳞片，翅上横带浅褐色：前翅中带宽，由前缘至中室下缘渐变窄，近三角形，由此至后缘近平行，外横带和亚端带较窄，外横带近波状，亚端带近斜直，外缘饰黑色；后翅中带不显，具外横带和亚端带，与前翅相连接，外缘饰黑色。

分布：宁夏（盐池）、中国北方；俄罗斯至欧洲。

（749）拜克岩尺蛾 *Scopula beckeraria* (Lederer, 1853)

翅展 22.0 mm。体白色，散布黑色鳞片。翅浅黄白色，散布黑色鳞片；中点黑色；中线和外线黑色，均波状，中线波曲度较大，外线波曲度较小。

分布：宁夏（盐池）、中国北方；俄罗斯。

（750）积岩尺蛾 *Scopula cumulata* (Alphéraky, 1883)

翅展 25.0 mm。体灰白色，散布黑色鳞片；前翅中带和外横带黑褐色，中带较宽，外线波曲状，翅端半部黑色鳞片较密集。

分布：宁夏（盐池）、中国北方。

746. 双波红旋尺蛾 *Rhodostrophia jacularia* (Hübner, [1813]); 747. 双丽花波尺蛾 *Eupithecia biornata* Christoph, 1867; 748. 奥岩尺蛾 *Scopula albiceraria* (Herrich-Schäffer, 1844)（a. 标本照；b. 交尾状态）; 749. 拜克岩尺蛾 *Scopula beckeraria* (Lederer, 1853); 750. 积岩尺蛾 *Scopula cumulata* (Alphéraky, 1883)

（751）黑缘岩尺蛾 *Scopula virgulata* ([Denis *et* Schiffermüller], 1775)

翅展 23.0 mm。体灰白色，散布黑色鳞片；翅具中带、外横带和亚端带 3 条浅黄褐色带，中点黑色，前翅不显，后翅较明显。

分布：宁夏（盐池）、中国北方；俄罗斯至欧洲。

（752）沙灰尺蛾 *Isturgia arenacearia* ([Denis *et* Schiffermüller], 1775)

翅展 27.0 mm。体黄褐色或灰褐色，前翅外线浅黄白色，其外侧 1 宽带色较深，深黄褐色或深灰褐色，中点深灰褐色，中线浅灰褐色，前、后翅带纹相连。

分布：宁夏（盐池）、中国北方；朝鲜，日本，俄罗斯至欧洲。

（753）带爪胫尺蛾 *Lithostege mesoleucata* Püngeler, 1899

翅展 24.0–26.0 mm。头部灰黄色杂褐色。前翅底色灰白色，中线内侧和外线外侧散布不均匀黄褐色，亚基线、内线和外线深灰褐色，亚基线下半部不显，中线断续，外线宽，带状；亚端线模糊，黄白色；端线褐色。后翅灰褐色。腹部黄褐色，杂黑色鳞片。前足胫节基部外侧爪发达，两爪间具 1 小齿。

分布：宁夏（盐池）、内蒙古、陕西；蒙古，哈萨克斯坦。

751. 黑缘岩尺蛾 *Scopula virgulata* ([Denis *et* Schiffermüller], 1775); 752. 沙灰尺蛾 *Isturgia arenacearia* ([Denis *et* Schiffermüller], 1775); 753. 带爪胫尺蛾 *Lithostege mesoleucata* Püngeler, 1899

（一百二十二）灯蛾科 Arctiidae

体色彩艳丽，中等大小；大多具单眼；前翅四叉型，M_2 脉从中室下部发出，较 M_1 脉更接近 M_3 脉，后翅 $Sc+R_1$ 脉与 Rs 脉愈合至中室中部或中部外侧，M_2 脉靠近 M_3 脉；反鼓膜巾位于腹部第 1 节气门前部。灯蛾科幼虫植食性，体表有浓密的次生刚毛，常着生毛瘤。世界已知 9500 多种，中国已知 560 多种。

（754）蒙古北灯蛾 *Palearctia mongolica* (Alphéraky, 1888)

翅展 31.0–35.0 mm。头部灰白色，眼内缘黑色；下唇须短小；触角黄白色。领部灰白色，中部黑色。胸部灰白色，具黑色中纵纹。翅基片黑色，侧缘具灰白色鳞毛。翅黑色，具网状白纹，雌雄斑纹有差异：雄性白色带纹外侧近似“X”状，内侧具 2 条自前缘至纵纹或达后缘的横带纹，纵纹自翅基部达臀角前；雄性个体间斑纹亦有变异。后翅红色，亚缘斑大，黑色。雌性前翅灰白色域较大，黑色纹小且零散；斑纹间具变异。

分布：宁夏（盐池）、内蒙古；俄罗斯。

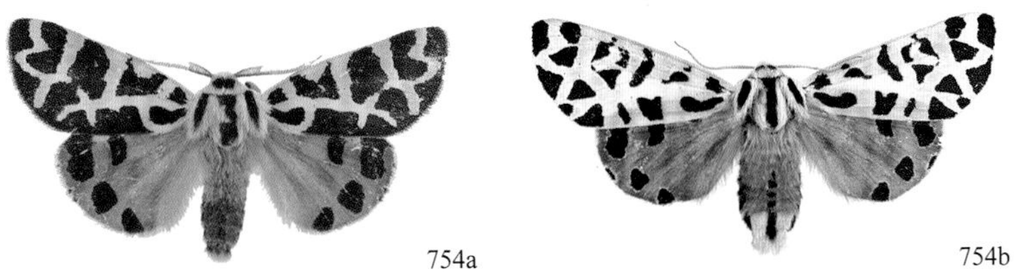

754. 蒙古北灯蛾 *Palearctia mongolica* (Alphéraky, 1888)（a. 雄性；b. 雌性）

（755）亚麻篱灯蛾 *Phragmatobia fuliginosa* (Linnaeus, 1758)

翅展 30.0–40.0 mm。头、胸部暗褐色，触角干白色，端部色较深。前翅暗褐色，中室端部具 2 黑点。后翅粉红色，散布暗褐色，中室端部具 2 个黑点，亚端带黑色，有的个体断裂成点状，缘毛红色。腹部背面红色，中部及两侧各具 1 列黑斑，中部黑斑较大；腹面褐色。寄主：亚麻、酸模、蒲公英等。

分布：宁夏（盐池）、河北、内蒙古、辽宁、吉林、黑龙江、甘肃、青海、新疆；日本，欧洲，西亚，加拿大，美国。

（756）白雪灯蛾 *Chionarctia niveus* (Ménétriés, 1859)

翅展 55.0–80.0 mm。体白色；下唇须红色，第 3 节黑色杂白色；触角白色，栉齿黑色；前足基节及前、中、后足腿节上方红色。腹部除基部及端部外，各节侧面有红斑，背中部及两侧面各具一列黑点。翅白色，背面中室端部具黑斑。寄主：高粱、大豆、麦、黍、车前、蒲公英等。

分布：宁夏（盐池）、北京、河北、内蒙古、辽宁、吉林、黑龙江、河南、山东、浙江、福建、江西、湖北、湖南、广西、四川、贵州、云南；朝鲜，日本。

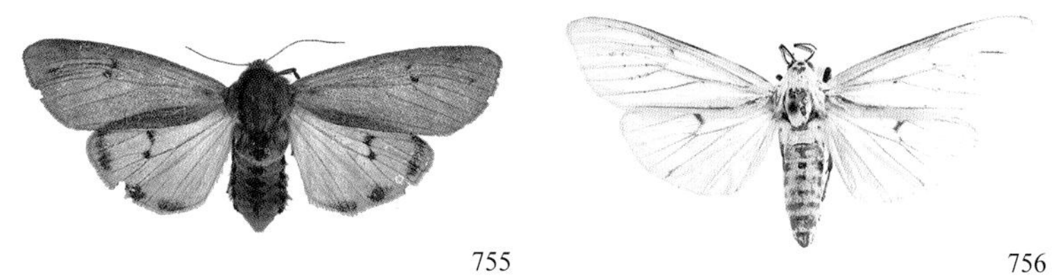

755. 亚麻篱灯蛾 *Phragmatobia fuliginosa* (Linnaeus, 1758); 756. 白雪灯蛾 *Chionarctia niveus* (Ménétriés, 1859)

（757）黄星雪灯蛾 *Spilosoma lubricipedum* (Linnaeus, 1758)

翅展 38.0–40.0 mm。头、胸部白色；下唇须黑色，内侧具白色毛簇，外侧杂黄褐色毛；触角暗褐色。前翅黄白色，具黑点斑，斑点数目有变异；基点及亚基点明显，内线点及中线点在中线处折角，有或无，顶角至 5 脉具 1 斜点列，3 脉至 5 脉具亚端点。后翅白色，横脉纹黑色，亚端缘具 1–5 个斑。腹部背面黄色，正中具黑色点列；侧面及腹面黄白色，侧面及亚侧面各具 1 条黑色点列。寄主：甜菜、桑、薄荷、蒲公英、蓼等。

分布：宁夏（盐池）、河北、山西、吉林、黑龙江、江苏、河南、湖北、湖南、广西、四川、贵州、云南、陕西；朝鲜，日本，欧洲。

（758）石南线灯蛾 *Spiris striata* (Linnaeus, 1758)

翅展 27.0–31.0 mm。头、胸部黑色，颈板和翅基片具黄白色边。前翅黄白色，前缘黑色，沿翅脉及近外缘具长短不一的黑纵纹。后翅橙黄色，前缘带及端带黑色，横脉纹黑色。腹部橙黄色，背中部及两侧具黑斑，两侧黑斑极小。寄主：风轮菜、羊茅、帚石楠、鼠尾草、山柳菊、蒿类。

分布：宁夏（盐池、贺兰山）、内蒙古、黑龙江、山西、甘肃、青海；蒙古，叙利亚，哈萨克斯坦，欧洲。

（759）头橙荷苔蛾 *Ghoria gigantea* (Oberthür, 1879)

翅展 30.0–43.0 mm。头及颈板橙黄色；胸部暗褐色；前翅暗褐色，前缘具黄色带，向顶角渐狭；后翅黄白色至暗褐色。腹部背面暗褐色，腹面及刚毛簇黄色。寄主：地衣。

分布：宁夏（盐池、贺兰山）、河北、山西、辽宁、黑龙江、陕西、浙江；朝鲜，日本，俄罗斯。

757. 黄星雪灯蛾 *Spilosoma lubricipedum* (Linnaeus, 1758); 758. 石南线灯蛾 *Spiris striata* (Linnaeus, 1758); 759. 头橙荷苔蛾 *Ghoria gigantea* (Oberthür, 1879)

（760）后褐土苔蛾 *Eilema flavociliata* (Lederer, 1853)

翅展 24.0–31.0 mm。头、胸部橙黄色；触角基节黄色，其余黑色。前翅橙黄色，端部有时暗褐色。后翅暗褐色，缘毛橙黄色；翅反面暗褐色，边缘及缘毛黄色。腹部黄色，基节色较暗。

分布：宁夏（盐池）、北京、黑龙江、陕西、四川、青海、新疆。

（761）血红雪苔蛾 *Cyana sanguinea* (Bremer *et* Grey, 1852)

翅展 24.0–34.0 mm。白色；前翅亚基线、内线、外线及端线红色，亚基线短，雄性前翅前缘基部具 1 红带，将亚基线与内线相连，内线从前缘斜向中脉，然后垂直，外线从前缘斜向 M_1 脉，然后直向臀角，中室基部具 1 红带与内线相接，端部上、下角各具 1 黑斑；反面暗褐色，具红边。后翅红色，基部白色，缘毛黄色。雌性前翅中室无红带。

分布：宁夏（盐池）、北京、山西、陕西、四川、云南、台湾；日本。

760. 后褐土苔蛾 *Eilema flavociliata* (Lederer, 1853)（a. 标本照；b. 生态照）；761. 血红雪苔蛾 *Cyana sanguinea* (Bremer *et* Grey, 1852)

（一百二十三）枯叶蛾科 Lasiocampidae

体中至大型，粗壮多毛，停歇时有些种类后翅波状边缘伸出前翅两侧，似枯叶。常雌雄异型。触角栉齿状；复眼具毛；喙退化；下唇须常前伸过颜面，呈尖锥状。足多毛，胫距短，中足无距。翅宽大，无翅缰和翅缰钩。世界已知近 2000 种，中国有 200 多种。

（762）杨枯叶蛾 *Gastropacha populifolia* (Esper, 1784)

翅展 44.0–78.0 mm。体黄褐色至红褐色。下唇须长而尖，灰褐色，第 2 节腹缘黄褐色；触角黄褐色，分支黑褐色。头、胸、背正中常具黑褐色中纵线，有时翅基片具黑褐色边。前翅黄褐色或红褐色，散布少数黑色鳞片，具 5 条黑色断续波状纹；有变异，有的翅面纯色，无斑纹。后翅具 3 条黑色斑纹，外缘锯齿状。腹部密被毛。寄主：苹果、梨、李、梅、樱桃等。

分布：宁夏（盐池）、北京、河北、山西、内蒙古、辽宁、黑龙江、浙江、安徽、福建、江西、山东、河南、湖北、湖南、广西、四川、云南、陕西、甘肃；朝鲜，日本，欧洲。

（763）乌苏榆枯叶蛾 *Phyllodesma japonicum ussuriense* Lajonquiere, 1963

翅展 33.0–41.0 mm。头、胸部灰白色，杂黑褐色；触角干白色，分支红褐色；胸部末端中部红褐色。翅灰褐色，翅脉及外缘红黄褐色，缘毛深红褐色与白色相间。前翅基部下方具黄褐色鳞毛簇，中线和外线黑褐色，两线间具灰白色带，中室具 1 灰白色大斑，其端侧具 1 黑色斑。后翅基部下方具黄褐色鳞毛簇，中线和外线黑褐色，两线间具灰白色宽带。翅外缘齿状，前翅臀角内凹呈半圆形，后翅前缘基部极突出。腹部背面灰黄褐色，第 4–5 节具黑褐色；侧面及腹面黑褐色。

分布：宁夏（盐池）、黑龙江；朝鲜，俄罗斯。

762. 杨枯叶蛾 *Gastropacha populifolia* (Esper, 1784); 763. 乌苏榆枯叶蛾 *Phyllodesma japonicum ussuriense* Lajonquiere, 1963

（764）蒙古榆枯叶蛾 *Phyllodesma mongolicum* Kostjuk *et* Zolotuhin, 1994

翅展 30.0–33.0 mm。额及颜面黄白色；下唇须黄白色，外侧杂红褐色；触角黄白色，分支红褐色。胸部红褐色，前端杂灰褐色。翅红褐色，缘毛红褐色与白色相间。前翅基部下端具黄褐色毛簇，中室具 1 黄白色斑，内、外线黑褐色，亚端线红褐色，模糊。后翅外线黑褐色，肘区和臀区具黄白色鳞毛。翅外缘齿状，前翅臀角内凹呈半圆形，后翅前缘基部极突出。腹部黄褐色，第 4 节至末端杂红褐色。

分布：宁夏（盐池）、内蒙古、陕西；蒙古。

（765）苹枯叶蛾 *Odonestis pruni* (Linnaeus, 1758)

翅展 51.0 mm。体红褐色。下唇须长而尖，密被深黄褐色鳞片；触角黄褐色，分支红褐色。胸、腹部密被长毛。前翅黄褐色至红褐色，外缘呈锯齿状，内线深红褐色，曲状，外线黑褐色，极内弯，中室具 1 银白色圆斑。后翅卵圆形，外缘齿状。寄主：苹果、梨、李、梅、樱桃等。

分布：宁夏（盐池）、北京、河北、山西、内蒙古、辽宁、黑龙江、浙江、安徽、福建、江西、山东、河南、湖北、湖南、广西、四川、云南、陕西、甘肃；朝鲜，日本，欧洲。

764. 蒙古榆枯叶蛾 *Phyllodesma mongolicum* Kostjuk *et* Zolotuhin, 1994; 765. 苹枯叶蛾 *Odonestis pruni* (Linnaeus, 1758)

（一百二十四）天蛾科 Sphingidae

体中至大型，翅展 36.0–190.0 mm。体粗壮，纺锤形；头部突出，通常被短鳞片，毛隆无，一般无单眼，触角线状，末端常弯曲呈小钩状。前翅狭长，马刀状；后翅较短，近三角形。世界已知 1800 多种，中国有 190 多种。

（766）小豆长喙天蛾 *Macroglossum stellatarum* (Linnaeus, 1758)

翅展 40.0–49.0 mm。体暗灰褐色，胸部灰褐色。前翅灰褐色，内线和中线黑褐色，弯曲，中室末端上部具 1 小黑斑。后翅橙黄色，基部及外缘暗褐色。腹部暗灰色，两侧具白色和黑色斑，腹末具黑色毛丛。寄主：毛条、锦鸡儿、小豆、茜草科、篷子菜、土三七等植物。

分布：宁夏（盐池、贺兰山）、北京、河北、山西、内蒙古、辽宁、吉林、浙江、山东、河南、湖北、湖南、四川、广东、海南；朝鲜，日本，印度，越南，欧洲。

766. 小豆长喙天蛾 *Macroglossum stellatarum* (Linnaeus, 1758)（a. 标本照；b. 生态照）

（767）黑长喙天蛾 *Macroglossum pyrrhosticta* (Butler, 1875)

翅展 42.0–50.0 mm。头、胸背灰褐色，杂白色，具黑色背线，眼缘白色；头腹面白色；后胸侧缘鳞毛褐色。前翅底色灰褐色，具褐色至黑褐色带，内缘带黑褐色，近

“L”形，中带褐色，波曲状，顶角处褐色。后翅暗褐色，具宽的黄色中带。腹部灰褐色，第 1–2 节两侧具黄色斑，第 4–5 节两侧具黑色斑，第 5 节后缘两侧具白色毛簇，味刷黑色。寄主：牛皮冻属。

分布：宁夏（盐池）、北京、辽宁、吉林、黑龙江、华北、四川、贵州、广东、海南；越南，日本，印度，马来西亚。

767. 黑长喙天蛾 *Macroglossum pyrrhosticta* (Butler, 1875)（a. 生态照；b. 标本照）

（768）沙枣白眉天蛾 *Hyles hippophaes* (Esper, 1789)

翅展 60.0–70.0 mm。头、胸部黄褐色，触角背面白色，腹面黄褐色，头顶与颜面间至肩板两侧有白色鳞毛。翅黄褐色，前翅自顶角上半至后缘中部具污白色斜带，中室端部具 1 黑色条斑，后缘白色；后翅基部黑色，中部红色，红色外侧呈褐绿色，外缘淡褐色，后角处有 1 块大白斑。寄主：沙枣、沙棘。

分布：宁夏（盐池、灵武、平罗、银川）、内蒙古、新疆；俄罗斯，德国，西班牙。

768. 沙枣白眉天蛾 *Hyles hippophaes* (Esper, 1789)（a. 标本照；b. 休止状态）

（769）八字白眉天蛾 *Hyles livornica* (Esper, 1780)

翅展 76.0–84.0 mm。头部褐绿色，颜面两侧具白色鳞片，触角黄褐色，端部白色。胸部褐绿色，翅基片边缘具白色鳞毛，在背中呈一白色“八”字。前翅褐绿色，自顶角上半至后缘中部具黄白色斜带，外缘呈黄白色带状，中室端部具 1 近三角形白斑；后翅基部黑色，中部有暗红色宽带，后角内侧有白斑。寄主：茜草、大戟、蓼科植物、猪秧草、柳叶菜、葡萄属及锦葵科植物。

分布：宁夏（盐池、贺兰山）、河北、黑龙江、浙江、江西、湖南、甘肃、台湾；日本，印度，非洲，欧洲，美洲。

769a 769b 769c

769. 八字白眉天蛾 *Hyles livornica* (Esper, 1780)（a, b. 访花生态照；c. 标本照）

（770）榆绿天蛾 *Callambulyx tatarinovi* (Bremer *et* Grey, 1853)

翅展 70.0–80.0 mm。体绿色。胸部背面黑绿色。前翅前缘顶角具 1 块近三角形的深绿色斑，中线、外线间连成一块深绿色斑，外线呈双波状纹。后翅红色，外缘浅绿色。寄主：榆、杨、柳。

分布：宁夏（盐池、贺兰山）、河北、山西、辽宁、吉林、黑龙江、河南、山东、西藏、甘肃、台湾；蒙古，朝鲜，日本，俄罗斯。

770a 770b

770. 榆绿天蛾 *Callambulyx tatarinovi* (Bremer *et* Grey, 1853)（a. 休止状态；b. 标本照）

（771）枣桃六点天蛾 *Marumba gaschkewitschii* (Bremer *et* Grey, 1853)

翅展 80.0–110.0 mm。触角淡灰黄色；胸部背面棕黄色，背线色较深。前翅灰黄褐色，内线、中线、外线色较深，外缘部分深褐色，边缘波状，臀角有 2 个黑色斑。后翅枯黄色至粉红色，近臀角处有 2 个黑斑。寄主：桃、枣、酸枣、梨、海棠等。

分布：宁夏（盐池、贺兰山）、河北、山西、山东、河南、甘肃；蒙古，俄罗斯。

（772）蓝目天蛾 *Smerinthus planus* Walker, 1856

翅展 80.0–90.0 mm。头、胸部淡黄色，胸部背面中央具褐色斑。翅灰褐色，前翅基部灰黄色，中线、外线间呈前后两块深褐色斑，中室前端具 1“丁”字形纹，外横线呈深褐色波状纹，外缘自顶角以下色较深；后翅淡黄褐色，中央有大蓝目斑一个，周围黑色，蓝目上方粉红色。寄主：柳、杨、苹果、桃、沙果、海棠等。

分布：宁夏（盐池）、北京、河北、山西、内蒙古、山东、河南、东北各省及长江流域各省；蒙古，朝鲜，日本，俄罗斯。

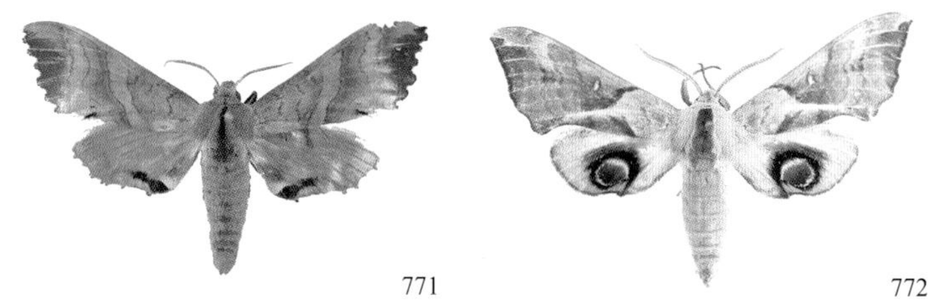

771. 枣桃六点天蛾 *Marumba gaschkewitschii* (Bremer *et* Grey, 1853); 772. 蓝目天蛾 *Smerinthus planus* Walker, 1856

（773）黄脉天蛾 *Laothoe amurensis sinica* (Rothschild *et* Jordan, 1903)

翅展 80.0–90.0 mm。体灰褐色，翅上斑纹不明显，内线、中线、外线棕黑色波纹状，外缘自顶角至中部具黄褐色斑，翅脉黄褐色。后翅与前翅同色。寄主：马氏杨、小叶杨、山杨、桦树、椴树、椤树等。

分布：宁夏、北京、内蒙古、辽宁、吉林、浙江、四川、云南、西藏、陕西、甘肃；朝鲜，日本。

773. 黄脉天蛾 *Laothoe amurensis sinica* (Rothschild *et* Jordan, 1903)（a. 休止状态；b. 标本照）

（774）霜天蛾 *Psilogramma menephron* (Cramer, 1780)

翅展 45.0–65.0 mm。胸部灰褐色，背板两侧及后缘各具一黑色线条；从前胸至腹部背线黑褐色。前翅灰褐色，中线黑褐色，双行波状，中室下方具两根黑色纵条，下面一根较短。后翅褐色，后角具灰白斑。腹部背面灰褐色，腹面灰白色。寄主：丁香、梧桐、女贞、泡桐、牡荆、梓树等。

分布：宁夏、华北、华西、华中、华东、华南；朝鲜，日本，印度，斯里兰卡，缅甸，菲律宾，印度尼西亚，大洋洲。

（775）白薯天蛾 *Agrius convolvuli* (Linnaeus, 1758)

翅展 90.0–100.0 mm。胸部灰色。前翅内线、中线、外线均为两条黑褐色尖锯齿线，顶角具黑色斜纹。后翅灰色，具 4 条暗褐色横带。腹部背面淡红色，各节后缘黑色；背中灰色，具 1 黑色中线；腹面灰白色，在第 4、第 5 节前段中部有 2 个黑色圆点。寄主：白薯、牵牛花、旋花、扁豆、赤小豆等。

分布：宁夏、北京、河北、山西、浙江、安徽、山东、福建、河南、广东、四川、台湾；广布于亚洲，欧洲，非洲，大洋洲。

774. 霜天蛾 *Psilogramma menephron* (Cramer, 1780); 775. 白薯天蛾 *Agrius convolvuli* (Linnaeus, 1758)

（一百二十五）弄蝶科 Hesperiidae

体小型至中型；体多暗色，黑色、褐色或棕色。体粗壮；头大，触角基间距约为柄节宽度的 2 倍，触角端部尖，末端钩状弯曲。前翅三角形，常可见透明斑。后翅近圆形。世界已知 4100 多种，中国已知 370 多种。

（776）小赭弄蝶 *Ochlodes venata* (Bremer *et* Grey, 1853)

翅展 28.0–35.0 mm，翅面赭黄色，外缘及端半部的翅脉黑色；雄性在中室下端具 1 条小的纺锤形性标。翅反面色较浅。寄主：莎草科的莎草。

分布：宁夏（盐池）、北京、山西、吉林、黑龙江、福建、江西、山东、河南、四川、西藏、陕西、甘肃；蒙古，朝鲜，日本，土耳其，俄罗斯，西欧。

（777）珠弄蝶 *Erynnis tages* (Linnaeus, 1758)

翅展 25.0–30.0 mm，翅黑褐色，前翅近顶角处有 3 个小白斑，外缘有 1 列排成弧形的小白点，后翅外缘的内侧有 1 列不明显的小白点。翅反面浅褐色，白色斑点比正面显著。

分布：宁夏（盐池）、河北、山西、山东、河南、陕西、甘肃、四川；朝鲜，土耳其，英国，法国，德国，希腊，西班牙。

（778）直纹稻弄蝶 *Parnara guttatus* (Bremer *et* Grey, [1852])

翅展 25.0–40.0 mm，体深灰褐色，前翅有 7–8 个半透明白色斑纹，组成半圆形，其中中室斑 2 个，中域斑 3 个，顶角斑 2–3 个，雄性中室端 2 个斑大小近一致，雌性中较大者近乎 2 倍长于较小者。后翅中域有 4 个透明斑，近乎相连。翅反面色较浅，斑纹同正面。寄主：天南星科的芋；禾本科的水蔗草、细柄草、白茅、刚莠竹、稻、甘蔗。

776. 小赭弄蝶 *Ochlodes venata* (Bremer *et* Grey, 1853); 777. 珠弄蝶 *Erynnis tages* (Linnaeus, 1758); 778. 直纹稻弄蝶 *Parnara guttatus* (Bremer *et* Grey, [1852])

分布：宁夏（盐池）、河北、江苏、安徽、福建、江西、山东、河南、湖北、湖南、广东、广西、四川、贵州、云南、台湾；朝鲜，日本，越南，老挝，缅甸，马来西亚，印度，俄罗斯。

（一百二十六）凤蝶科 Papilionidae

体中至大型，大型种较多。色彩鲜艳，翅面底色黑色、黄色或白色，具红、绿、蓝等色斑纹。触角向端部逐渐膨大。前翅三角形，后翅 M_3 脉常延伸成尾突，有些种尾突 2 条，或无尾突。世界已知 570 多种，中国已知 130 多种。

（779）金凤蝶 *Papilio machaon* Linnaeus, 1758

翅展 75.0–120.0 mm。体金黄色，体背正中具宽黑纵带，腹部两侧具黑色细纵条；触角黑色。翅金黄色，前翅基部 1/3 黑色，散生黄色鳞片；外缘有黑色宽带，宽带中有 8 个金黄色的新月形斑；中室端部有 2 个黑斑。后翅外缘呈波曲状，尾突长短不一，近臀角处一条最长，外缘黑色宽带有 6 个黄色新月形斑，亚外缘带有 6 个模糊的蓝斑；臀角处有 1 个橙色圆斑。翅反面黄色，斑纹同正面，但色浅。1 年两代。幼虫共 5 龄，绿色，各节有断续的黑色横带纹。寄主：假芸香、大阿米芹、阿米芹、独活、胡萝卜等。

分布：宁夏（盐池、贺兰山）、北京、河北、山西、吉林、黑龙江、浙江、福建、江西、山东、河南、广东、广西、云南、西藏、陕西、甘肃、青海、新疆、台湾；欧洲，北美洲等。

779. 金凤蝶 *Papilio machaon* Linnaeus, 1758（a. 幼虫；b. 成虫）

（一百二十七）粉蝶科 Pieridae

体中型；体色多为白色或黄色，少数呈红色或橙色。触角端部膨大锤状。前翅多为三角形，A 脉 1 条；后翅中室多为闭室，A 脉 2 条。幼虫主要危害十字花科、豆科及蔷薇科植物。世界已知 1200 多种，中国已知 150 多种。

（780）绢粉蝶 *Aporia crataegi* Linnaeus, 1758

翅展 54.0–70.0 mm。体和触角黑色。翅白色发黄，前、后翅略呈长圆形，翅脉及外缘黑色，翅面无斑纹，仅前翅外缘脉端略呈灰暗色三角斑。翅的反面白色。寄主：苹果、李、梨、杏、山楂、蔷薇、刺梅、桃等。

分布：宁夏（盐池、贺兰山）、北京、河北、内蒙古、山西、辽宁、吉林、黑龙江、浙江、安徽、山东、河南、湖北、四川、西藏、陕西、青海、新疆、甘肃;朝鲜,日本,俄罗斯,欧洲。

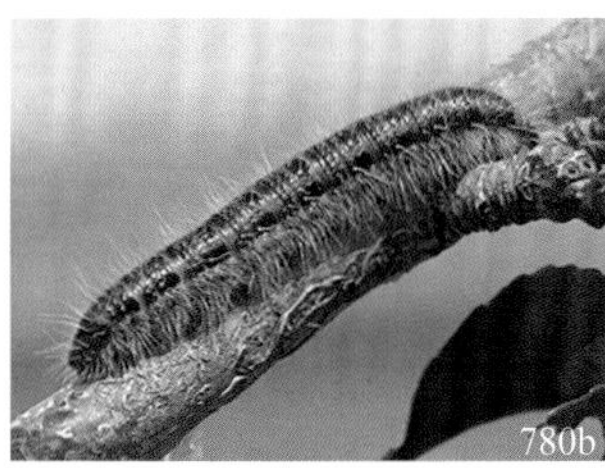

780. 绢粉蝶 *Aporia crataegi* Linnaeus, 1758（a, b. 幼虫；c, d. 成虫）

（781）橙黄豆粉蝶 *Colias fieldii* Ménétriés, 1855

翅展 41.0–60.0 mm。雌雄异型，体黑色，翅橙黄色，雌性在翅端黑色宽带中具黄色斑纹，雄性翅端黑色宽带中无任何斑纹。雌雄前翅中室端部均具 1 黑色斑点，后翅中室端部均具 1 黄色斑。翅反面橙黄色较淡，前翅中室端部黑色斑点中心白色，外部下方有黑纹 3 个；后翅中室端部有白色斑，饰橙黄色斑。寄主：苜蓿、三叶草等植物。

分布：宁夏（盐池、贺兰山）、山西、吉林、山东、河南、湖北、江西、广西、四川、云南、陕西、甘肃、青海；印度，尼泊尔，缅甸，泰国。

（782）斑缘豆粉蝶 *Colias erate* (Esper, 1805)

翅展 36.0–55.0 mm。雌雄异型，雄性翅黄色，前翅外缘有黑褐色宽带，内有多个大小不等的黄斑，中室端部有 1 黑点；后翅外缘的黑纹多相连成列，中室端部有 1 浅橙黄色圆斑，反面为银白色，外有褐色圈。雌性翅颜色变化较大，有淡黄绿色和灰白色，斑纹同雄性。寄主：苜蓿、大豆、百脉根、毛条等豆科植物及蝶形花科植物。

分布：宁夏（盐池、贺兰山）、山西、辽宁、吉林、黑龙江、江苏、浙江、福建、江西、河南、湖南、云南、西藏、陕西、甘肃、青海、新疆、台湾；国外从东欧至日本均有分布。

（783）菜粉蝶 *Pieris rapae* (Linnaeus, 1758)

翅展 44.0–52.0 mm。翅面和脉纹白色，翅基部和前翅前缘色较暗，雌性特别明显，前翅顶角具 1 大型三角形黑斑，中外带上有 2 个圆形黑斑，1 个位于中部，另一个靠近后缘；后翅前缘有 1 黑斑。体黑色，头、胸部具白色绒毛。寄主：白菜等十字花科植物。

781. 橙黄豆粉蝶 *Colias fieldii* Ménétriés, 1855; 782. 斑缘豆粉蝶 *Colias erate* (Esper, 1805); 783. 菜粉蝶 *Pieris rapae* (Linnaeus, 1758)

分布：宁夏（盐池、贺兰山）及全国各地；分布在整个北温带，包括美洲北部直至印度北部。

（784）云粉蝶 *Pontia daplidice* (Linnaeus, 1758)

翅展 33.0–55.0 mm，翅白色，前翅中室端斑黑色，较大，顶角由 2 列共 7–8 个黑斑组成，后翅外缘有同样成组的黑斑；翅基部雄性白色，雌性有淡黑色云状斑。翅反面斑纹墨绿色，前翅图案同正面，后翅则在中室周围由连续的斑组成圈环，中央黄白色。寄主：十字花科植物。

分布：宁夏（盐池、贺兰山）、河北、山西、内蒙古、辽宁、吉林、黑龙江、河南、浙江、江西、山东、广东、广西、四川、贵州、陕西、甘肃、青海、西藏、新疆；西亚，中亚，北非。

784. 云粉蝶 *Pontia daplidice* (Linnaeus, 1758)

（一百二十八）灰蝶科 Lycaenidae

体多小型，极少数是中型。触角锤状，每节具白色环纹；翅背颜色鲜艳，多呈红色、橙色、蓝色、绿色、紫色等颜色；翅反面多为灰色、白色等色。有些类群雄性跗节及爪退化。世界已知 6700 多种，中国已知 600 多种。

（785）红珠灰蝶 *Lycaeides argyrognomon* (Bergsträsser, [1779])

翅展 30.0–35.0 mm。雌雄异型。雄性翅面深蓝色，前翅外缘具窄黑带；后翅外缘具黑色点列。雌性的翅面深灰褐色，前翅亚外缘具橙色斑列或无，橙色斑末端黑色；后翅亚外缘橙色斑呈新月形，外侧黑点较大。翅反面灰褐色，中室末端具黑色的新月斑，外侧具 3 列黑斑，内列的斑带波曲，外 2 列斑点相互靠近，几平行，中间夹有橙红色带纹；后翅基部有 4 个黑斑呈弧形，臀角处的 4 个黑斑上具蓝色金属光泽的鳞片。寄主：豆科及木槿。

785. 红珠灰蝶 *Lycaeides argyrognomon* (Bergsträsser, [1779])

分布：宁夏（盐池）、北京、河北、山西、辽宁、吉林、黑龙江、山东、四川、陕西、青海、新疆；朝鲜，日本，欧洲。

（786）橙灰蝶 *Lycaena dispar* (Haworth, 1802)

翅展 32.0–40.0 mm。雌雄异型。雄性翅面橙黄色，外缘具窄黑带；后翅外缘黑带内侧具黑点，下缘具宽灰褐带。雌性的翅面浅橙黄色至橙黄色，前翅外缘黑带宽，中外线由 7 个近楔形的黑斑组成，中室内具 2 个黑色小圆斑；后翅灰褐色，端缘具橙黄色带，带的两侧具黑点。翅反面，前翅淡黄色，亚外缘具 2 列排列整齐的小黑斑，中室内具 3 个黑斑；后翅灰白色，基线、中内线和中外线均由小黑斑组成，外缘具橙黄色带，带两侧具黑点。寄主：苜蓿、酸模等蓼科植物。

分布：宁夏（盐池）、北京、河北、山西、辽宁、吉林、黑龙江、山东、四川、陕西、青海、新疆；朝鲜，日本，欧洲。

786. 橙灰蝶 *Lycaena dispar* (Haworth, 1802)

（787）多眼灰蝶 *Polyommatus eros* (Ochsenheimer, 1808)

翅展 24.0–32.0 mm。雌雄异型。雄性翅面底色黄褐色，被一层浅蓝色鳞片，具淡紫色闪光；外缘具窄黑带，黑带内侧具黑色缘点，前翅常与黑带融合，不明显。雌性的翅面灰褐色，缘点较雄性大，且其内侧具红橙色斑；中室端具 1 黑斑。翅反面灰白色，前翅中室中部及端部各具 1 个黑斑，中部斑下侧具 1 小黑斑；外横列斑 7 个，弓形弯曲；外缘有 2 列黑斑平行排列，内侧的黑斑新月形，两列黑斑间具橙红色带。后翅黑斑排列与前翅类似，区别在于基部有 1 列 4 个黑斑，前、后翅黑斑均具白色环。

分布：宁夏（盐池、贺兰山）、河北、吉林、黑龙江、河南、四川、西藏、陕西、甘肃；朝鲜，日本，俄罗斯，欧洲。

787. 多眼灰蝶 *Polyommatus eros* (Ochsenheimer, 1808)（a. 生态图；b. 交尾状态）

（788）白斑新灰蝶 *Neolycaena tengstroemi* (Erschoff, 1874)

翅展 26.0–28.0 mm。翅正面黑褐色，外缘斑列不明显。翅反面浅黄褐色，前、后翅中室端斑均白色；前翅亚外缘斑列黑色，不明显，内侧具波曲白色斑列；后翅端半部散布白色斑点，亚外缘有 2 列黑斑，中间具浅橙黄色带。

分布：宁夏（盐池）、四川。

（789）优秀斯灰蝶 *Strymonidia eximia* (Fixsen, 1887)

翅展 32.0–35.0 mm。翅面黑褐色；雄性前翅中室上方具椭圆形性标；后翅臀域有不规则的橙红色斑，臀角略呈圆形突出，有尾状突起 2 个，1 条长，1 条极短。翅反面灰褐色，前翅中外线白色，端部 1/4 截断，内折；后翅中横线白色，波状，在臀域呈"W"形曲折，亚外缘和外缘各具 1 条不明显的白色波状线，两线间于臀域橙红色，臀角及尾突黑色。寄主：鼠李。

分布：宁夏（盐池）、北京、吉林、黑龙江、浙江、福建、山东、河南、广东、四川、云南、陕西、甘肃、台湾；朝鲜。

（790）华夏爱灰蝶 *Aricia chinensis* (Murray, 1874)

翅展 20.0–32.0 mm。翅面黑褐色，缘毛白色，杂黑色点；中室末端各具 1 黑斑；亚外缘有橙红色斑列，前 6 后 5。翅反面灰褐色，中室末端有黑斑，中横带均由 6 个黑斑组成，波曲，亚外缘具 2 列近平行黑色斑列，中间具橙红色带，外缘具黑带，极窄；后翅基部另具 1 由 4 个黑斑组成的斑列。寄主：豆科植物。

分布：宁夏（盐池、贺兰山）、北京、吉林、黑龙江、河南、陕西、青海。

（791）蓝灰蝶 *Everes argiades hellotia* (Ménétriés, 1857)

翅展 20.0–30.0 mm。雌雄异型。雄性翅面蓝色，具淡紫色光泽，外缘具黑色窄带，窄带内侧具小黑斑，缘毛白色；后翅臀域具 1 小尾突，细且短，末端白色。雌性翅面暗褐色，近臀角有时具 2 个红斑。翅反面灰白色；前翅中室末端具 1 浅褐色斑，外中横线为 1 列近直黑斑，外缘有 2 列不明显浅褐色斑；后翅基部具 2 个小黑斑，中室端部不明显，外中横线黑斑排列不规则，亚外缘线具 2 列浅褐色斑，在臀角处夹有橙黄

788. 白斑新灰蝶 *Neolycaena tengstroemi* (Erschoff, 1874); 789. 优秀斯灰蝶 *Strymonidia eximia* (Fixsen, 1887); 790. 华夏爱灰蝶 *Aricia chinensis* (Murray, 1874); 791. 蓝灰蝶 *Everes argiades hellotia* (Ménétriés, 1857)

色。寄主：紫苜蓿、紫云英、百脉根、豌豆、大豆、三叶草。

分布：宁夏（盐池）、北京、天津、河北、浙江、福建、江西、山东、河南、海南、四川、贵州、云南、西藏、陕西、甘肃、台湾；朝鲜，日本，欧洲，北美洲。

（一百二十九）蛱蝶科 Nymphalidae

体一般中至大型，少数小型。触角长，端部膨大；复眼裸或具毛；下唇须粗。前翅中室多为闭室，A 脉 1 条；后翅中室多为闭室，A 脉 2 条。一些种类有性二型或季节型。世界已知 6100 多种，中国已知 770 多种。

（792）柳紫闪蛱蝶 *Apatura ilia* ([Denis *et* Schiffermüller], 1775)

翅展 55.0–72.0 mm。翅面暗黄褐色，雄性具强烈紫色闪光；前翅中室有 4 个呈方形排列的小黑斑，中室端与顶角间有 2 个斜列白色斑带，均由 3 个斑组成，中室下方有 3 个白斑，cua_1 室内有一饰黄褐色环的黑斑。后翅中带浅黄色或白色，亚缘带由 7 个外侧饰红褐色的黑斑组成，cua_1 室内有一具黄褐色环的黑斑。前翅反面淡黄褐色，cua_1 室斑外侧灰白色；后翅反面基部青黄色，端部黄褐色，臀角赭褐色。寄主：杨、柳。

分布：宁夏（盐池、贺兰山）、河北、山西、辽宁、吉林、黑龙江、江苏、浙江、福建、江西、山东、河南、四川、贵州、云南、陕西、甘肃、青海、新疆；朝鲜，欧洲。

（793）罗网蛱蝶 *Melitaea romanovi* Grum-Grshimailo, 1891

翅展 33.0 mm。翅橙黄色，斑纹黑色，雌雄异型，雄蝶前翅有 2 条淡黄白色横带相连，近似“H”形，中室有 1 黑圆斑，后翅中央有同色宽带；雌蝶仅前翅外缘内侧和中室端外侧有黄白色斑列，后翅外缘黑圆斑较前翅大。寄主：玄参科、菊科、败酱科植物。

分布：宁夏（盐池）、黑龙江、山西、陕西、甘肃、青海、新疆、四川、西藏；俄罗斯等。

792

793

792. 柳紫闪蛱蝶 *Apatura ilia* ([Denis *et* Schiffermüller], 1775); 793. 罗网蛱蝶 *Melitaea romanovi* Grum-Grshimailo, 1891

（794）白钩蛱蝶 *Polygonia c-album* (Linnaeus, 1758)

翅展 49.0–54.0 mm。1 年 2 代。翅色、外形变化大。春型翅黄褐色，秋型带红色。双翅外缘的角突顶端春型稍尖，秋型浑圆。但后翅反面均有“L”形银色纹，秋型尤醒目。寄主：柳、榆、白桦、忍冬、荨麻、大麻。

分布：宁夏（盐池）及全国大部；朝鲜，日本，尼泊尔，不丹，印度（锡金），欧洲等。

794. 白钩蛱蝶 *Polygonia c-album* (Linnaeus, 1758)（a. 背视；b. 侧视）

（795）小红蛱蝶 *Vanessa cardui* (Linnaeus, 1758)

翅展 44.0–54.0 mm。体黑褐色。前翅基部至后缘 2/3 密生暗黄色鳞片，中部有红黄不规则横带，顶角附近有几个小白斑。后翅基部与前缘暗褐色，密生暗黄色鳞片，其余部分红黄色，沿外缘有 3 列黑色点，臀角有 1 个不规则黑斑，内有蓝灰色鳞片。前翅反面色淡，黑色外缘斑列在顶角处不完整；后翅反面黄褐色，密生有白色网纹间隔的褐色斑，外缘有 1 淡紫色带，内侧有 4–5 个眼状纹，内部饰蓝灰色及黑色鳞片。寄主：大麻、牛蒡、刺儿菜等。

分布：宁夏（盐池、贺兰山）、北京、辽宁、吉林、黑龙江、浙江、福建、江西、山东、湖南、海南、四川、贵州、陕西、青海、台湾；除南美洲外世界广布。

795. 小红蛱蝶 *Vanessa cardui* (Linnaeus, 1758)（a. 幼虫；b, c. 成虫）

（796）大红蛱蝶 *Vanessa indica* (Herbst, 1794)

翅展 52.0–60.0 mm，体黑褐色。前翅基部与后缘密生暗黄色的鳞，中部有红黄不规则横带，顶角附近有几个小白斑。后翅暗褐色，密生暗黄色鳞，外缘红黄色，沿外缘有 2 列黑色点。翅反面黑褐色，前翅中室末端有蓝色短横线，外缘间有蓝灰色；后翅基半部具复杂的网纹，外缘间有蓝灰色，亚外缘由 5 个模糊眼斑组成，中部 2 个内部蓝灰色，其余的 3 个茶褐色。寄主：榆、麻、麻黄。

分布：宁夏（盐池、贺兰山）及全国各地；亚洲东部，欧洲，非洲西北部等。

796. 大红蛱蝶 *Vanessa indica* (Herbst, 1794)

（797）牧女珍眼蝶 *Coenonympha amaryllis* (Stoll, [1782])

翅展 28.0–40.0 mm。体黄褐色，前翅亚外缘有 3–4 个模糊黑斑，前缘和外缘浅褐色；反面亚外缘具 4–5 个黑色眼斑，外围色浅，瞳点白色。后翅反面基部 2/3 褐色，亚外缘有 6 个黑眼斑，瞳点白色，第 6 个与前一个微小连生。寄主：豆科、莎草科、石蒜科植物。

分布：宁夏（盐池、贺兰山）、吉林、黑龙江、浙江、河南、甘肃、青海、新疆；朝鲜。

（798）仁眼蝶 *Hipparchia autonoe* (Esper, 1783)

翅展 52.0–60.0 mm。体深灰褐色，翅亚外缘至中域有宽黄斑带，其中前翅黄斑域内有 2 个黑眼斑，瞳点白色，后翅亚外缘带后方与臀斑之间具 1 黑色白瞳的小眼斑。翅反面有中域线带，线内色较深；后翅脉纹白色，近臀角有 1 个小的黑色眼斑。

分布：宁夏（盐池、贺兰山）、山西、黑龙江、陕西、甘肃；俄罗斯。

（799）寿眼蝶 *Pseudochazara hippolyte* (Esper, 1783)

翅展 52.0–62.0 mm。体浅褐色，翅亚外缘带橙黄色，其中前翅亚外缘带具 2 个黑眼斑，瞳点白色，后翅亚外缘带后方与臀斑之间具 1 黑色白瞳的小眼斑。前翅反面浅黄褐色，外缘有 1 条黑色内折的亚缘线，波曲状，中室端脉及中室内具黑色横纹；后翅反面灰褐色，具 4 条黑色的波状纹。

分布：宁夏（盐池、贺兰山）、陕西、新疆；俄罗斯。

797

798

799

797. 牧女珍眼蝶 *Coenonympha amaryllis* (Stoll, [1782]); 798. 仁眼蝶 *Hipparchia autonoe* (Esper, 1783); 799. 寿眼蝶 *Pseudochazara hippolyte* (Esper, 1783)

（800）蛇眼蝶 *Minois dryas* (Scopoli, 1763)

翅展 55.0–65.0 mm。体黑褐色，前翅中室外端具 2 个黑色眼斑，瞳点蓝色；后翅近臀角具 1 相似眼状纹，但较小；后翅外缘齿状。翅反面色较淡，前、后翅眼斑同正面，前翅眼斑具暗黄色边环，后翅散细的波纹状带，近外缘有暗色带。寄主：羊胡子草、结缕草、早熟禾、芒等植物。

分布：宁夏（盐池、贺兰山）、吉林、黑龙江、河北、山西、浙江、福建、江西、山东、河南、陕西、甘肃、青海、新疆；朝鲜，日本，俄罗斯，欧洲。

800. 蛇眼蝶 *Minois dryas* (Scopoli, 1763)

十二、膜翅目 Hymenoptera

（一百三十）叶蜂科 Tenthredinidae

体小至中型，体长 3.0–20.0 mm。体多黑色或褐色，背腹扁平。头部宽短，具额唇基缝，触角一般 9 节，少数可达 30 节。前胸侧板腹面尖锐或钝截，互相接触或远离；中胸小盾片发达，具附片。腹部第 1 节背板与后胸侧板明显分离，常具中缝，无侧缘脊。世界已知 7500 多种，中国已知 2000 多种。

（801）柳虫瘿叶蜂 *Pontania pustulator* Forsius, 1923

体长 5.5–7.0 mm。体黄褐色。头部头顶具黑色斑。中胸盾片两侧后各具 1 长形黑斑；小盾片末端黑色。腹部背板黑褐色。翅透明，翅脉黑色。足淡黄褐色。幼虫致垂柳叶片成瘿，并在其中生活。

分布：宁夏（盐池）、北京、河北、山西、辽宁、吉林、山东、河南。

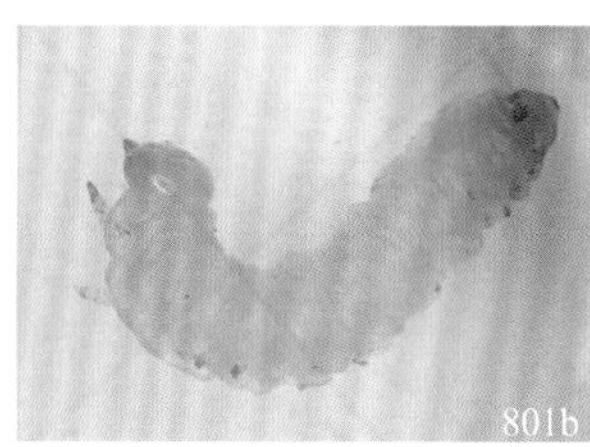

801. 柳虫瘿叶蜂 *Pontania pustulator* Forsius, 1923（a. 虫瘿；b. 幼虫；c. 成虫）

（802）柳蜷叶蜂 *Amauronematus saliciphagus* Wu, 2009

体长 4.5–5.5 mm。体黑色，足黄褐色。翅透明，翅脉黑色。寄主：柳。

分布：宁夏（盐池）、北京、甘肃。

（803）黄翅菜叶蜂 *Athalia rosae ruficornis* Jakovlev, 1888

体长 5.5–7.0 mm。头部黑色，触角深褐色，唇基、上唇和上颚基部 2/3 黄白色。胸部黄褐色，前胸侧板前端 2/3、中胸盾片侧叶后半部、后胸背板和淡膜区黑色。足黄褐色，各胫节和各跗分节在末端均有 1 黑环。腹部黄褐色。寄主：芜菁、萝卜、青菜、白菜、油菜。

802. 柳蜷叶蜂 *Amauronematus saliciphagus* Wu, 2009; 803. 黄翅菜叶蜂 *Athalia rosae ruficornis* Jakovlev, 1888

分布：宁夏（盐池）、北京、河北、内蒙古、辽宁、吉林、黑龙江、江苏、浙江、安徽、福建、河南、四川、广西、云南、陕西、甘肃、青海、台湾；朝鲜，日本，尼泊尔，俄罗斯（远东）。

（一百三十一）茧蜂科 Braconidae

体小至中等大小，体长 2.0–25.0 mm，多小于 10.0 mm，大多黄褐色。触角丝状多节。前翅 1+R_S+M 脉常存在，亚缘脉或 1r-m 脉有时消失，无小翅室，只有 1 条迴脉。并胸腹节常具不规则皱。足转节 2 节，胫节距显著，跗节 5 节，爪发达，具爪间突。腹部基部有柄或无柄；第 2 和第 3 背板常愈合；产卵瓣具鞘，长度不等，少数是体长的数倍。全世界近 20 000 种，中国已知 2100 多种。

（804）蒙大拿窄胫茧蜂 *Agathis montana* Shestakov, 1932

体长 3.0–4.0 mm。体黑色；前足腿节基部 1/4 处至第 4 跗节红褐色；中足腿节端部 1/3 红褐色，胫节基部 2/3 黄褐色，第 1 胫节基部 1/3 呈 1 黄褐色环；后足基部 2/3 黄褐色（除基部背面 1/5 处 1 黑斑），第 1 胫节基部 1/5 呈 1 黄褐色环。并胸腹节基部具不规则皱，中纵脊宽，其内具不规则皱。腹部第 1 背板端部具纵皱；第 2 背板及以后各节光滑，第 2 背板基部具 1 弧形突起。

分布：宁夏（盐池）、山西、湖北、福建；蒙古，朝鲜，俄罗斯，欧洲。

（805）柔毛窄径茧蜂 *Agathis pappei* Nixon, 1986

体长 3.0 mm。体黑色；翅透明，翅脉和翅痣黄褐色；足黄褐色至红褐色，爪黑色；产卵管黄褐色，产卵管鞘黑褐色。并胸腹节中央和侧方具粗糙皱刻点，中部两侧具光滑中区。腹部第 1 背板具纵刻条，余下各节光滑。

分布：宁夏（盐池）、内蒙古；匈牙利。

（806）法氏脊茧蜂 *Aleiodes fahringeri* (Telenga, 1941)

体长 7.5–8.0 mm。体黄褐色，下颚末端、触角、单眼区和产卵管鞘黑色；有时后胸背板、并胸腹节和胸部第 1 背板黑色。并胸腹节密布不规则网状皱，具细中纵脊。腹部背板前两节背板具不规则纵刻纹和中纵脊，第 3 背板基部具不规则纵刻纹，端部及以后各节光滑。

分布：宁夏（盐池、银川）、青海；蒙古。

（807）腹脊茧蜂 *Aleiodes gastritor* (Thunberg, 1822)

体长 6.5–7.0 mm。体黄褐色；口须、前足胫节至跗节及翅痣浅黄色；上颚末端黑色。并胸腹节密布不规则网状皱，具中纵脊。腹部背板前两节背板具不规则纵刻纹和中纵脊；第 3 背板具不规则纵刻纹；余下各节近平。

分布：宁夏（盐池）、青海；韩国，欧洲，美国，加拿大。

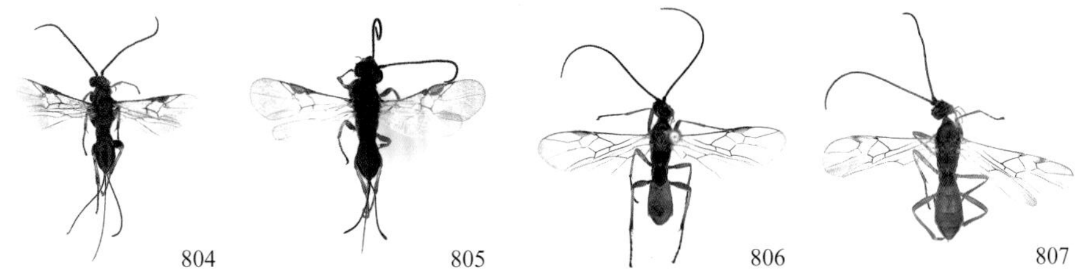

804. 蒙大拿窄胫茧蜂 *Agathis montana* Shestakov, 1932; 805. 柔毛窄径茧蜂 *Agathis pappei* Nixon, 1986; 806. 法氏脊茧蜂 *Aleiodes fahringeri* (Telenga, 1941); 807. 腹脊茧蜂 *Aleiodes gastritor* (Thunberg, 1822)

（808）黏虫脊茧蜂 *Aleiodes mythimnae* He *et* Chen, 1988

体长 5.0–5.5 mm。体黄褐色，翅痣浅黄色；触角鞭节黑褐色。并胸腹节具中纵脊及弱皱。腹部背板前 3 节具弱纵刻纹，第 1 节及第 2 背板具中纵脊。寄主：黏虫。

分布：宁夏（盐池）、吉林、黑龙江、湖北、四川、福建、海南、广西、贵州、云南；古北区。

（809）趋稻脊茧蜂 *Aleiodes oryzaetora* He *et* Chen, 1988

体长 4.0–4.5 mm。体黄褐色；口须、前足胫节至跗节及翅痣浅黄色；并胸腹节背面、腹部第 1 背板及第 2 背板背中部黑色；触角 43–44 节，红褐色，鞭节端半部各节色深，近黑褐色。并胸腹节密布不规则网状皱，具中纵脊。腹部背板前两节背板具不规则纵刻纹和中纵脊；第 3 背板具不规则纵刻纹；余下各节近平。

分布：宁夏（盐池）、江苏、浙江、安徽、福建、江西、湖北。

（810）折半脊茧蜂 *Aleiodes ruficornis* (Herrich-Schäffer, 1838)

体长 6.0–8.5 mm。体黑色；触角基半部、足除后足腿节端部、腹部第 1–2 背板，均红褐色；翅茶褐色，翅脉黄褐色至褐色，翅痣黑褐色。并胸腹节具不规则网皱。腹部背板第 1–2 背板及第 3 背板基半部具明显纵刻条，第 1 节及第 2 背板具中纵脊。寄主：小地老虎、寒彻夜蛾、黏虫。

分布：宁夏（盐池）、北京、河北、山西、辽宁、吉林、黑龙江、浙江、山东、河南、四川、贵州、云南、陕西、甘肃、新疆；古北区。

（811）台湾革腹茧蜂 *Ascogaster formosensis* Sonan, 1932

体长 5.0 mm。体黑色；触角柄节和梗节黄色，鞭节褐色；翅浅褐色，翅痣向下具 1 方形黑褐色斑，翅痣黑褐色，翅脉褐色；腹部甲壳基部中间具宽“T”形黄斑；前、中足红褐色，基节和转节黄白色，后足黑褐色，基节背面红褐色，腹面黄白色，胫节基部 1/2 具 1 乳白色环。并胸腹节具网状皱，后端具 4 枚钝齿。腹部近卵形，背面具纵皱，基部具 2 条纵脊。

分布：宁夏（盐池）、吉林、云南、台湾；日本，印度，尼泊尔。

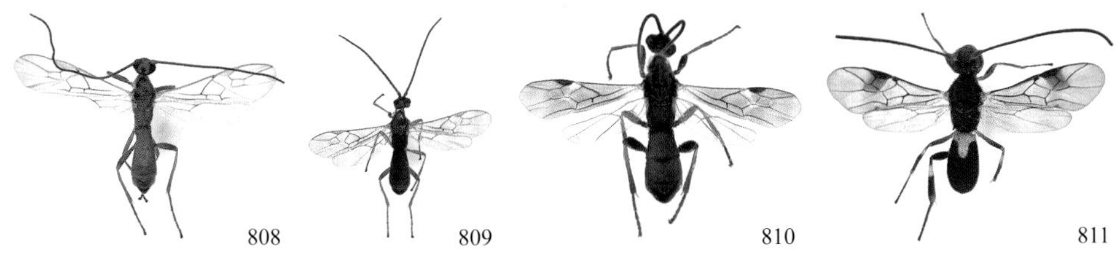

808. 黏虫脊茧蜂 *Aleiodes mythimnae* He *et* Chen, 1988; 809. 趋稻脊茧蜂 *Aleiodes oryzaetora* He *et* Chen, 1988; 810. 折半脊茧蜂 *Aleiodes ruficornis* (Herrich-Schäffer, 1838); 811. 台湾革腹茧蜂 *Ascogaster formosensis* Sonan, 1932

（812）刀鞘革腹茧蜂 *Ascogaster semenovi* Telenga, 1941

体长 4.0–6.0 mm。体黑色，密被黄白色短毛；前足胫节红褐色，中、后足胫节红褐色至暗褐色。并胸腹节具不规则网状皱。甲壳长，长是宽的 2.2–2.4 倍，被不规则网状浅皱；产卵瓣鞘宽，刀状。

分布：宁夏（盐池）、上海、江苏、浙江；蒙古，日本。

（813）弯脉甲腹茧蜂 *Chelonus* (*Chelonus*) *curvinervius* He, 2003

体长 4.0–4.4 mm。体大部黑色，腹基部具 2 黄斑；足腿节大部分及胫节黄褐色。并胸腹节具不规则网状皱，外侧齿突出。甲壳近卵圆形，长近为宽的 2 倍，具不规则网状浅皱，基部具“八”字形斜脊。

分布：宁夏（盐池）、陕西。

（814）拱唇甲腹茧蜂 *Chelonus* (*Chelonus*) *vaultclypeolus* Chen *et* Ji, 2003

体长 4.0–5.0 mm。体大部黑色，腹基部具 2 小黄斑；前足端半部及中足末端红褐色，前、中足胫节及后足胫节基半部和第 1 跗节黄褐色。胸部具不规则网状皱，并胸腹节外侧齿突出。甲壳近卵圆形，长近为宽的 2.2 倍，具不规则网状浅皱。

分布：宁夏（盐池）、吉林。

（815）具柄矛茧蜂 *Doryctes petiolatus* Shestakov, 1940

体长雄性 6.5–7.4 mm，雌性 10.6–14.1 mm。体黑色，头部和前胸黄褐色；翅褐色，翅痣暗褐色。并胸腹节端部具 2 枚小侧突。腹部第 1 背板具不规则横皱，基部具明显

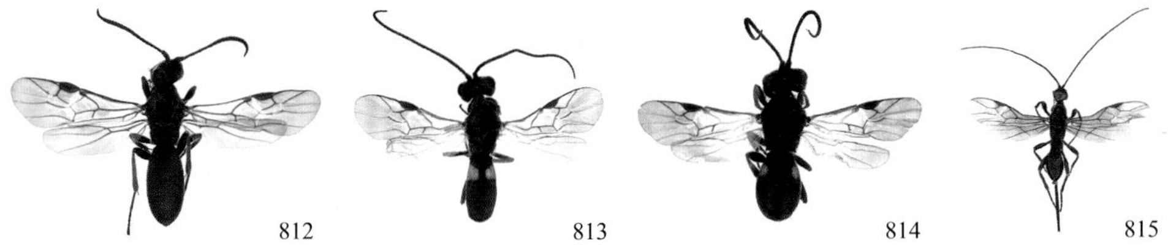

812. 刀鞘革腹茧蜂 *Ascogaster semenovi* Telenga, 1941; 813. 弯脉甲腹茧蜂 *Chelonus* (*Chelonus*) *curvinervius* He, 2003; 814. 拱唇甲腹茧蜂 *Chelonus* (*Chelonus*) *vaultclypeolus* Chen *et* Ji, 2003; 815. 具柄矛茧蜂 *Doryctes petiolatus* Shestakov, 1940

背凹，第 2 背板基部三角区可见粗糙刻纹。

分布: 宁夏（盐池）、辽宁、吉林、黑龙江、浙江、河南、陕西；俄罗斯，哈萨克斯坦。

（816）黑脉长尾茧蜂 *Glyptomorpha nigrovenosa* (Kokujev, 1898)

体长 6.5–13.5 mm。体大部红色；头部单眼区、触角、下唇须、下颚须、中胸背板前缘斑及两侧斑、胸部腹面、前足基节及转节、中足和后足基节至腿节及产卵瓣均黑色；翅烟褐色，前翅翅痣基部至 2-SR+M 脉及 r-m 脉处各具 1 浅色带。腹部第 1 背板端部中央近矩形隆起，侧沟具平行短刻条；第 2、第 3 背板前缘具"八"字形斜沟，其内具短刻纹；第 2–3 背板间缝宽，深，具短纵纹。

分布: 宁夏（盐池）、内蒙古；哈萨克斯坦，土库曼斯坦。

（817）截距滑茧蜂 *Homolobus* (*Apatia*) *truncator* (Say, 1829)

体长 6.0–7.5 mm。体黄褐色；头部单眼区、下颚末端黑色；触角末几节黑褐色。腹部第 1 背板狭长，长近为宽的 3 倍，表面具不规则浅刻点。寄主：小地老虎、棉大造桥虫等。

分布: 宁夏（盐池、银川）、北京、河北、山西、内蒙古、江苏、浙江、江西、河南、四川、贵州、陕西、甘肃、新疆、台湾；全北区，新热带区，东洋区。

（818）短腹深沟茧蜂 *Iphiaulax impeditor* (Kokujev, 1898)

体长 3.5–6.8 mm。体橘黄色，头背、触角、下唇须、下颚须、胸（除前胸背板侧斑和中胸盾片端半部）、足大部及产卵器均黑褐色；翅烟褐色，前翅翅痣基部至 2-SR+M 脉具 1 条淡色带。腹部第 1 背板端部中央隆起；第 2 背板具三角形隆起；第 2–3 背板间具深缝，缝中部具平行短刻条；第 3–5 背板前侧隆起。

分布: 宁夏（盐池）、北京、辽宁、浙江、山东、陕西；俄罗斯，阿塞拜疆，格鲁吉亚，哈萨克斯坦，捷克，斯洛伐克，立陶宛，摩尔多瓦，伊朗，斯洛伐克，土耳其。

（819）赤腹深沟茧蜂 *Iphiaulax imposter* (Scopoli, 1763)

雌性体长 7.6–10.8 mm。体大部红色；头部（除复眼周围棕黄色至红色）、触角、下唇须、下颚须、胸部腹面、足及产卵瓣均黑色；翅烟褐色，前翅翅痣基部至 2-SR+M

816. 黑脉长尾茧蜂 *Glyptomorpha nigrovenosa* (Kokujev, 1898); 817. 截距滑茧蜂 *Homolobus* (*Apatia*) *truncator* (Say, 1829); 818. 短腹深沟茧蜂 *Iphiaulax impeditor* (Kokujev, 1898); 819. 赤腹深沟茧蜂 *Iphiaulax imposter* (Scopoli, 1763)

脉及 r-m 脉处各具 1 浅色带。腹部第 1 背板端部中央隆起，侧沟具平行短刻条；第 2 背板具三角形隆起，隆起前缘具纵向短刻纹；第 2–3 背板间缝宽，深，中部具短纵纹；第 3–5 背板前侧具隆起，后缘具横向沟。雄性体长 5.7–8.5 mm，中胸盾片一般具 3 块黑斑。寄主：红缘天牛、青杨天牛和山杨天牛。

分布：宁夏（盐池）、山西、内蒙古、辽宁、吉林、江苏、浙江、江西、山东、河南、湖北、云南、陕西、新疆；蒙古，韩国，日本，俄罗斯，欧洲。

（820）两色长体茧蜂 *Macrocentrus bicolor* Curtis, 1833

体长 6.0 mm。体黑褐色；口须及翅痣黄白色；足浅黄褐色，后足胫节黑褐色。触角 48 节，头顶光滑；额在中单眼前具浅纵沟。并胸腹节具不规则网皱。腹部第 1–2 背板及第 3 背板基部具纵刻纹。寄主：多种鳞翅目昆虫。

分布：宁夏（盐池）、辽宁、浙江、湖北；朝鲜，日本，俄罗斯，欧洲。

（821）匈牙利长体茧蜂 *Macrocentrus hungaricus* Marshall, 1893

体长 6.0 mm。体红褐色，并胸腹节近黑褐色；口须及足浅黄褐色，触角鞭节黑褐色。翅透明，翅痣黄褐色。并胸腹节基部及末端光滑，余部具皱状横刻条。腹部第 1 背板具细微纵刻纹；第 2 背板及之后各节背板光滑。

分布：宁夏（盐池）、内蒙古。

（822）螟虫长体茧蜂 *Macrocentrus linearis* (Nees, 1811)

体长 4.0–5.5 mm。体黄褐色；上颚末端、触角鞭节、单眼区、并胸腹节、腹部背板第 1–3 节浅褐色；有些个体整体色较此色深。翅透明，翅痣浅黄褐色。并胸腹节基部光滑，余部具不规则网皱。腹部第 1–2 背板具细微纵刻纹；第 3 背板基部具纵刻纹。

分布：宁夏（盐池）、吉林、江苏、浙江、安徽、江西、山东、四川、重庆、广西、贵州、云南、甘肃、新疆。

（823）黑胫副奇翅茧蜂 *Megalommum tibiale* (Ashmead, 1906)

体长 6.0–7.5 mm。体红黄色；触角鞭节、上颚末端、后足胫节、中足和后足跗节及产卵鞘黑褐色；翅烟褐色，基半部翅脉及翅痣黑褐色。腹部第 1 背板长为宽的 1.2–1.5

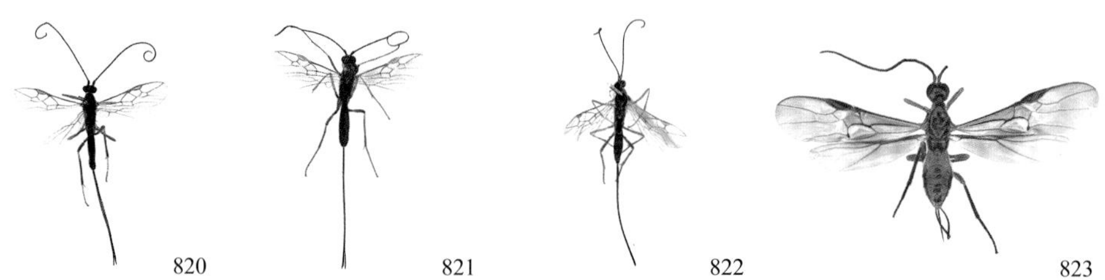

820. 两色长体茧蜂 *Macrocentrus bicolor* Curtis, 1833; 821. 匈牙利长体茧蜂 *Macrocentrus hungaricus* Marshall, 1893; 822. 螟虫长体茧蜂 *Macrocentrus linearis* (Nees, 1811); 823. 黑胫副奇翅茧蜂 *Megalommum tibiale* (Ashmead, 1906)

倍，后中隆起区具细微纵刻纹；第 2 背板中部三角区大，背板沟中具短刻条；第 2–3 背板间缝中部深，两侧浅；第 3–7 背板光滑，具中等均匀长毛。

分布：宁夏（盐池）、浙江、河南、湖南、广西、四川；日本。

（824）螟蛉悬茧蜂 *Meteorus narangae* Sonan, 1943

体长 3.5–5.0 mm。体黄褐色；下颚末端、端跗节及爪黑色。触角 30–34 节。胸部大部光亮；小盾片前沟明显，内具平行纵刻条；并胸腹节具不规则网状皱。腹部第 1 背板基部柄状，气门后方具平行纵刻条；第 2–5 背板表面光滑。寄主：黏虫等。

分布：宁夏（盐池）、吉林、福建、广西、云南、台湾；朝鲜，日本。

（825）伏虎悬茧蜂 *Meteorus rubens* (Nees, 1811)

体长 4.0–4.5 mm。体黄褐色至黑褐色，单眼区、胸部尤其并胸腹节背面及腹部常有暗斑；下颚端部、触角末几节及产卵瓣黑褐色。并胸腹节具细网状皱。腹部第 1 背板基部柄状，端部具纵刻条；第 2 节及以后各节背板表面光滑。寄主：暴露性的鳞翅目幼虫，尤其是夜蛾科幼虫。

分布：宁夏（盐池）、山西、内蒙古、吉林、福建、河南、湖北、四川、贵州、云南、陕西；蒙古，日本，巴勒斯坦，以色列，土耳其，阿尔及利亚，保加利亚，塞浦路斯，丹麦，法国，德国，英国，匈牙利，冰岛，爱尔兰，瑞典，埃及，新北区，新热带区及印澳太区。

（826）虹彩悬茧蜂 *Meteorus versicolor* (Wesmael, 1835)

体长 4.0–5.4 mm。体黑褐色至黑色，单眼区、前胸背板侧上方、中胸及后胸侧板常有暗斑；上颚、触角第 1–2 节腹面及足黄褐色，有时前足黄色。并胸腹节具细网状皱。腹部第 1 背板具纵刻条，柄后腹光滑。寄主：多种鳞翅目昆虫。

分布：宁夏（盐池）、辽宁、吉林、黑龙江、福建、湖北、湖南；蒙古，日本，巴勒斯坦，奥地利，保加利亚，法国，德国，英国，匈牙利，爱尔兰，荷兰，波兰，亚洲，瑞典，美国，加拿大。

（827）黄愈腹茧蜂 *Phanerotoma flava* Ashmead, 1906

体长 4.5–5.0 mm。体黄白色至黄褐色，中胸盾片和腹末有时红褐色。并胸腹节中部有 1 横脊，横脊端部各具 1 突起。腹部背板具不规则纵刻纹，第 1 背板两侧具斜脊。

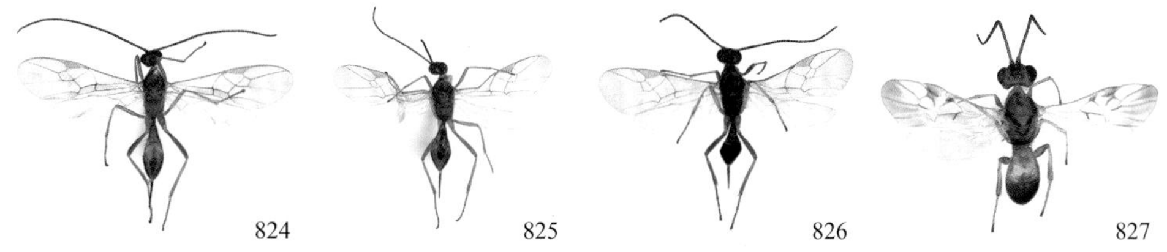

824. 螟蛉悬茧蜂 *Meteorus narangae* Sonan, 1943; 825. 伏虎悬茧蜂 *Meteorus rubens* (Nees, 1811); 826. 虹彩悬茧蜂 *Meteorus versicolor* (Wesmael, 1835); 827. 黄愈腹茧蜂 *Phanerotoma flava* Ashmead, 1906

寄主：樟巢螟和缀叶丛螟，同时它又被一种钩腹蜂寄生。

分布：宁夏（盐池）、江苏、浙江、湖南、台湾；朝鲜，日本。

（828）三齿愈腹茧蜂 *Phanerotoma tridentati* Ji *et* Chen, 2003

体长 5.0 mm。体黄白色，触角端部几节黑褐色，中胸盾片至后胸背片黑褐色，小盾片及中胸盾片向前伸出，齿形斑黄褐色，并胸腹节除基部外黑褐色；腹部背板第 1 节黄褐色，两后侧角黑褐色，第 2、第 3 节黑褐色，第 2 节中部具 1 近圆形黄褐色斑，第 3 节两基侧角黄褐色。并胸腹节具网状皱。腹部长椭圆形，表面具纵皱。

分布：宁夏（盐池）、吉林、福建。

（829）黑足簇毛茧蜂 *Vipio sareptanus* Kawall, 1865

体长 7.5–11.0 mm。体红黄色，单眼区色暗，中胸背板两侧具黑斑，触角黑褐色；翅烟褐色，翅痣黑色，基部 1/3 黄色。腹部第 1 背板中部隆起，两侧凹陷处具平行短刻条；第 2 背板三角区达端部 1/5 处，其周围具少量短刻纹。产卵瓣长为体长的 2.3 倍。

分布：宁夏（盐池）、内蒙古、辽宁、青海、新疆；蒙古。

828. 三齿愈腹茧蜂 *Phanerotoma tridentati* Ji *et* Chen, 2003; 829. 黑足簇毛茧蜂 *Vipio sareptanus* Kawall, 1865

（一百三十二）姬蜂科 Ichneumonidae

体小至大型，体长 2.0–30.0 mm。体多纤细，触角丝状多节，一般不少于 16 节。前翅前缘脉与亚前缘脉愈合，前缘室消失，1+R_S+M 脉常消失，第 1 亚缘室与第 1 盘室合并为 1 盘肘室；具第 2 迴脉；具小翅室。并胸腹节大型，常有刻纹、隆脊或隆脊形成的分区。腹部多细长，圆筒形、侧扁或扁平；产卵管长度不等，有鞘。全世界已知 25 000 多种，中国已知 2200 多种。

（830）泡胫肿跗姬蜂 *Anomalon kozlovi* (Kokujev, 1915)

体长 9.0–11.5 mm。体浅黄色；头顶三角区至颜面中部上缘的三角斑和头顶后缘橘红色；上颚端齿黑色；触角背面黑褐色，腹面橘红色；前胸背板中央橘红色；中胸盾片中叶及侧叶上长斑橘红色，中胸侧板镜面区周缘及前下角小斑橘红色，中胸腹板侧缘长椭圆形大斑橘红色；后胸侧板上小斑橘红色；并胸腹节基部小斑及侧面基中部的斑橘红色；腹部黄褐色至黑褐色，各节背板端部及侧面具黄色斑点；翅透明，翅脉和翅痣褐色。腹部第 1 节细柄状，自气门后加粗。翅小脉与基脉对叉，肘间横脉位于第 2 迴脉外侧。

分布：宁夏（盐池）、陕西、新疆；蒙古，哈萨克斯坦，罗马尼亚，土库曼斯坦。

（831）日本栉姬蜂 *Banchus japonicus* (Ashmead, 1906)

体长 13.0–15.0 mm。体黑色，具黄斑。颜面黄色，中央的纵条斑及唇基沟黑色；唇基及上颚黄色，上颚基部中央和端齿黑色，上颊上中部黄色，额侧方的斑及头顶眼眶黄色；触角黑色，柄节和梗节腹侧具黄色；下颚须和下唇须暗褐色至黑褐色，各基节黄色。胸部黑色，背部及侧面杂黄斑。腹部黑色，第 1 背板中、后部的斑，第 2 背板扁瘤突上方的圆斑，第 3 背板基部两侧的小斑，第 2–7 背板端部，第 8 背板均为黄色。前、中足主要黄色，杂黑色，胫节端部及跗节略带褐色；后足主要黑色，杂黄色。翅透明，翅痣黄褐色至暗褐色，翅脉暗褐色至黑褐色。

分布：宁夏（盐池）、辽宁、吉林；朝鲜，日本，俄罗斯。

（832）斑栉姬蜂 *Banchus pictus* Fabricius, 1798

体长 18.0 mm。体黑色，具黄斑。头部黑色，颜面、唇基及颊黄色，颜面具黑色中纵带；上颚基部及端部黑色，中部黄褐色至红褐色；触角柄节背面黑色，腹面黄色，鞭节红褐色，端部几节黑褐色。胸部黑色，中胸盾片前角大斑、小盾片、中胸侧板前方大斑、后胸侧板下方大斑均黄色；并胸腹节亚端部多有黄色横条，但大小范围有变化，甚至完全黑色。腹部各节基部黑色，端部黄色，界限分明。足大部红黄色，后足基节（除背内方圆斑）、腿节下方和胫节端部黑色。

分布：宁夏（盐池）、吉林、甘肃；欧洲。

（833）柠条高缝姬蜂 *Campoplex caraganae* Sheng *et* Sun, 2016

体长 34.0 mm。体黑色，触角柄节及梗节的腹面、上颚（除端齿暗红褐色）、口须、前中足腿节至跗节均为黄色至黄褐色；后足腿节端部带黑褐色；产卵器红褐色；翅透明，翅脉黄褐色。体被稀疏白色短毛。并胸腹节网状，具发达脊纹；腹部第 1 节基半部柄状，端半部膨大。寄主：寄主植物为柠条，并寄生于柠条蓑蛾。

分布：宁夏（盐池）、内蒙古。

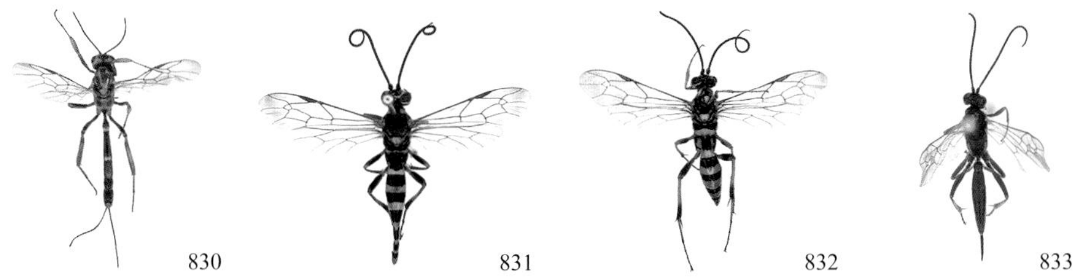

830. 泡胫肿跗姬蜂 *Anomalon kozlovi* (Kokujev, 1915); 831. 日本栉姬蜂 *Banchus japonicus* (Ashmead, 1906); 832. 斑栉姬蜂 *Banchus pictus* Fabricius, 1798; 833. 柠条高缝姬蜂 *Campoplex caraganae* Sheng *et* Sun, 2016

（834）黑头多钩姬蜂 *Cidaphus atricilla* (Haliday, 1838)

体长 12.5–14.0 mm。体大部黄红褐色；头部大部黑色，触角黄褐色，唇基大部黄褐色，端缘黑褐色，上颚大部黄褐色，末端黑褐色；腹部黄褐色，第 5–9 节黑色，雌性产卵管鞘黑褐色；翅透明，翅脉黄褐色至黑褐色，翅痣淡黄褐色。并胸腹节背侧前缘强凹入，并被 1 强中纵脊分开，后部无中纵脊；侧面前端横脊缺失或弱化仅余痕迹。腹部第 1 背板气门前光滑区域具明显横纹。

分布：宁夏（盐池）；古北区广布。

（835）胫分距姬蜂 *Cremastus crassitibialis* Uchida, 1940

体长 5.5–7.0 mm。体黑色，雌性复眼周缘、上颚及上颊前上部黄色；唇基端半部及颊红褐色。前胸背板前上角和腹部第 2 背板及其后各节背板具红褐色小斑。足黄褐色至暗褐色，后足基节、转节黑色。雄性复眼周缘、唇基端半部、上颚（除端齿）黄色。前、中足主要为黄色，转节和腿节背侧黑色，后足基节、转节及腿节腹面黑色，腿节背侧及胫、跗节黄色。触角鞭节雄性 33–35 节，雌性 36–37 节。翅透明，略带褐色；无小翅室，小脉位于基脉稍内侧。腹部第 1 节端半部背面两侧、第 2 节背面及第 3 节背面基部具细密细纵纹。寄主：柠条绿虎天牛。

分布：宁夏（盐池、中卫）、内蒙古。

（836）视分距姬蜂 *Cremastus spectator* Gravenhorst, 1829

体长 6.0–9.0 mm。体黑色，雌性复眼周缘、上颊前上部及上颚（除端齿）黄色；口须、触角鞭节褐色，柄节和梗节腹面黄褐色。腹部第 1 背板端部和第 2 背板大部红褐色，第 2 节后各节背板散布红褐色斑。雄性颜面大部黄色，腹部中段红褐色斑显著。触角鞭节雄性 37–38 节，雌性 36–37 节。翅透明，略带褐色；无小翅室，小脉与基脉对叉。腹部第 1 节端半部背面两侧、第 2 节背面及第 3 节背面基部具细密细纵纹。寄主：柠条绿虎天牛。

分布：宁夏（盐池、石嘴山、中卫）、内蒙古；蒙古，俄罗斯，欧洲。

（837）花胫蚜蝇姬蜂 *Diplazon laetatorius* (Fabricius, 1781)

体长 7.0 mm。头部黑色；颜侧沿复眼内缘黄色；唇基除两基侧角黑色外黄色；上颚黄色，末端黑色；触角柄节黑色，鞭节暗红褐色，末端黑色。胸部黑色，中胸盾片前侧角两黄斑、翅基、小盾片和后小盾片中部及中胸侧缘上部两小斑，均黄色。腹基部 3 节红褐色，以后各节黑色；第 1 背板中部两侧具黑色斑；第 3–5 腹板后缘黄白色。

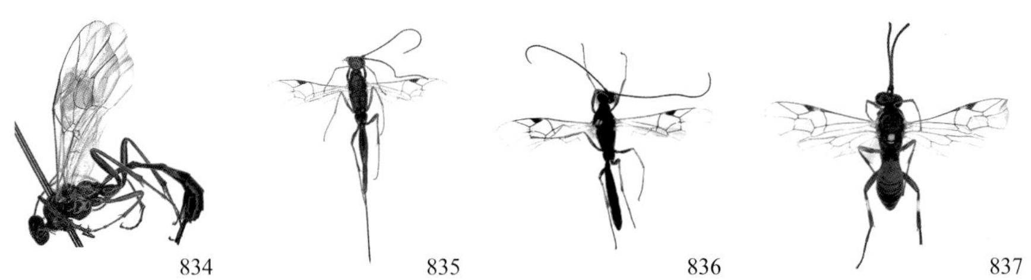

834. 黑头多钩姬蜂 *Cidaphus atricilla* (Haliday, 1838); 835. 胫分距姬蜂 *Cremastus crassitibialis* Uchida, 1940; 836. 视分距姬蜂 *Cremastus spectator* Gravenhorst, 1829; 837. 花胫蚜蝇姬蜂 *Diplazon laetatorius* (Fabricius, 1781)

前、中足红褐色，转节及腿节末端带黄色；后足基节和腿节红褐色，胫节色彩丰富，黑色：白色：黄色：红褐色呈 2 ∶ 3 ∶ 2 ∶ 2，跗节黑色。上颚短小，唇基端缘微凹。腹部第 1 背板近方形，气门位于背板缘折上方。

分布：宁夏（盐池）；世界广布。

（838）地蚕大铗姬蜂 *Eutanyacra picta* (Schrank, 1776)

成虫体长 12.0–18.0 mm。体黑色，上颚除端齿、下颚须、触角基半部、腹部第 2 背板（除端横带）、第 3 背板（除基横带和端横带）均红褐色；足基节和转节红褐色，后足腿节、胫节端部黑色，后跗节背侧黑褐色；腹部第 4–8 背板端部的横带黄白色。额上半部具细横皱，下半部深凹陷；颜面中部具稠密细刻点；上颚上端齿长于下端齿；触角鞭节雄性 45–47 节，雌性 41–44 节。中胸盾片具细密刻点。翅褐色，透明，翅脉红褐色至黑褐色，小翅室五边形。腹部第 1 背板端部具稠密细纵皱，余下各节背板散布均匀细刻点。寄主：灰斑古毒蛾。

分布：广布于我国北方地区和云南等；蒙古，朝鲜，日本，俄罗斯，北美洲等。

（839）黑茧姬蜂 *Exetastes adpressorius adpressorius* (Thunberg, 1822)

体长 8.5 mm 左右。头、胸部黑色，触角鞭节第 14–15 节背面略带黄色；足红褐色，前、中足基节背面具黑色，后足胫节端部，跗节第 1、第 2 及第 5 节黑色，第 3–4 节白色。上颚端齿短小。中胸盾片具细密刻点，并胸腹节具不规则网状皱。翅褐色透明，小翅室四边形，第 1 肘间横脉明显短于第 2 肘间横脉。腹部第 1 节柄状，自基部向端部渐变宽，气门位于背板中部。

分布：宁夏（盐池）、新疆；俄罗斯，捷克，斯洛伐克，匈牙利，瑞典。

（840）卡黑茧姬蜂 *Exetastes adpressorius karafutonis* Uchida, 1928

体长 7.5–8.5 mm。头、胸部黑色，触角鞭节第 9–15 节背面黄白色，唇基端半部红褐色；足基节、转节黑色，腿节至跗节红褐色，后足胫节端部，跗节第 1、第 2 及第 5 节黑色，第 3–4 节白色。中胸盾片具细密刻点，并胸腹节具不规则网状皱。翅褐色透明，小翅室四边形，第 1 肘间横脉略短于第 2 肘间横脉。腹部第 1 节柄状，自基部向端部渐变宽，气门位于背板中部。

分布：宁夏（盐池）、内蒙古、山西；蒙古，俄罗斯。

838. 地蚕大铗姬蜂 *Eutanyacra picta* (Schrank, 1776); 839. 黑茧姬蜂 *Exetastes adpressorius adpressorius* (Thunberg,1822); 840. 卡黑茧姬蜂 *Exetastes adpressorius karafutonis* Uchida, 1928

（841）细黑茧姬蜂 *Exetastes gracilicornis* Gravenhorst, 1829

体长 13.5–14.5 mm。头、胸部黑色，触角柄节腹面基半部红褐色，鞭节第 9–18 节背面黄白色；颜面具 1 近“W”形红褐纹；上颚端部杂红褐色。腹部背板第 1 节端缘至第 4 节大部红褐色。足基节、转节黑色，腿节至跗节红褐色，后足腿节及胫节端部具黑色环纹。颜面具细密刻点，中胸盾片刻点较颜面略稀，并胸腹节具不规则网状皱。翅黄褐色透明，小翅室四边形，第 1 肘间横脉略短于第 2 肘间横脉。腹部第 1 节近三角形，自基部向端部渐变宽。寄主：宽胫夜蛾、俗灰夜蛾。

分布：宁夏（盐池）、辽宁；蒙古，俄罗斯，奥地利，法国，德国，匈牙利，意大利，西班牙，土耳其。

（842）印黑茧姬蜂 *Exetastes inquisitor* Gravenhorst, 1829

体长 11.0–12.5 mm。体黑色，唇基中部深红褐色。下颚须及下唇须端部，前、中足腿节端半部腹侧、胫节和跗节，及后足第 2–4 节跗节均黄褐色。腹部背板第 1 节端部、第 2–3 节、第 4 节基部或延伸至第 5 节后部均红褐色。中胸盾片具细密刻点，并胸腹节具不规则网状皱。翅黄褐色透明，小翅室四边形，第 1 肘间横脉略短于第 2 肘间横脉。腹部第 1 节自基部向端部渐变宽，气门位于中部稍前方。

分布：宁夏（盐池）、甘肃、新疆；蒙古，欧洲。

（843）盐池黑茧姬蜂 *Exetastes yanchiensis* Sheng *et* Sun, 2016

成虫体长 11.0–14.0 mm。体黑色，后足腿节红褐色。头部具致密刻点，中胸盾片刻点较头部更密且深；并胸腹节具稠密模糊不规则粗皱。腹部第 1 节自基部向端部渐加宽，气门位于中部略前。

分布：宁夏（盐池）。

841. 细黑茧姬蜂 *Exetastes gracilicornis* Gravenhorst, 1829; 842. 印黑茧姬蜂 *Exetastes inquisitor* Gravenhorst, 1829; 843. 盐池黑茧姬蜂 *Exetastes yanchiensis* Sheng *et* Sun, 2016

（844）红腹雕背姬蜂 *Glypta rufata* Bridgman, 1887

体长 8.5–9.8 mm。头、胸部黑色，腹部及足红褐色，腹部色较足深。翅透明，翅脉红褐色，翅痣黄色；小脉位于基脉的外侧，无小翅室，第 2 迴脉在肘间横脉的外侧相接。腹部第 1 节长近等于端宽，背中脊发达；第 2–4 背板自基中部伸出 1 对斜沟。

分布：宁夏（盐池）、内蒙古；俄罗斯，哈萨克斯坦，匈牙利，德国，英国，保加利亚，芬兰，摩尔多瓦，捷克，斯洛伐克，罗马尼亚。

（845）塔埃姬蜂 *Itoplectis tabatai* (Uchida, 1930)

体长 7.0–12.0 mm。体黑色，下列部位异色：触角鞭节褐色（基部黑褐色）；触角柄节腹侧、下颚须、下唇须、翅基片黄色或浅黄色；前、中足黄色（基节黑褐色，腿节背面多少带红褐色，中足各跗节端半部具黑褐色）；后足基节黑褐色，转节（色浅）和腿节红褐色，胫节基半部和跗节第 1、第 2、第 3、第 5 节基半部白色。复眼内缘在触角窝处极凹陷；触角端部略变粗。翅透明，略带褐色，小翅室存在，斜四边形，后小脉约在上方 1/4 处曲折。腹部第 1 节长略大于宽，第 2–5 背板具极弱的由凹痕围成的隆起。

分布：宁夏（盐池）；俄罗斯。

（846）寡埃姬蜂 *Itoplectis viduata* (Gravenhorst, 1829)

体长 12.0–18.0 mm。体黑色，下颚须和下唇须红褐色；触角红褐色，基部背面黑色；足红褐色，基节、转节黑色，后足跗节各节基部黄色；腹部黑色，各节背板端缘略呈红褐色。翅透明，翅痣黑褐色。寄主：灰斑古毒蛾、杠柳原野螟、松线小卷蛾、微红梢斑螟。

分布：宁夏（盐池、灵武、六盘山）、内蒙古、辽宁、吉林、黑龙江；蒙古，日本，俄罗斯，欧洲，北美洲等。

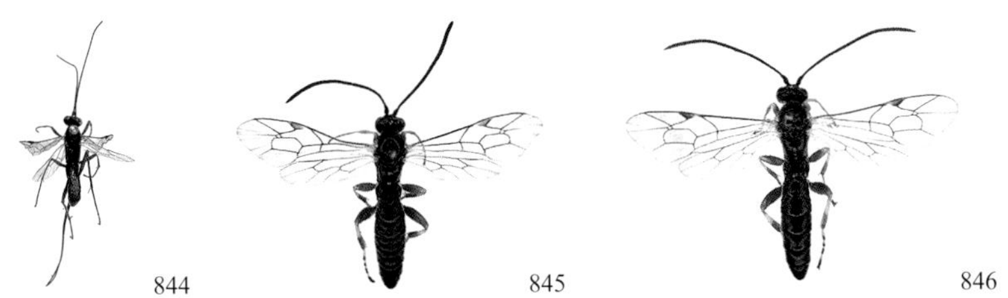

844. 红腹雕背姬蜂 *Glypta rufata* Bridgman, 1887; 845. 塔埃姬蜂 *Itoplectis tabatai* (Uchida, 1930); 846. 寡埃姬蜂 *Itoplectis viduata* (Gravenhorst, 1829)

（847）库缺沟姬蜂 *Lissonota kurilensis* Uchida, 1928

体长 8.5–10.0 mm。体黑色；颊、唇基、上颚（除端齿）均浅黄色，额在复眼内缘杂黄色小斑；前胸背板前缘、中胸侧板中部、后胸侧板中部、小盾片（除基部中央黑色）、后小盾片均为红褐色；足红褐色，前、中足基节和转节腹面黄色；腹部第 1–3 背板端部红褐色。并胸腹节具稠密细刻点，侧横脊细弱，端横脊发达。腹部第 1 背板均匀向基部变狭；第 2–4 背板具稠密细刻点。

分布：宁夏（盐池、彭阳、石嘴山）、黑龙江；俄罗斯。

（848）剧缺沟姬蜂 *Lissonota* (*Loxonota*) *histrio* (Fabricius, 1798)

体长 11.0 mm。头、胸部黑色；内眼眶及外眼眶下部的纹、中胸盾片前部的细纵纹黄色；翅基片浅黄色；触角和下唇须黑褐色；下颚须、唇基、前胸侧板端部、前胸背板前缘及后角、翅基下脊的小斑、中胸侧板下部的斑、中胸腹板模糊的斑、后胸侧板后下角的斑均红褐色。足红褐色，转节杂暗色，后足跗节黑褐色。腹部红褐色，端部带黑褐色。寄主：杨干象、梨小食心虫、网锥额野螟等。

分布：宁夏（盐池）、新疆；俄罗斯，欧洲，加拿大。

（849）尖瘤姬蜂 *Pimpla acutula* (Momoi, 1973)

体长 7.7 mm。体黑色，前、中足大部除基节外红褐色，所有足的基节、后足腿节和胫节黑色。中胸盾片或多或少具杂乱刻点，刻点间光滑。腹部背板密被刻点，后缘相对光滑。侧面观腹部第 1 背板不同程度的凹陷。产卵管鞘略长于后足。

分布：宁夏（盐池）；日本。

847. 库缺沟姬蜂 *Lissonota kurilensis* Uchida, 1928; 848. 剧缺沟姬蜂 *Lissonota* (*Loxonota*) *histrio* (Fabricius, 1798); 849. 尖瘤姬蜂 *Pimpla acutula* (Momoi, 1973)

（850）舞毒蛾瘤姬蜂 *Pimpla disparis* Viereck, 1911

体长 9.0–18.0 mm。体黑色，密布刻点；触角梗节端部红褐色；前、中足腿节、胫节及跗节，后足腿节红褐色；翅基片黄色，翅脉及翅痣黑褐色，翅痣两端角黄色。颜面基半部稍隆起；雄蜂触角第 6、第 7 鞭节具角下瘤。并胸腹节刻点粗，基部具 2 条短中纵脊，纵脊之后多横皱。腹部各背板后缘光滑而无刻点，第 1 背板背中脊细而不明显，第 2、第 3 背板折缘狭，第 4、第 5 背板折缘稍宽。寄主：多种鳞翅目幼虫。

分布：宁夏（盐池）、长江流域及云南、西藏等；蒙古，朝鲜，日本，俄罗斯，印度等。

（851）异多卵姬蜂 *Polyblastus varitarsus* (Gravenhorst, 1829)

体长 8.4 mm。体黑色；上颚（除端齿暗褐色）、下唇须、下颚须、翅基片及前翅翅基乳黄色至黄色；腹部背板第 1 节端部 1/3 至第 4 节基部 2/3 红褐色，腹部腹面黄色；足：各基节红褐色，各转节乳黄色，各腿节红褐色，前、中足末端乳黄色，后足末端黑色，前、中足胫节乳黄色，后足胫节黑色，中间大部黄白色，前、中足跗节乳黄色，后足跗节黑色与黄白色相间。腹部光滑光亮，具柔毛；雌性产卵器直，基部具多枚卵粒聚集。

分布： 宁夏（盐池）；欧洲，加拿大。

（852）红颈差齿姬蜂 *Thymaris ruficollaris* Sheng, 2011

体长 3.5–6.5 mm。体黑色；触角暗褐色，雌性第 10–15 节白色，雄性无白色；下唇须、下颚须及前中足基节和转节浅黄色；唇基、上颚（除端齿黑褐色）、前胸背板、前胸侧板、翅基片、足、腹部第 1 背板基部侧面、第 1–3 背板端缘红褐色；翅透明，翅脉和翅痣褐色。

分布： 宁夏（盐池）、辽宁、江西。

850. 舞毒蛾瘤姬蜂 *Pimpla disparis* Viereck, 1911; 851. 异多卵姬蜂 *Polyblastus varitarsus* (Gravenhorst, 1829); 852. 红颈差齿姬蜂 *Thymaris ruficollaris* Sheng, 2011

（853）择耗姬蜂 *Trychosis legator* (Thunberg, 1822)

体长 4.5–10.5 mm。体黑色；腹部第 1 背板端半部至第 4 背板中部红褐色；上颚端齿基部、下颚须、前中足腿节外侧端部至跗节、后足转节端部至胫节基部均红褐色；翅透明，翅脉黑褐色，翅痣褐色至黑褐色。

分布： 宁夏（盐池）、内蒙古；朝鲜，俄罗斯，欧洲。

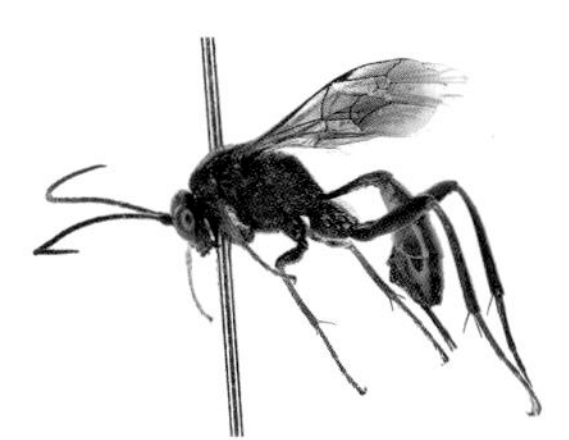

853. 择耗姬蜂 *Trychosis legator* (Thunberg, 1822)

（一百三十三）环腹瘿蜂科 Figitidae

体小型，体长小于 10.0 mm。触角：雌性 13 节，雄性 14 节。头、胸部常具刻点；中、后胸至少部分具刻纹，中胸小盾片末端有时具 1 刺脊。前翅 Rs+M 脉从 Rs 脉和 $M+Cu_1$ 脉的连接点或附近发出。雄性腹部常第 3 背板最大，有的第 2 腹板最大。世界已知 1400 多种，中国记录 100 种左右。

（854）胭红狭背瘿蜂 *Aspicera dianae* Ros-Farré, 2013

体长 3.0 mm。体黑色，前、中胸背部红褐色；触角柄节、梗节及端节黑色，余下各节红褐色；足红褐色，前、中足跗节黄褐色，后足跗节黑褐色；翅面黄褐色。雌性：头顶中部具少许横脊；侧额脊微弧形，与复眼间具分散短横脊。雄性侧额脊近侧单眼，与复眼间具短横脊。前胸

854. 胭红狭背瘿蜂 *Aspicera dianae* Ros-Farré, 2013

背板侧角向后伸达翅基片，表面光滑。中胸盾片隆起，具6条纵脊，脊间具若干短横脊。小盾片近三角形，中纵脊明显，基窝深，刺脊末端尖。翅膜质透明，无绒缨毛。腹柄宽大于长，第2腹节背板呈马鞍状，表面光滑，第3背板后端具明显刻点。

分布：宁夏（盐池）、辽宁、云南；美国。

（855）迷矩盾狭背瘿蜂 *Callaspidia aberrans* (Kieffer, 1901)

体长3.5 mm。头部深褐色至黑色，颜面凹陷区黑色，后头深褐色；触角和下颌橘黄色。前胸侧板基部橘黄色，后部橘黄色至深褐色；中胸背板深褐色至黑色，中胸背板沟褐色。小盾片主要橘黄色。并胸腹节黑色至深褐色。翅透明，翅脉浅黄褐色，翅缘具短缨毛。足腿节至胫节橘黄色。腹部深褐色至黑色。

855. 迷矩盾狭背瘿蜂 *Callaspidia aberrans* (Kieffer, 1901)

分布：宁夏（盐池、六盘山）、内蒙古、河南、新疆；蒙古，俄罗斯，哈萨克斯坦，塔吉克斯坦，土库曼斯坦，塞浦路斯，土耳其，以色列，希腊，法国，西班牙，美国等。

（一百三十四）蚁科 Formicidae

体小至中型，体长0.75–52.0 mm。体多黑色或红色，少数可见绿色，热带地区种类可具强烈金属光泽。真社会性昆虫，大多数种类具3种品级：工蚁、后蚁及雄蚁，少数社会性寄生的种类无工蚁，有些甚至还有兵蚁、大型工蚁和小型工蚁之分。头部圆形、卵圆形、三角形或矩形等；触角膝状，柄节极长，后蚁和工蚁10–12节，雄蚁10–13节。腹部第1节或第1–2节特化为结节状或鳞片状。世界已知12 000多种，中国已知800多种。

（856）红林蚁 *Formica sinae* Emery, 1925

体暗红色，较光亮；头后部暗褐色；后腹部褐色至黑色，具稀疏立毛。上颚具细密刻纹，咀嚼缘具10齿，端2齿极钝；第4齿大，第3齿和余齿小或仅有齿突。复眼大；单眼3个。触角柄节长，约有1/3超出后头缘。后头缘圆或平直。胸部背板具10根以上的短立毛，结节上缘具3–4根短立毛。后腹部宽卵形。

分布：宁夏（盐池、贺兰山）、河北、山西、内蒙古、辽宁、吉林、黑龙江、浙江、安徽、山东、河南、陕西、甘肃、青海、新疆。

856. 红林蚁 *Formica sinae* Emery, 1925（a. 标本照；b, c. 生态照）

（857）艾箭蚁 *Cataglyphis aenescens* (Nylander, 1849)

体黑色，触角、足胫节和跗节红褐色。唇基前缘具 6–8 根长毛，头后缘具 2–4 根立毛。前胸背板被稀疏柔毛；中胸侧板和并胸腹节具致密柔毛被。上颚咀嚼缘具 5 齿，端齿尖长，余齿渐变短。腹柄节厚鳞片状，直立。

分布：宁夏（盐池、贺兰山）、北京、河北、山西、内蒙古、辽宁、吉林、山东、陕西、甘肃、青海、新疆；阿富汗，俄罗斯。

857a

857b

857c

857. 艾箭蚁 *Cataglyphis aenescens* (Nylander, 1849)（a. 标本照；b. 巢穴环境；c. 生态照）

（一百三十五）蚁蜂科 Mutillidae

体小至大型，长 3.0–30.0 mm；体密被黄色、白色或红色的短或长的被毛，常混有黑毛，极少无毛。上颚简单或有齿。性二型，触角雌性 12 节，雄性 13 节；雌性无翅，形似蚁，雄性一般具翅，偶尔无翅；雄性前胸背板后角伸至翅基片；雌性胸部环节紧密愈合，方形或纺锤形，胸部背面无沟或仅有中胸背板间沟。足粗，雌蜂前足特化成开掘足；中、后足基节甚接近或相接触，其前方无成对的齿状突或薄片状叶突；中、后足胫节均 2 距。雄性前翅具 1–3 个亚缘室，翅脉均不达端缘，有翅痣。世界已知 4300 多种，中国已知 140 多种。

（858）考式毛唇蚁蜂 *Dasylabris kozlovi* Skorikov, 1935

体长：雌蜂 5.0–11.0 mm，雄蜂 9.0–12.0 mm。雌蜂：体黑色，被黑色毛，头顶、中胸部背面及腹部第 2 背板后缘宽波状带被近贴伏浅色毛；第 2 腹板后缘具黄白色密缘缨；足胫节和跗节被贴伏浅色毛。唇基前缘具 1 横脊；上颚狭长，端部具 2 齿。胸部近方形，背面隆起，具皱状刻点。腹部第 1 节柄状，具粗大刻点；第 2 节及以后各节近卵形，第 2 腹板具明显中纵脊；臀板侧脊后半段不加粗，表面密被颗粒状刻点。雄性与雌性主要区别：具翅；上颚端部具 3 齿；腹部第 3–5 背板具黄白色贴伏毛带，第 2 腹板黄白色缘缨稀疏。

分布：宁夏、内蒙古、甘肃、青海、新疆；蒙古。

（859）红胸小蚁蜂 *Smicromyrme rufipes* (Fabricius, 1787)

体长：雄性 3.0–10.0 mm，雌性 3.0–7.0 mm。雄蜂：体黑色，主要被淡色毛，前胸背板、中胸盾片和中胸侧板上部及小盾片红褐色。头顶具不规则粗大刻点，被稀疏黑色毛；颜面凹陷，密被浅色贴伏毛；唇基近三角形，末端中部微凹入，形成 2 端突；下颚具 2 齿，端齿较长，基半部及端齿黑色，端半部红褐色。前胸背板后缘中部凹陷，两侧角向后达翅基片，表面具粗大刻点，被浅色毛；中胸盾片中部两侧各具 1 纵沟，表面具粗大刻点，被浅色毛，杂黑色短毛；小盾片中部隆起，表面具粗大刻点，被浅色毛，杂黑色短毛；并胸腹节具较粗大刻点，基部中央 1 小三角形光滑区。腹部具细密刻点；背板第 1–3 节后缘具银色毛带；腹板除第 6 和第 7 节外均具银色毛。雌性与雄性主要区别：无翅；腹部背板第 1 节红色，第 2–3 节边缘黄红色。

分布：宁夏（盐池）、内蒙古；俄罗斯，欧洲。

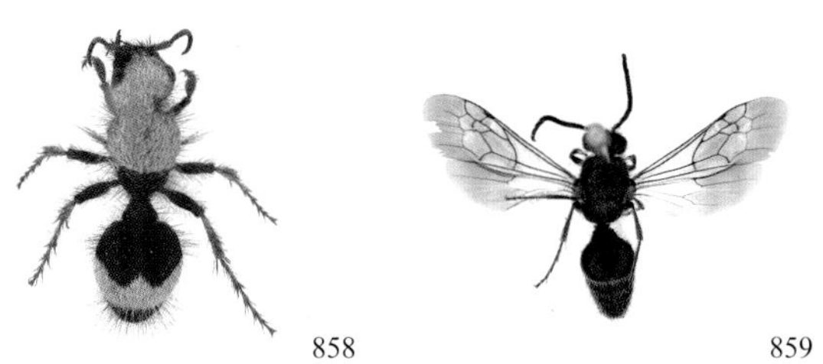

858. 考式毛唇蚁蜂 *Dasylabris kozlovi* Skorikov, 1935; 859. 红胸小蚁蜂 *Smicromyrme rufipes* (Fabricius, 1787)

（一百三十六）胡蜂科 Vespidae

体中至大型，社会性昆虫；体多黑色，具黄色或红色斑。触角雌蜂 12 节，雄蜂 13 节。胸部与腹部近等宽，前胸背板向后伸至翅基片；停息时翅纵褶。腹部第 1 背板和腹板部分愈合，背板搭叠在腹板上。

（860）杜氏元蜾蠃 *Discoelius dufourii* Lepeletier, 1841

体长 13.0 mm 左右。体黑色；上颚端半部褐色，额在触角窝上缘各具 1 黄色小圆斑，额上部两侧具 1 呈“八”字形黄斑；前胸背板肩角黄色，其余部分黑色；中胸侧板上侧片具 1 黄色斑；小盾片两侧点状黄斑及后小盾片中部黄色；腹部第 1 背板端半部黄色，第 2、第 3 背板端部具黄色窄带。额刻点粗大，呈皱状；唇基略隆起，刻点稀疏，散布短毛；上颚端部具 3 枚齿。胸部刻点粗大，皱状。腹部第 1 节基部窄，自基部 1/3 处开始加宽；腹部刻点小且密。

分布：宁夏（盐池）、辽宁；朝鲜，日本。

（861）外贝加尔蜾蠃 *Eumenes transbaicalicus* Kurzenko, 1984

体长 9.5–14.0 mm。雌性：头部黑色，后头部两侧在两复眼后缘各具 1 黄色短横斑；唇基黄色，周缘褐色，端部 1/3 中部具不规则褐色斑；额在两触角间呈脊状隆起，黄色，触角柄节前缘基半部黄色。前胸背板黄色，两下角黑色；中胸背板黑色，中胸侧板黑色，仅中胸上侧片黄色；小盾片前半部黄色，中部被 1 黑色中纵线隔开，后缘凹入，后半部黑色；后小盾片中间大部黄色；并胸腹节黄色，中部被 1 狭长近倒“三角形”黑色纵带隔开；翅基片黄色，中部具 1 褐色椭圆形斑；翅烟褐色，前翅亚前缘室、中室和肘室黄褐色，翅脉基部红褐色，向端部呈黑褐色。腹部第 1 节黑色，背板端部

1/3 两侧斑及端部黄色，末端具 3 个褐色小斑；第 2 节黑色，背板中部黄色大侧斑与后缘带在侧缘愈合，腹板端半部黄色；第 3、第 4 背板基部中间黄色。上颚细长，端半部内缘具 4 齿；唇基隆起，端部两侧齿突出，中央弧形凹入，刻点小且稀；额刻点粗大，呈皱状。前胸背板黄色域内刻点小且密，黑色域及中胸背板刻点粗大；小盾片黄色域及后小盾片刻点小且稀，小盾片黑色域刻点粗大；并胸腹节黄色域刻点小而密，黑色域刻点粗大。腹部第 1 节基半部柄状，自中部变粗，端部是基部宽的 3 倍；第 2 节球状；腹部刻点中等大小，分布均匀。雄性与雌性相似，但唇基全黄色，触角和腹部均比雌性多 1 节，触角末端呈钩状。

分布：宁夏（盐池）、辽宁、吉林、黑龙江；俄罗斯。

860

861a

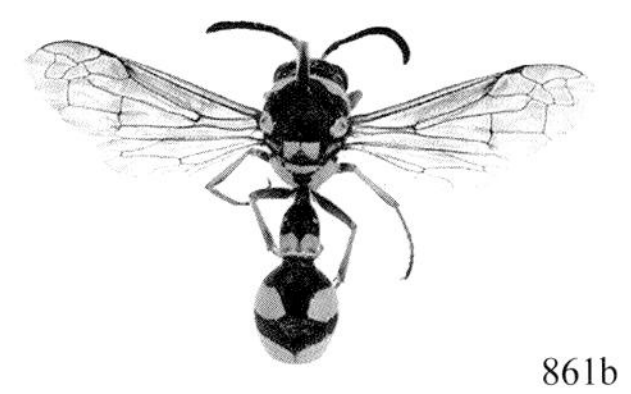
861b

860. 杜氏元蜾蠃 *Discoelius dufourii* Lepeletier, 1841; 861. 外贝加尔蜾蠃 *Eumenes transbaicalicus* Kurzenko, 1984（a. 生态照；b. 标本照）

（862）卡佳盾蜾蠃 *Euodynerus caspicus* (Morawitz, 1873)

体长 11.0–14.0 mm。头部黑色，额在两触角间隆起部及其上部相连的三角线大斑、复眼后缘部分横条斑、触角柄节、唇基及上颚大部均黄色；额及颅顶刻点粗且密；唇基刻点稀疏，端部具 2 枚尖齿；上颚端部齿向端部渐大。前胸背板黄色，前缘截状，肩角明显，刻点大而粗糙；中胸背板黑色，刻点大而粗糙；中胸侧板刻点大而粗糙，中胸前侧片黄色，余部黑色；小盾片近矩形，黄色，表面密布粗大刻点；后小盾片黑色；并胸腹节黑色，两侧黄色，中部黑色具横皱，两侧黄色域具粗大刻点。腹部第 1–2 节黄色，第 2 背板中部具 1 黑色倒杯状斑，刻点小且稀；余下各节黑色，刻点细密。足黄色。

分布：宁夏（盐池）、新疆。

（863）中华马蜂 *Polistes chinensis* (Fabricius, 1793)

体长 13.0–17.0 mm。雌蜂：体黑色。额在两触角窝间隆起，上方具 1 略弯曲的黄色横带，额刻点细密；两复眼内侧、后缘及下缘各具 1 黄斑，颜面在复眼内侧具 1 黄斑；唇基黑色，上、下缘黄色，基部中间略凹，端部中部呈倒梯形突出，黑带内具稀疏大刻点；上颚黑色，下缘中部具 1 大斑；触角柄节腹面黄色，背面黑色，余下各节黄褐色。前胸背板黑色，领状突起和后方与中胸背板连接处黄色，刻点细密。中胸背板黑色，刻点细密，被短茸毛；中胸侧板黑色，仅在上侧具 1 黄色小斑。小盾片斜置，近矩形，除基部两侧角各具 1 黄斑外黑色，刻点细密。后小盾片黑色，前缘具 1 黄色带，其后缘中部深凹。并胸腹节密被横皱，具宽中纵凹，黑色，中部两侧各具 1 黄色纵条斑；两侧各有 1 黄色小斑。翅基片黄色，中部呈黄褐色。翅褐色，前翅前缘色略深。腹部基节由基部向端部渐加宽；背板黑色，端缘黄色，其前两侧各具 1 黄色小斑，表面密布横皱纹；腹板近三角形，黑色。第 2 背板黑色，后缘具 1 波状黄色带，中部两侧各具 1 黄色大斑，表面密布横皱纹，被黄白色茸毛；第 2 腹板黑色。第 3–5 背板黑色，端部具 1 黄色窄横带；第 3–5 腹板黑色。第 6 节背、腹板近三角形，黑色，端部具 1 中央略凹陷的黄色斑。雄蜂与雌蜂相似，区别于雌蜂的是：额下半部全呈黄色；腹部第 1–4 腹板基部均有大黄斑。

分布：宁夏（盐池）、河北、山西、内蒙古、吉林、江苏、浙江、安徽、福建、贵州、甘肃、新疆；俄罗斯，法国，意大利，西班牙，土耳其，北非，巴尔干半岛。

（864）和马蜂 *Polistes* (*Megapostes*) *rothneyi iwatai* Van der Vecht, 1968

体长 18.0 mm。头部黄色，两复眼顶部之间黑色，与后头边缘中间黑色带相连，其间具 2 黄色并列横斑，额部刻点小且密；唇基黄色，周缘黑色，刻点稀疏，端缘端部三角形突出；上颚末端三齿，黑色；触角柄节腹面黄色，背面黑色，第 2 节至末节黄褐色，第 2–5 节腹背面黑褐色。前胸背板黄色，领部前侧中间黑色，领后部具褐色斜纹。中胸背板黑色，中部具 1 对黄色短纵斑，后侧角黄色；中胸侧板黑色，具 3 块黄色斑；小盾片黄色，矩形，具黑色中纵线；后小盾片黄色，两侧各有 1 黑斑；并胸腹节密被横皱，具宽中纵凹，黑色，中部两侧各具 1 黄色纵条斑；两侧各有 1 黄色斑。翅基片褐色。翅褐色，前翅前缘色略深。腹部基节由基部向端部渐加宽；背板黑色，端部具黄色带，其前缘中部凹，其前两侧各具 1 黄色斑，表面密布横皱纹；腹板近三角形，黑色。第 2 背板黄色，基部黑色，其后侧是红褐色，中部具 1 黑色波状线纹；第 2 腹板黄色，基部具黑色斑，两侧红褐色。第 3–6 节黄色，第 3–5 背板前缘具黑色或褐色波状纹。

分布：宁夏（盐池）、河北；朝鲜，日本。

862

863
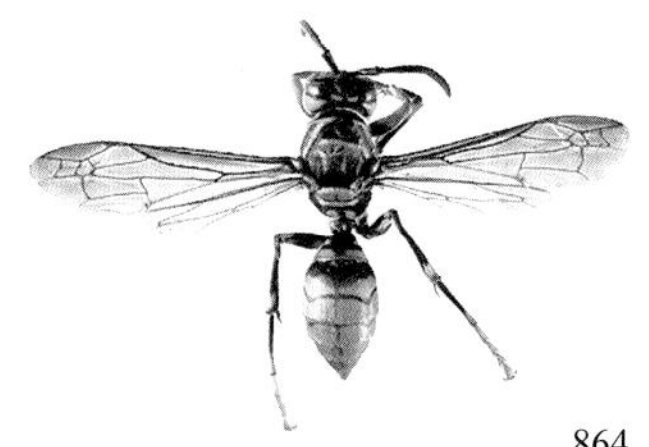
864

862. 卡佳盾蜾蠃 *Euodynerus caspicus* (Morawitz, 1873); 863. 中华马蜂 *Polistes chinensis* (Fabricius, 1793); 864. 和马蜂 *Polistes* (*Megapostes*) *rothneyi iwatai* Van der Vecht, 1968

（865）德国黄胡蜂 *Vespula germanica* (Fabricius, 1793)

体长 17.0 mm。雌蜂：体黄色。颅顶黑色；额具 1 黄色倒梯形黄斑，上缘弧形凹入，中部具 1 圆形小突起；颜面黑色，复眼内缘凹陷处黄色，凹陷底部被毛黑色；触角及触角突黑色；颊区黄色；唇基黄色，端缘具黑边，中部具 3 个黑斑，中间 1 个较大，基部隆起，端部中央微凹陷，两侧呈钝齿状；上颚黄色，基部和端部边缘黑色，端部具 3 齿。前胸背板黑色，沿中胸背板侧缘两侧各具 1 黄色条斑，两肩角可见，圆形；中胸背板黑色；小盾片及后小盾片中部两侧各有 1 黄斑；并胸腹节黑色。翅基片黄色，外缘中部褐色。翅棕色，前翅前缘色略深。腹部第 1 背板黄色，中部具 1 近菱形黑斑，其前缘两侧各具 1 小黑斑；第 2–6 背板基部具黑带，黑带中部呈角状突出，突出两侧各具 1 黑色小斑（除第 6 节）；第 1–5 腹板黑色，第 2–5 节端缘具黄色波状带；第 6 腹板黄色。雄性：腹部 7 节，第 7 节背、腹板均黄色。

分布：宁夏（盐池）、河北、内蒙古、黑龙江、江苏、河南、新疆；亚洲，非洲，大洋洲，欧洲，北美洲。

（866）普通黄胡蜂 *Vespula vulgaris* (Linnaeus, 1758)

体长 13.0–16.0 mm。雌蜂：体黄色。颅顶黑色；额具 1 黄色倒梯形黄斑；复眼内缘凹陷处黄色；触角及触角突黑色；颊区近复眼端黄色，后半部黑色；唇基黄色，周缘黑色，中央具 1 倒“T”形的黑色斑，端部具 2 个钝突；上颚黄色，基部和端部边缘黑色，端部最上部具 1 钝齿，中部刀状，下部具 2 枚锐齿。前胸背板黑色，沿中胸背板侧缘两侧各具 1 黄色条斑，两肩角可见，圆形；中胸背板黑色，被黑色长毛；小盾片及后小盾片前缘两侧各有 1 黄斑；并胸腹节黑色。翅基片黄褐色，后缘黄色。翅棕色，前翅前缘色略深。腹部第 1 背板黑色，后缘具 1 中部有凹陷的黄色带；第 2–5 背板基部黑色，端部具黄色波状横带，前缘具 3 个凹陷；各节背板被金黄色毛，杂黑色短毛；第 2–5 腹板黑色，端缘具 1 黄色波状带。雄性与雌性相似。

分布：宁夏（盐池）、新疆；亚洲，非洲北部，欧洲，北美洲。

865

866a

866b

865. 德国黄胡蜂 *Vespula germanica* (Fabricius, 1793); 866. 普通黄胡蜂 *Vespula vulgaris* (Linnaeus, 1758)
（a. 生态照；b. 标本照）

（一百三十七）方头泥蜂科 Crabronidae

体小至中型，体长 2.0–30.0 mm。头方形；中胸盾片盾纵沟短或无；前足跗节具或无耙；腹柄完全由背板组成，或由背腹板共同围成，若由腹板 I 围合而成，则后翅轭叶很小。成虫可捕食半翅目、双翅目、鞘翅目等多种害虫。

（867）沙节腹泥蜂 *Cerceris arenaria* (Linnaeus, 1758)

体长 10.0 mm。体黑色；上颚基半部、唇基、额隆脊及两侧、触角第 1 节、后头两侧小斑、前胸背板两后缘斑、翅基片（基部具 2 褐横斑）、小盾片 2 侧斑、后小盾片及足均黄色；腹部背板第 1 节后缘 2 侧斑、第 2–6 节端缘带（中间较细）、腹板第 1 节前部 2/3、第 2–4 节前半部均黄色。唇基中叶端缘具 3 枚不发达的齿；两侧叶端缘两侧角各具 1 簇短密黏毛，其余缘毛较稀疏。腹板第 6 节末端具稀疏向心形辐射状毛。

分布：宁夏（盐池）、北京、河北、内蒙古、黑龙江、山东、新疆；蒙古，日本，中亚至欧洲，北美洲。

（868）吉丁节腹泥蜂 *Cerceris bupresticida* Dufour, 1841

体长 13.5 mm。体黑色，唇基、额两侧下部与额脊下部、触角第 1 节腹面、前胸背板两侧斑、翅基片、足腿节近末端至跗节、腹部第 2 节前缘带、第 3–5 背板后缘带（第 4 节中间断开）均黄色，触角鞭节腹面黄褐色。翅透明，前翅顶角黑褐色。唇基端缘黑色，具 4–5 枚短钝齿。体背刻点大且密。并胸腹节三角区小，具纵皱，两侧缘似横皱。臀板近椭圆形，长为宽的 2.5 倍，表面被灰白毛，两侧缘毛较密。

分布：宁夏（盐池）、新疆；蒙古，俄罗斯，阿富汗。

（869）丽臀节腹泥蜂 *Cerceris dorsalis* Eversmann, 1849

体长：雌性 10.5–14.0 mm，雄性 11.0–14.0 mm。雌性：体黑色，上颚基部 2/3、唇基（除端部褐色）、触角柄节和梗节及鞭节腹面、足、腹部背板大部及腹板均黄色。体背刻点较大。唇基前缘横宽，中间略凹陷；端部中央 1/3 凹陷，其中具 1 圆形透明斑。并胸腹节三角区表面刻点不均匀，两侧缘具短横皱。臀板宽，近椭圆形。雄性与雌性主要区别：雄性唇基中叶末端具 3 个小突起，表面无透明斑；臀板近长方形。

分布：宁夏（盐池）、新疆；蒙古，俄罗斯，阿富汗。

867. 沙节腹泥蜂 *Cerceris arenaria* (Linnaeus, 1758); 868. 吉丁节腹泥蜂 *Cerceris bupresticida* Dufour, 1841; 869. 丽臀节腹泥蜂 *Cerceris dorsalis* Eversmann, 1849

（870）艾氏节腹泥蜂齿唇亚种 *Cerceris eversmanni clypeodentata* Tsuneki, 1971

体长 8.0 mm。体黑色；唇基、额两侧下部与额脊下部、后颊小黄斑、前胸背板两侧斑、翅基片、小盾片、足、腹部第 2–6 背板横带均黄色；触角腹面和前、中足跗节黄褐色；后足跗节黑褐色；翅透明，前翅暗褐色。触角 13 节，末节与其他各节相同，微弯。臀板近长方形，末端平截。腹部第 2 腹板基部无半圆形隆起，并胸腹节三角区光滑。唇基中叶无透明斑。

分布：宁夏（盐池）、内蒙古；蒙古。

（871）普氏节腹泥蜂 *Cerceris pucilii* Radoszkowski, 1869

体长 12.5 mm。体黑色；上颚基部、唇基、额隆脊及两侧、触角第 1 节、前胸背板两后缘斑、翅基片、后胸背板、并胸腹节侧面小圆斑、腹板第 2 节前缘背中斑及 T3–T5 后缘带（中部窄）均黄色；足黄褐色，后足腿节背面及各足跗节红褐色，腹部背板第 1 节后缘及第 2 背板红褐色，腹部腹板前两节红褐色。翅褐色透明，翅脉黑褐色，前翅前缘域及翅痣黄褐色。

分布：宁夏（盐池）、河北、内蒙古、黑龙江、山东；阿尔及利亚，俄罗斯。

（872）黑突节腹泥蜂 *Cerceris rubida* (Jurine, 1807)

体长 7.0–8.0 mm。体黑色，唇基、额两侧下部与额脊下部、前胸背板两侧斑（小）、翅基片、足腿节端部至胫节端部、腹部第 2 节前半部及第 3 和第 6 节后侧角背板黄色，触角腹面和前、中足跗节黄褐色，后足跗节黑褐色。翅透明，前翅暗褐色。触角 13 节，末节与其他各节相同，微弯。并胸腹节三角区界限不明显，具刻点。腹部第 2 腹板基部无半圆形隆起；臀板近长方形，末端平截。

分布：宁夏（盐池）、河北、内蒙古、浙江、山东、新疆；中亚至欧洲。

870. 艾氏节腹泥蜂齿唇亚种 *Cerceris eversmanni clypeodentata* Tsuneki, 1971; 871. 普氏节腹泥蜂 *Cerceris pucilii* Radoszkowski, 1869; 872. 黑突节腹泥蜂 *Cerceris rubida* (Jurine, 1807)

（873）黑小唇泥蜂 *Larra carbonaria* (Smith, 1858)

体长 7.0–18.0 mm。体黑色；上颚红褐色。唇基端缘宽圆，表面具散乱刻点；中胸盾片具密的小刻点和黄褐色短毛，侧板刻点稍大于盾片刻点。并胸腹节背区具密的横皱及大刻点，端缘钝，具 1 横脊，端区具中沟，两侧具刻点。腹部光滑；臀板具分散的大刻点。捕猎蟋蟀。

分布：宁夏（盐池）、河北、江苏、浙江、江西、福建、广东、四川、台湾；朝鲜，日本，菲律宾，新加坡，印度尼西亚，印度。

（874）弯角盗方头泥蜂 *Lestica alata* (Panzer, 1797)

体长：雄性 9.0–10.0 mm，雌性 9.0–12.0 mm。雄性：体黑色具黄斑。上颚基部 2/3、触角第 1 节、前胸盾片两侧角及侧叶、小盾片两侧斑、足腿节至跗节、腹部第 2–3 背板两侧斑、第 4–6 背板后缘带均黄色；足腿节腹面红褐色。上颚末端两齿，复眼内缘上部显著外倾，额中部凹陷，额两侧及唇基被银白色密毛，唇基具中脊，触角

第 1 节长，长于 3–5 节长度，前足第 1 跗节外缘具透明片状突，内缘具黄色短密毛，中足胫节无端距。雌性与雄性的区别：雌性上颚基部、触角第 2–4 节、足腿节至跗节、翅基片及翅脉，腹部基部均为红色。前足第 1 跗节正常。捕猎蝇类。

分布：宁夏（盐池）、河北、辽宁、吉林、黑龙江、江苏、新疆；全北界。

873. 黑小唇泥蜂 *Larra carbonaria* (Smith, 1858); 874. 弯角盗方头泥蜂 *Lestica alata* (Panzer, 1797)（a. 雌；b. 雄）

（875）红尾刺胸泥蜂 *Oxybelus aurantiacus* Mocsáry, 1883

体长 5.0 mm。体黑色。触角端半部、翅基片及前胸基部、各足跗节、腹部末端均红褐色；上颚基部、前胸背板两侧的斑、肩突、小盾片两侧的斑、后胸背板侧鳞叶、腹部第 1–5 背板的侧斑、前足和中足胫节外表面及腿节端部的长斑、后足胫节基部均黄色。唇基具中突，端缘中央突出，具 3 齿；额和唇基被银白色毛。小盾片及后胸两侧具侧鳞叶，并胸腹节中部具 1 刺，刺端部凹入。翅透明，浅褐色。臀板三角形，端部圆。

分布：宁夏（盐池）、内蒙古、河北、黑龙江、江苏、新疆；欧洲南部。

（876）透边刺胸泥蜂 *Oxybelus maculipes* Smith, 1856

体长 7.0 mm。体黑色，具黄斑，腹部大部黄色。唇基末端两侧具短齿，小盾片及后胸两侧具透明突起边缘，并胸腹节中部具 1 透明齿状突起。腹部第 1–4 背板端缘具独立的稍隆起的透明边缘。

分布：宁夏（盐池）、新疆；俄罗斯，中东，欧洲南部。

（877）皇冠大头泥蜂 *Philanthus coronatus* (Thunberg, 1784)

体长：雌蜂 13.0–18.0 mm，雄蜂 11.0–16.0 mm。体黑色，被稀而短的黄毛，体具各种黄斑。触角 1–3 节背面黄色，额中央的冠状斑较小。头顶毛褐色。头部前方、额中央冠状斑、前胸背板端缘两侧、翅基片、腹部第 1 背板两侧的小斑、腹部第 2 背板两侧的大斑、腹部第 3–5 背板端缘、腹部第 6 背板基部均为黄色。上颚黄褐色，端部黑色。唇基端缘中央宽截状；复眼内缘 2/5 具深凹。中胸盾片及小盾片光滑。并胸腹节背区光滑，中央有 1 条具横皱的纵沟，两侧密被刻点。腹部光滑，刻点极稀少；臀板三角形，端缘中央凹。翅浅黄色透明，翅脉和翅痣黄褐色。后翅中脉与小脉正交。雄性与雌性的区别：触角第 1–5 节背面黄色；额中央的斑大；唇基两侧具毛刷；复眼内缘具深凹；中胸盾片、小盾片及腹部第 1 背板刻点较密。

分布： 宁夏（盐池）、北京、河北、黑龙江、内蒙古、山东、甘肃、青海、新疆；蒙古，中东，欧洲。

875. 红尾刺胸泥蜂 *Oxybelus aurantiacus* Mocsáry, 1883; 876. 透边刺胸泥蜂 *Oxybelus maculipes* Smith, 1856; 877. 皇冠大头泥蜂 *Philanthus coronatus* (Thunberg, 1784)

（878）山斑大头泥蜂 *Philanthus triangulum* (Fabricius, 1775)

体长 12.0–16.0 mm。雌性：体黑色，唇基、颜侧、额唇基区凹形斑、翅基片中央、前胸背板端缘及后胸背板均为黄色；腹部各节背板和腹板两侧及端缘均黄色；足腿节端部 1/3 至跗节黄色。雄性与雌性的不同在于额唇基区具“山”字形大黄斑。捕猎蜜蜂类。

分布： 宁夏（盐池）、新疆；俄罗斯，北非，法国。

878. 山斑大头泥蜂 *Philanthus triangulum* (Fabricius, 1775)

（一百三十八）泥蜂科 Sphecidae

体多光滑裸露，稀被毛。上颚通常发达，雌性触角 12 节，雄性 13 节。中胸一般发达，背面具纵沟。前翅翅脉发达，具数个闭室，亚缘室 2–3 个。腹部具柄或无柄。

（879）横带锯泥蜂 *Prionyx kirbii* (Vander Linden, 1827)

体长 12.0 mm。体黑色，翅透明，翅脉红褐色至黑褐色；腹部背板第 1 节膨大部、第 2 节及第 3 节及侧部红褐色，第 2–5 节后缘具黄白色窄横带。头、胸部、腹柄腹面、足基节至腿节被淡色长毛。下颚须第 4 节长，明显长于第 6 节；额凹，中沟明显；头顶刻点稀。前胸背板圆，具稀刻点；中胸盾片具刻点；小盾片隆起，具中凹，并胸腹节背区和端区具横皱。中、后足胫节内距栉齿状，各足爪基部具 3 齿。捕猎直翅目若虫。

分布： 宁夏（盐池）、河北、山西、山东、福建；全北界。

（880）黄盾壁泥蜂 *Sceliphron destillatorium* (Illiger, 1807)

体长 25.0 mm。体黑色，头、胸部被黑毛；触角第 1 节、翅基片、后胸背板、前足和中足腿节端半部、胫节、后足转节、腿节及胫节的基半部及腹柄均黄色；上颚端部和各足跗节红褐色；翅透明，翅脉褐色。唇基基部强隆起，端部薄片状，中部具 1 凹刻；额两侧具稀疏刻点。前胸背板倾斜，近方形，后缘中部微凹；中胸盾片具细密横皱，侧斑具刻点；小盾片具细皱。并胸腹节背区具细密的横皱，侧区具斜皱。腹柄长短于后足胫节，余下部分表面具细密小皱。雄蜂不详。

分布：宁夏（盐池）、天津、河北、内蒙古、新疆；广布于古北界的地中海亚界至中亚。

879. 横带锯泥蜂 *Prionyx kirbii* (Vander Linden, 1827)（a. 生态照；b. 标本照）; 880. 黄盾壁泥蜂 *Sceliphron destillatorium* (Illiger, 1807)

（一百三十九）准蜂科 Melittidae

体小至大型，长 2.0–39.0 mm；体表常被绒毛或由绒毛组成的毛带。下唇须各节等长，圆柱形；中唇舌端部无唇瓣；上唇宽大于长；唇基表面正常，端缘正常或稍向后弯；无亚触角区。中胸侧板无前侧缝和窝缝；中足基节明显短于自基节末端至后翅基部的长度，有时相等。腹部可见节雌性 6 节，雄性 7 节。世界已知大约 200 种，中国已知大约 30 种。

（881）沙地毛足蜂 *Dasypoda hirtipes* (Fabricius, 1793)

体长 12.0–14.0 mm。雄性：触角第 2 鞭节与第 3 鞭节近等长；体黑色；颜面、颊及胸部侧面和腹面被白毛；头顶及胸部背面被毛浅黄褐色；足被白色毛，后足跗节毛刷浅黄色；腹部第 2–6 背板后缘具白色毛带，腹部主要被白色毛，第 4 背板杂黑毛，第 5、第 6 节黑毛约占 1/2。雌性：头、胸部被毛黄色，颅顶单眼两侧杂黑毛。腹部背板被黄色毛，各节后缘具黄白色毛带；腹板被黄白色短毛，后缘具窄毛带。

分布：宁夏（盐池）、内蒙古；欧洲。

（882）中华准蜂 *Melitta ezoana* Yasumatsu *et* Hirashima, 1956

体长 9.0–13.0 mm。雌性：体黑色；翅透明，翅脉黄色，亚前缘脉黑色，翅痣黄褐色。唇基、触角窝附近及颊被灰白色毛，颅顶被黄白色毛；中胸盾片、小盾片及并胸腹节中部被黄色毛，中胸侧片及并胸腹节侧面被黄白色毛；足被灰白色毛，跗节花粉刷金黄色；腹部第 1 节被白色长毛，余下各节背板被黑色短毛，第 2–4 节具白色毛带，臀繖中部黑褐色，两侧白色；腹部腹板被白毛。唇基基部密布刻点，端部近光滑，额及颅顶具粗大刻点；中胸盾片中部近光滑，刻点粗大，边缘刻点较密；腹部背板刻点细密。雄性：腹部第 1–2 背板具白色毛，第 1 节被毛较长，第 3–6 背板具黑色短毛，第 2–4 节后缘具杂乱、中断白色毛带；腹板第 1–5 节被毛白色，第 6 节被毛深褐色。

分布：宁夏（盐池）；古北区东部。

881. 沙地毛足蜂 *Dasypoda hirtipes* (Fabricius, 1793)（a. 雄；b. 雌）；882. 中华准蜂 *Melitta ezoana* Yasumatsu *et* Hirashima, 1956

（一百四十）地蜂科 Andrenidae

体小至中型。下唇须各节相似或仅第 1 节长且扁，中唇舌尖，亚触角区被触角窝下面的两条亚触角沟所限，复眼上缘具凹窝。足胫节至基跗节大部分具花粉刷。雌性及大部分雄性具明显的臀区。

（883）安加拉地蜂 *Andrena* (*Tarsandrena*) *angarensis* Cockerell, 1929

体长 8.0 mm。体黑色；翅透明，翅脉及翅痣黄褐色。体主要被白色毛，中胸盾片被毛黄褐色。颅顶刻点细密，中胸盾片刻点小而稀，腹部背板刻点细密。

分布：宁夏（盐池）；亚洲，欧洲。

（884）灰地蜂 *Andrena* (*Melandrena*) *cineraria* (Linnaeus, 1758)

体长 14.5 mm。雌性：体黑色；前翅烟褐色，透明，后翅透明，翅脉黑褐色。颜侧被白色毛，颅顶被白色毛，单眼间被毛呈黑色，颊被毛黑色；胸部背面被白色毛，胸部背板在两前翅之间的毛带黑色，中胸侧板上部被毛白色，下侧烟褐色；足被毛黑色，前足腿节腹侧被毛白色；腹部背板近光滑，具蓝色光泽，端部基节后缘具黑色毛，腹部腹板被黑色毛，第 1–4 节后缘具黑色毛带。唇基刻点大且密，额脊两侧具纵皱；胸部背板刻点较小且密；腹部背板刻点细密。雄性与雌性的区别：胸部被毛全部白色。

分布：宁夏（盐池）、内蒙古、西藏、甘肃、青海、新疆；俄罗斯，欧洲，北非，小亚细亚，土库曼斯坦，伊朗，巴基斯坦。

（885）孔氏地蜂 *Andrena* (*Melandrena*) *comta* Eversmann, 1852

体长 16.0 mm。体黑色；翅黄褐色，透明。体主要被灰白色毛，中胸背板被毛灰

883. 安加拉地蜂 *Andrena* (*Tarsandrena*) *angarensis* Cockerell, 1929; 884. 灰地蜂 *Andrena* (*Melandrena*) *cineraria* (Linnaeus, 1758); 885. 孔氏地蜂 *Andrena* (*Melandrena*) *comta* Eversmann, 1852

黄色，足被黑色毛；腹部背板第 2–4 节后缘两侧具宽白毛带。唇基表面粗糙，刻点粗乱；腹部背板近光滑，刻点弱。

分布：宁夏（盐池）、内蒙古、黑龙江、甘肃、新疆；蒙古，日本，俄罗斯，欧洲中部。

（886）岸田地蜂 *Andrena* (*Cnemidandrena*) *kishidai* Yasumatsu, 1935

体长 12.0 mm。体黑色；翅透明，翅痣黄褐色；头、胸部被灰黄褐色毛，足被毛灰色，胫节被毛金黄色，腹部被毛灰白色，第 1–4 背板后缘具毛带，第 5 节及臀繸烟褐色。唇基隆起，端部具缘折，表面刻点粗大，中胸背板刻点较小且稀疏，腹部背板刻点小且密，臀板较小，三角形。雄性：触角鞭节腹面除鞭节第 1 节外黄褐色；胫节距黄色；腹部背板第 1–3 节端半部红黄色。

分布：宁夏（盐池）、北京、河北、甘肃。

（887）瘤唇地蜂 *Andrena* (*Cnemidandrena*) *sublisterelle* Wu, 1982

体长 10.0–13.5 mm。雌性：体黑色；触角鞭节腹面红褐色；翅烟褐色，透明，翅脉及翅痣黑褐色；足胫节距深红褐色。头部被毛稀疏，白色至黄白色，沿复眼内缘及额杂黑色毛；胸部被毛致密，中胸盾片被毛亮红黄色，中胸侧片被毛黄白色；足被毛白色，胫节花粉刷褐色；腹部背板被毛杂乱，直立，第 1–2 节被毛白色，第 3–4 节被毛黑色，第 2–4 节后缘具白色稀疏长毛带，臀繸褐色；腹部腹板第 2–4 节亚端部具白色长毛带，第 5 腹板被毛浅褐色。雄性与雌性区别：雄性头部密被白毛，触角及额部杂褐色毛，触角鞭节腹面褐色；腹部背板第 1–3 节被毛白色，第 4–5 节被毛褐色，第 2–5 节端部具白毛带；腹部腹板第 2–5 节被白毛，端缘具白色毛带；足胫节距黄色。

分布：宁夏（盐池）、河北、内蒙古、西藏、甘肃、青海、新疆。

（888）大头地蜂 *Andrena* (*Hoplandrena*) *macrocephalata* Xu, 1994

体长 12.0 mm。雄性：体黑色，头、胸部被灰白色长毛，唇基基部和触角基部被黑色毛；翅透明，翅痣褐色。头部大，宽是长的 4.5 倍；上颚狭长，末端尖；腹部背板光滑，刻点细密。雌性与雄性区别：雌性唇基光滑，有中等大小刻点；上唇突深凹；并胸腹节具网状皱。

分布：宁夏（盐池）、河北、黑龙江。

886. 岸田地蜂 *Andrena* (*Cnemidandrena*) *kishidai* Yasumatsu, 1935; 887. 瘤唇地蜂 *Andrena* (*Cnemidandrena*) *sublisterelle* Wu, 1982; 888. 大头地蜂 *Andrena* (*Hoplandrena*) *macrocephalata* Xu, 1994

（889）蒙古地蜂 *Andrena* (*Plastandrena*) *mongolica* Morawitz, 1880

体长 12.0 mm。头、胸部黑色，腹部第 1–2 节红褐色，第 1 背板两侧基半部黑色，第 2 背板两侧各具 1 椭圆形小黑点；翅透明，端部烟褐色，翅脉黄色，亚前缘脉黑色，翅痣红黄色；足跗节除基跗节外红褐色。唇基光滑，具大且稀刻点，眼内缘、额、颊及颅顶被灰黄白色毛，颅顶刻点较小且密；胸部被毛略长，灰黄白色，中胸盾片刻点大且稀；腹部背板刻点小且密，除第 1 背板基部被略长黄白毛外其余部分被黄色直立短毛；腹部腹板第 1–4 节后缘具白色细毛带。

分布：宁夏（盐池）、西藏、甘肃、新疆；蒙古，俄罗斯，中亚。

（890）南山地蜂 *Andrena* (*Lepidandrna*) *nanshanica* Popov, 1940

体长 12.0 mm。头、胸部黑色，腹部红黄色；翅透明，黄褐色，端部烟褐色，翅脉及翅痣黄褐色；足基节至腿节黑色，胫节及跗节红黄色。头部被稀疏黄色长毛；中胸盾片被致密黄色短毛，并胸腹节被略长黄白色毛；足基节至腿节被黄白色长毛，胫节被毛及花粉刷黄色；腹部被毛黄色，腹部背板第 2–4 节端部具黄色宽毛带，臀繖黄色。

分布：宁夏（盐池）；亚洲北部至欧洲。

（891）拟黑刺地蜂 *Andrena* (*Leucandrena*) *paramelanospila* Xu *et* Tadauchi, 2009

体长 11.0–12.0 mm。头、胸部黑色，腹部第 1–3 节红黄色，第 1 背板两侧基半部黑色，第 2 背板两侧各具 1 近水滴状黑斑，第 4 背板红褐色至黑色，第 5–6 节黑色；翅透明，翅脉黄色，亚前缘脉黑色，翅痣黄色；前足跗节，中、后足胫节及跗节褐色。唇基、触角窝附近及颊被灰白色毛，颅顶被黄白色毛；中胸盾片、小盾片及并胸腹节中部被黄色毛，中胸侧片及并胸腹节侧面被黄白色毛；足被灰白色毛，跗节花粉刷金黄色；腹部背板第 1–2 节被毛黄白色，第 2–4 节具白色长毛带，臀繖褐色；腹部腹板密被白毛，第 2–5 节后缘具白色短毛带。

分布：宁夏（盐池）、北京。

889. 蒙古地蜂 *Andrena* (*Plastandrena*) *mongolica* Morawitz, 1880; 890. 南山地蜂 *Andrena* (*Lepidandrna*) *nanshanica* Popov, 1940; 891. 拟黑刺地蜂 *Andrena* (*Leucandrena*) *paramelanospila* Xu *et* Tadauchi, 2009

（892）蒲公英地蜂 *Andrena* (*Chlorandrena*) *taraxaci* Giraud, 1861

体长 10.0 mm，雄性：体黑色；翅透明，翅脉及翅痣黄褐色；足腿节至跗节红褐色。体被黄色毛，腹部背板第 1–4 节后缘具黄白色毛带。雌性与雄性的差异：雌性后足腿节至跗节黑色。

分布： 宁夏（盐池）；韩国，日本，印度。

（893）黄胸地蜂 *Andrena thoracica* (Fabricius, 1775)

体长 11.0–15.0 mm。雌性：体黑色，被黑毛，胸背部被黄毛；翅褐色透明，具紫色光泽，翅痣黄褐色。唇基刻点大而密；额及颅顶中部刻点细密，颅顶两侧及颊刻点较稀；中胸背板中央刻点粗且密，并胸腹节中央小区皱褶状；腹部背板第 1–4 节前、后缘刻点较细密，中部较稀，第 5 节刻点稀且大。雄性与雌性的区别：雄性胸、腹部被毛较长，翅浅褐色透明。采访植物：苜蓿、紫穗槐、黄草木樨、桃、珍珠梅。

分布： 宁夏（盐池）、河北、内蒙古、辽宁、黑龙江、甘肃、新疆；朝鲜。

（894）缬草地蜂 *Andrena* (*Hoplandrena*) *valeriana* Hirashima, 1957

体长 10.0 mm。体黑色；腹部背板第 1 节基部黑色，端半部红黄色，第 2 节红黄色，中部具黑色中断短横线，第 3 节基半部红褐色，端半部黑色，第 4–6 节黑色；腹部腹板第 1–2 节红黄色；各足端跗节黄褐色；翅透明，翅脉及翅痣黄褐色。头、胸部被灰黄白色毛，腹部背板第 1–5 节后缘具白色毛带。

分布： 宁夏（盐池）；韩国，日本。

892. 蒲公英地蜂 *Andrena* (*Chlorandrena*) *taraxaci* Giraud, 1861（a. 雌；b. 雄）；893. 黄胸地蜂 *Andrena thoracica* (Fabricius, 1775); 894. 缬草地蜂 *Andrena* (*Hoplandrena*) *valeriana* Hirashima, 1957

（一百四十一）分舌蜂科 Colletidae

中唇舌圆而钝，双叶或分叉，亚颌宽，颏延长，非“V”形；下颚须前部短，非逐渐变尖，须前部至少短于或明显短于须后部的长度；下唇须各节相似或前两节延长且呈鞘状；亚触角区只具 1 亚触角沟。前侧缝完整；基脉不甚弯；中足基节外面显著短于基节顶端至后翅基部的距离。

（895）承德分舌蜂 *Colletes chengtehensis* Yasumatsu, 1935

体长 9.0–12.0 mm。雌性：体黑色；翅透明，翅脉和翅痣褐色。唇基被稀疏白色短毛，复眼内缘、额和颊密被白色毛，颅顶中部被灰色毛；中胸盾片及小盾片密被黄褐色毛，中胸侧片和并胸腹节侧面被白色毛；腹部背板第 1–2 节前半部具贴伏毛，黄褐色，第 1–5 节后缘具贴伏毛带，白色至黄褐色；腹部腹板被白色短毛。雄性与雌性的区别：雄性唇基密被白色毛，腹部背板毛带白色。

分布：宁夏（盐池）、北京、河北、山西、内蒙古、黑龙江、甘肃、新疆；蒙古，奥地利，匈牙利，罗马尼亚，塞尔维亚，希腊，乌克兰，俄罗斯，格鲁吉亚，阿塞拜疆，哈萨克斯坦，吉尔吉斯斯坦，土库曼斯坦，乌兹别克斯坦，塔吉克斯坦，伊朗。

（896）柯氏分舌蜂 *Colletes kozlovi* Friese, 1913

体长 12.0–15.0 mm。雌性：体黑色；翅透明，翅脉和翅痣黄褐色。唇基被稀疏白色短毛，复眼内缘、额和颊密被白色毛，颅顶中部被灰黄色毛；中胸盾片被灰黄色毛，中胸侧片上部被灰黄色毛，中胸侧片下部和并胸腹节侧面被白色毛；腹部背板被浅黄褐色贴伏毛，第 1–4 节后缘具浅黄褐色宽贴伏毛带；腹部腹板被白色短毛。雄性与雌性的区别：雄性唇基密被白色毛；腹部背板毛带白色。

分布：宁夏、内蒙古、甘肃、青海、新疆；蒙古，阿塞拜疆，俄罗斯，哈萨克斯坦，乌兹别克斯坦，吉尔吉斯斯坦，土库曼斯坦，塔吉克斯坦。

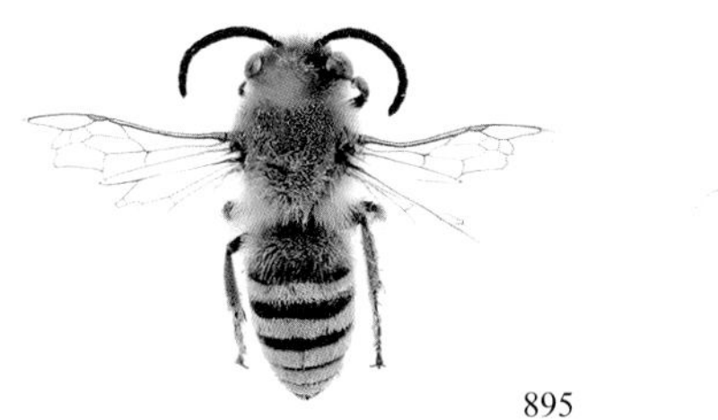

895

896

895. 承德分舌蜂 *Colletes chengtehensis* Yasumatsu, 1935; 896. 柯氏分舌蜂 *Colletes kozlovi* Friese, 1913

（897）跗分舌蜂 *Colletes patellatus* Pérez, 1905

体长 12.0 mm。体黑色；翅透明，翅脉及翅痣黑褐色。颜侧面被毛黄白色，额及颅顶被毛黄褐色，颅顶杂黑色毛，颊被毛白色；胸部背板被毛黄色，前翅间部分杂黑色毛，中胸侧板被毛白色；腹部背板第 1 节被稀疏黄白色长毛，第 1–4 节后缘具淡黄色毛带；腹部腹板各节端缘具白色短毛。雄性与雌性的区别：颅顶及胸部背板被毛黄色；腹部背板第 1–2 节被毛黄色。

分布：宁夏（盐池）、北京、浙江、福建、江西、河南、湖南、四川；韩国，日本，俄罗斯。

（898）穿孔分舌蜂 *Colletes perforator* Smith, 1869

体长 11.0–13.0 mm。体黑色；翅透明，翅脉及翅痣褐色。体被灰白色毛，中胸背板被毛灰黄色；腹部背板第 1–4 节后缘具白色毛带。

分布：宁夏（盐池）、北京、山西、内蒙古、吉林、黑龙江、江西；蒙古，俄罗斯。

（899）缘叶舌蜂 *Hylaeus perforatus* (Smith, 1873)

体长 7.0 mm。体黑色；上颚端部、唇基端部、触角鞭节腹面、翅基片后半部分、翅脉及翅痣均褐色；颜侧斑、前胸部背面两斑、前胸背板肩突、翅基片前半及各足胫节基部均黄色。体近光滑，腹部具白色极短柔毛。雄性与雌性的区别：雄性颜面黄色；各足第 1 跗节黄色，余下各跗节黄褐色。采访植物：荆条、蜀葵、木槿、苦荬菜、南瓜、油菜、向日葵。

分布：宁夏（盐池）、北京、河北、吉林、江苏、浙江、福建、湖北；日本。

897. 跗分舌蜂 *Colletes patellatus* Pérez, 1905; 898. 穿孔分舌蜂 *Colletes perforator* Smith, 1869; 899. 缘叶舌蜂 *Hylaeus perforatus* (Smith, 1873)

（一百四十二）隧蜂科 Halictidae

无颏及亚颏。下颚须须前部一般与须后部等长，盔节平坦的向基部顶点延长变窄。下唇须各节相似，且呈圆柱形。基脉一般明显弯曲。前侧缝一般完整；后胸背板水平状态。中足基节至少外面长度显著短于从顶端至后翅基部的距离。

（900）棕隧蜂 *Halictus* (*Halictus*) *brunnescens* (Eversmann, 1852)

体长 15.0–17.0 mm。体黑色，被白毛；触角腹面（除末端两节）黄褐色；上颚中部、上唇及唇基端带黄色；各足基节、转节黑色，各足跗节红褐色；前、中足腿节（除腹面）红褐色，后足腿节背面中部具 1 红褐色斑，末端具 1 黄斑；前、中足胫节大部红褐色，前足背面中部具 1 黄色纵条，中足背面两端具黄斑，后足胫节红褐色至黑色，上缘黄色。腹部：第 1–4 背板后缘具白色短柔毛带；第 1 背板具白色长毛；第 2–4 背板被白色短柔毛，第 3–4 背板杂灰黑色短刚毛；第 5–6 背板主要被灰黑色短刚毛，后侧角具白色长毛；第 7 背板被毛前部灰褐色，后部白色；腹部腹板密被黄褐色短毛，各节端缘更长且密呈毛带状；第 4 腹板端缘弧形深凹入；第 5 腹板端缘中部凹陷近半圆形；第 6 腹板中部深凹入，两侧呈角突状。雌性腹部具臀板，腹板密被黄色长毛；其他与雄性相似。

分布：宁夏、河北、内蒙古、新疆；哈萨克斯坦，吉尔吉斯斯坦，土库曼斯坦，乌兹别克斯坦，北非，欧洲。

（901）暗红腹隧蜂 *Halictus* (*Seladonia*) *dorni* Ebmer, 1982

体长 4.0–5.0 mm。雄性：头、胸部及腹部背板具绿色金属光泽，腹部腹面红褐色；

触角褐色，鞭节腹面黄褐色；上颚除末端、唇基端部及上唇黄色；翅透明，翅基片及翅痣浅黄色，翅脉褐色；各足基节至腿节褐色，前足腿节腹面黄色，各足胫节至跗节黄色，中、后足胫节内、外侧中部褐色。体被白色短毛；腹部背板第 1–4 节端缘具白色毛带，中部宽中断；腹部腹板第 2–3 节端部具白色绒毛带，中部呈三角形向前突出。体背刻点细密，并胸腹节背面半圆形，中部具不规则强皱。雌性与雄性的主要区别：雌性腹部背板无金属光泽。

分布：宁夏（盐池）、内蒙古、新疆；蒙古。

（902）霉毛隧蜂 *Halictus* (*Vestitohalictus*) *mucoreus* (Eversmann, 1852)

体长 6.0 mm。雄性：头、胸部绿色，腹部黑褐色，具弱蓝色光泽；翅透明，翅基片及翅痣浅黄色，翅脉褐色；各足基节至腿节褐色，前足腿节腹面黄色，各足胫节至跗节黄色，中、后足胫节内、外侧中部褐色。体被白色毛，腹部背板第 1–3 节具黄白色毛带。体背刻点细密。雌性与雄性的主要区别：头、胸部黑色，无金属光泽。

分布：宁夏（盐池）、甘肃、新疆；俄罗斯，土库曼斯坦，阿富汗。

900. 棕隧蜂 *Halictus* (*Halictus*) *brunnescens* (Eversmann, 1852); 901. 暗红腹隧蜂 *Halictus* (*Seladonia*) *dorni* Ebmer, 1982; 902. 霉毛隧蜂 *Halictus* (*Vestitohalictus*) *mucoreus* (Eversmann, 1852)

（903）尘绒毛隧蜂 *Halictus* (*Vestitohalictus*) *pulvereus* Morawitz, 1874

体长 5.0–6.5 mm。雌性：头、胸部深蓝绿色，微具光泽；腹部背板黄褐色至褐色，具反光，各节后缘黄褐色；上颚基半部、上唇和唇基末端深黄褐色，上颚端半部红褐色，触角鞭节腹面黄褐色；前胸背板侧叶末端亮黄色；翅浅黄色透明，翅基片淡黄褐色，翅脉及翅痣黄褐色；各足基节至腿节黑色，各足胫节及股节黄褐色，中、后足胫节内、外侧中部褐色。体被浅黄白色毛。雄性与雌性的主要区别：雄性腹部深蓝绿色，微具光泽。

分布：宁夏（盐池）、新疆；俄罗斯，蒙古。

（904）拟绒毛隧蜂 *Halictus* (*Vestitohalictus*) *pseudovestitus* Blüthgen, 1925

体长 6.5–7.5 mm。雌性：头部蓝绿色，具强反光，胸部暗绿色，弱反光；上颚基部黑褐色，中部和端部暗红褐色，上唇黑褐色，触角黑褐色，鞭节腹面暗褐色；前胸背板侧叶末端黄色；翅浅黄色透明，翅基片淡黄褐色，翅脉及翅痣黄褐色；足黑褐色，各足第 2–5 跗节及爪红褐色，前足胫节黄褐色，前足跗节深黄褐色，中足腿节红褐色，中足胫节暗红褐色。体被黄白色毛，头部被毛较长且稀疏，胸部背板和腹部背板被毛密。唇基刻点略大且稀疏，中胸背板和腹部背板刻点细密。雄性与雌性的主要区别：腹部背板暗绿色，具光泽，第 1–4 节端缘具白色毛带。

分布：宁夏（盐池）、北京、河北、山西、内蒙古、山东、甘肃；蒙古。

（905）棕黄腹隧蜂 *Halictus* (*Seladonia*) *varentzowi* Morawitz, 1894

体长 7.0–8.5 mm。雌性：头部黑色，具蓝色或绿色光泽；胸部具绿色光泽；腹部红褐色，背板各节后缘色较深；上颚基部黄色，端半部红褐色，上唇红褐色，触角鞭节腹面黄褐色；各足基节至腿节黑色，中足腿节腹面红褐色，各足胫节及股节黄褐色，前足胫节外侧中间黄色，后足胫节除基部黄褐色外，余部黑褐色，后足基跗节外侧黑褐色；翅透明，翅基片、翅脉及翅痣浅黄色。体被白色毛，胸部背板及腹部背板第 1–3 节较光滑，被毛短且稀。体背刻点细密，并胸腹节背面具不规则皱。雌性与雄性的主要区别：头、胸部黑色，无金属光泽。

分布：宁夏（盐池）、河北；土耳其，土库曼斯坦。

903. 尘绒毛隧蜂 *Halictus* (*Vestitohalictus*) *pulvereus* Morawitz, 1874; 904. 拟绒毛隧蜂 *Halictus* (*Vestitohalictus*) *pseudovestitus* Blüthgen, 1925; 905. 棕黄腹隧蜂 *Halictus* (*Seladonia*) *varentzowi* Morawitz, 1894

（906）半被毛隧蜂 *Halictus* (*Seladonia*) *semitectus* Morawitz, 1873

体长 4.8–5.7 mm。雄性：体黑褐色，具绿色金属光泽，腹部腹面红褐色；触角褐色，鞭节腹面黄褐色；上颚除末端、唇基端部及上唇黄色；翅透明，翅基片及翅痣浅黄色，翅脉褐色；各足基节至腿节褐色，各足胫节至跗节黄色，中、后足胫节内、外侧中部褐色。体被白色短毛；腹部背板第 1–4 节端缘具白色毛带；腹部腹板第 2–4 节端部具白色绒毛带。雌性与雄性的主要区别：腹部背板第 1–4 节端缘具黄白色毛带，第 1 节端毛带中部中断或变窄，第 5 节正中具纵向的中央条带。

分布：宁夏（盐池）、河北、新疆；蒙古，阿富汗，亚美尼亚，乌克兰，俄罗斯，波兰，匈牙利，奥地利，德国。

（907）雪带淡脉隧蜂 *Lasioglossum* (*Leuchalictus*) *niveocinctum* (Blüthgen, 1923)

体长 12.0 mm。雌性：体黑色；翅透明，翅基片淡红褐色，翅痣深红褐色。体被毛主要黄色，并胸腹节侧面被黄白色短毛，腹部背板第 2–4 背板前半部具白色毡毛。雄性与雌性的主要区别：体主要被灰白色毛，中胸背板及足胫、跗节被毛黄色。

分布：宁夏（盐池）、内蒙古、甘肃、新疆；蒙古，俄罗斯，哈萨克斯坦，土库曼斯坦，乌兹别克斯坦，塔吉克斯坦。

（908）拟隧淡脉隧蜂 *Lasioglossum* (*Ctenonomia*) *halictoides* (Smith, 1859)

体长 9.0–12.0 mm。头、胸部黑色，腹部红褐色，第 5 背板黑褐色；翅黄褐色透明，翅痣黄色；足红褐色，前足基节至腿节及中、后足基节黑色。颜面密被白色短毛，颊被稀疏白色短毛，颅顶及中胸背板近光滑，散乱被稀疏较短黄白毛；腹部背板近光滑，散乱被稀疏较短黄毛，端节被毛较长。

分布：宁夏（盐池）；印度，俄罗斯，土耳其，以色列，中亚，北非，欧洲。

906. 半被毛隧蜂 *Halictus* (*Seladonia*) *semitectus* Morawitz, 1873; 907. 雪带淡脉隧蜂 *Lasioglossum* (*Leuchalictus*) *niveocinctum* (Blüthgen, 1923); 908. 拟隧淡脉隧蜂 *Lasioglossum* (*Ctenonomia*) *halictoides* (Smith, 1859)

（909）白唇红腹蜂 *Sphecodes albilabris* (Fabricius, 1793)

体长 9.0–12.0 mm。头、胸部黑色，腹部红褐色，第 5 背板黑褐色；翅黄褐色透明，翅痣黄色；足红褐色，前足基节至腿节，中、后足基节黑色。颜面密被白色短毛，颊被稀疏白色短毛，颅顶及中胸背板近光滑，散乱被稀疏较短黄白毛；腹部背板近光滑，散乱被稀疏较短黄毛，端节被毛较长。

分布：宁夏（盐池）；印度，俄罗斯，土耳其，以色列，中亚，北非，欧洲。

（910）铁锈红腹蜂 *Sphecodes ferruginatus* von Hagens, 1882

体长 9.0 mm。体黑色；腹部背板第 1 节侧部及后缘、第 2 节、第 3 节侧部均红褐色，腹部腹板第 1–2 节红褐色；翅透明，翅脉及翅痣黄褐色。头、胸部密被白色短毛，腹部近光滑，端部几节后缘具稀疏短毛。头、胸部刻点较大且稀，腹部背板刻点细密。

分布：宁夏（盐池）；日本，俄罗斯，土耳其，欧洲。

（911）奥雅红腹蜂 *Sphecodes okuyetsu* Tsuneki, 1983

体长 5.0–8.0 mm。雌性：体黑色；上颚基部 2/3 红褐色，触角黑褐色；翅透明，翅基片、翅脉及翅痣淡红褐色；足基节至腿节黑褐色，胫节及跗节红色；腹部第 1–3 节红色，第 4–5 节黑色。上颚狭长，末端两齿，端齿尖锐；唇基近半圆形，略隆起，端部密被毛，基部刻点较细密，端部刻点大而稀疏；额刻点较密呈皱状，颅顶刻点略大且稀；中胸盾片及小盾片刻点大而稀疏，并胸腹节基部具网状皱；腹部各节背板基部具散乱小刻点，端部光滑。雄性与雌性的主要区别：足胫节淡褐色，跗节黄褐色；第 8

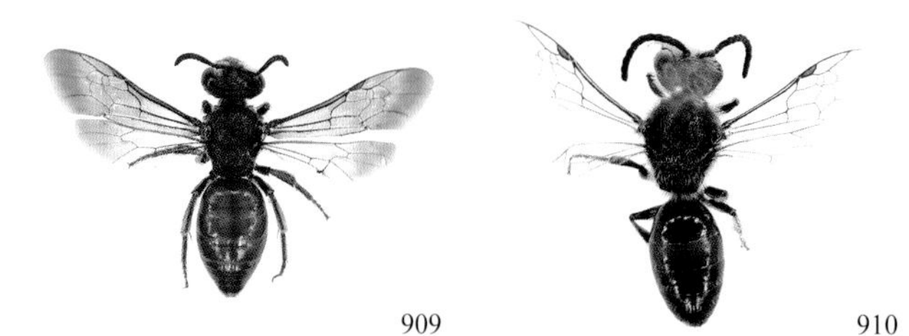

909. 白唇红腹蜂 *Sphecodes albilabris* (Fabricius, 1793); 910. 铁锈红腹蜂 *Sphecodes ferruginatus* von Hagens, 1882; 911. 奥雅红腹蜂 *Sphecodes okuyetsu* Tsuneki, 1983

腹板后缘浅或深凹，中部和后侧缘具小突起。

分布：宁夏（盐池）；日本，俄罗斯。

912. 痂红腹蜂 *Sphecodes scabricollis* Wesmael, 1835

（912）痂红腹蜂 *Sphecodes scabricollis* Wesmael, 1835

体长 6.0–10.5 mm。头、胸部黑色，腹部背板第 1–2 节红褐色，第 3–4 节红褐色至黑色，第 5 节黑色；上颚末端红褐色，触角鞭节红褐色至黑色；翅透明，翅基片及翅脉黄褐色，翅痣黑褐色；足红褐色。

分布：宁夏（盐池）；日本，俄罗斯，土耳其，欧洲。

（一百四十三）切叶蜂科 Megachilidae

切叶蜂名称来源于其大多数雌蜂用上颚切取叶片作为筑巢材料，英文俗名为 leafcutter。触角柄节长于第 1 鞭节，亚触角沟伸向触角窝外侧；唇基与体长轴平行，端部不下弯；上唇长大于宽，与唇基相连处宽；中唇舌端部具唇瓣；下唇须前两节长，呈鞘状，盔节很长，须后部长于须前部。中胸侧板无前侧缝和窝缝。前翅具 2 亚缘室，近等大。后足胫节无胫基板。雌性腹部腹面具整齐的腹毛刷，构成其采粉器；寄生类群无。切叶蜂科是重要的传粉昆虫，同时也是研究昆虫与植物协同进化的重要类群。

（913）花黄斑蜂 *Anthidium florentinum* (Fabricius, 1775)

体长 15.0 mm。体黑色，具黄斑，上颚（除齿黑色外）、唇基、眼侧、颅顶后侧斑、中胸背板基侧角及侧缘斑、小盾片基角及端部各 1 斑、翅基片前缘、前足和中足腿节下侧、后足腿节下侧端部 1/2、各足胫节外侧（除后足胫节外侧端半部）、腹部第 1–7 背板两侧斑均黄色；体毛少，额及胸部腹面被淡黄色长绒毛，腹部腹面具白色毛刷。上颚 5 齿，外齿尖而长；腹部第 4–7 背板两侧各具 1 齿，第 4 节的较小；第 7 背板端部中央具 1 小齿。采访植物：苜蓿、岩黄蓍、豆科、向日葵等植物。

分布：宁夏（盐池）、内蒙古、新疆；古北界广布。

（914）西藏裂爪蜂 *Chelostoma xizangensis* Wu, 1982

体长 7.0 mm。体黑色，翅透明，翅脉及翅痣黑褐色。体被毛灰白色，胸部被毛较密，腹部背板第 1–3 节端缘具白色毛带，中部宽中断。

分布：宁夏（盐池）、西藏。

（915）宽板尖腹蜂 *Coelioxys* (*Allocoelioxys*) *afra* Lepeletier, 1841

体长 8.0–9.0 mm。体黑色，腹部第 1–5 背板端部具白鳞毛带，第 1 节两侧具白色宽鳞毛带。头横宽，颅顶端缘凹陷宽；颅顶刻点粗大，颜面刻点细密；额脊明显，近光滑；唇基微隆起，末端具锯齿状小突起；上颚末端具 3 齿；触角第 2 鞭节长大于宽，以后各节近方形。中胸刻点粗大；小盾片末端中部圆滑，两侧角突出呈齿状。腹部近三角锥状，向末端渐狭，刻点细小；第 6 背板亚端部两侧具凹窝，纵脊位于端部 1/3 处，第 6 腹板略长于背板，末端中部具小缺刻。

分布：宁夏（盐池）、北京、河北、黑龙江、江苏、福建、山东、广西、海南、新疆；北非，欧洲，中亚，中东。

913. 花黄斑蜂 *Anthidium florentinum* (Fabricius, 1775); 914. 西藏裂爪蜂 *Chelostoma xizangensis* Wu, 1982; 915. 宽板尖腹蜂 *Coelioxys* (*Allocoelioxys*) *afra* Lepeletier, 1841

（916）短尾尖腹蜂 *Coelioxys* (*Boreocoelioxys*) *brevicaudata* Friese, 1935

体长 9.0–13.5 mm。体黑色；翅透明，黄褐色，翅脉深黄褐色。体被黄白色毛，颜面、颊、中胸侧面及并胸腹节被毛较密，腹部第 1–5 背板端缘具窄的浅黄色毛带，中部较狭。唇基网皱状，皱间刻点细小；颅顶及中胸背板刻点粗且密；腹部第 2 节至腹末具光滑中纵脊，第 1 节刻点较小而密，第 2–4 背板刻点大而稀，第 2–3 背板横沟完整，第 5 背板刻点较小，第 6 背板刻点细小且密；腹板末节端部近梯形。前足基节突短而钝；小盾片端部中央具较小钝突；腋突钝。

分布：宁夏（盐池）、北京、天津、河北、吉林、江苏、浙江、山东、云南。

（917）鳞尖腹蜂 *Coelioxys* (*Schizocoelioxys*) *squamigera* Friese, 1935

体长 10.0–11.0 mm。体黑色，具粗大刻点；翅透明，黄褐色，翅脉黄褐色至黑褐色。颜面被浅黄白色毛，胸部被白毛，腹部背板第 1–4 节端缘具黄白色毛带。颅顶端缘中部凹陷；小盾片两侧端缘具齿突；前足基节突长，末端钝；腹部第 5 背板端侧各具 1 短钝突，第 6 节基部两侧下缘各具 1 锐突，端部具 4 枚齿突，上侧 2 枚较宽钝，下侧 2 枚细长。采访植物：水柳、荆条。

分布：宁夏（盐池）、北京、河北、黑龙江、江苏、福建、山东。

（918）波氏拟孔蜂 *Hoplitis* (*Megalosmia*) *popovi* Wu, 2004

体长 9.0–10.0 mm。头、胸部黑色；翅透明，翅脉黄褐色；足黑色，各足胫节端部及跗节均红黄色；腹部红黄色。唇基密被浅黄毛，颊、颅顶及前胸密被黄褐色毛；腹部第 1 背板密被黄褐色毛，第 2–6 背板被稀疏短黄毛，腹毛刷浅黄色。上颚末端具 3 齿。采访植物：蜜刺花。

分布：宁夏（盐池）、内蒙古、甘肃。

916　　917　　918

916. 短尾尖腹蜂 *Coelioxys* (*Boreocoelioxys*) *brevicaudata* Friese, 1935; 917. 鳞尖腹蜂 *Coelioxys* (*Schizocoelioxys*) *squamigera* Friese, 1935; 918. 波氏拟孔蜂 *Hoplitis* (*Megalosmia*) *popovi* Wu, 2004

（919）戎拟孔蜂 *Hoplitis* (*Megalosmia*) *princeps* (Morawitz, 1872)

体长 13.0–15.0 mm。雌蜂：体黑色，翅黄色透明，端半部烟褐色，足胫节和跗节红黄色；体被黄色长毛，腹部第 1–4 背板端缘具黄色中断毛带，第 5 背板毛带完整，腹部腹面毛刷金黄色。上颚末端具 3 齿；唇基宽，刻点细密，端缘中部微凹。雄性与雌性主要区别：体毛色浅；中足腿节下表面中部具 1 三角形齿突。采访植物：紫花苜蓿。

分布：宁夏（盐池）、内蒙古、西藏、甘肃、新疆；蒙古，哈萨克斯坦，欧洲。

（920）黄鳞切叶蜂 *Megachile* (*Chalicodoma*) *derasa* Gerstäcker, 1869

体长 10.0–13.0 mm。雌蜂：体黑色；触角基部红褐色，端部黑褐色；翅黄色透明，近外缘色暗，翅脉黄褐色；足红褐色。唇基被稀疏浅黄色毛；颊、颅顶、胸部及腹部第 1 背板密被浅黄色毛；腹部第 2–6 被浅黄色鳞状毛；腹毛刷浅黄色。上颚末端具 4 齿；唇基端缘圆，边缘具小齿，刻点细密；颊、颅顶及中胸背板刻点较密。雄性与雌性主要区别：颊及唇基密被白色长毛；腹部腹面密被长毛繖，第 4 腹板端缘中央凹。采访植物：蒙古岩黄芪。

919　　920a　　920b

919. 戎拟孔蜂 *Hoplitis* (*Megalosmia*) *princeps* (Morawitz, 1872); 920. 黄鳞切叶蜂 *Megachile* (*Chalicodoma*) *derasa* Gerstäcker, 1869（a. 雄；b. 雌）

分布：宁夏（盐池）、北京、山西、内蒙古、山东、甘肃、青海、新疆；蒙古，哈萨克斯坦，欧洲。

（921）大和切叶蜂 *Megachile* (*Xanthosarus*) *japonica* Alfken, 1903

体长 12.0 mm。体黑色；翅黄褐色透明，翅痣黄色。体被黄白色长毛，颅顶杂黑色长毛；腹部背面各节端缘具白色窄毛带，腹面毛刷黄白色。上颚末端具 2 齿。采访植物：豆科植物的白三叶草、紫云英、紫藤花、披针叶黄华、柠条锦鸡儿。

分布：宁夏（盐池）、内蒙古；日本。

（922）小足切叶蜂 *Megachile* (*Xanthosaurus*) *lagopoda* (Linnaeus, 1761)

体长 13.0–16.0 mm。雌蜂：体黑色，翅褐色透明，翅脉深褐色。体主要被浅黄色毛，胸部颜色较深且密；腹部第 3–5 背板被黑毛，第 1–5 背板端缘具灰白色毛带；腹部腹面毛刷红黄色。上颚末端具 4 枚钝齿；唇基中央具光滑纵纹，两侧刻点密集；颅顶及颊刻点细密；中胸背板刻点略大。雄性与雌性主要区别：足较发达：前足腿节及胫节均粗大，腿节背面及跗节下表面被毛黑色，后足腿节及胫节均膨大，第 2–4 跗节球状。采访植物：豆科植物。

分布：宁夏（盐池）、北京、河北、山西、内蒙古、黑龙江、上海、江苏、江西、山东、甘肃、新疆。

（923）双斑切叶蜂 *Megachile* (*Eutricharaea*) *leachella* Curtis, 1828

体长 8.0–10.0 mm。雌蜂：体黑色，翅透明，翅脉黑褐色。体背面密被黄色毛，腹面密被灰白色毛；腹部各节端缘具浅黄色毛带，腹面毛刷白色。上颚末端具 4 齿；唇基中央具光滑纵纹，两侧刻点粗大；中胸背板及腹部刻点较唇基密而小。雄性与雌性主要区别：前足基节具 1 尖突，腿节宽，内表面凹；第 6 背板端部扁平，两侧有不规则小齿。采访植物：豆科的紫花苜蓿、紫穗槐、黄花草木樨、塔落岩黄芪；唇形科的香青兰。

分布：宁夏（盐池）、内蒙古、甘肃、新疆；欧洲，北非，北美洲。

921　922　923

921. 大和切叶蜂 *Megachile* (*Xanthosarus*) *japonica* Alfken, 1903; 922. 小足切叶蜂 *Megachile* (*Xanthosaurus*) *lagopoda* (Linnaeus, 1761); 923. 双斑切叶蜂 *Megachile* (*Eutricharaea*) *leachella* Curtis, 1828

（924）北方切叶蜂 *Megachile* (*Eutricharaea*) *manchuriana* Yasumatsu, 1939

体长 8.0–11.0 mm。雌蜂：体黑色，翅透明，翅脉黄褐色。体主要被白毛，颜面、颊、中胸侧面及并胸腹节被毛较密；颅顶被稀疏黑色毛；中、后足基跗节内侧毛刷红黄色；腹部第 3–6 背板被黑毛，第 1–5 背板端缘具白色毛带，中部较窄；腹部腹面毛刷灰白色。上颚末端具 4 齿；唇基中央具光滑纵纹，两侧刻点密集；中胸背板刻点较唇基大且稀；腹部刻点较小而稀，不均匀。雄性与雌性主要区别：腹部第 6 背板密被白绒毛，端缘锯齿状，侧缘各具 3–4 枚小齿。采访植物：苜蓿、黄花草木樨、中国槐、荆条、蒙古岩黄芪、水柳。

分布：宁夏（盐池）、北京、河北、内蒙古、黑龙江、山东、陕西。

（925）端切叶蜂 *Megachile* (*Eutricharaea*) *terminata* Morawitz, 1875

体长 6.0–8.0 mm。雌蜂：体黑色，翅透明，翅脉红褐色；颜面及颅顶被黄白色毛，胸、腹部被毛白色，腹部背面各节端缘被白毛带，腹面毛刷白色。上颚末端具 4 齿；唇基刻点粗，端缘钝；中胸背板刻点粗大；腹部刻点较小。雄性与雌性主要区别：上颚 2 齿；前足基节具钝突；胸部背板及腹部前两节被毛略染黄色。

分布：宁夏（盐池）、新疆；中亚。

（926）中国壁蜂 *Osmia* (*Helicosmia*) *chinensis* Morawitz, 1890

体长 10.0–11.0 mm。体黑色，具铜绿色闪光，翅褐色透明，翅脉深褐色。体主要被黄褐色毛，唇基、颊、中胸侧板被毛色较浅，黄白色。体刻点细密；上颚 2 齿，基齿宽钝，端齿尖；腹部第 7 背板后缘中不具凹刻，第 2 腹板宽大，第 3 节中部被第 2 节遮盖，两侧呈瓣状。

分布：宁夏（盐池）、甘肃。

924

925

926

924. 北方切叶蜂 *Megachile* (*Eutricharaea*) *manchuriana* Yasumatsu, 1939; 925. 端切叶蜂 *Megachile* (*Eutricharaea*) *terminata* Morawitz, 1875; 926. 中国壁蜂 *Osmia* (*Helicosmia*) *chinensis* Morawitz, 1890

（927）凹唇壁蜂 *Osmia excavata* Alfken, 1903

927. 凹唇壁蜂 *Osmia excavata* Alfken, 1903

体长 8.0–12.0 mm。雌蜂：体黑色，具绿色光泽；翅褐色透明，端半部烟褐色，翅脉深褐色。体密被长毛，颅顶及中胸背板背面被毛灰色，杂黑色长毛；眼侧及胸部侧面被毛浅黄色；足被毛黄色；腹部背面被毛灰褐色，端缘具浅黄色窄毛带，腹面毛刷黄色。上颚末端具 2 齿；唇基隆起，中央具三角形平滑凹，凹两侧刻点稀且浅；头部其他刻点较密；中胸背板及小盾片刻点较头部稀；腹部刻点细且稀。雄性与雌性主要区别：触角长，达腹基部；唇基不具凹；中足腿节下表面中央突起。采访植物：桃、苹果、梨、樱桃等。

分布：宁夏（盐池）、北京、河北、辽宁、上海、江苏、山东；朝鲜，日本。

（一百四十四）蜜蜂科 Apidae

体小至大型，长 2.0–39.0 mm；体表常被绒毛或由绒毛组成的毛带。下唇须第 1 节扁，等于或长于第 2 节；盔节须后部长于须前部；中唇舌端部具唇瓣；上唇一般宽大于长；唇基表面正常或隆起；一般不具颜窝；无亚触角区。中胸侧板具窝缝但无前侧缝；前翅亚缘室 2–3 个，后翅具臀叶，常有轭叶。后足胫节一般具胫基板，多数雌性后足胫节及基跗节着生长毛，构成采粉器。腹部可见节雌性 6 节，雄性 7 节。

（928）意大利蜜蜂 *Apis mellifera* Linnaeus, 1758

简称意蜂。工蜂体长 12.0–14.0 mm。上唇及唇基黑色，无明显黄斑；后翅中脉不分叉；腹部基部几节常具大黄斑。是我国养蜂产业中的主要蜂种。

分布：全国广布；欧洲。

（929）中华突眼木蜂 *Proxylocopa sinensis* Wu, 1983

体长：雌蜂 15.0–16.0 mm，雄蜂 15.0–17.0 mm。体黑色，翅烟色，翅基片黑褐色，翅脉深褐色。颜面及足被毛红褐色，胸部及腹部各节背板后缘被毛黄褐色；头顶后缘、胸部密被黄色长毛，腹部第 1 背板前缘被稀的黄毛，腹部末端后缘被黑毛。雄性体毛多为红褐色。采访植物：豆科牧草。

分布：宁夏（盐池）、山西、内蒙古、甘肃、青海。

（930）四条无垫蜂 *Amegilla quadrifasciata* (Villers, 1789)

体长 15.0 mm。雌性：体黑色，上颚基半部、上唇除基部 2 小黑斑、唇基端缘及中纵带和下缘 1 钝三角形斑均黄色；头部眼侧区、后头及胸部背面均密被黄色绒毛；单眼周围及颅顶杂黑色毛；中胸侧板、前足腿节至第 1 跗节外侧及中、后足胫节外侧均被白毛，足的余下各节均被黑毛；腹部第 1–4 背板后缘具白色绒毛带；第 5 背板两侧被白毛，其他各节背板被黑毛。上颚具 2 齿；唇基突起，刻点较大；中胸背板刻点细密；腹部具臀板，各节背板刻点细小稀疏。雄性与雌性的区别主要是雄性头部黄斑较多。采访植物：荆条、豆科植物。

分布：宁夏（盐池）、北京、河北、山西、内蒙古、甘肃、新疆；印度，缅甸，斯里兰卡，古北区南部。

（931）八齿四条蜂 *Tetralonia dentata* Klug, 1835

体长 13.0 mm，体黑色，上颚基部及端部、唇基和上唇均浅黄色；上颚中部及腹部第 1–5 背板端缘红褐色；翅透明，翅脉褐色；头、胸部及腹部第 1 背板被白色至黄白色绒毛，腹部第 2–4 节基部被白毡毛，第 5 背板几全被白毡毛，第 6 背板被黄白色绒毛；足毛刷白色。腹部第 2–3 背板侧缘有脊突，第 4–6 背板侧缘脊突端部呈尖齿状；臀板两侧具脊，端缘平截。

分布：宁夏（盐池）、河北、内蒙古、黑龙江；欧洲。

（932）黑白条蜂 *Anthophora erschowi* Fedtschenko, 1875

体长 14.0 mm，体黑色；上唇（除基部两侧角小圆斑）和唇基（除前幕骨陷处小黑斑）及它们两侧与复眼所夹颜面、触角柄节腹面均黄色；翅透明，翅脉红褐色；颜面被毛黄白色，颅顶、胸部背面、腹部第 1 背板、各足胫节及前足腿节均被金黄色毛；腹部被黑色毛，第 2–3 背板端缘具白毛带，第 3 节白毛带有时中断，第 2 背板侧缘具白毛带，中部具黄色和黑色毛，腹部第 2–5 腹板后缘侧面具白色毛。中足基跗节外侧具密黑毛撮，末跗节两侧具黑色长毛；后足基跗节两侧具黑色长毛。唇基密被细刻点，端缘中部较稀；触角第 1 鞭节长于节 2+3+4；臀板红褐色，具侧脊，向端部渐窄，末端圆滑。

分布：宁夏（盐池）、北京、河北、内蒙古、辽宁、吉林、黑龙江、新疆；欧洲，北非，俄罗斯。

928. 意大利蜜蜂 *Apis mellifera* Linnaeus, 1758; 929. 中华突眼木蜂 *Proxylocopa sinensis* Wu, 1983; 930. 四条无垫蜂 *Amegilla quadrifasciata* (Villers, 1789)（a. 标本照；b. 访花生态照）; 931. 八齿四条蜂 *Tetralonia dentata* Klug, 1835; 932. 黑白条蜂 *Anthophora erschowi* Fedtschenko, 1875

（933）黑颚条蜂 *Anthophora melanognatha* Cockerell, 1911

体长：雌性 16.0–17.0 mm，雄性 13.0–14.0 mm。雌性：体黑色；翅透明，翅脉红褐色；头部及胸部被灰白色毛，杂黑褐色毛；腹部第 1–4 背板端缘具白毛带，第 1–3 背板被灰白色毛，第 2 背板端半部及第 3 背板杂灰褐色毛，第 4 背板主要被灰褐色毛，杂灰白色毛，第 5 背板主要被黑褐色毛，两侧被灰白色毛；腹部第 1–3 腹板后缘具灰白色毛，第 4–5 腹板后缘具红褐色及灰白色毛。前足腿节及胫节外侧具黄色长毛；中足及后足胫节及跗节外侧被金黄色毛，内侧毛黑褐色。上颚黑色，具 2 齿；臀板舌状，表面具细横皱。雄性与雌性主要区别：雄性上唇（除基侧黑圆斑及两侧缘黑带）、唇基（除两侧缘黑带）、眼侧区叉状斑、额唇基横纹及触角柄节腹面均黄色；中、后足金黄色被毛较细长；中足基跗节末端两侧被 1 撮黑毛，中足端跗节两侧杂长的黑毛；腹部第 7 背板端缘两侧具齿突。

分布：宁夏（盐池）、河北、辽宁、江苏、浙江、甘肃、青海。

（934）沙漠条蜂 *Anthophora deserticola* Morawitz, 1873

体长 14.0–15.0 mm，体黑色；上颚基部、上唇（除基部两侧黑色小圆斑）、唇基（除幕骨陷处黑斑）、额唇基横纹及触角柄节腹面均为浅黄色；翅透明，浅黄色，翅脉褐色；体被黄色至金黄色毛，上唇及颊下部被黄白色毛，第 4–6 腹板中部具 1 撮红褐色毛簇；第 7 背板末端两侧各具 1 齿突；后基跗节内侧基部具 1 大齿突。采访植物：黄芪。

分布：宁夏（盐池）、内蒙古、新疆；中亚。

（935）黄跗条蜂 *Anthophora fulvitarsis* Brullé, 1832

体长 16.0 mm，体黑色；上颚基半部上侧、上唇（除基部两侧角小圆斑）和唇基（除前幕骨陷处小黑斑）、眼侧（触角窝以下）、额唇基横纹、触角柄节腹面均黄色；翅透明，翅脉褐色；颜面及颊被白色长毛，颅顶、胸部被灰褐色密长毛，杂黑色长毛；腹部第 1–6 背板端缘具白毛带，第 5、第 6 节白毛带中断，第 1、第 2 背板被黄白色毛，第 3–7 节被黑色毛；腹部第 2–5 腹板后缘侧面具白色毛。足被毛大部分黄白色；中足基跗节内侧具黑毛撮，外侧具短而密的黑毛及黄色长毛；末跗节两侧具黑色长毛；后足基跗节两侧具黑色长毛。触角第 1 鞭节长于节 2+3+4；第 7 背板末端两侧各具 1 齿突。采访植物：三叶草等豆科植物。

分布：宁夏（盐池）、内蒙古、甘肃、青海、新疆；欧洲，北非。

933. 黑颚条蜂 *Anthophora melanognatha* Cockerell, 1911; 934. 沙漠条蜂 *Anthophora deserticola* Morawitz, 1873; 935. 黄跗条蜂 *Anthophora fulvitarsis* Brullé, 1832

（936）毛跗黑条蜂 *Anthophora plumipes* (Pallas, 1772)

体长 14.0 mm，体黑色；翅透明，翅脉褐色。颜面、额、胸部背板及腹部第 1 背板被灰黄色毛，杂黑色毛；颅顶被黑色毛；腹部第 2–5 节被红褐色毛；足胫节及跗节被黄色毛。采访植物：油茶、桃、梨、樱桃、黄芪、迎春花。

分布：宁夏（盐池）、北京、河北、辽宁、江苏、浙江、安徽、福建、江西、湖北、广东、广西、四川、贵州、云南、西藏、甘肃、青海、新疆；日本，欧洲，北非。

（937）北京回条蜂 *Habropoda pekinensis* Cockerell, 1911

体长 17.0 mm，体黑色；翅透明，翅脉褐色；头部（除颊被白长毛）、胸部及腹部第 1 节密被黄色长毛；足被黄毛，后足胫节及基跗节毛刷红黄色；腹部第 1–4 背板具白色宽毛带；第 5 节端缘及臀板两侧被红黄色毛。采访植物：三叶草等豆科植物。

分布：宁夏（盐池）、北京、福建、山东、甘肃。

（938）跗绒斑蜂 *Epeolus tarsalis* Morawitz, 1874

体长 6.0–7.5 mm。雌性：体黑色，具白毛斑；上颚除末端、上唇中部扇形区域、触角第 1 节和第 3 节腹面、前胸背板背面、中胸背板侧缘和后缘中部、中胸侧板、小盾片、后盾片、翅基片、足、腹部背板第 1–2 节侧缘及腹板第 1–2 节均红褐色；中、后足距黑色；触角窝周围、前胸背板背部、中胸背板中部 2 短纵纹和后侧角及后足胫节外侧被白色鳞毛；腹部背板第 1 节白毛斑位于端半部两侧，指状，第 2 背板白毛斑与第 1 节相似，中部缢缩，第 3 背板在两侧有 1 小白毛斑，中部两侧具 2 大白毛斑，第 4 背板中部两侧具 2 大白毛斑，第 5 背板在两侧有 1 小白毛斑；腹部腹面第 1–2 节后缘两侧及第 3 节后缘被白色鳞毛。雄性与雌性的区别：雄性体黑色；颜面密被银白色鳞毛，体腹面被毛白色，体背面被毛黄白色，腹部背板毛斑较雌性发达：第 1 节基部有黄白色毛带与后缘黄白色斑相连，第 2–4 背板后缘具黄白色毛带，中部不相连，第 5、第 6 节被黄白色鳞毛。

分布：宁夏（盐池）；蒙古，韩国，日本，俄罗斯（远东），奥地利，比利时，保加利亚，捷克，法国，匈牙利，意大利，荷兰，罗马尼亚，斯洛伐克。

（939）黄角艳斑蜂 *Nomada fulvicornis* Fabricius, 1793

体长 10.0–14.0 mm。体黑色；上颚、上唇、颜面侧缘与唇基下缘构成的“W”形纹、触角、翅基片、中胸背板与翅基片相邻缘及中胸侧板中下部均红褐色；前胸背板背部、中胸两前侧角、小盾片两侧斑及并胸腹节斜坡中部两小斑均黄色；足红褐色，前、中足腿节腹面基部及后足腿节腹面黑色。腹部背板第 1 节基部 2/5 和后缘黑色，端部 3/5 红褐色，基部 2/5 略后两侧具黄色圆斑；第 2–5 背板黄色，第 2–3 节具红褐色“工”形纹，后缘黑色，第 4 节后缘红褐色，杂黑色；腹部腹板红褐色，第 1–4 腹板后缘黑色。

分布：宁夏（盐池）；日本，巴基斯坦，土库曼斯坦，乌兹别克斯坦，俄罗斯，北非，亚美尼亚，格鲁吉亚，阿塞拜疆，土耳其，阿联酋。

（940）古登艳斑蜂 *Nomada goodeniana* (Kirby, 1802)

体长 10.0–13.0 mm。体黑色；具黄斑；唇基、前胸背板背面、后小盾片后缘中部及腹部背板第 1–4 节后缘带、第 5 节全部和臀板均浅黄色；翅基片及中胸小盾片两侧斑黄褐色；上颚、翅脉及足红褐色。上颚末端具齿；后足腿节末端具 2 小刺。

分布：宁夏（盐池）；阿塞拜疆，土耳其，吉尔吉斯斯坦，哈萨克斯坦，俄罗斯，欧洲。

936. 毛跗黑条蜂 *Anthophora plumipes* (Pallas, 1772); 937. 北京回条蜂 *Habropoda pekinensis* Cockerell, 1911; 938. 跗绒斑蜂 *Epeolus tarsalis* Morawitz, 1874（a. 雌；b. 雄）; 939. 黄角艳斑蜂 *Nomada fulvicornis* Fabricius, 1793; 940. 古登艳斑蜂 *Nomada goodeniana* (Kirby, 1802)

（941）盗熊蜂 *Bombus* (*Thoracobombus*) *filchnerae* Vogat, 1908

体长 15.0 mm。体黑色;头部及各足被毛黑色;胸部和腹部被毛黄色，胸部背板在两前翅之间毛带黑色。为多种植物传粉。

分布: 宁夏、河北、山西、内蒙古、甘肃、青海、新疆。

（942）火红熊蜂 *Bombus* (*Melanobombus*) *pyrosoma* Morawitz, 1890

体长 13.5–23.0 mm。体黑色；上唇端缘毛丛及各足跗节端部 4 节黄褐色；胸部背板在两前翅之间毛带色浅，杂白色；中胸腹板及各足转节腹面具白色毛；腹部 T2–T6 背板红褐色。为多种植物传粉。

分布: 宁夏、北京、河北、山西、内蒙古、辽宁、河南、湖北、重庆、四川、陕西、甘肃、青海。

（943）小雅熊蜂 *Bombus* (*Pyrobombus*) *lepidus* Skorikov, 1912

体长 16.0 mm。体黑色;唇基及后头被毛亮黄色，额及颊被毛黑色;胸部和腹部第 1–3 背板被毛亮黄色，胸部背板在两前翅之间毛带黑色，腹部第 4–6 背板橘红色；足被毛黑色。为多种植物传粉。

分布: 宁夏、四川、云南、西藏、甘肃、青海。

（944）明亮熊蜂 *Bombus* (*Bombus*) *lucorum* (Linnaeus, 1761)

体长 14.5–24.0 mm。体黑色；胸、腹背面橙黄色，胸部背板在两前翅之间毛带灰白色，杂黑色毛，腹板 T3–T4 及 T6 背板黑色，T5 背板灰白色。为多种植物传粉。

分布: 宁夏、内蒙古、新疆。

941. 盗熊蜂 *Bombus* (*Thoracobombus*) *filchnerae* Vogat, 1908; 942. 火红熊蜂 *Bombus* (*Melanobombus*) *pyrosoma* Morawitz, 1890; 943. 小雅熊蜂 *Bombus* (*Pyrobombus*) *lepidus* Skorikov, 1912（a. 标本照；b, c. 访花生态照）; 944. 明亮熊蜂 *Bombus* (*Bombus*) *lucorum* (Linnaeus, 1761)

（945）西伯熊蜂 *Bombus* (*Sibiricobombus*) *sibiricus* (Fabricius, 1781)

体长 15.5–17.0 mm。体黑色；胸、腹部背面橙黄色，胸部背板在两前翅之间毛带红褐色，腹部 T4–T6 背板红褐色。为多种植物传粉。

分布：宁夏、河北、内蒙古、陕西、甘肃、新疆。

（946）猛熊蜂 *Bombus* (*Subterraneobombus*) *difficillimus* Skorikov, 1912

体长 15.0–23.0 mm。体黑色；胸部背板除两前翅之间毛带黑色外橙黄色，腹部背板 T1–T2 橙黄色。为多种植物传粉。

分布：宁夏、甘肃、青海、新疆。

（947）密林熊蜂 *Bombus* (*Bombus*) *patagiatus* Nylander, 1848

体长 12.5 mm。体灰褐色；胸、腹部背面灰白色，胸部背板在两前翅之间毛带灰褐色，腹部 T3–T4 背板被毛灰褐色。为多种植物传粉。

分布：宁夏、北京、河北、山西、内蒙古、辽宁、吉林、黑龙江、陕西、甘肃、青海。

945. 西伯熊蜂 *Bombus* (*Sibiricobombus*) *sibiricus* (Fabricius, 1781); 946. 猛熊蜂 *Bombus* (*Subterraneobombus*) *difficillimus* Skorikov, 1912; 947. 密林熊蜂 *Bombus* (*Bombus*) *patagiatus* Nylander, 1848

主要参考文献

白晓拴, 彩万志, 能乃扎布. 2013. 内蒙古贺兰山地区昆虫. 呼和浩特: 内蒙古人民出版社.
彩万志, 庞雄飞, 花保祯, 等. 2001. 普通昆虫学. 北京：中国农业大学出版社.
长有德, 贺答汉. 1998. 宁夏荒漠地区蚂蚁种类及分布. 宁夏农学院学报, 19(04): 12–15.
陈家骅, 杨建全. 2006. 中国动物志 昆虫纲 第四十六卷 膜翅目 茧蜂科 窄径茧蜂亚科. 北京: 科学出版社.
陈守坚. 1984. 我国步甲常见属的检索. 昆虫天敌, 6(3): 165–180.
陈学新, 何俊华, 马云. 2004. 中国动物志 昆虫纲 第三十七卷 膜翅目 茧蜂科（二）. 北京: 科学出版社.
陈一心. 1999. 中国动物志 昆虫纲 第十六卷 鳞翅目 夜蛾科. 北京: 科学出版社.
陈一心, 马文珍. 2004. 中国动物志 昆虫纲 第三十五卷 革翅目. 北京: 科学出版社.
方承莱. 2000. 中国动物志 昆虫纲 第十九卷 鳞翅目 灯蛾科. 北京: 科学出版社.
高兆宁. 1999. 宁夏农业昆虫图志（第三集）. 北京: 中国农业出版社.
韩红香, 薛大勇. 2011. 中国动物志 昆虫纲 第五十四卷 鳞翅目 尺蛾科 尺蛾亚科. 北京: 科学出版社.
何俊华, 陈学新, 马云. 2000. 中国动物志 昆虫纲 第十八卷 膜翅目 茧蜂科（一）. 北京: 科学出版社.
华立中, 奈良一, 塞缪尔森 GA, 等. 2009. 中国天牛（1406 种）彩色图鉴. 广州: 中山大学出版社.
黄春梅, 成新跃. 2012. 中国动物志 昆虫纲 第五十卷 双翅目 食蚜蝇科. 北京: 科学出版社.
江世宏, 王书永. 1999. 中国经济叩甲图志. 北京: 中国农业出版社.
李鸿昌, 夏凯龄. 2006. 中国动物志 昆虫纲 第四十三卷 直翅目 蝗总科 斑腿蝗科. 北京: 科学出版社.
李后魂. 2002. 中国麦蛾（一）. 天津: 南开大学出版社.
李后魂, 等. 2012. 秦岭小蛾类. 北京: 科学出版社.
李后魂, 郝淑莲, 胡冰冰, 等. 2020. 八仙山森林昆虫. 北京: 科学出版社.
李后魂, 胡冰冰, 梁之聘, 等. 2009. 八仙山蝴蝶. 北京: 科学出版社.
李后魂, 王淑霞. 2009. 河北动物志 鳞翅目 小蛾类. 北京: 中国农业科学技术出版社.
李后魂, 杨彩霞. 1996. 中国麦蛾二新纪录种（鳞翅目：麦蛾科）. 西北农业学报, 5(1): 27–30.
李剑, 任国栋, 于有志. 1999. 宁夏草原昆虫区系分析及生态地理分布特点. 河北大学学报（自然科学版）, 19(4): 410–415.
李铁生. 1985. 中国经济昆虫志 第三十册 膜翅目 胡蜂总科. 北京: 科学出版社.
李兆华, 李亚哲. 1990. 甘肃蚜蝇科图志. 北京: 中国展望出版社.
刘广瑞, 章有为, 王瑞. 1997. 中国北方常见金龟子彩色图鉴. 北京: 中国林业出版社.
刘国卿, 郑乐怡. 2014. 中国动物志 昆虫纲 第六十二卷 半翅目 盲蝽科（二）合垫盲蝽亚科. 北京: 科学出版社.
刘家宇, 李后魂. 2010. 中国裸斑螟属分类研究（鳞翅目：螟蛾科：斑螟亚科）. 动物分类学报, 35(3): 619–626.
刘银忠, 赵建铭. 1998. 山西省寄蝇志. 北京: 科学出版社.
刘友樵, 李广武. 2002. 中国动物志 昆虫纲 第二十七卷 鳞翅目 卷蛾科. 北京: 科学出版社.
刘友樵, 武春生. 2006. 中国动物志 昆虫纲 第四十七卷 鳞翅目 枯叶蛾科. 北京: 科学出版社.

陆宝麟. 1997. 中国动物志 昆虫纲 第八卷 双翅目 蚊科（上）. 北京: 科学出版社.
马克平. 2015. 中国生物多样性编目取得重要进展. 生物多样性, 23(02): 137–138.
能乃扎布. 1999. 内蒙古昆虫. 呼和浩特: 内蒙古人民出版社.
聂瑞娥, 白明, 杨星科. 2019. 中国甲虫研究七十年. 应用昆虫学报, 56(05): 884–906.
任国栋. 2003. 中国皮金龟科分类研究（鞘翅目：金龟总科）. 昆虫分类学报, 25(02): 109–117.
任国栋, 白兴龙, 白玲. 2019. 宁夏甲虫志. 北京: 电子工业出版社.
任国栋, 王希蒙, 何兴东, 等. 1988. 盐池县昆虫地理区划和分析. 宁夏大学学报（农业科学版）, (2): 93–97.
任国栋, 于有志. 1999. 中国荒漠半荒漠的拟步甲科昆虫. 保定: 河北大学出版社.
任顺祥, 王兴民, 庞虹, 等. 2009. 中国瓢虫原色图鉴. 北京: 科学出版社.
申效诚, 刘新涛, 任应党, 等. 2013. 中国昆虫区系的多元相似性聚类分析和地理区划. 昆虫学报, 56(8): 896–906.
盛茂领, 孙淑萍. 2014. 辽宁姬蜂志. 北京: 科学出版社.
盛茂领, 孙淑萍, 李涛. 2016. 西北地区荒漠灌木林害虫寄生性天敌昆虫图鉴. 北京: 北京林业出版社.
隋敬之, 孙洪国. 1984. 中国习见蜻蜓. 北京: 农业出版社.
谭娟杰, 虞佩玉, 李鸿兴, 等. 1980. 中国经济昆虫志 第十八册 鞘翅目 叶甲总科（一）. 北京: 科学出版社.
唐觉, 李参, 黄恩友, 等. 1995. 中国经济昆虫志 第四十七册 膜翅目 蚁科（一）. 北京: 科学出版社.
王建义, 武三安, 唐桦, 等. 2009. 宁夏蚧虫及其天敌. 北京: 科学出版社.
王小奇, 方红, 张治良. 2012. 辽宁甲虫原色图鉴. 沈阳: 辽宁科学技术出版社.
王心丽, 詹庆斌, 王爱芹. 2018. 中国动物志 昆虫纲 第六十八卷 脉翅目 蚁蛉总科. 北京: 科学出版社.
王新谱, 杨贵军. 2010. 宁夏贺兰山昆虫. 银川: 宁夏人民出版社.
吴福桢, 高兆宁, 郭予元. 1978. 宁夏农业昆虫图志（修订本）. 银川: 宁夏人民出版社.
吴福桢, 高兆宁, 郭予元. 1982. 宁夏农业昆虫图志（第二集）. 银川: 宁夏人民出版社.
吴燕如. 1965. 中国经济昆虫志 第九册 膜翅目 蜜蜂总科. 北京: 科学出版社.
吴燕如. 2000. 中国动物志 昆虫纲 第二十卷 膜翅目 准蜂科 蜜蜂科. 北京: 科学出版社.
吴燕如. 2006. 中国动物志 昆虫纲 第四十四卷 膜翅目 切叶蜂科. 北京: 科学出版社.
吴燕如, 周勤. 1996. 中国经济昆虫志 第五十二册 膜翅目 泥蜂科 北京: 科学出版社.
武春生, 方承莱. 2003. 中国动物志 昆虫纲 第三十一卷 鳞翅目 舟蛾科. 北京: 科学出版社.
萧采瑜, 等. 1977. 中国蝽类昆虫鉴定手册（半翅目 异翅亚目）第一册. 北京: 科学出版社.
萧采瑜, 任树芝, 郑乐怡, 等. 1981. 中国蝽类昆虫鉴定手册（半翅目 异翅亚目）第二册. 北京: 科学出版社.
辛明, 马永林, 贺达汉. 2011. 宁夏蚁科昆虫区系研究. 宁夏大学学报（自然科学版）, 32(4): 403–407, 412.
徐振国, 金涛, 刘小利. 1999. 宁夏地区六种透翅蛾及一新种记述（鳞翅目：透翅蛾科）. 西北农业学报, 8(1): 7–10.
薛大勇, 朱弘复. 1999. 中国动物志 昆虫纲 第十五卷 鳞翅目 尺蛾科 花尺蛾亚科. 北京: 科学出版社.
薛万琦, 赵建铭. 1996. 中国蝇类（上、下册）. 沈阳: 辽宁科学技术出版社.
杨彩霞, 刘育钜. 1992. 宁夏象甲初步调查及常见种的危害. 宁夏农林科技, 6: 12–15.
杨定, 姚刚, 崔维娜. 2012. 中国蜂虻科志. 北京: 中国农业大学出版社.
杨定, 张婷婷, 李竹. 2014. 中国水虻总科志. 北京: 中国农业大学出版社.
杨定, 张泽华, 张晓. 2013. 中国草原害虫图鉴. 北京: 中国农业科学技术出版社.
杨贵军, 王新谱, 仇智虎. 2011. 宁夏罗山昆虫. 宁夏: 阳光出版社.
杨集昆. 1977. 华北灯下蛾类图志（上）. 北京: 华北农业大学出版社.
杨星科, 葛斯琴, 王书永, 等. 2014. 中国动物志 昆虫纲 第六十一卷 鞘翅目 叶甲科 叶甲亚科. 北京: 科学出版社.

杨星科, 杨集昆, 李文柱. 2005. 中国动物志 昆虫纲 第三十九卷 脉翅目 草蛉科. 北京: 科学出版社.

印象初, 夏凯龄. 2003. 中国动物志 昆虫纲 第三十二卷 直翅目 蝗总科 槌角蝗科 剑角蝗科. 北京: 科学出版社.

尤万学, 何兴东, 张维军, 等. 2016. 宁夏哈巴湖国家级自然保护区综合科学考察报告. 天津: 南开大学出版社.

虞佩玉, 王书永, 杨星科. 1996. 中国经济昆虫志 第五十四册 鞘翅目 叶甲总科（二）. 北京: 科学出版社.

张大治, 代金霞, 杨贵军, 等. 2007. 宁夏的蜻蜓目昆虫资源. 安徽农业科学, 35(27): 8538–8539.

张广学, 钟铁森. 1983. 中国经济昆虫志 第二十五册 同翅目 蚜虫类（一）. 北京: 科学出版社.

张蓉, 魏淑花, 高立原, 等. 2014. 宁夏草原昆虫原色图鉴. 北京: 中国农业科学技术出版社.

赵亚楠, 贺海明, 王新谱. 2012. 宁夏芫菁种类记述（鞘翅目, 芫菁科）. 农业科学研究, 33(02): 35–39.

赵养昌, 陈元清. 1980. 中国经济昆虫志 第二十册 鞘翅目 象虫科（一）. 北京: 科学出版社.

赵仲苓. 2003. 中国动物志 昆虫纲 第三十卷 鳞翅目 毒蛾科. 北京: 科学出版社.

郑乐怡, 归鸿. 1999. 昆虫分类学（上, 下）. 南京: 南京师范大学出版社.

郑乐怡, 吕楠, 刘国卿, 等. 2004. 中国动物志 昆虫纲 第三十三卷 半翅目 盲蝽科 盲蝽亚科. 北京: 科学出版社.

郑哲民, 万力生. 1992. 宁夏蝗虫. 西安: 陕西师范大学出版社.

郑哲民, 夏凯龄. 1998. 中国动物志 昆虫纲 第十卷 直翅目 蝗总科 斑翅蝗科 网翅蝗科. 北京: 科学出版社.

周嘉熹, 屈邦选, 王希蒙. 1994. 西北森林害虫及防治. 西安: 陕西科学技术出版杜.

周尧, 花保祯. 1986. 中国线角木蠹蛾属三新种（鳞翅目: 木蠹蛾科）. 昆虫分类学报, 8(1, 2): 67–72.

周尧, 路进生, 黄桔, 等. 1985. 中国经济昆虫志 第三十六册 同翅目 蜡蝉总科. 北京: 科学出版社.

朱弘复, 王林瑶. 1997. 中国动物志 昆虫纲 第十一卷 鳞翅目 天蛾科. 北京: 科学出版社.

朱笑愚, 吴超, 袁勤. 2012. 中国螳螂. 北京: 西苑出版社.

Bidzilya O. 2005. A review of the genus *Metanarsia* Staudinger, 1871 (Gelechiidae). Nota lepidopterologica, 27(4): 273–297.

Bidzilya O. 2010. A new genus of gelechiid moths (Lepidoptera, Gelechiidae) from Central Asia. Zootaxa, 2502(1): 47–55.

Bidzilya O, Li HH. 2009. A review of the genus *Athrips* Billberg (Lepidoptera, Gelechiidae) in China. Deutsche Entomologische Zeitschrift, 56(2): 323–333.

Bidzilya O, Li HH. 2010a. Review of the genus *Agnippe* (Lepidoptera, Gelechiidae) in the Palaearctic Region. European Journal of Entomology, 107: 247–265.

Bidzilya O, Li HH. 2010b. The genus *Scrobipalpa* Janse (Lepidoptera, Gelechiidae) in China, with descriptions of 13 new species. Zootaxa, 2513: 1–26.

Bouchard P, Bousquet Y, Davies AE, et al. 2011. Family-group names in Coleoptera (Insecta). ZooKeys, 88: 1–972.

Choi IJ, Lim JG, Park JY, et al. 2016. Study on the genus *Daptus* ground-beetles (Coleoptera: Carabidae) from Korea. Journal of Asia-Pacific Biodiversity, 9(1): 34–38.

Cianferoni F. 2013. Distribution of *Cymatia rogenhoferi* (Fieber, 1864) (Hemiptera, Heteroptera, Corixidae) in the West-Palaearctic Region, with the first record for the Italian mainland. North Western Journal of Zoology, 9(2): 245–249.

Gaedike R. 2016. New and poorly known Acrolepiinae from the Palaearctic, Afrotropical, Neotropical and Oriental regions (Lepidoptera: Glyphipterigidae). Beiträge zur Entomologie, 66(2): 257–264.

Gorbunov OG, Arita Y. 1995. Review of the genus *Scalarignathia* Capuse, 1973 (Lepidoptera, Sesiidae) from the Far East of Russia. Lepidoptera Science, 45(4): 255–262.

Jin Q, Wang SX, Li HH. 2013. Review of the genus *Ypsolopha* Latreille, 1796 from China (Lepidoptera: Ypsolophidae). Zootaxa, 3705(1): 1–91.

Karsholt O, Rutten T. 2005. The genus *Bryotropha* Heinemann in the western Palaearctic (Lepidoptera: Gelechiidae). Tijdschrift voor Entomologie, 148(1): 77–207.

Kataev BM. 1997. Ground-beetles of the genus *Harpalus* Latreille, 1802 (Insecta, Coleoptera, Carabidae) from East Asia. Steenstrupia, 23: 123–160.

Kazenas V. 2001. A key to the identification of *Cerceris* Latreille (Hymenoptera, Sphecidae) of Kazakhstan and Middle Asia. Tethys Entomological Research, 3: 115–134.

Kim JK, Yamane S. 2001. A revision of *Eumenes* Latreille (Hymenoptera: Vespidae) from the Far East Asia, with descriptions of one new species and one new subspecies. Entomological Science, 4(2): 139–155.

Kostjuk IY, Zolotuhin VV. 1994. A contribution to the fauna of Mongolian *Phyllodesma* Hübner, 1820 species (Lepidoptera, Lasiocampidae). Atalanta, 25(1/2): 297–305.

Lackner T. 2010. Review of the Palaearctic genera of Saprininae (Coleoptera: Histeridae). Acta Entomologica Musei Nationalis Pragae, 50(1): 1–254.

Lee GE, Li HH, Han TM, et al. 2018. A taxonomic review of the genus *Palumbina* Rondani, 1876 (Lepidoptera, Gelechiidae, Thiotrichinae) from China, with descriptions of twelve new species. Zootaxa, 4414(1): 1–73.

Li HH, Bidzilya O. 2017. Review of the genus *Gnorimoschema* Busck, 1900 (Lepidoptera, Gelechiidae) in China. Zootaxa, 4365(2): 173–195.

Li HH, Bidzilya O. 2019. New species and new records of the genus *Scrobipalpa* Janse (Lepidoptera, Gelechiidae) from China. ZooKeys, 840: 101–131.

Li Y, Wang ZL, Guo JJ, et al. 2014. Contribution to the knowledge of seed-beetles (Coleoptera, Chrysomelidae, Bruchinae) in Xinjiang, China. ZooKeys, 2014(466): 13–28.

Liu TT, Wang SX, Li HH. 2017. Review of the genus *Argyresthia* Hübner, [1825] (Lepidoptera: Yponomeutoidea: Argyresthiidae) from China, with descriptions of forty-three new species. Zootaxa, 4292(1): 1–135.

Lou K, You WX, Huang ZL, et al. 2018. Notes on scythridid moths in Habahu National Nature Reserves, with description of one new species (Lepidoptera: Scythrididae). Zootaxa, 4369(3): 349–362.

Lou K, Yu D, You WX, et al. 2019. Taxonomic study of the genus *Eretmocera* Zeller, 1852 (Lepidoptera: Scythrididae) from China, with descriptions of three new species. Zootaxa, 4624(2): 205–218.

Maddison DR. 2012. Phylogeny of *Bembidion* and related ground beetles (Coleoptera: Carabidae: Trechinae: Bembidiini: Bembidiina). Molecular Phylogenetics and Evolution, 63(3): 533–576.

Makarov KV, Sundukov YN, Korepanov MK. 2019. A review of the genus *Odacantha* (Coleoptera, Carabidae) of the Russian Far East. Far Eastern Entomologist (380): 8–19.

Minkina Ł, Král D. 2018. *Rhyssemus transcaucasicus* sp. nov. (Coleoptera: Scarabaeidae: Aphodiinae) from Georgia. Klapalekiana, 54: 61–70.

Rédei D. 2018. A review of the species of the tribe Chorosomatini of China (Hemiptera: Heteroptera: Rhopalidae). Zootaxa, 4524(3): 308–328.

Ren GD. 2003. Taxonomic Studies of the Family Trogidae (Coleoptera: Scarabaeoidea) from China. Entomotaxonomia, 25(2): 109–117.

Ren YD, Liu SR, Li HH. 2011. Review of the genus *Merulempista* Roesler, 1967 (Lepidoptera, Pyralidae) from China, with description of two new species. ZooKeys, 2011(77): 65–75.

Ros-Farré P, Pujade-Villar J. 2013. Revision of the genus *Aspicera* Dahlbom, 1842 (Hymenoptera: Figitidae: Aspicerinae). Zootaxa, 3606(1): 1–110.

Sundukov YN, Makarov KV. 2016. New or little-known ground beetles (Coleoptera: Carabidae) of Kunashir Island, Kurile Islands, Russia. Russian Entomological Journal, 25(2): 121–160.

Tan JL, Achterberg KV, Duan MJ, et al. 2014. An illustrated key to the species of subgenus *Gyrostoma* Kirby, 1828 (Hymenoptera, Vespidae, Polistinae) from China, with discovery of *Polistes* (*Gyrostoma*) *tenuispunctia* Kim, 2001. Zootaxa, 3785(3): 377–399.

Tan JL, Carpenter JM, van Achterberg C. 2018. An illustrated key to the genera of Eumeninae from China, with a checklist of species (Hymenoptera, Vespidae). ZooKeys, 740: 109–149.

Teng KJ, Wang SX. 2019. Taxonomic study of the genus *Hypatopa* Walsingham, 1907 (Lepidoptera: Blastobasidae) in China, with descriptions of five new species. Zootaxa, 4609(2): 343–357.

Valainis U. 2010. A review of genus *Omophron* Latreille, 1802 (Coleoptera: Carabidae) Palearctic fauna and distribution. Baltic Journal of Coleopterology, 10(2): 105–128.

Wang SX. 2006. Oecophoridae of China (Insecta: Lepidoptera). Beijing: Science Press.

Zhang ZQ. 2011. Animal biodiversity: An outline of higher-level classification and survey of taxonomic richness. New Zealand: Magnolia Press.

Zhou X, Chen B, Li TJ. 2013. Two new species of the genus *Discoelius* Latreille (Hymenoptera, Vespidae, Eumeninae) from China, with a key to the Chinese species. Journal of Hymenoptera Research, 32: 45–54.

中文名索引

J

M

学名索引

附录：宁夏哈巴湖国家级自然保护区昆虫名录

无翅亚纲 SUBCLASS APTERYGOTA

缨尾目 THYSANURA

衣鱼科 Lepismatidae

（1） 栉衣鱼 *Ctenolepsma villosa* (Fabricius, 1775)

有翅亚纲 SUBCLASS PTORYGOTA

蜉蝣目 EPHEMEROPTERA

四节蜉科 Baetidae

（2）双翼二翅蜉 *Cloeon dipterum* (Linnaeus, 1761)

蜻蜓目 ODONATA

蟌科 Coenagrionidae

（3） 七条蟌 *Cercion plagiosum* (Needham, 1930)

（4） 背条蟌 *Coenagrion hieroglyphicum* (Brauer, 1865)

（5） 心斑绿蟌 *Enallagma cyathigerum* (Charpentier, 1840)

（6） 翠纹蟌 *Enallagma deserti* Selys, 1871

（7） 东亚异痣蟌 *Ischnura asiatica* (Brauer, 1865)

（8） 长叶异痣蟌 *Ischnura elegans* (Vander Linden, 1823)

（9） 褐斑异痣蟌 *Ischnura senegalensis* (Rambur, 1842)

（10）蓝纹尾蟌 *Paracercion calamorum* (Ris, 1916)

丝蟌科 Lestidae

（11）刀尾丝蟌 *Lestes barbara* (Fabricius, 1798)

（12）桨尾丝蟌 *Lestes sponsa* (Hansemann, 1823)

（13）三叶黄丝蟌 *Sympecma paedisca* (Brauer, 1877)

蜓科 Aeshnidae

（14）黑纹伟蜓 *Anax nigrofasciatus* Oguma, 1915

（15）碧伟蜓 *Anax parthenope julius* Brauer, 1865

（16）混合蜓 *Aeshna mixta* Latreille, 1805

大伪蜻科 Macromiidae

（17）闪蓝丽大伪蜻 *Epophthalmia elegans* (Brauer, 1865)

蜻科 Libellulidae

（18）异色多纹蜻 *Deielia phaon* (Selys, 1883)

（19）四斑蜻 *Libellula quadrimaculata* Linnaeus, 1758

（20）白尾灰蜻 *Orthetrum albistylum* Selys, 1848

（21）线痣灰蜻 *Orthetrum lineostigma* (Selys, 1886)

（22）黄蜻 *Pantala flavescens* (Fabricius, 1798)

（23）夏赤蜻 *Sympetrum darwinianum* Selys, 1883

（24）低尾赤蜻 *Sympetrum depressiusculum* (Selys, 1841)

（25）小黄赤蜻 *Sympetrum flaveolum* (Linnaeus, 1758)

（26）白条赤蜻 *Sympetrum fonscolombii* (Selys, 1840)

（27）秋赤蜻 *Sympetrum frequens* Selys, 1883

（28）旭光赤蜻 *Sympetrum hypomelas* Selys, 1884

（29）褐顶赤蜻 *Sympetrum infuscatum* (Selys, 1883)

（30）褐带赤蜻 *Sympetrum pedemontanum* (Allioni, 1766)

（31）大陆赤蜻 *Sympetrum stroilatum imitoides* Bartenef, 1919

（32）大黄赤蜻 *Sympetrum uniforme* (Selys, 1883)

（33）黄腿赤蜻 *Sympetrum vulgatum* (Linnaeus, 1758)

襀翅目 PLECOPTERA

石蝇科 Perlidae

（34）黑角石蝇 *Kamimuria quadrata* (Klapálek, 1907)

革翅目 DERMAPTERA

球螋科 Forficulidae

（35）小翅张铗螋 *Anechura japonica* (de Bormans, 1880)

（36）迭球螋 *Forficula vicaria* Semenov, 1902

（37）红褐螋 *Forficula scudderi* de Bormans, 1880

蠼螋科 Labiduridae

（38）蠼螋 *Labidura riparia* (Pallas, 1773)

直翅目 ORTHOPTERA

驼螽科 Raphidophoridae

（39）灶马 *Diestrammena japanica* Blatchley, 1920

螽斯科 Tettigoniidae

（40）中华草螽 *Conocephalus* (*Amurocephalus*) *chinensis* (Redtenbacher, 1891)

（41）优雅蝈螽 *Gampsocleis gratiosa* Brunner von Wattenwyl, 1862

（42）镰状绿露螽 *Phaneroptera falcata* (Poda, 1761)

（43）疑钩顶螽 *Ruspolia dubia* (Redtenbacher, 1891)

（44）阿拉善懒螽 *Zichya alashanica* Bey-Bienko, 1951

（45）皮柯懒螽 *Zichya piechockii* Cejchan, 1967

（46）腾格里懒螽 *Zichya tenggerensis* Zheng, 1986

蟋蟀科 Gryllidae

（47）银川油葫芦 *Teleogryllus infernalis* (Saussure, 1877)

（48）油葫芦 *Teleogryllus mitratus* (Burmeister, 1838)

（49）黑褐针蟋 *Nemobius caudatus* Shiraki, 1930

（50）特兰树蟋 *Oecanthus turanicus* Uvarov, 1912

（51）滨双针蟋 *Dianemobius csikii* (Bolívar, 1901)

（52）斑翅灰针蟋 *Polionemobius taprobanensis* (Walker, 1869)

（53）内蒙古异针蟋 *Pteronemobius neimongolensis* Kang & Mao, 1990

蝼蛄科 Gryllotalpidae

（54）东方蝼蛄 *Grylotalpa orientalis* Burmeister, 1838

（55）华北蝼蛄 *Gryllotalpa unispina* Saussure, 1874

蚱科 Tetrigidae

（56）长翅长背蚱 *Paratettix uvarovi* Semenov, 1915

（57）日本蚱 *Tetrix japonica* (Bolívar, 1887)

癞蝗科 Pamphagidae

（58）贺兰疙蝗 *Filchnerella alashanicus* (Bey-Bienko, 1948)

（59）裴氏短鼻蝗 *Filchnerella beicki* Ramme, 1931

（60）甘肃疙蝗 *Filchnerella gansuensis* (Xi *et* Zheng, 1984)

剑角蝗科 Acrididae

（61）中华蚱蜢 *Acrida cinerea* (Thunberg, 1815)

（62）弯尾蚱蜢 *Acrida incallida* Mistshenko, 1951

（63）科氏蚱蜢 *Acrida kozlooi* Mistshenko, 1951

（64）花胫绿纹蝗 *Aiolopus thalassinus tamulus* (Fabricius, 1798)

（65）条纹鸣蝗 *Mongolotettix vittatus* (Uvarov, 1914)

槌角蝗科 Gomphoceridae

（66）毛足棒角蝗 *Dasyhippus barbipes* (Fischer-Waldheim, 1846)

（67）李槌角蝗（李氏大足蝗）*Gomphocerus licenti* (Chang, 1939)

斑腿蝗科 Catantopidae

（68）短星翅蝗 *Calliptamus abbreviatus* Ikonnikov, 1913

（69）黑腿星翅蝗 *Calliptamus barbarus* (Costa, 1836)

（70）无齿稻蝗 *Oxya adentata* Willeme, 1925

斑翅蝗科 Oedipodidae

（71）鼓翅皱膝蝗 *Angaracris barabensis* (Pallas, 1773)

（72）黑翅痂蝗 *Bryodema nigroptera* Zheng *et* Gow, 1981

（**73**）小赤翅蝗 *Celes skalozubovi* Adelung, 1906

（**74**）大胫刺蝗 *Compsorhipis davidiana* (Saussure, 1888)

（**75**）大垫尖翅蝗 *Epacromius coerulipes* (Ivanov, 1888)

（**76**）小垫尖翅蝗 *Epacromius tergestinus* (Megerle von Mühlfeld, 1825)

（**77**）甘蒙尖翅蝗 *Epacromius tergestinus extimus* (Bey-Bienko, 1951)

（**78**）细距蝗 *Leptopternis gracilis* (Eversmann, 1848)

（**79**）亚洲飞蝗 *Locusta migratoria migratoria* (Linnaeus, 1758)

（**80**）东亚飞蝗 *Locusta migratoria manilensis* (Meyen, 1835)

（**81**）亚洲小车蝗 *Oedaleus decorus asiaticus* Bey-Bienko, 1941

（**82**）黑条小车蝗 *Oedaleus decorus decorus* (Germar, 1825)

（**83**）黄胫小车蝗 *Oedaleus infernalis* Saussure, 1884

（**84**）宁夏束颈蝗 *Sphingonotus ningxianus* Zheng *et* Gow, 1981

（**85**）盐地束颈蝗 *Sphingonotus yenchihensis* Cheng *et* Chiu, 1965

（**86**）黑翅束颈蝗 *Sphingonotus obscuratus latissimus* Uvarov, 1925

（**87**）疣蝗 *Trilophidia annulata* (Thunberg, 1815)

网翅蝗科 Acrypteridae

（**88**）白纹雏蝗 *Chorthippus albonemus* (Cheng *et* Tu, 1964)

（**89**）华北雏蝗 *Chorthippus brunneus huabeiensis* Xia *et* Jin, 1982

（**90**）褐色雏蝗 *Chorthippus brunneus* (Thunberg, 1815)

（**91**）小翅雏蝗 *Chorthippus fallax* (Zubovsky, 1900)

（**92**）夏氏雏蝗 *Chorthippus hsiai* Zheng *et* Tu, 1964

（**93**）异色雏蝗 *Chorthippus biguttulus* (Linnaeus, 1758)

（**94**）东方雏蝗 *Chorthippus intermedius* (Bey-Bienko, 1926)

（**95**）黑翅雏蝗 *Chorthippus aethalinus* (Zubovsky, 1899)

（**96**）北方雏蝗 *Chorthippus hammarstroemi* (Miram, 1907)

（**97**）蒙古蚍蝗 *Eremippus mongolicus* Ramme, 1952

（**98**）邱氏异爪蝗 *Euchorthippus cheui* Xia, 1965

（**99**）素色异爪蝗 *Euchorthippus unicolor* (Ikonnikov, 1913)

（**100**）条纹异爪蝗 *Euchorthippus vittatus* Zheng, 1980

（**101**）永宁异爪蝗 *Euchorthippus yungningensis* Zheng *et* Chiu, 1965

（**102**）宽翅曲背蝗 *Pararcyptera microptera meridionalis* (Ikonnikov, 1911)

蚤蝼科 Tridactylidae

（**103**）日本蚤蝼 *Xya japonicus* (Haan, 1844)

螳螂目 MANTODEA

丽艳螳科 Tarachodidae

（**104**）芸支虹螳螂 *Iris polystictica* (Fischer-Waldheim, 1846)

螳螂科 Mantidae

（**105**）薄翅螳螂 *Mantis religiosa* (Linnaeus, 1758)

啮虫目 PSOCOPTERA

粉啮（虫）科 Liposcelidae

（**106**）粉啮虫 *Liposcelis* bostrychophilus Bàdonnel, 1931

（**107**）书虱 *Liposcelis entomophilus* (Enderlein, 1907)

虱目 ANOPLURA

颚虱科 Linognathidae

（**108**）绵羊颚虱 *Linognathus ovillus* (Neumann, 1907)

（**109**）绵羊嚼虱 *Trichodectes ovis* (Linnaeus, 1758)

血虱科 Haematopinidae

（**110**）马血虱 *Haematipinus asini* (Linnaeus, 1758)

（**111**） 阔胸血虱 *Haematopinus eurysterus* (Nitzsch, 1818)

（**112**） 猪血虱 *Haematopinus suis* (Linnaeus, 1758)

虱科 Pediculidae

人虱 *Pediculus humanus* Linnaeus, 1758

食毛目 MALLOPHAGA

鸟虱科（= 长角鸟虱科）Philopteridae

（**113**） 鸡大圆虱 *Goniodes gigas* (Taschenberg, 1879)

（**114**） 鸡长角鸟虱 *Lipeurus caponis* (Linnaeus, 1758)

禽虱科（= 短角鸡虱科）Menoponidae

（**115**） 鸡姬虱 *Goniocotes gallinae* (Taschenberg, 1879)

（**116**） 雏鸡姬虱 *Goniocotes gigas* (Taschenberg, 1879)

（**117**） 火鸡短角鸟虱 *Menacanthus stramineus* (Nitzsch, 1818)

（**118**） 鸡短角鸟虱 *Menopon gallinae* (Linnaeus, 1758)

缨翅目 THYSANOPTERA

纹蓟马科 Aeolethripidae

（**119**） 横纹蓟马 *Aeolothrips fasciatus* (Linnaeus, 1758)

（**120**） 间纹蓟马 *Aeolothrips intermedius* Bagnall, 1934

（**121**） 草木樨近绢蓟马 *Sericothrips kaszabi* Pelikan, 1984

蓟马科 Thripidae

（**122**） 花蓟马 *Frankliniella intonsa* (Trybom, 1895)

（**123**） 禾蓟马 *Frankliniella tenuicornis* (Uzel, 1895)

（**124**） 牛角花齿蓟马 *Odontothrips loti* (Haliday, 1852)

（**125**） 蒙古齿蓟马 *Odontothrips mongolicus* Pelikán, 1985

（**126**） 枸杞裸蓟马 *Psilothrips indicus* Bhatti, 1967

（**127**） 塔六点蓟马 *Scolothrips takahashii* Priesner, 1950

（**128**） 八节黄蓟马 *Thrips flavidulas* (Bagnall, 1923)

（**129**） 大蓟马 *Thrips major* (Uzel, 1895)

（**130**） 烟蓟马 *Thrips tabaci* Lindeman, 1889

（**131**） 普通蓟马 *Thrips vulgatissimus* Haliday, 1836

管蓟马科 Phlaeothripidae

（**132**） 稻管蓟马 *Haplothrips aculeatus* (Fabricius, 1803)

（**133**） 豆单蓟马 *Haplothrips kurdjumovi* Karny, 1913

（**134**） 麦单蓟马 *Haplothrips tritici* (Kurdjumov, 1912)

半翅目 HEMIPTERA

木虱科 Psyllidae

（**135**） 合欢羞木虱 *Acizzia jamatonica* (Kuwayama, 1908)

（**136**） 耆豆木虱 *Cyamophila fabra* (Loginova, 1976)

（**137**） 甘草豆木虱 *Cyamophila glycyrrhizae* (Becker, 1864)

（**138**） 花棒豆木虱 *Cyamophila megrelica* (Gegechkori, 1974)

（**139**） 无齿豆木虱 *Cyamophila phantodonta* Li, 2011

（**140**） 柠条豆木虱 *Cyamophila strongyloptera* Li, 1990

（**141**） 马蹄针豆木虱 *Cyamophila viccifoliae* (Yang *et* Li, 1984)

（**142**） 槐豆木虱 *Cyamophila willieti* (Wu, 1932)

（**143**） 垂柳喀木虱 *Cacopsylla babylonica* Li *et* Yang, 1992

（**144**） 杜梨喀木虱 *Cacopsylla betulaefoliae* (Yang *et* Li, 1981)

（**145**） 中国梨喀木虱 *Cacopsylla chinensis* (Yang *et* Li, 1981)

（**146**） 细肛喀木虱 *Cacopsylla gracilenta* Li, 1990

（**147**） 眼斑喀木虱 *Cacopsylla oculata* Li *et* Yang, 1992

（**148**） 弯茎沙棘喀木虱 *Cacopsylla prona* Li *et* Yang, 1992

（**149**） 北方沙棘喀木虱 *Cacopsylla septentrionalis* (Šulc, 1939)

个木虱科 Triozidae

（150）柳线角个木虱 *Bactericera myohyangi* (Klimaszewski, 1968)
（151）宁夏前个木虱 *Epitrioza ningxiana* Yang *et* Li, 1981
（152）藜异个木虱 *Heterotrioza chenopodii* (Reuter, 1876)
（153）地肤异个木虱 *Heterotrioza kochiicola* Li, 2005
（154）中国沙棘个木虱 *Hippophaetrioza chinensis* Li *et* Yang, 1990
（155）黑锥黑个木虱 *Trioza aterigenae* Li *et* Yang, 1990
（156）沙枣绿个木虱 *Trioza elaeagni* Scott, 1880
（157）沙枣个木虱 *Trioza magnisetosa* Loginova, 1964
（158）柴胡依个木虱 *Eryngiofaga babugani* (Loginova, 1964)

斑木虱科 Aphalaridae

（159）骆驼蓬隆脉木虱 *Agonoscena pegani* Loginova, 1960
（160）文冠果隆脉木虱 *Agonoscena xanthoceratis* Li, 1994
（161）萹蓄斑木虱 *Aphalara polygoni* Foerster, 1848
（162）白刺短胸木虱 *Brachystetha nitrariicola* Loginova, 1966
（163）大斑短胸木虱 *Brachystetha nitrariae* Loginova, 1964
（164）梭梭胖木虱 *Caillardia robusta* Loginova, 1956
（165）柽木虱 *Colposcenia aliena* (Loew, 1881)
（166）脉斑边木虱 *Craspedolepta lineoleta* Loginova, 1962
（167）顶边木虱 *Craspedolepta terminata* Loginova, 1962
（168）水柏枝明木虱 *Crastina myricariae* Loginova, 1964
（169）多斑明木虱 *Crastina multipunctata* Li, 1995
（170）猫头刺呆木虱 *Diaphorina oxgtropae* Li, 2011
（171）丁香李叶木虱 *Ligustrinia herculeana* (Loginova, 1967)
（172）盐蒿笠木虱 *Rhodochlanis salicorniae* (Klimaszewski, 1961)

粉虱科 Aleyrodidae

（173）温室粉虱 *Trialeurodes vaporariorum* (Westwood, 1856)

瘿绵蚜科 Pemphigidae

（174）杨枝瘿绵蚜 *Pemphigus immunis* Buckton, 1896
（175）纳瘿棉蚜 *Pemphigus napaeus* Buckton, 1896
（176）秋四脉绵蚜 *Tetraneura akinire* Sasaki, 1904
（177）宗林四脉绵蚜 *Tetraneura sorini* Hille Ris Lambers, 1970
（178）榆绵蚜 *Eriosoma dilanuginosum* Zhang, 1980

蚜科 Aphididae

（179）豌豆蚜 *Acyrthosiphom pisum* (Harris, 1776)
（180）苜蓿无网长管蚜 *Acyrthosiphion kondoi* Shinji *et* Kondo, 1938
（181）麦无网长管蚜 *Acyrthosiphion dirhodum* (Walker, 1849)
（182）棉黑蚜 *Aphis atracta* Zhang, 1981
（183）豆蚜 *Aphis craccivora* Koch, 1854
（184）乌苏黑蚜 *Aphis craccivora usuana* Zhang, 1981
（185）大豆蚜 *Aphis glycines* Matsumura, 1917
（186）棉蚜 *Aphis gassypii* Glover, 1877
（187）苜蓿蚜 *Aphis medicaginnis* Kohl & C.L., 1854
（188）洋槐蚜 *Aphis robiniae* Macchiati, 1885
（189）萝藦蚜 *Aphis asclepiadis* Fitch, 1851
（190）柳蚜 *Aphis farinosa* Gmelin, 1790
（191）槐蚜 *Aphis cytisorum* Hartig, 1841
（192）甘蓝蚜 *Brevicoryne brassicae* (Linnaeus, 1758)
（193）李短尾蚜 *Brachycaudus helichrysi* (Kaltenbach, 1843)
（194）柳二尾蚜 *Cavarielle salicicola* (Matsumura, 1917)
（195）白杨毛蚜 *Chaitophorus populeti* (Panzer, 1804)

（196） 肖绿斑蚜 *Chromocallis similinirecola* Zhang, 1982

（197） 松长足大蚜 *Cinara pinea* (Mordvilko, 1895)

（198） 柏大蚜 *Cinara tujafilina* (Del Guercio, 1909)

（199） 麻黄蚜 *Ephedraphis gobica* Szelegiewicz, 1963

（200） 桃粉大尾蚜 *Hyalopterus pruni* (Geoffroy, 1762)

（201） 萝卜蚜 *Lipaphis erysimi* (Kaltenbach, 1843)

（202） 高粱蚜 *Melanaphis sacchari* (Zehntner, 1897)

（203） 桃蚜 *Myzus persicae* (Sulzer, 1776)

（204） 莲缢管蚜 *Rhopalosiphum nymphaeae* (Linnaeus, 1761)

（205） 玉米蚜 Rhopalosiphum maidis (Fitch, 1856)

（206） 禾谷缢管蚜 *Rhopalosiphum padi* (Linnaeus, 1758)

（207） 麦二叉蚜 *Schizaphis graminum* (Rondani, 1852)

（208） 梨二叉蚜 *Schizaphis piricola* (Matsumura, 1917)

（209） 麦长管蚜 *Sitobion avenae* (Fabricius, 1775)

（210） 荻草谷网蚜 *Sitobion miscanthi* (Takahashi, 1921)

（211） 榆长斑蚜 *Tinocallis saltans* (Nevsky, 1929)

（212） 苜蓿斑蚜 *Therioaphis trifolii* (Monell, 1882)

（213） 桃瘤头蚜 *Tuberocephalus momonis* (Matsumura, 1917)

（214） 柳瘤大蚜 *Tuberolachnus salignus* (Gmelin, 1790)

粉蚧科 Pseudococcidae

（215） 柿绒蚧 *Asiacornococcus kaki* (Kuwana, 1931)

（216） 艾盘粉蚧 *Coccura convexa* Borchsenius, 1949

（217） 苹果绵粉蚧 *Phenacoccus aceris* (Signoret, 1875)

蚧科 Coccidae

（218） 日本蜡蚧 *Ceroplastes japonicus* Green, 1921

（219） 朝鲜毛球蚧 *Didesmococcus koreanus* Borchsenius, 1955

（220） 皱大球蚧 *Eulecanium kuwanai* Kanda, 1934

（221） 枣球坚蚧 *Eulecanium giganteum* (Shinji, 1935)

（222） 水木坚蚧 *Parthenolecanium corni* (Bouché, 1844)

（223） 杏球蚧 *Sphaerolecanium peunastri* (Fonscolombe, 1834)

硕蚧科 Margarodidae

（224） 甘草胭脂蚧 *Porphyrophora sophorae* (Archangelskaya, 1935)

盾蚧科 Diaspididae

（225） 细胸轮盾蚧 *Aulacaspis thoracica* (Robinson, 1917)

（226） 杨雪盾蚧 *Chionaspis micropori* Marlatt, 1908

（227） 孟雪盾蚧 *Chionaspis motana* Borchsenius, 1949

（228） 多腺雪盾蚧 *Chionaspis polypora* Borchsenius, 1949

（229） 黑柳雪盾蚧 *Chionaspis salicisnigrae* (Walsh, 1868)

（230） 柳雪盾蚧 *Chionaspis salicis* (Linnaeus, 1758)

（231） 中国原盾蚧 *Prodiaspis sinensis* (Tang, 1984)

（232） 杨笠圆盾蚧 *Quadraspidiotus gigas* (Thiem *et* Gerneck, 1934)

（233） 桦笠圆盾蚧 *Quadraspidiotus ostreaeformis* (Curtis, 1843)

（234） 突笠圆盾蚧 *Quadraspidiotus slavonicus* (Green, 1934)

飞虱科 Delphacidae

（235） 大斑飞虱 *Euides speciosa* (Boheman, 1845)

（236） 大褐飞虱 *Changeondelphax velitchkovskyi* (Melichar, 1913)

（237） 灰飞虱 *Laodelphax striatellus* (Fallén, 1826)

（238） 白背飞虱 *Sogatella furcifera* (Horváth, 1899)

（239） 稗飞虱 *Sogatella longifurcifera* (Esaki *et* lshihara, 1947)

菱蜡蝉科 Cixiidae

（240） 端斑脊菱蜡蝉 *Pentastiridius apicalis* (Uhler, 1896)

象蜡蝉科 Dictyopharidae

（241） 伯瑞象蜡蝉 *Raivuna patruelis* (Stål, 1859)

尖胸沫蝉科 Aphrophoridae

（242） 二点尖胸沫蝉 *Aphrophora bipunctata* Melichar, 1902

（243） 鞘圆沫蝉 *Lepyronia coleoptrata* (Linnaeus, 1758)

叶蝉科 Cicadellidae

（244） 锈光小叶蝉 *Apheliona ferruginea* (Matsumura, 1931)

（245） 带纹脊冠叶蝉 *Aphrodes daiwenicus* Kuoh, 1981

（246） 大青叶蝉 *Cicadella viridis* (Linnaeus, 1758)

（247） 中国扁头叶蝉 *Glossocratus chinensis* Signoret, 1880

（248） 褐脊匙头叶蝉 *Hecalus prasinus* (Matsumura, 1905)

（249） 黑纹片角叶蝉 *Koreocerus koreanus* (Matsumura, 1915)

（250） 榆叶蝉 *Kyboasca bipunctata* (Oshanin, 1871)

（251） 六点叶蝉 *Macrosteles sexnotata* (Fallén, 1806)

（252） 双突松村叶蝉 *Matsumurella expansa* Emeljanov, 1972

（253） 胡桃黄纹叶蝉 *Oncopsis nitobei* (Matsumura, 1912)

（254） 一字显脉叶蝉 *Paramesus lineaticallis* Distant, 1908

（255） 东方隆脊叶蝉 *Paralimnus orientalis* Lindberg, 1929

（256） 白脉冠带叶蝉 *Paramesodes albinervosa* (Matsumura, 1902)

（257） 宽板叶蝉 *Parocerus laurifoliae* Vilbaste, 1965

（258） 粟色乌叶蝉 *Penthimia castanea* Walker, 1857

（259） 六盘山蠕纹叶蝉 *Phlepsopsius liupanshanensis* Li, 2011

（260） 一点木叶蝉 *Phlogotettix cyclops* (Mulsant *et* Rey, 1855)

（261） 朝鲜普叶蝉 *Platymetopius koreanus* Matsumura, 1915

（262） 条沙叶蝉 *Psammotettix striatus* (Linnaeus, 1758)

（263） 狭拟带叶蝉 *Scaphoidella stenopaea* Anufriev, 1977

（264） 窗耳叶蝉 *Ledra auditura* Walker, 1858

角蝉科 Membracidae

（265） 黑圆角蝉 *Gargara genistae* (Fabricius, 1775)

黾蝽科 Gerridae

（266） 圆臀大黾蝽 *Gerris paludum* Fabricius, 1794

划蝽科 Corixidae

（267） 罗氏原划蝽 *Cymatia rogenhoferi* (Fieber, 1864)

（268） 狄氏夕划蝽 *Hesperocorixa distanti* (Kirkaldy, 1899)

（269） 克氏副划蝽 *Paracorixa kiritshenkoi* (Lundblad, 1933)

（270） 红烁划蝽 *Sigara lateralis* (Leach, 1817)

（271） 横纹划蝽 *Sigara substriata* (Uhler, 1897)

仰蝽科 Notonectidae

（272） 黑纹仰蝽 *Notonecta chinensis* Fallou, 1887

田鳖科 Belostomatidae

（273） 负子蝽 *Appasus japonicus* (Vuillefroy, 1864)

蝉科 Cicadidae

（274） 辐射蝉 *Kosemia radiater* (Uhler, 1896)

跳蝽科 Saldidae

（275） 泛跳蝽 *Saldula palustris* (Douglas, 1874)

猎蝽科 Reduviidae

（276） 显脉土猎蝽 *Coranus hammarstroemi* Reuter, 1892

（277） 茶褐盗猎蝽 *Peirates fulvescens* Lindberg, 1938

（278） 双刺胸猎蝽 *Pygolampis bidentata* (Goeze, 1778)

（279） 枯猎蝽 *Vachiria clavicornis* Hsiao & Ren, 1981

臭虫科 Cimicidae

（280） 温带臭蝽 *Cimex lectularius* Linnaeus, 1758

姬蝽科 Nabidae

（281） 泛希姬蝽 *Himacerus apterus* (Fabricius, 1798)
（282） 原姬蝽 *Nabis ferus* (Linnaeus, 1758)
（283） 淡色姬蝽 *Nabis palifer* Seidenstücker, 1954
（284） 柽姬蝽 *Nabis* (*Aspilaspis*) *pallida* (Fieber, 1861)

网蝽科 Tingididae

（285） 小网蝽 *Agramma gibbum* Fieber, 1844
（286） 紫无孔网蝽 *Dictyla montandoni* (Horváth, 1885)
（287） 短贝脊网蝽 *Galeatus affinis* (Herrich-Schäffer, 1835)
（288） 小板网蝽 *Monostira unicostata* (Mulsamt *et* Rey, 1852)
（289） 强裸菊网蝽 *Tingis robusta* Golub, 1977

盲蝽科 Miridae

（290） 三点苜蓿盲蝽 *Adelphocoris fasciaticollis* Reuter, 1903
（291） 苜蓿盲蝽 *Adelphocoris lineolatus* (Goeze, 1778)
（292） 黑头苜蓿盲蝽 *Adelphocoris melanocephalus* Reuter, 1903
（293） 黑唇苜蓿盲蝽 *Adelphocoris nigritylus* Hsiao, 1962
（294） 四点苜蓿盲蝽 *Adelphocoris quadripunctatus* (Fabricius, 1794)
（295） 淡须苜蓿盲蝽 *Adelphocoris reicheli* (Feiber, 1836)
（296） 三环苜蓿盲蝽 *Adelphocoris triannulatus* (Stål, 1858)
（297） 绿后丽盲蝽 *Apolygus lucorum* (Meyer-Dür, 1843)
（298） 暗色蓬盲蝽 *Chlamydatus pullus* (Reuter, 1870)
（299） 萨氏拟草盲蝽 *Cyphodemidea saundersi* (Reuter, 1896)
（300） 黑食蚜齿爪盲蝽 *Deraeocoris punctulatus* (Fallén, 1807)
（301） 褐黑异草盲蝽 *Heterolygus fusconiger* Zheng *et* Yu, 1990
（302） 牧草盲蝽 *Lygus pratensis* (Linnaeus, 1758)
（303） 柠条植盲蝽 *Phytocoris caraganae* Nonnaizab & Jorigtoo, 1992
（304） 扁植盲蝽 *Phytocoris intricatus* Flor, 1861
（305） 砂地植盲蝽 *Phytocoris jorigtooi* Kerzhner & Schuh, 1995
（306） 瘦植盲蝽 *Phytocoris macer* Xu *et* Zheng, 1997
（307） 白刺植盲蝽 *Phytocoris nitrariae* Xu *et* Zheng, 1997
（308） 棒角束盲蝽 *Pilophorus clavatus* (Linnaeus, 1767)
（309） 红楔异盲蝽 *Polymerus cognatus* (Fieber, 1858)
（310） 北京异盲蝽 *Polymerus pekinensis* Horáth, 1901
（311） 光滑狭盲蝽 *Stenodema laevigata* (Linnaeus, 1758)
（312） 三刺狭盲蝽 *Stenodema trispinosa* Reuter, 1904
（313） 绿狭盲蝽 *Stenodema virens* (Linnaeus, 1767)
（314） 条赤须盲蝽 *Trigonotylus caelestialium* (Kirkaldy, 1902)
（315） 赤须盲蝽 *Trigonotylus ruficonis* (Geoffroy, 1785)
（316） 蒙古柽盲蝽 *Tuponia mongolica* Drapolyuk, 1980

花蝽科 Anthocoridae

（317） 蒙新原花蝽 *Anthocoris pilosus* (Jakovlev, 1877)
（318） 东亚小花蝽 *Orius sauteri* (Poppius, 1909)

扁蝽科 Aradidae

（319） 文扁蝽 *Aradus hieroglyphicus* Sahlberg, 1878
（320） 锯缘扁蝽 *Aradus turkestanicus* Jakovlev, 1894

同蝽科 Acanthosomatidae

（321） 宽肩直同蝽 *Elasmostethus humeralis* Jakovlev, 1883

土蝽科 Cydnidae

（**322**） 长点阿土蝽 *Adomerus notatus* (Jakovlev, 1882)

（**323**） 圆点阿土蝽 *Adomerus rotundus* (Hsiao, 1977)

蝽科 Pentatomidae

（**324**） 西北麦蝽 *Aelia sibirica* Reuter, 1884

（**325**） 邻实蝽 *Antheminia lindbergi* (Tamanini, 1962)

（**326**） 多毛实蝽 *Antheminia varicornis* (Jakovlev, 1874)

（**327**） 苍蝽 *Brachynema germarii* (Kolenati, 1846)

（**328**） 朝鲜果蝽 *Carpocoris coreanus* Distant, 1899

（**329**） 紫翅果蝽 *Carpocoris purpureipenis* (DeGeer, 1773)

（**330**） 东亚果蝽 *Carpocoris seidenstiickeri* Tamanimi, 1959

（**331**） 斑须蝽 *Dolycoris baccarum* (Linnaeus, 1758)

（**332**） 拟二星蝽 *Eysarcoris annamita* Breddin, 1913

（**333**） 赤条蝽 *Graphosoma rubrolineatum* (Westwood, 1837)

（**334**） 横纹菜蝽 *Eurydema gebleri* Kolenati, 1846

（**335**） 菜蝽 *Eurydema dominulus* (Scopoli, 1763)

（**336**） 稻绿蝽 *Nezara viridula* (Linnaeus, 1758)

（**337**） 宽碧蝽 *Palomena viridissima* (Poda, 1761)

（**338**） 金绿真蝽 *Pentatoma metallifera* (Motschulsky, 1859)

（**339**） 璧蝽 *Piezodorus rubrofaciatus* (Fabricius, 1775)

（**340**） 草蝽 *Peribalus strictus vernalis* (Wolf, 1804)

（**341**） 沙枣润蝽 *Rhaphigaster brevispina* Horváth, 1889

（**342**） 横带点蝽 *Tolumnia basalis* (Dallas, 1851)

盾蝽科 Scutelleridae

（**343**） 绒盾蝽 *Irochrotus sibiricus* Kerzhner, 1976

（**344**） 灰盾蝽 *Odontoscelis fuliginosa* (Linnaeus, 1761)

红蝽科 Pyrrhocoridae

（**345**） 突背斑红蝽 *Physopelta gutta* (Burmeister, 1834)

（**346**） 地红蝽 *Pyrrhocoris tibialis* Statz & Wagner, 1950

蛛缘蝽科 Alydidae

（**347**） 亚蛛缘蝽 *Alydus zichyi* Horváth, 1901

（**348**） 欧蛛缘蝽 *Alydus calcaratus* (Linnaeus, 1758)

（**349**） 点蜂缘蝽 *Riptortus pedestris* (Fabricius, 1775)

缘蝽科 Coreidae

（**350**） 刺缘蝽 *Centrocoris volxemi* (Puton, 1878)

（**351**） 颗缘蝽 *Coriomeris scabricornis* (Panzer, 1805)

（**352**） 钝肩普缘蝽 *Plinachtus bicoloripes* Scott, 1874

姬缘蝽科 Rhopalidae

（**353**） 离缘蝽 *Chorosoma macilentum* Stål, 1858

（**354**） 亚姬缘蝽 *Corizus tetraspilus* Horváth, 1917

（**355**） 栗缘蝽 *Liorhyssus hyalinus* (Fabricius, 1794)

（**356**） 苘环缘蝽 *Stictopleurus abutilon* (Rossi, 1790)

（**357**） 闭环缘蝽 *Stictopleurus viridicatus* (Uhler, 1872)

（**358**） 欧亚环缘蝽 *Stictopleurus punctatonervosus* (Goeze, 1778)

（**359**） 开环缘蝽 *Stictopleurus minutus* Blöte, 1934

长蝽科 Lygaeidae

（**360**） 沙地大眼长蝽 *Geocoris arenaris* (Jakovlev, 1867)

（**361**） 横带红长蝽 *Lygaeus equestris* (Linnaeus, 1758)

（**362**） 荒漠红长蝽 *Lygaeus melanostolus* (Kiritschenko, 1928)

（**363**） 桃红长蝽 *Lygaeus murinus* (Kiritschenko, 1914)

（**364**） 小长蝽 *Nysius ericae* (Schilling, 1829)

尖长蝽科 Oxycarenidae

（**365**） 巨膜长蝽 *Jakowleffia setulosa* (Jakovlev, 1874)

脉翅目 NEUROPTERA

褐蛉科 Hemerobiidae

（**366**） 埃褐蛉 *Hemerobius exoterus* Navás, 1936

（**367**） 日本褐蛉 *Hemerobius japonicus* Nakahara, 1915

（**368**） 角纹脉褐蛉 *Micromus angulatus* (Stephens, 1836)

（**369**） 满洲益蛉 *Sympherobius manchuricus* Nakahara, 1960

（**370**） 贺兰丛褐蛉 *Wesmaelius helanensis* Tian & Liu, 2011

草蛉科 Chrysopidae

（**371**） 丽草蛉 *Chrysopa formosa* Brauer, 1851

（**372**） 大草蛉 *Chrysopa pallens* (Rambur, 1838)

（**373**） 叶色草蛉 *Chrysopa phyllochroma* Wesmael, 1841

（**374**） 七点草蛉 *Chrysopa septempunctata* Wesmael, 1841

（**375**） 晋草蛉 *Chrysopa shansiensis* Kuwaysma, 1962

（**376**） 中华草蛉 *Chrysopa sinica* Tjeder, 1936

（**377**） 张氏草蛉 *Chrysopa* (*Euryloba*) *zhangi* Yang, 1991

蚁蛉科 Myrmeleontidae

（**378**） 褐纹树蚁蛉 *Dendroleon pantherinus* (Fabricius, 1787)

（**379**） 图兰次蚁蛉 *Deutoleon turanicus* Navás, 1927

（**380**） 多斑东蚁蛉 *Euroleon polyspilus* (Gerstaecker, 1884)

（**381**） 中华东蚁蛉 *Euroleon sinicus* (Navás, 1930)

（**382**） 蒙双蚁蛉 *Mesonemurus mongolicus* Hölzel, 1970

（**383**） 卡蒙蚁蛉 *Mongoleon kaszabi* Hölzel, 1970

（**384**） 乌拉尔阿蚁蛉 *Myrmecaelurus uralensis* (Hölzel, 1969)

鞘翅目 COLEOPTERA

龙虱科 Dytiscidae

（**385**） 齿缘龙虱 *Eretes sticticus* (Linnaeus, 1767)

（**386**） 宽缝斑龙虱 *Hydaticus grammicus* Sturm, 1834

水龟甲科 Hydrophilidae

（**387**） 钝刺腹牙甲 *Hydrochara affinis* (Sharp, 1873)

（**388**） 长须牙甲 *Hydrophilus* (*Hydrophilus*) *acuminatus* Motschulsky, 1854

步甲科 Carabidae

（**389**） 月斑虎甲 *Calomera lunulata* (Fabricius, 1781)

（**390**） 黄唇虎甲 *Cephalota chiloleuca* (Fischer von Waldheim, 1820)

（**391**） 中国虎甲 *Cicindela* (*Sophiodela*) *chinensis* DeGeer, 1774

（**392**） 芽斑虎甲 *Cicindela gemmata* Faldermann, 1835

（**393**） 云纹虎甲 *Cylindera elisae* (Motschulsky, 1859)

（**394**） 斜斑虎甲 *Cylindera obliquefasciata* (Adams, 1817)

（**395**） 黄足尖须步甲 *Acupalpus flaviceps* (Motschulsky, 1850)

（**396**） 纤细胫步甲 *Agonum gracilipes* (Duftschmid, 1812)

（**397**） 绿斑步甲 *Anisodactylus poeciloides pseudoaeneus* Dejean, 1829

（**398**） 半月锥须步甲 *Bembidion semilunicum* Netolitzky, 1914

（**399**） 杂斑锥须步甲 *Bembidion semipunctatum* (Donovan, 1806)

（**400**） 金星步甲 *Calosoma* (*Calosoma*) *chinense chinense* Kirby, 1819

（**401**） 金星广肩步甲 *Calosoma* (*Campalita*) *maderae maderae* (Fabricius, 1775)

（**402**） 暗星步甲 *Calosoma* (*Charmosta*) *lugens* Chaudoir, 1869

（**403**） 黄缘心步甲 *Nebria livida* (Linnaeus, 1758)

（**404**） 革青步甲 *Chlaenius alutaceus* Gebler, 1830

（**405**） 黄边青步甲 *Chlaenius circumdatus* Brullé, 1835

（**406**） 狭边青步甲 *Chlaenius inops* Chaudoir, 1856

（**407**） 后斑青步甲 *Chlaenius posticatis* Motschulshy, 1854

（**408**） 黄缘青步甲 *Chlaenius spoliatus* (Rossi, 1792)

（**409**） 条噬步甲 *Daptus vittatus* Fischer von Waldheim, 1823

（**410**） 赤胸长步甲 *Dolichus halensis* (Schaller, 1783)

（411） 红角婪步甲 *Harpalus amplicollis* Ménétriés, 1848

（412） 谷婪步甲 *Harpalus calceatus* (Duftschmid, 1812)

（413） 强婪步甲 *Harpalus crates* Bates, 1883

（414） 直角婪步甲 *Harpalus (Harpalus) corporosus* (Motschulsky, 1861)

（415） 红缘婪步甲 *Harpalus froelichii* Sturm, 1818

（416） 毛婪步甲 *Harpalus (Pseudoophonus) griseus* (Panzer, 1796)

（417） 列穴婪步甲 *Harpalus lumbaris* Mannerheim, 1825

（418） 巨胸婪步甲 *Harpalus macronotus* Tschitscherine, 1893

（419） 白毛婪步甲 *Harpalus pallidipennis* Morawitz, 1862

（420） 草原婪步甲 *Harpalus pastor* Motschulsky, 1844

（421） 径婪步甲 *Harpalus salinus* Dejean, 1845

（422） 中华婪步甲 *Harpalus sinicus* Hope, 1829

（423） 点胸暗步甲 *Amara dux* Tschitscherine, 1894

（424） 甘肃胸暗步甲 *Amara gansuensis* Jedlicka, 1957

（425） 巨胸暗步甲 *Amara gigantea* (Motschulsky, 1844)

（426） 淡色暗步甲 *Amara helva* Tschitscherine, 1898

（427） 单齿蝼步甲 *Scarites terricola* Bonelli, 1813

（428） 筛毛盆步甲 *Lachnolebia cribricollis* (Morawitz, 1862)

（429） 均圆步甲 *Omophron aequale* Morawitz, 1863

（430） 黑颈地步甲 *Odacantha puziloi* Solsky, 1875

（431） 虹翅碱步甲 *Pogonus iridipennis* Nicolai, 1822

（432） 皮步甲 *Corsyra fusula* (Fischer von Waldheim, 1820)

（433） 直角通缘步甲 *Pterostichus gebleri* (Dejean, 1828)

（434） 短翅伪葬步甲 *Pseudotaphoxenus brevipennis* Semenov, 1889

（435） 西氏伪葬步甲 *Pseudotaphoxenus csikii* (Jedlička, 1953)

（436） 蒙古伪葬步甲 *Pseudotaphoxenus mongolicus* (Jedlicka, 1953)

（437） 卷葬步甲 *Reflexisphodrus refleximargo* (Reitter, 1894)

（438） 双斑猛步甲 *Cymindis (Tarsostinus) binotata* Fischer von Waldheim, 1820

（439） 半猛步甲 *Cymindis daimio* Bates, 1873

（440） 暗滴曲缘步甲 *Syntomus obscuroguttatus* (Duftschmid, 1812)

阎甲科 Histeridae

（441） 黑矮阎甲 *Carcinops pumilio* (Erichson, 1834)

（442） 仓储棒阎甲 *Dendrophillus xavieri* Marseul, 1873

（443） 平盾腐阎虫 *Saprinus planiusculus* Motschulsky, 1849

（444） 半纹腐阎虫 *Saprinus semistriatus* (Scriba, 1790)

（445） 光泽腐阎虫 *Saprinus subnitescens* Bickhardt, 1909

（446） 细纹腐阎虫 *Saprinus tenuistrius* Marseul, 1855

葬甲科 Silphidae

（447） 大黑葬甲 *Nicrophorus concolor* Kraatz, 1877

（448） 日本覆葬甲 *Nicrophorus japonicus* Harold, 1877

（449） 逝覆葬甲 *Nicrophorus morio* Gebler, 1817

（450） 蜂纹覆葬甲 *Nicrophorus vespilloides* Herbst, 1783

（451） 曲亡葬甲 *Thanatophilus sinuatus* (Fabricius, 1775)

（452） 双斑冥葬甲 *Ptomascopus plagiatus* (Ménétriès, 1854)

隐翅甲科 Staphylinidae

（453） 暗缝布里隐翅虫 *Bledius limicola* Tottenham, 1940

（454） 赤翅隆线隐翅甲 *Lathrobium dignum* Sharp, 1874

（455） 红棕皱纹隐翅甲 *Rugilus (Eurystilicus) rufescens* (Sharp, 1874)

（**456**） 斑翅菲隐翅虫 *Philonthus dimidiatipennis* Erichson, 1840

（**457**） 斑缘菲隐翅虫 *Philonthus ephippium* Nordmann, 1837

（**458**） 林氏菲隐翅虫 *Philonthus linki* Solsky, 1866

粪金龟科 Geotrupidae

（**459**） 戴锤角粪金龟 *Bolbotrypes davidis* (Fairmaire, 1891)

（**460**） 波笨粪金龟 *Lethrus* (*Heteroplistodus*) *potanini* Jakovlev, 1889

皮金龟科 Trogidae

（**461**） 尸体皮金龟 *Trox cadaverinus* Illiger, 1802

（**462**） 大瘤皮金龟 *Trox eximius* Faldermann, 1835

锹甲科 Lucanidae

（**463**） 戴维刀锹甲 *Dorcus davidis* (Fairmaire, 1887)

红金龟科 Ochodaeidae

（**464**） 锈红金龟 *Codocera ferruginea* (Eschscholtz, 1818)

金龟科 Scarabaeidae

（**465**） 捷氏毛凯蜣螂 *Caccobius* (*Caccobius*) *jessoensis* Harold, 1867

（**466**） 独角毛凯蜣螂 *Caccobius* (*Caccophilus*) *unicornis* (Fabricius, 1798)

（**467**） 叉角粪金龟 *Ceratophyus polyceros* (Pallas, 1771)

（**468**） 臭蜣螂 *Copris ochus* (Motschulsky, 1860)

（**469**） 粪堆粪金龟 *Geotrups stercorarius* (Linnaeus, 1758)

（**470**） 墨侧裸蜣螂（北方蜣螂）*Gymnopleurus mopsus* (Pallas, 1781)

（**471**） 小驼嗡蜣螂 *Onthophagus* (*Palaeonthophagus*) *gibbulus* (Pallas, 1781)

（**472**） 黑缘嗡蜣螂 *Onthophagus* (*Palaeonthophagus*) *marginalis nigrimargo* Goidanich, 1926

（**473**） 立叉嗡蜣螂 *Onthophagus* (*Palaeonthophagus*) *olsoufieffi* Boucomont, 1924

（**474**） 中华嗡蜣螂 *Onthophagus sinicus* Zhang *et* Wang, 1997

（**475**） 荒漠粪金龟 *Phelotrupes auratus* (Motschulsky, 1858)

（**476**） 台风蜣螂 *Scarabaeus* (*Scarabaeus*) *typhon* (Fischer von Waldheim, 1823)

（**477**） 阔胸禾犀金龟 *Pentodon quadridens mongolicus* Motschulsky, 1849

（**478**） 微弱蜉金龟 *Aphodius* (*Accmthobodilus*) *languidulus* Schmidt, 1916

（**479**） 红亮蜉金龟 *Aphodius* (*Aphodiellus*) *impunctatus* Waterhouse, 1875

（**480**） 哈氏蜉金龟 *Aphodius* (*Colobopterus*) *quadratus* Reiche, 1850

（**481**） 直蜉金龟 *Aphodius rectus* Motschulsky, 1866

（**482**） 马粪蜉金龟 *Aphodius* (*Agrilinus*) *sordidus* (Fabricius, 1775)

（**483**） 边黄蜉金龟 *Aphodius* (*Labarrus*) *sublimbatus* Motschulsky, 1860

（**484**） 德国瑞蜉金龟 *Rhyssemus germanus* (Linnaeus, 1767)

（**485**） 褐绣花金龟 *Anthracophora rusticola* Burmeister, 1842

（**486**） 金绿花金龟 *Cetonia aurata* (Linnaeus, 1758)

（**487**） 白星花金龟 *Protaetia* (*Liocola*) *brevitarsis* (Lewis, 1879)

（**488**） 茸喙丽金龟 *Adoretus puberulus* Motschulsky, 1835

（**489**） 斑喙丽金龟 *Adoretus tenuimaculatus* Waterhouse, 1875

（**490**） 弓斑塞丽金龟 *Cyriopertha arcuata* (Gebler, 1832)

（**491**） 黄褐异丽金龟 *Anomala exoleta* Faldermann, 1835

（**492**） 蒙古异丽金龟 *Anomala mongolica* Faldermann, 1835

（**493**） 中华弧丽金龟 *Popillia quadriguttata* (Fabricius, 1787)

（**494**） 苹毛丽金龟 *Proagopertha lucidula* (Faldermann, 1835)

（**495**） 马铃薯鳃金龟东亚亚种 *Amphimallon solstitiale sibiricus* (Reitter, 1902)

（**496**） 莱雪鳃金龟 *Chioneosoma* (*Aleucolomus*) *reitteri* (Brenske, 1887)

（497） 毛双缺鳃金龟 *Diphycerus davidis* Fairmaire, 1878

（498） 华北大黑鳃金龟 *Holotrichia oblita* (Faldermann, 1835)

（499） 斑单爪鳃金龟 *Hoplia aureola* (Pallas, 1781)

（500） 半棕单爪鳃金龟 *Hophis semicastanea* Fairmaire, 1887

（501） 卢氏绒金龟 *Maladera lukjanovitschi* Medvedev, 1966

（502） 黑绒金龟 *Maladera* (*Omaladera*) *orientalis* (Motschulsky, 1858)

（503） 小阔胫绢金龟 *Maladera ovatula* (Fairmaire, 1891)

（504） 阔胫赤绒金龟 *Maladera* (*Cephaloserica*) *verticalis* (Fairmaire, 1888)

（505） 白云鳃金龟替代亚种 *Polyphylla alba vicaria* Semenov, 1900

（506） 大云鳃金龟 *Polyphylla laticollis* Lewis, 1887

（507） 小黄鳃金龟 *Pseudosymmachia flavescens* (Brenske, 1892)

（508） 大皱鳃金龟 *Trematodes grandis* Semenov, 1902

（509） 黑皱鳃金龟 *Trematodes tenebrioides* (Pallas, 1781)

扁股花甲科 Eucinetidae

（510） 红端扁股花甲 *Eucinetus haemorrhoidalis* (Germar, 1818)

吉丁虫科 Buprestidae

（511） 沙柳窄吉丁 *Agrilus* (*Robertius*) *moerens* Saunders, 1873

（512） 棕窄吉丁 *Agrilus* (*Agrilus*) *integerrimus* (Ratzeburg, 1837)

（513） 杨十斑吉丁紫铜亚种 *Trachypteris picta decostigma* (Fabricius, 1787)

（514） 梨金缘吉丁 *Lamprodila limbata* (Gebler, 1832)

泥甲科 Dryopidae

（515） 丝光泥甲 *Praehelichus sericatus* (Waterhouse, 1881)

叩甲科 Elateridae

（516） 棕黑锥尾叩甲 *Agriotes subvittatus fuscicollis* Miwa, 1928

（517） 暗色槽缝叩甲 *Agrypnus musculus* (Candèze, 1857)

（518） 普通心盾叩甲 *Cardiophorus* (*Cardiophorus*) *vulgaris* Motschulsky, 1860

（519） 宽背金叩甲 *Selatosomus* (*Selatosomus*) *latus* (Fabricius, 1801)

花萤科 Cantharidae

（520） 红毛花萤 *Cantharis rufa* Linnaeus, 1758

（521） 黑斑花萤 *Cantharis plagiata* Heyden, 1889

皮蠹科 Dermestidae

（522） 日白带圆皮蠹 *Anthrenus nipponensis* Kalík & Ohbayashi, 1985

（523） 红圆皮蠹 *Anthrenus picturatus hintoni* Mroczkowski, 1952

（524） 黑毛皮蠹日本亚种 *Attagenus unicolor japonicus* Reitter, 1877

（525） 黑毛皮蠹指名亚种 *Attagenus unicolor unicolor* (Brahm, 1790)

（526） 玫瑰皮蠹 *Dermestes dimidiatus* Kuznecova, 1808

（527） 沟翅皮蠹 *Dermestes freudei* Kailík & Ohbayashi, 1982

（528） 红带皮蠹 *Dermestes vorax* Motschulsky, 1860

（529） 百怪皮蠹 *Thyodrias contractus* Motschulsky, 1839

郭公虫科 Cleridae

（530） 中华毛郭公虫 *Trichodes sinae* Chevrolat, 1874

（531） 赤足尸郭公 *Necrobia rufipes* (De Geer, 1775)

（532） 普通郭公虫 *Clerus dealbatus* (Kraatz, 1879)

（533） 连斑奥郭公 *Opilo communimacula* (Fairmaire, 1888)

瓢虫科 Coccinellidae

（534） 二星瓢虫 *Adalia bipunctata* (Linnaeus, 1758)

（535）红点唇瓢虫 *Chilocorus kuwanae* Silvestri, 1909

（536）黑缘红瓢虫 *Chilocorus rubidus* Hope in Gary, 1831

（537）拟九斑瓢虫 *Coccinella magnifica* Redtenbacher, 1843

（538）七星瓢虫 *Coccinella septempunctata* Linnaeus, 1758

（539）双七瓢虫 *Coccinula quatuordecimpustulata* (Linnaeus, 1758)

（540）蒙古光瓢虫 *Exochomus mongol* Barovskij, 1922

（541）马铃薯瓢虫 *Henosepilachna vigintioctomaculata* (Motschulsky, 1858)

（542）异色瓢虫 *Harmonia axyridis* (Pallas, 1773)

（543）隐斑瓢虫 *Harmonia yedoensis* (Takizawa, 1917)

（544）十三星瓢虫 *Hippodamia* (*Hippodamia*) *tredecimpunctata* (Linnaeus, 1758)

（545）多异瓢虫 *Hippodamia* (*Adonia*) *variegata* (Goeze, 1777)

（546）四斑显盾瓢虫 *Hyperaspis leechi* Miyatake, 1961

（547）日本龟纹瓢虫 *Propylea japonica* (Thunberg, 1781)

（548）菱斑巧瓢虫 *Oenopia conglobata* (Linnaeus, 1758)

（549）侧条小盾瓢虫 *Tytthaspis lateralis* Fleischer 1900

花蚤科 Mordellidae

（550）黑花蚤西北亚种 *Mordella holomelaena sibirica* Apfelbeck, 1914

大花蚤科 Ripiphoridae

（551）双带凸顶花蚤 *Macrosiagon bifasciata* (Marseul, 1877)

拟步甲科 Tenebrionidae

（552）长爪方土甲 *Myladina unguiculina* Reitter, 1889

（553）奥氏真土甲 *Eumylada oberbergeri* (Schuster, 1933)

（554）波氏真土甲 *Eumylada potanini* (Reitter, 1889)

（555）荒漠土甲 *Melanesthes (Melanesthes) desertora* Ren, 1993

（556）纤毛漠土甲 *Melanesthes (Melanesthes) ciliata* Reitter, 1889

（557）短齿漠土甲 *Melanesthes (Melanesthes) exilidentata* Ren, 1993

（558）蒙古漠土甲 *Melanesthes (Melanesthes) mongolica* Csiki, 1901

（559）多刻漠土甲 *Melanesthes (Opatronesthes) punctipennis* Reitter, 1889

（560）多皱漠土甲 *Melanesthes (Opatronesthes) rugipennis* Reitter, 1889

（561）网目土甲 *Gonocephalum reticulatum* Motschulsky, 1854

（562）类沙土甲 *Opatrum* (*Opatrum*) *sabulosum* (Linnaeus, 1760)

（563）贝氏笨土甲 *Penthicus (Myladion) beicki* (Reichardt, 1936)

（564）粗背单土甲 *Scleropatrum horridum* Reitter, 1898

（565）郝氏刺甲 *Platyscelis* (*Platyscelis*) *hauseri* Reitter, 1899

（566）姬小鳖甲 *Microdera (Dordanea) elegans* (Reitter, 1887)

（567）球胸小鳖甲 *Microdera* (*Dordanea*) *globata* (Faldermann, 1835)

（568）阿小鳖甲 *Microdera* (*Dordanea*) *kraatzi alashanica* Skopin, 1964

（569）克小鳖甲 *Microdera* (*Dordanea*) *kraatzi* (Reitter, 1889)

（570）蒙小鳖甲 *Microdera* (Reitter) *mongolica* (Reitter, 1889)

（571）小丽东鳖甲 *Anatolica amoenula* Reitter, 1889

（572）平原东鳖甲 *Anatolica ebenina* Fairmaire, 1887

（573）宽腹东鳖甲 *Anatolica gravidula* Frivaldszky, 1889

（574）尖尾东鳖甲 *Anatolica mucronata* Reitter, 1889

（575）纳氏东鳖甲 *Anatolica nureti* Schuster *et* Reymond, 1937

（576）波氏东鳖甲 *Anatolica potanini* Reitter, 1889

（577）宽突东鳖甲 *Anatolica sternalis* Reitter, 1889

（578） 小圆鳖甲 *Scytosoma pygmaeum* (Gebler, 1832)

（579） 棕腹圆鳖甲 *Scytosoma rufiabdominum* (Ren *et* Zheng, 1832)

（580） 粒角漠甲 *Trigonocnera granulata* Ba & Ren, 2009

（581） 拟步行琵甲 *Blaps caraboides* Allard, 1882

（582） 达氏琵甲 *Blaps davidis* Deyrolle, 1878

（583） 弯齿琵甲 *Blaps femoralis* Fischer-Waldheim, 1844

（584） 戈壁琵甲 *Blaps gobiensis* Fridvaldszky, 1889

（585） 步行琵甲 *Blaps gressoria* Reitter, 1889

（586） 异距琵甲 *Blaps kiritshenkoi* Semenow & Bogatschev, 1936

（587） 边粒琵甲 *Blaps miliaria* Fischer von Waldheim, 1844

（588） 弯背琵甲 *Blaps reflexa* Gebler, 1832

（589） 皱纹琵甲 *Blaps rugosa* Gebler, 1825

（590） 扁长琵甲 *Blaps variolaris* Allard, 1880

（591） 异形琵甲 *Blasp variolosa* Faldermann, 1835

（592） 褐足小琵甲 *Gnaptorina cylindricollis* Reitter, 1889

（593） 原齿琵甲 *Itagonia provostii* (Fairmaire, 1888)

（594） 北京侧琵甲 *Prosodes* (*Prosodes*) *pekinensis* Fairmaire, 1887

（595） 淡红毛隐甲 *Crypticus rufipes* Gebler, 1830

（596） 中华砚甲 *Cyphogenia chinensis* (Faldermann, 1835)

（597） 蒙古漠王 *Platyope mongolica* Faldermann, 1835

（598） 河套光漠王 *Platyope ordossica* Semenov, 1907

（599） 谢氏宽漠王 *Mantichorula semenowi* Reitter, 1889

（600） 多毛宽漠甲 *Sternoplax setosa setosa* (Bates, 1879)

（601） 谢氏宽漠甲 *Sternoplax szechenyi* Frivaldsky, 1889

（602） 多毛扁漠甲 *Sternotrigon setosa* (Bates, 1879)

（603） 黑粉虫 *Tenebrio obscurus* Fabricius, 1792

（604） 蒙古土潜 *Gonocephalum reticulatum* Motschulsky, 1854

（605） 赤拟谷盗 *Tribolium* (*Tribolium*) *castaneum* (Herbst, 1797)

（606） 杂拟谷盗 *Tribolium confusum* Jacquelin du Val, 1861

（607） 二带黑菌虫 *Alphitophagus bifasciatus* (Say, 1832)

（608） 泥脊漠甲 *Pterocoma* (*Parapterocoma*) *vittata* Frivaldsky, 1889

（609） 莱氏脊漠甲 *Pterocoma* (*Mongolopterocoma*) *reitteri* Frivaldsky, 1889

（610） 粒角漠甲 *Trigonocnera granulata* Ba *et* Ren, 2009

（611） 突角漠甲 *Trigonocnera pseudopimelia* (Reitter, 1889)

（612） 林氏伪叶甲 *Lagria hirta* (Linnaeus, 1758)

芫菁科 Meloidae

（613） 绿芫菁 *Lytta* (*Lytta*) *caraganae* (Pallas, 1781)

（614） 赤带绿芫菁 *Lytta* (*Lytta*) *suturella* (Mostchulsky, 1860)

（615） 圆点斑芫菁 *Mylabris aulica* Ménétriés, 1832

（616） 丽斑芫菁 *Mylabris* (*Chalcabris*) *speciosa* (Pallas, 1781)

（617） 苹斑芫菁 *Mylabris* (*Eumylabris*) *calida* (Pallas, 1782)

（618） 蒙古斑芫菁 *Mylabris* (*Chalcabris*) *mongolica* (Dokhtouroff, 1887)

（619） 小斑芫菁 *Mylabris* (*Chalcabris*) *splendidula* (Pallas, 1781)

（620） 西北斑芫菁 *Mylabris* (*Mylabris*) *sibirica* Fischer-Waldheim, 1823

（621） 中华豆芫菁 *Epicauta* (*Epicauta*) *chinensis* (Laporte, 1840)

（622） 疑豆芫菁 *Epicauta* (*Epicauta*) *dubia* (Fabricius, 1781)

（623） 大头豆芫菁 *Epicauta megalocephala* (Gebler, 1817)

（624） 暗头豆芫菁 *Epicauta obscurocephala* Reitter, 1905

（625） 西北豆芫菁 *Epicauta* (*Epicauta*) *sibirica* (Pallas, 1773)

（626） 凹胸豆芫菁 *Epicauta* (*Epicauta*) *xantusi* Kaszab, 1952

（627） 眼斑沟芫菁 *Hycleus cichorii* (Linnaeus, 1758)

（628） 耳角短翅芫菁 *Meloe auriculatus* Marseul, 1877

（629） 阔胸短翅芫菁 *Meloe* (*Eurymeloe*) *brevicollis* Panzer, 1793

（630） 圆胸短翅芫菁 *Meloe* (*Eurymeloe*) *corvinus* Marseul, 1877

（631） 长茎短翅芫菁 *Meloe* (*Treiodous*) *longipennis* Fairmaire, 1891

（632） 曲角短翅芫菁 *Meloe* (*Meloe*) *proscarabaeus* Linnaeus, 1758

（633） 光亮星芫菁 *Megatrachelus politus* (Gebler, 1832)

（634） 豪瑟狭翅芫菁 *Stenoria hauseri* (Escherich, 1904)

蚁形甲科 Anthicidae

（635） 光翅棒蚁形甲 *Clavicollis laevipennis* (Marseul, 1877)

（636） 独角蚁形甲 *Notoxus monoceros* (Linnaeus, 1760)

（637） 谷蚁形甲 *Omonadus floralis* (Linnaeus, 1758)

（638） 晦雷蚁形甲 *Steropes obscurans* Pic, 1894

扁甲科 Cucujidae

（639） 锈赤扁谷盗 *Cryolestes ferrugineus* (Stephens, 1831)

（640） 长角扁谷盗 *Crytolestes pusillus* (Schönherr, 1817)

（641） 土耳其扁谷盗 *Grytolestes turcius* (Grouville, 1876)

锯谷盗科 Silvanidae

（642） 锯谷盗 *Oryzaephilus surinamensis* (Linnaeus, 1758)

（643） 米扁虫 *Ahasverus advena* (Waltl, 1834)

隐食甲科 Cryptophagidae

（644） 尖角隐食甲 *Cryptophagus acutangulus* Gyllenhal, 1827

蛛甲科 Ptinidae

（645） 裸蛛甲 *Gibbium psylloides* (Czenpinski, 1778)

（646） 鳞蛛甲 *Mezium affine* Boieldieu, 1856

（647） 日本蛛甲 *Ptinus japonicus* Reitter, 1877

谷盗科 Ostomidae

（648） 大谷盗 *Tenebrioides mauritanicus* Linnaeus, 1758

露尾甲科 Nitidulidae

（649） 脊胸露尾甲 *Carpophilus dimidiatus* (Favricius, 1792)

小蕈甲科 Mycetophagidae

（650） 波纹小蕈甲 *Mycetophagus antennaus* (Reitter, 1879)

天牛科 Cerambycidae

（651） 中华裸角天牛 *Aegosoma sinicum* White, 1853

（652） 苜蓿多节天牛 *Agapanthia amurensis* Kraatz, 1879

（653） 光肩星天牛 *Anoplophora glabripennis* (Motschulsky, 1854)

（654） 粒肩天牛 *Apriona germari* (Hope, 1831)

（655） 普红缘亚天牛 *Anoplistes halodendri pirus* (Arakawa, 1932)

（656） 樱桃虎天牛 *Chlorophorus diadema* (Motschulsky, 1854)

（657） 大牙土天牛 *Dorysthenes paradoxus* (Faldermann, 1833)

（658） 复纹草天牛 *Eodorcadion kaznakovi* (Suvorov, 1912)

（659） 内蒙草天牛 *Eodorcadion oryx* (Jakovlev, 1896)

（660） 芫天牛 *Mantitheus pekinensis* Fairmaire, 1889

（661） 缘翅脊筒天牛 *Nupserha marginella* (Bates, 1873)

（662） 舟山筒天牛 *Oberea inclusa* Pascoe, 1858

（663） 红缘赫氏筒天牛 *Oberea herzi* Ganglbauer, 1887

（664） 黑筒天牛 *Oberea morio* Kraatz, 1879

（665） 土耳其筒天牛 *Oberea ressli* Demelt, 1963

（666） 四斑厚花天牛 *Pachyta quadrimaculata* (Linnaeus, 1758)

（667） 多斑坡天牛 *Pterolophia multinotata* Pic, 1931

（668） 青杨楔天牛 *Saperda populnea* (Linnaeus, 1758)

（669） 家茸天牛（家天牛）*Trichoferus campestris* (Faldermann, 1835)

距甲科 Megalopodidae

（670） 锚小距叶甲 *Zeugophora ancora* Reitter, 1900

叶甲科 Chrysomelidae

（671） 紫穗槐豆象 *Acanthoscelides pallidipennis* (Motschulsky, 1874)

（672） 赭翅豆象 *Bruchidius apicipennis* (Heyden, 1892)

（673） 甘草豆象 *Bruchidius ptilinoides* (Fahraeus, 1839)

（674） 豌豆象 *Bruchus pisorum* (Linnaeus, 1758)

（675） 绿豆象 *Callosobruchus chinensis* (Linnaeus, 1758)

（676） 柠条豆象 *Kytorhinus immixtus* Motschulsky, 1874

（677） 绿齿豆象 *Rhaebus solskyi* Kraatz, 1879

（678） 牵牛豆象 *Spermophagus sericeus* (Geoffroy, 1785)

（679） 榆紫叶甲 *Ambrostoma quadriimpressum*（Motschulsky, 1845）

（680） 沙蒿金叶甲 *Chrysolina aeruginosa* (Faldermann, 1835)

（681） 蒿金叶甲 *Chrysolina aurichalcea* (Mannerheim, 1825)

（682） 薄荷金叶甲 *Chrysolina exanthematica* (Wiedemann, 1821)

（683） 杨叶甲 *Chrysomela populi* Linnaeus, 1758

（684） 柳十八斑叶甲 *Chrysomela salicivorax* (Fairmaire, 1888)

（685） 菜无缘叶甲 *Colaphellus bowringi*（Baly, 1865)

（686） 黑缝齿胫叶甲 *Gastrophysa mannerheimi* (Stăl, 1858)

（687） 杨弗叶甲 *Phratora laticollis* (Suffrian, 1851)

（688） 柳圆叶甲 *Plagiodera versicolora* (Laicharting, 1781)

（689） 白茨粗角萤叶甲 *Diorhabda rybakowi* Weise, 1890

（690） 甘草萤叶甲 *Diorhabda tarsalis* Weise, 1889

（691） 灰褐萤叶甲 *Galeruca* (*Galeruca*) *pallasia* Jakobson, 1925

（692） 双斑长跗萤叶甲 *Monolepta hieroglyphica* (Motschulsky, 1858)

（693） 四斑长跗萤叶甲 *Monolepta quadriguttata* (Motschulsky, 1860)

（694） 榆绿毛萤叶甲 *Pyrrhalta aenescens* (Fairmaire, 1878)

（695） 黑胸金绿跳甲 *Aphthona tolli* Ogloblin, 1927

（696） 黑足凹唇跳甲 *Argopus nigritarsis* (Gebler, 1823)

（697） 粟凹胫跳甲 *Chaetocnema* (*Udorpes*) *ingenua* (Baly, 1876)

（698） 柳沟胸跳甲 *Crepidodera plutus* (Latreille, 1804)

（699） 葱黄寡毛跳甲 *Luperomorpha suturalis* Chen, 1938

（700） 黄宽条菜跳甲 *Phyllotreta humilis* Weise, 1887

（701） 枸杞跳甲 *Psylliodes obscurofaciata* Chen, 1933

（702） 黄尾球跳甲 *Sphaeroderma apicale* Baly, 1874

（703） 枸杞龟甲 *Cassida deltoides* Weise, 1889

（704） 黑条龟甲 *Cassida lineola* Creutzer, 1799

（705） 枸杞负泥虫 *Lema* (*Lema*) *decempunctata* (Gebler, 1830)

（706） 蓝紫萝藦肖叶甲 *Chrysochus asclepiadeus* (Pallas, 1773)

（707） 中华萝藦肖叶甲 *Chrysocus chinensis* Baly, 1859

（708） 黑绿甘薯肖叶甲 *Colasposoma viridicoeruleum* Motschulsky, 1860

（709） 杨梢肖叶甲 *Parnops glasunowi* Jacobson, 1894

（710） 亚洲切头叶甲 *Coptocephala orientalis* Baly, 1873

（711） 槭隐头叶甲 *Cryptocephalus mannerheimi* Gebler, 1825

（712） 毛隐头叶甲 *Cryptocephalus* (*Asionus*) *pilosellus* Suffrian, 1854

（713） 二点钳叶甲 *Labidostomis urticarum* Frivaldszky, 1892

（714） 黄臀短柱叶甲 *Pachybrachis* (*Pachybrachis*) *ochropygus* (Solsky, 1872)

（715） 花背短柱叶甲 *Pachybrachis* (*Pachybrachis*) *scriptidorsum* Marseul, 1875

隐颏象科 Dryophthoridae

（716） 米象 *Sitophilus oryzae* (Linnaeus, 1767)
（717） 玉米象 *Sitophilus zeamais* Motschulsky, 1855

卷象科 Attelabidae

（718） 杏虎象 *Rhynchites fulgidus* Faldermann, 1835

象虫科 Curculionidae

（719） 榆跳象 *Orchestes alni* (Linnaeus, 1758)
（720） 杨潜叶跳象 *Tachyerges empopulifolis* (Chen, 1988)
（721） 沙蒿大粒象 *Adosomus grigorievi* Suvorov, 1915
（722） 三北甜菜象 *Asproparthenis secura* (Faust, 1890)
（723） 黑斜纹象 *Bothynoderes declivis* (Olivier, 1807)
（724） 亥象 *Callirhopalus sedakowii* Hochhuth, 1851
（725） 圆瓢筒喙象 *Catapionus obscurus* Sharp, 1896
（726） 短毛草象 *Chloebius immeritus* (Schöenherr, 1826)
（727） 欧洲方喙象 *Cleonis pigra* (Scopoli, 1763)
（728） 粉红锥喙象 *Conorrhynchus pulverulentus* (Zoubkoff, 1829)
（729） 共轭象 *Curculio conjugalis* (Faust, 1882)
（730） 多纹叶喙象 *Diglossotrox alashanicus* Suvorov, 1912
（731） 甘草鳞象 *Lepidepistomus elegantulus* (Roelofs, 1873)
（732） 波纹斜纹象 *Lepyrus japonicus* Roelofs, 1873
（733） 甜菜象 *Lixus punctiventris* Germar, 1824
（734） 黄褐纤毛象 *Megamecus urbanus* (Gyllenhyl, 1834)
（735） 甜菜毛足象 *Phacephorus umbratus* (Faldermann, 1835)
（736） 金绿树叶象 *Phyllobius virideaeris* (Laicharting, 1781)
（737） 棉尖象 *Phytoscaphus gossypii* Chao, 1974
（738） 褐纹球胸象 *Piazomias bruneolineatus* Chao, 1980
（739） 大球胸象 *Piazomias validus* Motschulsky, 1853
（740） 鳞片遮眼象 *Pseudocneorhinus squamosus* Marshall, 1934
（741） 帕氏舟喙象 *Scaphomorphus pallasi* (Faust, 1890)

小蠹科 Scolytidae

（742） 微肤小蠹 *Phloeosinus hopehi* Schedl, 1953
（743） 果树小蠹 *Scolytus japonicus* Chapuis, 1876
（744） 多毛小蠹 *Scolytus schevyrewi* Semenov, 1902

蚤目 SIPHONAPTERA

蚤科 Pulicidae

（745） 中华昔蚤 *Archaeopsylla sinensis* Jordan *et* Roths, 1911
（746） 人蚤 *Pulex irritans* Linnaeus, 1758
（747） 同型客蚤指名亚种 *Xenopsylla conformis conformis* (Wagner, 1903)
（748） 臀突客蚤 *Xenopsylla gerbilli minax* Jordan, 1926
（749） 粗鬃客蚤 *Xenopsylla hirtips* Rothschild, 1913
（750） 簇鬃客蚤 *Xenopsylla skrjabini* Ioff, 1930

蠕形蚤科 Vermipsyllidae

（751） 花蠕形蚤 *Vermipsylla alakurt* Schimkewitsch, 1885

切唇蚤科（二刺蚤科）Coptopsyllidae

（752） 叶状切唇蚤突高亚种 *Coptopsyllidea lamellifer ardua* Jordan *et* Rothschild, 1915

多毛蚤科 Hystrichopsyllidae

（753） 异种新蚤 *Neopsylla aliena* Jordan *et* Rothschild, 1911
（754） 二齿新蚤 *Neopsylla bidentatiformis* (Wagner, 1893)
（755） 盔状新蚤 *Neopsylla galea* Ioff, 1946
（756） 吻短纤蚤指名亚种 *Rhadinopsylla (Actenophthalmus) dives dives* Jordan, 1929

细蚤科 Leptopsyllidae

（757） 尖指双蚤 *Amphipsylla casis* Jordan *et* Rothschild, 1911

（758） 凶双蚤 *Amphipsylla daea* (Dampf, 1910)

（759） 升额蚤波斯亚种 *Frontopsylla* (*Frontopsylla*) *elata botis* Jordan, 1929

（760） 光亮额蚤 *Frontopsylla (Frontopsylla) luculenta* (Jordan *et* Rothschild, 1923)

（761） 迟钝中蚤指名亚种 *Mesopsylla hebes hebes* Jordan *et* Rothschild, 1915

（762） 前凹眼蚤 *Ophthalmopsylla* (*Cystipsylla*) *jettmari* Jordan, 1929

（763） 角尖眼蚤深窦亚种 *Ophthalmopsylla* (*Ophthalmopsylla*) *praefecta pernix* Jordan, 1929

角叶蚤科 Ceraatophyllidae

（764） 禽角叶蚤欧亚亚种 *Ceratophyllus gallinae tribulis* Jordan, 1926

（765） 方形黄鼠蚤松江亚种 *Citellophilus tesquorum sungaris* (Jordan, 1929)

（766） 秃病蚤田鼠亚种 *Nosopsyllus (Gerbillophilus) laeviceps ellobii* (Wagner, 1933)

双翅目 DIPTERA

蚊科 Culicidae

（767） 背点伊蚊 *Aedes* (*Ochlerotatus*) *dorsalis* (Meigen, 1830)

（768） 中华按蚊 *Anopheles (Anopheles) sinensis* Wiedemann, 1828

摇蚊科 Chironomidae

（769） 云集多足摇蚊 *Polypedilum nubifer* (Skuse, 1889)

毛蚊科 Bibionidae

（770） 红腹毛蚊 *Bibio rufiventris* (Duda, 1930)

大蚊科 Tipulidae

（771） 黄斑大蚊 *Nephrotoma appendiculata* (Pierre, 1919)

（772） 伦贝短柄大蚊 *Nephrotoma lundbecki* (Nielsen, 1907)

水虻科 Stratiomyidae

（773） 角短角水虻 *Odontomyia angulata* (Panzer, 1798)

（774） 中华盾刺水虻 *Oxycera sinica* (Pleske, 1925)

虻科 Tabanidae

（775） 莫斑虻 *Chrysops mlokosiewiczi* Bigot, 1880

（776） 娌斑虻 *Chrysops ricardoae* Pleske, 1910

蜂虻科 Bombyliidae

（777） 金毛雏蜂虻 *Anastoechus aurecrinitus* Du & Yang, 1990

（778） 凡芷蜂虻 *Exhyalanthrax afer* (Fabricius, 1794)

（779） 白毛驼蜂虻 *Geron pallipilosus* Yang & Yang, 1992

（780） 中华驼蜂虻 *Geron sinensis* Yang & Yang, 1992

食虫虻科 Asilidae

（781） 中华盗虻 *Cophinopoda chinensis* (Fabricius, 1794)

食蚜蝇科 Syphidae

（782） 紫额异巴蚜蝇 *Allobaccha apicalis* (Loew, 1858)

（783） 狭带贝食蚜蝇 *Betasyrphus serarius* (Wiedemann, 1830)

（784） 八斑长角蚜蝇 *Chrysotoxum octomaculatum* Curtis, 1837

（785） 红盾长角蚜蝇 *Chrysotoxum rossicum* Becker, 1921

（786） 白纹毛食蚜蝇 *Dasysyrphus albostriatus* (Fallén, 1817)

（787） 双线毛食蚜蝇 *Dasysyrphus bilineatus* (Matsumura, 1917)

（788） 黑带食蚜蝇 *Episyrphus balteatus* (De Geer, 1776)

（789） 短腹管蚜蝇 *Eristalis arbustorum* (Linnaeus, 1758)

（790） 灰带管蚜蝇 *Eristalis cerealis* Fabricius, 1805

（791） 长尾管蚜蝇 *Eristalis tenax* (Linnaeus, 1758)

（792） 黑色斑眼蚜蝇 *Eristalinus aeneus* (Scopoli, 1763)

（793） 宽带优食蚜蝇 *Eupeodes confrater* (Wiedemann, 1830)

（794） 大灰优食蚜蝇 *Eupeodes corollae* (Fabricius, 1794)

（**795**） 凹带优食蚜蝇 *Eupeodes nitens* (Zetterstedt, 1843)

（**796**） 黑额鬃胸蚜蝇 *Ferdinandea nigrifrons* (Egger, 1860)

（**797**） 连斑条胸蚜蝇 *Helophilus continuus* Loew, 1854

（**798**） 方斑墨蚜蝇 *Melanostoma mellinum* (Linnaeus, 1758)

（**799**） 梯斑墨蚜蝇 *Melanostoma scalare* (Fabricius, 1794)

（**800**） 双色小蚜蝇 *Paragus bicolor* (Fabricius, 1794)

（**801**） 暗红小蚜蝇 *Paragus haemorrhous* Meigen, 1822

（**802**） 四条小蚜蝇 *Paragus quadrifasciatus* Meigen, 1822

（**803**） 卷毛宽跗蚜蝇 *Platycheirus ambiguus* (Fallén, 1817)

（**804**） 斜斑鼓额食蚜蝇 *Scaeva pyrastri* (Linnaeus, 1758)

（**805**） 月斑鼓额食蚜蝇 *Scaeva selenitica* (Meigen, 1822)

（**806**） 暗跗细腹食蚜蝇 *Sphaerophoria philanthus* (Meigen, 1822)

（**807**） 短翅细腹食蚜蝇 *Sphaerophoria scripta* (Linnaeus, 1758)

（**808**） 黄环粗股蚜蝇 *Syritta pipiens* (Linnaeus, 1758)

（**809**） 长翅寡节蚜蝇 *Triglyphus primus* Loew, 1840

秆蝇科 Chloropidae

（**810**） 内蒙古麦秆蝇 *Meromyza neimengensis* An & Yang, 2005

（**811**） 麦秆蝇 *Meromyza saltatrix* (Linnaeus, 1761)

（**812**） 瑞典麦秆蝇 *Oscinella pusilla* (Meigen, 1830)

眼蝇科 Conopidae

（**813**） 颊虻眼蝇 *Myopa buccata* (Linnaeus, 1758)

花蝇科 Anthomyiidae

（**814**） 粪种蝇 *Adia cinerella* (Fallén, 1825)

（**815**） 葱地种蝇 *Delia antiqua* (Meigen, 1826)

（**816**） 萝卜地种蝇 *Delia floralis* (Fallén, 1824)

虱蝇科 Hippoboscidae

（**817**） 犬虱蝇 *Hippobosca longipennis* Fabricius, 1805

（**818**） 羊蜱蝇 *Melophagus ovinus* (Linnaeus, 1758)

（**819**） 丝光绿蝇 *Lucilia sericata* (Meigen, 1826)

（**820**） 沈阳绿蝇 *Lucilia shenyangensis* Fan, 1965

（**821**） 伏蝇 *Phormia regina* (Meigen, 1826)

皮蝇科 Hypodermatidae

（**822**） 牛皮蝇 *Hypoderma bovis* (Linnaeus, 1758)

（**823**） 纹皮蝇 *Hypoderma lineatum* (De Vilers, 1789)

蝇科 Muscidae

（**824**） 夏厕蝇 *Fannia canicularis* (Linnaeus, 1761)

（**825**） 元厕蝇 *Fannia prisca* Stein, 1918

（**826**） 厩腐蝇 *Muscina stabulans* (Fallén, 1817)

（**827**） 市蝇 *Musca sorbens sorbens* Wiedemann, 1830

（**828**） 骚家蝇 *Musca tempestiva* Fallén, 1817

狂蝇科 Oestridae

（**829**） 羊狂蝇 *Oestrus ovis* Linnaeus, 1758

麻蝇科 Sarcophagidae

（**830**） 红尾粪麻蝇 *Bercaea haemorrhoidalis* (Fallén, 1825)

（**831**） 肥须亚麻蝇 *Parasarcophaga crassipalpis* (Macquart, 1839)

（**832**） 酱亚麻蝇 *Parasarcophaga dux* (Thomson, 1869)

鼻蝇科 Rhiniidae

（**833**） 不显口鼻蝇 *Stomorhina obsoleta* (Wiedemann, 1830)

螫蝇科 Stomoxydidae

（**834**） 厮螫蝇 *Stomoxys calcitrans* (Linnaeus, 1758)

寄蝇科 Tachinidae

（**835**） 哑铃膜腹寄蝇 *Gymnosoma clavata* (Rohdendorf, 1947)

（**836**） 荒漠膜腹寄蝇 *Gymnosoma desertorum* (Rohdendorf, 1947)

（**837**） 怒寄蝇 *Tachina nupta* (Rondani, 1859)

羌蝇科 Pyrgotidae

（**838**） 东北适羌蝇 *Adapsilia mandschurica* (Hering, 1940)

鳞翅目 LEPIDOPTERA

长角蛾科 Adelidae

（**839**） 灰褐丽长角蛾 *Nemophora raddei* (Rebel, 1901)

谷蛾科 Tineidae

（**840**） 褐宇谷蛾 *Cephitinea colonella* (Erschoff, 1874)

（**841**） 褐斑谷蛾 *Homalopsyche agglutinata* Meyrick, 1931

（**842**） 四点谷蛾 *Niditinea tugurialis* (Meyrick, 1932)

（**843**） 杯连宇谷蛾 *Rhodobates cupulatus* Li & Xiao, 2006

（**844**） 螺谷蛾 *Tinea omichlopis* Meyrick, 1928

（**845**） 幕谷蛾（衣蛾）*Tineola bisselliella* (Hummel, 1823)

（**846**） 拟地中海毡谷蛾 *Trichophaga bipartitella* (Ragonot, 1892)

细蛾科 Gracillariidae

（**847**） 柳丽细蛾 *Caloptilia chrysolampra* (Meyrick, 1936)

（**848**） 丽细蛾 *Caloptilia stigmatella* (Fabricius, 1781)

（**849**） 斑细蛾 *Calybites phasianipennella* (Hübner, 1813)

（**850**） 白头翼细蛾 *Micrurapteryx gradatella* (Herrich-Schäffer, 1855)

（**851**） 短须翼细蛾 *Micrurapteryx sophorivora* Kuznetzov *et* Tristan, 1985

（**852**） 白杨潜细蛾 *Phyllonorycter pastorella* (Zeller, 1846)

（**853**） 杨银叶潜细蛾 *Phyllocnistis saligna* (Zeller, 1839)

巢蛾科 Yponomeutidae

（**854**） 淡褐巢蛾 *Swammerdamia pyrella* (de Villers, 1789)

（**855**） 苹果巢蛾 *Yponomeuta padella* (Linnaeus, 1758)

（**856**） 柳巢蛾 *Yponomeuta rorrellus* (Hübner, 1796)

（**857**） 丽长角巢蛾 *Xyrosaris lichneuta* Meyrick, 1918

银蛾科 Argyresthiidae

（**858**） 白臀银蛾 *Argyresthia* (*Argyresthia*) *chiotorna* Liu, Wang & Li, 2017

菜蛾科 Plutellidae

（**859**） 菜蛾 *Plutella xylostella* (Linnaeus, 1758)

雕蛾科 Glyphipterigidae

（**860**） 短茎斑邻菜蛾 *Acrolepiopsis brevipenella* Moriuti, 1972

冠翅蛾科 Ypsolophidae

（**861**） 蔷薇冠翅蛾 *Ypsolopha asperella* (Linnaeus, 1761)

（**862**） 圆冠翅蛾 *Ypsolopha vittella* (Linnaeus, 1758)

潜蛾科 Lyonetiidae

（**863**） 旋纹银潜蛾 *Leucoptera malifoliella* (Costa, 1836)

（**864**） 杨白潜蛾 *Leucoptera sinuella* (Reutti, 1853)

（**865**） 银纹潜蛾 *Lyonetia prunifoliella* (Hübner, 1796)

（**866**） 桃潜蛾 *Lyonetia clerkella* (Linneaus, 1758)

祝蛾科 Lecithoceridae

（**867**） 黄阔祝蛾 *Lecitholaxa thiodora* (Meyrick, 1914)

遮颜蛾科 Blastobasidae

（**868**） 双突弯遮颜蛾 *Hypatopa biprojecta* Teng & Wang, 2019

织蛾科 Oecophoridae

（**869**） 远东丽织蛾 *Epicallima conchylidella* (Snellen, 1884)

（**870**） 米仓织蛾 *Martyringa xeraula* (Meyrick, 1910)

（**871**） 三线锦织蛾 *Promalactis trilineata* Wang & Zheng, 1998

展足蛾科 Stathmopodidae

（**872**） 京蓝展足蛾 *Cyanarmostis vectigalis* Meyrick, 1927

鞘蛾科 Coleophoridae

（**873**） 滨藜金鞘蛾 *Goniodoma auroguttella* Fischer von Röslerstamm, 1841

绢蛾科 Scythrididae

（**874**） 马头绢蛾 *Scythris caballoides* Nupponen, 2009

（**875**） 枸杞绢蛾 *Scythris buszkoi* Baran, 2004

（**876**） 棒瓣绢蛾 *Scythris fustivalva* Li, 2018

（**877**） 球绢蛾 *Scythris mikkolai* Sinev, 1993

（**878**） 东方绢蛾 *Scythris orientella* Sinev, 2001

（**879**） 柽柳绢蛾 *Scythris pallidella* Passerin d'Entrèves & Roggero, 2006

（**880**） 中华绢蛾 *Scythris sinensis* (Felder & Rogenhofer, 1875)

（**881**） 西氏绢蛾 *Scythris sinevi* Nupponen, 2003

（**882**） 沙蒿斑绢蛾 *Eretmocera artemisia* Li, 2019

尖蛾科 Cosmopterigidae

（**883**） 拟伪尖蛾 *Cosmopterix crassicervicella* Chrétien, 1896

（**884**） 芦苇尖蛾 *Cosmopterix lienigiella* Zeller, 1846

（**885**） 蒲尖蛾 *Limnaecia phragmitella* Stainton, 1851

麦蛾科 Gelechiidae

（**886**） 胡枝子树麦蛾 *Agnippe albidorsella* (Snellen, 1884)

（**887**） 共轭树麦蛾 *Agnippe conjugella* (Caradja, 1920)

（**888**） 刺树麦蛾 *Agnippe echinulata* (Li, 1993)

（**889**） 郑氏树麦蛾 *Agnippe kuznetzovi* (Lvovsky & Piskunov, 1989)

（**890**） 甜枣条麦蛾 *Anarsia bipinnata* (Meyrick, 1932)

（**891**） 锦鸡儿条麦蛾 *Anarsia caragana* Yang & Li, 2000

（**892**） 沙条麦蛾 *Anarsia psammobia* Falkovitsh & Bidzilya, 2003

（**893**） 西伯利亚条麦蛾 *Anarsia sibirica* Park & Ponomarenko, 1996

（**894**） 钩麦蛾 *Aproaerema anthyllidella* (Hübner, [1813])

（**895**） 长钩麦蛾 *Aproaerema longihamata* Li, 1993

（**896**） 苜蓿带麦蛾 *Aristotelia subericinella* (Duponchel, 1843)

（**897**） 丹凤针瓣麦蛾 *Aroga danfengensis* Li & Zheng, 1998

（**898**） 遮眼针瓣麦蛾 *Aroga velocella* (Zeller, 1839)

（**899**） 戈壁柱麦蛾 *Athrips gussakovskii gobica* Emelyanov *et* Piskunov, 1982

（**900**） 蒙古柱麦蛾 *Athrips mongolorum* Piskunov, 1980

（**901**） 内蒙柱麦蛾 *Athrips neimongolica* Bidzilya & Li, 2009

（**902**） 帕氏柱麦蛾 *Athrips patockai* (Povolný, 1979)

（**903**） 七点柱麦蛾 *Athrips septempunctata* Li & Zheng, 1998

（**904**） 无颚突柱麦蛾 *Athrips tigrina* (Christoph, 1877)

（**905**） 斯氏苔麦蛾 *Bryotropha svenssoni* Park, 1984

（**906**） 小卡麦蛾 *Carpatolechia minor* (Kasy, 1979)

（**907**） 三斑考麦蛾 *Caulastrocecis tripunctella* (Snellen, 1884)

（**908**） 大通雪麦蛾 *Chionodes datongensis* Li & Zheng, 1997

（**909**） 藜彩麦蛾 *Chrysoesthia hermannella* (Fabricius, 1781)

（**910**） 六斑彩麦蛾 *Chrysoesthia sexguttella* (Thunberg, 1794)

（**911**） 拟蛮麦蛾 *Encolapta epichthonia* (Meyrick, 1935)

（**912**） 黑银麦蛾 *Eulamprotes wilkella* (Linnaeus, 1758)

（**913**） 卡氏菲麦蛾 *Filatima karsholti* Ivinskis & Piskunov, 1989

（**914**） 乌克兰菲麦蛾 *Filatima ukrainica* Piskunov, 1971

（**915**） 柳麦蛾 *Gelechia atrofusca* Omelko, 1986

（**916**） 沙棘麦蛾 *Gelechia hippophaelle* (Schrank, 1802)

（**917**） 环斑戈麦蛾 *Gnorimoschema cinctipunctella* (Erschoff, [1877])

（**918**） 加氏艾麦蛾 *Istrianis jaskai* Bidzilya, 2018

（**919**） 拟鞘大边麦蛾 *Megacraspedus coleophorodes* (Li & Zheng, 1995)

（**920**） 岩粉后麦蛾 *Metanarsia alphitodes* (Meyrick, 1891)

（921） 后麦蛾 *Metanarsia modesta* Staudinger, 1871
（922） 皮氏后麦蛾 *Metanarsia piskunovi* Bidzilya, 2005
（923） 埃氏尖翅麦蛾 *Metzneria ehikeella* Gozmány, 1954
（924） 网尖翅麦蛾 *Metzneria neuropterella* (Zeller, 1839)
（925） 拟黄尖翅麦蛾 *Metzneria subflavella* Englert, 1974
（926） 亮斑单色麦蛾 *Monochroa lucidella* (Stephens, 1834)
（927） 尖瓣柽麦蛾 *Ornativalva acutivalva* Sattler, 1976
（928） 粗额柽麦蛾 *Ornativalva aspera* Sattler, 1976
（929） 灰柽麦蛾 *Ornativalva grisea* Sattler, 1967
（930） 埃及柽麦蛾 *Ornativalva heluanensis* (Debski, 1913)
（931） 中国柽麦蛾 *Ornativalva sinica* Li, 1991
（932） 泽普柽麦蛾 *Ornativalva zepuensis* Li & Zheng, 1995
（933） 西宁平麦蛾 *Parachronistis xiningensis* Li *et* Zheng, 1996
（934） 戈氏皮麦蛾 *Peltasta gershensonae* (Emelyanov & Piskunov, 1982)
（935） 马铃薯麦蛾 *Phthorimaea operculella* (Zeller, 1873)
（936） 旋覆花曲麦蛾 *Ptocheuusa paupella* (Zeller, 1847)
（937） 蒿沟须麦蛾 *Scrobipalpa occulta* (Povolný, 2002)
（938） 麦蛾 *Sitotroga cerealella* (Olivier, 1789)
（939） 欧洲柄麦蛾 *Syncopacma albifrontella* (Heinemann, 1870)
（940） 宁夏柄麦蛾 *Syncopacma ningxiana* Li, 1993
（941） 陕西柄麦蛾 *Syncopacma shaaniensis* Li, 1993
（942） 栎棕麦蛾 *Dichomeris quercicola* Meyrick, 1921
（943） 艾棕麦蛾 *Dichomeris rasilella* (Herrich-Schäffer, 1854)
（944） 尖展肢麦蛾 *Palumbina oxyprora* (Meyrick, 1922)
（945） 香草纹麦蛾 *Thiotricha subocellea* (Stephens, 1834)

羽蛾科 Pterophoridae

（946） 灰棕金羽蛾 *Agdistis adactyla* (Hübner, [1819])
（947） 大金羽蛾 *Agdistis ingens* Christoph, 1887
（948） 柽柳金羽蛾 *Agdistis tamaricis* (Zeller, 1847)
（949） 甘草枯羽蛾 *Marasmarcha glycyrrihzavora* Zheng & Qin, 1997
（950） 甘薯异羽蛾 *Emmelina monodactyla* (Linnaeus, 1758)
（951） 白滑羽蛾 *Hellinsia albidactyla* (Yano, 1963)
（952） 长须滑羽蛾 *Hellinsia osteodactyla* (Zeller, 1841)
（953） 胡枝子小羽蛾 *Fuscoptilia emarginata* (Snellen, 1884)
（954） 褐秀羽蛾 *Stenoptilodes taprobanes* (Felder & Rogenhofer, 1875)

蛀果蛾科 Carposinidae

（955） 桃蛀果蛾 *Carposina niponensis* Walsingham, 1900

舞蛾科 Choreutidae

（956） 山地舞蛾 *Choreutis montana* (Danilevski, 1973)
（957） 白缘前舞蛾 *Prochoreutis sehestediana* (Fabricius, 1776)

卷蛾科 Tortricidae

（958） 柳凹长翅卷蛾 *Acleris emargana* (Fabricius, 1775)
（959） 杨凹长翅卷蛾 *Acleris issikii* Oku, 1957
（960） 黑斑长翅卷蛾 *Acleris nigriradix* (Filipjev, 1931)
（961） 榆白长翅卷蛾 *Acleris ulmicola* (Meyrick, 1930)
（962） 苹褐带卷蛾 *Adoxophyes orana* (Fischer *et* Röslerstamm, 1834)
（963） 分光卷蛾 *Aphelia disjuncta* (Filipjev, 1924)
（964） 棉花双斜卷蛾 *Clepsis pallidana* (Fabricius, 1776)
（965） 青云卷蛾 *Cnephasia stephensiana* (Doubleday, 1849)
（966） 桃褐卷蛾 *Pandemis dumetana* (Treitschke, 1835)

（967）长褐卷蛾 *Pandemis emptycta* Meyrick, 1937
（968）苹褐卷蛾 *Pandemis heparana* (Denis & Schiffermüller, 1775)
（969）暗褐卷蛾 *Pandemis phaiopteron* Razowski, 1978
（970）沙枣斜纹小卷蛾 *Apotomis geminata* (Walshingham, 1900)
（971）杨斜纹小卷蛾 *Apotomis inundana* (Denis & Schiffermüller, 1775)
（972）柳斜纹小卷蛾 *Apotomis lineana* (Denis & Schiffermüller, 1775)
（973）杨柳小卷蛾 *Gypsonoma minutana* (Hübner, [1796-1799])
（974）伪柳小卷蛾 *Gypsonoma oppressana* (Treitschke, 1835)
（975）白钩小卷蛾 *Epiblema foenella* (Linnaeus, 1758)
（976）缘花小卷蛾 *Eucosma agnatana* (Christoph, 1872)
（977）隐花小卷蛾 *Eucosma apocrypha* Falkovitsh, 1964
（978）定花小卷蛾 *Eucosma certana* Kuznetsov, 1967
（979）莴苣花小卷蛾 *Eucosma conterminana* (Guenée, 1845)
（980）黑花小卷蛾 *Eucosma denigratana* (Kennel, 1901)
（981）黄斑花小卷蛾 *Eucosma flavispecula* Kuznetsov, 1964
（982）邻花小卷蛾 *Eucosma getonia* Razowski, 1972
（983）块花小卷蛾 *Eucosma glebana* (Snellen, 1883)
（984）逸花小卷蛾 *Eucosma ignotana* (Caradja, 1916)
（985）屯花小卷蛾 *Eucosma tundrana* (Kennel, 1900)
（986）青海双纹卷蛾 *Aethes alatavica* (Danilevski, 1962)
（987）北京双纹卷蛾 *Aethes amurensis* Razowski
（988）菊双纹卷蛾 *Aethes cnicana* (Westwood, 1854)
（989）尖顶双纹卷蛾 *Aethes fennicana* (Hering, 1924)
（990）牛旁双纹卷蛾 *Aethes rubigana* (Treitschke, 1830)
（991）半圆双纹卷蛾 *Aethes semicircularis* Sun & Li, 2013
（992）拟多斑双纹卷蛾 *Aethes subcitreoflava* Sun & Li, 2013
（993）一带灰纹卷蛾 *Cochylidia moguntiana* (Rössler, 1864)
（994）尖瓣灰纹卷蛾 *Cochylidia richteriana* (Fischer von Röslerstamm, 1837)
（995）裂瓣纹卷蛾 *Cochylis discerta* Razowski, 1970
（996）宽突纹卷蛾 *Cochylis dubitana* (Hübner, [1796–1799])
（997）亚麻纹卷蛾 *Cochylis epilinana* Duponchel, 1842
（998）钩端纹卷蛾 *Cochylis faustana* (Kennel, 1919)
（999）黑顶纹卷蛾 *Cochylis hybridella* (Hübner, [1813])
（1000）褐斑窄纹卷蛾 *Cochylimorpha cultana* (Lederer, 1855)
（1001）尖突窄纹卷蛾 *Cochylimorpha cuspidata* (Ge, 1992)
（1002）杂斑窄纹卷蛾 *Cochylimorpha halophilana clavana* (Constant, 1888)
（1003）双带窄纹卷蛾 *Cochylimorpha hedemanniana* (Snellen, 1883)
（1004）丽江窄纹卷蛾 *Cochylimorpha maleropa* (Meyrick, 1937)
（1005）双条银纹卷蛾 *Eugnosta dives* (Butler, 1878)
（1006）双斑银纹卷蛾 *Eugnosta magnificana* (Rebel, 1914)
（1007）环针单纹卷蛾 *Eupoecilia ambiguella* (Hübner, 1796)
（1008）狭小单纹卷蛾 *Eupoecilia angustana* (Hübner, 1799)
（1009）方瓣单纹卷蛾 *Eupoecilia inouei* Kawabe, 1972
（1010）胡麻短纹卷蛾 *Falseuncaria kaszabi* Razowski, 1966
（1011）河北狭纹卷蛾 *Gynnidomorpha permixtana* ([Denis & Schiffermüller], 1775)
（1012）蛛形狭纹卷蛾 *Gynnidomorpha vectisana*

(Humphreys & Westwood, 1845)

（1013）网斑褐纹卷蛾 *Phalonidia chlorolitha* (Meyrick, 1931)

（1014）尖顶褐纹卷蛾 *Phalonidia lydiae* (Filipjev, 1940)

（1015）长斑褐纹卷蛾 *Phalonidia melanothica* (Meyrick, 1927)

（1016）单带褐纹卷蛾 *Phalonidia silvestris* Kuznetzov, 1966

（1017）黑缘褐纹卷蛾 *Phalonidia zygota* Razowski, 1964

（1018）网斑纹卷蛾 *Phtheochroa retextana* (Erschoff, 1874)

（1019）壮尖翅小卷蛾 *Bactra robustana* (Christoph, 1872)

（1020）香草小卷蛾 *Celypha cespitana* (Hübner, 1814–1817)

（1021）草小卷蛾 *Celypha flavipalpana* (Herrich-Schäffer, 1851)

（1022）丹氏小卷蛾 *Cydia danilevskyi* (Kuznetsov, 1973)

（1023）栗黑小卷蛾 *Cydia glandicolana* (Danilevsky, 1968)

（1024）植黑小卷蛾 *Endothenia gentiana* (Hübner, 1799)

（1025）水苏黑小卷蛾 *Endothenia nigricostana* (Haworth, 1811)

（1026）斑刺小卷蛾 *Pelochrista arabescana* (Eversmann, 1844)

（1027）褪色刺小卷蛾 *Pelochrista decolorana* (Freyer, 1842)

（1028）褐纹刺小卷蛾 *Pelochrista dira* Razowski, 1972

（1029）饰刺小卷蛾 *Pelochrista ornata* Kuznetsov, 1967

（1030）筒小卷蛾 *Rhopalovalva grapholitana* (Caradja, 1916)

（1031）滑黑痣小卷蛾 *Rhopobota blanditana* (Kuznetsov, 1988)

（1032）条斑镰翅小卷蛾 *Ancylis loktini* Kuznetsov, 1969

（1033）半圆镰翅小卷蛾 *Ancylis obtusana* (Haworth, 1811)

（1034）单微小卷蛾 *Dichrorampha simpliciana* (Haworth, 1811)

（1035）柠条支小卷蛾 *Fulcrifera luteiceps* (Kuznetsov, 1962)

（1036）东支小卷蛾 *Fulcrifera orientis* (Kuznetsov, 1966)

（1037）麻小食心虫 *Grapholita delineana* Walker, 1863

（1038）李小食心虫 *Grapholita funebrana* (Treitschke, 1835)

（1039）苹小食心虫 *Grapholita inopinata* Heinrich, 1928

（1040）梨小食心虫 *Grapholita molesta* (Busck, 1916)

（1041）暗条小食心虫 *Grapholita nigrostriana* Snellen, 1883

（1042）大豆食心虫 *Leguminivora glycinivorella* (Matsumura, 1900)

（1043）豆小卷蛾 *Matsumuraeses phaseoli* (Matsumura, 1900)

（1044）桃白小卷蛾 *Spilonota albicana* (Motschulsky, 1866)

（1045）芽白小卷蛾 *Spilonota lechriaspis* Meyrick, 1932

木蠹蛾科 Cossidae

（1046）白斑木蠹蛾 *Catopta aobonubilus* Graes, 1888

（1047）芳香木蠹蛾东方亚种 *Cossus cossus orientalis* Gaede, 1929

（1048）沙蒿线角木蠹蛾 *Holcocerus artemisiae* Chou & Hua, 1986

（1049）榆木蠹蛾 *Holcocerus vicarius* (Walker, 1865)

（1050）卡氏木蠹蛾 *Isoceras kaszabi* Daniel, 1965

（1051）灰苇蠹蛾 *Phragmataecia castanea* (Hübner, 1790)

透翅蛾科 Sesiidae

（1052）踏郎音透翅蛾 *Bembecia hedysari* Wang & Yang, 1994

（1053）榆举肢透翅蛾 *Oligophlebia ulmi* (Yang & Wang, 1989)

（1054）杨透翅蛾 *Parathrene tabaniformis* (Rottemburg, 1775)

（1055）凯叠透翅蛾 *Scalarignathia kaszabi* Capuše, 1973

（**1056**）杨干透翅蛾 *Sesia siningensis* (Hsu, 1981)

斑蛾科 Zygaenidae

（**1057**）梨叶斑蛾 *Illiberis pruni* Dyar, 1905

螟蛾科 Pyralidae

（**1058**）米缟螟 *Aglossa dimidiata* (Haworth, 1809)

（**1059**）二点织螟 *Aphomia zelleri* (de Joannis, 1932)

（**1060**）库氏歧角螟 *Endotricha kuznetsovi* Whalley, 1963

（**1061**）灰巢螟 *Hypsopygia glaucinalis* (Linnaeus, 1758)

（**1062**）一点缀螟 *Paralipsa gularis* (Zeller, 1877)

（**1063**）紫斑谷螟 *Pyralis farinalis* (Linnaeus, 1758)

（**1064**）梨大食心虫（梨果网斑螟）*Acrobasis pirivorella* (Matsumura, 1900)

（**1065**）雅鳞斑螟 *Asalebria venustella* (Ragonot, 1887)

（**1066**）中国软斑螟 *Asclerobia sinensis* (Caradja, 1937)

（**1067**）灰钝额斑螟 *Bazaria turensis* Ragonot, 1887

（**1068**）干果斑螟 *Cadra cautellla* (Walker, 1863)

（**1069**）菊髓斑螟 *Myelois circumvoluta* (Fourcroy, 1785)

（**1070**）黄缘燃斑螟 *Cremnophila sedakovella* (Eversmann, 1851)

（**1071**）豆荚斑螟 *Etiella zinckenella* (Treitschke, 1832)

（**1072**）印度谷斑螟 *Plodia interpunctella* (Hübner, [1813])

（**1073**）柳阴翅斑螟 *Sciota adelphella* (Fischer von Röeslerstamm, 1836)

（**1074**）基红阴翅斑螟 *Sciota hostilis* (Stephens, 1834)

（**1075**）尖裸斑螟 *Gymnancyla termacerba* Li, 2010

（**1076**）褐曲斑螟 *Ancylosis cinnamomella* (Duponchel, 1836)

（**1077**）茂类曲斑螟 *Ancylosis morbosella* Staudinger, 1879

（**1078**）光曲斑螟 *Ancylosis oblitella* (Zeller, 1848)

（**1079**）荫缘曲斑螟 *Ancylosis umbrilimbella* (Ragonot, 1901)

（**1080**）棉曲斑螟 *Ancylosis xylinella* (Staudinger, 1870)

（**1081**）夹拟锯角斑螟 *Epiepischnia keredjella* Amsel, 1953

（**1082**）沙枣暗斑螟 *Euzophera alpherakyella* Ragonot, 1887

（**1083**）亮雕斑螟 *Glyptoteles leucacrinella* Zeller, 1848

（**1084**）钝拟柽斑螟 *Merulempista cingillella* (Zeller, 1846)

（**1085**）红翅拟柽斑螟 *Merulempista rubriptera* Li & Ren, 2011

（**1086**）卡夜斑螟 *Nyctegretis lineana katastrophella* Roesler, 1970

（**1087**）三角夜斑螟 *Nyctegretis triangulella* Ragonot, 1901

（**1088**）豆锯角斑螟 *Pima boisduvaliella* (Guenée, 1845)

（**1089**）淡瘿斑螟 *Pempelia ellenella* (Roesler, 1975)

（**1090**）台湾瘿斑螟 *Pempelia formosa* (Haworth, 1811)

（**1091**）棘刺类斑螟 *Phycitodes albatella* (Ragonot, 1887)

（**1092**）前白类斑螟 *Phycitodes subcretacella* (Ragonot, 1901)

（**1093**）红云翅斑螟 *Oncocera semirubella* (Scopoli, 1763)

（**1094**）小脊斑螟 *Salebria ellenella* Roesler, 1975

（**1095**）亮艳斑螟 *Selagia argyrella* (Denis *et* Schiffermüller, 1775)

草螟科 Crambidae

（**1096**）赭翅禾螟 *Schoenobius dodatellus* (Walker, 1864)

（**1097**）大禾螟 *Schoenobius gigantellus* (Denis *et* Schiffermüller, 1775)

（**1098**）长额突齿螟 *Tegostoma comparalis* (Hübner, 1796)

（**1099**）铜色田草螟 *Agriphila aeneociliella* (Eversmann, 1844)

（**1100**）银纹狭翅草螟 *Angustalius malacellus* (Duponchel, 1836)

（**1101**）黄纹髓草螟 *Calamotropha paludella* (Hübner, 1824)

（**1102**）叉目草螟 *Cataptria furciferalis* (Hampson, 1900)

（**1103**）银光草螟 *Crambus perlellus* (Scopoli, 1763)

（**1104**）泰山齿纹草螟 *Elethyia taishanensis* (Caradja & Meyrick, 1936)

（**1105**）嘉丽草螟 *Euchromius jaxartellus* (Erschoff, 1874)

（**1106**）金丽草螟 *Euchromius ocellus* (Haworth, 1811)

（**1107**）金带草螟 *Metaeuchromius flavofascialis* Park, 1990

（**1108**）金双带草螟 *Miyakea raddeellus* (Caradja, 1910)

（**1109**）纯白草螟 *Pseudocatharylla simplex* Zeller, 1877

（**1110**）银翅黄纹草螟 *Xanthocrambus argentarius* (Staudinger, 1867)

（**1111**）花分齿螟 *Aporodes floralis* (Hübner, 1809)

（**1112**）狭瓣暗野螟 *Bradina angustalis* Yamanaka, 1984

（**1113**）黄翅缀叶野螟 *Botyodes diniasalis* (Walker, 1859)

（**1114**）稻纵卷叶野螟 *Cnaphalocrocis medinalis* (Guenée, 1854)

（**1115**）桃多斑野螟 *Conogethes punctiferalis* (Guenée, 1854)

（**1116**）白纹翅野螟 *Diasemia reticularis* (Linnaeus, 1761)

（**1117**）茴香薄翅野螟 *Evergestis extimalis* (Scopoli, 1763)

（**1118**）旱柳原野螟 *Euclasta stoetzneri* (Caradja, 1927)

（**1119**）四斑绢丝野螟 *Glyphodes quadrimaculalis* (Bremer & Grey, 1853)

（**1120**）棉褐环野螟 *Haritalodes derogata* (Fabricius, 1775)

（**1121**）褐翅切叶野螟 *Herpetogramma rudis* (Warren, 1892)

（**1122**）黑点蚀叶野螟 *Lamprosema commixta* (Butler, 1879)

（**1123**）黄绿锥额野螟 *Loxostege deliblatica* Szent-Ivány & Uhrik-Meszáros, 1942

（**1124**）网锥额野螟（草地螟）*Loxostege sticticalis* (Linnaeus, 1761)

（**1125**）豆荚野螟 *Maruca vitrata* (Fabricius, 1787)

（**1126**）贯众伸喙野螟 *Mecyna gracilis* (Butler, 1879)

（**1127**）麦牧野螟 *Nomophila noctuella* (Denis & Schiffermüller, 1775)

（**1128**）豆啮叶野螟 *Omiodes indicata* (Fabricius, 1775)

（**1129**）褐钝额野螟 *Opsibotys fuscalis* (Denis et Schiffermüler, 1775)

（**1130**）亚洲玉米螟 *Ostrinia furnacalis* (Guenée, 1854)

（**1131**）饰纹广草螟 *Platytes ornatella* (Leech, 1889)

（**1132**）褐小野螟 *Pyrausta cespitalis* (Denis *et* Schiffermüller, 1775)

（**1133**）黄缘红带野螟 *Pyrausta contigualis* South, 1901

（**1134**）尖双突野螟 *Sitochroa verticalis* (Linnaeus, 1758)

（**1135**）黄翅双突野螟 *Sitochroa umbrosalis* (Warren, 1892)

（**1136**）甜菜青野螟 *Spoladea recurvalis* (Fabricius, 1775)

（**1137**）黄长角野螟 *Uresiphita gilvata* (Fabricius, 1794)

（**1138**）稻筒水螟 *Parapoynx vittalis* (Bremer, 1864)

舟蛾科 Notodontidae

（**1139**）姹羽舟蛾 *Pterotes eugenia* (Staudinger, 1896)

（**1140**）杨二尾舟蛾 *Cerura menciana* Moore, 1877

（**1141**）黑带二尾舟蛾 *Cerura vinula felina* (Bütler, 1877)

（**1142**）燕尾舟蛾绯亚种 *Furcula furcula sangaica* (Moore, 1877)

灯蛾科 Arctiidae

（**1143**）丽小灯蛾 *Micrarctia kindermanni* (Staudinger, 1867)

（**1144**）白雪灯蛾 *Chionarctia niveus* (Ménétriés, 1859)

（**1145**）蒙古北灯蛾 *Palearctia mongolica* (Alphéraky, 1888)

（**1146**）亚麻篱灯蛾 *Phragmatobia fuliginosa* (Linnaeus, 1758)

（**1147**）石南线灯蛾 *Spiris striata* (Linnaeus, 1758)

（**1148**）黄星雪灯蛾 *Spilosoma lubricipedum* (Linnaeus, 1758)

（**1149**）后褐土苔蛾 *Eilema flavociliata* (Lederer, 1853)

（**1150**）黄土苔蛾 *Eilema nigripota* Bremer *et* Grey, 1852

（**1151**）头橙荷苔蛾 *Ghoria gigantea* (Oberthür, 1879)

（**1152**）明痣苔蛾 *Stigmatophora micans* Bremer & Grey, 1852

毒蛾科 Lymantriidae

（**1153**）榆黄足毒蛾 *Ivela ochropoda* (Eversmann, 1847)

（**1154**）白毒蛾 *Arctornis l-nigrum* (Müller, 1764)

（**1155**）草原毛虫 *Gynaephora alpherakii* Grum-Grzhimailo, 1893

（**1156**）杨雪毒蛾 *Leucoma candida* (Staudinger, 1892)

（**1157**）雪毒蛾 *Leucoma salicis* (Linnaeus, 1758)

（**1158**）侧柏毒蛾 *Parocneria furva* (Leech, 1888)

（**1159**）灰斑台毒蛾 *Teia ericae* (Germar, 1818)

瘤蛾科 Nolidae Bruand, 1847

（**1160**）粉缘钻夜蛾 *Earias pudicana* Staudinger, 1887

夜蛾科 Noctuidae Latreille, 1809

（**1161**）白肾俚夜蛾 *Deltote martjanovi* (Tschetverikov, 1904)

（**1162**）榆剑纹夜蛾 *Acronicta hercules* (Felder & Rogenhofer, 1874)

（**1163**）桃剑纹夜蛾 *Acronicta intermedia* (Warren, 1909)

（**1164**）甘清夜蛾 *Enargia kansuensis* Draudt, 1935

（**1165**）僧夜蛾 *Leiometopon simyrides* Staudinger, 1888

（**1166**）皱地夜蛾 *Agrotis clavis* (Hüfnagel, 1766)

（**1167**）远东地夜蛾 *Agrotis desertorum* Boisduval, 1840

（**1168**）警纹地老虎 *Agrotis exclamationis* (Linnaeus, 1758)

（**1169**）小地老虎 *Agrotis ipsilon* (Hüfnagel, 1766)

（**1170**）小剑地老虎 *Agrotis spinifera* (Hübner, 1808)

（**1171**）黄地老虎 *Agrotis segetum* (Denis & Schiffermüller, 1775)

（**1172**）大地老虎 *Agrotis tokionis* Butler, 1881

（**1173**）仿爱夜蛾 *Apopestes spectrum* (Esper, 1787)

（**1174**）银辉夜蛾 *Chrysodeixis chalcites* (Esper, 1789)

（**1175**）谐夜蛾 *Emmelia trabealis* (Scopoli, 1763)

（**1176**）黑点丫纹夜蛾 *Autographa nigrisigna* (Walker, [1858])

（**1177**）满丫纹夜蛾 *Autographa mandarina* (Freyer, 1845)

（**1178**）金纹夜蛾 *Plusia festucae* (Linnaeus, 1758)

（**1179**）八字地老虎 *Xestia c-nigrum* (Linnaeus, 1758)

（**1180**）白边切夜蛾 *Euxoa oberthuri* (Leech, 1900)

（**1181**）暗切夜蛾 *Euxoa nigricans* (Linnaeus, 1761)

（**1182**）焰实夜蛾 *Heliothis fervens* Butler, 1881

（**1183**）实夜蛾 *Heliothis viriplaca* (Hüfnagel, 1766)

（**1184**）黏夜蛾 *Leucania comma* (Linnaeus, 1761)

（**1185**）污研夜蛾 *Mythimna impura* (Hübner, [1808])

（**1186**）荫秘夜蛾 *Mythimna opaca* (Staudinger, 1899)

（**1187**）黏虫 *Mythimna separata* (Walker, 1865)

（**1188**）绒秘夜蛾 *Mythimna velutina* (Eversmann, 1846)

（**1189**）甘蓝夜蛾 *Mamestra brassicae* (Linnaeus, 1758)

（**1190**）疆夜蛾 *Peridroma saucia* (Hübner, [1808])

（**1191**）淡剑灰夜蛾 *Spodoptera depravata* (Butler, 1879)

（**1192**）甜菜夜蛾 *Spodoptera exigua* (Hübner, [1808])

（**1193**）宽胫夜蛾 *Protoschinia scutosa* ([Denis & Schiffermüller], 1775)

（**1194**）灰茸夜蛾 *Hada extrita* (Staudinger, 1888)

（**1195**）塞妃夜蛾 *Drasteria catocalis* (Staudinger, 1882)

（**1196**）躬妃夜蛾 *Drasteria flexuosa* (Ménétriès, 1849)

（**1197**）元妃夜蛾 *Drasteria obscurata* (Staudinger, 1882)

（**1198**）罗妃夜蛾 *Drasteria rada* (Boisduval, 1848)

（**1199**）古妃夜蛾 *Drasteria tenera* (Staudinger, 1877)

（**1200**）齿美冬夜蛾 *Xanthia tunicata* Graeser, 1890

（**1201**）碧银冬夜蛾 *Cucullia argentea* (Hüfnagel, 1766)

（**1202**）黄条冬夜蛾 *Cucullia biornata* Fischer *de* Waldheim, 1840

（**1203**）卒冬夜蛾 *Cucullia dracunculi* (Hübner, [1813])

（**1204**）蒿冬夜蛾 *Cucullia fraudatrix* Eversmann, 1837

（**1205**）富冬夜蛾 *Cucullia fuchsiana* Eversmann, 1842

（**1206**）挠划冬夜蛾 *Cucullia naruenensis* Staudinger, 1879
（**1207**）银白冬夜蛾 *Cucullia platinea* Ronkay & Ronkay, 1987
（**1208**）银装冬夜蛾 *Cucullia splendida* (Stoll, [1782])
（**1209**）暗石冬夜蛾 *Lithophane consocia* (Borkhausen, 1792)
（**1210**）珀光裳夜蛾 *Catocala helena* Eversmann, 1856
（**1211**）普裳夜蛾 *Catocala hymenaea* ([Denis & Schiffermüller], 1775)
（**1212**）裳夜蛾 *Catocala nupta* (Linnaeus, 1767)
（**1213**）红腹裳夜蛾 *Catocala pacta* (Linnaeus, 1758)
（**1214**）朝鲜裳夜蛾 *Catocala puella* Leech, 1889
（**1215**）庸肖毛翅夜蛾 *Thyas juno* (Dalman, 1823)
（**1216**）瘦银锭夜蛾 *Macdunnoughia confusa* (Stephens, 1850)
（**1217**）马蹄二色夜蛾 *Dichromia sagitta* (Fabricius, 1775)
（**1218**）涓夜蛾 *Rivula sericealis* (Scopoli, 1763)
（**1219**）曲线贫夜蛾 *Simplicia niphona* (Butler, 1878)
（**1220**）塞望夜蛾 *Clytie syriaca* (Bugnion, 1837)
（**1221**）蚀夜蛾 *Oxytripia orbiculosa* (Esper, 1799)
（**1222**）白线缓夜蛾 *Eremobia decipiens* (Alphéraky, 1895)
（**1223**）曲肾介夜蛾 *Phidrimana amurensis* (Staudinger, 1892)
（**1224**）围连环夜蛾 *Perigrapha circumducta* (Lederer, 1855)
（**1225**）斑盗夜蛾 *Hadena confusa* (Hüfnagel, 1766)
（**1226**）梳跗盗夜蛾 *Hadena aberrans* (Eversmann, 1856)
（**1227**）鳄夜蛾 *Mycteroplus puniceago* (Boisduval, 1840)
（**1228**）皮夜蛾 *Nycteola revayana* (Scopoli, 1772)
（**1229**）淡文夜蛾 *Eustrotia bankiana* (Fabricius, 1775)
（**1230**）委夜蛾 *Athetis furvula* (Hübner, [1808])
（**1231**）后委夜蛾 *Athetis gluteosa* (Treitschke, 1835)
（**1232**）二点委夜蛾 *Athetis lepigone* (Möschler, 1860)
（**1233**）麦奂夜蛾 *Amphipoea fucosa* (Freyer, 1830)
（**1234**）马蹄髯须夜蛾 *Hypena sagitta* (Fabricius, 1775)
（**1235**）肖髯须夜蛾 *Hypena iconicalis* Walker, [1859]
（**1236**）楔斑启夜蛾 *Euclidia fortalitium* (Tauscher, 1809)
（**1237**）朝光夜蛾 *Stilbina koreana* Draudt, 1934
（**1238**）角乌夜蛾 *Usbeca cornuta* Püngeler, 1914
（**1239**）栉跗夜蛾 *Saragossa siccanorum* (Staudinger, 1870)
（**1240**）白点逸夜蛾 *Caradrina albina* Eversmann, 1848
（**1241**）暗灰逸夜蛾 *Caradrina montana* Bremer, 1861
（**1242**）姬夜蛾 *Phyllophila obliterata* (Rambur, 1833)
（**1243**）蛀亮夜蛾 *Longalatedes elymi* (Treitschke, 1825)
（**1244**）美纹孤夜蛾 *Elaphria venustula* (Hübner, 1790)
（**1245**）网夜蛾 *Sideridis reticulata* (Goeze, 1781)
（**1246**）远东寡夜蛾 *Sideridis remmiana* Kononenko, 1989
（**1247**）桦安夜蛾 *Lacanobia contigua* ([Denis & Schiffermüller], 1775)
（**1248**）海安夜蛾 *Lacanobia contrastata* (Bryk, 1942)
（**1249**）交安夜蛾 *Lacanobia praedita* (Hübner, [1813])
（**1250**）鹿侃夜蛾 *Conisania cervina* (Eversmann, 1842)
（**1251**）污秀夜蛾 *Apamea anceps* ([Denis & Schiffermüller], 1775)
（**1252**）分歹夜蛾 *Diarsia deparca* (Butler, 1879)
（**1253**）灰歹夜蛾 *Diarsia canescens* (Butler, 1878)
（**1254**）平夜蛾 *Paragona multisignata* (Christoph, 1881)
（**1255**）蒙灰夜蛾 *Polia bombycina* (Hüfnagel, 1766)
（**1256**）钩尾夜蛾 *Eutelia hamulatrix* Draudt, 1950
（**1257**）稻螟蛉夜蛾 *Naranga aenescens* Moore, 1881
（**1258**）草禾夜蛾 *Mesoligia furuncula* ([Denis & Schiffermüller], 1775)
（**1259**）中亚藓夜蛾 *Cryphia fraudatricula* (Hübner, [1803])
（**1260**）欧藓夜蛾 *Cryphia ochsi* (Boursin, 1940)
（**1261**）凡锁额夜蛾 *Cardepia irrisoria* (Ershoff, 1874)

（**1262**）北筱夜蛾 *Hoplodrina octogenaria* (Goeze, 1781)

（**1263**）平影夜蛾 *Lygephila lubrica* (Freyer, 1846)

（**1264**）粗影夜蛾 *Lygephila procax* (Hübner, [1813])

（**1265**）苹梢鹰夜蛾 *Hypocala subsatura* Guenée, 1852

（**1266**）旋歧夜蛾 *Anarta trifolii* (Hüfnagel, 1766)

（**1267**）砾阴夜蛾 *Anarta sabulorum* (Alphéraky, 1882)

（**1268**）波莽夜蛾 *Raphia peusteria* Püngeler, 1907

（**1269**）紫灰镰须夜蛾 *Zanclognatha violacealis* Staudinger, 1892

天蛾科 Sphingidae

（**1270**）白薯天蛾 *Agrius convolvuli* (Linnaeus, 1758)

（**1271**）榆绿天蛾 *Callambulyx tatarinovi* (Bremer & Grey, 1853)

（**1272**）深色白眉天蛾 *Hyles gallii* (Rottemburg, 1775)

（**1273**）沙枣白眉天蛾 *Hyles hippophaes* (Esper, 1789)

（**1274**）八字白眉天蛾 *Hyles livornica* (Esper, 1780)

（**1275**）黄脉天蛾 *Laothoe amurensis sinica* (Rothschild & Jordan, 1903)

（**1276**）黑长喙天蛾 *Macroglossum pyrrhosticta* (Butler, 1875)

（**1277**）小豆长喙天蛾 *Macroglossum stellatarum* (Linnaeus, 1758)

（**1278**）枣桃六点天蛾 *Marumba gaschkewitschii* (Bremer & Grey, 1853)

（**1279**）霜天蛾 *Psilogramma menephron* (Cramer, [1780])

（**1280**）蓝目天蛾 *Smerinthus planus* Walker, 1856

枯叶蛾科 Lasiocampidae

（**1281**）杨枯叶蛾 *Gastropacha populifolia* (Esper, 1784)

（**1282**）李枯叶蛾 *Gastropacha quercifolia* (Linnaeus, 1758)

（**1283**）黄褐幕枯叶蛾 *Malacosoma neustria testacea* (Motschulsky, [1861])

（**1284**）苹枯叶蛾 *Odonestis pruni* (Linnaeus, 1758)

（**1285**）乌苏榆枯叶蛾 *Phyllodesma japonicum ussuriense* de Lajonquiére, 1963

（**1286**）蒙古榆枯叶蛾 *Phyllodesma mongolicum* Kostjuk & Zolotuhin, 1994

尺蛾科 Geometridae

（**1287**）醋栗金星尺蛾 *Abraxas grossudariata* (Linnaeus, 1758)

（**1288**）丝棉木金星尺蛾 *Abraxas suspecta* Warren, 1894

（**1289**）萝藦艳青尺蛾 *Agathia carissima* Butler, 1878

（**1290**）春尺蠖 *Apocheima cinerarius* (Erschoff, 1874)

（**1291**）斑雅尺蛾 *Apocolotois arnoldiaria* (Oberthür, 1912)

（**1292**）桑褶翅尺蛾 *Apochima excavata* (Dyar, 1905)

（**1293**）大造桥虫 *Ascotis selenaria* ([Denis & Schiffermüller], 1775)

（**1294**）山枝子尺蛾 *Aspitates tristrigaria* (Bremer & Grey, 1853)

（**1295**）榆津尺蛾 *Astegania honesta* (Prout, 1908)

（**1296**）桦尺蛾 *Biston betularia* (Linnaeus, 1758)

（**1297**）槐尺蠖 *Chiasmia cinerearia* (Bremer & Grey, 1853)

（**1298**）石带庶尺蛾 *Digrammia rippertaria* (Duponchel, 1830)

（**1299**）舒涤尺蛾 *Dysstroma citrata* (Linnaeus, 1761)

（**1300**）双丽花波尺蛾 *Eupithecia biornata* Christoph, 1867

（**1301**）博氏花波尺蛾 *Eupithecia bohatschi* Staudinger, 1897

（**1302**）二星花波尺蛾 *Eupithecia recens* Dietze, 1904

（**1303**）净无缰青尺蛾中亚亚种 *Hemistola chrysoprasaria lissas* Prout, 1912

（**1304**）水界尺蛾 *Horisme aquata* (Hübner, [1813])

（**1305**）小红姬尺蛾 *Idaea muricata* (Hüfnagel, 1767)

（**1306**）沙灰尺蛾 *Isturgia arenacearia* (Denis & Schiffermüller, 1775)

（**1307**）带爪胫尺蛾 *Lithostege mesoleucata* Püngeler, 1899

（**1308**）奇脉尺蛾 *Narraga fasciolaria* (Hüfnagel, 1767)

（**1309**）泛尺蛾 *Orthonama obstipata* (Fabricius, 1794)

（**1310**）驼尺蛾 *Pelurga comitata* (Linnaeus, 1758)
（**1311**）双波红旋尺蛾 *Rhodostrophia jacularia* (Hübner, [1813])
（**1312**）奥岩尺蛾 *Scopula albiceraria* (Herrich-Schäffer, 1844)
（**1313**）拜克岩尺蛾 *Scopula beckeraria* (Lederer, 1853)
（**1314**）积岩尺蛾 *Scopula cumulata* (Alphéraky, 1883)
（**1315**）黑缘岩尺蛾 *Scopula virgulata* ([Denis & Schiffermüller], 1775)
（**1316**）肖二线绿尺蛾 *Thetidia chlorophyllaria* (Hedemann, 1878)
（**1317**）霞边紫线尺蛾 *Timandra recompta* (Prout, 1930)

钩蛾科 Drepanidae

（**1318**）荞麦钩蛾 *Spica parallelangula* Alphéraky, 1893

弄蝶科 Hesperiidae

（**1319**）小赭弄蝶 *Ochlodes venata* (Bremer & Grey, 1853)
（**1320**）珠弄蝶 *Erynnis tages* (Linnaeus, 1758)
（**1321**）直纹稻弄蝶 *Parnara guttatus* (Bremer & Grey, [1852])

凤蝶科 Papilionidae

（**1322**）金凤蝶 *Papilio machaon* Linnaeus, 1758

粉蝶科 Pieridae

（**1323**）绢粉蝶 *Aporia crataegi* (Linnaeus, 1758)
（**1324**）橙色豆粉蝶 *Colias electo* (Linnaeus, 1763)
（**1325**）斑缘豆粉蝶 *Colias erate* (Esper, [1805])
（**1326**）橙黄豆粉蝶 *Colias fieldii* Ménétriés, 1855
（**1327**）菜粉蝶 *Pieris rapae* (Linnaeus, 1758)
（**1328**）云粉蝶 *Pontia daplidice* (Linnaeus, 1758)

灰蝶科 Lycaenidae

（**1329**）豆灰蝶 *Plebejus argus* (Linnaeus, 1758)
（**1330**）红珠灰蝶 *Plebejus argyrognomon* (Bergsträsser, [1779])
（**1331**）橙灰蝶 *Lycaena dispar* (Haworth, 1802)
（**1332**）多眼灰蝶 *Polyommatus eros* (Ochsenheimer, 1808)
（**1333**）白斑新灰蝶 *Neolycaena tengstroemi* (Erschoff, 1874)
（**1334**）优秀洒灰蝶 *Thecliolia eximia* (Fixsen, 1887)
（**1335**）华夏爱灰蝶 *Aricia chinensis* (Murray, 1874)
（**1336**）蓝灰蝶 *Cupido argiades hellotia* (Ménétriés, 1857)

蛱蝶科 Nymphalidae

（**1337**）柳紫闪蛱蝶 *Apatura ilia* (Denis & Schiffermüller, 1775)
（**1338**）白钩蛱蝶 *Polygonia c-album* (Linnaeus, 1758)
（**1339**）罗网蛱蝶 *Melitaea romanovi* Grum-Grshimailo, 1891
（**1340**）榆蛱蝶 *Nymphalis (Vanessa) xanthomelas* (Esper, 1781)
（**1341**）大红蛱蝶 *Vanessa indica* (Herbst, 1794)
（**1342**）小红蛱蝶 *Vanessa cardui* (Linnaeus, 1758)
（**1343**）牧女珍眼蝶 *Coenonympha amaryllis* (Stoll, [1782])
（**1344**）仁眼蝶 *Hipparchia autonoe* (Esper, 1783)
（**1345**）寿眼蝶 *Pseudochazara hippolyte* (Esper, 1783)
（**1346**）蛇眼蝶 *Minois dryas* (Scopoli, 1763)

膜翅目 HYMENOPTERA

叶蜂科 Tethradinidae

（**1347**）黄翅菜叶蜂 *Athalia rosae ruficornis* Jakovlev, 1888
（**1348**）柳虫瘿叶蜂 *Pontania pustulator* Forsius, 1923
（**1349**）柳蜷叶蜂 *Amauronematus saliciphagus* Wu, 2009

树蜂科 Siricidae

（**1350**）烟角树蜂 *Tremex fuscicornis* (Fabricius, 1787)

茧蜂科 Braconidae

（**1351**）蒙大拿窄胫茧蜂 *Agathis montana* Shestakov, 1932
（**1352**）柔毛窄径茧蜂 *Agathis pappei* Nixon, 1986
（**1353**）台湾革腹茧蜂 *Ascogaster formosensis* Sonan, 1932

（**1354**）刀鞘革腹茧蜂 *Ascogaster semenovi* Telenga, 1941
（**1355**）云南革腹茧蜂 *Ascogaster yunnanica* Tang & Marsh, 1994
（**1356**）弯脉甲腹茧蜂 *Chelonus* (*Chelonus*) *curvinervius* He, 2003
（**1357**）拱唇甲腹茧蜂 *Chelonus* (*Chelonus*) *vaultclypeolus* Chen & Ji, 2003
（**1358**）黄愈腹茧蜂 *Phanerotoma flava* Ashmead, 1906
（**1359**）三齿愈腹茧蜂 *Phanerotoma tridentati* Ji & Chen, 2003
（**1360**）法氏脊茧蜂 *Aleiodes fahringeri* (Telenga, 1941)
（**1361**）腹脊茧蜂 *Aleiodes gastritor* (Thunberg, 1822)
（**1362**）黏虫脊茧蜂 *Aleiodes mythimnae* He & Chen, 1988
（**1363**）趋稻脊茧蜂 *Aleiodes oryzaetora* He & Chen, 1988
（**1364**）折半脊茧蜂 *Aleiodes ruficornis* (Herrich-Schäffer, 1838)
（**1365**）菜少脉蚜茧蜂 *Diaeretiella rapae* (Mclntosh, 1855)
（**1366**）具柄矛茧蜂 *Doryctes petiolatus* Shestakov, 1940
（**1367**）黑脉长尾茧蜂 *Glyptomorpha nigrovenosa* (Kokujev, 1898)
（**1368**）截距滑茧蜂 *Homolobus* (*Apatia*) *truncator* (Say, 1829)
（**1369**）短腹深沟茧蜂 *Iphiaulax impeditor* (Kokujev, 1898)
（**1370**）赤腹深沟茧蜂 *Iphiaulax imposter* (Scopoli, 1763)
（**1371**）两色长体茧蜂 *Macrocentrus bicolor* Curtis, 1833
（**1372**）匈牙利长体茧蜂 *Macrocentrus hungaricus* Marshall, 1893
（**1373**）螟虫长体茧蜂 *Macrocentrus linearis* (Nees, 1811)
（**1374**）黑胫副奇翅茧蜂 *Megalommum tibiale* (Ashmead, 1906)
（**1375**）螟蛉悬茧蜂 *Meteorus narangae* Sonan, 1943
（**1376**）伏虎悬茧蜂 *Meteorus rubens* (Nees, 1811)
（**1377**）黑足簇毛茧蜂 *Vipio sareptanus* Kawall, 1865

姬蜂科 Ichneumonidae

（**1378**）泡胫肿跗姬蜂 *Anomalon kozlovi* (Kokujev, 1915)
（**1379**）斑栉姬蜂 *Banchus pictus* Fabricius, 1798
（**1380**）日本栉姬蜂 *Banchus japonicus* (Ashmead, 1906)
（**1381**）柠条高缝姬蜂 *Campoplex caraganae* Sheng & Sun, 2016
（**1382**）黑头多钩姬蜂 *Cidaphus atricilla* (Haliday, 1838)
（**1383**）胫分距姬蜂 *Cremastus crassitibialis* Uchida, 1940
（**1384**）视分距姬蜂 *Cremastus spectator* Gravenhorst, 1829
（**1385**）花胫蚜蝇姬蜂 *Diplazon laetatorius* (Fabricius, 1781)
（**1386**）地蚕大铗姬蜂 *Eutanyacra picta* (Schrank, 1776)
（**1387**）黑茧姬蜂 *Exetastes adpressorius adpressorius* (Thunberg,1822)
（**1388**）卡黑茧姬蜂 *Exetastes adpressorius karafutonis* Uchida, 1928
（**1389**）细黑茧姬蜂 *Exetastes gracilicornis* Gravenhorst 1829
（**1390**）印黑茧姬蜂 *Exetastes inquisitor* Gravenhorst, 1829
（**1391**）盐池黑茧姬蜂 *Exetastes yanchiensis* Sheng & Sun, 2016
（**1392**）红腹雕背姬蜂 *Glypta rufata* Bridgman, 1887
（**1393**）塔埃姬蜂 *Itoplectis tabatai* (Uchida, 1930)
（**1394**）寡埃姬蜂 *Itoplectis viduata* (Gravenhorst, 1829)
（**1395**）库缺沟姬蜂 *Lissonota kurilensis* Uchida, 1928
（**1396**）剧缺沟姬蜂 *Lissonota (Loxonota) histrio* (Fabricius, 1798)
（**1397**）尖瘤姬蜂 *Pimpla acutula* Momoi, 1973
（**1398**）舞毒蛾瘤姬蜂 *Pimpla disparis* Viereck, 1911

（**1399**）日本瘤姬蜂 *Pimpla nipponica* Uchida, 1928

（**1400**）异多卵姬蜂 *Polyblastus varitarsus* (Gravenhorst 1829)

（**1401**）多节棱柄姬蜂 *Sinophorus geniculatus* (Gravenhorst, 1829)

（**1402**）红颈差齿姬蜂 *Thymaris ruficollaris* Sheng, 2011

（**1403**）择耗姬蜂 *Trychosis legator* (Thunberg, 1822)

（**1404**）多色盛雕姬蜂 *Zaglyptus multicolor* (Gravenhorst, 1829)

环腹瘿蜂科 Figitidae

（**1405**）胭红狭背瘿蜂 *Aspicera dianae* Ros-Farré, 2013

（**1406**）迷矩盾狭背瘿蜂 *Callaspidia aberrans* (Kieffer, 1901)

广肩小蜂科 Eurytomidae

（**1407**）柠条种子小蜂 *Bruchophagus neocaraganae* (Liao, 1979)

（**1408**）刺槐种子小蜂 *Bruchophagus philorobiniae* Liao, 1979

四节小蜂科 Tetracampidae

（**1409**）白茨戈小蜂 *Platyneurus baliolus* Sugonjaev, 1974

金小蜂科 Pteromalidae

（**1410**）蝶蛹金小蜂 *Pteromalus puparum* (Linnaeus, 1758)

跳小蜂科 Encyrtidae

（**1411**）纽绵蚧跳小蜂 *Encyrtus sasakii* Ishii, 1928

赤眼蜂科（纹翅小蜂科）Trichogrammatidae

（**1412**）舟蛾赤眼蜂 *Trichogramma closterae* Pang *et* Chen, 1974

肿腿蜂科 Bethylidae

（**1413**）管氏肿腿蜂 *Scleroderma guani* Xiao *et* Wu

蛛蜂科 Pompilidae

（**1414**）六斑黑蛛蜂 *Anoplius fusus* (Linnaeus, 1758)

（**1415**）二斑冠蛛蜂 *Lophopompilus samariensis* (Pallas, 1771)

（**1416**）黄翅蛛蜂 *Parabatozonus lacerticida* (Pallas, 1771)

蚁科 Formicidae

（**1417**）艾箭蚁 *Cataglyphis aenescens* (Nylander, 1849)

（**1418**）红林蚁 *Formica sinae* Emery,1925

蚁蜂科 Mutillidae

（**1419**）考式毛唇蚁蜂 *Dasylabris kozlovi* Skorikov, 1935

（**1420**）红胸小蚁蜂 *Smicromyrme rufipes* (Fabricius, 1787)

胡蜂科 Vespidae

（**1421**）德国黄胡蜂 *Vespula germanica* (Fabricius, 1793)

（**1422**）北方黄胡蜂 *Vespula ruta* (Linnaeus, 1758)

（**1423**）普通黄胡蜂 *Vespula vulgaris* (Linnaeus, 1758)

（**1424**）中华马蜂 *Polistes chinensis* (Fabricius, 1793)

（**1425**）和马蜂 *Polistes* (*Megapostes*) *rothneyi iwatai* Van der Vecht, 1968

（**1426**）杜氏元蜾蠃 *Discoelius dufourii* Lepeletier, 1841

（**1427**）外贝加尔蜾蠃 *Eumenes transbaicalicus* Kurzenko, 1984

（**1428**）卡佳盾蜾蠃 *Euodynerus caspicus* (Morawitz, 1873)

方头泥蜂科 Crabronidae

（**1429**）红尾刺胸泥蜂 *Oxybelus aurantiacus* Mocsáry, 1883

（**1430**）透边刺胸泥蜂 *Oxybelus maculipes* Smith, 1856

（**1431**）弯角盗方头泥蜂 *Lestica alata* (Panzer, 1797)

（**1432**）皇冠大头泥蜂 *Philanthus coronatus* (Thunberg, 1784)

（**1433**）山斑大头泥蜂 *Philanthus triangulum* (Fabricius, 1775)

（**1434**）沙节腹泥蜂 *Cerceris arenaria* (Linnaeus, 1758)

（**1435**）吉丁节腹泥蜂 *Cerceris bupresticida* Dufour, 1841

（**1436**）丽臀节腹泥蜂 *Cerceris dorsalis* Eversmann, 1849

（**1437**）艾氏节腹泥蜂齿唇亚种 *Cerceris eversmanni clypeodentata* Tsuneki, 1971

（**1438**）普氏节腹泥蜂 *Cerceris pucilii* Radoszkowski, 1869

（**1439**）黑突节腹泥蜂 *Cerceris rubida* (Jurine, 1807)

（**1440**）黑小唇泥蜂 *Larra carbonaria* (Smith, 1858)

泥蜂科 Sphecidae

（**1441**）横带锯泥蜂 *Prionyx kirbii* (Vander Linden, 1827)

（**1442**）黄盾壁泥蜂 *Sceliphron destillatorium* (Illiger, 1807)

准蜂科 Melittidae

（**1443**）中华毛足蜂 *Dasypoda chinensis* Wu, 1978

（**1444**）沙地毛足蜂 *Dasypoda hirtipes* (Fabricius, 1793)

（**1445**）中华准蜂 *Melitta ezoana* Yasumatsu & Hirashima, 1956

地蜂科 Andrenidae

（**1446**）安加拉地蜂 *Andrena* (*Tarsandrena*) *angarensis* Cockerell, 1929

（**1447**）灰地蜂 *Andrena* (*Melandrena*) *cineraria* (Linnaeus, 1758)

（**1448**）孔氏地蜂 *Andrena* (*Melandrena*) *comta* Eversmann, 1852

（**1449**）岸田地蜂 *Andrena* (*Cnemidandrena*) *kishidai* Yasumatsu, 1935

（**1450**）大头地蜂 *Andrena* (*Hoplandrena*) *macrocephalata* Xu, 1994

（**1451**）蒙古地蜂 *Andrena* (*Plastandrena*) *mongolica* Morawitz, 1880

（**1452**）南山地蜂 *Andrena* (*Lepidandrna*) *nanshanica* Popov, 1940

（**1453**）拟黑刺地蜂 *Andrena* (*Leucandrena*) *paramelanospila* Xu & Tadauchi, 2009

（**1454**）瘤唇地蜂 *Andrena* (*Cnemidandrena*) *sublisterelle* Wu, 1982

（**1455**）蒲公英地蜂 *Andrena* (*Chlorandrena*) *taraxaci* Giraud, 1861

（**1456**）黄胸地蜂 *Andrena thoracica* (Fabricius, 1775)

（**1457**）缬草地蜂 *Andrena* (*Holandrena*) *valeriana* Hirashima, 1957

分舌蜂科 Colletidae

（**1458**）承德分舌蜂 *Colletes chengtehensis* Yasumatsu, 1935

（**1459**）柯氏分舌蜂 *Colletes kozlovi* Friese, 1913

（**1460**）跗分舌蜂 *Colletes patellatus* Pérez, 1905

（**1461**）穿孔分舌蜂 *Colletes perforator* Smith, 1869

（**1462**）缘叶舌蜂 *Hylaeus perforatus* (Smith, 1873)

隧蜂科 Halictidae

（**1463**）棕隧蜂 *Halictus* (*Halictus*) *brunnescens* (Eversmann, 1852)

（**1464**）暗红腹隧蜂 *Halictus* (*Seladonia*) *dorni* Ebmer, 1982

（**1465**）霉毛隧蜂 *Halictus* (*Vestitohalictus*) *mucoreus* (Eversmann, 1852)

（**1466**）尘绒毛隧蜂 *Halictus* (*Vestitohalictus*) *pulvereus* Morawitz, 1874

（**1467**）拟绒毛隧蜂 *Halictus* (*Vestitohalictus*) *pseudovestitus* Blüthgen, 1925

（**1468**）棕黄腹隧蜂 *Halictus* (*Seladonia*) *varentzowi* Morawitz, 1894

（**1469**）半被毛隧蜂 *Halictus* (*Seladonia*) *semitectus* Morawitz, 1873

（**1470**）拟隧淡脉隧蜂 *Lasioglossum* (*Ctenonomia*) *halictoides* (Smith, 1859)

（**1471**）雪带淡脉隧蜂 *Lasioglossum* (*Leuchalictus*) *niveocinctum* (Blüthgen, 1923)

（**1472**）白唇红腹蜂 *Sphecodes albilabris* (Fabricius, 1793)

（**1473**）铁锈红腹蜂 *Sphecodes ferruginatus* von Hagens, 1882

（**1474**）奥雅红腹蜂 *Sphecodes okuyetsu* Tsuneki, 1983

（**1475**）痂红腹蜂 *Sphecodes scabricollis* Wesmael, 1835

切叶蜂科 Megachilidae

（**1476**）花黄斑蜂 *Anthidium florentinum* (Fabricius, 1775)

（**1477**）七斑黄蜂 *Anthidium septemspinosum* Lepeletier, 1841

（**1478**）西藏裂爪蜂 *Chelostoma xizangensis* Wu, 1982

（**1479**）宽板尖腹蜂 *Coelioxys* (*Allocoelioxys*) *afra* Lepeletier, 1841

（**1480**）短尾尖腹蜂 *Coelioxys* (*Boreocoelioxys*) *brevicaudata* Friese, 1935

（**1481**）鳞尖腹蜂 *Coelioxys* (*Schizocoelioxys*) *squamigera* Friese, 1935

（**1482**）波氏拟孔蜂 *Hoplitis* (*Megalosmia*) *popovi* Wu, 2004

（**1483**）戎拟孔蜂 *Hoplitis* (*Megalosmia*) *princeps* (Morawitz, 1872)

（**1484**）黄鳞切叶蜂 *Megachile* (*Chalicodoma*) *derasa* Gerstäcker, 1869

（**1485**）大和切叶蜂 *Megachile (Xanthosaurus) japonica* Alfken, 1903

（**1486**）小足切叶蜂 *Megachile (Xanthosaurus) lagopoda* (Linnaeus, 1761)

（**1487**）双斑切叶蜂 *Megachile* (*Eutricharaea*) *leachella* Curtis, 1828

（**1488**）北方切叶蜂 *Megachile* (*Eutricharaea*) *manchuriana* Yasumatsu, 1939

（**1489**）端切叶蜂 *Megachile (Eutricharaea) terminata* Morawitz, 1875

（**1490**）中国壁蜂 *Osmia* (*Helicosmia*) *chinensis* Morawitz, 1890

（**1491**）凹唇壁蜂 *Osmia excavata* Alfken, 1903

蜜蜂科 Apidae

（**1492**）中华蜜蜂 *Apis cerana* Fabricius, 1793

（**1493**）意大利蜂 *Apis mellifera* Linnaeus, 1758

（**1494**）四条无垫蜂 *Amegilla quadrifasciata* (de Villers, 1789)

（**1495**）黄芦蜂 *Ceratina flavipes* Smith, 1879

（**1496**）拟黄芦蜂 *Ceratina hieroglphica* Smith, 1854

（**1497**）沙漠条蜂 *Anthophora deserticola* Morawitz, 1873

（**1498**）黑白条蜂 *Anthophora erschowi* Fedtschenko, 1875

（**1499**）黄跗条蜂 *Anthophora fulvitarsis* Brullé, 1832

（**1500**）黑颚条蜂 *Anthophora melanognatha* Cockerell, 1911

（**1501**）毛跗黑条蜂 *Anthophora plumipes* (Pallas, 1772)

（**1502**）北京回条蜂 *Habropoda pekinensis* Cockerell, 1911

（**1503**）跗绒斑蜂 *Epeolus tarsalis* Morawitz, 1874

（**1504**）黄角艳斑蜂 *Nomada fulvicornis* Fabricius, 1793

（**1505**）古登艳斑蜂 *Nomada goodeniana* (Kirby, 1802)

（**1506**）八齿四条蜂 *Tetralonia dentata* Klug, 1835

（**1507**）吴氏木蜂 *Xylocopa wui* Hüseyin Özdikmen, 2010

（**1508**）紫木蜂 *Xylocopa valga* Gestäcker, 1872

（**1509**）明亮熊蜂 *Bombus* (*Bombus*) *lucorum* (Linnaeus, 1761)

（**1510**）密林熊蜂 *Bombus* (*Bombus*) *patagiatus* Nylander, 1848

（**1511**）火红熊蜂 *Bombus* (*Melanobombus*) *pyrosoma* Morawitz, 1890

（**1512**）小雅熊蜂 *Bombus (Pyrobombus) lepidus* Skorikov, 1912

（**1513**）西伯熊蜂 *Bombus* (*Sibiricobombus*) *sibiricus* (Fabricius, 1781)

（**1514**）猛熊蜂 *Bombus (Subterraneobombus) difficillimus* Skorikov, 1912

（**1515**）盗熊蜂 *Bombus* (*Thoracobombus*) *filchnerae* Vogat, 1908